脳はどのようにできているか

1章

P.3 へ

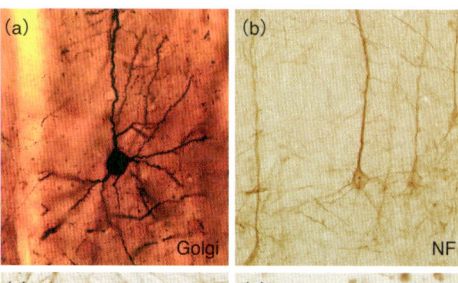

図 1.2　脳を構成する細胞
(a) 鍍銀染色法により染色した錐体細胞.（b〜e) 免疫染色により染色した各細胞種.ニューロフィラメント（NF）は神経細胞（b),GFAP はアストロサイト（c),CC-1 は成熟オリゴデンドロサイト（d),Iba1 はミクログリアのマーカー（e) である.

脳内物質の分布

4章

P.36 へ

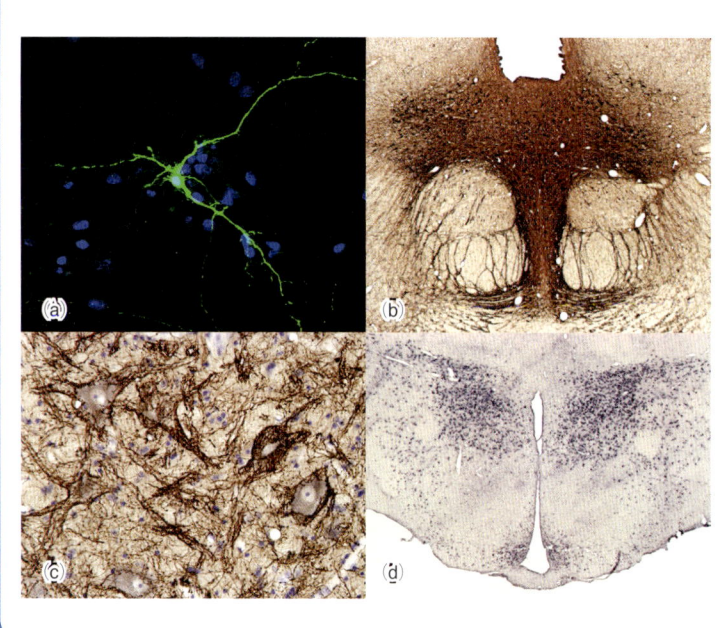

図 4.5　免疫組織化学染色（a, b, c)
と *in situ* ハイブリダイゼーション（d)
(a) TH 抗体を用いた蛍光抗体間接法による培養ドーパミン神経.DAPI による核染色（対比染色）を行っている.（b) 5-HT 抗体を用いた ABC 法染色.サル背側縫線核.（c) 5-HT 抗体を用いた ABC 法染色.サル顔面神経核.神経細胞はクレシール紫による対比染色を行っている.（d) GAD の *in situ* ハイブリダイゼーション.ラット視床下部のジゴキシゲニンによる可視化.

神経伝達物質受容体の 3 次元構造

▶▶▶ **9** 章
P.97,102 へ

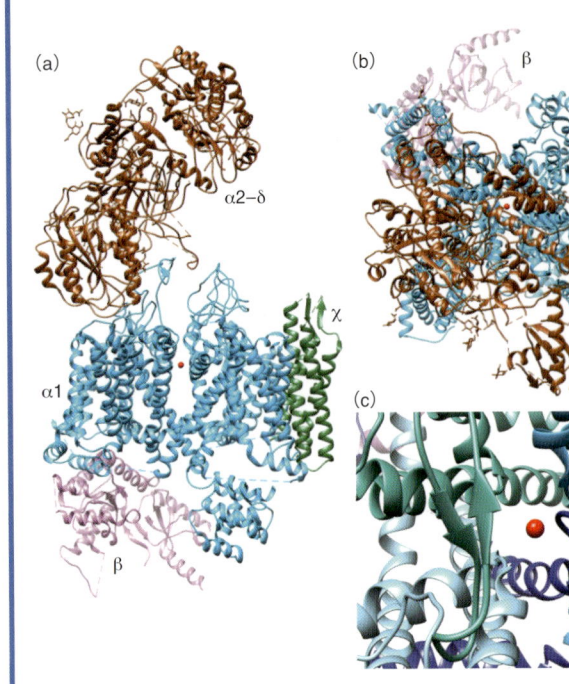

(a)

α2−δ

α1

χ

β

(b)

β

α1

χ

α2−δ

(c)

図 9.13 Ca_V 複合体の構造複合体構造

細胞膜方向から見た図 (a) と細胞外から見た図 (b). Ca^{2+} 選択フィルターのみを上から見た図 (c). 複合体は α1 (青), α2−δ (茶), β (ピンク), χ (緑) の 4 サブユニットから成る. 中心のチャネルドメインは, 非対称型フィルターを形成し, 中心に Ca^{2+} と思われる密度が見えている[14]. PDB ID 3jbr の情報をもとに作成した.

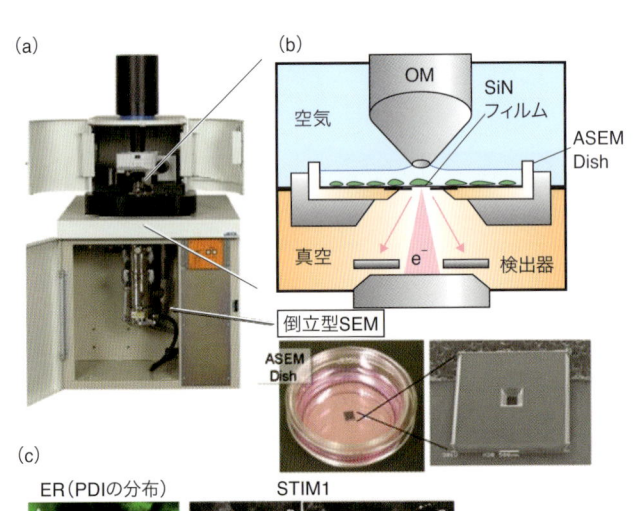

(a)

(b)

空気　OM　SiN フィルム　ASEM Dish

真空　e⁻　検出器

倒立型SEM

ASEM Dish

(c)

ER (PDIの分布)　　STIM1　　STIM1は1次元的に凝集

Ca^{2+} 有

Ca^{2+} 無

A　B　C

D　E　F

G

10 μm　1 μm

10 μm　1 μm

100nm

図 9.17 ASEM と Stim1 の凝集

水中を直接観察できる走査電子顕微鏡 ASEM で, 小胞体内で Ca^{2+} 枯渇に伴う STIM1 分子の動きを免疫電顕で観察. STIM1 は細胞膜近くに集合し, 分子が一次元的につながって凝集する. 文献 39) より許可を得て転載.

内因性カンナビノイド

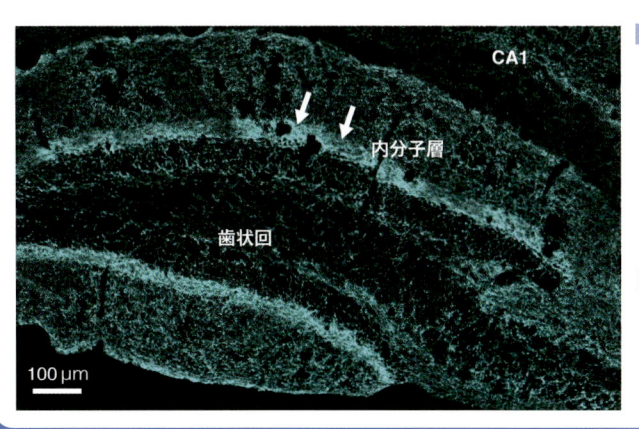

▶▶▶ 10章
P.111 へ

図 10.6　海馬歯状回における CB₁ 受容体の分布
海馬歯状回の CB₁ 受容体を抗 CB₁ 受容体抗体を用いて染色した．内分子層（矢印）に CB₁ 受容体が強く発現している．

K⁺ チャネル

▶▶▶ 12章
P.133 へ

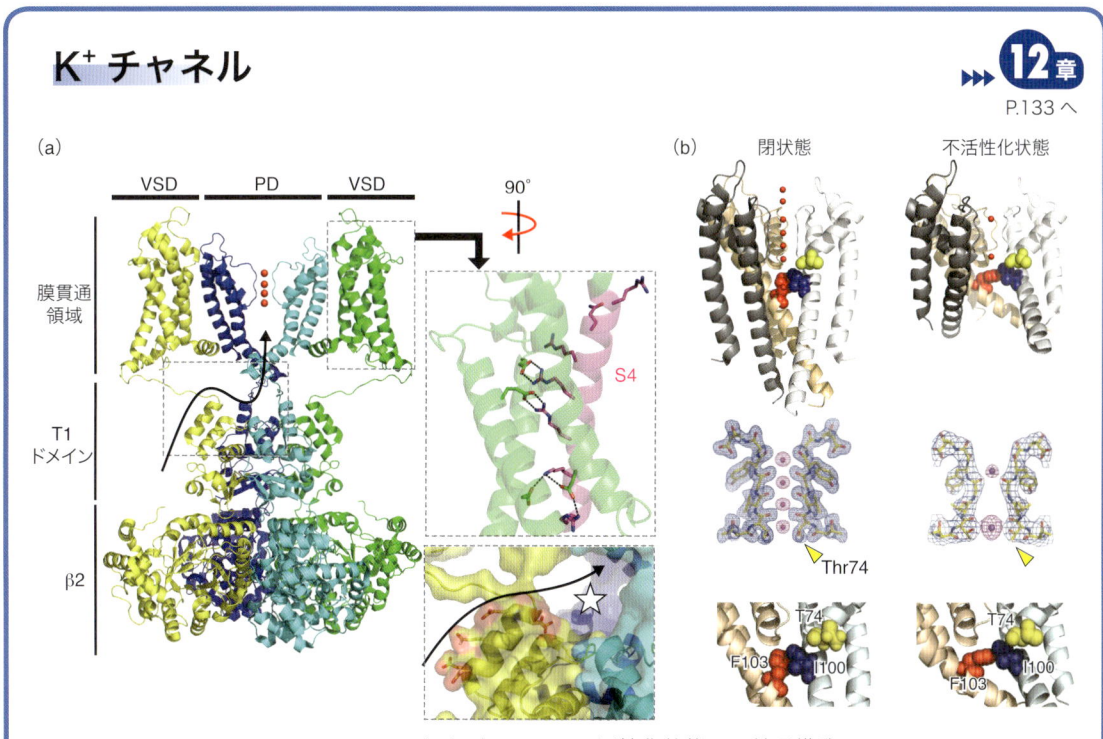

図 12.3　Kᵥ および KcsA の不活性化状態での結晶構造
　(a) Kᵥ1.2/2.1 キメラチャネルの結晶構造の全体図（PDB：2R9R）．キメラは分解能を高めるため，Kᵥ1.2 の S3 と S4 の一部を Kᵥ2.1 に置換したもの．手前と奥に位置する VSD と PD（それぞれ別のサブユニット由来）は除いてある．細胞内 T1 ドメインはチャネルの 4 量体化に寄与する領域．VSD は 90 度回転して拡大したものも示す．S4 ヘリックスの正の荷電残基と S1 ～ S3 上の負電荷は棒状モデルで示す．それぞれが塩橋を形成して安定化されていることがわかる．また，T1 ドメインと PD 間の横穴（☆）は表面モデルで拡大して示す．横穴近傍には負の荷電残基が集合しており，不活性化 ball はここを通過して矢印のようにして内腔に進入すると考えられる．　(b) KcsA の閉状態と不活性化状態（PDB：3F5W）の構造比較．手前のサブユニットは除いてある．選択性フィルターを構成する Thr74（黄色），および活性化と不活性化の共役にかかわる Phe103（赤色）と Ile100（青色）を球状モデルで示す．活性化ゲートの開口（上）に伴い，TM2 中央付近の残基の再配置が起こり（下），選択性フィルターの構造変化および K⁺ 電子密度の変化（中）につながる．文献 8, 9）より許可を得て転載．

Colored Illustration

Na⁺ チャネル

▶▶▶ **12**章
P.137 へ

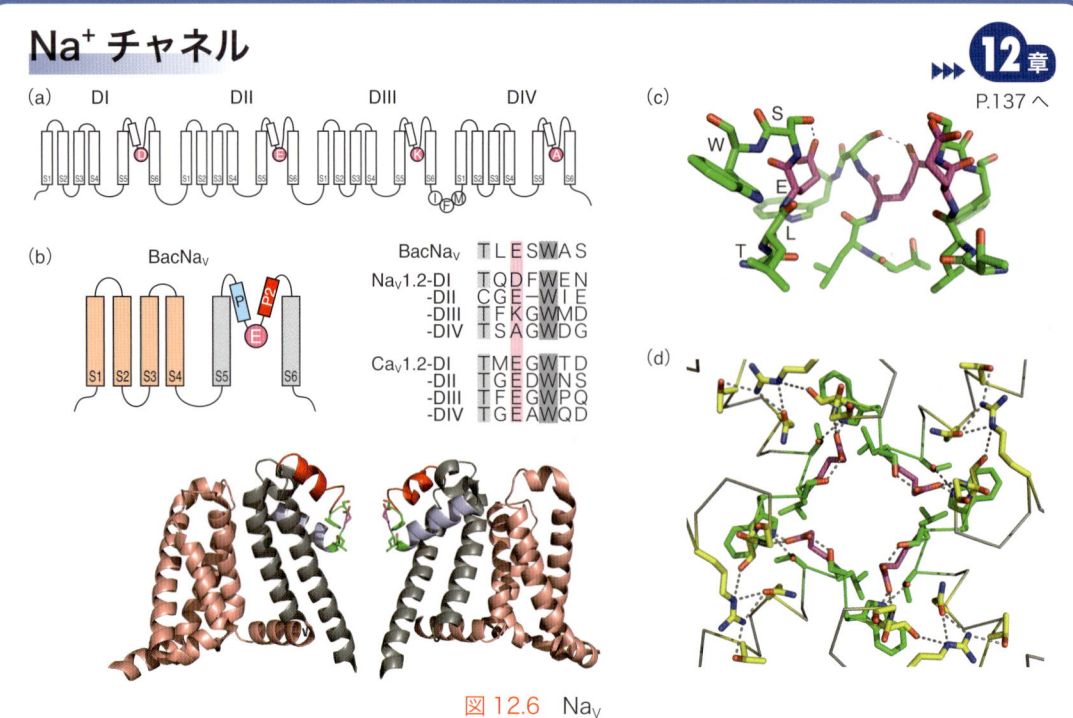

図 12.6 Na_V

（a）真核生物 Na_V のトポロジー図．選択性を決定する DEKA 残基，不活性化に重要な IFM モチーフを強調して示してある．（b）BacNa_V のトポロジー図（左上），真核生物 Na_V チャネルとの選択性フィルターの配列比較（右上），BacNa_V オルソログである Na_VAb I217C 変異体の結晶構造（PDB：3RVY）（下）．選択性フィルターと二つのポア・ヘリックスを色分けして示す．（c）選択性フィルターの拡大図．点線は水素結合を示す．手前のサブユニットは除いてある．（d）選択性フィルター周辺をリボンモデルで細胞外側から見た図．多数の水素結合でフィルターが維持されていることがわかる．

Ca²⁺ チャネル

▶▶▶ **13**章
P.141 へ

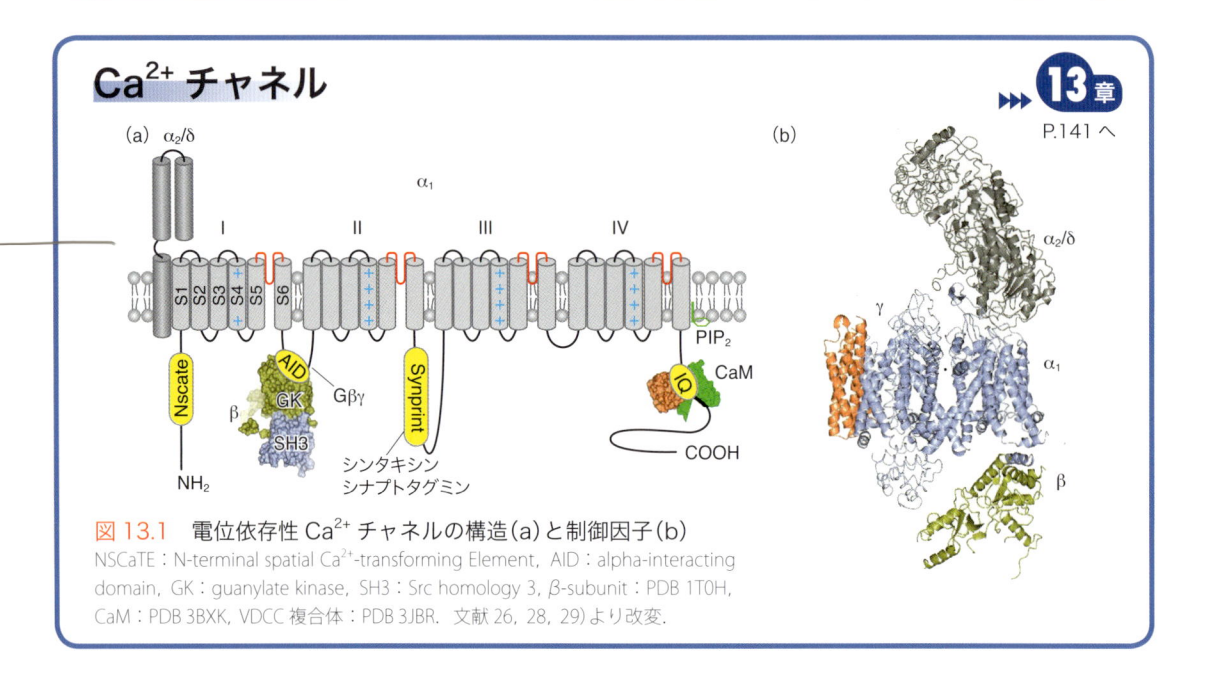

図 13.1 電位依存性 Ca²⁺ チャネルの構造（a）と制御因子（b）

NSCaTE：N-terminal spatial Ca²⁺-transforming Element，AID：alpha-interacting domain，GK：guanylate kinase，SH3：Src homology 3，β-subunit：PDB 1T0H，CaM：PDB 3BXK，VDCC 複合体：PDB 3JBR．文献 26, 28, 29）より改変．

神経回路の形成

22章 P.238 へ

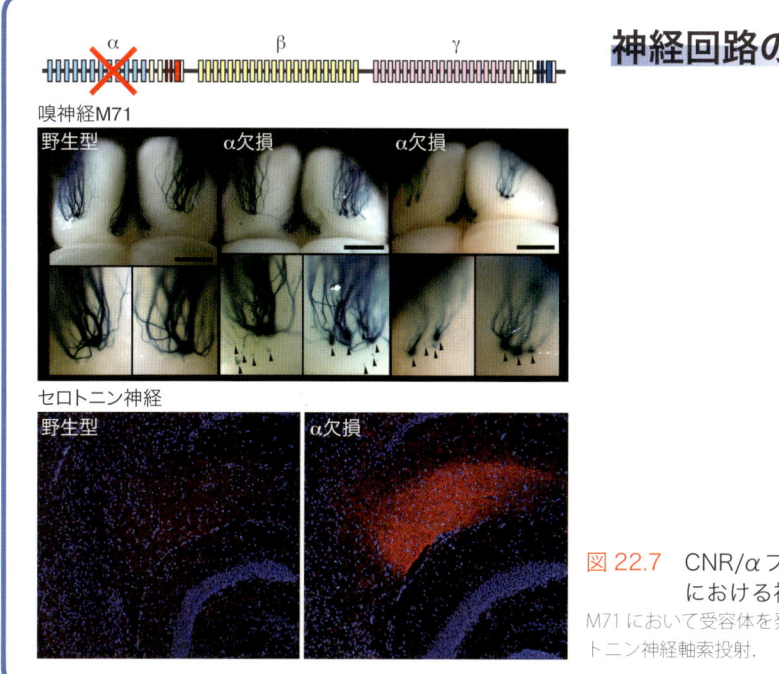

嗅神経M71

野生型　α欠損　α欠損

セロトニン神経

野生型　α欠損

図 22.7　CNR/α プロトカドヘリン欠損マウスにおける神経軸索の投射異常

M71 において受容体を発現している嗅神経軸索投射とセロトニン神経軸索投射.

神経伝達物質受容体の可視化

25章 P.270 へ

(a)

エンドサイトーシス↓

側方拡散　　リサイクル　分解

AMPA受容体

(c)

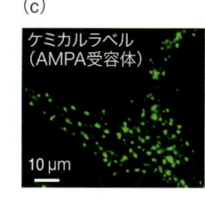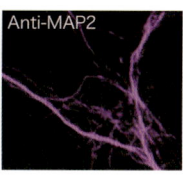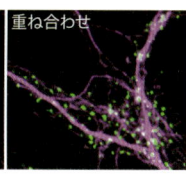

ケミカルラベル（AMPA受容体）　Anti-MAP2　重ね合わせ

10 μm

(b) CAM2試薬

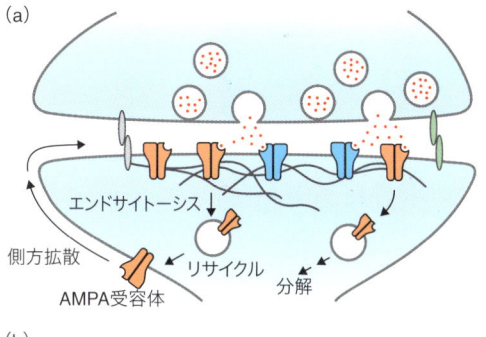

AMPA受容体リガンド　アシルイミダゾール　発光団

図 25.4　LDAI 化学による神経細胞内在性 AMPA 受容体の可視化

(a) 神経細胞における AMPA 受容体の動態変化. (b) AMPA 受容体ラベル化剤（CAM2 reagent）の構造. (c) 海馬分散培養での AMPA 受容体の可視化. ケミカルラベルは CAM2 試薬で可視化された AMPA 受容体，Anti-MAP2 像は樹上突起の染色をそれぞれ意味する.

Colored Illustration

神経の分子的研究における手法

▶▶▶  26章
P.280,281 へ

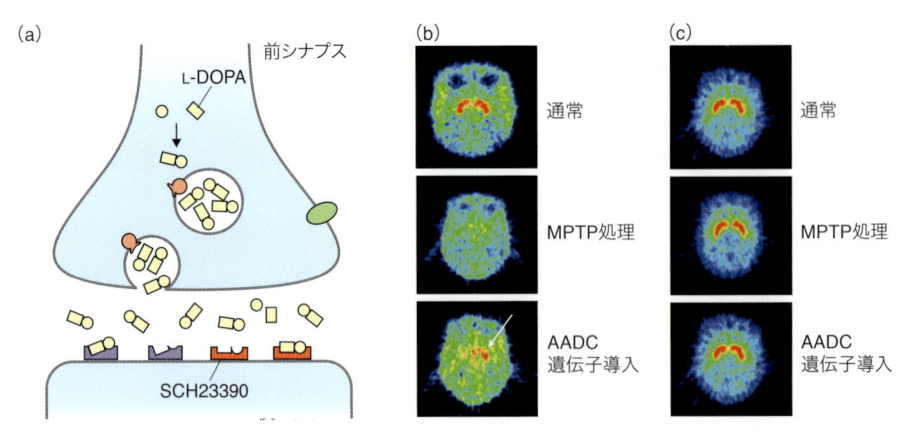

(a) 前シナプス
L-DOPA
SCH23390

(b) 通常 / MPTP処理 / AADC遺伝子導入

(c) 通常 / MPTP処理 / AADC遺伝子導入

図 26.3　シナプスの構造とサルパーキンソン病モデル動物における遺伝子治療の効果判定
ドーパミン神経の選択的神経毒である MPTP の慢性投与後，[β-¹¹C]L-DOPA で計測したシナプス前部の DA 生合成能はほとんど消失した．左被殻(矢印)にウイルスベクターに組み込んだ AADC 遺伝子を導入したところ，発現した AADC により [β-¹¹C]L-DOPA が [¹¹C]Dopamine に変換されて集積した．

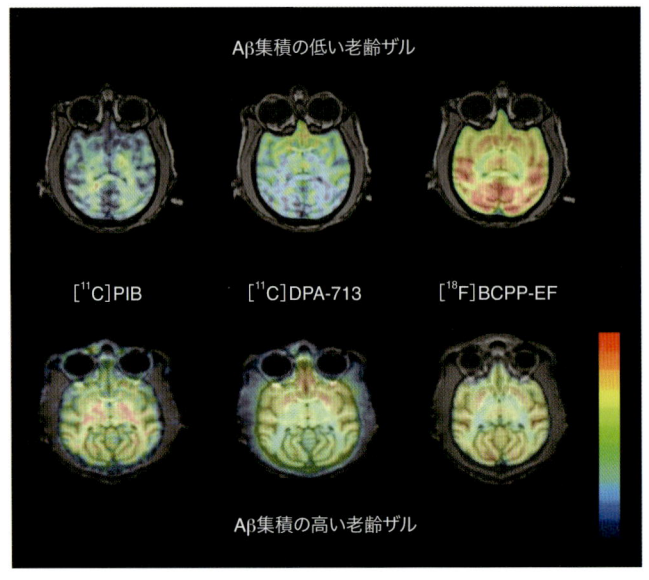

Aβ集積の低い老齢ザル

[¹¹C]PIB　　　[¹¹C]DPA-713　　　[¹⁸F]BCPP-EF

Aβ集積の高い老齢ザル

図 26.4　サル脳における Aβ タンパク質の集積がおよぼす MC-I 活性への影響
老齢のアカゲザルの脳を対象に，[¹¹C]PIB を用いて Aβ タンパク質の集積を，[¹¹C] DPA-713 を用いて脳内炎症を，また [¹⁸F]BCPP-EF を用いて MC-I 活性を評価したところ，Aβ タンパク質の集積が高い個体ほど脳内炎症が惹起され，MC-I 活性が低下していた．

磁気共鳴画像（MRI）

▶▶▶ **27**章
P.291 へ

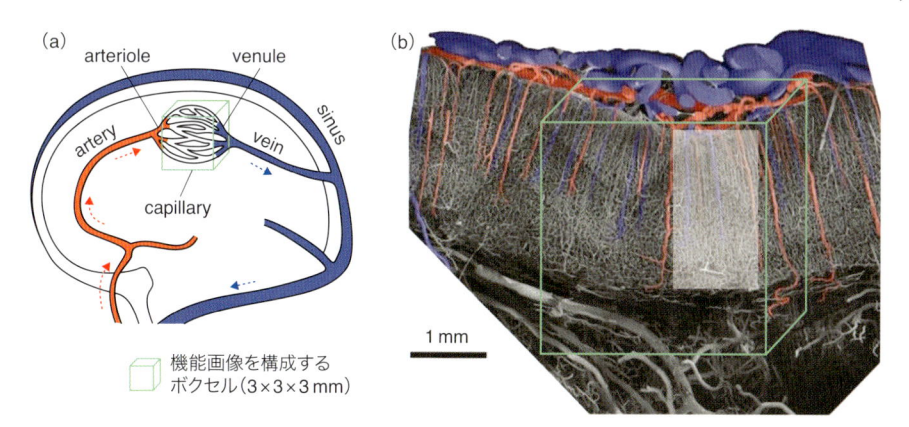

(a)
arteriole
venule
sinus
vein
artery
capillary

□ 機能画像を構成する
ボクセル（3×3×3 mm）

1 mm

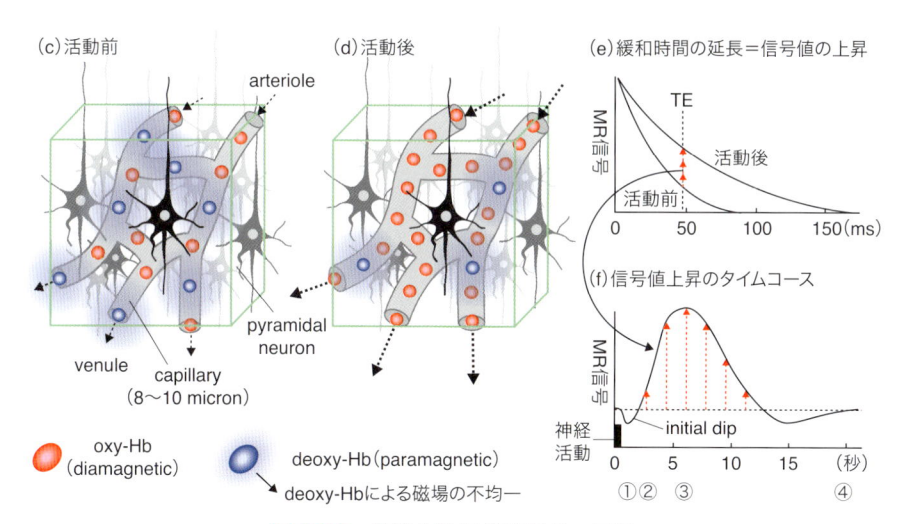

(c) 活動前
arteriole

(d) 活動後

pyramidal
neuron

venule
capillary
（8〜10 micron）

(e) 緩和時間の延長＝信号値の上昇

MR信号
TE
活動後
活動前
0   50   100   150 (ms)

(f) 信号値上昇のタイムコース

MR信号
神経
活動
initial dip
0   5   10   15 (秒)
①② ③   ④

● oxy-Hb
（diamagnetic）

● deoxy-Hb（paramagnetic）

→ deoxy-Hbによる磁場の不均一

図 27.8　機能的磁気共鳴画像の原理

(b)はサルの一次視覚野の電子顕微鏡写真．動脈を赤で，静脈を青で，毛細血管をグレースケールで示している．36，37）より引用．

Colored Illustration

さまざまな計測技術

▶▶▶ 28章 P.302 へ

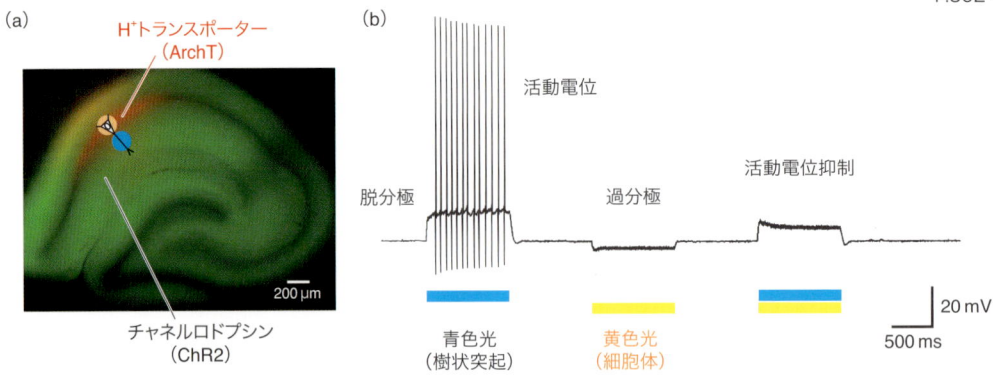

図 28.1　ポジティブ，ネガティブ光操作

脳の神経細胞に ChR2 を発現するトランスジェニックラット海馬にウイルスを介して ArchT を発現させ，樹状突起に青色光を，細胞体に黄色光を照射した（a）．青色光照射により神経細胞の膜電位が脱分極し，連発する活動電位が引き起こされた（b 左）．これに対し，黄色光照射により過分極が引き起こされた（b 中央）．青色光と黄色光を同時に照射すると脱分極の程度が小さくなり，活動電位の発生が抑制された（b 右）．

▶▶▶ 30章 P.326 へ

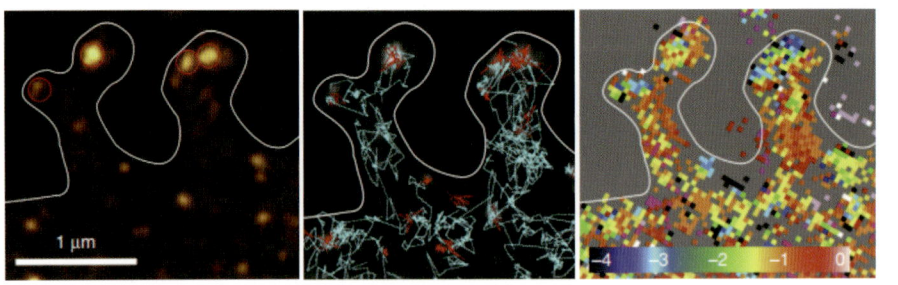

図 30.6　シナプスにおける AMPA 受容体の動態計測の例
左から，滞在頻度，軌跡，拡散係数のマップ．文献 20）より転載．

▶▶▶ 31章 P.334 へ

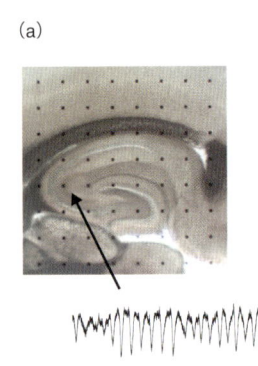 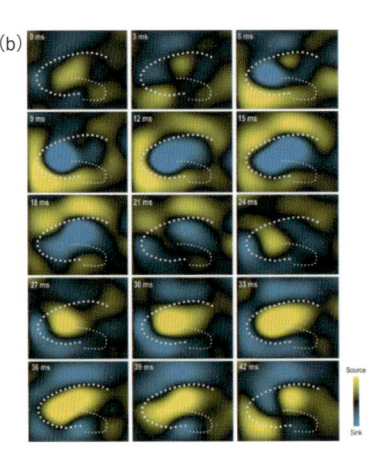

図 31.6　ラット海馬で発生するアセチルコリン作動性リズムの二次元電流源密度解析

（a）微小電極アレイ上の急性ラット海馬スライス．波形はそのうちの一つの電極から記録された細胞外電位を示している．（b）典型的なリズム活動を複数箇所で記録した信号から電流源密度解析によって，リズム活動の 1 周期における電流シンクとソースの分布を導出した．文献 3）より改変．

脳神経化学

脳はいま化学の言葉でどこまで語れるか

森 泰生・尾藤晴彦 編

化学同人

執筆者一覧

編　者

森　　泰生	京都大学 大学院工学研究科 合成・生物化学専攻 分子生物化学分野
尾藤　晴彦	東京大学 大学院医学系研究科 脳神経医学専攻 神経生化学教室

執筆者

1章	竹林　浩秀	新潟大学 大学院医歯学総合研究科 神経生物・解剖学分野
2,12章	久保　義弘	自然科学研究機構 生理学研究所 神経機能素子研究部門
3章	金子　周司	京都大学 大学院薬学研究科 生体機能解析学分野
4章	上田　秀一	獨協医科大学 医学部 解剖学(組織)講座
5章	井上　蘭	富山大学 大学院医学薬学研究部(医学) 分子神経科学講座
	森　　寿	富山大学 大学院医学薬学研究部(医学) 分子神経科学講座
6章	中畑　義久	Max Planck Florida Institute for Neuroscience
	鍋倉　淳一	自然科学研究機構 生理学研究所 生体恒常性発達研究部門
7章	小泉　修一	山梨大学 大学院総合研究部医学域 薬理学教室
8章	坂口　怜子	京都大学 高等研究院 物質-細胞統合システム拠点
	小川　臨	京都大学 大学院工学研究科 合成・生物化学専攻 分子生物化学分野
	香西　大輔	京都大学 大学院工学研究科 合成・生物化学専攻 分子生物化学分野
8,13章	森　恵美子	京都大学 大学院工学研究科 合成・生物化学専攻 分子生物化学分野
	森　　泰生	京都大学 大学院工学研究科 合成・生物化学専攻 分子生物化学分野
9章	佐藤　主税	産業技術総合研究所 バイオメディカル研究部門
10章	橋本谷祐輝	東京大学 大学院医学系研究科 機能生物学専攻 神経生理学分野
	菅谷　佑樹	東京大学 大学院医学系研究科 機能生物学専攻 神経生理学分野
	狩野　方伸	東京大学 大学院医学系研究科 機能生物学専攻 神経生理学分野
11章	松田　一彦	近畿大学 農学部 応用生命化学科
12章	下村　拓史	自然科学研究機構 生理学研究所 神経機能素子研究部門
13章	森　誠之	京都大学 大学院工学研究科 合成・生物化学専攻 分子生物化学分野
	平野　満	京都大学 大学院工学研究科 合成・生物化学専攻 分子生物化学分野
14章	西木　禎一	岡山大学 大学院医歯薬学総合研究科 細胞生理学分野
15章	真鍋　俊也	東京大学 医科学研究所 基礎医科学部門 神経ネットワーク分野
16章	西宗　裕史	University of Kansas Medical Center, Anatomy and Cell Biology
17章	松田　恵子	慶應義塾大学 医学部 生理学(神経生理)
	掛川　渉	慶應義塾大学 医学部 生理学(神経生理)
	柚崎　通介	慶應義塾大学 医学部 生理学(神経生理)
18章	奥田　洸作	岡山大学 大学院医薬学系総合研究科(薬学系) 薬効解析学教室
	高杉　展正	岡山大学 大学院医薬学系総合研究科(薬学系) 薬効解析学教室
	上原　孝	岡山大学 大学院医薬学系総合研究科(薬学系) 薬効解析学教室
19章	木下　専	名古屋大学 大学院理学研究科 生命理学専攻 情報機構学講座
20章	碓井　理夫	京都大学 大学院生命科学研究科 細胞認識学分野
	服部佑佳子	京都大学 大学院生命科学研究科 細胞認識学分野
	上村　匡	京都大学 大学院生命科学研究科 細胞認識学分野

21 章	那波　宏之	新潟大学 脳研究所 基礎神経科学部門 分子神経生物学分野
	武井　延之	新潟大学 脳研究所 基礎神経科学部門 分子神経生物学分野
22 章	八木　健	大阪大学 大学院生命機能研究科
23 章	梅嶋　宏樹	京都大学 高等研究院 物質-細胞統合システム拠点
	見学美根子	京都大学 高等研究院 物質-細胞統合システム拠点
24 章	井本　敬二	自然科学研究機構 生理学研究所
25 章	清中　茂樹	京都大学 大学院工学研究科 合成・生物化学専攻
	浜地　格	京都大学 大学院工学研究科 合成・生物化学専攻
26 章	塚田　秀夫	浜松ホトニクス株式会社 中央研究所 PET センター
27 章	宮内　哲	情報通信研究機構 脳情報通信融合研究センター
	寒　重之	情報通信研究機構 脳情報通信融合研究センター
28 章	八尾　寛	東北大学 大学院生命科学研究科 脳機能解析分野
29 章	松崎　政紀	東京大学 大学院医学系研究科 細胞分子生理学分野
30 章	岡田　康志	理化学研究所 生命システム研究センター
31 章	下野　健	パナソニック株式会社 テクノロジーイノベーション本部
	岡　弘章	パナソニック株式会社 AIS 社 技術本部

はじめに

そもそも化学と脳はずっと折り合いがいいのである．本書の副題「脳はいま化学の言葉でどこまで語れるか」は，いまようやく二つの異分野が巡りあって融合し，新分野が形成されつつあるかのような観を醸し出しているが，神経化学（Neurochemistry）という分野名がすでに半世紀以上前から存在するように，脳・神経と化学の関係の歴史は非常に深い．化学を中心に語るのであれば化学なくして脳科学の発展はなく，脳や神経を中心に語るのであれば化学に思う存分の活躍の場を与えたのは脳科学である．

このような密接な関係は，脳神経系情報処理における細胞レベルの最重要素過程である「神経伝導」と「神経伝達」のうち，後者が多様な化学物質，すなわち神経伝達物質によって担われていることによる．

最初に同定された神経伝達物質はアドレナリンで，その同定者としての栄誉にはアクセルロッドとオイラーが浴してきた．しかし実はその半世紀も前の 1900 年に高峰譲吉と上中啓三がアドレナリンの同定に成功している．食肉酪農産業の中心地であるアメリカ中西部，シカゴに拠点としていた彼らは，食用には供しないウシ副腎から，世界ではじめてホルモンを抽出し，結晶化した．事実誤認の非難や，高峰が醸造学者で薬学での業績が少なかったことなどがあり，アメリカ合衆国と日本ではエイベルに従いエピネフリンと呼ばれてきたが，ヨーロッパでは彼らの業績に敬意を払い，このホルモンをアドレナリンと呼んでいる．なお，2006 年にようやく，日本での正式呼称も「アドレナリン」と改訂された．

激烈な競争のなかで成し遂げた世界初の同定という栄誉は，医学に関心を払いながらも高峰が舎密学校と工部大学校(後の東京大学工学部)応用化学科で学んだ化学の知識に基づいた化学技術，とくに結晶化法の確からしさに負うのではないだろうか．まさにアドレナリン同定は化学者が脳科学・生理学において果たした先駆的偉業である．

「神経伝導」と化学の関係が希薄なわけではない．その理解には電気化学が息づいている．長い神経細胞の軸策上を活動電位が伝搬していく「神経伝導」の理解には，膜電位を決定するナトリウム，カリウム，塩素などの無機イオンの透過性をもつ，生体膜の電気化学的特性を定量的に評価することが必須である．その中心となっている Goldman-Hodgkin-Katz 式は，Nernst-Planck 式に基づいて提案された．ところで，活動電位と神経伝達物質の分泌との連関，すなわち「神経伝導」の「神経伝達」への変換を担うのが，Ca^{2+} である．筋肉の収縮機構に着目し，Ca^{2+} の生理作用を世界に先駆け示したのが江橋節郎であることも忘れてはなるまい．Ca^{2+} の生理的重要性には，それ特有の錯体構造が不可欠である．

近年，脳の分子生物学や生化学の発展は目覚ましい．たとえばドーパミンと意欲，セロトニ

ンと不安など，神経伝達物質の高次脳機能との関係性が明らかになってきている（いくつかの階層を隔てた関係であり，短絡的な 1 対 1 対応にないことはいうまでもない）．また，沼正作らによって切り開かれた神経伝達物質受容体や活動電位の発生を担うイオンチャネルの分子実体を明らかにする研究は，脳には末梢組織とは比べようのないくらいの分子的多様性が存在することを明らかにした．これは脳の高度な情報処理機能を裏づけるものと思われる．ほかのタンパク質と同様に，チャネル・受容体に関しても，構造生物学的研究がマッキノン，藤吉好則やコブリカらによって進められており，「神経伝導」や「神経伝達」は原子レベルで語る時代になってきている．

　脳科学は今後，どのような方向に展開するであろうか？　バイオインフォーマティクスと遺伝学とを組み合わせた新規生理活性物質やその受容体の探索と作用機構の解明は，神経伝達の化学的多様性を大きく拡大すると考えられる．メモリーチップの化学構成だけを知ってもコンピューターが理解できないように，脳内生理活性物質と作用分子機構を知るだけでは脳を理解することはできない．神経細胞のかたち，シナプスを介した結合や，その総体としての神経回路形成を担う分子機構とその可塑性を明らかにすることがとても重要である．また個々の化学物質や分子が神経回路のなかでどのように変化するかをリアルタイムで検索するイメージング技術からは，脳の高次機能と神経伝達物質の精密な関係性が明らかになる．さらに脳が私たちのアイデンティティーの決定に中心的役割を果たしている以上，必然的に脳の病気は非常に大きな社会的影響を及ぼすので，有効な生理活性物質を探索し治療薬を開発することは医学上の重要な課題である．いずれにせよ，脳は化学研究の対象の宝庫なのである．

　生物有機化学の先駆者の一人である田伏岩夫は 1976 年にいみじくも，「今や，原理的には内気なあなたが恋するのも，——それはすべて電子なの」と記述している．そのとおりである．しかし，「恋する私の胸を締め付けるのはアドレナリンよ」といってしまうと身も蓋もないと思われる方は，是非，脳内の扁桃体から愛しい人への思いがドーパミンなどを介してどう表れるのか研究していただきたい．分子から組織，個体まで階層をまたいだ重厚な脳研究が展開できることは請け合いである．

　今回，脳の基礎から最新研究トピックスまで，脳機能・構造を司る分子に関して，第一線で独創的な研究を展開されている方々に執筆をお願いした．また各章でとくに重要な化合物や分析技術などを一つ取り上げていただき，Key Chemistry としてまとめてもらった．本書が「脳はいま化学の言葉でどこまで語れるか」に答える一助ともなれば幸いである．

　　2018 年 2 月

編者　森　泰生，尾藤晴彦

目　　次

Part III　脳神経における素過程・構造をコントロールする分子群

略　語	日本語訳	正式名称
―	シナプス前部	presynapse, presynaptic part
―	シナプス後部	postsynapse, postsynaptic part
5-HT	セロトニン	serotonin, 5-hydroxytryptamine
ACh	アセチルコリン	acetylcholine
AMPA		α-amino-3-hydroxy-5-methyl-4-isoxazolepropionic acid
ATD	N 末端領域（アミノ末端領域）	amino terminal domain
BDNF	脳由来神経栄養因子	brain-derived neurotrophic factor
CaMK	Ca^{2+}-カルモデュリン依存性キナーゼ	Ca^{2+}-calmodulin-dependent kinase
Ca_V	電位依存性 Ca^{2+} チャネルの α1 サブユニット	
cAMP	環状アデノシン 1 リン酸	cyclic adenosine monophosphate
cGMP	環状グアノシン 1 リン酸	cyclic guanosine monophosphate
Ch	コリン	choline
DA	ドーパミン	dopamine
L-DOPA	L-ジヒドロキシフェニルアラニン	
EGF	上皮成長因子	epidermal growth factor
EPSC	興奮性シナプス後電流	excitatory postsynaptic current
EPSP	興奮性シナプス後電位	excitatory postsynaptic potential
G protein	G タンパク質	GTP (guanosine triphosphate)-binding protein
GABA	γ-アミノ酪酸	γ-aminobutyric acid
GAD	グルタミン酸デカルボキシラーゼ	glutamic acid decarboxylase
GFP	緑色蛍光タンパク質	green fluorescent protein
GPCR	G タンパク質共役型受容体	G protein-coupled receptor
IPSC	抑制性シナプス後電流	inhibitory postsynaptic current
IPSP	抑制性シナプス後電位	inhibitory postsynaptic potential
K_V	電位依存性 K^+ チャネル	voltage-gated potassium channel
LTD	長期抑制	long-term depression
LTP	長期増強	long-term potentiation
NA	ノルアドレナリン	noradrenaline
Na_V	電位依存性 Na^+ チャネル	voltage-gated sodium channel
NGF	神経成長因子	nerve growth factor
NMDA		N-methyl-D-aspartate
NTs	ニューロトロフィン	neurotrophins
PD	ポアドメイン	pore domain
PKA	プロテインキナーゼ A	protein kinase A
PKC	プロテインキナーゼ C	protein kinase C
SEM	走査電子顕微鏡	scanning electron microscope
Shh	ソニック・ヘッジホッグ	sonic hedgehog
SNARE		Soluble NSF-attachment protein receptor, SNAP receptor
TM	膜貫通	transmembrane
VDCC	電位依存性 Ca^{2+} チャネル	voltage-dependent calcium channel
VGLUT	小胞型グルタミン酸トランスポーター	vesicular glutamate transporter
VIAAT	小胞型抑制性アミノ酸トランスポーター	vesicular inhibitory amino acid transporter
VSD	電位センサー（感受）ドメイン	voltage sensor domain

☑ **Brain Neurochemistry**

I

脳の基礎

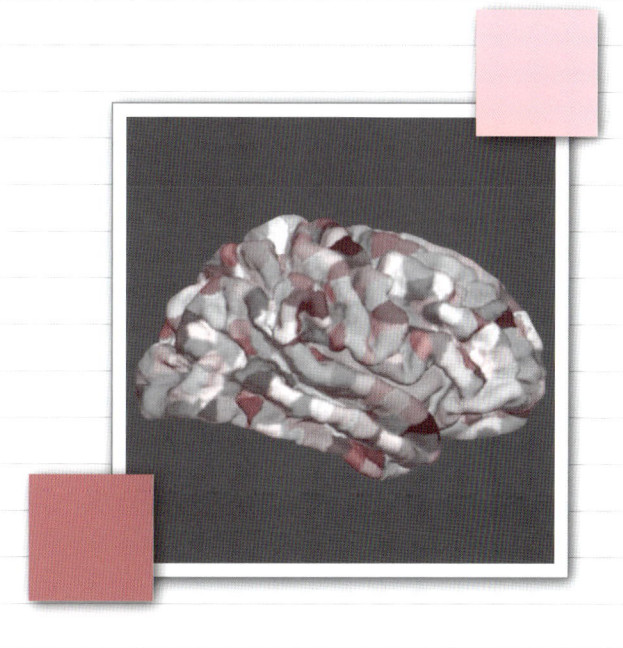

脳はどのようにできているか

Summary

　脳は動物の本能や行動を規定し，ヒトでは性格や人格も担う臓器である．その複雑な構造と多岐にわたる機能から，最後の研究フロンティアとも呼ばれている．脳神経系の発生・発達は，遺伝的プログラムに依存するメカニズムと，環境からの入力情報および神経活動に依存するメカニズムの両方が必要であり，複雑な過程をたどる．中枢神経系の発生は，神経の誘導，神経管の形成，神経管の領域化と細胞の特異化，細胞移動，神経回路形成，神経活動による神経回路の修正・精密化など，多段階を経て形成される．本章ではヒトを含む哺乳類の脳神経系の構造について解説し，その発生・発達メカニズムについて化学的視点を加えながら概説する．

1.1　はじめに──nature or nurture（氏か育ちか）

　脳は複雑な形態をもち，高度な情報処理を行っている．意識，認識，思考，記憶，感情は，いずれも脳が司っている．脳神経系の発達は遺伝的プログラムのみならず，外界からの入力刺激により調整され，遺伝と環境の両方が必要ということがほかの臓器の発達と異なる点である．一卵性双生児はもとは一つの受精卵で，ゲノム DNA の情報は一致しており，遺伝因子は共通している．しかし一卵性双生児が成長すると，容姿は似ているが異なる人格をもつ別の人になる．このことからも，脳の発達が遺伝因子だけでは決まらず，外界から脳への情報入力（環境因子）も大切であることがわかる．技術的・倫理的に不可能であるが，もしも脳移植が行われた場合には手術前と手術後で患者の人格が入れ替わってしまうであろう．このようなことは心臓や腎臓などほかの臓器移植では起こらない．脳の発達が遺伝因子のみならず環境因子も必要であることを考え合わせると，幹細胞研究が発達しクローン人間がつくり出されたとしても，記憶や人格までまったく同一の人間をつくり出すことは非常に困難であることがわかる．すなわち，一人ひとりの人間は，唯一無二の存在なのである．

1.2　神経系の成り立ち

1.2.1　神経系の構造と機能

　ヒトの脳の肉眼観察を行うと，脳表面の大部分を占めるのは大脳皮質であることがわかる（図1.1 a）．哺乳動物に属するヒトの脳の特徴は，大脳皮質が飛躍的に巨大化し，多くの「しわ」があることである[1]．脳のなかでも言語，知性などの人間に特徴的な機能を司るのは，ヒトで急激に巨大化，進化した大脳皮質である．脳は一見左右対称であるが，機能的な左右差（ラテラリティー，laterty）が存在する．たとえばほとんどのヒトでは言語野は左脳にあることが知られている．しかし，言語野や利き手の偏りをつくるメカニズムや生理学的意義の詳細についてはまだ不明な点が多い．

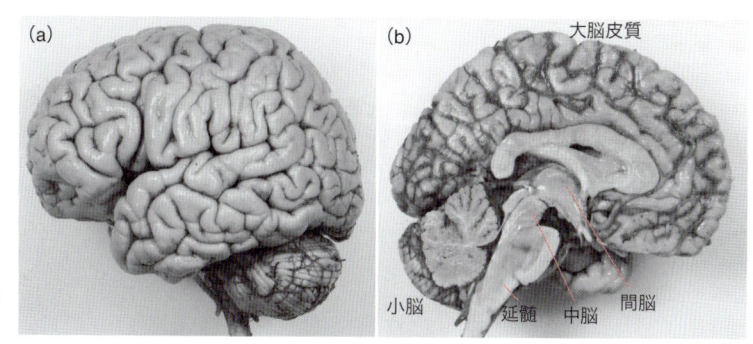

図 1.1　ヒト脳の肉眼的構造
（a）外側からの観察，（b）内側からの観察.

大脳縦裂で左右の脳に正中断して，内側から観察すると，大脳，間脳，中脳，小脳，延髄，脊髄が存在する（図 1.1 b）．間脳にある視床は広範囲の大脳皮質と相互に線維連絡しており，感覚情報処理の中継地点としても働いている．小脳は運動学習にかかわり，延髄は呼吸中枢などを有し生命の維持に必須の領域である．脳幹は脳死判定の基準の一つとして用いられている縮瞳反射を担っている．

中枢神経系は脳と脊髄から成る．末梢神経系は脳や脊髄に出入りする神経で，ヒトでは脳神経（12 対）と脊髄神経（31 対）がある．これらのなかに感覚神経系，運動神経系，自律神経系などの軸索が含まれている．自律神経系は内臓の変化を感知し，内臓の活動をコントロールすることによりからだの恒常性を保つのに役立っている．自律神経系はさらに機能的に異なる交感神経と副交感神経に分類される．なお，その構成要素である節前神経細胞の細胞体は中枢神経系のなかに存在する[*1]．交感神経系は「戦いの神経」ともいわれ，心拍数を上げる・瞳孔を開く・血糖値を上げるなどの作用を示す．副交感神経は「休息の神経」ともいわれ，心拍数を下げる・消化管の蠕動を促すなどの作用を示す．

1.2.2　神経系の構成細胞

神経系の構成細胞は，神経細胞とグリア細胞に大別される．古くはゴルジ染色に代表される鍍銀染色などの特殊染色を用いて，組織学的観察が行われてきた（図 1.2 a）．ゴルジ染色は，細胞の微細な構造が観察できる優れた方法であるが，染色性にムラがあり，どの細胞が染色されるかは運に左右される．そのため最近は，細胞種特異的マーカーに対する抗体を用いた免疫染色による検出法も多く用いられている（図 1.2 b）．

神経細胞は細胞体から伸びた軸索を介して電気信号を伝える神経系の基本単位となる細胞である．軸索の先端にはシナプスという構造があり，ほかの細胞の樹状突起や細胞体などに接合している．

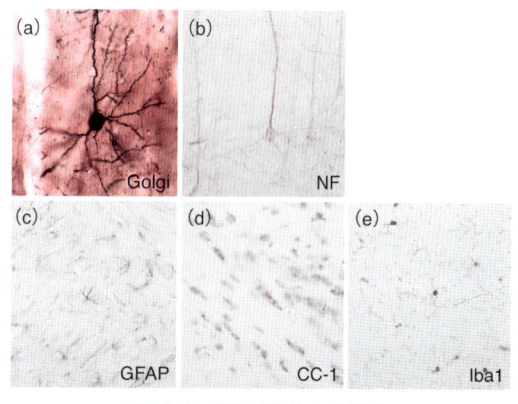

図 1.2　脳を構成する細胞
（a）鍍銀染色法により染色した錐体細胞．（b〜e）免疫染色により染色した各細胞種．ニューロフィラメント（NF）は神経細胞（b），GFAP はアストロサイト（c），CC-1 は成熟オリゴデンドロサイト（d），Iba1 はミクログリアのマーカー（e）である．

[*1]　節前神経細胞の細胞体が中枢神経系にあり，その軸索や節後神経細胞が末梢神経系にある．

(a) BDA逆行性標識

(b) BDA順行性標識

(c)

神経トレーサー	性　質
PHA-L (白・インゲン豆レクチン)	[順行性]
Biocytin	[順行性]
BDA (ビオチン化デキストランアミン)	[順行性，逆行性]
HRP (西洋ワサビ過酸化酵素)	[逆行性]
WGA-HRP (HRP結合小麦胚芽レクチン)	[順行性，逆行性，経シナプス性]
CTB (コレラ毒素Bサブユニット)	[順行性，逆行性]
LTB (毒素原性大腸菌の易熱性毒素)	[順行性，逆行性]
Fast Blue	[逆行性]
Diamidino Yellow	[逆行性]
Fluoro-Gold	[逆行性]
カルボシアニン系色素(Dil, DiO等)	[順行性，逆行性]
遺伝子組換えウイルス	
アデノウイルス	[順行性，逆行性]
狂犬病ウイルス	[逆行性，経シナプス性]
シンドビスウイルス	[順行性]

図 1.3　トレーサーによる神経回路標識

(a, b) 神経トレーサー (BDA) により錐体細胞の細胞体 (a) と神経終末 (b) が観察される．(c) さまざまな神経トレーサー．

軸索を通してシナプス終末に電気信号が届くとシナプス間隙に神経伝達物質が放出される．神経伝達物質には，グルタミン酸 (Glu) やアセチルコリン (ACh) などの興奮性の神経伝達物質と，γ-アミノ酪酸 (GABA) やグリシン (Gly) などの抑制性の神経伝達物質がある．神経伝達物質がシナプス後膜にある受容体に結合すると，受容した神経細胞に興奮性シナプス後電位 (EPSP) あるいは抑制性シナプス後電位 (IPSP) が生じる．このようにして神経細胞どうしがつながりを形成することで神経回路ができる．神経解剖学では神経細胞体の集合を神経核 (nucleus) と呼ぶ[*2]．

神経回路のつながりを調べるための手法には，神経トレーサーを用いた神経回路標識実験がある．これはおもに軸索中の物質輸送システムを使って神経細胞を標識する方法で，トレーサー物質には順行性，逆行性，経シナプス性など多様な性質をもつ物質が知られている．また，生体脳あるいは

固定した脳に注入するもの，発色により明視野観察するもの，蛍光標識により暗視野観察するものなどその使用法もさまざまである．最近では，蛍光タンパクなどを発現する遺伝子組み換えウイルスも神経トレーサーとして利用されている（図1.3）[2]．

アストロサイト，オリゴデンドロサイト，ミクログリアを含むグリア細胞は，神経細胞の隙間を埋める細胞と考えられてきた．古くからアストロサイトが神経細胞と血管に終足を伸ばして酸素や栄養素など代謝のサポートを行い，オリゴデンドロサイトは軸索の周りに髄鞘（ミエリン）という絶縁体構造をつくり電気信号をすばやく伝える跳躍伝導を担い，またミクログリアは不要になった細胞や外から侵入した細菌などを貪食する役割をもつことが知られてきた．しかし近年の研究でさらに，アストロサイトはシナプスの数を制御したり，シナプスから漏出した神経伝達物質を取り込んだりすることがわかってきた．またオリゴデンドロサイトは乳酸を軸索へ供給し代謝制御を行い（そ

---

*2 英語名では細胞生物学における細胞の核（nucleus）と同じであるが，意味するものは異なるので注意する．

の機能低下が軸索流の異常につながる），ミクロ
グリアは発達期に不要になったシナプスを刈り込
むなどの神経系の機能発現に重要な役割を果たす
という新たな機能がわかってきた[3]．

　中枢神経系の非神経細胞としては，上衣細胞(脳
室面に接する上皮細胞），脈絡叢上皮細胞(脳脊髄
液を産生），タニサイト（第三脳室底の上衣細胞)
などが存在する．また末梢神経系の髄鞘形成細胞
はシュワン細胞で，さらに脳表面は軟膜で覆われ
ており，そのなかの線維芽細胞が細胞外基質を合
成する．脳内には血管が走行しており，血管には,
血管内皮細胞，平滑筋細胞，ペリサイトなども存
在する．さらに最近では，脳にもリンパ管が存在
するとの報告がなされた[4]．

1.3　神経系の発生

　神経発生学は神経系の発生のメカニズムを明ら
かにする学問である．ほかの分野と同様，共通性
と特異性を意識しながら研究を進めることが必要
である．哺乳類の神経発生に関係するシグナル
分子は，ショウジョウバエの発生にかかわる分
子との遺伝子相同性から同定されたものも多く,

Notch はその一例である．羽に切れ込み（ノッチ)
が入るショウジョウバエの変異体の原因遺伝子と
して同定された Notch 遺伝子は，哺乳類におい
ても保存されており，その後，Notch が哺乳類
において神経幹細胞の維持などにかかわるシグナ
ル伝達分子であることが判明した[5]．しかしなが
ら大脳皮質は哺乳類で出現し，ヒトで大きく進化
した領域であり，鳥類やショウジョウバエには存
在しない．その意味で，生物種の特異性について
注目して研究を行う視点も必要である[6]．

1.3.1　神経管の形成

　神経系の原基である神経板は皮膚とつながっ
ており，発生途中の胚の三胚葉(外胚葉，内胚葉,
中胚葉）のうち皮膚と同じ外胚葉由来である．カ
エル胚を用いた実験から，予想に反して神経板を
含む神経組織が「初期設定状態」であることが示さ
れた．つまり，皮膚には分化調節因子である骨
形成タンパク質 (bone morphogenetic protein；
BMP)が作用して「神経になるな」というシグナル
が伝えられていて，それに対し第2の分化制御
因子ノギンやコーディンなどがその BMP を阻害
すると神経に分化するということである[7]．神経

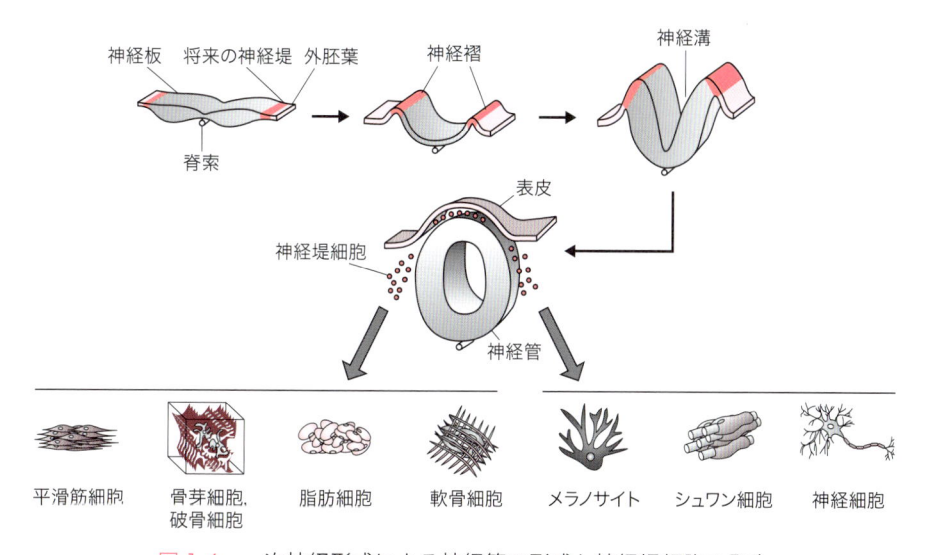

神経板　将来の神経堤　外胚葉　　神経褶　　　　　神経溝

脊索

表皮

神経堤細胞

神経管

平滑筋細胞　骨芽細胞,　脂肪細胞　軟骨細胞　メラノサイト　シュワン細胞　神経細胞
　　　　　　破骨細胞

図 1.4　一次神経形成による神経管の形成と神経堤細胞の発生

管は，神経板の両端が盛り上がった神経褶が融合することにより体軸の中央に形成される（一次神経形成）．体軸後方では中胚葉性間葉細胞の上皮化による神経管の形成（二次神経形成）が観察される（図1.4）．神経管形成の際の融合不全により神経管は「管状」にならず二分脊椎症となる[8]*3．

　神経堤細胞は神経褶より遊離し，胚体内のさまざまな部位に決まった経路を通って移動し，末梢神経系の神経細胞やシュワン細胞をはじめとして，頭部の筋肉，骨などのさまざまな種類の細胞に分化する（図1.4）[9]．ニワトリ-ウズラの胚間移植実験により，神経堤細胞の細胞系譜や分化可塑性についての実験が行われた．神経堤細胞は外胚葉由来であるが，その多様な分化能から第四の胚葉と呼ばれることもある．

1.3.2　神経管の発達

　発生が進むに従い，中空の管であった神経管には三つのふくらみ，すなわち前脳胞，中脳胞，菱脳胞が形成される（図1.5）．前脳胞から多くの細胞を含む前脳（終脳，間脳）ができることから，活発な細胞増殖が必要であると考えられる．実際に，増殖因子のFGF8（fibroblast growth factor 8）

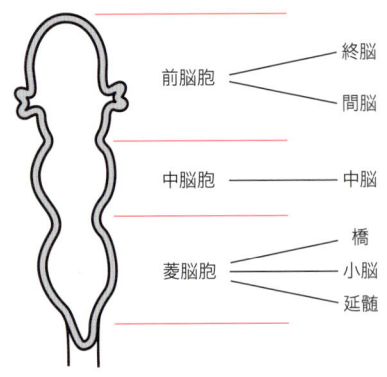

前脳胞　━ 終脳
　　　　┗ 間脳

中脳胞　━ 中脳

菱脳胞　┏ 橋
　　　　┣ 小脳
　　　　┗ 延髄

図1.5　前脳胞，中脳胞，菱脳胞の形成とその派生構造

---

*3　妊娠する可能性のある女性が葉酸（folic acid）を摂取することにより，この二分脊椎症の発生率は減少することが知られている．

が神経板前端部に発現することが報告された[10]．中脳胞からは中脳，菱脳胞からは菱脳（将来，橋，小脳，延髄になる）が形成される（図1.5）．なおFGF8は，中脳・小脳分化のオーガナイザーとして働く中脳後脳境界部（峡部）にも発現し，濃度勾配により細胞の運命を決定するモルフォゲン（後述）としての役割を果たす．

1.4　神経系と神経幹細胞

1.4.1　神経幹細胞の増殖・分化と位置情報による領域化

　神経細胞とグリア細胞のうちアストロサイトとオリゴデンドロサイトには共通の前駆細胞が存在し，これは神経幹細胞と呼ばれる．神経幹細胞の特徴は，自己複製能をもち，多種類の細胞を産み出すことである．神経幹細胞は，まず神経細胞，続いてグリア細胞を生み出す．放射状グリア細胞は脳室近くに細胞体があり，脳表面に向かって放射状線維を伸ばす細胞である．以前はグリア細胞の前駆細胞と考えられていたが，この放射状グリア細胞が神経細胞を生み出すことが示された[11]．つまり放射状グリア細胞こそが神経幹細胞なのである．神経幹細胞が増殖する際，細胞体がinterkinetic nuclear migration（INM），別名エレベーター運動と呼ばれる脳表面と脳室面（深部）のあいだで上下の繰り返し運動を行うことが，^{3}H-チミジンの増殖細胞への取り込み実験によって明らかになった．なおミクログリアは，卵黄嚢由来の血球系の細胞であることが遺伝子改変マウスを用いた実験で示されている[12]．

　脊髄は，神経系の発生の解析のなかで最も進んでいる領域である[13]．脊髄においては背腹軸に沿って特定の領域（ドメイン）を有し，そのドメインから特定の細胞が産み出されることが知られている（図1.6）．つまり神経幹細胞には自分自身の位置情報を感知するシステムがあり，それによっ

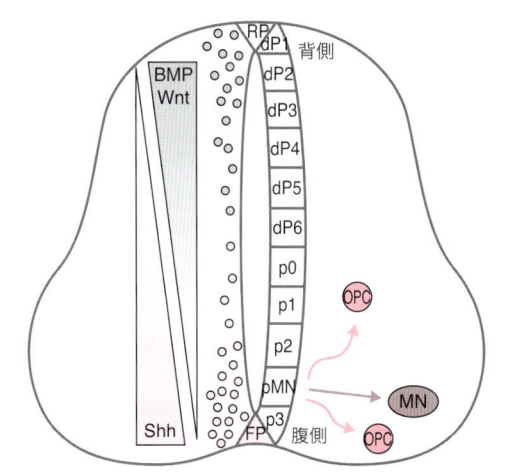

図 1.6　発生期脊髄の背腹軸に沿ったドメイン構造
腹側の pMN ドメインから運動神経 (MN) とオリゴデンドロサイト前駆細胞 (OPC) が産み出される.

て何に分化するかが決まるということである. 位置情報の感知にはモルフォゲンと総称される細胞外分泌因子が使われている. 具体的には腹側の底板からソニック・ヘッジホッグ (Shh), 背側の翼板周辺の細胞から BMP や Wnt (ウィント) が発現し, これらの濃度勾配依存的に特定の転写因子セットが発現される. たとえば Olig2 は pMN ドメインに発現する転写因子で, 運動神経とオリゴデンドロサイトの発生に必須の転写因子である[14].

脳にも遺伝子発現で区分けされるドメイン構造があり, 前脳では前後軸に沿って六つの分節 (p1 ～ p6) に分けたプロソメアモデル[15]がつくられている. 前後軸の形成で最も解析が進んでいるのは菱脳で, ホメオボックスと呼ばれる DNA 結合部位をもつ Hox 遺伝子群が菱脳分節で特異的に発現する. Hox 遺伝子群は, ゲノム上にクラスターを形成している. 頭部側で発現するものは Hox クラスターの 3′ 側に存在し, またレチノイン酸 (retinoic acid, RA) により発現誘導がかかりやすい[16]*4.

1.4.2　細胞移動

神経幹細胞から産み出され, 分化方向が定まった細胞は, 前駆細胞と呼ばれる. 神経前駆細胞とグリア前駆細胞は, いずれも脳神経系内の最終地点へ細胞移動を行う. ここでは解析の進んでいる大脳皮質の発生について解説する[11] (図 1.7).

大脳新皮質は 6 層構造から成る. 興奮性神経前駆細胞は大脳皮質内で放射状グリア細胞から産み出され, 脳表面に向かって放射状移動を行う. このときあとから生まれた神経前駆細胞が, 先にできた神経細胞を追い越す inside out パターンと呼ばれる移動を行うため, 大脳皮質は 6 階建てのビルを 1 階 (第 6 層) から 6 階 (第 1 層) まで順番に建設するようにつくられる. 抑制性神経細胞は腹側の大脳基底核原基にて産生され, 接線方向移動 (tangential migration) を行って大脳皮質に入ってくる[17]*5.

いずれの細胞移動にも接触誘導や走化性誘導など, 軸索ガイダンスと同様にさまざまなメカニズムが働いている. また血管[20]や髄膜[21]も細胞移動にかかわっていることが知られている. 脳のしわがなくなる滑脳症は, ダブルコルチンやフィラミンなどの細胞骨格制御因子の変異により神経細胞の放射状移動がうまくできないことで生じる[18]. また大脳皮質の層が逆転してしまうリーラー (reeler) マウスは, 大脳皮質発達時に辺縁帯にあるカハールレチウス細胞から分泌されるリーリン (Reelin) タンパク質をコードする遺伝子の変異により生じることがわかっている[19].

1.5　神経回路形成

神経細胞は標的細胞まで軸索を伸ばしてシナプス形成し, 神経回路を形成する. 正しい経路を選

---

*4　Hox 遺伝子群もまたショウジョウバエとの共通の遺伝子である.

*5　そのほかの移動様式として多数の突起を活発に伸縮させながら細胞体がさまざまな方向に移動する多極性移動の存在も示された[18].

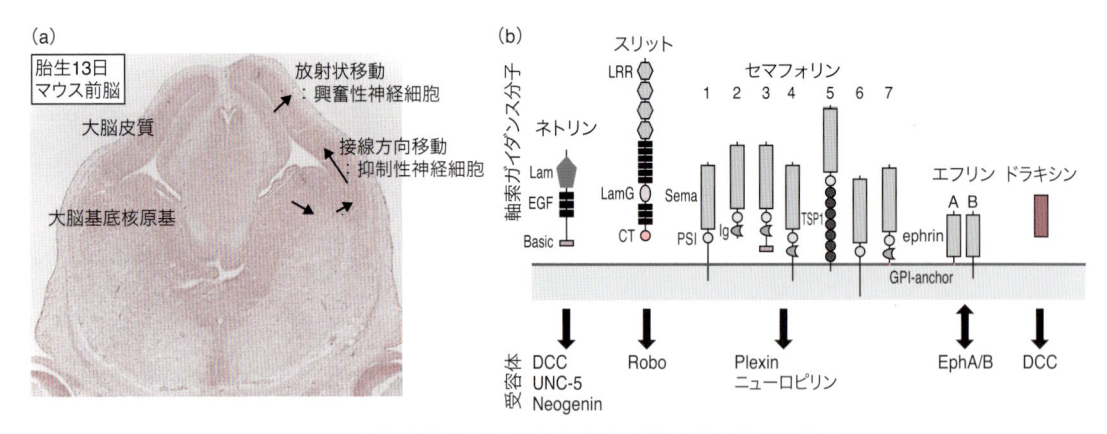

図 1.7　大脳皮質における細胞移動と軸索ガイダンス分子
(a) グルタミン酸作動性の興奮性神経細胞は大脳皮質内で産生され放射状移動を行い，GABA 作動性の抑制性神経細胞は腹側の大脳皮質原基で産生され接線方向移動を行う．(b) 軸索ガイダンス分子とその受容体．Lam：Laminin domain，EGF：EGF like repeat，Basic：basic domain，LamG：Laminin G domain，LRR：Leucine rich repeat，CT：cysteine terminal knot，Sema：Sema domain，PSI：plexin, semaphorin and integrin domain，Ig：Immunoglobulin domain，TSP1：Thrombospondin domain.

択して離れた標的細胞にたどり着き，機能的なシナプスを形成するまでにも多くのステップがある．伸長している軸索の先端の成長円錐が，軸索ガイダンス分子を感知する（図1.7b）．軸索ガイダンス分子には，ネトリン，スリット，セマフォリン，エフリンなどが知られている[22]．軸索ガイダンス分子には，分泌タイプ，細胞膜局在タイプがあり，走化性誘導により効果を発揮するもの，接触誘導により効果を発揮するものなどその様式もさまざまである．接着因子のなかには，細胞接着活性を通して受動的に軸索成長を促進するものもあるが，能動的な軸索誘導には軸索ガイダンス分子の受容体からのシグナルが関与し，細胞骨格の再編を通して最終的に成長円錐の誘因，あるいは反発が起こる．交連線維が正中部を交叉する際などは，同じ軸索ガイダンス分子に対して受容体の使い分けで誘因，反発の反応が変わることがあり，複雑な制御がなされていることがわかる．末梢神経は血管走行と関連が深く，それらの形成メカニズムについても最近興味がもたれている[23]．

　神経回路の形成は，成長円錐が標的細胞に到達してからも続き，調整と精密化が行われる．具体的には神経細胞死による神経細胞の数の調節，シナプス形成，シナプス除去による終末の再編成，シナプスの安定化などが起きる．神経細胞の数の調節は，限られた量の神経栄養因子の取り合いが関与している例が知られている．シナプス形成を誘導するシナプスオーガナイザーとしては，多くの分子が知られている．シナプスの除去や成熟には，神経活動の違いもメカニズムの一つと考えられている．

1.6　生後の脳発達

　哺乳動物は出生後，外界からのさまざまな刺激入力を経験する．経験に依存して，神経回路はさらに改変・精密化する．このような柔軟性は「シナプス可塑性（synaptic plasticity）」と呼ばれ，生涯にわたって観察される．シナプス可塑性のメカニズムとしては神経伝達物質受容体の発現制御や活動依存性遺伝子発現などによるシナプスの構造変化などが担っていると考えられており，その機能としては海馬での記憶，小脳での運動学習などにかかわると考えられている．また未熟な脳に

おいてのみ見られるのが，経験などによって変化できる「臨界期」[*6] である[24]．ヒトの出生後の脳発達のプロセスにはグリア細胞も関与し，オリゴデンドロサイトの最終分化，ミクログリアによるシナプスの刈り込みなどが起こる．これらから，「出生直後の脳は未熟であり，外界からの入力刺激などによる神経活動を受けて適切に発達・成熟する」といっても過言ではない．

成体脳では神経新生は起こらないと信じられてきたが，近年の研究により，成体になってからも側脳室の傍らの脳室下帯[25] と海馬の歯状回[26] の限局した2か所で神経新生が起こっているこ

とが明らかになった．成体脳の神経幹細胞はアストロサイトマーカーの GFAP（glial fibrillary acidic protein，グリア線維性酸性タンパク質）を発現しているが，なぜこれらの限局した領域で神経幹細胞が維持され，神経新生が起こるのか，つまり，この成体脳における神経新生の微小環境（ニッチ）の実体は大きな謎であり，研究が行われている．この分子機序がわかれば，神経系を対象とした再生医学への応用が期待できる．

最近，マウス視床下部において第三脳室底のタニサイトから生後の一定の期間は神経細胞が生み出されること，高脂肪食摂取により神経新生期間が延長することが判明している[27]．これは子ども時代の食事内容が脳の構造に影響を与えるこ

[*6] 神経回路の可塑性が一過的に高まる時期があり，臨界期として知られている．

Key Chemistry　ソニック・ヘッジホッグ（Shh）

Shh はモルフォゲンの一つで，濃度勾配を形成し，濃度に応じて細胞内にシグナルを伝える．Shh は脊索や脊髄腹側の底板から分泌され，神経幹細胞に腹側の位置情報を与える．Shh はタンパク分解，パルミトイル化，コレステロール付加の翻訳後修飾を受け，脂質修飾は濃度勾配の形成に寄与していると考えられている．Shh の受容体 Patched（Ptch）は，Smoothend（Smo）の一次繊毛における局在を制御し，Shh 非存在下では Smo の活性化は Ptch により抑えられている．一次繊毛にはほかのシグナル分子受容体も局在するので「細胞のアンテナ」として働くと考えられている．Shh シグナルが正常に働くとからだの正中構造がつくられる．催奇形性物

質として同定されたサイクロパミンは，Shh シグナルを遮断することによりからだの正中構造が形成不全になり，単眼症や全前脳胞症などの奇形を発生させる．一方，Shh 受容体の Ptch に遺伝子変異をもつ Gorlin 症候群の家系では，Shh 経路の活性化が起こり遺伝性の皮膚がん（母斑性基底細胞癌）や小児の小脳がん（髄芽腫）を発生することが知られており，Shh が適切な場所やタイミングで，適度に活性化される必要があることがわかる．シクロパミンなどの Shh シグナル遮断薬は，Gorlin 症候群の患者に対して，がん治療薬となる可能性が考えられ研究が進められている．

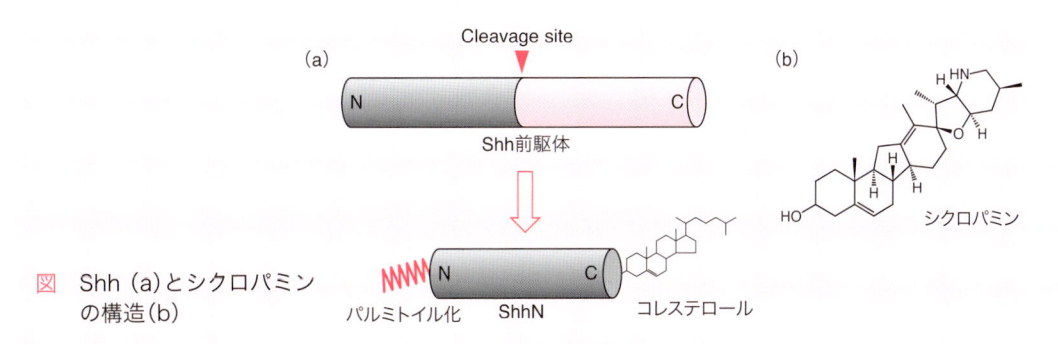

図　Shh（a）とシクロパミンの構造（b）

とを示唆している．また別の研究では，親が嗅いだ匂いの経験が，その後に出生した次の世代のマウスのその匂いに対する行動や嗅覚受容体ゲノムDNAのメチル化状態を変化させるという形質の遺伝について報告されており[28]，興味深い．

1.7　おわりに

　われわれの意識が宿る脳が形成されるメカニズムを探究する神経発生学は，多くの研究者を魅了する分野である．脳発生・発達における遺伝と環境の影響とその相互作用は，古くて新しい問題である．神経系は神経細胞が細胞分裂をせず，再生しにくいという性質をもつことから，ヒトでは多くの神経難病が存在する．神経系の病気には神経発生の異常を伴うものも存在し，病態の理解と治療法の開発のためにも神経発生学の知識が必要である．近年，神経難病治療を目指した再生医学も進歩しており，少しずつ現実味を帯びてきている．再生医学においては，内在性あるいは外来性の幹細胞を用いる方法，ゲノム編集などのゲノム改変技術[29]を用いる方法，それらを組み合わせる方法など，いく通りもの方法がある．脳全体の再生や移植は難しいが，失われた神経細胞の再生や補充への期待が高まっている．その際，神経発生・発達の知識が基盤になることは確かである．神経発生学の分野において，まだまだ解明していくべき課題は多い．

（竹林浩秀）

文　献

1) O. Abdel-Mannan et al., *Brain Res. Bull.*, **75**, 398 (2008).
2) J. L. Lanciego & F. G. Wouterlood, *J. Chem. Neuroanat.*, **42**, 157 (2011).
3) H. Kettenmann & B. R. Ransom, "Neuroglia," Oxford University Press (2013).
4) A. Louveau et al., *Nature*, **523**, 337 (2015).
5) R. Kageyama et al., *Curr. Opin. Cell Biol.*, **21**, 733 (2009).
6) K. Watanabe et al., *Development*, **138**, 4979 (2011).
7) E. R. Kandel et al., "Principles of Neural Science" McGraw-Hill (2013).
8) L. E. Mitchell et al., *Lancet*, **364**, 1885 (2004).
9) P. Trainor, "Neural Crest Cells: Evolution, Development and Disease," Academic Press (2013).
10) K. Shimamura & J. L. Rubenstein, *Development*, **124**, 2709 (1997).
11) S. C. Noctor et al., *Novartis Found Symp.*, **288**, 59 (2007).
12) K. Kierdorf et al., *Nat. Neurosci.*, 16, 273 (2013).
13) Y. Tanabe & T. M. Jessell, *Science*, **274**, 1115 (1996).
14) H. Takebayashi et al., *Curr. Biol.*, **12**, 1157 (2002).
15) L. Puelles & J. L. Rubenstein, *Trends Neurosci.*, **26**, 469 (2003).
16) H. Marshall et al., *Nature*, **370**, 567 (1994).
17) O. Marín, *Eur. J. Neurosci.*, **38**, 2019 (2013).
18) J. J. LoTurco & J. Bai, *Trends Neurosci.*, **29**, 407 (2006).
19) D. S. Rice & T. Curran, *Annu. Rev. Neurosci.*, **24**, 1005 (2001).
20) A. Saghatelyan, *Semin. Cell Dev. Biol.*, **20**, 744 (2009).
21) K. Zarbalis et al., *Neural Dev.*, **7**, 2 (2012).
22) A. L. Kolodkin & M. Tessier-Lavigne, *Cold Spring Harb Perspect Biol.*, **3**, a001727 (2011).
23) Y. S. Mukouyama et al., *Cell*, **109**, 693 (2002).
24) A. E. Takesian & T. K. Hensch, *Prog. Brain Res.*, **207**, 3 (2013).
25) D.A. Lim & A. Alvarez-Buylla, *Trends Neurosci.*, **37**, 563 (2014).
26) S. Jessberger & F. H. Gage, *Trends Cell Biol.*, **24**, 558 (2014).
27) D. A. Lee et al., *Nat. Neurosci.*, **15**, 700 (2012).
28) B. G. Dias & K. J. Ressler, *Nat. Neurosci.*, **17**, 89 (2014).
29) L. Cong et al., *Science*, **339**, 819 (2013).

神経はどうやって興奮するか
── 膜の興奮性，活動電位，跳躍伝導

Summary

　興奮性膜の膜電位は，静止時には細胞外を基準として細胞内が負に分極している．活動電位が発生すると，Na^+ チャネルが開くことにより脱分極する．すなわち静止時の分極が減少し，電位が逆転して細胞内が正に分極する．そして，脱分極が起こったあとは速やかに Na^+ チャネルの不活性化と K^+ チャネルの活性化が起こり，静止膜電位に戻る．

　この機構を正確に理解するためには，細胞内外のイオン濃度の不均衡，イオンの流れの向きを決める電気化学ポテンシャル，そして静止膜電位の成り立ちを知ることが有効である．それにより，Na^+ チャネルや K^+ チャネルの活性に依存する経時的な膜電位の変化を理解することができる．また長い軸索をもつ神経細胞では，軸索を取り囲む髄鞘が興奮性を速く伝導するために，重要な役割を果たしている．

2.1　細胞内外のイオン分布

　哺乳類の細胞内外の Na^+，K^+，Cl^- 濃度の分布は，細胞の種類や状態によって差異はあるが図2.1 (a) のとおりである．細胞内外それぞれにおいて，陽イオン濃度の和と陰イオン濃度の和は等しい．細胞外を基準として細胞内が負に分極している静止膜電位（細胞の種類により異なるがおおよそ –70 mV 程度）の状態では，細胞内には陰イオンが，細胞外には陽イオンが細胞膜の電気容量をチャージする分だけ過剰に存在する．しかしそれは，細胞全体の濃度から見ると微々たるものである．

　分布の不均衡については，Ca^{2+} において際立っている．細胞内で Ca^{2+} 濃度は 0.1 μM 程度であるのに対し，細胞外では 1 ないし 2 mM 程度と，20,000 倍程度の不均衡がある．Ca^{2+} については，単に Ca^{2+} 電流が脱分極を起こすのみならず，細胞内の Ca^{2+} 自体が，筋収縮，神経伝達物質やホルモンの放出，さまざまな酵素の活性化にかかわ

るきわめて重要なシグナル分子であるということがよく知られている．

　膜興奮性の観点からは，Na^+ 濃度は細胞外のほうが細胞内より高く，K^+ 濃度は細胞内のほうが細胞外より高い．この Na^+ と K^+ の不均衡な分布こそが膜興奮性を支えており，これは ATP を消費して Na^+ を細胞外に汲み出し，K^+ を細胞内に汲み上げる Na^+/K^+-ATPase というポンプなどの働きにより保たれている．実際，Na^+/K^+-ATPase の阻害薬であるウワバインを投与すると，Na^+ と K^+ の不均衡分布が失われ，静止膜電位は 0 mV に向かう．

　細胞内の Cl^- 濃度は細胞外より低いが，細胞内にはリン酸などの有機酸や，負電荷をもつ物質が存在しているため，全体として細胞内外の負電荷のバランスが保たれている．なお，図2.1 (a) のように，細胞内 Cl^- イオン濃度が 10 mM 程度だと，Cl^- チャネルの活性化は過分極効果を示すが，40 mM 程度だと，むしろ脱分極効果を示す．実際に，細胞内 Cl^- 濃度は，初期の発達段階などで

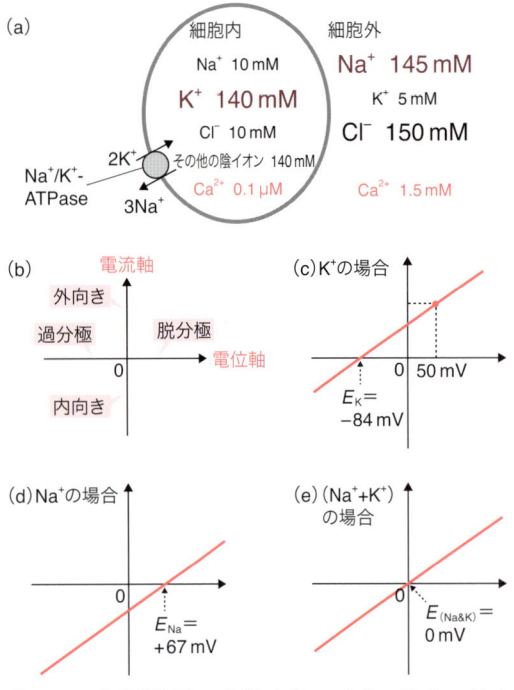

(a)

細胞内
Na$^+$ 10 mM
K$^+$ 140 mM
Cl$^-$ 10 mM
その他の陰イオン 140 mM
Ca^{2+} 0.1 μM

細胞外
Na$^+$ 145 mM
K$^+$ 5 mM
Cl$^-$ 150 mM
Ca^{2+} 1.5 mM

Na$^+$/K$^+$-ATPase　2K$^+$　3Na$^+$

(b) 電流軸
外向き
過分極　脱分極
電位軸
0
内向き

(c) K$^+$の場合
0　50 mV
E_K = −84 mV

(d) Na$^+$の場合
0
E_{Na} = +67 mV

(e) (Na$^+$+K$^+$)の場合
0
$E_{(Na\&K)}$ = 0 mV

図 2.1　哺乳類細胞の細胞内外のイオン組成，各イオン電流の電位に依存した変化，そして平衡電位の成り立ち

(a) 細胞外は Na$^+$ 濃度が，細胞内は K$^+$ 濃度が高い．また，細胞内の Ca^{2+} 濃度がきわめて低いことにも注意してほしい．細胞内外の Na$^+$ 濃度，K$^+$ 濃度の不均衡の維持には，Na$^+$/K$^+$-ATPase が働いている．(b) 電流-電圧関係のプロットの軸の意味．(c, d, e) イオン電流の向きは電気化学ポテンシャル，すなわち，電位勾配と濃度勾配により決まる．電位勾配と濃度勾配がつりあって，電流が流れない電位を平衡電位という．

Cl$^-$ トランスポーターの発現量の変化に伴って変化するため，Cl$^-$ チャネルである GABA 受容体の活性化の効果は，発達段階で興奮性から抑制性に変化するという例が知られている．

2.2　標記の軸について

　膜の興奮性に関連する解説において，イオンチャネル電流の電圧-電流関係のプロットがたびたび示されるので，その意味について記す（図 2.1 b）．横軸は膜電位を示し，通常，細胞の外側の電位をゼロとする．すなわち，膜電位 −70 mV は，細胞外が 0 mV，細胞内が −70 mV という意

味で，膜電位 +50 mV は，細胞外が 0 mV，細胞内が +50 mV という意味である．膜興奮時に，膜電位が静止時の −70 mV から横軸の右側，すなわち 0 mV に近づき，さらに正の値に向かうことを脱分極という．また，−70 mV よりも横軸の左側，すなわちより大きい負の値に向かうことを過分極という．一方，縦軸は膜電流を示している．陽電荷が細胞外に流れる場合に正の値，陽電荷が細胞内に流れる場合を負の値としてプロットする．

2.3　静止膜電位の決定

　イオンの流れの向きを決定する重要な因子は，電気化学ポテンシャルである．すなわち，イオンの流れは電気勾配と濃度勾配，両方のファクターにより複合的に決定される．

　細胞内 K$^+$ 濃度が 140 mM，細胞外 K$^+$ 濃度が 5 mM，そして細胞膜が K$^+$ に対する透過性をもっている図 2.1 (c) の場合を想定しよう．膜電位が 0 mV では電気勾配はなく，濃度勾配に従って K$^+$ は細胞内から細胞外に流れることになり，全体として外向きに流れる．膜電位が +50 mV ならば，電気勾配としても濃度勾配としても外向きに流れる．膜電位が −150 mV ならば，電気勾配に従うと内向き，濃度勾配に従うと外向きだが，電気勾配のほうが強いため全体としては内向きに流れる．膜電位が −84 mV あたりでは，電気勾配に従う内向きのイオンの流れと濃度勾配に従う外向きのイオンの流れがつりあっており，電流は流れない．この電位が K$^+$ の平衡電位で，

$$E_K = \frac{RT}{zF} \times \ln\frac{[K^+]_o}{[K^+]_i}$$

で表現される（Nernst の式）．膜が K$^+$ のみを透過するとき，膜電位はこの K$^+$ の平衡電位にとどまり，動かない．すなわち，この電位が静止膜電位となる．

細胞外 Na^+ 濃度が 145 mM，細胞内 Na^+ 濃度が 10 mM で，細胞膜が Na^+ に対する透過性をもつとき，濃度勾配と電気勾配に関する同様な考察で，図 2.1 (d) のような関係になる．細胞内より細胞外濃度が高いため，Na^+ の平衡電位は +67 mV 付近にある．細胞膜が Na^+ のみに対する透過性を有するならば，膜電位はこの電位に落ち着くことになる．

Na^+ と K^+ を同程度に透過させるイオンチャネルの場合はどうなるだろうか．グルタミン酸受容体チャネルやアセチルコリン受容体チャネルがその例である．これらのチャネルは Na^+ と K^+ を識別しないので，両イオンの濃度の和が決定因子となる．細胞外，細胞内とも，Na^+ 濃度と K^+ 濃度の和は 150 mM で等しいため，図 2.1 (e) のように 0 mV で電流がゼロとなり，プラス電位では外向き電流が，マイナス電位では内向き電流が流れることになる．

以上をまとめると，イオンの流れは電気勾配と濃度勾配により複合的に決まり，あるイオンに対する透過性をもつチャネルが開くと，そのイオンの平衡電位に向かって膜電位が変化する．

2.4 GHK の膜電位の式

しかし実際の細胞膜は，一つのイオンだけに対する透過性をもつのではなく，複数種のイオンに対する透過性をもっている．そのため，静止膜電位は特定のイオンの平衡電位とは異なり，静止膜電位は，

$$E = \frac{RT}{F}$$
$$\times \ln \frac{P_{Na} \times [Na]_o + P_K \times [K]_o + P_{Cl} \times [Cl]_i}{P_{Na} \times [Na]_i + P_K \times [K]_i + P_{Cl} \times [Cl]_o}$$

で表現される〔Goldman-Hodgkin-Katz (GHK) の膜電位の式〕．

これは，Nernst の式を多イオンで組み合わせたかたちである．その際，各イオンの効果の強さとして各イオンの透過性 P が乗されている．たとえば K^+ の透過性がほかのイオンより圧倒的に高ければ，膜電位は K^+ の平衡電位である –84 mV に近い値になり，Na^+ の透過性がほかのイオンより圧倒的に高ければ，膜電位は Na^+ の平衡電位である +67 mV に近づく．なお，Cl^- などの負電荷をもつイオンは，正電荷をもつイオンと効果が逆になるため，細胞内外の濃度の記載位置が逆になっている．

GHK の式の導出は，まず各イオンの GHK の流速の式を求め，電流の総和をゼロとすることにより行われる．GHK の流速の式の導出には，細胞膜内における電位勾配が一定で，電位は細胞膜内でリニアに変化するという定電場仮説が用いられる．ここでは，式の導出は割愛したので，解説書 [1-3] を参考にしていただきたい．

なお，図 2.1 (c, d, e) では，簡単のためイオンチャネル電流がオームの法則に従うものとして電流-電圧関係をプロットしたが，とくに細胞内外のイオン濃度差が極端に大きい場合は，オームの法則からははずれ，GHK の流速の式がこのときのリニアな関係から逸脱した実際の電流を記述する．また GHK の式は，イオンの通り道であるポア（pore，孔）のなかにおける透過イオン同士の干渉は考慮していない．そのため，細長いポアを複数のイオンが一列に並んで透過する場合には，GHK の式の記述とは異なるものとなる．

2.5 Hodgkin と Huxley による膜興奮性のメカニズムの解析

イオンチャネルの活動は，膜電位変化と時間経過の両方に伴って変化するため，電位が時々刻々変化する活動電位そのものから数理的解析を行うことは難しい．Hodgkin と Huxley は，イカの

巨大軸索を対象に，膜電位固定法という方法を用いて興奮性膜の解析を行った[4]．

　膜電位固定法とは，一種のフィードバック回路を用いるものである．たとえば細胞の膜電位をあらかじめ −80 mV に固定しておき，瞬時に +50 mV に変化させるというコマンドを，コンピューターからアンプと細胞内電極，もしくはパッチ電極を通して細胞に送る．するとそのコマンドに従ってイオンチャネル電流が流れるが，さらに膜電位が変化しそうになる．ここで，膜電位固定法では流れた電流分をフィードバック回路により補うことで膜電位の変化を防ぐ．この補った電流こそが，+50 mV という膜電位固定下で流れたイオンチャネル電流に相当する．すなわち，膜電位固定法では，膜電位を瞬時に変化させて固定し，さらにその電位でのイオンチャネル電流の経時変化を知ることができるのである．

　Hodgkin と Huxley は，イオンの置換や阻害剤の使用により，Na^+ 電流と K^+ 電流を分離し，膜電位固定下で，保持電位からさまざまな膜電位に脱分極させたときの電流の変化を記録した．そして図 2.2 (a) の結果を得，脱分極が大きくなるにつれて K^+ 電流が大きくなり，かつ活性化の速度が速くなっていることがわかった．さらに，電流の立ち上がりの部分に，S 字状の遅れも見られた．これらの実測の電流記録から，

$$n = n_\infty \times \left[1 - \exp\left(-\frac{t}{\tau_n}\right)\right], \quad g_K = n^4$$

（g は抵抗の逆数であるコンダクタンス，すなわち透過性を意味する．コンダクタンスに駆動電圧を乗ずると電流値が計算できる．）

が成り立つことが見出された．

　ここで，n_∞ はその電位で到達する最大の活性，τ_n はその電位での活性化の時定数である．すなわち，n_∞ と τ_n は，膜電位で変化する変数である．

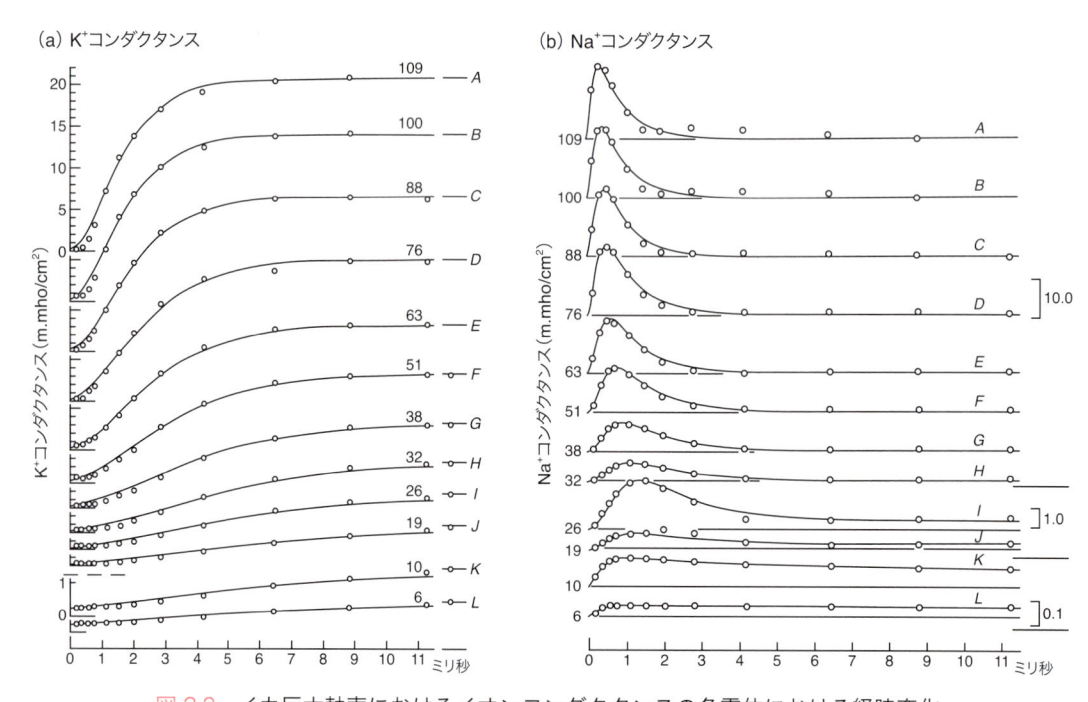

図 2.2　イカ巨大軸索におけるイオンコンダクタンスの各電位における経時変化
膜電位固定下での電流記録に基づく，K^+ 透過性（a），および Na^+ 透過性（b）の経時変化．文献 4) の Figs.3, 6 から引用・改変．

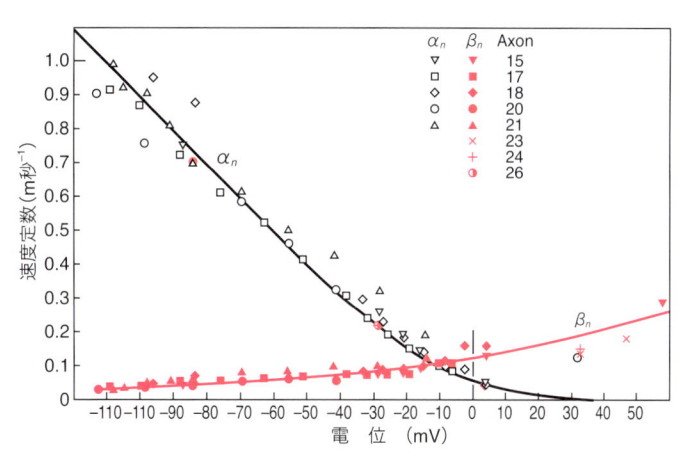

図2.3　K^+ コンダクタンスの時間変化を記述する α_n と β_n

α_n は静止状態から活性化状態に遷移する割合，β_n は活性化状態から静止状態に遷移する割合である．図2.2（a）で示した実測データを，式（2.1）にあるように，式（2.2）で記した n の4乗でフィットした．フィッティングに用いた各電位における n_∞，τ_n の値から，式（2.3）により α_n と β_n を求めた．文献4）の Fig.4 から引用・改変．

この値を，各電位で適切に設定することにより，この一つの式で，すべての電位についてフィットすることができた．また，各電位において使用した n_∞ と τ_n が，どのような値となるかを求めた．大ざっぱには，脱分極とともに，n_∞ が大きく，τ_n が小さく（すなわち速く）なった．電流は n の4乗に比例することが，活性化の最初に見える S字状の遅れに対応している．

さらに，静止状態から活性化状態への状態遷移の速度定数を α，活性化状態から静止状態に戻る状態遷移の速度定数を β とすると，次が成り立つ．

$$g_K = \overline{g}_K n^4 \tag{2.1}$$

$$\frac{dn}{dt} = \alpha_n(1-n) - \beta_n n \tag{2.2}$$

$$n = n_\infty \left[1 - \exp\left(-\frac{t}{\tau_n}\right)\right] \tag{2.3}$$

$$n_\infty = \frac{\alpha_n}{\alpha_n + \beta_n}, \quad \tau_n = \frac{1}{\alpha_n + \beta_n}$$

式（2.2）にあるように n_∞（活性化状態にある割合）は $\alpha/(\alpha+\beta)$，τ_n（状態遷移の時定数）は $1/(\alpha+\beta)$ に等しいため，K^+ コンダクタンスの時間変化を記述するための α_n と β_n は，n_∞ と τ_n から，

$$\alpha_n = \frac{n_\infty}{\tau_n}, \quad \beta_n = \frac{1-n_\infty}{\tau_n} \tag{2.4}$$

により計算できる．この値を図2.2（a）に示す．なお，式（2.1）で g_K が n の4乗に比例しているのは，チャネルの活性化には機能ユニットを構成する四つのサブユニットすべてが活性化状態へ状態遷移することが必要であることに対応していると考えられる．

Hodgkin と Huxley は，さらに Na^+ 電流についても同様の解析を行った．すると K^+ 電流の場合との大きな違いとして，Na^+ 電流は Na^+ の平衡電位以下では内向き電流，平衡電位を越えると外向き電流を示していた．そこで彼らは電流の向きにはとらわれず，すべてを正の値として解析した（図2.2b）．Na^+ 電流のもう一つの大きな特徴として，脱分極の始まり時に活性化した電流が，直ちに不活性化することがわかった．すなわち，活性化のパラメータと不活性化のパラメータが存在することが見て取れる．

$$m = m_\infty \times \left[1 - \exp\left(-\frac{t}{\tau_m}\right)\right]$$

$$h = h_\infty \times \exp\left(-\frac{t}{\tau_h}\right)$$

$$g_{Na} = m^3 \times h \tag{2.5}$$

それぞれ，m がコンダクタンスの活性化の，h が不活性化のパラメータである．式（2.5）にあるように膜電位に依存して変化する m_∞ と τ_m，h_∞ と

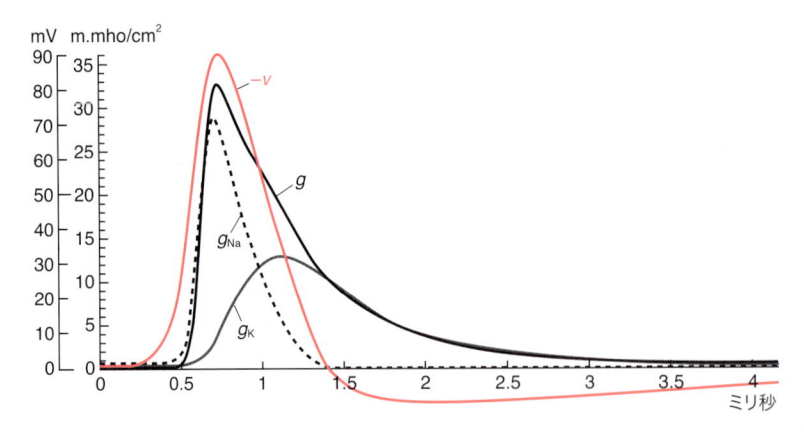

図 2.4　膜電位固定実験データに基づく数理的解析によるイカ巨大軸索活動電位の再構成
図 2.3 で求めた，K⁺ コンダクタンスを記述する a_n と $β_n$ は，式 (2.4) でフィットできた．同様に，Na⁺ コンダクタンスの活性化を表す m の a_m と $β_m$，不活性化を表す h の a_h と $β_h$ も，式 (2.4) でフィットできた．これらの値を用いて，電流は式 (2.5) で表現される．これをもとに，活動電位の軸索上の伝搬のファクターも考慮して，数理的に活動電位を再構成した．文献 4) の Fig.17 より引用・改変.

$τ_h$ という四つのパラメータが存在し，その電位での挙動を決定している．そして K⁺ コンダクタンスの例と同様に，$α_m$ と $β_m$，$α_h$ と $β_h$ を決定した．そのうえで，膜電位に依存して変わる $α_n$ と $β_n$，$α_m$ と $β_m$，$α_h$ と $β_h$ が，それぞれ，

$$α_n = 0.01(V + 10) \left/ \left(\exp\frac{V + 10}{10} - 1\right)\right.,$$

$$β_n = 0.125 \exp\frac{V}{80}$$

$$α_m = 0.1(V + 25) \left/ \left(\exp\frac{V + 25}{10} - 1\right)\right.,$$

$$β_m = 4 \exp\frac{V}{18}$$

$$α_h = 0.07 \exp\frac{V}{20}$$

$$β_h = 1 \left/ \left(\exp\frac{V + 30}{10} + 1\right)\right. \tag{2.6}$$

で膜電位の関数として表現できることを明らかにした．これらにより，実測した K⁺ 電流，Na⁺ 電流の各膜電位での挙動を数理的に記述することが可能になった．

さらに，Hodgkin と Huxley は式 (2.6) で得ら

れた値を用いてイカ巨大軸索の活動電位の再構成を試みた (式 2.6)[4]．活動電位では，膜電位が時々刻々と変化するので，膜電位固定下とは状況が異なる．しかし，短い時間で見ると，一定の膜電位と見なすことができるため，膜電位固定下での解析結果から，

$$I = C_M\frac{dV}{dt} + \overline{g}_K n^4 (V - V_K)$$
$$+ \overline{g}_{Na} m^3 h (V - V_{Na}) + \overline{g}_l (V - V_l),$$

$$\frac{dn}{dt} = α_n(1 - n) - β_n n,$$

$$\frac{dn}{dt} = α_n(1 - n) - β_n n,$$

$$\frac{dm}{dt} = α_m(1 - m) - β_m m \tag{2.7}$$

で，流れる電流を求めることができ，さらに，次の短い時間における膜電位を決定できる．この計算を何度も繰り返すことで，図 2.4 のように膜電位の変化と，そのときどきの Na⁺ コンダクタンスや K⁺ コンダクタンスの活性の経時的変化を数理的に求めることができた．

活動電位が立ち上がるところでは，Na⁺ 透過

性が高まっている．そのため，電位は Na^+ の平衡電位である脱分極電位へと向かう．さらに脱分極が進むと，ますます Na^+ 透過性が高まり，ポジティブフィードバック的に脱分極が進む．すると，Na^+ チャネルよりも活性化速度の遅い K^+ チャネルが遅れて開き，K^+ 透過性が出現する．また，Na^+ チャネルは脱分極電位で不活性化が進行するため，次第に Na^+ 透過性が下がる．K^+ 透過性が出現し，Na^+ 透過性が下がっていくと，膜電位は K^+ の平衡電位に近づく．すなわち過分極が起こる．なお，活動電位の終わりに静止膜電位よりも深い過分極電位に達しているのは，活動電位の終わり付近では，K^+ の透過性が支配的で K^+ の平衡電位まで過分極するのに対し，静止時には，K^+ の透過性に加えて，Cl^- などのリークコンダクタンスがあるため，平衡電位よりも脱分極側にいくらか寄っているためである．

さて，このようにして再構成された活動電位は，実記録の活動電位と酷似するものであった．すなわち Hodgkin と Huxley は，膜電位固定下での電流解析データから求められた Na^+ コンダクタンスと K^+ コンダクタンスが膜電位と時間に依存して変化する振る舞いから，数理的にイカ巨大軸索の活動電位を再構成することに成功した．膜興奮性を Na^+ イオン透過性と K^+ イオン透過性の変化に基づいて，数理的に理解することに成功したのである．この概要については，原著論文[4]のほか，解説書[1-3]も参照していただきたい．

最後に，この Hodgkin と Huxley の解析は，1950 年頃行われたものであることを強調したい．今でこそ，細胞膜上にイオンチャネルというイオンが通る孔をもったタンパク質が存在して，膜興奮性に役割を果たしているということは疑う余地のない事実として受けとめられている．しかし，cDNA の単離やパッチクランプ法による単一チャネルの記録，構造解析などにより，イオンチャネルの存在が証明されたのは，1980 年代以降のことである．つまり，Hodgkin と Huxley の時代には，イオンチャネルの存在を示す証拠はなく，いわば想像上の概念であった．実際，膜興奮性を説明するまったく異なる説明として，膜の相転移説という説も真剣に議論されていた．そんな時代にイオンチャネルの存在を想定して，その挙動を数理的に解析し，その解析結果から神経細胞の活動電位を定量的に再構成し，細部の修正や追加はあるものの，60 年が経過した現在においても，大筋はそのままのかたちで受け入れられているその業績は偉大であると思う．

2.6　神経細胞における活動電位の発生

イカの巨大軸索を用いた実験では，わずかな電流を注入することによって，活動電位を誘発したが，実際の興奮性細胞における活動電位は何をきっかけとして発生するのだろうか？

心臓のペースメーカー細胞は，単離しても，自律的に活動電位を生じる．これは膜電位を脱分極に向かわせるイオンチャネルやトランスポーターによる内向き電流が，小さいながらもコンスタントに流れ続けているためである．そのためじりじりと脱分極し，Na^+ チャネルが開き始める閾値に到達すると，Na^+ チャネルの寄与により一気に脱分極が進行し，活動電位が生じる．このようなコンスタントに内向き電流を流すイオンチャネルやトランスポーターの緩徐な脱分極に対する寄与は重要である．

神経細胞の場合は，トリガーとしてシナプス入力がある．シナプス前部から放出された，グルタミン酸(Glu)やアセチルコリン(ACh)などの興奮性の神経伝達物質が，シナプス後部位にある受容体チャネルに結合すると，これらのチャネルが短時間開き，Na^+ と K^+ を同程度透過させるため，0 mV に向かって短時間の小さい脱分極を生じる．これを興奮性シナプス後電位（EPSP，シ

(a) 受動的な伝搬

(b) 能動的な伝搬

(c) 跳躍伝導

髄鞘(グリア細胞)

ランビエ絞輪

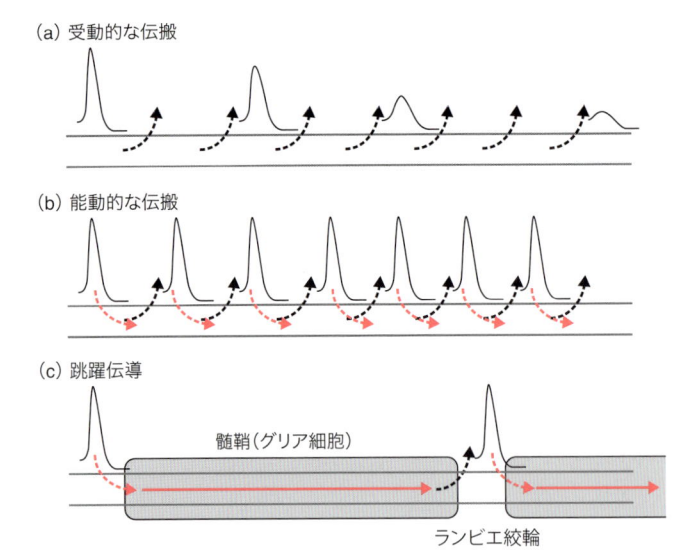

図 2.5　軸索上の活動電位の伝搬
(a) 軸索上にイオンチャネルが存在せず，活動電位が再生的に（regenerative に）発生しなければ，軸索を流れる電流は細胞膜より少しずつ漏れ出ていくため，次第に活動電位の大きさが小さく，また立ち上がりが緩徐になっていく．(b) 軸索上にNa$^+$ チャネル，K$^+$ チャネルがあるため，軸索内を流れる電流が，次の箇所で再生的に新たな活動電位を引き起こし，減衰することなくつぎつぎと伝搬していく．また，Na$^+$ チャネルの不応期があるため，伝搬は一方向のみに進み，逆方向には進まない．(c) 有髄神経細胞では，グリア細胞が形成する髄鞘が軸索を取り巻いており，電気抵抗がきわめて高くなっている．そのため，軸索内を流れる電流は膜からほとんど漏出することなく，髄鞘の切れ目であるランビエ絞輪まで一気に進む．これが跳躍伝導である．

ナプス後電位）と呼ぶ．この脱分極がNa$^+$ チャネルの開き始めの電位（正確には，Na$^+$ チャネルの内向き電流が，ほかの外向き電流を上回る電位）まで達すると，それが活動電位発生のトリガーとなる．一旦 Na$^+$ チャネルが開くとNa$^+$ が平衡電位に向かって脱分極が進行し，さらに Na$^+$ チャネルの活性化が進むことで一挙に活動電位が発生する．EPSP が閾値に達しなければ，活動電位が生じることはなく，膜電位は静止膜電位に復帰する．シナプス入力は，主として神経細胞の細胞体および樹状突起において生じるが，一つとは限らず，複数のシナプス入力の脱分極効果が統合されて閾値に達することもある．なお，活動電位は通常，軸索起始部（initial segment）において発生する．これは軸索起始部ではNa$^+$ チャネル密度が高く，閾値が低いためである．

2.7　膜興奮性の伝搬

神経細胞で，樹状突起および細胞体で情報が統合されて生じた活動電位は，軸索を伝搬し次の神経細胞や筋細胞に伝えられてこそ，神経回路の作動における機能的意義をもつ．

とくに運動神経細胞の場合，活動電位は大脳皮質から脊髄まで1 m 程の長い距離を伝搬する．そのとき何の工夫もなく，活動電位がケーブルを伝播するように受動的に伝搬するとしたら，活動電位の鋭い立ち上がりをもつ波形は次第に鈍くなっていき，また振幅もどんどん減衰していくだろう（図 2.5 a）．

膜興奮を減衰することなく確実に伝えていくために，軸索にはNa$^+$ チャネルおよび K$^+$ チャネルが存在している．そして活動電位が軸索において再生（regenerate）するようになっている．すなわち，活動電位による脱分極が次の箇所に伝わると，フルサイズの活動電位が再び新たに獲得される．これを繰り返すことで，フルサイズでかつ立ち上がりにも遅れのない活動電位が獲得され続け，軸索を減衰することなく伝搬していく（図 2.5 b）．もし軸索に Na$^+$ チャネルが存在せず，受動的伝搬しか起こらなければ，電位の減衰は免れず，長距離の伝搬は困難である．

さらにその伝搬速度も非常に重要である．神経細胞のなかには，グリア細胞からなる髄鞘を軸索にまとった有髄神経細胞が存在する．髄鞘は中枢神経ではオリゴデンドロサイト，末梢神経では

シュワン細胞により構成されている．髄鞘で巻かれた軸索は，膜における容量性電流やイオン電流の出入りがきわめて少なくなるため，活動電位の内向き電流は膜から失われることなく軸索中を流れる．また活動電位をつぎつぎに発生させながら伝搬するわけではないので，伝搬の速度は飛躍的に上がる．さらに長距離伝搬での減衰に対する備えとして，髄鞘の切れ目であるランビエ絞輪には Na^+ チャネルと K^+ チャネルが高密度で存在し，軸索内部を流れてきた電流は，この部位で脱分極を引き起こし，フルサイズの活動電位が再生する．そして次のランビエ絞輪まで軸索内を再び伝搬する．このような伝播方式は，あたかもランビエ絞輪からランビエ絞輪へと，あいだをスキップして伝搬するようなしくみであることから，跳躍伝導と呼ばれる(図 2.5 c)．

このようにして軸索内を伝わった活動電位が軸索の末端であるシナプス前部に到達すると，脱分極により，Na^+ チャネルのみならず Ca^{2+} チャネルも活性化される．そして，Ca^{2+} 流入により細胞内 Ca^{2+} 濃度が $0.1\ \mu M$ 程度から $2\ \mu M$ 程度まで上昇する．するとこの細胞内 Ca^{2+} 濃度の上昇

がトリガーとなって，神経伝達物質を包含したシナプス小胞がシナプス前部に融合して神経伝達物質が放出され，次の神経細胞に渡される．

2.8　おわりに

本章では膜の興奮性と活動電位発生の基礎事項を概説した．また跳躍伝導の機構についても解説した．シナプス伝達についての詳細は，本書の 4，5，13 章を，また，膜興奮性の伝搬全体については，解説書[5]を参照していただきたい．

（久保義弘）

文　献

1) B. Hille, "Ion Channels of Excitable Membranes" 3rd ed., Sinauer (2001).
2) 宮川博義，井上雅司，『ニューロンの生物物理（第2版）』，丸善出版(2013).
3) 久保義弘，『標準生理学（第8版）』小澤瀞司他 編，医学書院(2014)，p.48.
4) A. L. Hodgkin, A. F. Huxley, *J. Physiol.*, **117**, 500 (1952).
5) 岡村康司，『標準生理学（第8版）』，小澤瀞司他 編，医学書院(2014)，p.61.

Key Chemistry　　軸索における電位変化の伝搬

図 2.5 (a) にあるように，活動電位の再生がなければ活動電位は減衰していく．その減衰の程度を表現するのが，長さ定数 $\lambda = (dR_m/4R_a)^{1/2}$ である．ここで，d は軸索の直径，R_m は軸索膜の単位面積あたりの抵抗，R_a は軸索内細胞質の単位体積あたりの抵抗である．直径が小さく，細胞膜の電流の漏れが大きく，軸索内抵抗が大きいことが，λ を短く，すなわち減衰を激しくする．

有髄神経細胞の跳躍伝導の場合，全体が髄鞘で覆われていればランビエ絞輪がなくても問題なく伝導するだろうか．膜抵抗が ∞ であれば，すなわち膜からの漏れ電流がなければ，減衰することなく速い

伝導が可能であろう．しかし，実際には，膜抵抗は有限で，漏れ電流がある．そこで，減衰を食い止め伝導を確実なものとするために，活動電位の再生するランビエ絞輪が存在すると考えられる．

活動電位の伝搬速度は，図 2.5 (b) の無髄神経では，$\theta = (dK/4R_a)^{1/2}$ で表される．K は，直径および軸索内抵抗に依存しない定数で，この式から，軸索が太いほど，また軸索内抵抗が小さいほど，伝搬は速くなることがわかる．なお，有髄神経細胞の跳躍伝導の場合には，軸索直径の 1/2 乗ではなく，軸索直径そのものに比例すると考察されている[5]．

脳の基礎神経伝達物質とその作用点

Summary

　脳は生理活性のある化学物質を自ら産生し，細胞間のコミュニケーション手段として用いている．それらの種類，物性，代謝，作用を知ることは，脳の機能を理解するための基本となる．また，自然はその生理活性物質の作用に似せたり働きを乱したりする化学物質を編み出し，人類は嗜好品や医薬品として利用する．本章では，脳内物質，とくに神経伝達物質とその作用点（受容体）を化学的な観点から分類，列挙することで概説する．

3.1 　細胞の相互作用

　われわれのからだを形づくる細胞がほかの細胞にシグナルを送る方策は，その様式から四つに大別できる（図 3.1）．

　接着した細胞どうしでは，細胞表面に発現した膜タンパク質などのシグナル分子を介して 1 対 1 で直接的に情報を伝えることができる（図 3.1 a）．細胞接着に依存するシグナル伝達は，発生や組織再生における「場」の形成や，抗原提示細胞と T 細胞の異物認識などで見られる．筋組織などでは，半チャネルから成るギャップ結合（gap junction）を介して，電気的な興奮を直接，隣接細胞に伝えることもある．

　低分子のシグナル分子（生理活性をもつ内因性物質）を放出することによって同じ組織内の近くの細胞にシグナル伝達を行うしくみとして，パラ分泌（paracrine）がある（図 3.1 b）．これは免疫

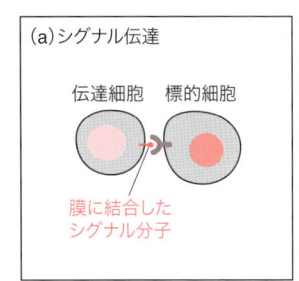
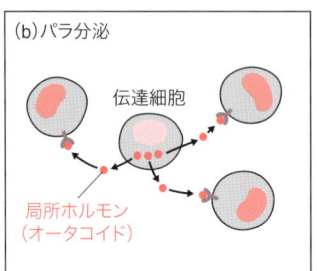
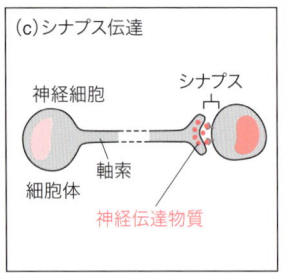
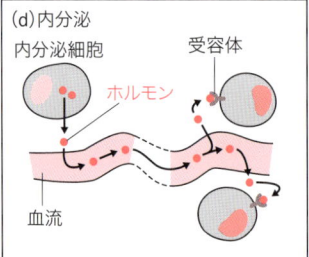

図 3.1 　細胞の相互作用様式
（a）細胞接着に依存したシグナル伝達，（b）近接した細胞に局所ホルモンを送るパラ分泌（paracrine），（c）神経伝達物質を介したシナプス伝達（synaptic transmission），（d）血流を介してホルモンを送る内分泌（endocrine）．Molecular Biology of the Cell（2014）をもとに作成．

炎症細胞でよく見られ，関与する物質は局所ホルモンあるいはオータコイド（autacoid）と呼ばれる．多くの場合，細胞外液での拡散により異なる細胞種間で情報伝達が行われる．しかし，同種の細胞間で情報が伝達される場合もあり，これをとくに自己分泌（autocrine）と呼び，同一シグナルの調節が行われる．

多細胞生物においては，遠くにある細胞にまで情報を伝える必要性が生じる．神経では，軸索（axon）が標的細胞の近くまで電気的興奮を伝え，さらにその終末でシグナル分子となる神経伝達物質を放出することで化学的に情報を伝達する（シナプス伝達，図 3.1 c）．これにより高速な情報伝達が可能になる．一方，ホルモンをシグナル分子として用い，血流を介して標的細胞に届ける内分泌（endocrine）においては，全身の細胞に対して一斉に情報を伝えることが可能になる（図 3.1 d）．

3.2 脳内でつくられるリガンドと受容体

前述の細胞間相互作用において，一般に，情報を発信する細胞が提示あるいは分泌するシグナル分子はリガンド（ligand），それを受信する側の分子は受容体（receptor）と呼ばれる．細胞接着以外の様式では，リガンドは低分子化合物あるいは可溶性ペプチド・タンパク質である．一方，受け取る側の受容体は，その構造と機能によって分類することができる（表 3.1）．

受容体の多くは細胞膜に発現する．イオンチャネル型受容体は，構成タンパク質サブユニットの多量体で構成され，リガンド結合によってゲートが開口することでイオン電流を生じる．Na^+，K^+，Cl^- が流れると，膜電位の変化により細胞の興奮やその抑制がすばやく引き起こされる．Ca^{2+} が流入する場合は細胞内 Ca^{2+} 濃度の上昇により，

表 3.1　受容体の構造と機能による分類

分類	細胞膜上の受容体			核内受容体 (nuclear receptor)
	イオンチャネル型受容体 (ionotropic receptor)	G タンパク質共役型受容体 (G protein-coupled receptor, GPCR)	酵素共役型受容体 (enzyme-linked receptor)	
機序	イオンがチャネルを透過して細胞内イオン濃度や膜の興奮性が変化する	3 量体 G タンパク質の活性化を介して酵素やチャネル活性が変化する	細胞内キナーゼなど酵素活性が亢進して細胞内情報伝達が行われる	受容体リガンド複合体が核内に移行して DNA に結合，転写調節が起こる
基本構造	4 回膜貫通×5 量体 3 回膜貫通×4 量体など	7 回膜貫通 ×単量体（～2 量体）	1 回膜貫通リガンド結合で 2 量体を形成	膜貫通構造をもたずリガンド結合領域と DNA 結合領域をもつリガンド結合でホモまたはヘテロ 2 量体を形成
例	カチオンチャネル ・ニコチン性アセチルコリン受容体 ・AMPA 受容体 ・NMDA 受容体 アニオンチャネル ・GABA_A 受容体	・ムスカリン受容体 ・アドレナリン受容体 ・ドーパミン受容体 ・オピオイド受容体 ・アンジオテンシン II 受容体 ・トロンビン受容体	チロシンキナーゼ ・神経成長因子（NGF）受容体 ・インスリン受容体 グアニル酸シクラーゼ ・ナトリウム利尿ペプチド受容体	・糖質コルチコイド受容体 ・エストロゲン受容体 ・ビタミン D 受容体 ・ペルオキシソーム増殖因子活性化受容体（PPAR） ・甲状腺ホルモン受容体

酵素活性や膜電位の変化が生じる.

　7回膜貫通型の共通構造を有するGタンパク質共役型受容体（GPCR）は最も種類の多い受容体で，ヒトゲノムには数百種類のGPCRが存在しているといわれている．リガンド結合によるGPCRの構造変化が細胞内の対応するGタンパク質へ伝えられ，そのGタンパク質に共役している酵素やイオンチャネルの活性が変動する．GPCRによる細胞内シグナルは増幅され，さらに統合あるいは拮抗する特徴があり，応答速度もミリ秒単位から時間単位までと幅広い．そのためGPCRはさまざまな医薬品の作用点としても利用されてきた.

　受容体分子が細胞内で酵素活性とリンクしている酵素共役型受容体も種類が多い．酵素ドメインとしてはタンパク質のチロシン（Tyr）残基をリン酸化するキナーゼ活性をもつものが多く，それらは一般的にリン酸化によって2量体を形成し，それによって細胞内シグナルの活性化が起こる．酵素共役型受容体リガンドは低分子化合物からペプチド・タンパク質まで広く，細胞接着に関連する膜タンパク質の場合もある．キナーゼ活性の調節による細胞内シグナルは細胞の増殖，分化，形態変化など時間経過の遅い細胞現象に関与している．またナトリウム利尿ペプチド受容体のようにグアニル酸シクラーゼ活性を有するものもある.

　細胞内に存在する受容体は，ステロイドホルモンや脂溶性ビタミン，甲状腺ホルモンなどをリガンドとし，生体膜を自由に透過できる特徴がある．細胞内受容体にリガンドが結合すると受容体複合体は核内でDNAに結合して遺伝子の転写調節が行われるため，核内受容体とも呼ばれる．タンパク質の発現変動を伴い，遅延性の細胞現象に関与する.

3.3　神経伝達物質と受容体

　以下，中枢神経系の神経細胞で重要な役割を果たしている化学物質について各論を述べてゆく．神経細胞間のシナプス伝達に用いられるシグナル分子は，神経伝達物質（neurotransmitter）と呼ばれ，その物性から四つに分類できる.

3.3.1　アミノ酸

　アミノ酸はタンパク質の構成成分として生体内のあらゆる場所に存在するが，中枢神経細胞では重要な興奮性および抑制性伝達物質として機能する．おもなものでは，グルタミン酸（Glu, 図3.2 a）とアスパラギン酸（Asp）が興奮性，γ-アミノ酪酸（GABA, 図3.2 b）とグリシン（Gly）が抑制性の神経伝達物質である．中枢神経細胞が神経伝達物質として用いるアミノ酸はタンパク質が分解されたものではなく，神経細胞内で逐次合成され，またその代謝回転にはアストロサイト（astrocyte）が関与する複雑なサイクルを形成する．ここではGluとGABAについて詳しく説明する.

(a)グルタミン酸

　中枢神経の興奮性神経細胞（図3.2 c）は，血液からアストロサイトを介して供給されるグルタミン（Gln）を取り込み，そこからグルタミナーゼ（Glnase）によりGluを合成する．合成されたGluは小胞型グルタミン酸トランスポーター（VGLUT）によってH^+との対向輸送でシナプス小胞（synaptic versicle）に貯蔵される．軸索を伝達する活動電位が神経終末に伝導され，電位依存性Ca^{2+}チャネル（VDCCs）を介するCa^{2+}流入が引き金となって開口放出（exocytosis）されたGluは，シナプス後膜の受容体に結合し，大半は興奮性アミノ酸トランスポーター（EAAT）によってアストロサイトに取り込まれ，そこでグルタミン合成酵素（GluSyn）によってGlnに戻る．EAAT

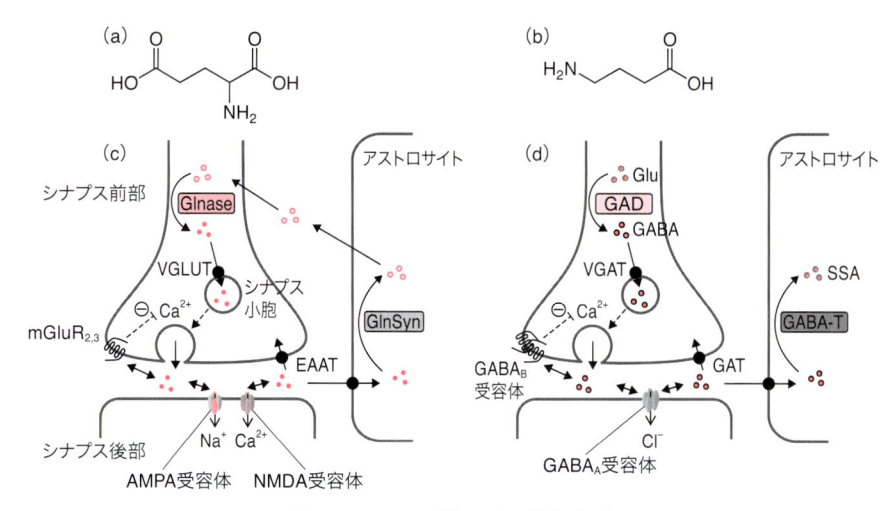

図 3.2　アミノ酸による神経伝達

（a）グルタミン酸（Glu），（b）γ-アミノ酪酸（GABA），（c）グルタミン酸作動性シナプス，（d）GABA 作動性シナプス．
Gln：グルタミン，Glu：グルタミン酸，Glnase：グルタミナーゼ，GlnSyn：グルタミン合成酵素，VGLUT：小胞グルタミン酸トランスポーター，mGluR：代謝調節型 G タンパク共役受容体，EAAT：興奮性アミノ酸トランスポーター，GABA：γ アミノ酪酸，SSA：コハク酸セミアルデヒド，GAD：グルタミン酸デカルボキシラーゼ，GABA-T：GABA トランスアミナーゼ，VGAT：H^+ 依存性小胞 GABA トランスポーター，GAT：GABA トランスポーター．

は神経細胞に発現するサブタイプもあり，一部の Glu は再取り込みされる．

　Glu の受容体はイオンチャネル型（ionotropic）受容体と代謝調節型（metabotropic）GPCR に大別される．イオンチャネル型受容体はさらに特異的アゴニストの名称を冠して AMPA 受容体，カイニン酸（KA）受容体，NMDA 受容体に分類される．AMPA 受容体および KA 受容体は一価カチオン選択的チャネルであり，脱感作の程度は大きく異なるが，いずれも細胞膜の脱分極と速い興奮性シナプス後電位（fast EPSP）の発生に関与する．一方，NMDA 受容体は膜電位感受性に Mg^{2+} がチャネルを遮断する特徴を有しており，AMPA 受容体の持続刺激による脱分極時に Mg^{2+} 遮断がはずれて活性化し，Ca^{2+} 流入を起こすことでシナプス伝達の可塑性に大きな役割を果たしている．代謝調節型受容体（mGluR）はシナプス前部（presynaptic neuron）およびシナプス後部（postsynaptic neuron）に存在するが，シナプス前部にあるものは抑制性 G タンパク質 Gi/o を介した Ca^{2+} 流入抑制によって Glu 放出をフィードバック抑制する自己受容体（autoreceptor）として働くと考えられている．

(b) γ-アミノ酪酸(GABA)

　脳内の抑制性伝達物質である GABA は，Glu を原材料としてグルタミン酸デカルボキシラーゼ（GAD）の触媒で合成される．合成された GABA は H^+ 依存性小胞 GABA トランスポーター（VGAT）によってシナプス小胞に貯蔵される．活動電位によって Ca^{2+} 依存的に開口放出された GABA は，シナプス後膜の受容体に結合し，大半は GABA トランスポーター（GAT）によってアストロサイトや神経終末に取り込まれ，そこで GABA トランスアミナーゼ（GABA-T）によってコハク酸セミアルデヒド（SSA）となり，TCA 回路に戻される（図 3.2 d）．

　GABA 受容体は Cl^- チャネルを形成する GABA$_A$ 受容体と，2 量体を形成する抑制性 GPCR の GABA$_B$ 受容体から構成される．GABA$_A$ 受容体は Cl^- 透過性を高めることによって細胞を過分極させ，また膜抵抗の低下に

よりシナプス後細胞の活動電位発生を抑制する．GABA$_B$ 受容体は抑制性 G タンパク質 Gi/o と共役し，シナプス前部において Ca^{2+} 流入抑制により GABA の遊離を抑制する．また，シナプス後部では G タンパク質共役型内向き整流性 K$^+$ チャネル（GIRK）の開口による抑制性シナプス後電位（slow IPSP），すなわち緩徐な過分極を発生させ，GABA$_A$ 受容体 Cl$^-$ チャネルの活性化と協働して活動電位の発生を抑制すると考えられる．

このようなアストロサイトが関与する神経伝達物質のサイクルは，ほかの神経伝達物質には見られず，アミノ酸に特徴的なものである．なお，アミノ酸が神経伝達物質として生理活性を発揮するためには，生体アミンや神経ペプチドに比べてmM レベルの高濃度が必要であることが多い．

3.3.2　生体アミン（biogenic amines）

アルキル基に NH$_2$ が付加した第一級アミンの

神経伝達物質には，アセチル基にコリンが付加された構造をもつアセチルコリン（ACh，図 3.3 a）と，アミノ酸の脱炭酸によって生成する骨格をもつカテコールアミン〔ドーパミン（DA），ノルアドレナリン（NA，図 3.3 b），アドレナリン〕，セロトニン（5-HT，図 3.3c），ヒスタミンが挙げられる．中枢神経系における生体アミン含有神経（表3.2）は，限定された神経核に細胞体を有し，広範な神経活動を調節している投射経路をもつ場合が多い．生体アミンは自律神経，副腎髄質，消化管の内分泌細胞，炎症細胞など，さまざまな臓器・細胞で産生され，神経伝達物質，ホルモン，局所ホルモン（オータコイド）としても働く．なお，第一級アミンは極性の高い水溶性の物質であり，血液と脳のあいだを行き来できない（Key Chemistry 参照）．そのため，脳内の生体アミンは中枢神経細胞内で生合成される．

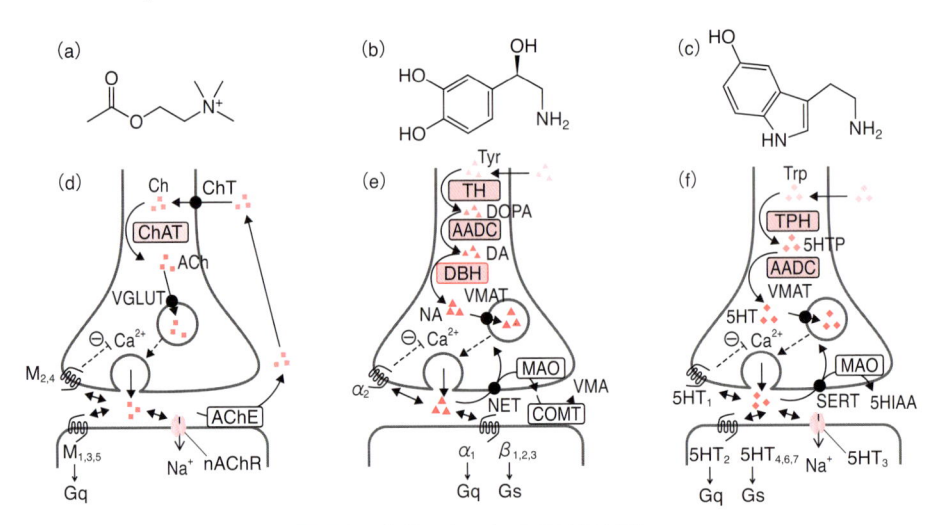

図 3.3　生体アミンによる神経伝達

（a）アセチルコリン（ACh），（b）ノルアドレナリン（NA），（c）セロトニン（5-HT），（d）コリン作動性シナプス，（e）ノルアドレナリン作動性シナプス，（f）セロトニン作動性シナプス．Tyr：チロシン，DOPA：ドーパ，DA：ドーパミン，VMA：バニリルマンデル酸，Trp：トリプトファン，5HTP：5-ヒドロキシ L-トリプトファン，5HIAA：5-ヒドロキシインドール酢酸，ChAT：コリンアセチルトランスフェラーゼ，AChE：アセチルコリンエステラーゼ，TH：チロシンヒドロキシラーゼ，AADC：芳香族アミノ酸デカルボキシラーゼ，DBH：ドーパミンβヒドロキシラーゼ，MAO：モノアミンオキシダーゼ，COMT：カテコール-O-メチルトランスフェラーゼ，TPH：トリプトファンヒドロキシラーゼ，ChT：コリントランスポーター，VAChT：H$^+$ 依存性小胞アセチルコリントランスポーター，VMAT：H$^+$ 依存性小胞モノアミントランスポーター，NET：ノルエピネフリントランスポーター，SERT：セロトニントランスポーター，M$_{1\sim5}$：ムスカリン 1～5 受容体，nAChR：ニコチン受容体，α$_{1,2}$：α$_{1,2}$ 受容体，β$_{1\sim3}$：β$_{1\sim3}$ 受容体，5HT$_{1\sim7}$：5HT$_{1\sim7}$ 受容体.

表 3.2　生体アミンと脳内分布

名　称	原材料	生体アミン含有細胞体のおもな分布
アセチルコリン(ACh)	コリン，アセチル CoA	中隔野，Meynert 基底核，交感神経節前線維，副交感神経，運動神経
ドーパミン(DA)	チロシン	黒質，腹側被蓋野，視床下部弓状核
ノルアドレナリン(NA)		青斑核，交感神経節後線維
アドレナリン		副腎髄質クロム親和性細胞
セロトニン(5-HT)	トリプトファン	縫線核，腸クロム親和性細胞，血小板(貯蔵のみ)
ヒスタミン	ヒスチジン	結節乳頭核，マスト細胞，好塩基球，胃 ECL 細胞[*]

[*] ECL；エンテロクロマフィン様.

(a) アセチルコリン

ACh はコリントランスポーター（ChT）によって細胞内に取り込まれたコリン（Ch）を原材料として，コリンアセチルトランスフェラーゼ（ChAT）の触媒作用によりアセチル CoA からアセチル基を供与されて生成する（図 3.3 d）．合成された ACh は H^+ 依存性小胞アセチルコリントランスポーター（VAChT）によってシナプス小胞に貯蔵され，Ca^{2+} 依存的に開口放出される．細胞外に遊離した ACh は回収されることはなく，アセチルコリンエステラーゼ（AChE）によって直ちに加水分解される．したがって，シナプス間隙の ACh 濃度を高く保つためには AChE 阻害薬が有効となる．

アセチルコリン受容体は，カチオンチャネルで fast EPSP を発生するニコチン性アセチルコリン受容体（ニコチン性受容体ともいう）と GPCR のムスカリン受容体（ムスカリン性アセチルコリン受容体ともいう）に大別される．ニコチン性アセチルコリン受容体は中枢神経以外に骨格筋の運動神経接合部や自律神経節にも存在するが，それぞれ構成サブユニットが異なり薬理学的にも識別されうる．ムスカリン受容体は Ca^{2+} 動員型 G タンパク質 Gq に共役する M_1, M_3, M_5 と，抑制性 G タンパク質 Gi/o に共役する M_2, M_4 の 5 サブタイプが存在し，シナプス後部の M_1, M_3, M_5 受容体は slow EPSP の発生に，シナプス前部の M_2, M_4 受容体は ACh 遊離抑制に関与すると考

えられている．

(b) カテコールアミン

カテコールアミンとは Tyr を原材料として，そのフェノール環のメタ位に水酸基が付加されたカテコール環を有するアミンの一群である．中枢神経系では Tyr の水酸化を行うチロシンヒドロキシラーゼ（TH）と脱炭酸反応を触媒する芳香族アミノ酸デカルボキシラーゼ（AADC）の 2 段階反応で合成される DA，さらに β 位を水酸化するドーパミン β ヒドロキシラーゼ（DBH）によって生成する NA，さらにフェニルエタノールアミン-N-メチルトランスフェラーゼによってメチル基を付加されたアドレナリンの 3 種類のカテコールアミンが神経伝達物質として用いられる．NA は交感神経末端での神経伝達物質として，アドレナリンは副腎髄質ホルモンとしても重要である．図 3.3 (e) にはノルアドレナリン作動性シナプスを模式的に示す．

これらのカテコールアミンは，神経終末で生合成されると共通の H^+ 依存性小胞モノアミントランスポーター（VMAT）によってシナプス小胞に蓄えられる．VMAT には二つのサブタイプが存在し，内分泌細胞では VMAT1 が，中枢神経系では VMAT2 が発現している．VMAT は 3 種類のカテコールアミン以外に 5-HT やヒスタミンにも親和性があり輸送できる．遊離されたカテコールアミンは，Na^+ 共トランスポーターである形

質膜トランスポーターによってそれぞれの神経終末へ再取り込み（reuptake）されて再利用される．DA はドーパミントランスポーター（DAT）で，NA はノルエピネフリントランスポーター（NET）で運ばれる．覚醒剤メタンフェタミンは DAT，NET，VMAT をそれぞれ強く阻害することで DA や NA を過剰に放出させ，強い陶酔感や覚醒作用とともに精神依存性を惹起する．

カテコールアミンの代謝はミトコンドリアに存在するモノアミンオキシダーゼ（MAO）による酸化と，細胞外酵素であるカテコール-O-メチルトランスフェラーゼ（COMT）によるメチル基付加による．MAO はカテコールアミン以外に 5-HT やヒスタミンも不活性化する．MAO には 2 種類のサブタイプがあり，MAO-A は NA や 5-HT に，MAO-B は DA やヒスタミンに選択性がある．

カテコールアミンの受容体はドーパミン受容体とアドレナリン受容体の大きく二つのファミリーに分かれるが，すべて GPCR であり，イオンチャネル型受容体は存在しない．ドーパミン受容体には D_1 から D_5 までの 5 サブタイプがあり，D_1，D_5 が cAMP 産生に働く Gs 共役型，D_2，D_3，D_4 は cAMP 産生を抑制し，神経の興奮を抑制する Gi/o 共役型の受容体である．アドレナリン受容体は NA とアドレナリンに対して親和性を有し，α_1 受容体はシナプス後部にあって Ca^{2+} 動員や slow EPSP を生じる Gq 共役型，α_2 受容体は主としてシナプス前部にあって Ca^{2+} 流入を抑制する Gi/o 共役型の自己受容体，β 受容体は β_1，β_2，β_3 の 3 サブタイプがあるが，いずれも cAMP 産生に働く Gs 共役型受容体である．

(c) セロトニンとヒスタミン

セロトニン（5-HT）とヒスタミンは脳内よりも末梢組織にはるかに多く存在し，局所ホルモンとして作用する．中枢神経系においては神経伝達物質として働き，それぞれ縫線核，乳頭体を起始核

として，脳内の広範な領域に投射している．

5-HT はトリプトファン（Trp）から水酸化を触媒するトリプトファンヒドロキシラーゼ（TPH）とカテコールアミン生合成と共通する酵素 AADC の 2 段階で生合成される．小胞への輸送と代謝による不活性化も，カテコールアミンと共通した VMAT および MAO によって行われるが，シナプス間隙に遊離された 5-HT はセロトニントランスポーター（SERT）によって選択的に再取り込みされる．したがって，うつ病治療において[*1] 5-HT のシナプス間隙濃度を高めるためには，MAO を標的にするよりも SERT 阻害薬のほうがより選択的な作用が期待できる（図 3.3 f）．

セロトニン受容体サブタイプは多岐にわたっている．5-HT_{1A}，5-HT_{1B}，5-HT_{1D} は Gi/o 共役型の抑制性自己受容体，5-HT_{2A}，5-HT_{2B}，5-HT_{2C} はシナプス後部で Ca^{2+} 動員や slow EPSP を生じる Gq 共役型受容体，5-HT_3 は fast EPSP を生じるカチオンチャネル受容体，5-HT_4，5-HT_6，5-HT_7 は cAMP 産生性の Gs 共役型受容体である．

ヒスタミンはアミノ酸であるヒスチジン（His）を脱炭酸するヒスチジンデカルボキシラーゼ（HDC）により 1 段階で生合成され，VMAT でシナプス小胞に蓄えられる．遊離されたヒスタミンはジアミンオキシダーゼや MAO などによって代謝されるが，カテコールアミンや 5-HT のように再取り込みを行う特異的な形質膜トランスポーターは見出されていない．ヒスタミン受容体は，Gq 共役型の H_1 受容体，Gs 共役型の H_2 受容体，Gi/o 共役型の抑制性 H_3 および H_4 受容体の存在が知られている．脳内ヒスタミンは覚醒維持に関与しており，中枢移行性の高い抗アレルギー薬（H_1 受容体遮断薬）は副作用として眠気を起こす．

---

*1　うつ病性障害の発生メカニズムの一つとして，うつ病の人の脳内では神経伝達物質である 5-HT が非常に少なくなっていることが知られている．

表 3.3 神経ペプチド受容体ファミリーと内因性ペプチド

受容体ファミリー名称	内因性ペプチド	受容体サブタイプ	神経系での役割
オピオイド受容体	β エンドルフィン，Met エンケファリン，Leu エンケファリン，ダイノルフィン A，ダイノルフィン B，ノシセプチン（オルファニン FQ）	μ，δ，κ，NOP	鎮痛（NOP 以外）
ニューロペプチド Y 受容体	ニューロペプチド Y，ニューロペプチド YY，膵臓ポリペプチド	Y1, Y2, Y4, Y5	摂食促進
タキキニン受容体	サブスタンス P，ニューロキニン A（サブスタンス K），ニューロキニン B など	NK1, NK2, NK3	情動，痛覚
オレキシン受容体	オレキシン A，オレキシン B	OX1, OX2	覚醒
バソプレッシン・オキシトシン受容体	バソプレッシン，オキシトシン	V1A, V1B, V2, OT	社会性，母性
カルシトニン受容体	カルシトニン，カルシトニン遺伝子関連ペプチド（CGRP），アドレノメデュリン，アミリン	CT, CT-like, CGRP, AMY1-3, AM1/2	血管緊張性（CGRP）
グルカゴン受容体	グルカゴン，グルカゴン様ペプチド 1（GLP-1），GLP-2，セクレチン，成長ホルモン放出ホルモン（GHRH）	Glucagon，GLP-1，GLP-2，GHRH，GIP，secretin	消化管運動・食欲調節（GLP），成長ホルモン産生（GHRH）
VIP・PACAP 受容体	血管作動性腸管ポリペプチド（VIP），脳下垂体アデニル酸シクラーゼ活性化ペプチド（PACAP）	PAC1, VPAC1, VPAC2	共存伝達物質として

狭義の神経伝達物質以外に，脳内で産生され他組織に作用するもの，他組織で産生され神経への作用をもつものを含む.

3.3.3 神経ペプチド

体内には 100 種類を超える多様な生理活性ペプチド[*2] が存在する．生理活性ペプチドは脳内や循環器，消化器などさまざまな臓器で産生され，多くはホルモンとして離れた標的臓器に対して作用するが，一部は中枢神経細胞でも産生され，アミノ酸や生体アミンと同じように神経伝達物質としてシナプス伝達を調節しており，神経ペプチドと呼ばれる（表 3.3 で代表的なものを受容体ファ

ミリーごとに示す）．

神経ペプチドの前駆体タンパク質（プレプロ型神経ペプチド）は細胞核で生合成されると，ゴルジ装置でつくられる大型有芯小胞と呼ばれる顆粒にパッケージされ，軸索輸送によって神経終末に運ばれる．その間，N 末端にある分泌シグナルペプチドの切断，ペプチド結合の限定加水分解によるプロセシング，翻訳後修飾などを受けて生理活性をもつ神経ペプチドとなる．大型有芯小胞の開口放出もシナプス小胞と同じく VDCC の開口に起因する Ca^{2+} 流入に依存して起こるが，神経ペプチドがアミノ酸や生体アミンといった古典的神経伝達物質と同一の神経終末に共存して，同

[*2] 生理活性ペプチドには脳内と腸管神経叢の両方で共通するものが多いことから，かつては脳腸管ペプチドともいわれたが，現在ではさらに広範に及ぶ発現分布と多様な生理機能があることがわかっている.

表 3.4 神経ペプチドと古典的伝達物質の共存

神経ペプチド	低分子神経伝達物質	共存部位
エンケファリン，ダイノルフィン	GABA	線条体
VIP	アセチルコリン	副交感神経節前線維
CGRP	アセチルコリン	三叉神経，脊髄運動神経
ニューロテンシン，コレシストキニン	ドーパミン	黒質
ニューロペプチド Y	ノルアドレナリン	青斑核，交感神経節前線維
サブスタンス P，サイロトロピン放出ホルモン（TRH），エンケファリン	セロトニン	縫線核

時に遊離される例が知られている（表 3.4）．なお，神経ペプチド受容体はすべて GPCR である．

　共通のプレプロ型神経ペプチドから選択的 RNA スプライシングによって組織によって異なる生理活性ペプチドが切り出されてくる例がある．たとえば，甲状腺ではカルシトニン前駆体タンパク質から骨形成と Ca^{2+} 動態に関与するカルシトニンが切り出されるのに対し，神経ではカルシトニン遺伝子関連ペプチド（CGRP）が切り出される．また，プロオピオメラノコルチン（POMC）から，脳下垂体前葉では副腎から皮質コルチコイドの分泌を刺激するホルモンである ACTH，中葉では強い鎮痛作用をもつオピオイドペプチドである β エンドルフィンが切り出され，それぞれ身体ストレスに応じて分泌されて生体防御に役割を果たす．

　神経ペプチドはペプチダーゼによる加水分解が主たる不活性化機構であり，容易に細胞外液や血中で不活性化される．しかし種類によっては N 末端 Glu の環化，C 末端のアミド化，スルホン化，アセチル化など，特異的な修飾反応によってペプチダーゼ抵抗性をもつものもあり，そうした場合は生体アミンやアミノ酸と比較して，より長時間の作用をもつようになる．また神経ペプチドは分子量が高いため受容体タンパク質との結合親和性が高く，通常 nM レベルの低濃度で有効性を発揮するものが多い．しかし高分子量のために脳血液関門（blood-brain barrier, BBB）を透過できず，脳内で産生された神経ペプチドは脳内でのみ作用し，ホルモンとして全身を循環するペプチドが脳内に入るのは能動輸送系が存在する少数の場合に限られる．なお，脳下垂体は BBB の外にあるため，脳下垂体前葉で産生されるペプチドホルモンは，血流に乗って全身を巡る．表 3.5 には脳下垂体が産生・分泌するペプチドホルモンを，視床下部が産生・分泌するペプチドホルモンが調整する例を示した．これらはさらに末梢標的臓器でのホルモン産生の制御系として機能している．

3.3.4　非定型神経伝達物質

　これまで挙げてきた神経伝達物質はアミノ酸・タンパク質に由来するものであったが，それ以外にも核酸，脂質などと関連し，物性も異なる内因性化学物質が存在する．

(a) アデノシン，ATP

　核酸塩基にリボースが結合したヌクレオシドのうち，アデノシン（図 3.4 a）は神経をはじめさまざまな細胞に対して生理活性をもつ．またアデノシンにリン酸が三つタンデムに結合したヌクレオチド，ATP（図 3.4 b）は細胞内の高エネルギーリン酸エステルであるが，神経伝達物質（あるいはグリア細胞との伝達物質）としても働く．ここでアデノシンや ATP のシナプス終末における神経特異的な生合成酵素や分解酵素，細胞膜トランスポーターの存在とグリア細胞の関与についてはまだよくわかっていない．しかし，神経における小胞型ヌクレオチドトランスポーター（VNUT）は

表 3.5　視床下部ホルモンと脳下垂体ホルモン

脳下垂体前葉	視床下部	作用
副腎皮質刺激ホルモン（ACTH）	コルチコトロピン放出因子（CRF）	分泌促進
濾胞刺激ホルモン（FSH）	ゴナドトロピン放出ホルモン（GnRH）	分泌促進
黄体化ホルモン（LH）		分泌促進
成長ホルモン（GH）	成長ホルモン放出ホルモン（GHRH）	分泌促進
	ソマトスタチン	分泌抑制
甲状腺刺激ホルモン（TSH、サイロトロピン）	サイロトロピン放出ホルモン（TRH）	分泌促進

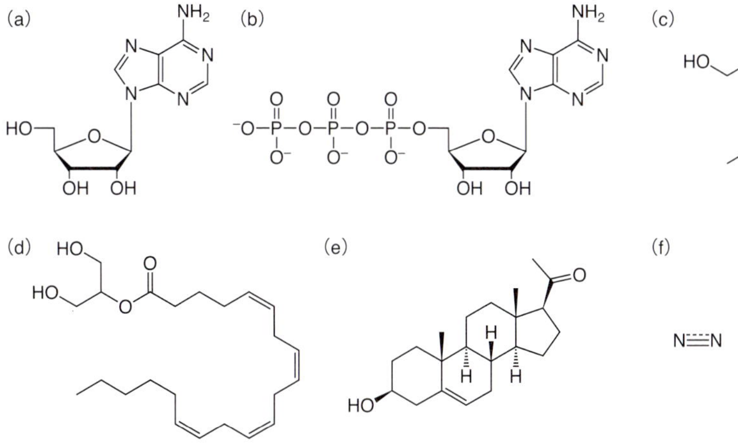

図 3.4　非定型神経伝達物質

(a) アデノシン，(b) ATP，(c) アナンダミド，(d) 2-AG，(e) プレグネノロン，(f) 一酸化窒素ガス（NO）.

同定されており，おそらくアミノ酸や生体アミンと類似した代謝経路を介して神経・グリア伝達物質として機能していると考えられる．

アデノシン受容体は Gi/o 共役型受容体である A_1 および A_3 と，cAMP 産生に働く Gs 共役型受容体である A_{2A} および A_{2B} の 4 サブタイプで構成されている．コーヒーに含まれるカフェインは A_{2A} 受容体を遮断することにより覚醒作用を発揮する．

ATP 受容体はカチオンチャネル受容体である P$_2$X 受容体ファミリーと，GPCR である P$_2$Y 受容体ファミリーに大別される．P$_2$X 受容体は P_2X_1 から P_2X_7 までの 7 サブタイプである．P$_2$Y 受容体は飛び飛びのナンバリングで 8 サブタイプあり，P_2Y_1，P_2Y_2，P_2Y_4，P_2Y_6，P_2Y_{14} が Gq 共役型，P_2Y_{12}，P_2Y_{13} が Gi/o 共役型，P_2Y_{11} は Gq と Gs と共役するとされる．

(b) エイコサノイド，内因性カンナビノイド

膜リン脂質からホスホリパーゼ A_2 によって切り出されるアラキドン酸は一連の生理活性物質（エイコサノイド）をつくる原材料となり，その生合成経路はアラキドン酸カスケードと呼ばれる．アラキドン酸カスケードで産生される物質に

は，プロスタグランジン類，トロンボキサン A_2，ロイコトリエン類があり，これらは炎症をはじめ，生殖器，消化管，循環器など多彩な局面で生理活性を発揮する．中枢神経系における機能としてはプロスタグランジン E_2（PGE_2）による発熱が挙げられる．

大麻の有効成分である Δ^9-テトラヒドロカンナビノールは中枢神経系に広範に分布する GPCR，カンナビノイド CB_1 受容体を刺激することによって作用を発揮する．アラキドン酸は CB_1 受容体の内因性リガンドである 2 種類の物質，アラキドン酸エタノールアミド（アナンダミド，図 3.4 c）および 2-アラキドノイルグリセロール（2-AG，図 3.4 d）の原材料でもある．これらの生理活性物質は親油性が高く，生体膜を比較的自由に透過して拡散できる特徴を有している．

(c) ニューロステロイド

コレステロールから生合成されるステロイドは，副腎皮質や生殖腺が産生するホルモンとしてよく知られている．中枢神経細胞やグリア細胞にはステロイド生合成に必要なチトクローム P450scc をはじめとする酵素群が発現しており，プレグネノロン（図 3.4 e）とその硫酸エステルなど，一

連のニューロステロイド（neurosteroids）が産生される．これらは末梢ステロイドホルモンと同様な転写調節だけでなく，局所ホルモンとしてGABA神経の活動を調節するなどの核外作用を有していることが明らかにされつつある．

(d) 一酸化窒素

　一酸化窒素（NO，図 3.4 f）はガス状の生理活性物質であり，きわめて低分子で極性が小さいことから，細胞膜を自由に透過できるという特性をもつ．NO は天然アミノ酸であるアルギニン（Arg）を原材料として，中枢神経細胞では神経型の一酸化窒素合成酵素（nNOS）によって Ca^{2+} 依存的に

Key Chemistry　　　　**脳血液関門（BBB）**

　筋肉や皮膚に張り巡らされる毛細血管は，単層の内皮細胞によって構成される（図）．一般に脂溶性の高い低分子化合物（ステロイドホルモンなど）は，脂質二重層から成る細胞膜に溶け込むことによってこの内皮細胞を透過し，血液から組織へ移行する．また親水性の高い低分子（アドレナリンなど）は，内皮細胞を貫く細孔や細胞間の間隙を介して拡散できる．ただしこれにはサイズ制限が存在し，アルブミン（分子量 66 kDa）のような高分子量タンパク質では，肝臓など大きな間隙をもつ毛細血管以外では透過できない．

　一方脳の毛細血管においては，内皮細胞表面の接着タンパク質同士が強固に結合した密着結合（tight junction）と呼ばれる物理障壁が存在する．このため脂溶性の高い化合物は毛細血管と同じく細胞膜を介して脳に移行できるが，水溶性の高い化合物は自由に透過することができない．これを脳血液関門（blood-brain barrier, BBB）と呼ぶ．本文の図 3.1 に掲げた全身投与で精神作用をもつ化合物は，いずれも脂溶性が高いため BBB を透過し，脳で作用を発揮できる．

　しかしこれでは脳はアミノ酸やグルコースといった栄養素を受け取ることができない．これら脳組織が必要とする物質の輸送には，特異的なトランスポーターが細胞膜に存在し，経細胞輸送が行われる．具体的にはグルコースはグルコーストランスポーターによって促進拡散で取り込まれる．また，インスリンなどのペプチドホルモンや，鉄を結合したトランスフェリンなどの血中ペプチドはエンドサイトーシス（endocytosis）とエキソサイ

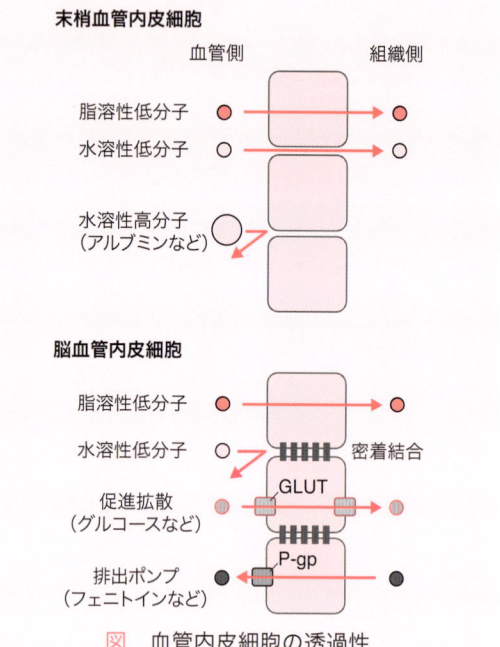

図　血管内皮細胞の透過性

トーシス（exocytosis）によって脳組織側に輸送する系が存在する．さらに脳には，一部の化合物を排出するポンプも備わっている．P-糖タンパク質（P-glycoprotein, P-gp）と呼ばれる能動輸送体は，抗てんかん薬フェニトインや免疫抑制薬シクロスポリンなど，さまざまな物質を脳から排除する．

　全身投与した物質の脳機能への作用を見る実験では，この BBB の存在と輸送系の働きについて留意しておく必要がある．また，炎症や腫瘍形成などの病態時において，BBB の破綻がもたらす副次的な作用についても同様である．

合成される．周辺の細胞に拡散することによって
グアニル酸シクラーゼ活性化による cGMP 産生
の亢進，タンパク質のニトロシル化およびニトロ
化による機能修飾あるいは不活性化，あるいは活
性酸素としてのストレス応答など多彩な活性を，
濃度に応じて発揮する．ガス状の生理活性物質と
しては NO のほか，酵素ヘムオキシゲナーゼに
よるヘム分解の副産物である一酸化炭素（CO）や，
生体内チオールから数種の酵素によって産生され
る硫化水素（H_2S）などがあり，これらも脳内でシ
グナル分子として働いていると考えられている．

3.4　おわりに

　脳は，人間のもつ高度な知性や感情を紡ぎ出し
ている唯一の器官である．しかし，アルコールや
ニコチンなど，比較的単純な構造をもつ天然物を
摂取することによって，それらの高次機能は容易

に変調を来す．その作用点は本章で挙げたような
神経伝達物質の受容体，あるいはイオンチャネル
である．脳研究に用いられる神経毒や試薬も，複
雑な有機化合物や天然のペプチド毒素であるが，
それらの作用点も生理活性物質の受容体やイオン
チャネルである．それぞれの物性と体内動態，そ
して作用点とその機能を的確に理解することに
よって，行う実験の妥当性や解釈がはじめて可能
になる．より詳しく勉強したい方には文献[1,2]な
どをさらに参照することをお勧めしたい．

（金子周司）

文　献

1) E. J. Nestler et al., "Molecular Neuro-pharmacology, a Foundation for Clinical Neuroscience 3rd Ed.," McGraw-Hill Education (2015).
2) http://www.guidetopharmacology.org/

chapter **4**

脳内物質の分布

Summary

　神経細胞の情報の伝達と統合は，シナプスでの神経伝達物質を介した化学的神経伝達が担っている．神経細胞内で神経伝達物質を証明する形態学的方法には，組織化学，免疫組織化学および *in situ* ハイブリダイゼーション法があり，これら研究方法の発展に伴って，脳内での神経伝達物質の局在が明らかになっている．脳内分布の具体例として，アセチルコリン，ドーパミン，ノルアドレナリン，アドレナリン，セロトニンの細胞体はおもに脳幹に存在し，それらを含む神経終末が脳の広範囲に投射する．

4.1 化学的神経伝達の歴史

　ケンブリッジ大学の生理学者 J. N. Langley の研究室でポスドクをしていた T. R. Elliott は，1904 年に消化管平滑筋に対するアドレナリンの作用が交感神経刺激と同じ弛緩作用を示すことから，交感神経末端から化学物質（アドレナリン[*1]）が出されることを予測し報告した．Elliott と同様に，化学物質による神経伝達の仮説は，数人の研究者により提唱されていたが，1900 年初頭は神経線維による伝導と伝達を電気現象のみで捉える研究が主流で，液性の化学物質による情報伝達の概念（化学神経伝達）は本格的には追求されなかった．

　1920 年復活祭の夜，迷走神経による心臓調節の研究をしていたオーストリアグラーツ大学薬理学教室教授の O. Loewi は，夢で見たアイデアから実験[*2]を思いついた．彼はこの実験により迷走神経末端からの化学物質の放出を証明し，この物質を迷走神経物質 Vagustoff と名付けた．さらに 1930 年代に入ると，イギリスの薬理学者 H. H. Dale が自律神経終末からのアセチルコリン（ACh）およびノルアドレナリン（NA）の放出を証明し，コリン作動性（cholinergic）およびアドレナリン作動性（adrenergic）という用語を用いて化学伝達（chemical transmission）と化学伝達物質（chemical transmitter）の概念を提唱し，化学的神経伝達の土台をつくった．これらの業績により，Loewi と Dale は 1936 年にノーベル賞を共同受賞している．

　末梢神経における化学伝達が明らかになるにつれて研究者の興味は中枢神経における化学物質の探索へと移っていったが，その解析は困難で，証明は生化学的検出法や組織化学的検出法が確立される 1950 年代である．なお，電子顕微鏡の発達によりシナプスの構造の知見が集積されるのも

---

*1　アドレナリンは Elliott のこの報告の数年前に，副腎髄質から分泌される昇圧物質として Park-Davis 社の高峰譲吉らにより抽出・結晶化されていた．

*2　2 匹のカエルから心臓を取り出し，それぞれ別のリンゲル液に入れる．片方（心臓 I）は迷走神経をつけたままにし，もう一方（心臓 II）は外しておく．心臓 I の迷走神経を刺激すると心臓の拍動は遅くなるが，このリンゲル液をとって心臓 II のシャーレに入れると心臓 I と同様に心臓 II の拍動も遅くなる．この現象は，迷走神経末端から，拍動を遅くする液性（化学）物質が出ていることを示している．

1950 年以降である[1].

4.2　化学的神経伝達の条件

　一般的に，神経伝達物質（neurotransmitter）はシナプス小胞（synapse vesicle）に蓄えられ，神経細胞の膜電位変化に伴い開口分泌でシナプス間隙（synaptic cleft）に放出される物質とされている．しかしながら，シナプス間隙での伝達物質の拡散・取り込み・分解は複雑で，特定物質が特定シナプスで作用することを証明するのは難しい．そこで，多くの神経科学者は以下の4条件を満たすものを神経伝達物質としている[2].

①　シナプス前細胞で合成される．

②　シナプス前部に貯蔵され，刺激に対応してシナプス前部から放出される．

③　その分子を適切な濃度で外部から投与した

場合，内因性伝達物質と同じ作用が起こる.

④　その分子をシナプス間隙から除去するための特異的な機構が存在する．

　これらの条件は満たさないが，シナプスで神経伝達の様式や強さに影響を及ぼし，調節する物質は，神経調節物質もしくは神経修飾物質（neuromodulator）と呼んでいる．

4.3　一般的化学シナプスの構造

　化学的神経伝達の行われる部位では，ほかの神経細胞や効果器細胞とのあいだにシナプスが形成されている．一般的に興奮の伝達は一方向であり，伝える側（の細胞膜）をシナプス前部（膜），興奮を伝えられる側（の細胞膜）をシナプス後部（膜）と呼ぶ．シナプス間隙はシナプス前膜とシナプス後膜のあいだの 20 ～ 40 nm の空間で，シナプス小

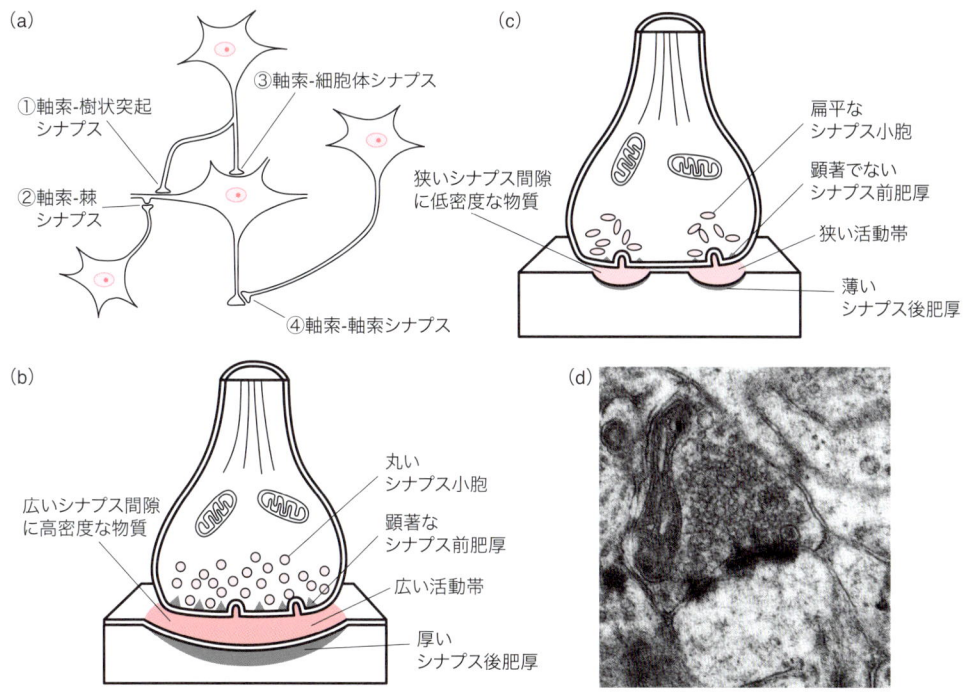

図 4.1　シナプスの構造

（a）シナプスの種類，（b）Gray I 型シナプスの模型図，（c）Gray II 型シナプスの模型図，（d）ラット視覚野（大脳皮質）の Gray I 型シナプスの電顕写真.

胞はシナプス前部にある神経伝達物質を入れる小型の袋構造である.

シナプスは構成する構造により，以下に分類される（シナプス前部–シナプス後部の順に表記する，図 4.1 a）.

① 軸索–樹状突起シナプス(axodendritic synapse)：樹状突起にシナプスを形成

② 軸索–棘シナプス(axospine synapse)：樹状突起上の棘にシナプスを形成

③ 軸索–細胞体シナプス(axosomatic synapse)：神経細胞体にシナプスを形成

④ 軸索–軸索シナプス(axoaxonic synapse)：軸索間にシナプスを形成

E. G. Gray [3] は電子顕微鏡的にシナプスを二つのタイプ(Gray I 型と Gray II 型)に分類した. また M. Colonnier [4] は，Gray I 型を非対称性シナプス（asymmetrical synapse），Gray II 型を対称性シナプス（symmetrical synapse）と呼んだ. それぞれの特徴を図 4.1 (b)，(c) に示す. 一般的に Gray I 型は興奮性シナプス〔興奮性伝達物質をシナプス小胞に含有し，シナプス後膜で興奮性シナプス後電位 (EPSP) を生じる〕と考えられ，Gray II 型は抑制性シナプス〔抑制性伝達物質をシナプス小胞に含有し，シナプス後膜で抑制性シナプス後電位(IPSP)を生じる〕と考えられている.

4.4　脳内分布の研究方法

生体構造がどのような物質で構成されているかを知る方法としては，細胞分画法，ウェスタンブロット法，免疫沈降法などの生化学的手法がある. 特定分子がシナプス前細胞で合成されるためには，その分子もしくはその分子を合成する特異的酵素が脳内に存在することが必須である. また，その分子が特定の神経細胞に存在することを証明する方法としては，組織化学，免疫組織化学，*in*

situ ハイブリダイゼーション法がある.

4.4.1　組織化学(histochemistry)

組織化学は，特定物質が起こす化学反応を利用して，組織標本上で物質の存在を可視化し，局在を証明する方法である. なかでも酵素組織化学(enzymehistochemistry)は，細胞・組織に存在する酵素を対象として，顕微鏡下に可視できる反応産物を検出する. アセチルコリン作動性神経細胞に対する，アセチルコリンエステラーゼ(AChE)染色などがこの例である(図 4.2 a).

Falck-Hillarp 法（Formaldehyde-induced fluorescence method，FIF 法）は，生体アミンの検出のため北欧の研究者らにより開発された方法である. 生体アミン類はホルムアルデヒドと

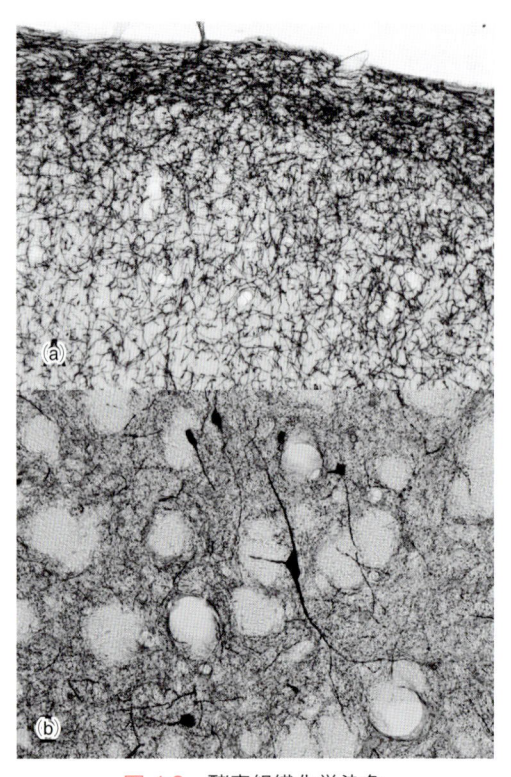

図 4.2　酵素組織化学染色
（a）AchE 酵素染色. サル大脳皮質の AchE 陽性線維.
（b）NADPH ジアホラーゼ酵素染色. ラット線条体の NADPH ジアホラーゼ陽性細胞.

反応すると縮合，閉環し（Pictet-Spingler 反応），蛍光能をもつ物質へと変化するため，これを蛍光顕微鏡により検出する[5]．

4.4.2　免疫組織（細胞）化学

免疫組織化学（immunohistochemistry，あるいは免疫細胞化学；immunocytochemistry）は，細胞内や組織の物質の局在を抗原抗体反応を用いて可視化し検出するものである．使用する抗体には，ポリクローナル抗体（polyclonal antibody）とモノクローナル抗体（monoclonal antibody）がある（図 4.3）．

タンパク質を精製し，抗原として異種動物（マウスやウサギなど）へ投与すると，免疫系細胞（形質細胞が B リンパ球に分化したもの）がこの物質に反応し，この抗原に対して特異的結合能力をもつ抗体（免疫グロブリン）を産生する．このとき産生されるのが抗原分子の異なった部位（エピトープ[*3]）を認識するポリクローナル抗体である．抗原が低分子・生理活性物質（セロトニン；5-HT など）の場合は，この分子をハプテン基[*4]として大分子の担体タンパク質に結合し，その複合体を

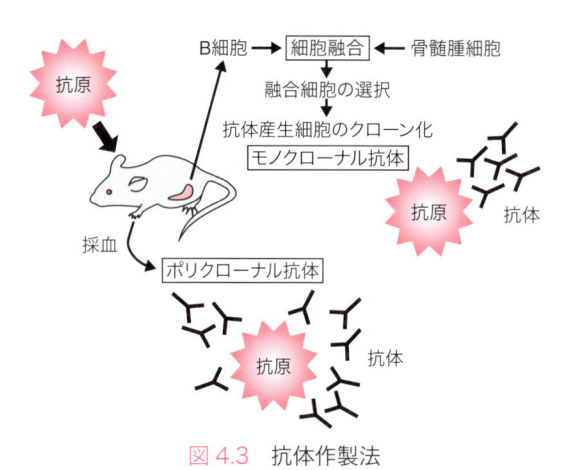

図 4.3　抗体作製法

動物に感作することによって抗体を得る．

一方，モノクローナル抗体は，より複雑な工程で形成される．マウスに抗原を感作し，マウスの脾臓から抗体産生の B リンパ球を取り出し骨髄腫（ミエローマ）細胞[*5]と細胞融合させる．融合細胞はハイブリドーマ（hybridoma）と呼ばれ，単一な抗体を産生する不死化細胞株である．ハイブリドーマの培養上清や，ハイブリドーマを移植したヌードマウスの血清や腹水から，単一な抗体を大量に精製することができる．

組織切片上で抗原−抗体反応を利用し，特異的に結合した抗体を顕微鏡下で可視化するためには，蛍光抗体法と酵素抗体法を用いる．蛍光抗体法では抗体標識にフルオレセイン，ローダミンなどの蛍光物質を用いるのに対し，酵素抗体法では抗体に西洋わさびペルオキシダーゼ（HRP）やアルカリフォスファターゼ（ALP）などの酵素を用い，発色基剤としてジアミノベンチジン（DAB）が用いられる．また，これらに抗体を標識する方法に，直接標識する直接標識法と，抗体（1次抗体）に対する抗体（2次抗体）に標識する間接標識法がある．近年は抗原を高感度で検出するために，アビジン-ビオチンペルオキシダーゼ複合体（Avidin-Biotin-Peroxidase Complex, ABC）法，標識ストレプトアビジン-ビオチン法（Labeled Streptavidin Biotin, LSAB），高分子ポリマー法など間接標識法の変法が開発されている[6]（図 4.4，4.5 a–c）．

4.4.3　*in situ* ハイブリダイゼーション（ISH）法

細胞内の mRNA の局在や，染色体の遺伝子解析（chromosomal-ISH と呼び，ISH と区別する）に用いられる方法で，一本鎖の RNA また

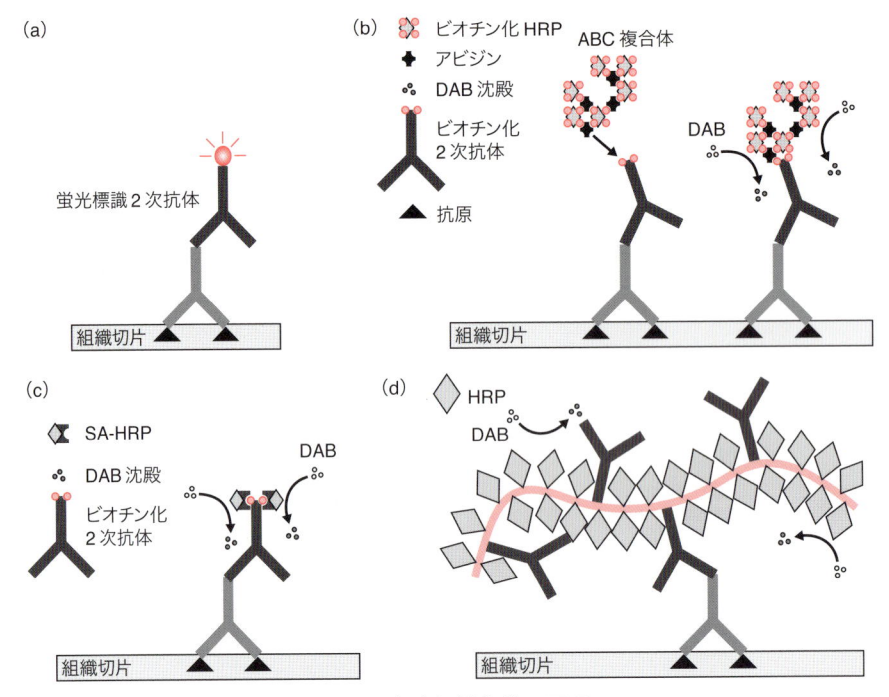

図 4.4　免疫組織化学の原理

(a) 蛍光抗体間接法．(b) ABC 法．アビジン・ビオチン化 HRP 複合体（ABC 複合体）をビオチン化 2 次抗体と反応させると，HRP はジアミノベンチジン（DAB）発色反応で，可視化できる DAB 沈殿物を形成する．(c) LSAB 法．ABC 複合体の代わりにストレプトアビジン・HRP 結合体を用いる，(d) 高分子ポリマー法．

は DNA が相補的な塩基配列とハイブリダイゼーション（hybridization）を起こす現象を，組織切片上で検出するものである（図4.6）．mRNA の

局在を解析することで，細胞が特定の分子（タンパク質）やペプチドを合成しているかを知ることができる．検出に用いる相補的なヌクレオチド鎖

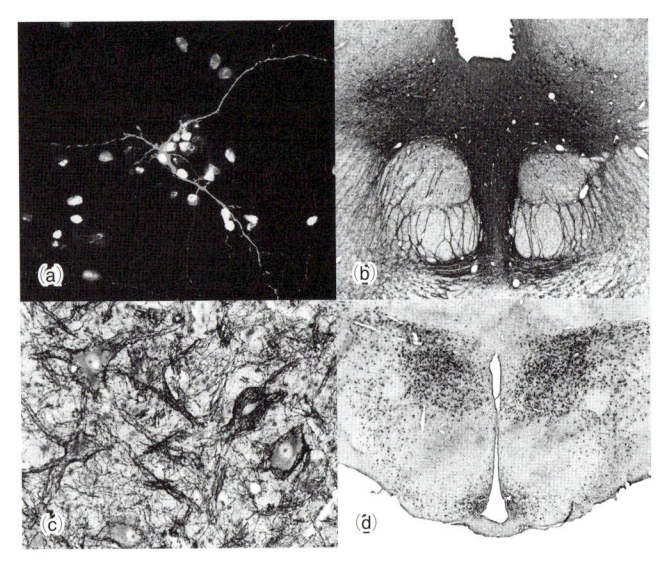

図 4.5　免疫組織化学染色（a, b, c）と in situ ハイブリダイゼーション（d）

(a) TH 抗体を用いた蛍光抗体間接法による培養ドーパミン神経．DAPI による核染色（対比染色）を行っている．(b) 5-HT 抗体を用いた ABC 法染色．サル背側縫線核．(c) 5-HT 抗体を用いた ABC 法染色．サル顔面神経核．神経細胞はクレシール紫による対比染色を行っている．(d) GAD の in situ ハイブリダイゼーション．ラット視床下部のジゴキシゲニンによる可視化．

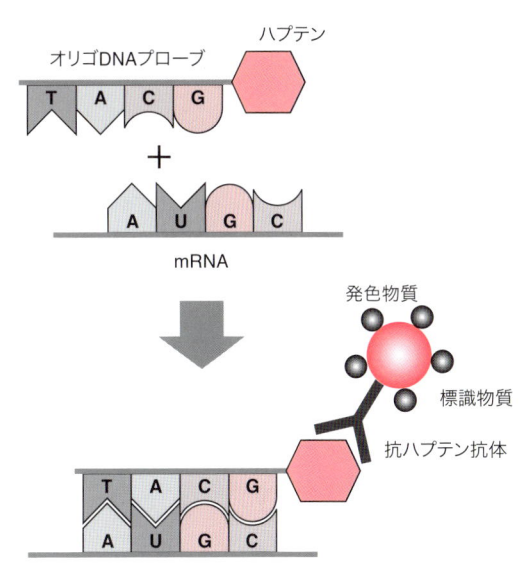

図 4.6 *in situ* ハイブリダイゼーションの原理
放射性物質として ^{35}S, ^{33}P, ^3H などの放射性同位元素が用いられ，オートラジオグラフィーでシグナルを検出する．非放射性物質としては，ジゴキシゲニン，ビオチン，ブロモデオキシウリジン，チミン2量体がハプテンとして使われ，免疫組織化学的に可視化される．

（ヌクレオチドプローブ，nucleotide probe）には，オリゴ DNA プローブ（oligonucleotid probe）や一本鎖および二本鎖相補 DNA プローブ（single

or double strand complementary DNA probe, cDNA probe），一本鎖 cRNA プローブ（single strand cRNA probe）があり，これらに標識物質を結合させて使用する．また，標識物質には放射性物質あるいは非放射性物質を用い，それぞれの長所・短所をふまえて選択される．

なお，免疫組織化学および ISH 法の詳細については，参考文献[7,8]を参照されたい．

4.5 神経伝達物質の脳内分布

化学伝達が提唱されて以来，数多くの神経伝達物質や神経修飾物質が同定され研究されてきた．これらは，現在のところ七つのカテゴリーに分類されている（表 4.1）．代表的な神経伝達物質とその体内分布について説明する（図 4.7）．

4.5.1 アセチルコリン
(a) 合成・分解
アセチルコリン（Ach）はコリンアセチルトランスフェラーゼ（ChAT）により，アセチル CoA

表 4.1 神経伝達物質および修飾物質

Ⅰ	アセチルコリン	アセチルコリン
Ⅱ	アミン類	1. カテコールアミン類：ドーパミン，ノルアドレナリン，アドレナリン
		2. インドールアミン類：セロトニン，メラトニン
		3. イミダゾラミン類：ヒスタミン
Ⅲ	アミノ酸とその関連物質	グルタミン酸，グリシン，γ-アミノ酪酸(GABA)，アスパラギン酸
Ⅳ	プリン	アデノシン，アデノシン 3 リン酸(ATP)
Ⅴ	神経ペプチド類	(1) 視床下部ペプチド：オキシトシン，バゾプレッシン，ソマトスタチン，甲状腺刺激ホルモン放出ホルモン，成長ホルモン放出ホルモン，ゴナドトロピン放出ホルモン，副腎皮質刺激ホルモン放出ホルモン
		(2) 下垂体ペプチド：副腎皮質刺激ホルモン，プロラクチン，黄体形成ホルモン，成長ホルモン，甲状腺刺激ホルモン，メラニン細胞刺激ホルモン
		(3) 消化管・膵臓ペプチド：vasoactive intestinal peptide (VIP)/PHI，pancreatic polypeptide (PP)/neuropeptideY (NPY)/PYY，ガラニン，サブスタンス P，コレシストキニン(CCK)，ガストリン
		(4) オピオイド類：β-エンドルフィン，β-リポプロテイン，エンケファリン，ダイノルフィン
Ⅵ	可溶性ガス類	一酸化窒素(NO)
Ⅶ	内因性カンナビノイド類	アナンダマイド，アラキドニルグリセロール

神経ペプチドは組織局在による分類.

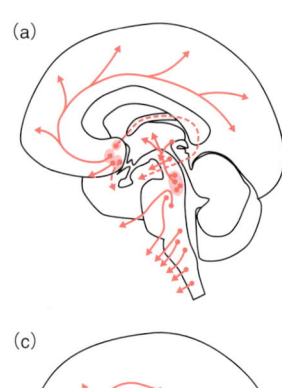
(a)

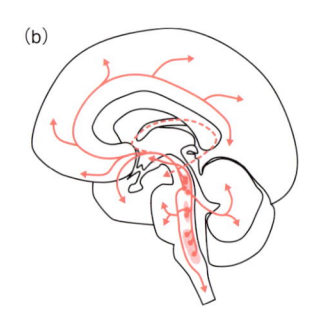
(b)

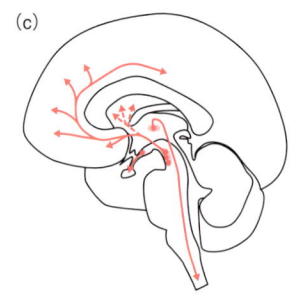
(c)

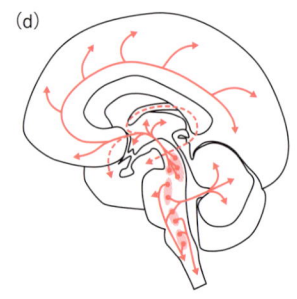
(d)

**図 4.7　重要な神経伝達物質と
その経路模型図**
(a) コリン作動性神経系，(b) ドーパ
ミン作動性神経系，(c) ノルアドレ
ナリン作動性神経系，(d) セロトニ
ン作動性神経系.

のアセチル基がコリン（Ch）と結合することで産
生される. Ach はアセチルコリンエステラーゼ
（AchE）により，コリンと酢酸に分解される.

(b) 分布

自律神経系の節前神経細胞，副交感神経節後神
経細胞で Ach の存在が証明されていたが，中枢
神経では脊髄前角運動神経核神経細胞，脳幹運動
核神経細胞のほか，前脳への投射神経細胞には M.
M. Mesulam らが導入した Ch (Cholinergic) 分
類が用いられている（表 4.2）. コリン作動性神経
系の同定は，ChAT の免疫組織化学的染色およ

び AchE の酵素組織化学的染色で行われる[9-11].

これらの神経細胞以外に線条体，カレハ島，視
床，視床下部，扁桃体などに介在神経細胞として
コリン作動性神経細胞が存在する[12].

4.5.2　カテコールアミン

ドーパミン（DA），ノルアドレナリン（NA），ア
ドレナリンは，いずれもカテコール基（catechol）
をもった神経伝達物質で，カテコールアミン
（catecholamine）と総称される.

表 4.2　Ch 分類

分類	Ch 作動性細胞群	投射部位
Ch1	内側中隔核 Ch 作動性細胞群	大脳皮質，海馬
Ch2	淡蒼球・側坐核・対角回 Ch 作動性細胞群	大脳皮質，海馬
Ch3	淡蒼球・側坐核・対角帯 Ch 作動性細胞群	嗅球，視床網様核
Ch4	無名質・基底核・扁桃体・嗅結節 Ch 作動性細胞群	大脳皮質，扁桃体，視床網様核
Ch5	中脳脚被蓋核（pedunculopontine nucleus）Ch 作動性細胞群	視床
Ch6	背外側被蓋核（laterodorsal tegmental nucleus）Ch 作動性細胞群	視床
Ch7	内側手綱核（medial habenular nucleus）Ch 作動性細胞群	脚間核
Ch8	傍二丘体核（parabigeminal nucleus）Ch 作動性細胞群	上丘

嗅結節 Ch 作動性細胞群は Meynert 基底核（nucleus basalis of Mynert）を含む大型神経細胞の複合核で，C.
Saper は Ch1 と Ch2 を含め，Magnocellular Basal Complex (MBC) と呼ぶことを提唱している[10].

（a）合成・分解

チロシン（Tyr）から律速酵素であるチロシンヒドロキシラーゼ（TH）により L-DOPA がつくられ，さらに芳香族 L-アミノ酸デカルボキシラーゼ（AADC）により DA が合成される．ドーパミン作動性神経細胞では，DA が神経伝達物質として使われる．ノルアドレナリン作動性神経細胞やアドレナリン作動性神経細胞では，DA を NA に変換するドーパミン β-ヒドロキシラーゼ（DBH）をもち，アドレナリン作動性神経細胞は，NA をさらにアドレナリンに変換するフェニルエタノラミン N-メチルトランスフェラーゼ（PNMT）をもっている．

シナプスに放出されたカテコールアミンの大部分は，シナプス前膜に存在するトランスポーターにより取り込まれ，さらに H^+ 依存性小胞性モノアミントランスポーター（VMAT）により小胞内に入り，再利用される．一部はモノアミンオキシダーゼ（MAO）およびカテコール-O-メチルトランスフェラーゼ（COMT）により分解される．

（b）分布

蛍光組織化学・免疫組織化学の発達により，詳細なカテコールアミン作動性神経系の脳内分布が明らかになっているが，その神経細胞体の存在部位はニッスル染色で規定された細胞構築（神経核）と必ずしも一致していない．そこで，スウェーデンの研究グループは，カテコールアミン作動性

表 4.3　カテコールアミン作動性神経細胞系[9,10,12,14-16]

	分類	DA 作動性細胞群	投射部位
ドーパミン（DA）	A8	網様体 DA 作動性細胞群（赤核後部）	尾状核，被殻
	A9	黒質緻密部 DA 作動性細胞群	尾状核，被殻
	A10	腹側被蓋野 DA 作動性細胞群	大脳皮質，側坐核，嗅結節，扁桃体，外側手綱核
	A11	視床下部後部 DA 作動性細胞群	脊髄，視床下部，中心灰白質
	A12	弓状核 DA 作動性細胞群	正中隆起，下垂体後葉，下垂体中間部
	A13	不確帯 DA 作動性細胞群	不確帯
	A14	視床下部内側部・前部 DA 作動性細胞群	中隔，視床下部
	A15	視床下部後部 DA 作動性細胞群	視床下部
	A16	嗅球傍糸球体 DA 作動性細胞群	嗅球
	A17	網膜 DA 作動性細胞群	網膜
ノルアドレナリン（NA）	A1	延髄腹外側 NA 細胞群	視床，視床下部，扁桃体，延髄
	A2	延髄背側 NA 細胞群	視床，視床下部
	A3	延髄網様体 NA 細胞群	延髄
	A4	第四脳室背側壁外側 NA 細胞群	橋，延髄
	A5	橋後外側部 NA 細胞群	脳幹，脊髄，
	A6	青斑核 NA 細胞群	嗅球，海馬，大脳皮質，視床，扁桃体，小脳，脳幹，脊髄
	A7	外側毛帯核 NA 細胞群	脳幹，脊髄
アドレナリン	C1	延髄腹外側アドレナリン作動性細胞群	脊髄，視床下部，視床，青斑核
	C2	延髄背側アドレナリン作動性細胞群	延髄，視床下部，視床
	C3	延髄正中アドレナリン作動性細胞群	延髄，視床下部，視床

延髄網様体 NA 細胞群は背側副オリーブ核に一致する小細胞．霊長類では欠く．
第四脳室背側壁外側 NA 細胞群は上衣細胞直下に存在する．
延髄腹外側アドレナリン作動性細胞群は延髄腹外側 NA 細胞群（A1）と連続する．
延髄背側アドレナリン作動性細胞群は延髄背側 NA 細胞群（A2）と連続する．

神経細胞群を延髄尾側から吻側に向かって A1 ～ A17 と表記した[13]．現在ではカテコールアミン系の合成酵素である TH，DBH，PNMT の免疫組織化学染色が各種カテコールアミン作動性神経細胞の同定に用いられている．なお，アドレナリン作動性神経細胞群は，PNMT の免疫組織化学により C1–3 グループに同定・分類された（表4.3）．

4.5.3　セロトニン

(a) 合成・分解

トリプトファン（Try）がトリプトファンヒドロキシラーゼ（TPH）により水酸化されて 5-ヒドロキシトリプトファン（5-HTP）になり，さらに AADC によって脱炭酸されてセロトニン（5-HT）が合成される．シナプス間隙へ放出された 5-HT は，セロトニントランスポーター（SERT）によって再取り込みされ，カテコールアミンと同様に，さらに VMAT により小胞内に入って，再利用される．神経細胞外のモノアミンオキシダーゼ B（MAOB）により 5-ヒドロキシインドール酢酸(5-HIAA)に分解される．

(b) 分布

蛍光組織化学では，セロトニン神経系を B グ

ループと分類する．5-HT をハプテンとした免疫組織化学的染色法の開発により，ヒトを含む多くの動物で中枢神経内のセロトニン神経系の詳細な分布が報告されている（表 4.4）[12,14,15,17]．最近では TPH の免疫組織化学染色による同定も行われている．

4.5.4　アミノ酸とその関連物質

グルタミン酸（Glu）は興奮性神経伝達物質として，グリシン（Gly）および γ-アミノ酪酸（GABA）は抑制性神経伝達物質として働く．Glu と Gly はタンパク質の材料としてすべての細胞に存在しているため，グルタミン酸作動性神経細胞およびグリシン作動性神経細胞を特異的に検出する方法として，特異性の高い小胞型グルタミン酸トランスポーター（VGLUT）およびグリシントランスポーター（GlyT）の免疫組織化学や ISH がある．VGLUT はシナプス小胞への Glu の取り込みに関与し，VGLUT1，VGLUT2，VGLUT3 という三つのアイソフォームがある．GlyT には Gly1 と Gly2 のアイソフォームがあり，細胞外の Gly 濃度の調節に関与している．多くの興奮性神経細胞が Glu を伝達物質としており，グルタミン酸作動性神経系の同定には，VGLUT 1，

表 4.4　中枢神経内のセロトニン神経系の分布

分類	5-HT 作動性細胞群	投射
B1	淡蒼縫線核 5-HT 作動性細胞群	脊髄
＊	網様体外側核 (lateral reticular nucleus) 5-HT 作動性細胞群	脊髄
＊	延髄腹外側 (venrtolateral area of medulla) 5-HT 作動性細胞群	脊髄
B2	不確縫線核 5-HT 作動性細胞群	脊髄，小脳
B3	大縫線核 5-HT 作動性細胞群	脊髄
B5	橋縫線核 5-HT 作動性細胞群	小脳，橋
B4, B6, B7	背側縫線核 5-HT 作動性細胞群	大脳半球[※1]，海馬，扁桃体，視床，視床下部
B8	正中縫線核 5-HT 作動性細胞群	大脳半球[※2]，海馬，扁桃体，視床，視床下部
	脚間核 5-HT 作動性細胞群	中隔，海馬
B9	内側毛帯 5-HT 作動性細胞群	線条体，中隔

＊は蛍光組織化学法で記載がない部位．研究者によっては B1 グループに入れることもある．B4，B6，B7 はセロトニン神経系として分離できないため一つのグループとした（図4.5 b）．また，大脳半球での投射領域は背側縫線核と正中縫線核で異なる．

VGLUT 2 の免疫組織化学および ISH が用いられる.

　一方，GABA は Glu を前駆体としてグルタミン酸デカルボキシラーゼ（GAD）により合成され，GAD の免疫組織化学や ISH が局在の証明法として用いられている.　GABA は，線条体内の介在神経細胞，小脳プルキンエ細胞，嗅球顆粒細胞や数多くの神経細胞に存在する[10,12]（図 4.5 d）.

4.5.5　神経ペプチド類

　神経細胞は，薬理学的な活性を有するペプチドを合成・放出している.　これらは，ホルモンとして先に同定されたものが多く，その組織局在から，視床下部ペプチド，下垂体ペプチド，消化管・膵臓ペプチドと総称される.

　オピオイド類[*6] は，ジョンズ・ホプキンス大学の S. Snyder らによるオピエート受容体[*7] の発見に続き，内因性リガンドであるエンケファリンやエンドルフィンが同定された.

　神経ペプチドには神経伝達物質の条件を満たさないものもある.　神経終末やシナプス小胞に神経ペプチドと低分子伝達物質（Ach, NA, 5-HT など）が共存し，シナプス部位で相互作用をすることで，神経伝達に多様性をもたせている.　そのため，神経ペプチドは神経調節物質もしくは神経修飾物質と呼ばれることが多い[10,12].　神経ペプチドの同定にはそれぞれのペプチドを抗原とした免疫組織化学が用いられる.

4.5.6　可溶性ガス

　シナプス後部からシナプス前部への逆行性伝達物質（retrograde messenger/signal）として一酸化窒素（NO）と内因性カンナビノイドが注目されている.　NO は一酸化窒素シンターゼ（NOS）に

---

*6　モルヒネ様物質.
*7　現在ではオピオイド受容体と呼ばれている.

Key Chemistry　　　リセルグ酸ジエチルアミド（LSD）

　医療に使用される薬物は，植物や動物の抽出エキスを利用する時代から，人工的に合成される時代へと発展し，またその目的も，殺人（Murder），呪術（Magic），そして医薬（Medicine）へと三つの M 期を経て変化してきた[20].　この過程のなかで，社会文化にまで影響を及ぼした薬物として LSD がある.

　イネ科植物に寄生した麦角菌がつくり出す麦角は，麦角アルカロイドを含み，中毒を引き起こす.　中世ヨーロッパでは，穀物の麦角菌感染が流行して中毒で多くの死者が出たことから，麦角が毒物ということはよく知られていた.　しかし 19 世紀には，その平滑筋収縮作用を陣痛促進や止血に利用し，さらに19 世紀後半になると，麦角から有効成分を抽出する研究がさかんになり，その過程でリゼリグ酸が構造決定された.

　LSD（D-lyserigic acid diethyl amide，25 番目に合成されたことから LSD-25 とも呼ばれる）は，1938 年スイスのサンド社（現ノバルティス）の化学者 A. Hofmann により合成された.　Hofmann は自身で LSD を服用し，その幻覚体験について記述している.　また著明な神経薬理学者 S. H. Snyder も自著『狂気と脳』のなかで，自身の LSD 摂取による幻覚体験を書いている[21].　そして 1960 年代になると，ハーバード大学の臨床心理学者であった T. F. Leary とその支持者らにより，LSD は "フラワー・ムーブメント" として爆発的に広がり，その幻覚作用（"サイケデリック・トリップ" と呼ばれた）で生み出された音楽・文学・美術などが，いわゆる "ヒッピー文化" として日本を含む世界中で流行した.　なお，LSD は日本では 1970 年に麻薬に指定されている.

　LSD の幻覚症状の作用機序については，初期は5-HT1A および 5-HT2A 受容体への働きが注目されていたが，5-HT トランスポーター，ドーパミン系，NMDA などのグルタミン酸受容体への関与が報告されている.　しかしいまだに不明な点が多い[22].

より，アルギニン（Arg）より生成される．NOS は NADPH の存在下でニトロブルー・テトラゾリウムを還元するとホルマザン色素になることを利用した NADPH ジアホラーゼ組織化学染色により検出でき，ジアホラーゼ陽性神経細胞が NOS 含有神経細胞に一致することが証明されている（図 4.2 b）[18,19]．近年では，神経型 NOS（nNOS），誘導型 NOS（iNOS），内皮型 NOS（eNOS）それぞれの抗体を用いた免疫組織化学が同定に用いられる．

4.6　おわりに

研究方法の進歩に伴い，多くの神経伝達にかかわる脳内物質の存在が明らかになり，その脳内分布が新しい可視化の方法によって報告されている．

(上田秀一)

文　献

1) 佐野 豊，『神経科学形態学的基礎 I ニューロンとグリア』，金芳堂 (1995)，pp.250–558.
2) 金澤一郎，宮下保司 (監修)，『カンデル神経科学』，メディカル・サイエンス・インターナショナル (2014)，pp.287–328.
3) E. G. Gray, *J. Anatomy*, **93**, 420 (1959).
4) M. Colonnier, *Brain Res.*, **9**, 268 (1968).
5) B. Falck, N. A. Hillarp, *J. Histochem. Cytochem.*, **10**, 348 (1962).
6) 日本組織細胞化学会編，『組織細胞化学 2009』，中西印刷 (2009).
7) 日本組織細胞化学会編，『組織細胞化学 2013』，中西印刷 (2013).
8) 日本組織細胞化学会編，『組織細胞化学 2014』，中西印刷 (2014).
9) 日本解剖学会，『解剖学用語 改訂 13 版』，医学書院 (2007).
10) G. Paxinos, eds., "The Human Nervous System," Academic Press (1990).
11) M. M. Mesulam et al., *Neuroscience*, **12**, 669 (1984).
12) G. Paxinos, eds., "The Rat Nervous System," Academic Press (1995).
13) A. Dahlström, K. Fuxe, *Acta Physiol. Scand. Suppl.*, **234**, 5 (1964).
14) R. Nieuwenhuys, "Chemoarchitecture of the brain," Springer-Verlag (1985).
15) R. Nieuwenhuys et al., "The Human Central Nervous System," Springer (2008), pp.890–916.
16) T. Hölfelt et al., *Brain Res.*, **66**, 235 (1974).
17) 佐野 豊，『神経科学形態学的基礎 II 脊髄・脳幹』，金芳堂 (1999)，pp.865–904.
18) B. T. Hope et al., *Proc. Natl. Acad. Sci. USA*, **88**, 2811 (1991).
19) B. T. Hope, S. R. Vincent, *J. Histochem. Cytochem.*, **37**, 633 (1989).
20) ジョン・マン 著，山崎幹夫 訳，『殺人・呪術・医薬』，東京化学同人 (1995).
21) ソロモン・スナイダー 著，加藤 信 他訳，『狂気と脳』，海鳴社 (1976).
22) D. De Gregorio et al., *Int. J. Mol. Sci.*, **17**, 1953 (2016).

II

脳神経系の分子

興奮性神経伝達物質とそれらの受容体のダイナミクス

Summary

ヒトをはじめとする哺乳類動物の脳には多種類の神経伝達物質が存在するが，なかでもグルタミン酸は興奮性神経伝達を仲介する最も重要な神経伝達物質である．グルタミン酸はおもにシナプス後膜に局在するイオンチャネル型グルタミン酸受容体を活性化し，速い興奮性シナプス伝達だけでなく，学習・記憶の基盤と考えられているシナプス可塑性の誘導と維持においても重要な役割を果たしている．そして，シナプス膜表面におけるイオンチャネル型グルタミン酸受容体の発現はダイナミックに制御され，このダイナミクスこそが興奮性シナプス伝達とシナプス可塑性の分子基盤であることが示唆されている．本章では主要なイオンチャネル型グルタミン酸受容体として，AMPA 受容体と NMDA 受容体のサブユニット構成ならびに発現様式，受容体の細胞内局在性のダイナミクスに焦点をあてて概説する．

5.1 はじめに

ヒトの脳にある数千億個の神経細胞はシナプスを介して結合し，神経回路を形成している．刺激に応じてシナプス前部から神経伝達物質（neurotransmitter）が放出され，シナプス後部の膜（シナプス後膜）上に存在する受容体に結合することでシグナル伝達が行われる．脳内にはアミノ酸，アミンならびにペプチドに分類される多種の神経伝達物質が存在しているが，一つの神経細胞は原則として一つの神経伝達物質を用いてシナプス伝達を行う．

神経伝達物質には大きく分けて興奮性のものと抑制性のものがある．興奮性神経伝達物質は種類が多く，速い神経伝達を仲介するグルタミン酸（Glu）やアセチルコリン（ACh），遅い神経伝達を仲介するドーパミン（DA），ノルアドレナリン（NA），アドレナリン，セロトニン（5-HT）などがある．中枢神経系では，速い興奮性神経伝達の大半を Glu が仲介する．一方，末梢神経系で

は，ACh が運動神経の神経筋接合部や交感神経系，副交感神経系の節前神経細胞，副交感神経の節後神経細胞で放出され，骨格筋の収縮，心拍数，血圧や消化機能などを促す．アミン系神経伝達物質である DA，NA，アドレナリンおよび 5-HT はおもに遅い興奮性神経伝達を仲介し，運動制御，記憶・学習，気分，睡眠と覚醒，動機付けなどの幅広い神経機能の修飾にかかわる．

シナプス後膜に存在する神経伝達物質受容体は大きくイオンチャネル型（ionotropic）と代謝型（metabotropic）に分類される．速いシナプス伝達を仲介するイオンチャネル型受容体は，神経伝達物質が結合すると立体構造が変化し，チャネルが開口して特定のイオンを選択的に透過させる．一方，遅いシナプス伝達を仲介する代謝型受容体は，神経伝達物質の結合により立体構造が変化し，3 量体 G タンパク質を活性化する．その後，一連の細胞内シグナル伝達を経て，シナプス伝達を調節する．

シナプスにおける神経伝達物質の放出とそれら

の受容体のダイナミックな機能的，構造的変化，すなわちシナプス可塑性は，さまざまな脳高次機能の発揮に密接に関与していると考えられている．なかでも学習・記憶の基盤と考えられているイオンチャネル型グルタミン酸受容体のダイナミクスが精力的に研究されており，シナプス可塑性の分子機構の解明が大きく進んだ．本章では Glu とその受容体のダイナミクスに焦点をあてて概説する．

5.2　シナプスにおけるグルタミン酸の合成・放出とリサイクリング

　Glu はシナプス前部のミトコンドリア内で，グルタミナーゼ（Glnase）によるグルタミン（Gln）の加水分解で産生され，小胞型グルタミン酸トランスポーター（VGLUT）を介してシナプス小胞内に取り込まれる（図 5.1）．シナプス小胞の一部は Glu の放出部位であるアクティブゾーンに近接し，Ca^{2+} の細胞内流入を待ち受ける．シナプス前部に活動電位が到達すると，膜電位が脱分極して電位依存性 Ca^{2+} チャネル（VDCCs）が開口し，シナプス前部内へ Ca^{2+} が流入する．流入

した Ca^{2+} は Ca^{2+} 作動性タンパク質であるシナプトタグミンと結合し，アクティブゾーンに近接するシナプス小胞の開口放出（exocytosis）を促す引き金となる．Ca^{2+} と結合したシナプトタグミンは，SNARE/SM タンパク質複合体との相互作用によりシナプス小胞膜とアクティブゾーンの細胞膜との融合を引き起こし，蓄えていた Glu をシナプス間隙に放出する[1]．シナプス間隙に放出された Glu はシナプス後膜に局在する受容体に作用したのち，速やかにアストロサイト（astrocyte）に取り込まれ，グルタミンシンターゼ（GluSyn）によって Gln に変換される．Gln はアストロサイトから放出され，神経細胞に取り込まれ，再び Glu に変換される．

5.3　イオンチャネル型グルタミン酸受容体の基本構造と機能部位

5.3.1　基本構造

　イオンチャネル型グルタミン酸受容体は，薬理的および分子生物学的観点から AMPA 受容体，カイニン酸（KA）受容体，NMDA 受容体

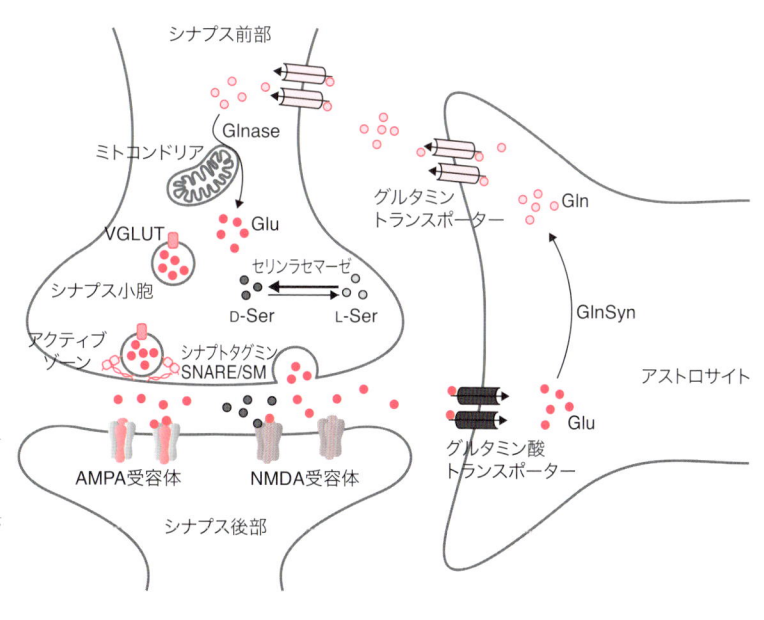

図 5.1　グルタミン酸の合成・放出とリサイクリング
Glu；グルタミン酸，Gln；グルタミン，Ser；セリン，Glnase；グルタミナーゼ，VGLUT；小胞型グルタミン酸トランスポーター，GlySyn；グルタミン 合 成 酵 素．SNARE；Soluble NSF attachment protein receptor，SM；Sec1/Munc18-like.

の三つのファミリーに分類される．1989年に
AMPA受容体ファミリーのGluA1サブユニッ
トが最初にクローニングされて以来，現在まで
18種類ものグルタミン酸受容体チャネルサブユ
ニットが報告された．AMPA受容体はGluA1
～GluA4の四つのサブユニット，KA受容体は
GluK1～K5の五つのサブユニット，NMDA受
容体はGluN1，GluN2A～GluN2D，GluN3A，
GluN3Bの七つのサブユニット，デルタ型受容
体はGluD1，GluD2の二つのサブユニットがあ
る．なお，デルタ型受容体のイオンチャネル機能
は不明であるが，シナプス形成に関与しているこ
とがわかっている．イオンチャネル型グルタミン
酸受容体はそれぞれのファミリー内の同一あるい
は異なるサブユニットの組み合わせで，ホモある
いはヘテロ4量体を形成する．

　グルタミン酸受容体チャネルサブユニットは
類似した基本構造をもち，図5.2で示すように
N末端領域（ATD）と，それ以外の細胞外部分S1，
S2からなるリガンド結合領域，3回膜貫通領域
（M1，M3，M4），細胞膜内でループ構造をとり
ポア（pore，孔）を形成するM2領域，そして細胞
内に位置するC末端領域から構成されている[2]．

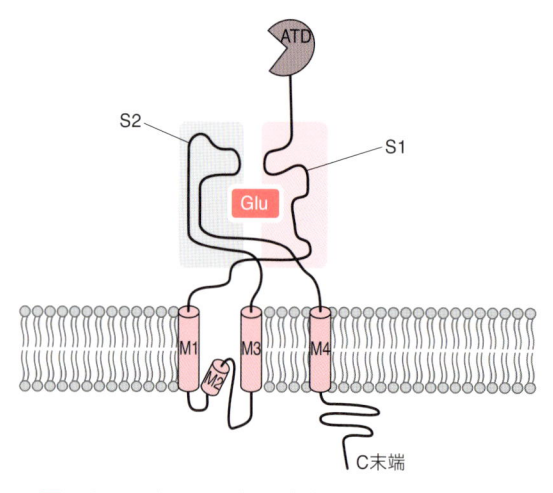

図5.2　イオンチャネル型グルタミン酸受容体の
基本構造

5.3.2　イオン透過性の制御部位

　イオンチャネル型グルタミン酸受容体は特定
のイオンを透過して速い神経伝達を仲介してお
り，そのイオン選択性はポアを形成するM2領
域によって規定される．AMPA受容体にはCa^{2+}
透過性のものと非透過性のものがあるが，この
Ca^{2+}透過性を決定するのはGluA2サブユニット
である[3]．GluA2サブユニットを含むAMPA受
容体はCa^{2+}透過性が低く，GluA2サブユニッ
トを一つも含まないAMPA受容体はCa^{2+}透過
性が高い．これはGluA2のM2領域内にあるイ
オン透過性を制御する部位のアミノ酸が，ほか
のサブユニットではGlnであるのに対し，アル
ギニン（Arg）に置き換わっていることに由来す
る．GluA2サブユニットでもゲノム遺伝子上で
はほかのサブユニットと同様にGlnをコードし
ているが，mRNAレベルでアデノシンデアミナー
ゼによるRNA編集で，Argに変化する．なお，
GluA2によるCa^{2+}透過性の調節はAMPA受容
体チャネルの機能のみならず，神経毒性にもかか
わっていることが報告されている[4]．

　一方，NMDA受容体のチャネル活性は，通常
は細胞外Mg^{2+}により電位依存的にブロックさ
れている．しかし，シナプス前部から放出され
るGluによりAMPA受容体が活性化してシナプ
ス後膜が脱分極すると，Mg^{2+}ブロックが解除さ
れ，NMDA受容体チャネルが活性化し，シナプ
ス後膜でCa^{2+}イオンの流入を起こす．Mg^{2+}ブ
ロックならびにCa^{2+}の選択性にかかわる部位は
AMPA受容体のGln/Arg部位の相同の位置に存
在するアスパラギン（Asn）である[5]．

5.3.3　機能修飾部位

　イオンチャネル型グルタミン酸受容体の細胞
内C末端領域には，リン酸化部位やタンパク質
結合ドメインがあり，受容体のシナプス局在や
チャネルの機能制御に重要な役割を果たしている．

AMPA 受容体 GluA1 サブユニットの C 末端に位置する 831 番目のセリン（Ser831）は，Ca^{2+}-カルモデュリン依存的キナーゼ II（CaMKII）とプロテインキナーゼ C（PKC）によりリン酸化され，845 番目の Ser845 はプロテインキナーゼ A（PKA）によりリン酸化される．Ser831 のリン酸化は，AMPA 受容体チャネルのコンダクタンスとイオン透過性を上昇させ，Ser845 のリン酸化はチャネルの開口効率を上昇させることがわかっている．

AMPA 受容体の長期的な活性変化はシナプス伝達の可塑性の実態であることから，これらのリン酸化はシナプス可塑性の制御においても重要な役割を果たしている[6]．シナプス伝達の長期増強（LTP）を誘導する高頻度刺激を与えると Ser831 のリン酸化が促進される．一方 Ser845 は恒常的にリン酸化されていて，シナプス伝達の長期抑圧（LTD）を誘導する刺激を与えると脱リン酸化されることが報告されている．イオンチャネル型グルタミン酸受容体はその C 末端領域を介して，PDZ[*1] ドメインを含む多くの足場タンパク質と相互作用し，シナプス後膜における発現量の制御を受ける．

5.4 イオンチャネル型グルタミン酸受容体のサブユニット構成と発現様式

5.4.1 AMPA 受容体

AMPA 受容体は GluA1-GluA4 の四つのサブユニットの組み合わせで，ホモあるいはヘテロ 4 量体を形成している．AMPA 受容体を構成する各サブユニットの発現は，脳の発達に伴いダイナミックに変化し，成体では脳の部位や細胞の種類によって AMPA 受容体を構成するサブユニットが異なる（図 5.3）．具体的には大脳皮質，海馬お

＊1　PDZ；Postsynaptic density 95, PSD-95, Discs large, Dlg, Zonula occludens-1, ZO-1.

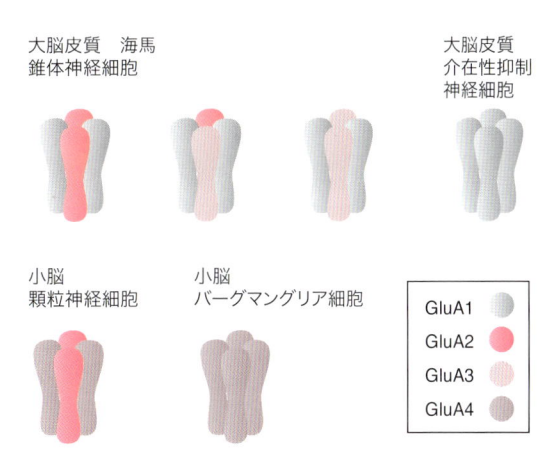

図 5.3　AMPA 受容体サブユニット構成ならびに発現様式

よび線条体ではおもに Ca^{2+} 非透過性の GluA1/GluA2 ならびに GluA2/GluA3 のヘテロ 4 量体で構成されるのに対し，小脳では GluA2/GluA4 のヘテロ 4 量体あるいは Ca^{2+} 透過性の GluA4 から成るホモ 4 量体で構成される[7]．細胞種類別では，神経細胞に発現する AMPA 受容体のほとんどは GluA2 サブユニットを含むが，一部の抑制性神経細胞やグリア細胞は GluA2 サブユニットを含まない[8,9]．

5.4.2 NMDA 受容体

NMDA 受容体には GluN1，GluN2，GluN3 の三つのサブファミリーに分類される，計七つのサブユニットが含まれ，GluN1 と GluN2 あるいは GluN3 の組み合わせでヘテロ 4 量体を形成する（図 5.4 a）．サブユニットの組み合わせによってイオンチャネルとしての性質が異なり，NMDA 受容体機能の多様性を生みだす．

NMDA 受容体の各サブユニットの発現は脳の発達段階や脳部位によってダイナミックに制御されている（図 5.4 b）[10]．GluN1 サブユニットはすべての NMDA 受容体に含まれ，胎生期から生涯を通じて脳に広範に発現する．一方，GluN2 サブユニットは発現時期や領域がきわめて動的

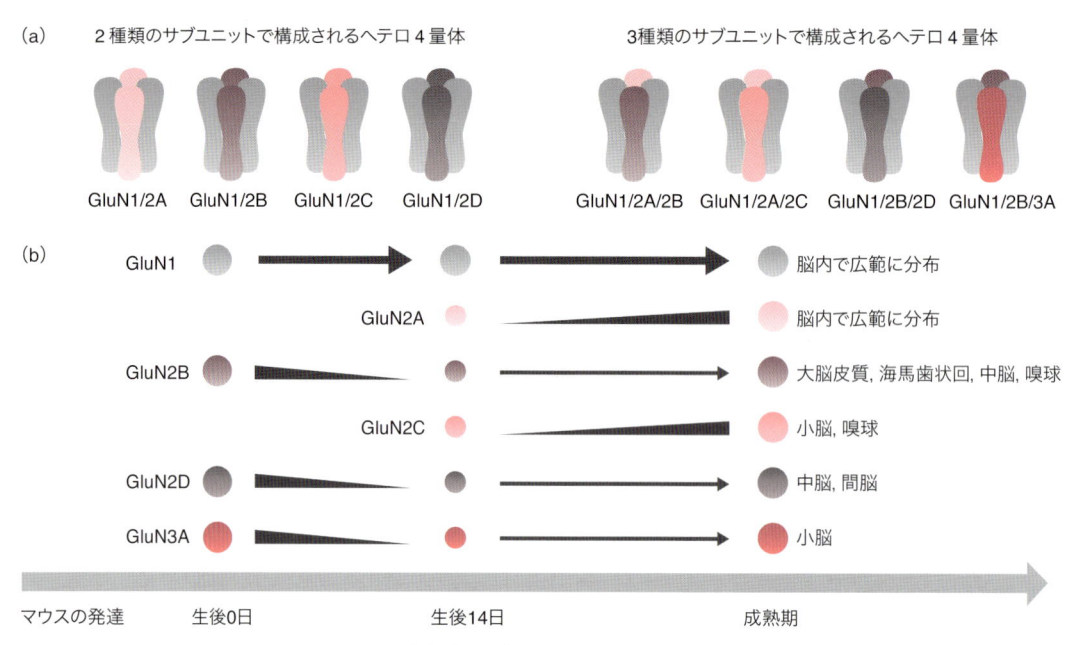

図 5.4　NMDA 受容体サブユニットの構成ならびに発現様式
（a）NMDA 受容体のサブユニット構成．GluN1 サブユニットは，一つの GRIN1 遺伝子からコードされる八つのスプライスバリアントが報告されている．一方，GluN2A-2D ならびに GluN3A，3B はそれぞれ異なる遺伝子によってコードされている．（b）NMDA 受容体の発現量の変化．

に制御されている．胎生期の脳では，GluN2B と GluN2D サブユニットがおもに発現する．GluN2B は，生後 1 週までは脳のほとんどの領域で高い発現レベルを維持し，成長とともに発現が前脳に限定されていく．GluN2D サブユニットは生後から発現が急激に減少し，成熟期では中脳と間脳におもに発現する．GluN3A サブユニットは出生直後に発現がピークに達し，そのあとは徐々に減少する．これらのことから脳の発達初期に発現する GluN2B, 2D と GluN3A サブユニットはおもにシナプスの形成と成熟にかかわると考えられている．

　一方，GluN2A サブユニットは生後直後まではほとんど発現しないが，成長とともに増加し，脳の広範で発現するようになる．GluN2C サブユニットは生後 10 日ごろから発現し始め，成体においては小脳と嗅球に発現が限局される．GluN3B サブユニットは生後，発現が徐々に増加し，成熟期ではおもに運動神経細胞で発現する．

成熟期の脳では GluN2A と GluN2B が主要な GluN2 サブユニットとして機能し，GluN1 サブユニットとともに興奮性シナプス伝達やシナプス可塑性を媒介する．

5.5　イオンチャネル型グルタミン酸受容体の細胞内局在性とシナプス可塑性

　シナプス間の神経伝達効率は各種の刺激に応じてダイナミックに変化する．このようなシナプス可塑性と呼ばれる現象は学習・記憶などの脳高次機能の基盤であると考えられており，その制御機構の研究が長年精力的に行われてきた．とくに海馬 CA1 領域の LTP や LTD，小脳における LTD に関する研究が進んでおり，AMPA 受容体と NMDA 受容体のシナプス部位への輸送ならびに受容体のシナプス後膜への挿入や離脱がシナプス可塑性の制御に重要な役割を果たすことが明らかとなっている．小胞体（endoplasmic reticulum；ER）で合成されたグルタミン酸受容体チャネルサブユニットがシナプス部位に運ばれ，また神経活動依存的にシナプス後膜の表面に発現するには，CaMKII や PKA などのキナーゼ，キネシンスーパーファミリータンパク質（KIF）のモータータンパク質による輸送ならびに PDZ ドメインをもつ多くの足場タンパク質が関与していると考えられている．また受容体の種類によって，輸送ならびに細胞表面への発現機構が使い分けられることも示唆されている．

5.5.1　小胞体からシナプス部位への輸送
(a) AMPA 受容体

哺乳類動物の前脳部位に発現するほとんどの AMPA 受容体には GluA2 サブユニットが含まれており，Ca^{2+} の透過性と整流性が失われている．GluA2 サブユニットを含まない AMPA 受容体は Ca^{2+} を透過し，膜電位が負では電流-電圧特性がオームの法則に従うが，正では電流が流れにくい内向き整流性を示す．したがって，GluA2 サブユニットのシナプス部位への輸送ならびにシナプス膜表面への発現制御は，AMPA 受容体を介する興奮性シナプス伝達において重要な役割を果たすと考えられている．RNA 編集を受けて ER で合成された GluA2 サブユニットは単独ではシナプス部位に輸送されないため，ER で蓄えられ，GluA1 あるいは GluA3 と適切な 4 量体 AMPA 受容体を形成したのち，ER からシナプス部位に輸送される[11]．GluA2 サブユニットを含む AMPA 受容体が ER から離れシナプスに移行するには，細胞内 Ca^{2+} ストアからの放出される Ca^{2+} により CaMKII が活性化され，PDZ タンパク質である PICK1[*2] が GluA2 サブユニットと結合する必要があると考えられている[12]．しかし CaMKII がどのようなメカニズムで ER からの AMPA 受容体の離脱を制御するかはまだわ

かっていない．

GluA2 サブユニットを含む AMPA 受容体はモータータンパク質である KIF5 によってシナプスに運ばれる．このときグルタミン酸受容体結合タンパク質（GRIP1）が GluA2 と KIF5 の複合体形成にかかわっていることがわかっており（図5.5），KIF5 のドミナントネガティブを過剰発現させると GluA2 と GRIP1 はシナプスに輸送されないことが報告されている[13]．また細胞接着分子の N-カドヘリンが GluA2，GRIP1，KIF5，TARPs と大きな複合体を形成し，小胞輸送によって樹状突起輸送されることも報告されている[14]．

AMPA 受容体はその構成サブユニットの違いによってシナプスに輸送されるタイミングが異なることが示唆されている．GluA1/A2 で構成される AMPA 受容体は神経活動依存的にシナプス部位に輸送されるのに対し，GluA2/GluA3 で構成される AMPA 受容体は恒常的に輸送されることが報告されている[15]．

(b) NMDA 受容体

NMDA 受容体も AMPA 受容体と同様にモータードメインをもたないため，ER からシナプス部位へ移動するためにはモータータンパク質と結合する必要がある．NMDA 受容体 GluN2B サブユニットはアダプタータンパク質である Mint1（mLin10），CASK（mLin3），Velis（mLin7）を介してモータータンパク質 KIF17 に結合し，KIF17 が GluN2B を含む膜小胞をシナプス部位に輸送する（図 5.5）[16]．シナプス部位に到達すると，KIF17 の C 末端にある Ser1029 が CaMKII によりリン酸化され，GluN2B が小胞からリリースされる．なお，GluN1 と GluN2A の輸送機構はまだ明らかになっていない．

---

*2　PICK1；protein interacting with C kinase 1.

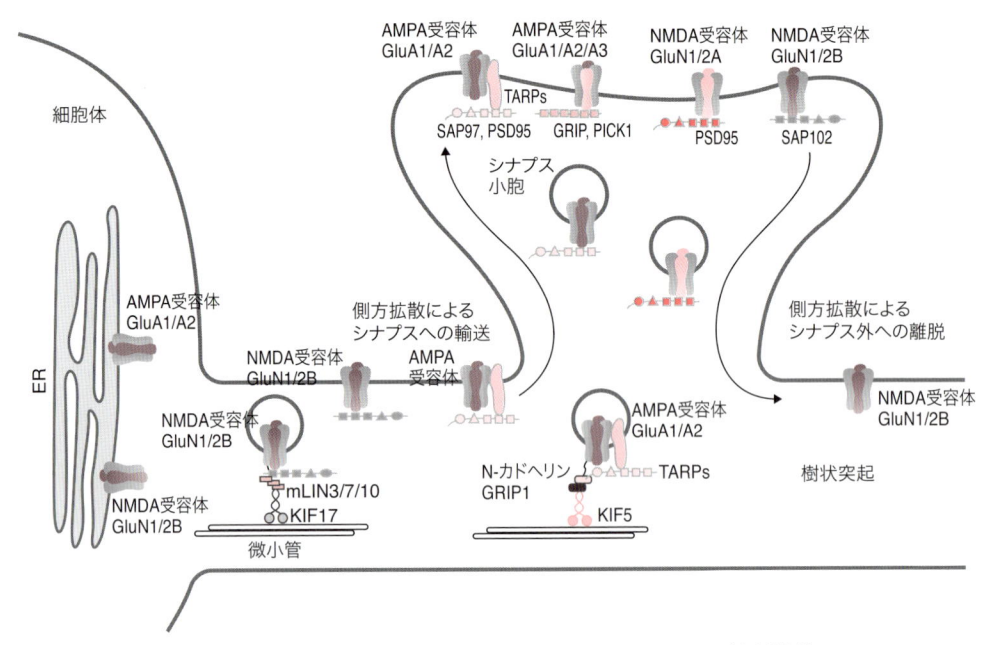

図 5.5　AMPA 受容体と NMDA 受容体のシナプスへの輸送機構

TARPs：膜貫通 AMPA 受容体調節タンパク質ファミリー，GRIP：Glu 受容体結合タンパク質，KIF：キネシンスーパーファミリー，ER：小胞体．GluA2 サブユニットを含む AMPA 受容体は N- カドヘリン，GRIP1，KIF5，TARPs と大きな複合体を形成し，小胞輸送によって樹状突起に運ばれる．GluN2B を含む NMDA 受容体はアダプタータンパク質（mLIN3/7/10）と結合し，KIF17 によって樹状突起に運ばれる．

5.5.2　シナプス後膜における発現量の制御機構
(a) AMPA 受容体

シナプス後膜における AMPA 受容体の数は興奮性シナプス伝達効率に直結する[6]．近年，蛍光タンパク質や量子ドットなどさまざまなタグを用いた培養神経細胞レベルでの研究により，AMPA 受容体サブユニットが LTP 誘導刺激後にシナプス外膜や細胞内予備プールから急速にシナプス後膜へ移行することが見出された[17]．また，LTD の誘導刺激後には，シナプス後膜から AMPA 受容体がエンドサイトーシス（endocytosis）により細胞内に取り込まれることが報告されている[18]．

さらに最近では，光褪色後蛍光回復法（fluorescence recovery after photo bleaching；FRAP）を用いたイメージング実験により，LTP 誘導刺激後，AMPA 受容体サブユニットのシナプス後膜への移行が時間差で行われることも報告

されている．LTP 誘導刺激後，まず GluA1 ホモ 4 量体がシナプス後膜に挿入され，それと同時あるいはその数分後に GluA1/GluA2 から構成される AMPA 受容体が挿入される．GluA2/A3 サブユニットで構成される AMPA 受容体はシナプス外の膜領域に挿入されたのち，その一部がシナプス後膜へと側方拡散（lateral diffusion）する[19]．

それでは，AMPA 受容体はどのようなメカニズムで細胞内からシナプス後膜に挿入され，またシナプス膜上での局在が維持されるのか？　シナプス可塑性に伴う AMPA 受容体の動態制御のメカニズムとして，AMPA 受容体サブユニットの C 末端領域の長さ，細胞膜周辺で AMPA 受容体に結合し複合体を形成する AMPA 受容体補助サブユニット，受容体の C 末端領域に特異的に結合する PDZ ドメインをもつ足場タンパク質の関与が示唆されている．

まず AMPA 受容体の四つのサブユニット

は，その C 末端の長さが異なる．GluA1 サブユニットは約 80 アミノ酸からなる長い C 末端領域，GluA3 サブユニットは約 50 アミノ酸の短い C 末端領域をもつ．GluA2 と GluA4 サブユニットは選択的スプライシングによって，それぞれ長短 2 種類の C 末端領域をもつ．長い C 末端を有する GluA1 サブユニットを含む AMPA 受容体(GluA1/A2)は神経活動依存的にシナプス後膜に挿入されるのに対して，短い C 末端を有する GluA2/A3 を含む AMPA 受容体は，恒常的にシナプス後膜に挿入されると考えられている[15,20]．短い C 末端をもつ GluA2，GluA3 サブユニットは PDZ タンパク質である GRIP や PICK1 と結合することができる．GRIP は GluA2 との相互作用により AMPA 受容体を細胞膜表面に安定的に発現させ，PICK1 と GluA2 の相互作用は細胞膜上の GluA2 の発現量を減少させることから，この二つの PDZ タンパク質が GluA2/A3 を含む AMPA 受容体のシナプス膜における発現量を制御することが示唆された[21]．そこで GRIP (GRIP1/2)あるいは PICK1 を欠損したマウスを確認したところ，小脳プルキンエ細胞の LTD が消失していたことから，GRIP と PICK1 が小脳プルキンエ細胞の LTD 発現において重要な役割を果たしていることが明らかとなった[22,23]．

　近年，AMPA 受容体の膜表面発現量を制御する分子機構として，受容体と細胞膜上で複合体を形成する AMPA 受容体補助サブユニットの存在が注目されている．AMPA 受容体補助サブユニットとして最初に同定されたのは，膜貫通 AMPA 受容体調節タンパク質 (transmembrane AMPA receptor regulatory protein, TARP) ファミリーに属する TARPγ-2 (スターゲージン) である．TARPγ-2 を欠損するマウス(スターゲイザーマウス) の小脳顆粒細胞では，シナプス膜表面に AMPA 受容体が輸送されず，AMPA 受容体応答が消失していたことが報告された[24]．その後，

TARP ファミリーに属するタンパク質が次つぎと同定され，現在まで，γ-2，γ-3，γ-4，γ-8 からなる I 型と γ-5，γ-7 からなる II 型が報告されている．TARPs は PDZ ドメインへの結合配列を有しており，足場タンパク質である PSD95 との相互作用を介して AMPA 受容体サブユニットをシナプス膜に局在させ，AMPA 受容体活性を維持すると考えられている[25]．たとえば TARPγ-8 のノックアウトマウスでは，海馬の神経細胞表面に分布する AMPA 受容体の数が減少することが報告されており，TARPs が AMPA 受容体のシナプス膜表面量の制御に重要な役割を果たすことが明らかとなっている[26]．TARPs も AMPA 受容体のサブユニットと同様，発達段階や脳の部位によってその発現がダイナミックに制御されている．AMAP 受容体のプロテオーム解析により海馬，大脳皮質では γ-8，視床では γ-2 と γ-4，小脳では γ-2 と γ-7 がおもに発現していることが明らかになっている[7]．

　また，AMPA 受容体の膜表面発現量を制御する補助分子として，コーニションホモログ 2/3 (CNIH 2/3)，GSG1l (germ cell-specific gene 1-like)，SynDIG1 (synaptic differentiation induced gene 1) ならびに CKAMP44 (cystine-knot receptor modulating protein 44)などが新たに報告されている[27]．これらの分子も TARP ファミリーの分子と同様，Glu に対する AMPA 受容体の不活性化動態を遅らせ，AMPA 受容体チャネルの開口確率を増大させることで，AMPA 受容体チャネルの機能を調節すると考えられている．

(b) NMDA 受容体

　NMDA 受容体はシナプス前部からの Glu による刺激とシナプス後膜の脱分極が同時に起った時に活性化され，海馬 CA1 領域や小脳などの脳部位におけるシナプス可塑性の誘導に重要な役割を

果たしている．NMDA 受容体チャネルを介する Ca²⁺ の細胞内流入は，細胞内キナーゼ（リン酸化酵素）とホスファターゼ（脱リン酸化酵素）の活性化レベルを変化させ，その結果 AMPA 受容体のチャネル活性とシナプスへの輸送が制御されると考えられている．

近年，量子ドットを NMDA 受容体に融合し，その動きを培養細胞上で観察することで，NMDA 受容体が神経活動に依存してシナプス膜内に輸送されることが明らかになった．NMDA 受容体のシナプス膜表面への輸送は，直接開口放出によりシナプス膜へ挿入される経路とシナプス外の膜領域に挿入されてから膜上を移動してシナプス膜領域に達する経路があり，現在では後者が優位であると考えられている．

NMDA 受容体のシナプス膜への輸送機構はその C 末端領域に大きく依存する．GluN1 サブユニットの C 末端領域はいくつかのスプライスバリアントが存在し，神経活動依存的に各スプライスバリアントのシナプスにおける発現が制御されている．GluN1 サブユニットのうち，C 末端領域が最も短い GluN1-4a は最も細胞表面に発現しやすく，最も C 末端領域が長い GluN1-1a は単独では細胞表面にほとんど発現しない．NMDA 受容体の GluN2 サブユニットはその C 末端配列との相同性が低く，それぞれの C 末端領域に結合するタンパク質によってその挙動が制御される[28]．具体的には GluN2B サブユニットをシナプス後膜に安定的に発現させるには，その C 末端領域と膜結合性グアニル酸キナーゼ（MAGUK[*3]）ファミリーの足場タンパク質との相互作用が必要である．また，海馬領域では，GluN2A，GluN2B サブユニットが MAGUK ファミリーのタンパク質である PSD95，PSD93，SAP102 と結合することが報告されている．

*3　MAGUK；membrane-associated guanylate kinase homologs

GluN2B サブユニット C 末端領域の 1480 番目の Ser1480 がリン酸化されると，GluN2B と PSD95，SAP102 との結合がはずれ，受容体のエンドサイトーシスが促進される[29]．

最近，海馬 CA1 領域ではシナプスの膜表面における GluN2A と GluN2B サブユニットの分布は不均一で，GluN2A がシナプス間隙に面したシナプス膜領域に多く発現するのに対し，GluN2B はシナプス外の膜領域に多く発現することが報告された．このような分布の違いは，GluN2A と GluN2B サブユニットの C 末端領域に結合する MAGUK ファミリーのタンパク質によって制御されている可能性がある．実際，GluN2A サブユニットは PSD-95，GluN2B サブユニットは SAP102 と優位に結合することが報告されている[29]．

また，シナプスとシナプス外の膜領域における GluN2A と GluN2B サブユニットの分布の違いは，NMDA 受容体のコアゴニストであるグリシン（Gly）と D-Ser により制御される可能性が報告された[30]．NMDA 受容体はほかのイオンチャネル型グルタミン酸受容体と異なり，受容体チャネルが十分に活性化するには，Glu が GluN2 サブユニットに結合するほか，コアゴニストが GluN1 あるいは GluN3 サブユニットに結合する必要がある．GluN1 サブユニットの S1-S2 リガンド結合ドメインに対する二つのコアゴニストの親和性は GluN1 とともに NMDA 受容体を構成する GluN2 サブユニットの種類に大きく左右される[31]．たとえば，Gly の GluN2B を含む NMDA 受容体に対する親和性は GluN2A を含む受容体と比較して 10 倍高く，一方で，D-Ser は GluN2A を含む NMDA 受容体に対する親和性が高い．シナプス間隙における Gly はアストロサイトに発現するグリシントランスポーターにより積極的に取り込まれるため，シナプス間隙では Gly 濃度が低く，D-Ser が NMDA 受容

体のおもなコアゴニストとして機能していることが示唆されている．したがって，Gly 濃度が比較的高いシナプス外の膜領域に GluN2B を含む NMDA 受容体が多く局在し，D-Ser 濃度が高いシナプス部位では GluN2A を含む NMDA 受容体が多く発現するように制御されている可能性がある．量子ドットを用いて培養海馬神経細胞の NMDA 受容体の動態を調べた研究で，Gly と D-Ser がそれぞれ GluN2A を含む NMDA 受容体と GluN2B を含む NMDA 受容体のシナプス膜上の側方拡散を抑制することが報告されており，二つのコアゴニストが NMDA 受容体の細胞内局在性のダイナミクスの制御において重要な役割を

果たすことが示唆された[30]．

5.6　おわりに

　シナプス膜表面におけるイオンチャネル型グルタミン酸受容体の発現量は興奮性神経伝達効率に直結する．近年，AMPA 受容体と NMDA 受容体のシナプスへの輸送ならびに局在がきわめてダイナミックに制御されることが報告され，このような受容体のダイナミクスが高度で多様な脳機能の発揮に重要であると考えられている．しかし，現在のところ，培養神経細胞を用いて受容体の挙動を観察する研究がほとんどで，*in vivo* で

Key Chemistry　　アゴニスト，アンタゴニスト，コアゴニスト

　イオンチャネル型グルタミン酸受容体の実体は，Glu の神経伝達物質としての同定，アミノ酸誘導体の作用解析による薬理学的分類，遺伝子クローニングによる分子生物学的分類を経て解明されてきた．この過程で化学物質としてアゴニストとアンタゴニストが果たした役割は大きい．

　Glu は，1954 年に慶応大の林らによりイヌ大脳皮質に強い興奮性作用を示すことが発見された．次いでシナプス部位に高濃度に存在すること，遊離機構の存在，取り込み機構の存在が示され，興奮性神経伝達物質としての地位が確立された．アミノ酸誘

導体の合成と作用の研究で，NMDA が脊髄や大脳皮質の神経細胞を脱分極させることが発見され，この作用を特異的に阻害する APV〔(2*R*)-amino-5-phosphonovaleric acid〕が見出されたことにより，グルタミン酸受容体は NMDA 型と Non-NMDA 型に分類された．1974 年にネコの脊髄でカイニン酸（KA）が Non-NMDA 型グルタミン酸受容体に作用することが発見された．さらに，1980 年にネコ脊髄の神経細胞で，AMPA が Non-NMDA 型グルタミン酸受容体に作用することが明らかにされた．そして，AMPA 型グルタミン酸受容体の特異的阻害薬 CNQX の発見により，Non-NMDA 型グルタミン酸受容体は，薬理学的に AMPA 型と KA 型に分類された．イオンチャネル型グルタミン酸受容体の遺伝子クローニングにより，遺伝子配列相同性をもとにした分子生物学的分類と薬理学的分類がよく一致することが明らかとなっている．

　NMDA 型グルタミン酸受容体は，その十分な活性化に Glu とともにコアゴニストを必要とする．当初 Gly がコアゴニストと考えられたが，現在では D-Ser が高親和性内在性コアゴニストと考えられている．

図　おもなイオンチャネル型グルタミン酸受容体の
　　アゴニスト・コアゴニスト

の AMPA 受容体と NMDA 受容体の動態については明らかにされていない．今後，*in vivo* でのイメージング技術の向上により，学習・記憶などの脳機能に伴う受容体ダイナミクスが解明されることを期待したい．

（井上　蘭・森　寿）

■■■■■■■■■■ **文　　献** ■■■■■■■■■■

1) R. Jahn & D. Fasshauer, *Nature*, **490**, 201 (2012).
2) S.F. Traynelis et al., *Pharmacol. Rev.*, **62**, 405 (2010).
3) N. Burnashev et al., *Neuron*, **8**, 189 (1992).
4) A. Wright & B. Vissel, *Front. Mol. Neurosci.*, **5**, 34 (2012).
5) N. Burnashev et al., *Science*, **257**, 1415 (1992).
6) T.E. Chater & Y. Goda, *Front. Cell. Neurosci.*, **8**, 401 (2014).
7) J. Schwenk et al., *Neuron*, **84**, 41 (2014).
8) A. Rozov et al., *Front. Mol. Neurosci.*, **5**, 22 (2012).
9) G. Seifert & C. Steinhauser, *Eur. J. Neurosci.*, **9**, 1872 (1995).
10) P. Paoletti et al., *Nat. Rev. Neurosci.*, **14**, 383 (2013).
11) I. H. Greger et al., *Neuron*, **34**, 759 (2002).
12) W. Lu et al., *J. Biol. Chem.*, **289**, 19218 (2014).
13) M. Setou et al., *Nature*, **417**, 83 (2002).
14) F.F. Heisler et al., *Proc. Natl. Acad. Sci. USA*, **111**, 5030 (2014).
15) S. Shi et al., *Cell*, **105**, 331 (2001).
16) M. Horak et al., *Front. Cell. Neurosci.*, **8**, 394 (2014).
17) H. Hakino & R. Malinow, *Neuron*, **64**, 381 (2009).
18) S. Bhattacharryya et al., *Nat. Neurosci.*, **12**, 172 (2009).
19) H. Tanaka & T. hirano, *Cell Rep.*, **1**, 291 (2012).
20) M. Passafaro et al., *Nat. Neurosci.*, **4**, 917 (2001).
21) H.J. Chung et al., *J. Neurosci.*, **20**, 7258 (2000).
22) K. Takamiya et al., *J. Neurosci.*, *28*, 5752 (2008).
23) A. Citri et al., *J. Neurosci.*, **30**, 16437 (2010).
24) L. Chen et al., *Nature*, **408**, 936 (2000).
25) C. Sager et al., *Neuroscience*, **158**, 45 (2009).
26) N. Rouach et al., *Nat. Neurosci.*, **8**, 1525 (2005).
27) A. Sumioka, *J. Biochem.*, **153**, 331 (2013).
28) C.G. Lau & S. Zukin, *Nat. Rev. Neurosci.*, **8**, 413 (2007).
29) L. Bard & L. Groc, *Mol. Cell. Neurosci.*, **48**, 298 (2011).
30) T. Papouin et al., *Cell*, **150**, 633 (2012).
31) J.P. Mothet et al., *J. Neurochem.*, **135**, 210 (2015).

chapter 6

抑制性神経伝達とその分子基盤

Summary

　神経ネットワークの活動は，いわばアクセルとブレーキによって制御されている．神経活動の伝播は興奮性神経伝達によって行われるが，特定の神経細胞群を適切なタイミングで活性化させるためには，抑制性神経伝達による活動の制御が不可欠である．中枢神経系において，こうした主要な抑制性神経伝達を担っている神経伝達物質は GABA とグリシンである．

　そこで本章では GABA とグリシンに焦点をあてる．はじめに抑制性神経伝達の生理的な役割と発達に伴う機能変化について紹介する．通常，GABA とグリシンによる神経伝達は「抑制性」として知られているが，実際は未熟期において興奮性の機能をもっており，発達にしたがって抑制性となる点が特徴的である．また，抑制性神経伝達を担う各分子の特徴についても詳述する．それぞれの神経伝達物質の合成・代謝からシナプス小胞への充填，リサイクル機構，GABA やグリシンによって活性化する多様な受容体とそれらの輸送，シナプス局在にかかわる分子について紹介する．

6.1　抑制性神経伝達

6.1.1　抑制性神経伝達の生理機能

　抑制性神経伝達は，シナプス前細胞がシナプス後細胞を過分極させ，活動電位の発生を抑制する神経伝達様式である．成熟した中枢神経系では，γ-アミノ酪酸（GABA）とグリシン（Gly）[*1] がこうした抑制性神経伝達物質として働く．具体的には，大脳や小脳など脳全体では GABA が，脊髄や脳幹では GABA と Gly が，主要な抑制性神経伝達を担っている．

　GABA と Gly は，いずれも Ca^{2+} 依存的にシナプス前部から開口放出され，それぞれシナプス後膜に局在する $GABA_A$ 受容体とグリシン受容体を活性化させる．これらのイオンチャネル型（ionotropic）受容体は，陰イオンに対して選択的な透過性をもっており，通常は Cl^- が細胞外から細胞内に流入する．すると，細胞膜が過分極するため，活動電位の発生確率が低下し，抑制作用をもたらす[*2]．

　G タンパク質共役型受容体（GPCR）である $GABA_B$ 受容体は，シナプス前部，シナプス後膜，シナプス領域外のいずれの細胞膜にも発現している．$GABA_B$ 受容体の活性化は K^+ チャネルを開口し，K^+ を細胞外に流出させる．これにより細胞膜が過分極し，活動電位が抑制される．

[*1]　GABA と Gly は，1950 年代にそれぞれ脳と脊髄組織から高濃度で抽出され，神経系において抑制作用をもたらすことが報告された．1960 年代には日本を含む各国での活発な研究によって，抑制性神経伝達物質であることが同定された[1]．

[*2]　$GABA_A$ 受容体は鎮痛薬，筋弛緩薬，抗不安薬，抗痙攣薬などの標的分子の一つである．

6.1.2　GABA 作動性・グリシン作動性神経伝達の発達変化

　成熟した中枢神経系において，GABA と Gly は抑制性神経伝達を担う．しかし，幼若期や障害回復期の神経細胞では，これらが興奮性神経伝達物質として働くことが知られている(図 6.1)．

　細胞膜に発現した $GABA_A$ 受容体とグリシン受容体のチャネルを流れる Cl^- の向きと量は電気化学勾配（electrochemical potential）に依存しており，イオンの流れる方向が逆転する電位を平衡電位（equilibrium potential）[*3] と呼ぶ．通常，哺乳類の成体において，細胞内と細胞外の Cl^- 濃度は 7 mM と 140 mM 程度である[2,3]．そのため，Cl^- の平衡電位（E_{Cl}）は，およそ $-70 \sim -90$ mV 付近で，静止膜電位（$-60 \sim -70$ mV 程度）よりもはるかにマイナス側にある．しかし，幼若期の神経細胞では，成熟期に比べて細胞内 Cl^- 濃度が高く，静止膜電位よりも E_{Cl} がプラスに傾いているため，チャネルの開口によって細胞内から細胞外へ Cl^- が流出する．陰イオンの流出は，細胞膜を脱分極させて活動電位の発生確率を高めることから，結果的に興奮作用をもたらすことになる．

　こうした Cl^- の細胞内濃度は，Na^+-K^+-Cl^- 共トランスポーター1（NKCC1）と K^+-Cl^- 共トランスポーター2（KCC2）などの Cl^- トランスポーターによって制御されている．NKCC1 は Na^+ 濃度依存的に Cl^- を細胞内に汲み入れる一方，KCC2 は K^+ 濃度依存的に Cl^- を細胞外に汲み出す．発達初期や障害回復期の神経細胞では，NKCC1 に比べて KCC2 の機能発現が低いため，細胞内の Cl^- 濃度は高い状態である．一方，成熟期の神経細胞では NKCC1 に比べて KCC2 の機能発現が上昇することから，細胞内の Cl^- 濃度は低い状態になる．

　このように，発達に伴う NKCC1 と KCC2 の機能発現の変化が細胞内の Cl^- 濃度を制御し，GABA や Gly の応答性を左右する．そのため，実際には GABA や Gly による神経伝達が抑制作用をもたらすかどうかは，細胞内外の Cl^- 濃度に依存している[4]．

6.2　GABA による神経伝達

6.2.1　GABA の働きと性質

　GABA（化学式：$C_4H_9NO_2$，分子量：103.12）は 3 種のアミノ酪酸のなかの一つで，γ-アミノ酪酸とも呼ばれる．中枢神経系において広範に存在する，神経活動を抑制する主要な抑制性神経伝達物質である．脳血液関門（blood-brain barrier；BBB）の働きによって血中から脳内への移行ができないため，中枢神経系内で合成される．そのほか消化器や内分泌器などの非神経組織でも発現し，神経伝達物質以外の働きも担う．

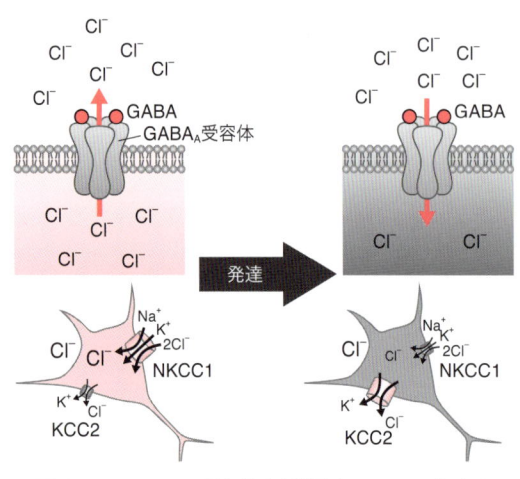

図 6.1　$GABA_A$ 受容体を透過する Cl^- の向きと発達変化

発達に伴って細胞内の Cl^- 濃度が低下すると，$GABA_A$ 受容体を透過する Cl^- の向きが変化する．こうした濃度変化は Cl^- トランスポーターシステムの発達変化によって生じる．なお，イオンが流れる向きは濃度差だけではなく，それによって決まる Cl^- の平衡電位と細胞の膜電位の差（電気化学勾配）によって決定される点に注意が必要である．

[*3]　逆転電位（reversal potential）とも呼ぶ．

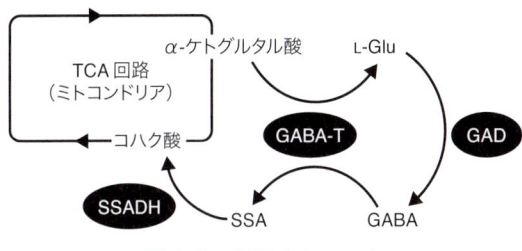

図 6.2　GABA シャント
GABA の合成と代謝は TCA 回路をバイパスする経路で行われる.

6.2.2　GABA の合成と代謝

　GABA はミトコンドリアの TCA 回路をバイパスする GABA シャント（GABA shunt，GABA 側路，GABA 分路ともいう，図 6.2）で生成される．TCA 回路で産生された α-ケトグルタル酸（α-オキソグルタル酸）は，GABA α-ケトグルタル酸アミノトランスフェラーゼ（GABA-T）によって L-グルタミン酸（Glu）に変換される．そして，L-Glu はグルタミン酸デカルボキシラーゼ（GAD）によって脱炭酸されて GABA が生成される．GABA の分解は，GABA-T を介して行われ，α-ケトグルタル酸とのアミノ基転移によってコハク酸セミアルデヒド（SSA）になる．さらに，コハク酸セミアルデヒドデヒドロゲナーゼ（SSADH）によって酸化されることでコハク酸が生成され，再び TCA 回路に戻る．つまり，GABA-T のアミノ基転移によって，GABA の前駆体である Glu の生成と GABA の分解が同時に生じる．

　また，GABA 作動性神経細胞の細胞膜には GABA トランスポーター 1（GAT1）や興奮性アミノ酸トランスポーター 2（EAAT2），グルタミントランスポーターであるシステム A トランスポーター（SAT1）[*4]などが発現しており，それぞれ細胞外から細胞内への GABA，Glu，Gln の取り込みに関与することが報告されている．そのため，一連の GABA 代謝過程は GABA 作動性神

*4　SAT1；system A transporter 1. アイソフォーム SLC38A1, SNAT1, ATA1, GlnT, SA2, SAT1, NAT2

経細胞内で起こる経路だけでなく，シナプス間隙（synaptic cleft）に放出された GABA や Glu を細胞内に取り込む経路も存在する．とくにアストロサイト（astrocyte）で産生された Gln を GABA 作動性神経細胞が取り込み，ホスファターゼ依存性グルタミナーゼ（PAG）の働きによって Glu を産生する機構が知られており，現在はこの機構が GABA 作動性神経伝達における主要な GABA 供給経路と考えられている．

6.2.3　グルタミン酸デカルボキシラーゼ

　Glu から GABA を合成する GAD には，異なる遺伝子からコードされる二つのアイソフォームがある．それぞれの質量が 67 kDa と 65 kDa であることから，GAD67 と GAD65 と呼ばれている（図 6.3）．GAD67 は細胞体を含む細胞全体に発達初期から存在し，またアストロサイトにおいても GABA の合成を担っている[5]．一方，GAD65 は GABA 作動性神経細胞の神経終末に局在し，GABA 作動性神経伝達において重要な役割を担っている．GAD65 は GAD67 に比べて発現時期が遅く，抑制性シナプス伝達の

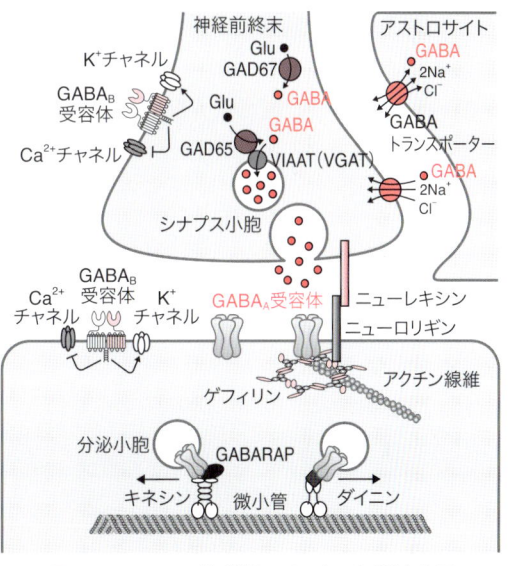

図 6.3　GABA 作動性シナプスと関連分子

増加と同時期に発現が上昇する．また，GAD65
はシナプス小胞膜近傍で小胞型抑制性アミノ酸
トランスポーター（VIAAT，6.2.4 参照）[*5]，熱
ショックタンパク質の HSC70，シナプス小胞膜
表面に局在する CSP (cysteine string protein)
とともに複合体を形成し，GABA の合成と小胞
充填を効率的に行う[6]．GAD67 の働きはプロテ
インキナーゼ A (PKA) によるリン酸化によって
不活性化するが，GAD65 の働きはプロテインキ
ナーゼ C (PKC) によるリン酸化によって活性化
する．ビタミン B_6 の活性型であるピリドキサー
ルリン酸 (pyridoxal phosphate, PLP) は GAD
の補酵素として働き，GABA の合成において不
可欠である．GAD67 は恒常的に活性化している
が，GAD65 は神経伝達が増加したときに活性が
上昇する．また，GAD67 遺伝子欠損マウスは出
産直後に死亡する．一方，GAD65 遺伝子欠損マ
ウスは生存可能だが，てんかん発作などの異常が
見られる．そのため，GAD67 は細胞機能の維持
に，GAD65 は抑制性神経伝達にそれぞれ重要で
あると考えられている．

6.2.4　小胞型抑制性アミノ酸トランスポーター

　シナプス小胞への GABA の充填は VIAAT[*5]
が担っている（図6.3）．VIAAT は抑制性神経
細胞の神経終末のシナプス小胞膜上に局在して
おり，GABA 作動性神経細胞では，GAD65 や
HSC70 と複合体を形成する．シナプス小胞膜に
存在する液胞型プロトン ATPase (vacuolar H^+-
ATPase) によって形成された電気化学勾配に依
存して，GABA をシナプス小胞に充填する．た
だし，GABA は Gly と比べて 6 倍ほど VIAAT
との結合親和性が高いため，小胞への充填効率は
GABA のほうが高い[7]．

6.2.5　GABA トランスポーター

　細胞外の GABA 濃度は GABA トランスポー
ター（GAT）によって制御されている（図6.3）．
GAT は 12 回膜貫通型の疎水性タンパク質で，
GAT1，GAT2，GAT3，BGT1 (Betaine/GABA
transporter 1) の四つの相同タンパク質が同定
されている．中枢神経系における主要な GAT は
GAT1 と GAT3 であり，Na^+ と Cl^- の濃度勾配
によって細胞外から細胞内へ GABA の取り込み
を行い，放出された GABA をシナプス間隙から
除去する働きを担っている．GAT1 は神経細胞
の軸索終末において，GAT3 はアストロサイト
において高い発現を示す．GAT2 と BGT1 は神
経系においても存在しているが、発現量は少なく，
おもに肝臓や腎臓で機能している．

6.2.6　GABA_A 受容体

　$GABA_A$ 受容体は，抑制性神経伝達において主
要な役割を担うイオンチャネル型受容体である
（図6.3）．シナプス前部から放出された GABA
が結合すると活性化し，陰イオン（主として
Cl^-）を選択的に透過させる．$GABA_A$ 受容体の
アゴニストであるムシモールやガボキサドール
(gaboxadol)[*6]，イソグバシンおよびアンタゴニ
ストであるビククリンや SR95531（ガバジン，
gabazine）は，GABA 結合部位へ競合的に結合
する．また，ピクロトキシンは Cl^- チャネルのポ
ア (pore, 孔) に直接作用して Cl^- の流れを阻害す
る．$GABA_A$ 受容体は，GABA 結合部位のほか
に GABA の作用を調節するベンゾジアゼピン結
合部位やバルビツール酸結合部位などをもつこと
が知られている（図6.4 c）．

[*5]　vesicular inhibitory amine acid transporter. 当初は GABA
のトランスポーターとして同定されたことから，小胞型
GABA トランスポーター（vesicular GABA transporter, VGAT）
とも呼ばれる．グリシン作動性神経細胞における Gly の小胞

充填も担っているため，VIAAT とも呼ばれるようになった．
SCL32A1 遺伝子からコードされる．また，線虫の UNC-47 遺
伝子と相同である．
[*6]　別名 THIP〔4,5,6,7-tetrahydroisoxazolo(5,4-c)pyridin-3-ol〕.

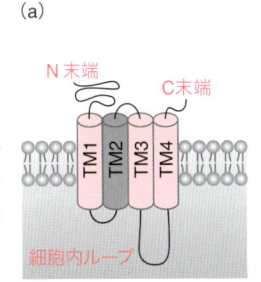
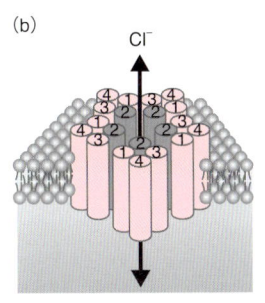
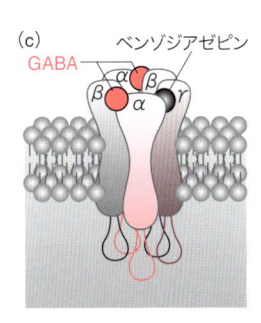

図 6.4　GABA$_A$ 受容体のサブユニット構造
各サブユニットは 4 回膜貫通セグメントをもち，それらが集まって 5 量体を形成する．GABA$_A$ 受容体のチャネル構造は，各サブユニットの TM2 によって形成される．

(a) 構　造

　GABA$_A$ 受容体は，システインループをもつリガンド開口型イオンチャネル受容体ファミリーに分類され，TM1 から TM4 までの 4 回膜貫通型サブユニットが五つ集まってチャネルを形成している（図 6.4 a）．各サブユニットの N 末端と C 末端は細胞外領域にあり，TM3 と TM4 のあいだに長い細胞内ループがある．また，各サブユニットの TM2 が内側を向き合って，Cl$^-$ チャネルを形成する（図 6.4 b）．GABA$_A$ 受容体の質量はおよそ 275 kDa と推定されている．

(b) サブタイプ

　GABA$_A$ 受容体を構成するサブユニットは主要な α，β，γ サブユニットとその他のサブユニットに大別される．現在，α サブユニットは 6 種（α1 ～ α6），β サブユニットは 3 種（β1 ～ β3），γ サブユニットは 3 種（γ1 ～ γ3）が知られており，このほかに δ，ε，θ，π，ρ1 ～ ρ3 サブユニットなど少なくとも 19 種同定されている．脳において主要なサブユニット構成は，それぞれ二つの α サブユニットと β サブユニット，一つの γ サブユニットで構成されているが（図 6.4 c），これらサブユニットの構成パターンによって GABA や薬物に対する感受性が異なる．そのため，こうした GABA$_A$ 受容体のサブユニットの違いが，脳の領域や神経細胞ごとの活動性の違いを生む一因となっている．シナプスに局在する GABA$_A$ 受容体は，α1 ～ α3 サブユニットのいずれかと γ サブ

ユニットをもち，足場タンパク質であるゲフィリン（gephyrin）に結合している（Key Chemistry 参照）[8]．

　δ，ε，θ，π サブユニットを含む GABA$_A$ 受容体は，γ サブユニットと代替されたサブユニット構成である．なかでも γ サブユニットの代わりに δ サブユニットによって構成される GABA$_A$ 受容体はシナプス外に局在し，持続性抑制（tonic inhibition）に関与している．シナプス外の GABA$_A$ 受容体は，シナプス間隙からのスピルオーバーやアストロサイトから放出された GABA によって活性化する．この持続的なチャネルの開口によって細胞膜の透過性が上昇し，興奮性シナプス後電位（EPSP）の大きさと持続時間を減弱させ，結果的に活動電位の発生を抑制すると考えられている．

　ρ サブユニットのホモマーで構成される GABA$_A$ρ 受容体は，GABA$_C$ 受容体とも呼ばれる．これまでに ρ1，ρ2，ρ3 の 3 種のサブユニットがクローニングされており，中枢神経系のさまざまな領域で確認されているが，とくに網膜において発現が顕著である．GABA$_A$ 受容体や GABA$_B$ 受容体のアゴニストによる応答は認められず，ベンゾジアゼピンなど，ほかの GABA$_A$ 受容体のモジュレーターに対する感受性も低い．また GABA に対しても脱感作しにくいという特徴もある．こうした GABA$_A$ρ 受容体の特性は，ほかの GABA$_A$ 受容体と大きく異なることから，GABA$_A$ρ 受容体は分けて分類される場合がある[9]．

(c)翻訳後修飾

GABA$_A$ 受容体は，リン酸化などの翻訳後修飾によって，チャネルのキネティクスや感受性，細胞膜における局在が変化する．とりわけ β サブユニットは PKA，PKC，チロシンキナーゼなどによるリン酸化の標的であり，β サブユニットのリン酸化は細胞膜における GABA$_A$ 受容体の局在を変化させる．このほか，パルミトイル化やユビキチン化，グリコシル化などの化学修飾を受けることも報告されている[10,11]．

(d)輸　送

GABA$_A$ 受容体は，小胞体で合成されるとゴルジ体で修飾を受け，細胞外領域を内側にして分泌小胞膜に組み込まれる．小胞膜の外側に位置する受容体の細胞内領域は，アダプタータンパク質を介してキネシンモータータンパク質と結合し，細胞骨格に沿って輸送される．そして小胞が細胞膜と融合し，小胞膜の内側が細胞外に開口すること（exocytosis）によって細胞膜に組み込まれる．その後，熱運動によって側方拡散し，シナプス内外に局在する．さらに，クラスリン（clathrin）やダイナミン（dynamin）依存的にエンドサイトーシス（endocytosis）により細胞内に取り込まれる[12]．

6.2.7　GABA$_A$ 受容体関連タンパク質

GABA$_A$ 受容体関連タンパク質（GABA$_A$ receptor-associate protein，GABARAP）は GABA$_A$ 受容体の γ サブユニットと結合し，GABA$_A$ 受容体の細胞内輸送に関与している（図6.3）．GABARAP はゴルジ体や細胞内小胞での局在が高く，細胞膜融合に関与するタンパク質 NSF（N-エチルマレイミド感受性因子）や微小管とは結合するが，GABA 作動性シナプスでの局在は見られない．そのため，ゴルジ体から細胞膜まで小胞輸送に関与していると考えられる．また，GABARAP は GABA$_A$ 受容体のリン酸化

と細胞内輸送に関与する PRIP（phospholipase C-related but catalytically inactivated protein）と複合体を形成し，細胞膜上の受容体発現を制御する[13]．このほか，細胞内タンパク質分解システムにおいて，オートファゴソーム膜形成に重要な役割を担うことが報告されている[14]．

6.2.8　GABA$_B$ 受容体

GABA$_B$ 受容体は，G$_{i/o}$ と共役する GPCR であり，シナプス前部，シナプス後膜，シナプス外領域のいずれの領域にも存在する（図6.3）．GABA$_B$ 受容体は，7回膜貫通領域をもつ GABA$_{B1}$ と GABA$_{B2}$ サブユニットによって構成されるヘテロ2量体で，GABA$_{B1}$ は7種類，GABA$_{B2}$ は1種類のサブタイプが知られている．GABA$_{B1}$ の細胞外領域には GABA および筋弛緩薬として使用されるアゴニストのバクロフェン（baclofen）の結合部位がある．一方，GABA$_{B2}$ は細胞内領域に G タンパク質（3量体 GTP 結合タンパク質）結合部位が存在する（図6.5）．

GABA$_B$ 受容体の活性化は，3量体の G タンパク質を α サブユニットと $\beta\gamma$ サブユニット複合体に解離させる．この解離された $\beta\gamma$ サブユニットは G タンパク質活性型内向き整流性 K$^+$ チャネル（GIRK）に結合し，それによって細胞外へ

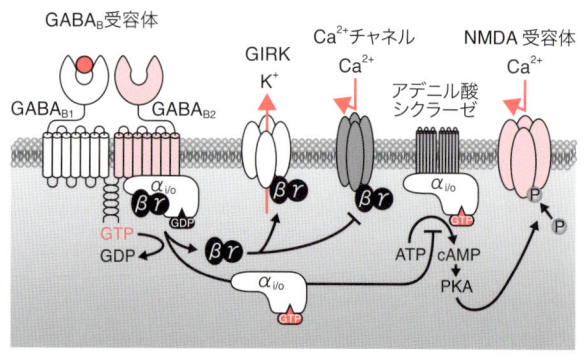

図 6.5　GABA$_B$ 受容体
GABA$_B$ 受容体の活性化は G タンパク質を介して，ほかのチャネルや受容体のイオン透過性を変化させる．

のK⁺流出が生じる．その結果，細胞が過分極し，神経細胞の興奮性が抑制される．また，$\beta\gamma$サブユニットは高閾値活性型 Ca^{2+} チャネルにも結合し，N型および P/Q 型 Ca^{2+} チャネルからの Ca^{2+} 流入も抑制する．そのため，シナプス前部における GABA_B 受容体の活性化は，シナプス小胞の放出を抑制し，GABA 作動性シナプスでは自己受容体（autoreceptor）として働く．代謝型受容体はゆっくりで持続的な作用をもたらすため，GABA_B 受容体による抑制は，遅延性抑制性シナプス後電位(slow IPSP)を惹起する．

さらに，GABA_B 受容体がほかの受容体と相互作用することが近年報告されている[15]．解離したGタンパク質の α サブユニットは，cAMP の産生を抑制し，PKA 活性を低下させる．これによって，NMDA 受容体を介した PKA 依存的な Ca^{2+} 流入が減弱する．

6.3　グリシンによる神経伝達

6.3.1　グリシンの働きと性質

Gly（化学式：$C_2H_5NO_2$，分子量：75.07）は最も単純なアミノ酸であり，生合成の中間代謝産物として生体のさまざまな組織に存在する．中枢神経系では，脊髄や脳幹において抑制性神経伝達物質として働き，神経細胞の活動性を調整する（図6.6）．また，興奮性神経伝達を担う NMDA 受容体のコアゴニストとしても働き，NMDA 受容体の活性化に不可欠である．そのため，細胞外には通常およそ $3\,\mu M$ の Gly が存在する[16]．GABA同様，Gly も BBB 透過性が低く，中枢神経系内で合成される必要がある．

6.3.2　グリシンの合成と代謝

哺乳類では解糖系において 3- ホスホグリセリン酸から生成された L-セリン（Ser）が Gly のおもな前駆体となる．ピリドキサールリン酸依存的

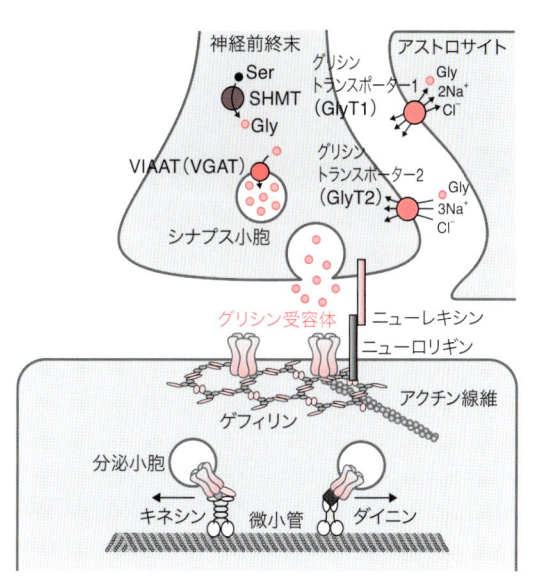

図 6.6　グリシン作動性シナプスと関連分子

に働くセリンヒドロキシメチルトランスフェラーゼ（SHMT）によって，L-Ser が Gly に変換される．SHMT には，細胞質に存在する SHMT1 とミトコンドリアに局在する SHMT2 の二つの同位酵素があり，L-Ser と Gly を可逆的に相互変換する．Gly の代謝は，SHMT による Ser への変換のほか，Gly 開裂系（glycine cleavage system；GCS）における脱炭酸と脱アミノ化や D-アミノ酸オキシダーゼによるグリオキシル酸への変換なども知られている．しかし，神経系における Gly の代謝経路はまだ十分明らかになっていない．

6.3.3　グリシントランスポーター 1/2

神経細胞とアストロサイトの細胞膜には，およそ 50％ の相同性をもつ 2 種類のグリシントランスポーターが存在する．これらは Na^+/Cl^- 依存性トランスポーターファミリーに属し，細胞内外の Na^+/Cl^- 濃度依存的に細胞内外の Gly 濃度調節を行う．グリシン作動性神経細胞の終末部にはグリシントランスポーター 2（GlyT2）が局在し，$3Na^+$ および $1Cl^-$ とともに細胞外から細胞内への Gly の取り込みを行う．一方，アストロサイ

トやグルタミン酸作動性神経細胞にはグリシントランスポーター1（GlyT1）が存在し，$2Na^+$および$1Cl^-$とともに Gly を輸送する．輸送に必要なNa^+比が異なるため，GlyT2 は GlyT1 よりも駆動力が高く，Gly 作動性神経終末へ効率的に一方向性の取り込みを行う．

GlyT1 は双方向性の輸送を行い，細胞外のGly 濃度調節を担っている．GlyT1 遺伝子欠損マウスでは細胞外の Gly 濃度が高く，持続性抑制や Cl^- の高い透過性がみられる[17]．一方GlyT2 はグリシン作動性神経終末に特異的に発現しており，グリシン作動性シナプス伝達に不可欠な役割を担っている．GlyT2 は細胞外から細胞内へ Gly を取り込み，神経終末内の Gly 濃度を高めることで，シナプス小胞への効率的な Gly充填を支えている．そのため，GlyT2 遺伝子欠損マウスでは，シナプス後膜の受容体に異常がないにもかかわらず，グリシン作動性シナプス応答の振幅が著しく減弱する[18]．

6.3.4　グリシン受容体

グリシン受容体は，おもに脊髄や脳幹において主要な抑制性神経伝達を担うイオンチャネル型受容体である．$GABA_A$ 受容体と同様，シナプス前部から放出された Gly の結合によって活性化し，陰イオン（おもに Cl^-）を選択的に透過させる．グリシン受容体は大脳皮質や海馬にも存在するが，グリシン作動性シナプス伝達は確認されておらず，おもにシナプス外において持続性抑制にかかわると考えられている．

グリシン受容体は，Gly のほかに β アラニン，タウリン，GABA によっても活性化され，競合的拮抗薬であるストリキニーネやピクロトキシン，ギンコライド B，テトラフェニルホウ酸などによって阻害される．また，グリシン受容体の作用は神経ステロイドや Zn^{2+}，エタノールによって調整される[19]．

(a) 構　造

グリシン受容体は，$GABA_A$ 受容体と同様にリガンド開口型イオンチャネル受容体ファミリーで，4 回膜貫通セグメントをもつサブユニットが五つ集まって 5 量体を形成している．各サブユニットの N 末端と C 末端は細胞外領域にあり，膜貫通セグメント 3 と 4 のあいだに長い細胞内ループがある．

(b) サブタイプ

グリシン受容体は，4 種の α サブユニット（$\alpha1$〜$\alpha4$）と 1 種の β サブユニットから構成され，それぞれの質量は 48 kDa と 58 kDa である．脊髄や脳幹における主要なサブユニット構成は幼若期では $\alpha2$ ホモマーであるが，発達にしたがって $\alpha1\beta$ ヘテロマーに変化する．海馬や大脳皮質においては $\alpha2$ ホモマーの発現が見られ，持続性抑制に関与することが示唆されている[20]．Cl^- チャネルの開口時間は，$\alpha2$ ホモマーよりも $\alpha1$ ヘテロマーのほうが短い．また相対的に発現量は少ないものの，脊髄や網膜，大脳辺縁系，小脳においては $\alpha3$ サブユニットの発現が見られ，脊髄後角の表層では炎症性疼痛に関与している．また，網膜では $\alpha4$ サブユニットの発現が見られる[21]．

β サブユニットは，α サブユニットとともにヘテロマーを形成する．β サブユニットの MT3 とMT4 間のリンカー領域には足場タンパク質であるゲフィリン（gephyrin, Key Chemistry 参照）と結合する配列があり，グリシン受容体のシナプス局在において重要な役割を果たしている．

α サブユニットと β サブユニットの構成比については これまでさまざまな報告があり，三つの αサブユニットと二つの β サブユニット[22]，もしくは二つの α サブユニットと三つの β サブユニット[23]で構成されると考えられている．

6.4 おわりに

GABA やグリシン作動性伝達は成熟脳における抑制性作用だけではなく，発達期や障害後にしばしば興奮性に変化する．また大脳皮質や海馬などの高次中枢では抑制性回路は GABA 作動性であるのに対し，脳幹や脊髄では GABA 作動性とグリシン作動性が存在する．この抑制性物質の部位および回路による使い分けについては，ともに内蔵する Cl^- チャネル特性（GABA 作動性シナプス応答は長く，グリシン作動性は短い）という違いや，代謝型（metabotropic）受容体（代謝型

$GABA_B$ 受容体が存在するが，グリシン受容体はイオンチャネル型のみ）の存在をもとにその意義を推測している場合が多い．可塑的変化が重要な高次脳では GABA 伝達が必要であり，正確で鋭敏なオン・オフが必要な脊髄，脳幹では Gly が利用されている．音源の方向の認知（音源定位）に関係する脳幹聴覚系回路では単一神経終末内の伝達物質が，可塑的変化に富んでいる幼若期 GABA から成熟期の Gly へ発達スイッチすることが報告されている[27]．精緻なタイミングが求められる機能を担う回路の構築という生理学的な意味があるのかもしれないが，まだ推測の域を出な

Key Chemistry　　足場タンパク質「ゲフィリン」

グリシン受容体関連タンパク質として同定されたゲフィリン（gephyrin）[*]は，一部の $GABA_A$ 受容体の足場として働くことから，抑制性シナプスにおいて受容体集積を制御する主要な因子として，活発に研究が行われている．ゲフィリン 1 分子は G，C，E の三つのドメインをもち，三つのゲフィリン分子が G ドメインで結合し，二つの分子が E ドメインで結合し合って図 (a) のような六方格子を形成していると考えられている．グリシン受容体の β サブユニットや $GABA_A$ 受容体の α もしくは γ サブユニットは E ドメインに結合する（図 b）．

ゲフィリンはさまざまな関連分子による修飾を受けて局在が変化し，シナプスにおける受容体集積を制御している．超解像顕微鏡を用いたマウス切片の解析によると，大脳皮質においては $1\,\mu m^2$ あたり 5000 個，脊髄においては 1 万個のゲフィリン分子が抑制性シナプスに凝集している[24]．

またゲフィリンはシナプスにおいて足場タンパク質として働くだけでなく，モータータンパク質とグリシン受容体を繋ぐアダプタータンパク質としても働き，細胞骨格に沿った細胞内輸送に関与することも示唆されている[25]．

＊　グリシン受容体とチューブリン（tubulin）を繋ぐ役目を担うことから，それらとギリシャ語で「橋」を意味する「ゲフュラ」の合成語として名付けられた[26]．

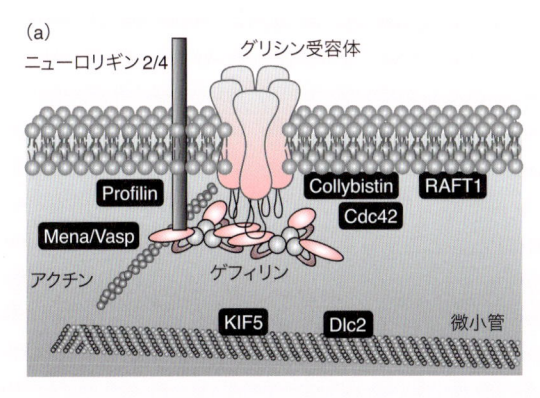

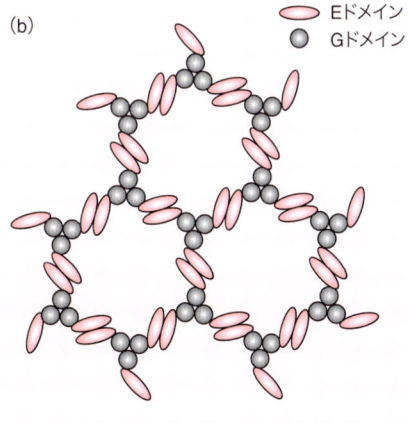

い．また，近年抑制性神経細胞においてさまざまなサブタイプが同定されており，出力先神経細胞の部位特異的なシナプス形成や発火パターンが明らかになってきた[28]．そのため興奮性回路に対する抑制性回路というこれまでの古典的な位置づけではなく，抑制性回路が多様な回路活動の制御基盤として注目されており，その研究は今後ますます重要になることが予想される．

（中畑義久・鍋倉淳一）

文　献

1) N. G. Bowery & T. G. Smart, *Br. J. Pharmacol.*, **147**, S109 (2006).
2) S. Ebihara et al., *J. Physiol.*, **484**, 77 (1995).
3) Y. Ben-Ari, *Nat. Rev. Neurosci.*, **3**, 728 (2002).
4) Y. Kakazu et al., *J. Neurosci.*, **19**, 2843 (1999).
5) B. E. Yoon & C. J. Lee, *Front. Neural Circuits*, **8**, 141 (2014).
6) H. Jin et al., *Proc. Natl. Acad. Sci. USA*, **100**, 4293 (2003).
7) S. L. McIntire et al., *Nature*, **389**. 870 (1997).
8) M. Sassoè-Pognetto et al., *J. Comp. Neurol.*, **420**. 481 (2000).
9) J. Bormann, *Trends Pharmacol. Sci.*, **21**, 16 (2000).
10) A. W. Lin & H. Y. Man, *Neural Plast.*, **2013**, 432057 (2013).
11) T. M. Mueller et al., *Neuropsychopharmacology*, **39**, 528 (2014).
12) T. C. Jacob et al., *Nat. Rev. Neurosci.*, **9**, 331 (2008).
13) T. Kanematsu et al., *J. Pharmacol. Sci.*, **104**, 285 (2007).
14) A. Khaminets et al., *Trends Cell Biol.*, epublish a head of print (2015).
15) J. R. Chalifoux & A. G. Carter, *Neuron*, **66**, 101 (2010).
16) K. J. Whitehead et al., *Brain Res.*, **910**, 192 (2001).
17) V. Eulenburg et al., *Glia*, **58**, 1066 (2010).
18) K.R. Aubrey et al., *J. Neurosci.*, **27**, 6273 (2007).
19) S. Dutertre et al., *J. Biol. Chem.*, **287**, 40216 (2012).
20) A. Avila et al., *Front. Cell. Neurosci.*, **7**, 184 (2013).
21) L. Heinze et al., *J. Comp. Neurol.*, **500**, 693 (2007).
22) N. Durisic et al., *J. Neurosci.*, **32**, 12915 (2012).
23) Z. Yang et al., *Biochemistry*, **51**, 5229 (2012).
24) C. G. Specht et al., *Neuron*, **79**, 308 (2013).
25) C. Maas et al., *Proc. Natl. Acad. Sci. USA*, **106**, 8731 (2009).
26) P. Prior et al., *Neuron*, **8**, 1161 (1992).
27) J. Nabekura et al., *Nat. Neurosci.*, **7**, 17 (2004).
28) Y. Kubota et al., *Front. Neural Circuits*, **10**, 1 (2016).

グリア細胞機能と
グリオトランスミッター

Summary

シナプス伝達およびシナプス再編などの神経細胞の機能や構造を，グリア細胞が積極的に制御していることが明らかになってきた．グリア細胞の機能変化や異常が脳機能に大きく影響し，精神疾患を含む種々の脳疾患に影響する可能性が強く示唆されている．また，向精神薬の従来の標的分子や細胞が，神経細胞に由来するものだけではなく，グリア細胞由来である可能性も強く示唆されている．このようなグリア-神経細胞連関の生理およびその異常について，アストロサイトが放出する化学伝達物質 "グリオトランスミッター" の切り口から述べる．

7.1 グリア細胞の興奮

脳には神経細胞の数倍ものグリア細胞が存在している．グリア細胞は大別して，アストロサイト（astrocyte），ミクログリア（microglia），オリゴデンドロサイト（oligodendrocyte）に分類されるが，第四のグリア細胞と考えられている NG2 細胞，網膜アストロサイト様細胞のミューラー細胞，小脳アストロサイト様細胞のバーグマングリアなど，複数の亜型が存在する．これまでアストロサイトは神経細胞の物理的な支持と老廃物の除去，オリゴデンドロサイトはミエリン形成，ミクログリアは脳内免疫などを担っていると考えられ，脳機能の本質である情報の処理・発信との関連性はまったく考慮されていなかった．しかし，最近の脳科学の急速な進歩，なかでもイメージング技術や遺伝子工学技術の発展により，グリア細胞が脳機能の制御に非常に重要であることが明らかとなった．

これまでの脳研究で，グリア細胞が脇役に追いやられていた最も大きな理由は，グリア細胞が電気生理学的に「非興奮性細胞」であるからである．

グリア細胞には，種々の神経伝達物質受容体やイオンチャネル，トランスポーターなどが発現しているが，活動電位を発生することはない．しかしグリア細胞は，電気生理学的な興奮性の代わりに，「Ca^{2+} 興奮性」という非常に大きな活動性を呈する（図 7.1）．活動電位が伝播するように，この Ca^{2+} 興奮性も Ca^{2+} 波というかたちで細胞内および細胞間を伝播する．この Ca^{2+} 波の形成には，グリア細胞が放出する伝達物質，グリオトランスミッター（gliotransmitter）が中心的な役割を果たす．グリオトランスミッターには ATP やグルタミン酸（Glu），乳酸など複数の化学物質があり，グリア細胞はこれらを放出することにより，グリア細胞の移動，増殖といった自身の機能はもちろん，シナプス伝達などの周辺神経細胞の機能を積極的かつダイナミックに制御している[1]．

このようにグリア細胞は，神経細胞が構築するネットワークを超えた空間に，異なるタイミングで介入し，より複雑で繊細な脳機能制御に関与していると考えられる．さらに，グリオトランスミッターを使った神経細胞とのコミュニケーションにより，グリア細胞はシナプス刈り込みおよび新生

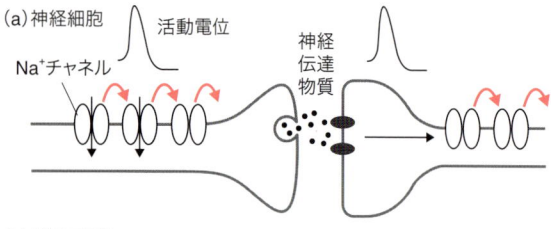

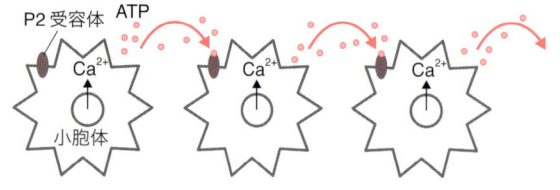

図 7.1　神経細胞とグリア細胞の興奮性の伝播
(a) 神経細胞は電気生理学的な興奮性細胞であり，Na⁺ 流入による活動電位を発生させ，その伝播による情報のすばやい伝導を行う．化学シナプス部位では電気情報を神経伝達物質の化学情報に変換して，隣接する神経細胞に情報を伝達する．(b) それに対しグリア細胞は電気生理学的には非興奮性細胞だが，グリオトランスミッター受容体刺激により小胞体から Ca^{2+} を遊離させ，グリオトランスミッター（図では ATP）を放出させる．これにより，近傍グリア細胞の Ca^{2+} 遊離・グリオトランスミッター放出が逐次的に誘発され，情報はゆっくりと広範囲に伝播される．この現象を Ca^{2+} 波と呼ぶ．

といった，神経細胞ネットワークの構造にも変化をもたらす．なかでも，サイズもポピュレーションも最大であるアストロサイトはグリオトランスミッター放出の中核細胞であり，神経細胞や血管系との積極的なコミュニケーションにより，きわめてダイナミックに脳機能を制御している．本章ではとくにこのアストロサイトと代表的なグリオトランスミッターに焦点をあて，最近の知見を解説する．

7.2　グリオトランスミッターと三者間シナプス

アストロサイトは，血管，オリゴデンドロサイト，ミクログリア，さらに神経細胞のシナプス部位で接触している．とくに神経細胞との解剖的な位置関係には特徴がある．アストロサイトと神経細胞が構築する従来型のシナプス，つまりシナ

プス前部およびシナプス後部の二者で構成される「化学シナプス」を，ほぼ例外なく取り巻き，あたかも第三のシナプスを構成しているような構造をとる（図 7.2）．このシナプスを取り巻くアストロサイト突起を「ペリ」シナプスと呼び，シナプス前部，後部とペリシナプスの三者から成るシナプスを三者間シナプス（tripartite synapse）と呼ぶ．三者間シナプスは，中枢神経系の化学シナプスの最も基本的な構造であると考えられている．シナプス前部から放出された神経伝達物質（neurotransmitter）はペリシナプスを刺激し，グリオトランスミッターを放出させる．グリオトランスミッターは周辺のグリア細胞とシナプス前部，後部にフィードバック・フォワードシグナルを送る．このことからグリオトランスミッターは三者間シナプスを考えるうえで，最も重要な因子であるといえる[2-4]．

グリオトランスミッターを放出するアストロサイトは，興奮性アミノ酸〔Glu，アスパラギン酸

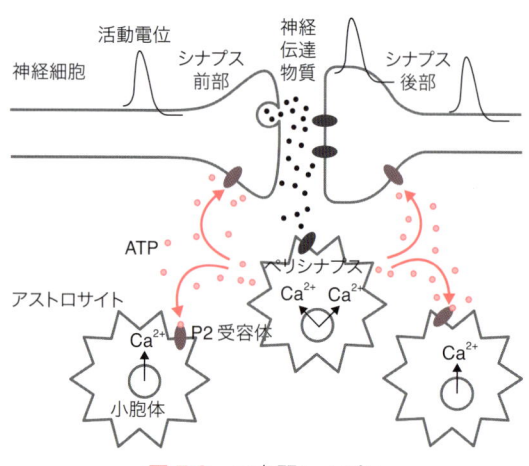

図 7.2　三者間シナプス
神経細胞のシナプス前部および後部に，アストロサイトが構成するペリシナプスを加えた三者間で化学シナプスが構成されるという仮説．シナプス前部から放出された神経伝達物質は，ペリシナプスの受容体を刺激し，近傍のアストロサイト間に伝播する Ca^{2+} 波を惹起する．同時にこのアストロサイトはグリオトランスミッターを放出し，これがフィードバック・フォワードシグナルとしてシナプス前部および後部に作用し，シナプス伝達の質を変化させる．

表 7.1 代表的なグリオトランスミッターの種類と機能

グリオトランスミッター		放出細胞	機 能
アミノ酸, プリン類	ATP, UTP, アデノシン	アストロサイト, ミクログリア	シナプス伝達, 化学走性, 炎症, 貪食
	Glu	アストロサイト, ミクログリア	興奮性シナプス伝達, 可塑性
	D-Ser	アストロサイト	シナプス可塑性
	GABA	アストロサイト	抑制性シナプス伝達
神経栄養因子など	BDNF	ミクログリア, アストロサイト	各種受容体発現制御, 神経細胞の生存, 神経細胞の構造制御
	GDNF	アストロサイト	神経細胞の生存
	NGF	アストロサイト, ミクログリア	シナプス可塑性, 神経細胞の構造制御
サイトカイン	TNFα	アストロサイト, ミクログリア	炎症, シナプススケーリング
	IL1β	ミクログリア	炎症応答
その他	エキソソーム	アストロサイト, ミクログリア	不明
	乳酸	アストロサイト	神経細胞へのエネルギー供給
	トロンボスポンディン類	アストロサイト	シナプス新生

BDNF；brain-derived neurotrophic factor, GDNF；grial, cell-derived neurotrophic factor, NGF；nerve growth factor, TNF；tumor necrosis factor, IL；interleukin.

(Asp), D-セリン (Ser)〕, 抑制性アミノ酸〔γ アミノ酪酸 (GABA), グリシン (Gly), タウリン), ATP, 関連ヌクレオチド, ヌクレオシド, 神経栄養因子, 成長因子, プロスタグランジン, エイコサノイド, 神経伝達物質およびサイトカインといった実に多彩な化学物質を放出し, 神経細胞はこれらを受容する (表 7.1). そのほか, 乳酸はアストロサイトから神経細胞へエネルギーを伝達し, その機能を制御することがわかっているが[5], 乳酸自身が特異的受容体 HCAR1 (hydroxycarboxylic acid receptor 1) などを介してシグナル伝達に寄与するとの報告もあり, その役割にも注目が集まっている[6,7]. グリア細胞による伝達 (グリア伝達, グリオトランスミッション；gliotransmission) には, まだわかっていない点があり, 上述のすべての物質をグリオトランスミッターと定義するか否かについては論争がある. 本章では, 以下の四つの視点からグリオトランスミッターを定義する[8].

① アストロサイトにより合成・貯蔵されている
② 生理刺激により放出される
③ 瞬時 (ミリ秒〜秒) に周辺細胞の応答を惹起

する
④ 生理的・病態生理的な意義を有する

この分類に最も合致し, 近年とくにグリオトランスミッターとしての役割が注目されている分子が, ATP, Glu, D-Ser, GABA および乳酸である.

7.3 グリオトランスミッター

(a) ATP

ATP はミトコンドリアが産生する重要な細胞内エネルギー通貨であるが, 種々の細胞で細胞外に放出され, 細胞間情報伝達物質として機能する. グリオトランスミッターとしても中心的な役割を果たし[9], その特異的受容体 P2 受容体を介して神経-グリア細胞間のコミュニケーションを担っている[10-12]. アストロサイトは種々の刺激や神経の活動に応じて Ca^{2+} 興奮性を伴って ATP を放出し, その ATP や ADP, あるいは ATP が細胞外で代謝されたアデノシンが $P2Y_1$ 受容体, アデノシン A1 受容体またはそれらのヘテロオリゴマーを介して視神経[11] および海馬[10,12] における Glu 興奮性シナプス伝達を前シナプス性に抑制す

る．これらは *in vitro* の研究成果であったが，その後アストロサイトの開口放出を特異的に阻害した dn-SNARE（dn；dominant negative）ノックインマウスを使った研究で，*in situ* や *in vivo* でも，アストロサイトが ATP を開口放出し，前シナプス性に興奮性シナプス伝達を抑制することが証明された[13,14]*1．

さらにアストロサイトの Ca^{2+} 興奮性（Ca^{2+} 応答の強さ）には，神経細胞の活動に非依存的な成分も含まれることから，アストロサイト自身が独立した活動性を有し，Ca^{2+} 興奮性およびグリオトランスミッターの放出により，むしろ恒常的に神経細胞の基礎的な活動レベルを制御していることが明らかとなった[10]．つまり，アストロサイトは，前述した三者間シナプスにおいて，ATP を介して実にダイナミックにシナプス伝達を制御しているのである．

三者間シナプスの基本的な情報伝達は多くの脳部位で共通した現象であるが，アストロサイトのシナプス被覆程度は脳部位や神経細胞の種類により異なる．また脳部位によってグリオトランスミッターの種類や受容体のサブクラスなどにも大きな違いがある．したがって，ATP を介したアストロサイト-興奮性シナプス連関の制御様式および貢献度などはきわめて多様である．たとえば孤束核では ATP はシナプス前部の P2X 受容体に作用して，活動電位非依存的に Glu の放出を亢進させる[16]．つまり前シナプス性に興奮性シナプス伝達促進作用を呈する．前頭前野では ATP はアストロサイトからを開口放出されると，シナプス後部の $P2X_4$ 受容体を介して $GABA_A$ 受容体を脱感作させる[17]．

また，海馬の GABA 性介在神経は G タンパク質共役型 ATP 受容体である $P2Y_1$ 受容体を発現しており，ATP はこのシナプス後部 $P2Y_1$ 受容体刺激を介してこれら介在神経を興奮させ，入力神経の抑制性シナプス後電流（IPSC）を増大させる（図 7.3 a）．$P2Y_1$ 受容体刺激による GABA 性介在神経の興奮[18]に至るメカニズムの詳細は不明であるが，K^+ コンダクタンスの低下と非選択的陽イオンコンダクタンスの増加が関連していると考えられている[19]．海馬ではアストロサイトから放出された ATP は直接 GABA 性介在神経を興奮させることで，海馬神経ネットワークの興奮性に対して抑制性に働き[19]，さらに ATP は前述したように Glu を介した興奮性シナプス伝達を前シナプス性に抑制する．したがって，海馬における神経細胞-グリア相関においては，ATP は抑制性であるといえる．しかし，このようなアストロサイト由来 ATP による Glu および GABA 性介在神経の制御が，実際の精神疾患とどのようにリンクしているのかについては，まったくわかっていない．

(b) グルタミン酸

今日の神経細胞-グリア細胞連関の研究の契機は Araque らの報告である[20]．彼らは海馬の神経細胞-グリア初代培養系を用い，アストロサイトが刺激依存的に Glu を放出すること，これが近傍の神経に作用してダイナミックにシナプス伝達を制御することを示した．すなわち Glu によるシナプス外 NMDA 受容体を介した遅延内向き電流（SIC）の誘発，さらに代謝型グルタミン酸受容体（mGluR）を介した前シナプス性の抑制作用を示したのである（図 7.3 b）．

その後の多くの研究で，Glu を介したアストロサイトもまた，脳部位および制御する神経細胞の違い，脳内環境の違いなどにより，複雑なシナプス後部伝達制御様式を呈することが明らかとなっている．たとえば，海馬シェーファー側枝刺激に

---

*1　ごく最近，前述した dn-SNARE が神経細胞にもノックインされている可能性が示された．そのため，ATP が *in situ* でアストロサイトから開口放出されているのか否かについては，決着が付いていない[15]．

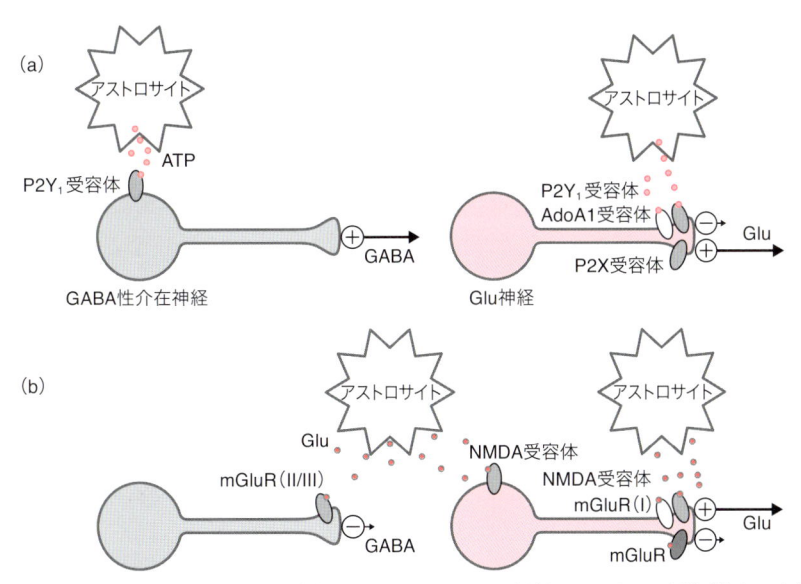

図 7.3　アストロサイトによる興奮性シナプスおよび抑制性シナプスの制御様式の多様性
(a) ATP によるシナプス伝達制御．アストロサイトが放出するグリオトランスミッターである ATP は，グルタミン酸神経シナプス前部の P2Y₁ 受容体とアデノシン A1 受容体に作用することにより Glu の放出を抑制し，また P2X 受容体に作用することで Glu の放出を増強する．GABA 性介在神経のシナプス後部の P2Y₁ 受容体に作用することにより，GABA 性介在神経の興奮性を高める．(b) Glu によるシナプス伝達制御．アストロサイトが放出するグリオトランスミッターである Glu は，グルタミン酸神経シナプス前部の NMDA 受容体および I 型代謝型グルタミン酸受容体〔mGluR（I）〕に作用することにより，Glu の放出を亢進し（上），またほかの mGluR に作用し Glu 放出を抑制する．また，シナプス後部の NMDA 受容体に作用して，グルタミン酸神経の興奮性を増強する作用もある．また，GABA 性介在神経のシナプス前部の II および III 型 mGluR に作用し，GABA 性介在神経の活動を抑制する．

より CA1 領域アストロサイトは興奮して Glu を放出するが，この Glu は CA1 錐体細胞のシナプス後部に存在する NMDA 受容体に作用して興奮性の SIC を誘導する．これは，隣接した錐体神経発火の同期に関与し，CA1 神経ネットワーク全体の興奮性制御に強く影響する[21]．それに対し貫通線維を刺激した場合には，歯状回アストロサイトから放出された Glu は，歯状回顆粒細胞のシナプス前部に存在する NMDA 受容体に作用し，興奮性シナプス伝達を亢進させる[22]．

(c) D-セリン

グルタミン酸神経の興奮性シナプス伝達のうち NMDA 受容体を介するものは，D-Ser によりアロステリックな促進性制御を受けることがよく知られている．D-Ser もまた，代表的なグリオトランスミッターであり，Glu 刺激によりアストロサイトから放出される[23]．NMDA 受容体は長期増強などのシナプス可塑性（synaptic plasticity）を支える中心的な分子であるが，アストロサイトは D-Ser を放出することにより NMDA 受容体活性化亢進作用とシナプス可塑性を強く制御する[24]．当初は D-Ser 合成酵素であるセリンラセマーゼがアストロサイト特異的と考えられていたため，D-Ser はアストロサイト特異的なグリオトランスミッターとして注目された．しかしのちにセリンラセマーゼは神経細胞にも強く発現していることが明らかとなり，D-Ser もアストロサイト特異的でないことが明らかになった．いずれにせよアストロサイトによる興奮性シナプス制御を考えるうえで重要な分子であることには変わりはない．

(d) GABA

アストロサイトは GABA も放出する．小脳バー

グマングリア（アストロサイト様グリア）および層状アストロサイトは細胞内に GABA を含み，ベストロフィン 1 と呼ばれるチャネルから恒常的に GABA を放出する[25]．これにより，バーグマングリアは小脳顆粒細胞平行線維の $GABA_A$ 受容体を，層状アストロサイトは小脳顆粒神経細胞体 $GABA_A$ 受容体をそれぞれ活性化し，興奮性神経細胞である顆粒神経の基礎的な活動レベルを抑制する．このような，アストロサイトによる神経活動の恒常的な制御は，GABA だけでなく前述した ATP を介した制御でも同様であり，アストロサイトが神経活動を制御する際の特徴的な様式であるといえる．

7.4　アストロサイトのグリオトランスミッターと脳機能

　グリア伝達は，脳機能にはどのように関連しているのだろうか？ 最近，グリオトランスミッターとしての ATP に関する興味深い報告がいくつかなされた．一つは，延髄の化学受容器は，血中 pH 低下を感知すると遠心性神経細胞を興奮させ，呼吸を促すというものである[26]．Gourine らは，延髄呼吸中枢のアストロサイトを用いた研究により，pH を正常レベルから 0.2 低下させただけでアストロサイトで Ca^{2+} 波が惹起され，ATP が放出されることを明らかとした．さらにアストロサイトから放出された ATP は，横隔神経細胞を興奮させ，呼吸数の増大を引き起こすことも示した．つまり延髄呼吸中枢では，アストロサイトは中枢性化学受容器として機能し，血中や脳の pH 情報を感知して，ATP を用いた化学情報に変換して周辺神経細胞に発信しているのである．ただし，このような pH 感知による ATP の放出と Ca^{2+} 波を惹起するアストロサイトは延髄呼吸中枢周辺に存在するもののみに見られた．この知見はまさに化学情報発信様式が多様で，脳部位による差が大きいことを示唆している．

　長期間覚醒後に睡眠を引き起こす駆動力となる睡眠圧（sleep pressure）がアストロサイト由来 ATP 開口放出に起因することも明らかとなった[14] *2．そのほか，アストロサイトが D-Ser を介して長期増強（LTP）を強化すること[24]，乳酸放出により長期記憶を形成すること[5] など，神経とアストロサイト連関との具体的な生理機能について明らかになってきている．

　前述の延髄アストロサイトの pH 感知の例でもわかるように，アストロサイトはそれぞれの脳部位で独自の性質を獲得し，脳部位に特化した機能を発揮している可能性が高い．その意味では，脳部位ごと，神経活動ごとに異なるアストロサイトの応答様式，神経細胞制御様式が存在しているともいえる．脳部位や機能を慎重に選び，神経 - アストロサイト連関の関連性を精査していくことが今後の重要な課題である．

7.5　グリオトランスミッターの放出メカニズム

　神経細胞や内分泌細胞などいわゆるプロフェッショナルな分泌細胞は，開口放出により化学伝達物質を放出する．グリア細胞のグリオトランスミッター放出メカニズムの詳細は，現在大きな論争の最中であり，まだ決着はついていない[27]．Glu および ATP の放出に関しては，イオンチャネルやコネキシンヘミチャネルを介した自由拡散がおもな放出経路と考えられていたが，小胞型グルタミン酸トランスポーター（VGLUT）と小胞型ヌクレオチドトランスポーター（VNUT）[28] が同定され，これらがグリア細胞に存在すること[29,30]，SNARE タンパク質および小胞タンパク質が存在すること，各種開口放出関連タンパク質

---

*2　アストロサイトから開口放出された ATP は，代謝されると睡眠物質アデノシンとなる．

の薬理学的, 分子生物学的な阻害によりグリオトランスミッターの放出が抑制されることから, 少なくともグリオトランスミッターは開口放出される可能性が示唆されている. ただし多くの研究が培養細胞によるものであり, またほかの自由拡散経路の阻害によってグリオトランスミッターの放出が抑制されることなどを考慮すると, 開口放出以外のメカニズムが存在している可能性もある. グリア細胞は複数のグリオトランスミッター放出メカニズムを有し, 刺激の種類, 強さ, さらに周辺環境に依存して, それらを使い分けているのかもしれない. 今後の研究が待たれる.

7.6 その他のグリア細胞

(a) ミクログリア

ミクログリアは免疫担当細胞であり, 外傷やほかの神経疾患時に活性化し, サイトカイン, ケモカインさらに神経栄養因子などの産生・放出を介して神経細胞の機能を制御している. さらに最近になって正常脳においても常にシナプスを監視していることが明らかとなった[31].

ミクログリアには, プリン受容体（P1 および P2 受容体）, グルタミン酸受容体, GABA 受容体やその他各種アミン受容体が存在し, 神経細胞の興奮によってシナプスから放出された神経伝達物質に即時的に応答し, それらが神経細胞の状態を監視している. とくに ATP による制御は非常に強く, また多岐にわたっており, 神経-ミクログリア連関で中心的な役割を果たしているといえる. なお, ミクログリアから神経細胞へもシグナル伝達は行われており, ATP と Glu の放出が確認されている[30].

ミクログリアのグリオトランスミッターシグナルの大きな特徴は, 各種サイトカイン類の産生・放出能が非常に強いことである. なかでも, 炎症性サイトカインである TNFα は, 各種神経活動に応じて産生され, 神経活動を生理学的な範囲に

Key Chemistry　　　**グリオトランスミッター ATP**

グリオトランスミッターとして中心的な役割を果たす分子の一つが ATP である. 細胞内 ATP はエネルギー通貨として, 細胞の生存・機能に必須の分子であるが, 細胞外に放出されて細胞間情報伝達物質として働くことは, すでに半世紀前に Burnstock らにより明らかにされている[38]. ATP とその代謝物である ADP, また UTP は P2 受容体に作用してその情報を細胞に伝える. ADP はさらに代謝されてアデノシンとして P2 受容体（A1, A2a, A2b, A3）に作用する. 1993 年に最初の P2 受容体の分子実体が明らかになったあと[39], 次つぎとそのサブクラスが発見され, 現在はチャネル型 P2X 受容体が 7 種類, G タンパク共役型 P2Y 受容体 8 種類が同定されている（図）. グリア細胞および神経細胞に各種 P2 受容体は豊富に存在しており, これは ATP がグリア細胞間およびグリア-神経間の情報伝達物質として非常に重要であることを示唆

イオンチャネル型P2受容体　　　Gタンパク共役型P2受容体
P2X$_{1\sim7}$　　　　　　　　　　　　P2Y$_{1,2,4,6,11\sim14}$

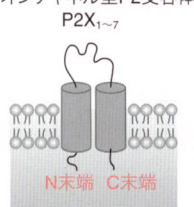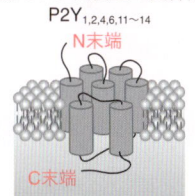

図　P2 受容体サブクラス

P2 受容体ファミリーはイオンチャネル型の P2X 受容体（P2X$_{1\sim7}$ の 7 種のサブユニットから成る）と GPCR（P2Y$_{1,2,4,6,11\sim14}$ の 8 種のサブユニットから成る）で構成されている. それぞれ受容体のサブクラスごとに, ATP, ADP, UTP および UDP に対する親和性が異なる. アデノシンは P2 受容体には作用しない.

している. さらに, ほかのほとんどすべての組織・臓器にもいずれかの P2 受容体が発現していることから, からだのあらゆる機能は ATP から何らかの制御を受けていることを予想させ, 興味深い.

保つメカニズム「シナプススケーリング」による
Gluシナプス伝達の調節[32]，P2Y受容体を介し
たGlu放出の増強[33]などにより，興奮性シナプ
ス伝達にきわめて大きな影響を与えている．

(b) オリゴデンドロサイト

オリゴデンドロサイトはミエリンを形成して跳
躍伝導を可能とするのみならず，神経活動をモニ
ターし，神経伝達物質に応答して自身と神経細胞
機能を制御している．オリゴデンドロサイトに
はAMPA型とNMDA型のグルタミン酸受容体
（AMPA受容体とNMDA受容体）が存在し，興
奮性シナプスの活動依存的に放出されたGluを
感知し，細胞内Ca^{2+}濃度の上昇を引き起こす．
また脳由来神経栄養因子（BDNF）放出などの各
種アウトプットシグナルを呈するが，最近エキソ
ソーム（exosome）を放出することで神経活動を
制御することが報告された[34]．アストロサイトで
もエキソソームによる神経細胞制御は注目されて
いることから，グリオトランスミッターの新しい
亜型として今後注目されていくと思われる．

また，ミエリン形成前のオリゴデンドロサイ
トやオリゴデンドロサイト前駆細胞（OPC）にも
P2受容体，グルタミン酸受容体，GABA受容体，
その他各種アミン受容体の存在が確認されており，
神経活動により放出された各種それらを介して神
経伝達物質に応答し，OPCの移動や分化，ミエ
リン形成能の制御を行っている．OPCからのグ
リオトランスミッター放出に関しては，今後の研
究が待たれる．

7.7　おわりに

本章ではグリア-神経連関について，とくにア
ストロサイトのグリオトランスミッターに注目し
た最近の知見をまとめた．ここで紹介した多くの
報告はマウスやラットなど，げっ歯類を用いた研
究により明らかとなったものであるが，これらの
グリア-神経連関はヒトの脳においてもっと重要
な意味をもつ可能性が高い．これはヒトの脳がほ
かの生物の脳に比べて神経細胞に対するグリア細
胞の存在比が圧倒的に大きいこと，サイズ，形態
の複雑さにおいてほかの生物のものを圧倒してい
るからである．とくに形態についてはげっ歯類と
は比較にならないほど複雑で，枝分かれが多く，
突起は極端に細かく，また数ミリにも及ぶ軸索状
の突起をもつものもある[35]．これら複雑な突起に
より，ヒトでは一つのアストロサイトが数百万も
のシナプスと接していると考えられている[36]．ヒ
トのアストロサイトのグリア伝達に関する詳細な
報告はまだないが，最近になってヒトのアストロ
サイト前駆細胞を移植されたマウスの機能を解析
した結果が報告された．これによると移植された
ヒトのアストロサイト前駆細胞はマウスのアスト
ロサイトを駆逐し，マウス脳内において非常に大
きく複雑な突起を有するアストロサイトに分化し
たという．さらに驚くべきことに，LTPおよび
学習行動の亢進も確認され，アストロサイトがヒ
トの高度な脳機能を支えている可能性が示唆され
た[37]．これはヒトのアストロサイトの機能が，現
在解析が進んでいるげっ歯類のアストロサイトの
機能をはるかに凌駕するポテンシャルと多様性を
有している可能性を示唆し，ヒトのアストロサイ
トのグリオトランスミッターが今回述べてきたよ
りも重要な役割をもっていることを示している．
今後の研究が待たれる．

（小泉修一）

■■■■■■■■■■■■■■■ 文　献 ■■■■■■■■■■■■■■■

1) P. G. Haydon, *Nat. Rev. Neurosci.*, **2**, 185 (2001).
2) A. Araque et al., *Trends Neurosci.*, 22, 208 (1999).
3) G. Perea et al., *Trends Neurosci.*, **32**, 421 (2009).
4) M. Santello et al., *Adv. Exp. Med. Biol.*, **970**, 307 (2012).

5) A. Suzuki et al., *Cell*, **144**, 810 (2011).

6) K. H. Lauritzen et al., *Cereb Cortex*, **24**, 2784 (2014).

7) C. Morland et al., *J. Neurosci. Res.*, **93**, 1045 (2015).

8) A. Volterra & J. Meldolesi, *Nat. Rev. Neurosci.*, **6**, 626 (2005).

9) P. B. Guthrie et al., *J. Neurosci.*, **19**, 520 (1999).

10) S. Koizumi et al., *Proc. Natl. Acad. Sci. USA*, **100**, 11023 (2003).

11) E. A. Newman, *J. Neurosci.*, **23**, 1659 (2003).

12) J. M. Zhang et al., *Neuron*, **40**, 971 (2003).

13) O. Pascual et al., *Science*, **310**, 113 (2005).

14) M. M. Halassa et al., *Neuron*, **61**, 213 (2009).

15) T. Fujita et al., *J. Neurosci.*, **34**, 16594 (2014).

16) E. Shigetomi & F. Kato, *J. Neurosci.*, **24**, 3125 (2004).

17) U. Lalo et al., *PLoS Biol.*, **12**, e1001747 (2014).

18) M. Kawamura et al., *J. Neurosci.*, **24**, 10835 (2004).

19) D. N. Bowser & B. S. Khakh, *J. Neurosci.*, **24**, 8606 (2004).

20) A. Araque et al., *J. Neurosci.*, **18**, 6822 (1998).

21) T. Fellin et al., *Neuron*, **43**, 729 (2004).

22) P. Jourdain et al., *Nat. Neurosci.*, **10**, 331 (2007).

23) M. J. Schell et al., *Proc. Natl. Acad. Sci. USA*, **92**, 3948 (1995).

24) C. Henneberger et al., *Nature*, **463**, 232 (2010).

25) S. Lee et al., *Science*, **330**, 790 (2010).

26) A. V. Gourine et al., *Science*, **329**, 571 (2010).

27) N. B. Hamilton & D. Attwell, *Nat. Rev. Neurosci.*, **11**, 227 (2010).

28) K. Sawada et al., *Proc. Natl. Acad. Sci. USA*, **105**, 5683 (2008).

29) P. Bezzi et al., *Nat. Neurosci.*, **7**, 613 (2004).

30) Y. Imura et al., *Glia*, **61**, 1320 (2013).

31) H. Wake et al., *J. Neurosci.*, **29**, 3974 (2009).

32) D. Stellwagen & R. C. Malenka, *Nature*, **440**, 1054 (2006).

33) M. Santello et al., *Neuron*, **69**, 988 (2011).

34) C. Fruhbeis et al., *PLoS Biol.*, **11**, e1001604 (2013).

35) N. A. Oberheim et al., *J. Neurosci.*, **29**, 3276 (2009).

36) N. A. Oberheim et al., *Trends Neurosci.*, **29**, 547 (2006).

37) X. Han et al., *Cell Stem Cell*, **12**, 342 (2013).

38) G. Burnstock & M. E. Holman, *J. Physiol.*, **155**, 115 (1961).

39) T. E. Webb et al., *FEBS Lett.*, **324**, 219 (1993).

8 chapter

感覚受容における TRP チャネルによる化学受容

Summary

　神経系においては，感覚情報を伝達する分子実体としてイオンチャネルが機能している．カチオンを通過させるイオンチャネルでは，*trp* 遺伝子群がコードする TRP チャネルが熱や化学物質を認識して，さまざまな感覚につながる神経活動を生じさせることが明らかになっている．体性感覚系のなかの一次求心性神経線維が外部からの有害刺激を検出するプロセスである痛覚において，TRP チャネルサブタイプのうち，おもに TRPA1，TRPM8 および TRPV1 が痛覚を担うことが示された．さらに，熱的・化学的・機械的などの各有害刺激を区別するために，侵害受容器においてどのサブタイプがそれぞれかかわっているのかが探究され，新規鎮痛剤開発のための手掛かりとなっている．本章では，多様な感覚を担うイオンチャネルや受容体のなかでも，TRPA1，TRPM8 および TRPV1 を取り上げ，その活性を制御する薬剤・化学因子について概説する．

8.1 神経細胞における感覚受容と TRP チャネル

　イオンチャネルは神経情報を伝達する分子実体として機能している．イオンチャネルにより伝達される情報の一つである「痛覚」は，体性感覚系の一次求心性神経線維が外部からの有害刺激を検出するプロセスである．トウガラシ，ミント，カラシナなどの辛味や刺激のある物質は，痛覚における最初の分子メカニズムを同定するのに強力な薬理学的ツールとなってきた．これらの天然物を用いた研究によって，Ca^{2+} を通過させるカチオンチャネルのなかでも TRP（Transient Receptor Potential）チャネルが熱や辛味物質を感知して感覚神経活動を誘導し，急性あるいは慢性の痛みを惹起する分子実体であることが明らかにされてきた[1–5]．

　TRP の命名は，1989 年に分子同定されたショウジョウバエの光受容器異常変異体の原因遺伝子である *trp*（transient receptor potential）遺伝子〔一過性（transient）の光受容器電位を示す〕に由来する[6]．哺乳類においては，TRPV，TRPC，TRPM，TRPA，TRPP，TRPML の六つのサブファミリーに分類される 28 種類の TRP ホモログが発見されている（図 8.1）．TRP タンパク質は 6 回膜貫通型であり，4 量体化によりカチオンチャネルを形成する（図 8.2）[7]．これらの TRP チャネルのうち，おもに TRPA1，TRPM8，TRPV1 が痛覚を知覚すると考えられている．

　TRPV1 は一次感覚神経のなかで，無髄 C 線維や一部の有髄 Aδ 線維に発現しており，侵害受容の主要な分子実体として機能している．また，TRPM8 が TRPV1 と共発現しているとする報告もある（図 8.3）．これら TRP のチャネル機能と発現の評価・解析によって，侵害受容器が体性感覚神経のなかでも有害刺激の検出に特化した特別器官として存在することが実証され，痛みを知覚するしくみそのものが解明された．また，これらの研究は，熱的・化学的・機械的などの異なる有害刺激を区別するために，それぞれ侵害受容器の

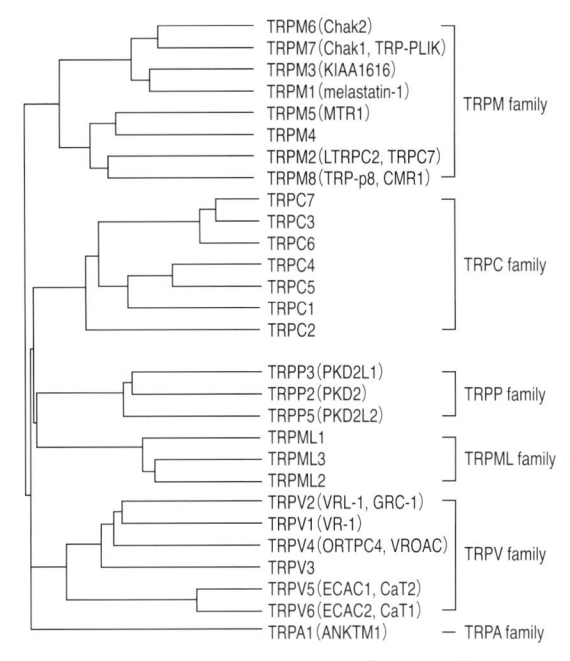

図 8.1　TRP チャネルの進化系統樹

哺乳類においては現在までに 28 種類の TRP チャネルが同定され，これらは遺伝子の相同性によって六つのサブファミリーに分類されている．

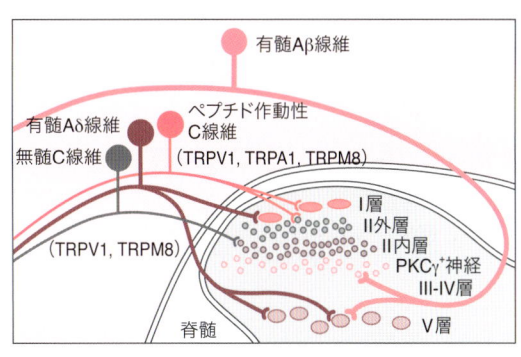

図 8.3　皮膚の感覚受容

TRPV1 は一次感覚神経のなかで無髄 C 線維や一部の有髄 Aδ 線維に発現しており，侵害受容の主要な分子実体として機能している．また TRPM8 が TRPV1 と共発現しているという報告もある．

どのサブタイプがかかわっているのかを明らかにしてきた．さらに，これらのチャネルの生物物理学的・薬理学的な特性の評価は，新規鎮痛剤開発のための合理的・技術的な足掛かりも提供してきた[5]．感覚受容，とくに化学受容については，嗅覚および味覚において多様な受容体やイオンチャネルが作動するが，それらについては総説[8]に委ねたい．本章では，TRPA1，TRPM8 および TRPV1 の活性を制御する薬剤・化学因子に焦点をあて，概説する．

8.2　TRPA1

8.2.1　親電子性の TRPA1 活性化剤

TRPA1 は，細胞質側の N 末端に多数のアンキリンリピート構造をもち[9,10]，4 量体をとってチャネルを形成する（図 8.4）[11]．後根神経節，三叉神経，節状神経節などを含む侵害受容線維に多く発現している[12-14]．その役割については痛覚に関係するもの，とくに神経性炎症や気管における痛みへの関与の報告が多い．

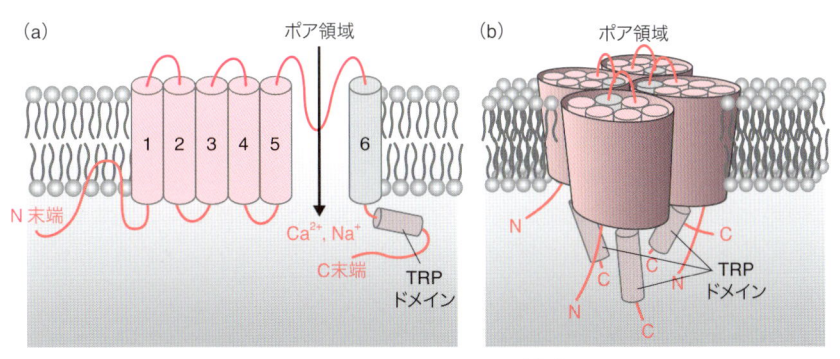

図 8.2　TRP チャネルの構造

TRP チャネルは 6 回膜貫通領域をもち，N 末端側と C 末端側は細胞質内に位置している．5 番目と 6 番目の膜貫通領域のあいだにチャネルポア形成領域があり（a），これが 4 量体になることでチャネルを形成している（b）．

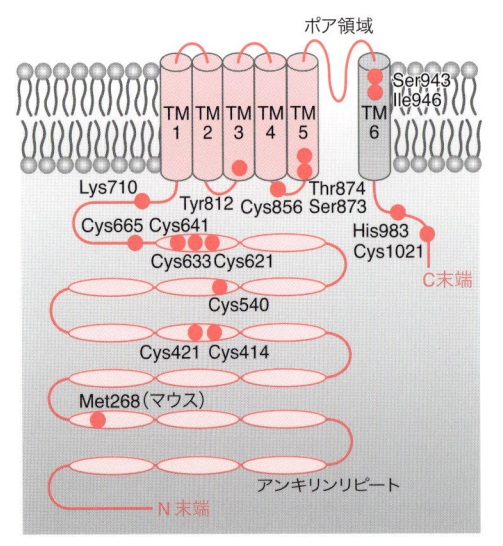

ポア領域

Ser943
Ile946

Lys710
Cys665 Cys641
Tyr812 Cys856
Cys633 Cys621
Thr874 Ser873
His983
Cys1021
C末端
Cys540
Cys421 Cys414
Met268(マウス)
アンキリンリピート
N末端

図 8.4　小分子による TRPA1 の機能制御に重要な残基

TRPA1 はいくつかの小分子によって活性が制御されることが報告されている．変異体を用いた評価から，機能制御に重要であると考えられている残基を色丸で示す．文献 75) より引用．

TRPA1 の活性化機構はこれまでに精力的に研究されており，ニンニクに含まれる二硫化アリルやアリシン，ワサビやカラシ油に含まれるアリルイソチオシアネート（AITC），催涙ガスや排気ガス中のアクロレイン，ホルムアルデヒドなど，環境中に存在するさまざまな刺激物質によって活性化されることが知られている（図 8.5 a）[15-19]．これらの物質は親電子性で，システイン（Cys）残基の孤立電子対をターゲットとした親電子反応によって TRPA1 を活性化させる[20,21]．酸化的修飾を受ける Cys 残基をはじめ，小分子による機能制御の標的となる残基が注目されてきた．たとえば TRPA1 のアンキリンリピート構造における Cys621，Cys641，Cys665 の 3 か所に変異を入れた場合，二硫化アリル，AITC，アクロレインによる活性化が抑制されることがわかっている．

さらに TRPA1 は細胞内に内在する酸化剤により Cys 残基が酸化的修飾されることによって活性化されることも知られている．これらの活性化剤には，過酸化水素[22-25]，オゾン[26]，次

亜塩素酸[27] などの活性酸素種（ROS），一酸化窒素（NO）[22,25,28]，パーオキシナイトライト[25] などの活性窒素種（RNS）が含まれる．また細胞に内在する脂質過酸化生成物である 4-ヒドロキシ-2-ノニナールや 4-ヒドロキシヘキセナール，4-オキソ-2-ノニナール，ニトロオレイン酸，15-デオキシ-$\Delta^{12,14}$-プロスタグランジン J2（15d-PGJ$_2$）も，TRPA1 の Cys 残基を酸化的修飾しチャネルを活性化する[22,23,29-33] *1．また標的 Cys 残基を変異させると TRPA1 の活性が見られなくなることも確認されている[22,27,28]．

8.2.2　親電子物質以外の TRPA1 モジュレーター

親電子物質以外にも TRPA1 を活性化させる物質は多数同定されている．アイシリン[21]，カルバクロール[27]，抗炎症剤であるフルフェナム酸[44]，イソフルランのような麻酔薬[45]やファルネシルチオサリチル酸[31] などである（図 8.5 b）．これらによる効果は，標的 Cys 残基をほかのアミノ酸に変異させても損なわれない．つまり，これらのターゲット部位は別にあることを示唆している．Cl$^-$チャネル阻害剤である 5-ニトロ-2-(3-フェニルプロピルアミノ) 安息香酸（NPPB）[46]やチモール[47]，2,6-ジイソプロピルフェノール（プロポフォール）[48] も TRPA1 を活性化することが報告されている．これらの化合物は，その誘導体を用いた試験から，化学構造上のどの部分が TRPA1 の活性化に重要であるかも研究されている．

6-パラドール[38]，6-ジンゲロール[15]，ドコサヘキサエン酸（DHA）[49]，アラキドン酸[50]，カプシエイト[51] *2 なども，Cys 残基の酸化とは無関係に TRPA1 を活性化する（図 8.5 c）．これらの物

*1　これらは内在性親電子物質ともいう．細胞内の内在性因子のほかに，天然由来のメチルビニルケトン[34,35]，2-クロロアセトフェノン[36,37]，ヒドロキシ-α-サンショール，6-ショウガオール[38]，エトドラク[39]，その他いくつかの親電子性物質[40-43]も TRPA1 を活性化させることが報告されている（化合物の構造については，p.82 の Key Chemistry の図も参照のこと）．

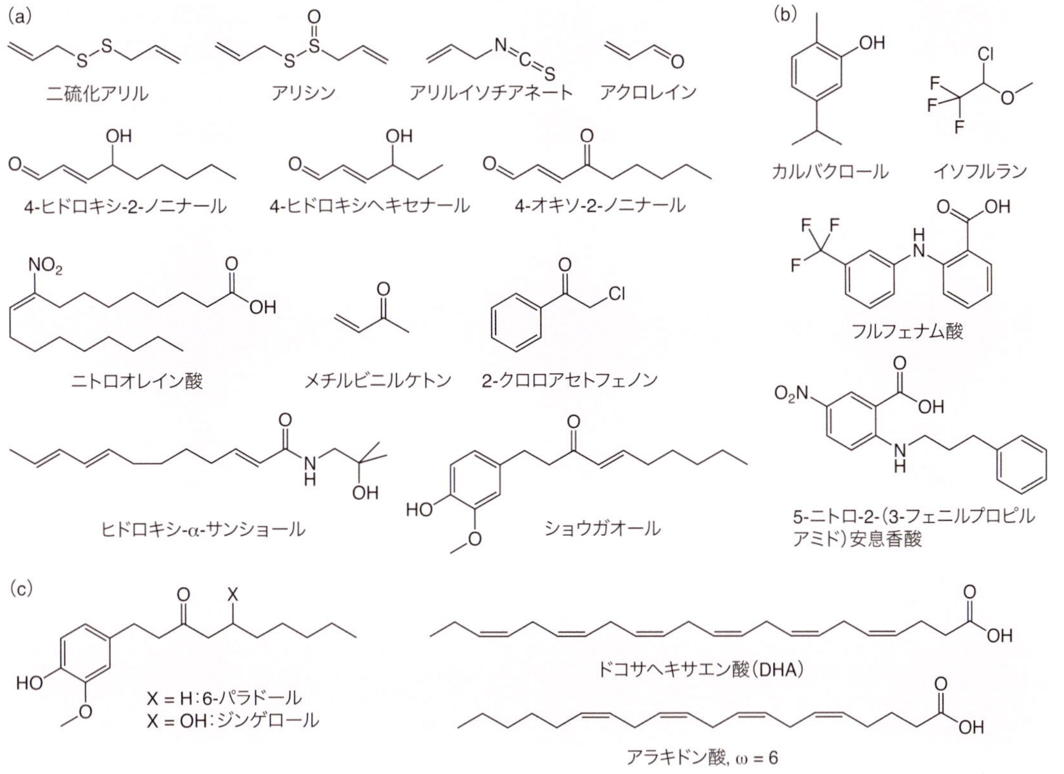

(a)

二硫化アリル　　アリシン　　アリルイソチアネート　　アクロレイン

4-ヒドロキシ-2-ノニナール　　4-ヒドロキシヘキセナール　　4-オキソ-2-ノニナール

ニトロオレイン酸　　メチルビニルケトン　　2-クロロアセトフェノン

ヒドロキシ-α-サンショール　　ショウガオール

(b)

カルバクロール　　イソフルラン

フルフェナム酸

5-ニトロ-2-(3-フェニルプロピル アミド)安息香酸

(c)

X = H：6-パラドール
X = OH：ジンゲロール

ドコサヘキサエン酸(DHA)

アラキドン酸, ω = 6

図 8.5　TPRA1 活性を制御する因子
(a) TPRA1 の Cys 残基を活性化させる代表的な化合物．(b) TPRA1 の Cys 残基以外を標的にして活性化させる化合物．
(c) 化学的な構造がカギとなって TPRA1 を開口させる化合物．

質は Cys 残基の修飾ではなく，その化学的な構造がカギとなって TRPA1 を開口させていると考えられている．

8.2.3　その他の TRPA1 の制御因子

有機小分子以外にも TRPA1 を活性化する因子は多数存在する．Zn^{2+}[72]，冷感[13,73]，NO[22,25,28]，O_2[74] などである．なかでも O_2 は大変興味深く，高酸素状態,低酸素状態において，それぞれ異なったメカニズムで TRPA1 を活性化することが見出された[74]．加えて TRPA1 は酸素を感知することによって呼吸を制御しており，TRPA1 のノック

アウトマウスはこの機能が損なわれていることもわかった．

これらの TRPA1 モジュレーターに加えて，最近トランスニトロシル化による選択的な TRPA1 活性化剤が報告された[75]．トランスニトロシル化とは，NO の放出を伴わない二分子間におけるニトロシル基の直接の転移である[76]．ニトロシル基の転移はドナーとアクセプターの相互作用に基づくために，拡散しやすいガス状の NO と比べて選択性が高く，トランスニトロシル化剤である *N*-ニトロソ-2-exo,3-exo-ジトリフルオロメチル-7-アザベンゾビシクロ[2.2.1]ヘプタン(NNO-ABBH1)は，TRPA1 と選択的に相互作用することによってトランスニトロシル化を引き起こし，Cys 残基の酸化的修飾に伴う選択的な活性化を

※2　カプシエイトは TRPV1 の活性化剤として有名なカプサイシンの辛味の少ない類似体であるが，おもしろいことにカプサイシンは TRPA1 を活性化させることはできない[52]．

引き起こす[75].

ここまで述べたように，TRPA1 はさまざまな因子によって制御されている．TRPA1 は鎮痛剤の標的として注目されているのみならず，生体内の酸素センサーとして働くことが明らかになりつつあり，今後さらにその制御機構の解明が重要な意味をもつと考えられる．

8.3　TRPV1

8.3.1　TRPV1 の活性化因子

TRPV1 (TRP vanilloid receptor 1) は，トウガラシの辛味成分であるカプサイシンによって活性化されるチャネルとして最初に同定された（図 8.6 a）．TRPV1 を含む TRPV ファミリー(TRPV1 ～ 6)は，温度上昇，pH 変化，機械刺激，浸透圧変化，NO による酸化ストレスなどの物理・化学的な刺激で活性化する[77-79]．TRPV1 は，舌の茸状乳頭および脳や神経などに豊富に発現しており，カプサイシンだけでなく，酸や熱 (43 ℃以上)[80] などの痛み刺激でも活性化する．したがっ

て TRPV1 は痛みの受容体として機能していると考えられており，TRPA1 同様，新規鎮痛薬の標的分子として研究が進められている．

TRPV1 のチャネル活性化機構はすでに非常に精力的に研究されてきた．カプサイシンや熱による TRPV1 チャネルの開口は，電位依存性に対する感受性と連関することが知られ[81]，また持続的なカプサイシン投与はチャネルの選択性やポア(pore，孔) の大きさに影響があるといった報告もある[82]．さらに pH 5.9 以下の酸性条件下でのTRPV1 チャネルの活性化には，細胞外領域に存在するグルタミン酸 (Glu) 残基が中性化することによるチャネルの構造変化が重要であることもわかっている[83]．

カプサイシンの構造類縁体(カプシノイド)であるオルバニル[84]，レシニフェラトキシン，アルバニル (図 8.6 b)，6-ジンゲロールなども TRPV1 を活性化させることが知られている．興味深いことに，TRPV1 の活性化は熱産生を制御しており，活性化剤を摂取することで熱産生とエネルギー消費を増強する．そして辛味の強さと TRPV1 の活

Key Chemistry　　**TRPA1 酸化剤の多様性**

TRP チャネルはさまざまな刺激を感受して応答するが，いくつかは酸化感受性をもつことが知られている．各 TRP チャネルの酸化感受性は，酸化力の異なる活性ジスルフィド化合物を用いて定量評価されており，なかでも TRPA1 は酸化力の最も弱い二硫化アリル(酸化還元電位：−2950 mV)や O$_2$ (同：−2765 mV) にも応答するほど，酸化感受性が高いことが報告されている[74]．

ヒト TRPA1 に存在する Cys 残基をそれぞれセリン（Ser）に変異させた変異体を用いた評価から，これらの酸化剤は TRPA1 の細胞質領域に存在するCys 残基をターゲットとしていることが明らかにされた．またアリシン(ニンニク)，アリルイソチアネート（AITC，ワサビやカラシ油），アクロレイン

(催涙ガスや排気ガス) などの刺激物質も Cys 残基の側鎖のスルフヒドリル基(-SH)を酸化することによって TRPA1 を活性化させる．

一方で，Cys 残基を標的としない活性化剤も報告されている．これらの物質は，ターゲットとなるCys 残基を別のアミノ酸に変異させた変異体も活性化することができるため，その化学的な構造がカギとなって TRPA1 を開口させていると考えられる(図 8.5 c)．しかしながら，これらの化合物は目立った構造の類似性が乏しく，TRPA1 との相互作用様式はそれぞれ異なる可能性が高い．詳細な活性化メカニズムがまだ不明な化合物も多いが，TRPA1 自体の構造情報も明らかになりつつあることから，今後の研究の進展が期待される．

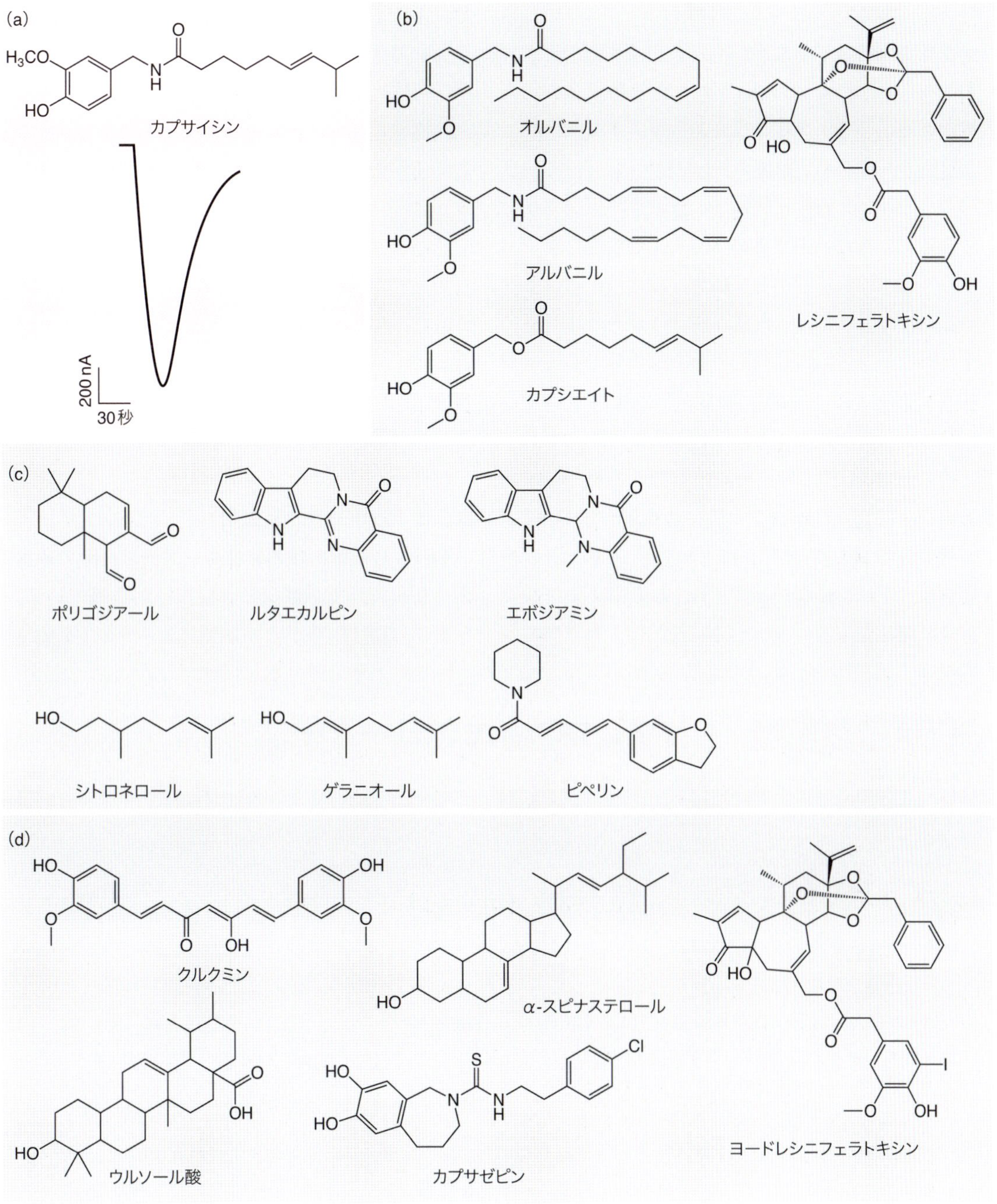

図 8.6　TRPV1 活性を制御する因子
(a) TRPV1 はカプサイシンによって活性化する．文献 80) より引用改変．(b) TRPV1 を活性化する代表的なカプシノイド．(c) カプシノイド以外の代表的な TRPV1 アゴニスト．(d) TRPV1 の代表的なアンタゴニスト．

性化能は必ずしも一致しない．一方で，各化合物の辛味の強さは，その脂溶性と関係しており，脂溶性が高い化合物ほど辛味が穏やかになる傾向がある[85]．そのため辛味の少ないカプシノイドは減

量効果のある食品材料として注目されており[86]，なかでも辛味がないカプシエイトは TRPA1 と TRPV1 を活性化し，TRPV1 下流の熱産生や代謝などの応答を引き起こすため[87,88]，サプリメント材料として注目されている．

8.3.2　カプシノイド以外の TRPV1 の活性化因子

カプシノイド以外にも TRPV1 の活性化剤は多数知られている．たとえば，構造はカプサイシンと異なるが同じく天然物由来の辛味成分であるポリゴジアール，ルタエカルピン[89]，エボジアミン[90]，シトロネロール，ゲラニオール[91]，ピペリン[92] などがある（図 8.6 c）．また天然物以外ではアナンダミド（図 8.7 c）とその誘導体も TRPV1 の活性化剤として報告されている[93]．また，広範囲の TRP チャネルの阻害剤であるジフェニルボリン酸 2-アミノエチル（2-APB）は，高濃度で

TRPV1 を活性化する[94]．これらの活性化剤のいくつかは TRPA1 も活性化することが知られている．有機小分子以外では，パーオキシナイトライト，過酸化水素，NO[98] などが TRPV1 活性化剤として報告されており，その機構解明も進んでいる．

さらに TRPV1 は高濃度の Ca^{2+} と Mg^{2+} 流入を引き起こすことによって苦味の感知にも貢献しており，塩味，金属味，渋味，酸味なども仲介する．サッカリンなどの人工甘味料や，金属味のする $CuSO_4$，$ZnSO_4$，$FeSO_4$ も TRPV1 を活性化させる[95-97]．

8.3.3　TRPV1 の阻害剤

TRPV1 も痛みのメディエーターで，その阻害剤は新規鎮痛薬の開発において注目されている．現在までに TRPV1 のアンタゴニストが多数報告

Key Chemistry　　**多様な TRPA1 モジュレーター**

TRPA1 モジュレーターのなかには濃度によって効果が異なる，すなわち二相性を示すものもある．メントールとその誘導体[52]であるカンフル[53,54]，ニコチン[55]，アポモルヒネ[56]，シナモン油に含まれるシンナムアルデヒド[53]，その他いくつかの物質[40,48,57]は低濃度では TRPA1 を活性化するが，高濃度では逆に阻害する．

また生物種によって逆の効果を示す化合物もある．カフェインでヒトの TRPA1 は阻害されるが，マウスの TRPA1 は活性化される[58]．268 番目のメチオニン（Met）をヒト型のプロリン（Pro）に変異させたマウスの TRPA1 は，カフェインによって阻害されるようになる[59]．このことから Met268 がカフェインの作用機序に重要であることがわかる．このように，種間で異なった効果がある薬剤は，TRPA1 の機能調節メカニズムの解明に非常に役立つ．

二相性を示さない阻害剤に目を向けると，HC-030031，A-967079，Chembridge-5861528，AP-18，AMG5445 などの化合物が挙げられる[60-69]．

カンフル　　ニコチン　　アポモルヒネ

シンナムアルデヒド　　カフェイン

図　二相性を示す TRPA1 モジュレーター

これらはケミカルライブラリーから TRPA1 選択的な阻害能を指標にスクリーニングしてきた化合物か，あるいはそれらをリード化合物とした誘導体であり，TRPA1 を介する神経痛などの痛み止めとしての薬効を期待されている．さらに，天然物由来の阻害剤として 1,8-シネオール，ボルネオールなども知られている[70,71]．

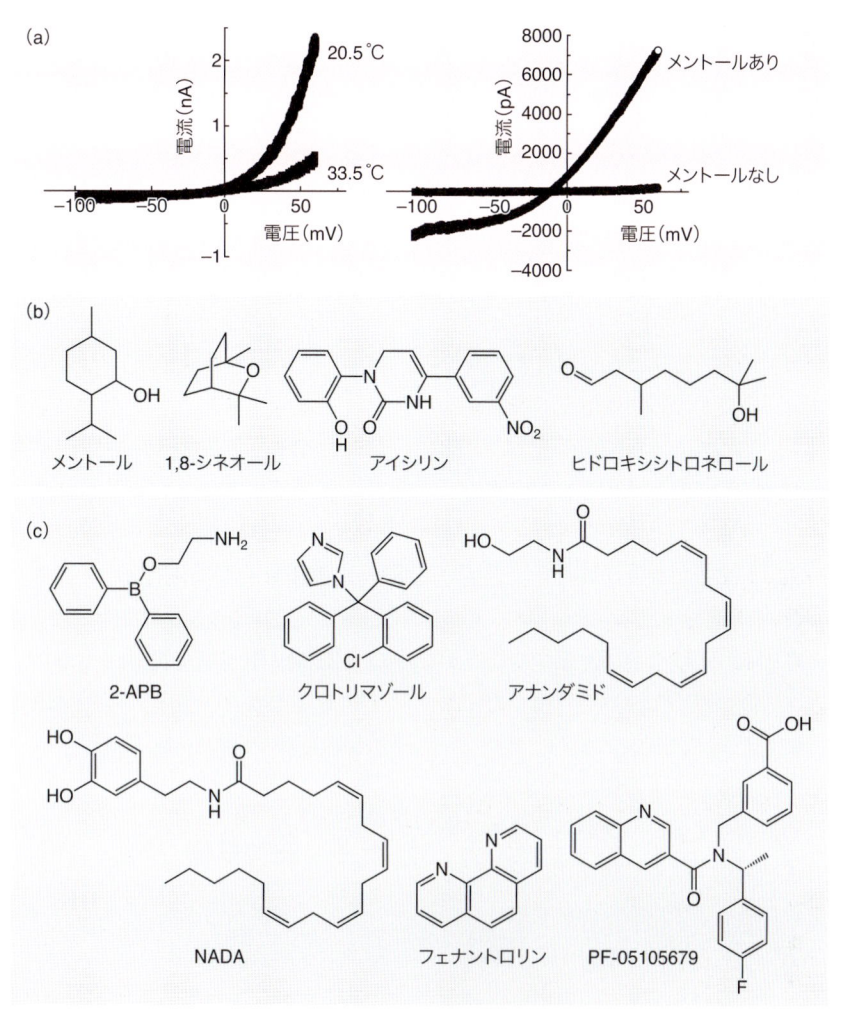

図 8.7　TRPM8 活性を制御する因子
(a) TRPM8 は低温や涼感をもたらすメントールなどの刺激によって活性化する．文献 113) より引用改変．
(b) TRPM8 を活性化する代表的なアゴニスト．(c) TRPM8 を阻害する代表的なアンタゴニスト．

されており，天然物由来ではクルクミン[99)]，ホウレンソウから単離された α-スピナステロール[100)]，ローズマリー由来のウルソール酸[101)] などがある．天然物以外ではカプサゼピン[102)]，AMG9810[103)]，SB-366791[104)]，KJM429 と JYL1421[105)]，ヨードレシニフェラトキシン[106,107)]，ルテニウムレッド[108)] などの TRPV1 阻害作用が報告されている（図 8.6 d）．このうちカプサゼピンはカプサイシンのアンタゴニストであり，TRPV1 に対する特異性が比較的高い．また SB-366791，KJM429，JYL1421 はカプサイシンのアンタゴニストとしてのみならず，酸や熱による TRPV1 の活性化も阻害することがわかっている．ルテニウムレッドは TRPV1 以外の TRPV ファミリーへの阻害効果も示した．

8.4　TRPM8

8.4.1　TRPM8 の活性化剤

TRP メラスタチン（TRPM）ファミリーは，メ

ラノーマ（悪性黒色腫）の悪性化に伴って発現量が減少するタンパク質として同定された，TRP メラスタチン-1（TRPM1）から命名されたファミリーである[109]．これらは細胞の代謝，分化，増殖，細胞死の調節に重要な役割を果たしており，ROS による酸化ストレス，細胞内 Ca^{2+} 濃度上昇，温度変化，pH の変化，機械刺激，浸透圧の変化などで活性化する．TRPM ファミリーのうち，TRPM8 は後根神経節，膀胱，前立腺に多く発現し，前立腺においてはがんの悪性度との関係が報告されている[110,111]．また，TRPM8 は 25 ～ 28℃以下の低温刺激[112,113]ならびにミント由来の天然物であるメントール，1,8-シネオール（ユーカリプトール）[114]，人工的に合成されたアイシリン，ヒドロキシシトロネラール（図 8.7 a，b），その他いくつかの涼感剤[113,115,116]で活性化することが知られており，周囲の温度環境や清涼剤を感知する"コールドセンサー"とされる[*3]．

　TRPM8 は冷涼刺激による鎮痛効果や冷環境に対する忌避反応に関与するが，神経障害性疼痛モデルで TRPV1 を発現する後根神経節においても TRPM8 の発現が増加し，冷痛覚過敏を担うという報告もある[119]．さらに，TRPM8 は細胞内シグナル伝達分子である PIP_2（ホスファチジルイノシトール 4,5-ビスリン酸）でも活性化する[120]．

8.4.2　TRPM8 の阻害剤

　TRPM8 の阻害剤としては，2-APB やクロトリマゾール[121]などが知られている．また，エタノールは膜上に存在する TRPM8 と PIP_2 の相互作用を変化させることで TRPM8 を阻害する[122]．アナンダミド，NADA（N-アラキドノイル-ドーパミン），フェナントロリン（図 8.7 c），AMTB〔N-

(3-アミノプロピル)-2-{[(3-メチルフェニル) メチル] オキシ}N-(2-チエニルメチル) ベンズアミド）[123]などもメントールによる TRPM8 の活性化に対するアンタゴニストとして作用する．その他いくつかの合成化合物も報告されているが[124,125]，これらはすべて TRPV1 も阻害し，選択性は高くない[126]．

　近年，高選択的に TRPM8 を阻害する PF-05105679 が報告された[127]．またメンチルアミンにさまざまな官能基を付加した誘導体を網羅的に合成し，TRPM8 に高選択的なアンタゴニストを探索する試みも報告されている[126]．有機小分子以外では G タンパク質の Gαq サブユニットが TRPM8 に直接結合して阻害することもわかっている[128]．神経障害性疼痛時の冷過敏応答は TRPM8 阻害剤で抑制されることが報告されていることから，これら TRPM8 阻害剤の今後の臨床応用が待たれる．

8.5　おわりに

　これまで述べてきたように，さまざまな痛覚の仲介分子である TRP チャネルは，数々の化合物によって制御されている．また天然のアゴニストやこれらをもとにした各種の誘導体は，チャネルの構造-機能連関の解明に役立ってきたが，二つ以上のアゴニストが共存する場合の協同的な作用[75]などについては，まだ不明な点が多い．最近になって TRPV1 の構造が低温電子顕微鏡（cryo-EM）[*4]により～3 Å の解像度で解析され，TRPV1 がリン脂質とアゴニストとの三者複合体を形成している様子や，ホスファチジルイノシトール脂質がカプサイシン結合サイトに競合的に結合している様子が明らかとなった[129]．ヒト TRPA1 についても，全長の構造が明らかとなっ

[*3]　メントールとアイシリンによる効果は似ているが，両者が TRPM8 を活性化する機構は異なると考えられている[117]．なおアイシリンによる活性化に重要な部位は S2–S3 領域であり[118]，これはカプサイシンによる TRPV1 やホルボールエステルによる TRPV4 の活性化に重要な領域でもある．

[*4]　タンパク質の構造を原子分解能に近い解像度で解析できる．2017 年ノーベル化学賞を受賞した．

ている[130]．今後，構造に基づいたモジュレーター設計，ひいてはTRPチャネルを標的とした創薬がさらに加速すると期待される．

（坂口怜子・小川 臨・香西大輔・森 恵美子・森 泰生）

文　献

1) M. J. Caterina & D. Julius, *Curr. Opin. Neurobiol.*, **9**, 525 (1999).
2) C. J. Woolf & Q. Ma, *Neuron*, **55**, 353 (2007).
3) A. I. Basbaum et al., *Cell*, **139**, 267 (2009).
4) A. Patapoutian et al., *Nat. Rev. Drug Discov.*, **8**, 55 (2009).
5) D. Julius, *Annu. Rev. Cell Dev. Biol.*, **29**, 355 (2013).
6) C. Montell & G. M. Rubin, *Neuron*, **2**, 1313 (1989).
7) M. Gees et al., *Compr. Physiol.*, **2**, 563 (2012).
8) 東原和成 編,『化学受容の科学』, 化学同人(2012).
9) D. Jaquemar et al., *J. Biol. Chem.*, **274**, 7325 (1999).
10) R. Gaudet, *Mol. Biosyst.*, **4**, 372 (2008).
11) T. L. Cvetkov et al., *J. Biol. Chem.*, **286**, 38168 (2011).
12) K. Nagata et al., *J. Neurosci.*, **25**, 4052 (2005).
13) G. M. Story et al., *Cell*, **112**, 819 (2003).
14) K. Kobayashi et al., *J. Comp. Neurol.*, **493**, 596 (2005).
15) M. Bandell et al., *Neuron*, **41**, 849 (2004).
16) S. E. Jordt et al., *Nature*, **427**, 260 (2004).
17) D. M. Bautista et al., *Cell*, **124**, 1269 (2006).
18) L. J. Macpherson et al., *Curr. Biol.*, **15**, 929 (2005).
19) D. M. Bautista et al., *Proc. Natl. Acad. Sci. USA*, **102**, 12248 (2005).
20) A. Hinman et al., *Proc. Natl. Acad. Sci. USA*, **103**, 19564 (2006).
21) L. J. Macpherson et al., *Nature*, **445**, 541 (2007).
22) N. Takahashi et al., *Channels (Austin)*, **2**, 287 (2008).
23) D. A. Andersson et al., *J. Neurosci.*, **28**, 2485 (2008).
24) B. F. Bessac & S. E. Jordt, *Physiology (Bethesda)*, **23**, 360 (2008).
25) Y. Sawada et al., *Eur. J. Neurosci.*, **27**, 1131 (2008).
26) T. E. Taylor-Clark & B. J. Undem, *J. Physiol.*, **588**, 423 (2010).
27) B. F. Bessac et al., *J. Clin. Invest.*, **118**, 1899 (2008).
28) T. Miyamoto et al., *PLoS One*, **4**, e7596 (2009).
29) M. Trevisani et al., *Proc. Natl. Acad. Sci. USA*, **104**, 13519 (2007).
30) T. E. Taylor-Clark et al., *Mol. Pharmacol.*, **75**, 820 (2009).
31) M. Maher et al., *Mol. Pharmacol.*, **73**, 1225 (2008).
32) T. E. Taylor-Clark et al., J. Physiol., 586, 3447 (2008).
33) T. E. Taylor-Clark et al., *Mol. Pharmacol.*, **73**, 274 (2008).
34) J. Escalera et al., *J. Biol. Chem.*, **283**, 24136 (2008).
35) L. R. Sadofsky et al., *Pharmacol. Res.*, **63**, 30 (2011).
36) B. Brone et al., *Toxicol. Appl. Pharmacol.*, **231**, 150 (2008).
37) B. F. Bessac et al., *FASEB J.*, **23**, 1102 (2009).
38) C. E. Riera et al., *Br. J. Pharmacol.*, **157**, 1398 (2009).
39) S. Wang et al., *J. Neurosci. Res.*, **91**, 1591(2013).
40) J. Zhong et al., *Pflügers. Arch.*, **462**, 841 (2011).
41) A. Babes et al., *Eur. J. Pharmacol.*, **704**, 15 (2013).
42) N. Hatano et al., *Am. J. Physiol. Cell Physiol.*, **304**, C354 (2013).
43) J. Chen et al., *J. Neurosci.*, **28**, 5063 (2008).
44) H. Hu et al., *Pflügers. Arch.*, **459**, 579 (2010).
45) J. A. Matta et al., *Proc. Natl. Acad. Sci. USA*, **105**, 8784 (2008).
46) K. Liu et al., *Biochem. Pharmacol.*, **80**, 113 (2010).
47) S. P. Lee et al., *Br. J. Pharmacol.*, **153**, 1739 (2008).
48) M. J. Fischer et al., *J. Biol. Chem.*, **285**, 34781 (2010).
49) A. L. Motter & G. P. Ahern, *PLoS One*, **7**, e38439 (2012).
50) W. J. Redmond et al., *PeerJ*, **2**, e248 (2014).
51) K. Shintaku et al., *Br. J. Pharmacol.*, **165**, 1476 (2012).
52) Y. Karashima et al., *J. Neurosci.*, **27**, 9874 (2007).
53) Y. A. Alpizar et al., *Pflügers Arch.*, **465**, 853 (2013).
54) H. Xu et al., *J. Neurosci.*, **25**, 8924 (2005).
55) K. Talavera et al., *Nat. Neurosci.*, **12**, 1293 (2009).
56) A. Schulze et al., *Mol. Pharmacol.*, **83**, 542 (2013).
57) J. Zhong et al., *Pflügers Arch.*, **462**, 861 (2011).

58) K. Nagatomo & Y. Kubo, *Proc. Natl. Acad. Sci. USA*, **105**, 17373 (2008).
59) K. Nagatomo et al., *Biophys. J.*, **99**, 3609 (2010).
60) C. R. McNamara et al., *Proc. Natl. Acad. Sci. USA*, **104**, 13525 (2007).
61) E. L. Andrade et al., *Pharmacol. Ther.*, **133**, 189 (2012).
62) J. D. Brederson et al., *Eur. J. Pharmacol.*, **716**, 61 (2013).
63) T. Strassmaier & R. Bakthavatchalam, *Curr. Top. Med. Chem.*, **11**, 2227 (2011).
64) L. Klionsky et al., *Mol. Pain*, **3**, 39 (2007).
65) M. Petrus et al., *Mol. Pain*, **3**, 40 (2007).
66) K. S. Vallin et al., *Bioorg. Med. Chem. Lett.*, **22**, 5485 (2012).
67) G. Klement et al., *Biophys. J.*, **104**, 798 (2013).
68) H. Wei et al., *Neuropharmacology*, **58**, 578 (2010).
69) C. Nativi et al., *Sci. Rep.*, **3**, 2005 (2013).
70) M. Takaishi et al., *Mol. Pain*, **8**, 86 (2012).
71) M. Takaishi et al., *J. Physiol. Sci.*, **64**, 47 (2014).
72) H. Hu et al., *Nat. Chem. Biol.*, **5**, 183 (2009).
73) O. Caspani & P. A. Heppenstall, *J. Gen. Physiol.*, **133**, 245 (2009).
74) N. Takahashi et al., *Nat. Chem. Biol.*, **7**, 701 (2011).
75) D. Kozai et al., *Mol. Pharmacol.*, **85**, 175 (2014).
76) N. Makita et al., *Circ. Res.*, **112**, 327 (2013).
77) C. D. Benham et al., *Cell Calcium.*, **33**, 479 (2003).
78) B. Nilius & G. Appendino, *EMBO Rep.*, **12**, 1094 (2011).
79) B. Nilius et al., *Am. J. Physiol. Cell Physiol.*, **286**, C195 (2004).
80) M. J. Caterina et al., *Nature*, **389**, 816 (1997).
81) M. K. Chung et al., *Nat. Neurosci.*, **11**, 555 (2008).
82) T. Voets et al., *Nature*, **430**, 748 (2004).
83) S. E. Jordt et al., *Proc. Natl. Acad. Sci. USA*, **97**, 8134 (2000).
84) K. M. Chu et al., *Neuropharmacology*, **58**, 383 (2010).
85) D. Ursu et al., *Eur. J. Pharmacol.*, **641**, 114 (2010).
86) B. Nilius & G. Appendino, *Rev. Physiol. Biochem. Pharmacol.*, **164**, 1 (2013).
87) T. Iida et al., *Neuropharmacology*, **44**, 958 (2003).
88) A. R. Josse et al., *Nutr. Metab.* (*Lond*), **7**, 65 (2010).
89) J. Peng & Y. J. Li, *Eur. J. Pharmacol.*, **627**, 1 (2010).
90) Y. Kobayashi et al., *Planta Med.*, **67**, 628 (2001).
91) S. Ohkawara et al., *Biol. Pharm. Bull.*, **33**, 1434 (2010).
92) F. N. McNamara et al., *Br. J. Pharmacol.*, **144**, 781 (2005).
93) B. J. Wisnoskey et al., *Biochem. J.*, **372**, 517 (2003).
94) H. Z. Hu et al., *J. Biol. Chem.*, **279**, 35741 (2004).
95) C. E. Riera et al., *Biochem. Biophys. Res. Commun.*, **376**, 653 (2008).
96) C. E. Riera et al., *J. Neurosci.*, **29**, 2654 (2009).
97) C. E. Riera et al., *Am. J. Physiol. Regul. Integr. Comp. Physiol.*, **293**, R626 (2007).
98) T. Yoshida et al., *Nat. Chem. Biol.*, **2**, 596 (2006).
99) K. Y. Yeon et al., *J. Dent. Res.*, **89**, 170 (2010).
100) G. Trevisan et al., *J. Pharmacol. Exp. Ther.*, **343**, 258 (2012).
101) Y. Zhang et al., *Phytother. Res.*, **25**, 1666 (2011).
102) S. Bevan et al., *Br. J. Pharmacol.*, **107**, 544 (1992).
103) N. R. Gavva et al., *J. Pharmacol. Exp. Ther.*, **313**, 474 (2005).
104) M. J. Gunthorpe et al., *Neuropharmacology*, **46**, 133 (2004).
105) Y. Wang et al., *Mol. Pharmacol.*, **62**, 947 (2002).
106) P. Wahl et al., *Mol. Pharmacol.*, **59**, 9 (2001).
107) G.R. Seabrook et al., *J. Pharmacol. Exp. Ther.*, **303**, 1052 (2002).
108) A. Dray et al., *Neurosci. Lett.*, **110**, 52 (1990).
109) J. Deeds et al., *Hum. Pathol.*, **31**, 1346 (2000).
110) L. Tsavaler et al., *Cancer Res.*, **61**, 3760 (2001).
111) L. Zhang & G. J. Barritt, *Cancer Res.*, **64**, 8365 (2004).
112) D. M. Bautista et al., *Nature*, **448**, 204 (2007).
113) A.M. Peier et al., *Cell*, **108**, 705 (2002).
114) L. Almaraz et al., *Handb. Exp. Pharmacol.*, **222**, 547 (2014).
115) D. D. McKemy et al., *Nature*, **416**, 52 (2002).
116) M. Bodding et al., *Cell Calcium*, **42**, 618 (2007).
117) D. A. Andersson et al., *J. Neurosci.*, **24**, 5364 (2004).
118) H. H. Chuang et al., *Neuron*, **43**, 859 (2004).
119) H. Xing et al., *J. Neurosci.*, **27**, 13680 (2007).
120) T. Rohacs et al., *Nat. Neurosci.*, **8**, 626 (2005).
121) V. Meseguer et al., *J. Neurosci.*, **28**, 576 (2008).
122) J. Benedikt et al., *J. Neurochem.*, **100**, 211 (2007).

123) E. S. Lashinger et al., *Am. J. Physiol. Renal. Physiol.*, **295**, F803 (2008).

124) R. Madrid et al., *J. Neurosci.*, **26**, 12512 (2006).

125) A. Weil et al., *Mol. Pharmacol.*, **68**, 518 (2005).

126) G. Ortar et al., *Bioorg. Med. Chem. Lett.*, **20**, 2729 (2010).

127) W. J. Winchester et al., *J. Pharmacol. Exp. Ther.*, **351**, 259 (2014).

128) X. Zhang et al., *Nat. Cell. Biol.*, **14**, 851 (2012).

129) Y. Gao et al., *Nature*, **534**, 347 (2016).

130) C. E. Paulsen et al., *Nature*, **520**, 511 (2015).

chapter 9

神経伝達物質受容体とチャネルの3次元構造

Summary

　今，構造生物学は激動の時代にある．哺乳類神経系の受容体とチャネルは長年結晶化が難しく，構造研究が難しいサンプルの代表格として認識されてきた．しかし結晶化法の発達とX線結晶解析，電子顕微鏡結晶解析，NMR法の進歩によって状況は変わり，生理的に重要かつ創薬の鍵となるGタンパク質共役型受容体（GPCR）などの構造が次々と決定されている．さらに，最近では電子顕微鏡を用いた，結晶を必要とせず膜タンパク質にも適用可能な単粒子解析法が原子分解能に到達し，これまで結晶化ができなかったために手が届かなかったさまざまなタンパク質の構造を白日の下に晒しつつある．これらの解析手法の発達によって多くのタンパク質の構造解析がなされてきたが，それらを成功に導く中心的な役割を果たしたのは，実はタンパク質の機能に関する生理・生化学的な理解であることが多い．本章では網羅的になり過ぎぬようにいくつかのトピックに絞って構造研究の進歩を紹介する．

9.1　はじめに

　生体分子の3次元構造は生命現象を裏付ける機構を支える根幹である．そのため構造が解明されるだけで細胞内メカニズムの直感的理解を大幅に進めることができる場合がある．DNAの2重らせん構造の決定がその最たる例であろう．もちろんすべての構造解明がすぐに理解へと直結するわけではないが，新たな分子の構造決定に挑戦する研究者には，研究動機としてそのようなロマンをもつ人も多いと思う．

　近年の神経研究における構造生物学は，チャネルや受容体を中心に進められており，3次元結晶を用いるX線結晶解析，2次元結晶による電子顕微鏡解析，NMR法などの技術のたゆまぬ進歩によって収穫期を迎えつつある．

　さらに構造生物学は，今大きな変革期を迎えつつある．結晶解析とNMRに加え，新たに結晶を必要としないクライオ電子顕微鏡法が2013年の暮れに原子分解能に到達し，単粒子解析がさかんになってきた．クライオ電顕ではさまざまな方向に向いたタンパク質粒子を撮影して3次元構造を決定するため，精製量は少なくてよく，NMRのように巨大なタンパク質や疎水的な膜タンパク質を苦手としない．そのため，ダイナミックすぎるがゆえに結晶を作製しにくいタンパク種が新たに解析可能になった．とくに神経系の受容体やチャネルなどの膜タンパク質は動的で容易に多状態を取りやすく，一般に結晶化が難しい．そのため，クライオ電顕による単粒子解析法への期待は大きい．難結晶性分子・複合体の多くが手つかずで残されており，単粒子解析法が今後ますます普及することは間違いない．本章では単粒子解析法の利点や欠点・将来性なども盛り込み，さらに細胞・組織レベルに近い大スケール構造を扱う新たな電子顕微鏡法の発展にも光をあてる．全体として，今急速に広がり，同時に変化しつつある構造生物学の息吹を少しでも伝えたい．

9.2　GPCR の構造

GPCR[*1] は，われわれの遺伝子の約5％を占める最大のタンパク質ファミリーである．7回膜貫通型で，一般に天然のリガンドは受容体の細胞外側から結合し，受容体の細胞質側にはヘテロ3量体型 G タンパク質（GTP 結合タンパク質）が結合する（図9.1）．網膜のロドプシンと心臓の β_2 アドレナリン受容体においてはじめて発見された．神経伝達物質やホルモンの受容体として活躍するものも多く，さらに嗅覚・視覚・味覚にも深く関連しているものもある．哺乳類の多くの種で，1000 種類程度のタンパク質が GPCR グループに帰属すると考えられている．しかし GPCR についてはいまだに結合するリガンドや機能がわかっていないオーファン受容体が多数存在する．

GPCR のなかでも N 末端の構造ドメインが極端に短いロドプシンファミリーでは，おもに膜貫通部を含む細胞外側ドメインでリガンドを受容する．それ以外のタイプは N 末端構造ドメインでリガンドを受容するものが多い（図9.1）．受容体の外側に情報伝達物質やホルモンが結合することで，受容体の細胞質側に何らかの構造変化が起こり，α，β，γ の3サブユニット（それぞれ G_α，G_β，G_γ）から成る GDP 結合型 G タンパク質複合体が結合しやすくなる．GPCR に結合した G_α は

GDP 結合型から GTP 結合型へと変化して活性化され，G_β-G_γ 複合体[*2] から解離し細胞内にシグナル情報を伝達する．細胞によって，G_α には四つの異なるタイプ（$G_{\alpha s}$，$G_{\alpha i/o}$，$G_{\alpha q}$，$G_{\alpha 12/13}$）が存在し，それぞれが多様なシグナル伝達を行う．

これら情報伝達機構の解明，さらには構造情報を利用した新薬開発のためにも，GPCR の構造解明が待望される．しかし，このタンパク質は構造変化により細胞内へ情報を伝えるという本来の性質のため，分子集団に異なった形状のものが混在しやすく[*3]，構造の単一化による結晶作製が容易ではなかった．

9.3　哺乳類のロドプシン

2000 年に，最初の GPCR の構造がウシロドプシンで解明された[1]．ロドプシンは，網膜の桿体細胞で光を感知する．光があたると最初にタンパク質内の発色団レチナールが光を吸収することで異性化する．これが周辺のタンパク質部分（オプシン）の構造を変化させ，それによって細胞内側に G タンパク質が結合し，活性化する．一般に細胞膜の活性化した1分子の GPCR は，数百の G タンパク質を活性化するため，たった数個分の光子による弱い光であっても増幅し感受できる[*4]．ロドプシンは分光法によって詳細に分析されており，GPCR としてその反応過程の研究蓄

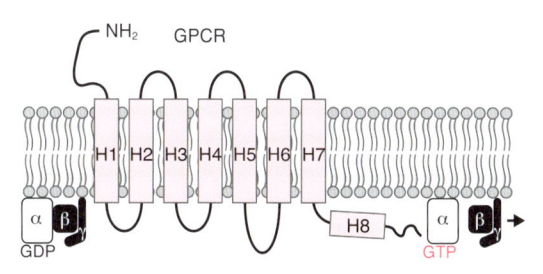

図 9.1　GPCR
各ドメインのサイズはスーパーファミリー内で変化に富む．N 末端の構造化されたドメインは，ロドプシンファミリーでは極端に短い．対照的に，セクレチン受容体ファミリー，代謝型グルタミン酸受容体ファミリー，Wnt（ウィント）受容体ファミリーでは長く，リガンド結合ドメインとして働く．

*1　GPCR には多くの薬が結合し，創薬ターゲット全体の約半数を占める．GPCR の分類法はいくつか提唱されているが，6，5 ないし 3 グループに分ける方法が一般的である．
*2　β および γ サブユニットは結合が強く，通常複合体を形成している．
*3　元来 GPCR には，生理的なリガンドが結合していない基底状態でもわずかに活性を有するものが多い．それは生理機能維持のためのアイドリング的な役割を果たすと考えられている．不活性化状態の分子が低い確率で活性化状態へと遷移している．このアイドリング状態は活性化した GPCR 分子が一分子でも存在すると，数百の G タンパク質が次つぎと活性化されるため（図9.1），デリケートな役割を担っていると思われる．

積が最も多かった．さらに，ウシの網膜などから大量に精製できること，タンパク質内のレチナールはほかの多くのGPCRのリガンドよりはるかに安定に結合していることから，2000年に3次元結晶が作製されX線解析が行われた[1]．GPCRの基本構造は，バクテリオロドプシン（7回膜貫通型）とトポロジー的には対応するが，アミノ酸配列が大きく異なり，ヘリックスの位置関係などに違いが大きく見られた．GPCRに共通する特徴として，細胞質側にはH7のあとに，それと垂直に脂質膜表面に沿う短いヘリックスH8が存在していた．さらにH8のすぐあとにはパルミチン酸が結合した膜親和基の存在が示唆された．またウシロドプシンでは七つの膜貫通部位H1-H7が細胞質側から見て時計回りに配置していた．膜貫通部位の関係は，細胞質側では相互に水素結合によるネットワークを形成して密だが，細胞外側ではヘリックス束の内側に空間が存在し，レチナールを収納できるようになっていた．のちにこれらH1-H7の長さと位置・角度は，GPCRの種類すなわち結合するリガンドの種類で変異があることが判明する．

9.4　β_2 アドレナリン受容体

ロドプシンに続くGPCRの構造解明には，精製した集団内に混在する活性型と不活性型による不均一性のため，さらなる時間と研究が必要であった．そのなかで構造の均一化にきわめて重要な役割を果たしたのが，生理リガンドと同様な活性をもつアゴニスト（作動薬）と，逆に活性を押さえるアンタゴニスト（拮抗薬）である．アゴニストのなかには生理リガンドと同じだけの活性化を達成する完全アゴニストも存在し，GPCRの平衡

を活性化状態に偏らせる．一方アンタゴニストのなかにはアイドリング状態にあたる微弱な基礎活性すら抑えるインバースアゴニスト（逆作動薬）があり，GPCRの平衡を完全な不活性化に偏らせる．

インバースアゴニストを熱安定性をもつ変異体に加えてGPCRの平衡を不活性状態に偏らせることで，GPCRの結晶化に成功したのがKobilkaらのグループである[*5]．平衡を偏らせるだけでは，ミセルに包まれた膜タンパク質の結晶化は容易ではない．そこで結晶を作製しやすいT4リゾチーム（T4ファージによる溶菌に働くリゾチーム）を組み込み，Fab（抗体のなかで抗原に結合する領域）をβ_2アドレナリン受容体（β_2AR）のなかでも柔らかいICL3（細胞内ループ3）へ結合させ，それらをタンパク質分子間の結合サイトにするテクニックを用いて結晶化した[2,3]．さらにラクダに由来する抗体であるナノボディ（ヒト由来抗体の1/10サイズで，1種のH鎖より成る抗原認識タンパク質）を用いて，アゴニストと結合したβ_2ARを安定化することで活性化状態の構造も解明した[4]．両構造が解けたことで活性・不活性状態での構造変化が理解できるようになった（図9.2）[*6]．

さらに，アゴニスト結合GPCRがGタンパク質と結合した複合体の構造決定がなされた．このときリガンド結合GPCRとGタンパク質との結合は可溶剤の存在下では安定しない．Kobilkaらは，β_2AR-Gタンパク質複合体の$G_{\alpha s}$からGDPを取り除くと複合体が可溶剤中でも安定になることを見出した[5]．この複合体の電顕単粒子解析法により，複合体の細胞外ドメインのほとんどを可

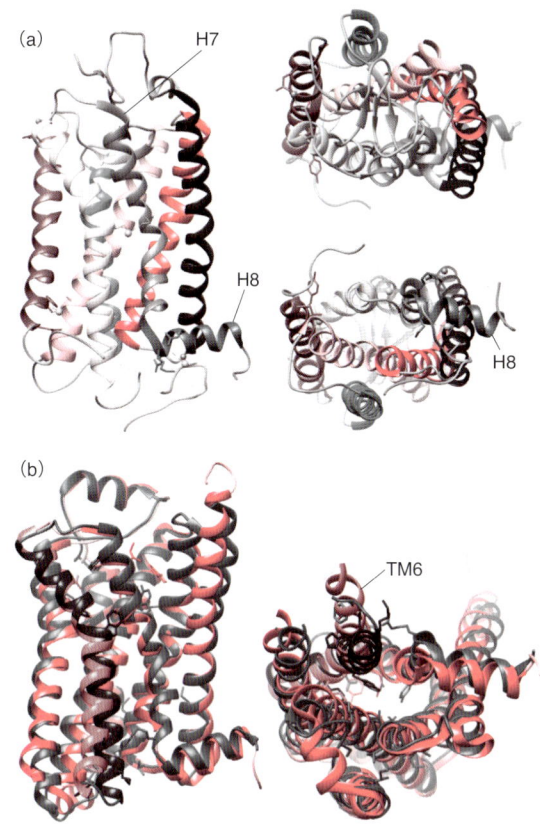

図 9.2　**ウシロドプシン(a)[1]と β_2 アドレナリン受容体(b)[3,4]の構造変化**

細胞質側から見て時計回りに配置し，活性化時には，とくに H6 が大きく時計方向に回転する．PDB ID 1f88 と 2rh1, 3d0g の情報をもとに作成した．

溶化剤のミセルが包み込み，複合体どうしの結合を妨げていることが推察され[6]，また $G_{\alpha s}$ の位置にさまざまな違いも観察された[6]．そこで細胞外部に T4 リゾチームの突起を数とおり作製し，そのなかから突起の向きが安定なものを単粒子解析で選択し解析した．その結果，GDP が抜けたことによる $G_{\alpha s}$ 位置での不安定性は，ピロホスファート（pyrophosphate）類似体を加えると改善されることを電顕画像から見つけ，7 Å 分解能まで回折する結晶が得られた．さらに，複合体に対するラクダのナノボディ抗体を作製し結合させて安定性を増すことで，原子分解能に到達した[5]．

これらの解析の結果から，β_2AR-G タンパク質複合体の構造では，GPCR の細胞質側に結合した G_α は，予想に反して G_α 内の Ras 様ドメイン（GTPase ドメイン；$G_{\alpha s}$Ras）とヘリカルドメイン（$G_{\alpha s}$AH）の両ドメインの位置関係を大きく変え，$G_{\alpha s}$Ras の $\alpha 5$ ヘリックスが β_2AR に結合していることがわかった（図 9.3）．また β_2AR では細胞外に結合したリガンドにより膜貫通ヘリックスの位置が大きく変化し，とくに細胞内の TM6 の時計回りの大きな回転運動によって TM5 と TM6 とのあいだに細胞内側で溝が形成される．この溝に $G_{\alpha s}$Ras の $\alpha 5$ ヘリックスが結合し，

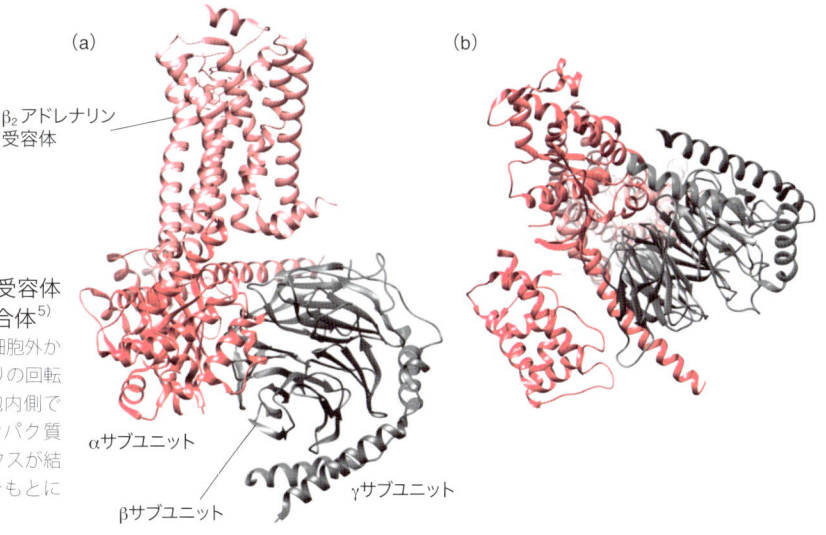

図 9.3　**β_2 アドレナリン受容体 -G タンパク質複合体[5]**

細胞膜方向から見た図 (a) と細胞外から見た図 (b)．TM6 の時計回りの回転により TM5 とのあいだに細胞内側で溝が形成され，そこに G タンパク質 α_s サブユニットの $\alpha 5$ ヘリックスが結合する．PDB ID 3sn6 の情報をもとに作成した．

GDP 結合部位にかぶさるように存在した $G_{\alpha s}$AH が大きく位置を変える．その結果，GDP 結合サイトが溶媒に露出し，GDP が遊離しやすくなる．そこに GTP が結合することでさらに大きな構造変化が起こり，α サブユニットを活性型へと変化させ，β γ サブユニットを解離させて細胞内へシグナルを伝達すると思われた．

9.5　アデノシン A_{2A} 受容体

京都大学の岩田らのグループは，この TM6 の回転を抗体で抑えることで，GPCR グループのなかで，脳におけるグルタミン酸(Glu)とドーパミン（DA）の放出調節に重要なアデノシン A_{2A} 受容体（A_{2A}AR）の構造を決定した[7]．A_{2A}AR は脳と心筋への血流の調整などに幅広く作用し，カフェインをアンタゴニストとして感受し，リガンドであるアデノシンの結合を阻害することで睡眠覚醒作用を示す．岩田らは A_{2A}AR に対するモノクローナル抗体を作製し，そのなかからリガンドであるアデノシンの結合は許さないが，アンタゴニストの細胞外ポケットへの結合は許す抗体を選んだ．その Fab 部分を A_{2A}AR に結合させて複合体を作製し，結晶化による X 線解析に成功した．その結果，Fab の可変部は A_{2A}AR に細胞内側から突き刺さるように存在し，膜貫通ヘリックスの多くと相互作用していることがわかった（図9.4）．それは H6 の大きな動きを阻害するように見え，自発的な活性化を防ぐと思われた．この状態を固定する抗体そのものは A_{2A}AR のインバースアゴニストであり，結合するポケットは新たな創薬のターゲットを示唆する．GPCR には，生理的に重要ではあるが構造が解明されていない分子が多く存在するため，この研究は心臓の血管拡張やパーキンソン病治療などにもきわめて重要な A_{2A}AR 研究の構造基礎となるだけでなく，そのアプローチ手法は今後の結晶化戦略の重要な方向性を示していると思われる[7]．

緑藻類の走行性にかかわるタンパク質として，GPCR と同じく 7 回膜貫通型の陽イオン透過型

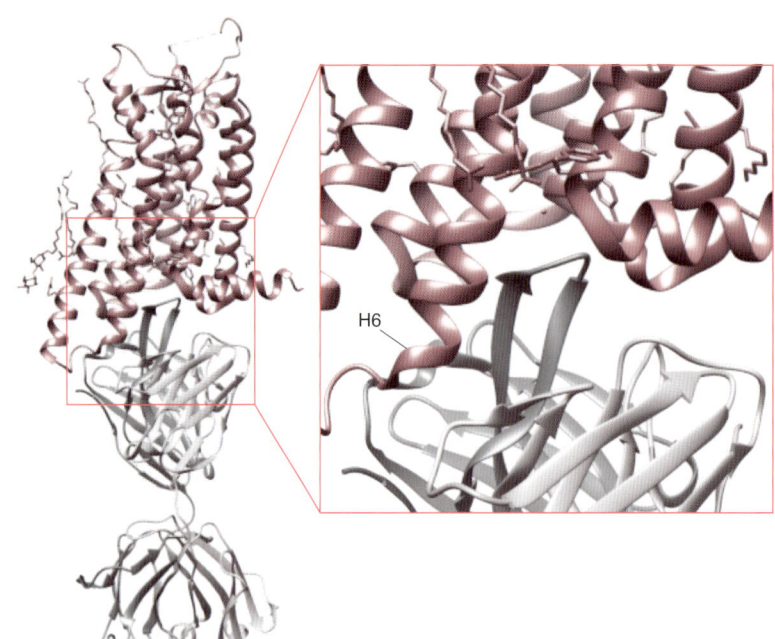

図 9.4　A_{2A} アデノシン受容体と抗体 Fab2838 の結晶構造[7]

Fab の結合により，受容体はリガンドであるアデノシンと結合できなくなるが，アンタゴニストとは結合できる．Fab は，細胞内側から受容体中心に結合し，多くのヘリックスと相互作用する．TM6 などの動きを抑えることで，自発的な活性化を阻害し，結晶化を可能にすると考えられる．PDB ID 3vg9 の情報をもとに作成した．

ロドプシンも見つかっている．ウシロドプシンよりもバクテリオロドプシンとより近縁である．この遺伝子をマウスの神経細胞で発現させ，脳内に光ファイバーを挿入し青色光により神経興奮を誘導することで，行動の制御が可能になった（オプトジェネティクス）[8]．この神経科学のツールとしても重要なチャネルロドプシンの構造は，東京大学の濡木らによってX線結晶解析により2.3Åの分解能で解明され，2量体よりなる分子機構が示された[9]．

　GPCRとその類縁グループの3次元構造決定は，X線結晶構造解析を中心に進んでいる．近年の大きな進展には，昆虫細胞でのバキュロウィルス系による大量発現技術，タンパク質への人為突然変異導入技術の発展，キュービックフェーズ法など結晶化法の改良，さらにはビームラインの進歩などが大きく貢献している．さらに後述するクライオ電顕によっても新たなGPCRの構造がGタンパク質と結合したかたちで解明された．

9.6　イオンチャネルの構造

　さまざまな種類のイオンチャネルの構造が解明され，イオン選択機構を中心としてその分子機構がわかりつつある．

9.6.1　電位依存性 K$^+$ チャネル

　イオンチャネルには高いイオン選択性をもつものが多く知られている．たとえば電位依存性をもつNa$^+$チャネル（Na$_V$）とK$^+$チャネル（K$_V$），Ca^{2+}チャネル（Ca$_V$）は，高いイオン選択性が神経生理機構を成り立たせる鍵となって，神経興奮の伝導やシナプスでの伝達物質の放出で主体的な役割を果たしている．なかでもK$_V$が小さなNa$^+$イオンの透過を拒み，K$^+$のような大きなイオンを選択的に通す機構は，長年に渡って謎であった．

　MacKinnonらのグループは，K$^+$選択性をも

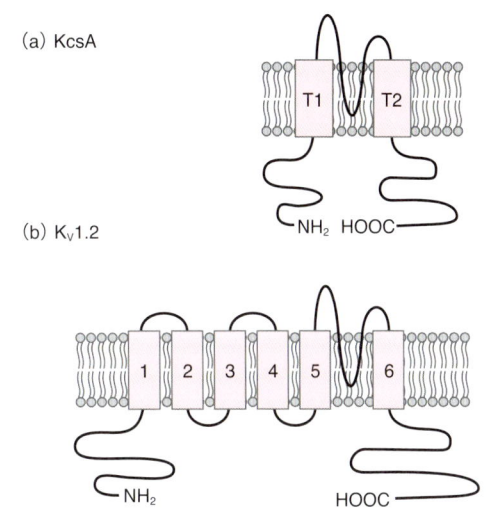

(a) KcsA

(b) K$_V$1.2

図9.5　KcsA（a）とK$_V$1.2（b）
KcsAのT1とT2は，K$_V$1.2のS5とS6に相当する．

つバクテリアのKcsAチャネル（図9.5a）の3次元結晶の作製に成功し，3.2Å分解能でX線構造解析を行った[10]．チャネル全体は，膜貫通ヘリックス2か所と疎水性を内包するループから成るポア（pore；孔）領域1か所を有するサブユニットが4量体を形成していた．その中心にはイオン透過路が存在する（図9.6a）．透過路のなかで最も狭い部分がイオン選択フィルターで，その細胞質側には約10Å直径の球状空洞があり，さらに下には細胞内へと続く約7Å径の太い通路が存在していた．太い通路の壁は疎水的で，細胞質側（図の下側）からきたK$^+$との必要のない相互作用を抑えることで，K$^+$の早いイオン透過を実現していると考えられる．イオン選択フィルターでは，ペプチド主鎖の酸素原子の繰り返しがK$^+$を取り囲み，あたかも水中でK$^+$を水和水が取り囲むようにイオン選択性が成り立っていた．

　これはイオン選択孔はさまざまな種類のK$^+$チャネルに保存されている選択的特異アミノ酸配列TXTTVGYGを4ドメインがもちよることで成り立つことを示している．とくにそれらのなかのTVGYGのバックボーンのカルボニル基の酸

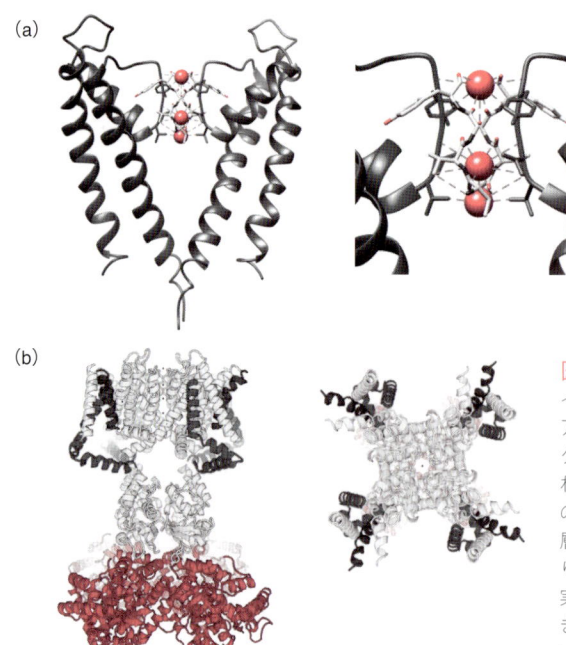

(a)

(b)

図 9.6　KcsA（a）と K_V 1.2（b）

イオン透過を側面と上から示す図[10,13]．K_V 1.2 の中心コアが KcsA 構造に相当する．KcsA のイオン透過フィルターは，TVGYG 配列の主鎖の酸素原子により構成され，5 階層のリングにより成る．KcsA はホモ 4 量体なので，各リングは 4 個の酸素原子より成り，K^+ は各層のあいだに入り，上下のリングの計 8 個の酸素に取り囲まれている．見えている K^+ は密度の平均であり，実際には静電的な反発により上下に連続しては存在できず，あいだに少なくとも水を 1 分子挟むと思われている．PDB ID 1bl8 と 2a79 の情報をもとに作成した．

素原子は，5 階層のリング状の配置を取っている．KcsA はホモ 4 量体なので，各リングは 4 個の酸素原子より成る．下からの 2 層は，合わせて 8 個の酸素原子が K^+ を取り囲める構造で，これまでに想定されていた K^+ を水が取り囲む水和構造や，低分子が取り囲む構造と似ており[11]安定と考えられた．またカルボニル基のリング構造は，さらに奥（細胞外側，図の上）に向かって繰り返されていた．そのため K^+ は裸になってイオン透過口に細胞質側（図の下側）から飛びこみ，さらに垂直に奥に移動しても，それまでの安定した準水和のような状態を維持できると考えられた．また先行する K^+ との電気的な反発があるため，空いた席に続いてまた K^+ が入ることはできず，水分子があいだに少なくとも一つ入れば，次の K^+ が続くことができると考えられた[*7]．MacKinnon らはさらに，この酸素原子の 5 連リングによるトン

ネルが K^+ 通過にとってエネルギー障壁が少ないことを，さまざまな濃度の K^+ と Rb^+ の存在下で X 線結晶解析することでフィルター内密度分布を比較して示した[11]．ここで KcsA 内の早い K^+ 通過を説明するうえでこのモデルの最も大胆な点は，最初に水和水の殻を脱ぎ捨てるステップである．彼らは Fab を KcsA に結合し結晶を改善することで，2 Å に分解能を上げ，そのメカニズムを解明した[12]．選択フィルター直下の空洞には，新たに 8 個の水分子と水和した K^+ が見えている．フィルターへ入る準備段階の向きの揃った水和ポケットのおかげで，水を抜け出すのはエネルギー的な障壁は大きくないことが示された．また選択フィルター直上には，二つの K^+ が見えており，一番上は四つの水和水に取り囲まれている．これはあたかもフィルター内の 4 段階のポケット間を移行するちょうど中間で，水平に 4 酸素原子に取り囲まれる様子に似ている[12]．これにより K^+ は安定に水中へと出られる．この構造は，イオンは常に水和した状態でチャネルを透過するというそ

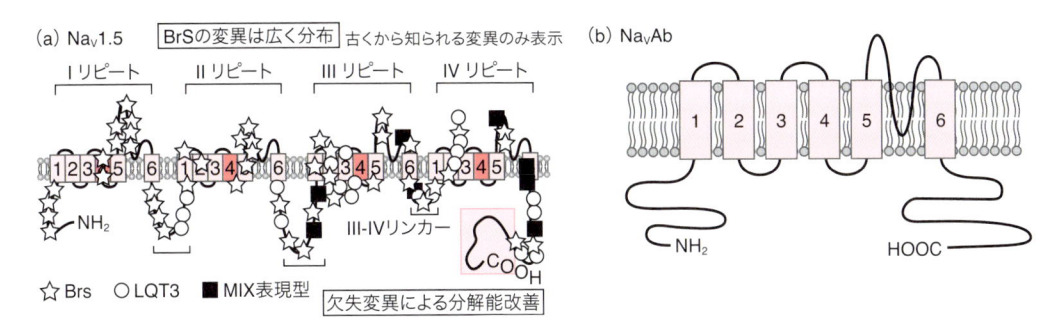

図 9.7　Na_V1.5（a）と Na_VAb（b）
脊椎動物の Na_V（a）は，Na_VAb（b）に相当するリピートを 4 回繰り返した遺伝子を有する.

れまでの考えを覆した[*8]．なお Na^+ は K^+ と比べるとサイズが小さいため，この直径のリングやポケット中では安定化せず，イオン透過路における Na^+ の動きの平衡が通過方向には傾きにくいと思われる.

　MacKinnon らのグループは，哺乳類の K_V の一つである $K_V1.2$ の X 線結晶解析にも成功している（図 9.6 b）．$K_V1.2$ サブユニットは S1 から S6 膜貫通部位を有し，ホモ 4 量体を形成する．中心に形成されるイオン透過孔を裏打ちするのは S5・S6 とそのあいだのポアドメインで，これらが 4 単位集まってできたイオン選択フィルターは KcsA ときわめて類似していた．さらに，その外側に S1-S4 より成る電位センサードメイン（Voltage Sensor Domain；VSD）ユニットが 4 単位存在しており，S4 を中心とした電位に依存した動きが，中心のイオン透過ドメインに伝わりゲートを開閉する"パドルモデル"が提唱された[13].

9.6.2　電位依存性 Na^+ チャネル

　電位依存性 Na^+ チャネル（Na_V）は，Na^+ を細胞外から細胞内へ透過することで神経・筋肉に活動電位を引き起こす主体である．膜電位を感知すると 1 ミリ秒以内にすばやく開き，刺激に対する

すばやい応答を可能にしている．活性化後すぐに一定期間は応答しない不活性化の状態に入るのが特徴で，パルス状に一方向に活動電位を伝導するのに貢献している．哺乳類の Na_V はモノマーで，アミノ酸配列が微妙に異なる四つの繰り返し構造（リピート）が 1 列につながっている（図 9.7 a）．しかし，その構造解析は結晶化が難しく遅れていた．Catterall らのグループは，脊椎動物 Na_V のリピートの一つに相同な真正細菌の Na_VAb 遺伝子（図 9.7 b）を発現させ結晶化に成功し，X 線解析により原子分解能でそのホモ 4 量体構造を解いた（図 9.8）[14]．Na_V の 4 回対称なチャネルの最狭部は，Na^+ に水が 1 分子水和したものが通れる程度のサイズで，これは KcsA 構造以前に提唱されていた水和したイオンがそのまま通るモデルを支持する結果であった[*9]．しかし，哺乳類の Na_V はモノマーから成り，異なる 4 ドメインが中心にイオンの透過口を形成するため非対称構造になっている可能性があり，Na_VAb の形状とは若干異なる可能性がある．また，Na_VAb はホモ 4 量体のため，哺乳類でチャネルの不活性化を行う III-IV リンカーが存在しない.

　Na_V に関しては，創薬を急がなければならない特殊な事情が日本を含むアジア諸国には存在

[*9]　K^+ は，この Na_VAb のフィルター構造内では不安定であり，通過する方向に平衡が傾かないため，チャネルを透過しにくいと思われる.

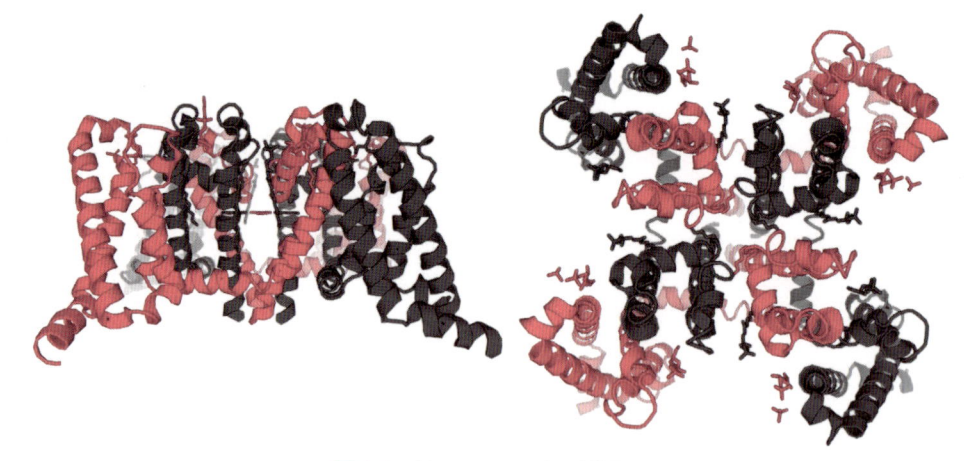

図 9.8　Na$_V$Ab のイオン透過口
側面から（左）と上から（右）の図．ホモ4量体であるため，上から見ると4回対称な構造[14]．イオンフィルターは，Na$^+$ に水が1分子水和して通れる程度のサイズである．PDB ID 3rw0 の情報をもとに作成した．

する．それはブルガタ症候群（BrS）と呼ばれるチャネル病の存在である．BrS は，不整脈疾患で，日本では「ぽっくり病」とも呼ばれる突然死病である．発作は心室細動の形で突然起こる．夜間に多く，心臓がまったく機能しなくなり失神・痙攣などを起こし，心室細動が治まらないと死に至る[*10]．30～50代のアジア人男性に多い（女性の9倍）．先天性が2～3割を占め，男女ともに同程度の遺伝要因をもつが，発症が確認されるのはごく一部で，その分子機構は不明である．

　先天性 BrS の原因では，圧倒的に多いのが心臓におもに発現する Na$_V$1.5 の遺伝子変異で[*11]，すでに世界中の医療機関で 160 もの変異が報告されている（図 9.7 a）．しかし Na$_V$ チャネルに関しては解釈に必要な構造情報がない．膨大な生理・遺伝学研究の蓄積に比べ，研究の進行はアン

バランスである．構造が判明した4量体 Na$_V$Ab はヒトの Na$_V$ とは大きく異なり，Na$_V$Ab はサイズも小さく，制御部分と思われる細胞膜外の構造も少ない．そのため脊椎動物のモノマータイプの Na$_V$ の構造を原子分解能で解明する必要がある．このような Na$_V$ 構造の分解能は，現状では電気

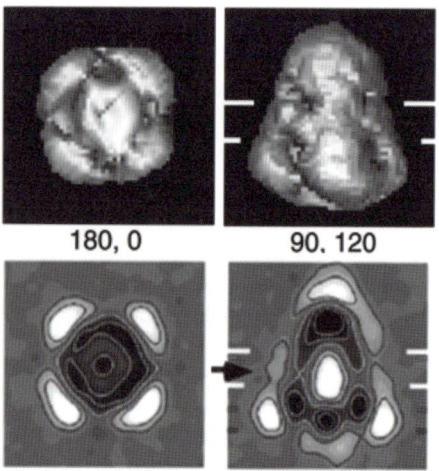

180, 0　　　　90, 120

図 9.9　電気ウナギの Na$_V$
アマゾン川の電気ウナギの発電器官の Na$_V$ は，われわれの Na$_V$ と同じくリピートを4回繰り返したタンパク質である．クライオ電子顕微鏡を用いた単粒子解析により，19 Å 分解能でその非対称構造が決定された．文献 16）より許可を得て転載．

ウナギ発電器官の Na_V を用いたクライオ電顕単粒子解析による 19 Å である（図 9.9）[16]．欧米での BrS の患者数は桁違いに少ないことが知られるため，本課題はわれわれアジア人が解決するしかないのかもしれない．本書を読まれる若い方々のなかから，本課題の解決，とくに創薬のためのポケット構造がわかる詳細構造の解明に活躍する人の登場を強く期待したい．

9.6.3 Cl⁻チャネル

ClC 型 Cl⁻ チャネルに関しては，X 線結晶解析により 2 量体より成る構造が解明された．イオンの透過通路はサブユニットごとに存在し，1 分子に合計二つのイオン透過口が存在する．α ヘリックスにより形成される双極子より成るイオン選択フィルターが報告された[17]．最近，クライオ電顕によってウシ CLC-K チャネルの構造が解明された．

9.7 電子顕微鏡を用いた単粒子解析法の発展

単粒子解析法は，おもに Frank らにより確立された．X 線構造解析の律速段階である結晶作製を必要としない構造決定法である[18]．近年急速

に発展し，これまで結晶ができず構造がわからなかったタンパク質や複合体がこの方法により次つぎと構造決定され始めている．

単粒子解析法では，水に溶けた精製タンパク質を瞬間凍結して，さまざまに向いた分子を電子顕微鏡で撮影する（図 9.10）．タンパク質粒子数万個分以上の投影像を集め，アルゴリズム計算により 3 次元構造を決定（再構成）する（図 9.11）．必要とされる粒子像は通常数万個分程度で，そのサンプル量は X 線結晶解析法よりもおよそ 4 桁以上少ない．

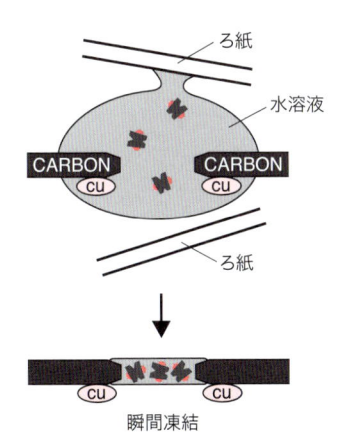

図 9.10 クライオ透過電顕撮影の試料準備
電顕カラムの真空中にもち込むサンプルは凍結し観察する．

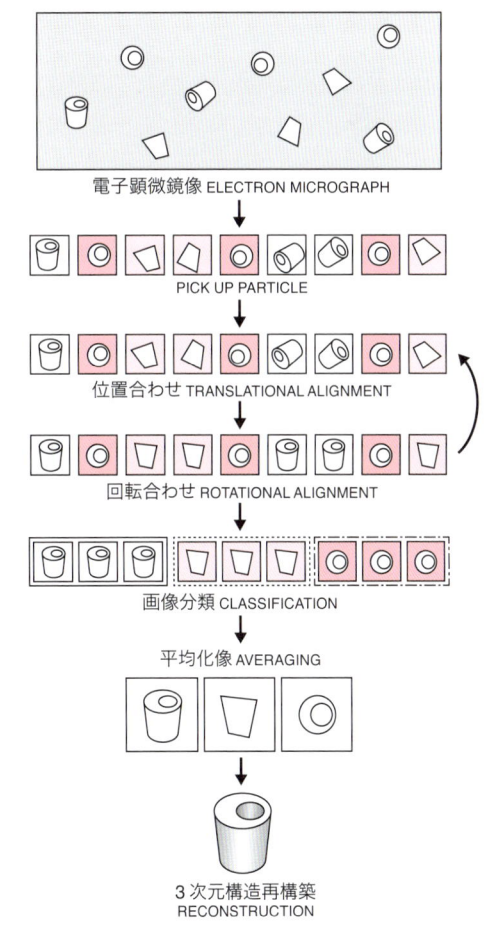

電子顕微鏡像 ELECTRON MICROGRAPH

PICK UP PARTICLE

位置合わせ TRANSLATIONAL ALIGNMENT

回転合わせ ROTATIONAL ALIGNMENT

画像分類 CLASSIFICATION

平均化像 AVERAGING

3 次元構造再構築 RECONSTRUCTION

図 9.11 単粒子解析の概要
粒子の位置合わせ後，分類・平均化し，投影方向を特定し，初期 3 次元構造を構築する．構造は，各元画像と照らし合わせながらさらに精密化する．このサイクルを繰り返し最終構造に到達する．

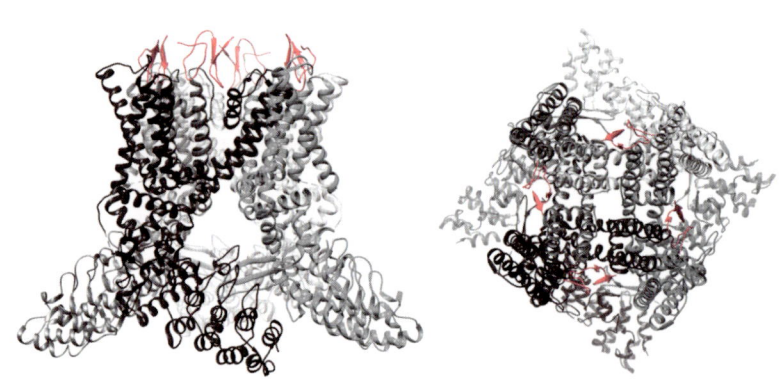

図 9.12　**2 種の毒を付けた TRPV1 の構造**
クモ毒とアゴニストを結合させた TRPV1 構造を非結合型などと比較することで，イオン透過経路中に存在する上下，二つのゲートが異なるしくみで開くモデルが提唱された[22,23]．PDB ID 3j5q の情報をもとに作成した．

近年，電子線直接検出器（Direct Detection Camera；DDC）と画像再構築アルゴリズムの発達などにより，単粒子解析法も原子分解能に達した．これまで高分解能達成への最大の障害は，コントラストがノイズに埋もれてしまう電顕の感度の問題と，秒単位に及ぶ露出中にタンパク質粒子がステージの動きなどにより微妙にブレることであった．しかし近年開発された DDC は高感度で，さらに 1 秒あたり数百コマの撮影を可能にした．ノイズに埋もれた粒子像を画像ごとに位置合わせして重ねることで，ブレの影響を最低限に抑えることができた．また 3 次元構造決定プロセスでは，画像から数万を超えるタンパク質粒子を抽出し，個々の粒子の回転と位置を合わせて分類・平均化する（図 9.11）．平均像の投影方向を決定したあと，初期 3 次元構造を構築し，さらに元画像と照らし合わせながら 3 次元構造を改善する繰り返し計算を行い，精密化してもとの立体構造を再構築する．この，画像を拾い上げて分類し，2 次元で重ね合わせてから 3 次元構造を再構成する技術は，人工知能の手法も取り入れながら大きく進化した[19-21]．このような進展により単粒子解析法の原子分解能到達が可能になった．

9.7.1　TRPV1 チャネル

Cheng らは，2013 年末に単粒子解析法によりはじめて 3.4 Å 分解能で TRPV1 を解析し，その原子モデルを構築した[22]．さらにペプチド毒と作用薬が結合した構造も決定した（図 9.12）[23]．その結果，TRPV1 の膜貫通ドメインはほかのイオンチャネルと類似した配置を取り，イオン透過路は第 5，第 6 セグメントとそれらに挟まれた P 領域で形成されることが示された．その構造では，細胞外開口部が広く，イオン選択フィルターが短い．フィルター部は，K_V や $Na_V Ab$ とは異なりポアヘリックスと水素結合していないため構造的に柔らかい．これは有機イオンも通すようにポアが拡張される TRP チャネルの柔軟な性質（pore dilation と呼ばれる）を支えている可能性がある．また，TRP チャネルファミリーに広く保存される TRP ドメインが第 4-第 5 セグメント間のリンカーと分子内で相互作用しており，チャネルの安定化と制御に働くと示唆された．また TRPV1 がリガンドの一つであるカプサイシンと結合した構造とクモ毒と vanilloid アゴニストを共結合させた構造を非結合型と比較することで，イオン透過経路中に存在する，上下二つのゲートが異なるしくみで開くモデルが提唱された．ゲートの多さは，さまざまな刺激で開閉する TRP の性質をよく説明している．

9.7.2　電位依存性 Ca^{2+} チャネル

Na_V などの興奮は，さらにシナプスで電位依存性 Ca^{2+} チャネル（Ca_V[*12]）に引き継がれる．膜

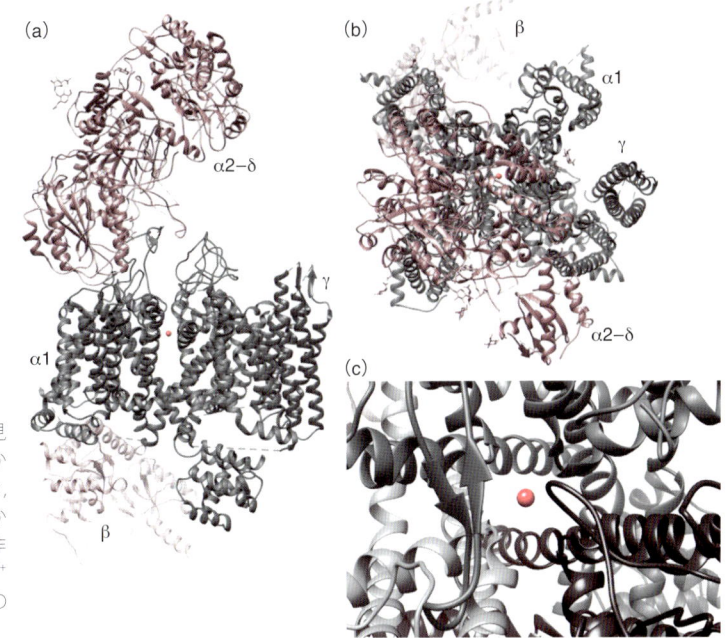

図 9.13　Ca_V 複合体の構造
細胞膜方向から見た図 (a) と細胞外から見た図 (b)．Ca²⁺ 選択フィルターのみを上から見た図 (c)．複合体は α1 (灰)，α2－δ (茶)，β (ピンク)，γ (濃灰) の 4 サブユニットから成る．中心のチャネルドメインは，非対称型フィルターを形成し，中心に Ca²⁺ と思われる密度が見えている²⁶⁾．PDB ID 3jbr の情報をもとに作成した．

電位の変化を感知した軸索終末の Ca_V は，Ca²⁺ を細胞外から導入し神経伝達物質の放出を引き起こす²⁴⁾．さらに，神経興奮から骨格筋へ終板電位のかたちで引き起こされた電位変化は，筋側でも Na_V により活動電位となって T 管を伝導する．すると T 管のゆっくりと不活性化する L 型 Ca_V（Ca_V1.1）複合体が，興奮を感知し構造変化する²⁵⁾．Ca_V1.1 はリアノジン受容体（RyR1）と機械的に結合しており，Ca_V1.1 分子の興奮による構造変化に反応して RyR1 が筋小胞体から増倍された Ca²⁺ 流入を引き起こす．これら一連の過程は，Ca²⁺ シグナリングと呼ばれ，興奮収縮連関に必須で，筋肉の収縮を引き起こす鍵となっている．

Ca_V1.1 複合体[*13] は α1，α2－δ，β，γ の 4 サブユニットから成る．α1 はイオンを通すポアを構成し，ほかの α2－δ，β，γ は細胞輸送やチャネ

ル機能調節に関係する．この α サブユニットは，K_V とは異なり，四つのドメインがつながっている．そのため，単一のリピートから成るサブユニットのおよそ 4 倍のサイズを有し，厳密には 4 回対称をとらない．さらに巨大な糖鎖を結合し，この糖鎖の分子ごとのバリエーションが多いことが，結晶作製と電顕単粒子解析を難しくしていた．

しかしこの Ca²⁺ 複合体の構造も，近年クライオ電顕を用いた単粒子解析法により 4.2 Å 分解能で解析された（図 9.13）²⁶⁾．コアとなる α1 サブユニットの I-IV リピートは，細胞外から見て時計回りに並ぶ．その中心のポアドメインは，非対称の構造になっている．それはリピートごとに S5 と S6 が少しずつ異なることと，そのあいだをつなぐ L5 と L6 ループが大きく異なるためである[*14]．細胞外からポアを見ると長方形をしてお

---

*12　厳密には Ca_V は VDCC の α₁ サブユニットを指す．
*13　Ca_V1.1 のさまざまな遺伝子変異は，低カリウム性周期性四肢麻痺（HOKPP）など，種々の遺伝病を引き起こす．さまざまな薬への感受性と相まって Ca_V1.1 は創薬ターゲットとして重要である．

*14　内部のイオン選択フィルターは，各リピートから決定的な役割を果たす計四つの Glu 残基側鎖をもちよって構成され，さらにそれぞれの Glu 残基の配列上流の 2 個のカルボニル酸素原子より成る非対称型を有する．フィルターの非対称性の主原因は，IV ドメイン S6（S6^IV）の屈曲である．S6_IV 直下には，C 末端が続いている．

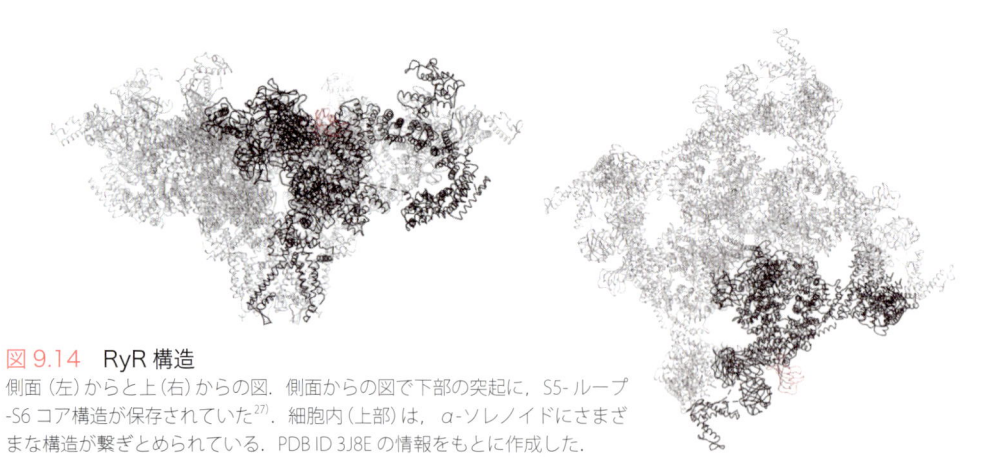

図 9.14　RyR 構造
側面（左）からと上（右）からの図．側面からの図で下部の突起に，S5-ループ-S6 コア構造が保存されていた[27]．細胞内（上部）は，α-ソレノイドにさまざまな構造が繋ぎとめられている．PDB ID 3J8E の情報をもとに作成した．

り，中心に Ca^{2+} と思われる密度が見える[26]．イオンを透過する中心構造の周囲は，各リピートの VSD が，合計 4 個取り囲んでいる．

$β$ サブユニットは，細胞内側から VSD_{II} と相互作用する．膜貫通部を挟んで反対側では，$α2$ サブユニットの VWA ドメインと Cache1 ドメインがリピート I から III の細胞外ループ群と相互作用する．$α2$ のさらに細胞外側には，同じペプチド由来の $δ$ サブユニットが S-S 結合により $α2$ につながっている．

電子線密度から，$γ$ サブユニットは膜貫通部位において $α1$ の IV リピート外側に位置していることが判明した．$γ$ サブユニットは，膜貫通部位を 4 本有し，タイトジャンクションを構成するクローディンと類似性をもつ．これら膜貫通部位は，$α1$ の VSD_{IV} と相互作用する．

一般に Ca_V を透過した Ca^{2+} は，遺伝子転写をはじめさまざまなシグナリング伝達を引き起こす．たとえば $Ca_V1.2$ は心筋において Ca^{2+} を透過し，その Ca^{2+} は RyR2 による筋小胞体からの Ca^{2+} 放出を引き起こす．$Ca_V1.2$ の心筋細胞内局在の異常は心不全や不整脈の進展を引き起こすと考えられている．また $Ca_V1.1$ は，血圧を降下させるデヒドロピリジンなどの Ca^{2+} 拮抗薬をはじめ，さまざまな薬のターゲットである[*15]．このような薬の作用機構を詳細に解明したいが，現状

の 4.2 Å という限られた分解能では実際の原子構造が見えるわけではなく，さまざまな手法を組み合わせてモデルを構築しているのが現状である．Ca_V のさらなる高分解能での構造解明と分子機構の解明が強く望まれる．

9.7.3　リアノジン受容体と IP_3 受容体

RyR1 と IP_3 受容体[*16] はどちらも，小胞体の膜に組み込まれ，分子量 1 MDa を優に超えるホモ 4 量体の巨大タンパク質である．同時に難結晶性でもある．

骨格筋の RyR1 は，分子の半分は $Ca_V1.1$ と機械的に結合しているといわれ，Ca_V が膜電位の変化を感受すると，それに伴いイオン透過孔を開く．$Ca_V1.1$ に結合していない RyR1 もほかの RyR1 が細胞質に放出した Ca^{2+} を感知して開き，小胞体からの Ca^{2+} 放出を増幅する．近年クライオ電顕を用いた単粒子解析法によって最高 3.8 Å 分解

*15　多くの薬が $α1$ サブユニットに結合するが，てんかんや抗神経因性疼痛などの治療に使われるガバペンチノイド系薬のターゲットは $α2δ-1$ サブユニットである．たとえばプレガバリンの結合にはそのアミノ酸配列中の Arg243 が関与することが示唆されている．この Arg 基は，Cache1 ドメイン中にイオン透過孔をカバーするように存在し，そこでリガンドを結合することが示唆された（図 9.13）．

*16　IP_3（イノシトール三リン酸，Inositol triphosphate）は細胞膜のリン脂質成分からホスホリパーゼ C による分解で，ジアシルグリセロールとともに放出される．IP_3 は水溶性のため，細胞質に放出され，シグナル物質として働く．

能で構造が解明された[27-29]．RyR1 の中央にはイオン選択フィルターを有する S5-ループ-S6 コア構造が保存されていた（図 9.14）．巨大な細胞質側部の主要構造は，α ヘリックスが繰り返し組み合わさった α-ソレノイド構造がつくる足場の上に構築され，透過孔近くにつなぎ止められていた．S2 と S3 をつなぐループドメインは，α-ソレノイド構造から突き出す 1 対の EF ハンド構造と相

Key Chemistry　クライオ電子顕微鏡による単粒子解析

　2017 年のノーベル化学賞の受賞者 3 名の偉業は，クライオ電顕の発明から単粒子解析までの道筋を開拓したとも位置づけられる．クライオ透過電子顕微鏡(電顕)は，生物サンプルを凍らせるだけで，無染色で高分解能観察することができる．サンプル厚は，電子線が透過できる 500 nm ぐらいまでなら観察可能で，観察対象は分子から細胞まで幅広い．クライオ電顕のなかでも，結晶を用いない精製タンパク質の 3 次元構造決定法である単粒子解析が近年注目を集めている．

　単粒子解析の分解能は，2013 年の冬に原子分解能を超えた．その最大の要因は，電子線を直接検出する高感度・低ノイズな最新の cMOS (Complementary metal-oxide-semiconductor) ダイレクトディテクターカメラを，進展著しいクライオ電顕に組み合わせて短時間ずつに区切って撮影し，粒子のズレを補正して平均化することで，ブレのない詳細なタンパク質の撮像を可能にした点にある．さらに，構造解析で用いられるアルゴリズムの進歩も大きい．さまざまな向きの粒子像を数万枚集め，3 次元的に組み合わせることで，構造を計算してゆく．最初は大まかな 3 次元構造から出発し，情報学的手法による繰り返し計算で徐々に構造を改善し分解能を向上する．最初の原子分解能による構造決定は，Cheng らのグループによって TRPV1 で行われ，*Nature* 誌に報告された．これまでの多くの構造決定では，結晶作製が最も時間のかかるステップだったため，この手法により構造決定が早まっただけでなく，これまで誰も手が届かなかった難結晶性タンパク質への敷居が一気に低くなった．さらに *Nature* 誌のこの号には続き論文として毒とリガンドが結合した TRPV1 の構造も報告されている．これは，単粒子解析法が薬結合構造の決定に適することを反映している．薬結合により微妙に構造変化し

たタンパク質を撮影し，非結合構造を初期構造として，投影像からの繰り返し計算で構造を変化させながら最適化することで薬結合構造を解析することができる．この過程における単粒子解析の魅力として，結晶のソーキング法のように薬の浸透による結晶の溶けや割れを心配する必要がない点が挙げられる．

　しかし，単粒子解析の課題は分解能である．チャンピオンデータでも誰もが認めるのは 2.2 Å と限られており，創薬に必要な 1.9 Å 以下にいかにして到達するかが今後の鍵となろう．また，現状での単粒子解析法で構造を得る要点は，難結晶性タンパク質でも，ごく少量でよいからどうやって安定な形で精製できるかである．Cheng らも，イオンチャネルをコアが硬い状態でいかに精製するかに心血を注いでいる．難しいタンパク質の精製に焦点をあてて，腰を落ち着けてタンパク質精製と向き合うことが熱い時代が再びやってきそうである．

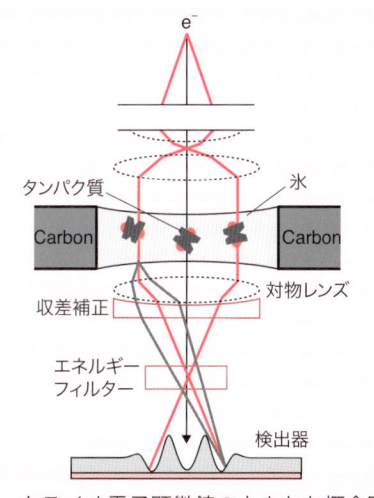

図　クライオ電子顕微鏡の大まかな概念図

クライオ電子顕微鏡は，狙いに応じてさまざまなバリエーションがあり，完全に同じ仕様にはなかなか巡り会えない．設置には，振動と磁場の環境がとくに重要である．

互作用しており，Ca^{2+} が EF ハンドに結合することによってシグナルが透過孔開閉へ伝わる機構の鍵となっていると思われる[*17]．

IP$_3$ 受容体の分解能も現在 4.7 Å と上がってきており[30]，今後さらなる分解能の向上が期待される．

9.7.4　微小管とその複合体の構造

細胞内でタンパク質や小胞を輸送する主役は，何といっても微小管・アクチンとその結合タンパク質である．これらは細胞内に豊富に存在し，細長い構造を有し，対称性（らせん対称性）が高い．これらは輸送のレールとして機能するだけでなく，サブユニットの重合と解離により敷き換えが起こる動的な構造である．またキネシン[*18] などが微小管と複合体を形成し，これもきわめて動的である．そのためこれらの解析は難しい．クライオ電顕像からのらせん再構成法や X 線結晶解析などを駆使して構造解析が行われてきた．微小管自体も柔軟にしなるため，単粒子解析においてしなりによる向きの変化を考慮したアルゴリズムにより分解能が向上し[31]，微小管を構成するチューブリンの α-サブユニットと β-サブユニットまで識別可能な分解能に達することが示された[32]．また微小管にキネシンを結合させ，同様に解析すると，構造が安定化してさらに分解能が向上した[33]．

9.7.5　単粒子解析法の現状での問題点

ここまで単粒子解析法が構造解析に貢献してきた例を紹介したが，単粒子解析法は決して魔法の方法ではない．導入には，高価なクライオ電顕と氷薄層作製装置および重い計算を可能にするコンピューター設備が必要である．電子線が透過す

る氷薄層を作製するためには，ろ紙で余分な溶液を吸い取る過程で，圧力をかける指の微妙な感覚に頼る面が大きく，高度な技術が必要である（図 9.10）．人の指の動きを模した機械である Vitrobot を使って作製しても，やはり試行錯誤が必要で大幅な作業の短縮には至っていない．またクライオ電顕に精通している必要もある．画像解析法の一連の手順は徐々に確立されつつあるがシステム化と自動化が不十分なため，導入に手間がかかり，さらに人手がかかる膨大な計算量が新規ユーザーの参入を妨げている．

タンパク質側の準備も重要である．混在している構造が多ければ構造はわからない．構造がわかっても，多くはコア部分に限られる．TRPV1 でも全体の 4 割弱の構造はいまだに明らかになっていない．これはタンパク粒子が結晶化されていないため，周囲の水のブラウン運動により構造が揺らぎやすく，とくに粒子の外縁近くでこれが顕著だからである．分解能を上げ，高分解能領域を広げるためには，これまでの生理・生化学的な蓄積の活用が重要であり，結晶解析と同様にアミノ酸配列に変異を入れてタンパク質を硬くする努力や，リガンド結合によるアプローチが重要である．

混在する構造が 2 状態などシンプルな場合は，構造が混在することを逆手に取って，両方の構造を同時に解析する方法もある．たとえば人工知能の一種の GNG（Growing Neural Gas）ニューラルネットを応用し，その強力な分類能力を使って，Mg23 チャネルの混在する 2 構造が負染色ではあるが同時に決定された[34]．

単粒子解析に適用できるタンパク質の大きさは，分子量が大きいほど適する．小さいタンパク質は粒子像が薄くなるためであるが，技術開発により，より小さなタンパク質の解析が可能になってきている．負染色は分子量が小さい場合でも比較的はっきりと見えるため利点を発揮することがあり，これまでに 99 kDa のイオンチャネルが解

---

*17　RyR1 の遺伝子疾患の原因となる変異は，機能に重要と思われる領域に集中していた．解析は原子分解能に迫っており，原子モデルが構築される日も近いと思われる．
*18　微小管に結合し，神経軸索の微小管上で輸送に働くモータータンパク質などの一群のタンパク質の総称．

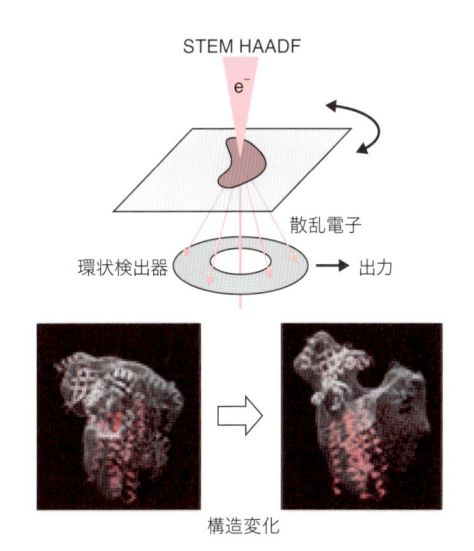

図 9.15 STEM Harddiff 電顕とトランスロコン SecDF の動き.
トモグラフィーにより分子 1 個ごとに 3 次元構造を決定し，3 次元構造ライブラリーを分類後に平均化することで動きを捉える．文献 36）より許可を得て転載．

析されている[35]．また，タンパク質翻訳時に分泌タンパク質の膜透過を助ける 140 kDa の SecDF は，負染色後に個々の粒子を，試料ステージを傾けながら STEM Harddiff（走査透過電子顕微鏡ハーディフ法）で 300 万倍で撮影して粒子 1 個ごとに 3 次元構造を決定し，その 3 次元構造ライブラリーを作製・分類して，似た構造を 3 次元で平均化することで，クレーンのような分子の動きが示唆されている（図 9.15）[36]．しかし，負染色では粒子を乾燥させる必要があり，分解能は期待できないため，クライオ電顕法でのさらなる構造の精密化が待たれる．これら方法の組み合わせにより，将来的にはある程度構造が混ざった溶液からでも，タンパク質の 3 次元の連続的な動きを動画によって表せる時代が来るかもしれない．

9.8 電顕解析の新展開

このように，タンパク質構造とその複合体の観察が進展してくると，さらに大きなタンパク複合

体や細胞内での巨大複合体の構造解明への期待が広がる．そのような模索はさまざまなかたちで始まっており，すでにいくつかの分野で実を結び始めている．電顕を用いたトモグラフィー法は試料ステージを傾けながら観察することでサンプルの 3 次元構造を決定する技術である．クライオトモグラフィー法では，凍結サンプルを用いる[37]．電子線が透過する 500 nm より薄い細胞の場合，細胞をそのまま凍らせて観察することができ，さらに厚い細胞の場合でも，凍結薄切すれば観察可能である．単離してきた骨格筋の Triad junction と筋小胞体（SR）由来の Terminal cisternae を用いて，RyR1 が SR 上でアレイ状に分布する様子を観察することに成功している（図 9.16）[38]．複合体の 3 次元構造を部分的に切り取り，3 次元平均化することでさらに分解能を向上させることが可能である．

細胞や組織が 500 nm より厚くても，凍結薄切なしで自然な水中環境で電顕で観察できる技術もある．ディッシュ上の水中の細胞をディッシュ底

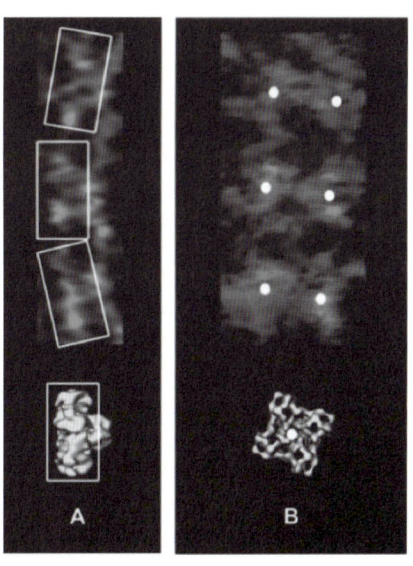

図 9.16 クライオ電子線トモグラフィーによる RyR の分布
単離してきた骨格筋の Triad junction と筋小胞体（SR）由来の Terminal cisternae 中では，RyR が SR 上でアレイ状に分布している．文献 38）より許可を得て転載．

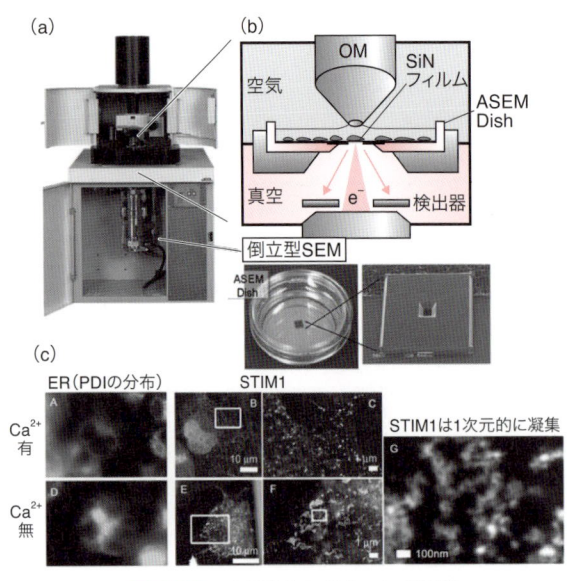

図 9.17　ASEM と Stim1 の凝集

水中を直接観察できる走査電子顕微鏡 ASEM で，小胞体内での Ca²⁺ 枯渇に伴う STIM1 分子の動きを免疫電顕で観察．STIM1 は，小胞体膜上を移動して細胞膜近くに集合し，分子が一次元的につながって凝集する．文献 39) より許可を得て転載．

の電子線透過薄膜越しに観察する大気圧電子顕微鏡（ASEM）である（図9.17）．倒立した走査電子顕微鏡（scanning electron microsope, SEM）で反射電子を用いて観察（水中直接観察）するため分解能は限られるが，水で抗原性が守られ免疫電顕法に優れている．ASEM は細胞や組織などをアルデヒド固定後に，ラジカル除去剤であるグルコース溶液中で観察する．最高分解能は SiN 膜の近くで8 nm である（図9.17 b）．この方法で STIM1 が Ca^{2+} を感知した自己凝集が可視化された[39]．小胞体の Ca^{2+} センサー膜タンパク質である STIM1 は，細胞膜 CRAC イオンチャネルのセンサーである[*19]．STIM1 は小胞体内部の Ca^{2+} 濃度をモニターしており，小胞体内部の Ca^{2+} 欠乏を感知すると，細胞膜にある4量体の Orai1 と結合することで CRAC を開け，細胞外から Ca^{2+} を通すと考えられている．Ca^{2+} を枯渇

<hr>

＊19　STIM；Stromal interaction molecule, CRAC；calcium release activated channels.

させて，STIM1 の小胞体膜上での分布を観察したのが図9.17である[39]．小胞体マーカー PDI を蛍光標識して下からの SEM と相関観察したところ（図9.17 a, b），小胞体が Ca^{2+} を貯蔵している定常状態では，STIM1 を表す金は小胞体全体に分散していた（図9.17 c の A–C）．しかしひとたび Ca^{2+} の枯渇が起こると，STIM1 分子は細胞膜近くに斑模様状に集合した（図9.17 c の D–G）．また斑模様の内部では，分子が一次元的につながって紐状に凝集する様子がはじめて撮影された（図9.17 c の G）．STIM1 分子は非対称なので，この結果から分子が前後に連結することが示唆される．この STIM1 重合体がさらに細胞膜の Orai1 と結合し，密集した活性型イオンチャネル超複合体を形成すると考えられる．

　構造レベルでの包括的な理解に向けて，構造生物学は大きな変化を遂げようとしている．β-ガラクトシダーゼやリボソームのクライオ電顕を用いた単粒子解析で達成された2 Å に迫る分解能は，結晶が作製できなくともタンパク質構造がきわめて高分解能で決定できることを物語っている．これら論文中でも述べられているように，解析の分解能を規定するのは，電顕装置や解析ソフトもさることながら，タンパク質構造の多状態をいかに平衡を傾けることで特定の状態に絞り込み，さらに安定化させるかである．単粒子解析の導入は，とくにソフト面で多少の壁が残る．しかし，サンプルの多状態を収束させる方法を最もよく知るのは長年そのサンプルを扱ってきた研究者であり，参入の旬が近づいていると思われる．

（佐藤主税）

文　献

1) K. Palczewski et al., *Science*, **289**, 739 (2000).
2) S. G. F. Rasmussen et al., *Nature*, **450**, 383 (2007).
3) V. Cherezov et al., *Science*, **318**, 1258 (2007).
4) S. G. F. Rasmussen et al., *Nature*, **469**, 175

(2011).

5) S. G. F. Rasmussen et al., *Nature*, **477**, 549 (2011).

6) G. H. Westfield et al., *Proc. Natl. Acad. Sci. USA*, **108**, 16086 (2011).

7) T. Hino et al., *Nature*, **482**, 237 (2012).

8) A. R. Adamantidis et al., *Nature*, **450**, 420 (2007).

9) H. E. Kato et al., *Nature*, **482**, 369 (2012).

10) D. A. Doyle et al., *Science*, **280**, 69 (1998).

11) J. H. Morais-Cabral et al., *Nature*, **414**, 37 (2001).

12) Y. F. Zhou et al., *Nature*, **414**, 43 (2001).

13) S. B. Long et al., *Science*, **309**, 897 (2005).

14) J. Payandeh et al., *Nature*, **475**, 353 (2011).

15) R. Brugada et al., "Brugada Syndrome," (2005). Available from http://www.ncbi.nlm.nih.gov/books/NBK1517/

16) C. Sato et al., *Nature*, **409**, 1047 (2001).

17) R. Dutzler et al., *Nature*, **415**, 287 (2002).

18) J. Frank "Three-Dimensional Electron Microscopy of Macromolecular Assemblies: Visualization of Biological Molecules in Their Native State." Oxford University Press, New York (2006).

19) C. O. S. Sorzano et al., *J. Struct. Biol.*, **148**, 194

(2004).

20) S. H. W. Scheres, *J. Struct. Biol.*, **180**, 519 (2012).

21) T. Ogura et al., *J. Struct. Biol.*, **156**, 371 (2006).

22) M. F. Liao et al., *Nature*, **504**, 107 (2013).

23) E. H. Cao et al., *Nature*, **504**, 113 (2013).

24) Y. Mori et al., *Nature*, **350**, 398 (1991).

25) T. Tanabe et al., *Nature*, **328**, 313 (1987).

26) W. Ju et al., *Science*, **350**, aad2395 (2015).

27) R. Zalk et al., *Nature*, **517**, 44 (2015).

28) R. G. Efremov et al., *Nature*, **517**, 39 (2015).

29) Z. Yan et al., *Nature*, **517**, 50 (2015).

30) G. Fan et al., *Nature*, **527**, 336 (2015).

31) T. Ogura et al., *J. Struct. Biol.*, **188**, 165 (2014).

32) H. Yajima et al., *J. Cell Biol.*, **198**, 315 (2012).

33) M. Morikawa et al., *EMBO J.*, **34**, 1270 (2015).

34) E. Venturi et al., *Biochemistry*, **50**, 2623 (2011).

35) M. Yazawa et al., *Nature*, **448**, 78 (2007).

36) K. Mio et al., *J. Struct. Funct. Genomics.*, **15**, 107 (2013).

37) W. Baumeister, *Curr. Opin. Struct. Biol.*, **12**, 679 (2002).

38) T. Wagenknecht et al., *Biophys. J.*, **83**, 2491 (2002).

39) Y. Maruyama et al., *J. Struct. Biol.*, **180**, 259 (2012).

マリファナ類似伝達物質 内因性カンナビノイドの役割と意義

Summary

　脳内にはカンナビノイド受容体を活性化させる天然のリガンドである内因性カンナビノイドが存在する．内因性カンナビノイドはカンナビノイド受容体の活性化を介して，シナプス伝達を調節する．過去15年ほどの研究から，内因性カンナビノイドが逆行性の伝達物質として働きシナプス伝達を短期あるいは長期に抑制することが明らかになってきた．一方，大麻草（*Cannabis sativa*）由来の麻薬であるマリファナの摂取は幻覚，高揚感，鎮痛，食欲増進，不安軽減，運動障害，記憶障害などのさまざまな中枢作用を引き起こす．これらの作用はマリファナに含まれる有効成分 Δ^9- テトラヒドロカンナビノールが脳に存在するカンナビノイド受容体に作用することで引き起こされる．

　この章では内因性カンナビノイドとカンナビノイド受容体の中枢神経系における働きを紹介するとともに，脳内でどのように作用して，個体の行動を制御しているのかについて解説する．

10.1　カンナビノイド受容体

　最初のカンナビノイド受容体Ⅰ型（CB_1）の遺伝子は1990年にクローニングされた．その後，カンナビノイド受容体Ⅱ型（CB_2）も1993年にクローニングされ，現在この2種類がカンナビノイド受容体として同定されている[1]．CB_1，CB_2受容体は7回膜貫通型のGタンパク質共役型受容体（GPCR）で $G_{i/o}$ タンパク質と共役する．CB_1受容体とCB_2受容体の発現分布は分かれており，CB_1受容体は中枢神経系に，CB_2受容体は免疫系の細胞に発現している[*1]．ただし最近，CB_2受容体も一部の中枢神経系に発現していることが報告されている[2]．

　CB_1受容体は脳内の非常に広い領域で発現しており，とくに大脳皮質，海馬，扁桃体，大脳基底核，視床，小脳などに多い[1]．神経細胞に多く

発現しているが，グリア細胞にも発現が認められている[3]．神経細胞では興奮性と抑制性の両方で発現する．抑制性神経細胞では神経ペプチドの一種であるコレシストキニンを発現するタイプの抑制性神経細胞に強く発現し，Ca^{2+}結合タンパク質の一種であるパルブアルブミンを発現するタイプの抑制性神経細胞には発現しないという選択的な発現パターンを示す．細胞内局在では，CB_1受容体は神経終末および軸索に豊富で，細胞体や樹状突起での発現はきわめて低い．神経終末でのCB_1受容体の活性化は $G_{i/o}$ タンパク質を介して電位依存性 Ca^{2+} チャネル（VDCCs）を抑制し神経伝達物質の放出を減少させる．

10.2　内因性カンナビノイド

　CB_1，CB_2受容体の内因性のリガンドを総称して内因性カンナビノイドと呼ぶ．はじめて同定されたのがアナンダミド（*N*-アラキドノイル

---

*1　したがってマリファナによる中枢作用はもっぱらこのCB_1受容体を介して発揮されると考えられる．

エタノールアミド）で，次に 2-アラキドノイルグ
リセロール（2-AG）が同定された（図 10.1）[1]．ど
ちらもアラキドン酸に由来する脂肪酸で，膜の
リン脂質から二つの酵素反応を経てつくられる
（Key chemistry 図参照）．アナンダミドは *N*-
アシルトランスフェラーゼとホスホリパーゼ D，
2-AG はホスホリパーゼ C（PLC）とジアシルグ
リセロールリパーゼ（DGL）によって生成される．
2-AG の合成酵素である DGL には α と β の 2 種
類がある．最近作製された DGLα および DGLβ
遺伝子のノックアウトマウスの解析によると，
DGLα ノックアウトマウスの脳では 2-AG 量が
大幅に減っていたが，DGLβ ノックアウトマウ

Δ⁹-テトラヒドロカンナビノール

アナンダミド　　　　2-アラキドノイルグリセロール（2-AG）

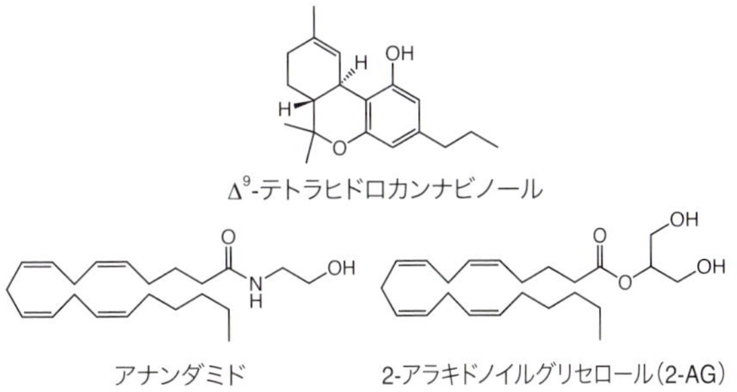

図 10.1　代表的なカンナビノイドの化学構造

スの脳では変化がなかった[4]．したがって，脳に
おいて 2-AG 合成を担っているのは DGLα であ
ると考えられている．

アナンダミドと 2-AG はどちらも加水分解酵

Key Chemistry　　**アナンダミドと 2-AG の生合成経路**

現在のところ生理的に主要な内因性カンナビノイ
ドはアナンダミドと 2-AG であると考えられてい
る．アナンダミドは 1992 年にブタの脳から抽出・
同定された．アナンダミド（anandamide）という
名はサンスクリット語で「至福」を意味する ananda
に由来する．アナンダミドはカンナビノイド受容体
以外にもバニロイド受容体のアゴニストとしても働
くため，エンドバニロイ
ドとしても知られる．一
方 2-AG は 1995 年にイヌ
の腸およびラットの脳か
ら抽出・同定された．

脳内の含有量は 2-AG
がアナンダミドに対して
およそ数十から数百倍多
い．どちらも複数の生合
成経路を有するようであ
るが主要な経路は図のと
おりである．2-AG を合成
する二つの酵素，ホスホ
リパーゼ C とジアシルグ
リセロールリパーゼに関
しては特異的な阻害剤や
遺伝子欠損マウスが存在

し，生合成経路に関して詳しく調べられている．一
方，アナンダミドについては合成酵素の特異的な阻
害剤がなく，遺伝子もはっきりしないため不明な点
が多い．なお，内因性カンナビノイドとしてはこの
ほかにもノラジンエーテル，N-アラキドノイルドー
パミンなど数種類が候補として報告されているが，
生理的に機能しているかどうかは明らかでない．

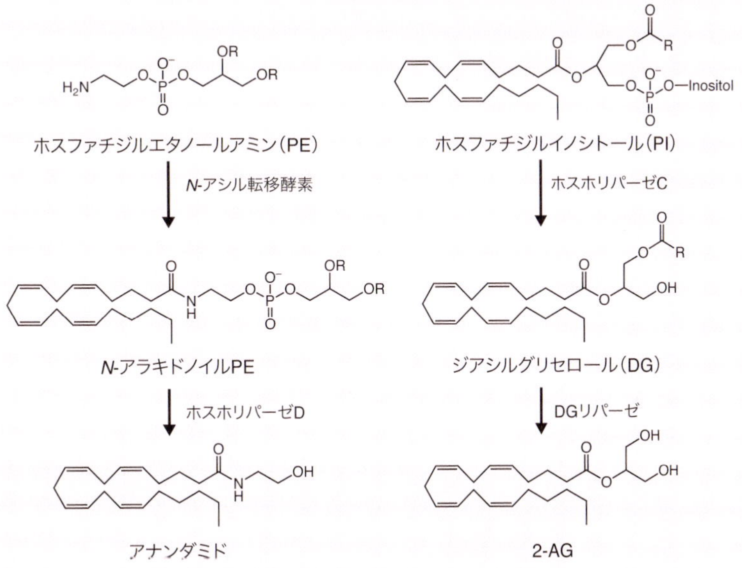

ホスファチジルエタノールアミン（PE）　　　ホスファチジルイノシトール（PI）

N-アシル転移酵素　　　　　　　　　　　ホスホリパーゼC

N-アラキドノイルPE　　　　　　　　　　ジアシルグリセロール（DG）

ホスホリパーゼD　　　　　　　　　　　　DGリパーゼ

アナンダミド　　　　　　　　　　　　　　2-AG

図　アナンダミドと 2-AG の生合成経路

素によって分解される．これが主要な内因性カン
ナビノイドの分解経路であるが，ほかにもシク
ロオキシゲナーゼ-2 による酸化を受け代謝され
る．また 2-AG を選択的に分解する酵素として
ABHD6 と ABHD12[*2] も知られている．

10.3　内因性カンナビノイドによる逆行性伝達

　内因性カンナビノイドの同定以降，その生理的
役割についての研究がなされ，その結果 2001 年
にシナプス伝達において逆行性伝達物質として働
くことが明らかになった[7-9]．一般的にシナプス
では，シナプス前細胞の軸索末端から神経伝達物
質が放出され，それがシナプス後細胞の受容体に
結合し信号が伝えられる．しかしこれとは逆にシ
ナプス後細胞からシナプス前細胞へ信号が伝わ
ることがあり，これを逆行性シナプス伝達と呼
び，それを担うのが逆行性伝達物質である[10]．逆
行性伝達物質である内因性カンナビノイドはシナ
プス後細胞で神経活動に依存して産生され，細胞
外へと放出される．そしてシナプス前部に局在す
る CB_1 受容体を活性化し，前述のとおり G_{i/o} タ
ンパク質を介して神経伝達物質の放出を抑制する．
シナプスにおいて内因性カンナビノイドがつくら
れるにはおもに以下の三つの様式が存在する[1,10]．

(1) Ca²⁺ 濃度上昇

　シナプス後細胞での細胞内 Ca^{2+} 濃度上昇が
μM のレベルに達すると内因性カンナビノイド
が産生される（図 10.2）．シナプス後細胞が脱分
極したときに開く VDCC を通る Ca^{2+} が主要な

*2　最近の研究でPHARC〔P；ニューロパチー
(Polyneuropathy)，H；難聴(hearing loss)，A；運動失調(ataxia)，
R；色素性網膜炎(retinitis pigmentosa)，C；白内障(cataract)〕
の原因遺伝子がABHD12であることが明らかになった[5]．さ
らにABHD12は2-AG以外にもリゾホスファチジルセリン
の加水分解酵素として働くことが明らかになり，PHARCが
2-AGではなくリゾホスファチジルセリンの代謝異常が原因
であることが判明した[6]．

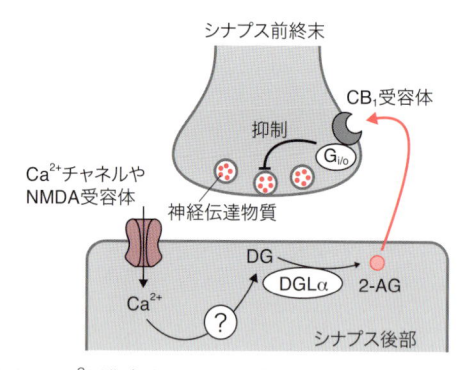

図 10.2　Ca²⁺ 濃度上昇による内因性カンナビノイド産生
VDCC や NMDA 受容体を通って流入した Ca^{2+} が μM レベルの濃度に達すると，ジアシルグリセロールリパーゼ α（DGLα）を介してジアシルグリセロール（DG）から 2-AG が産生される．これが逆行性にシナプス前部に存在する CB_1 受容体を活性化し神経伝達物質の放出を抑制する．細胞内に流入した Ca^{2+} からどのようにして DG がつくられるのかはまだ明らかになっていない．

Ca^{2+} 流入源であるが，ほかにも NMDA 受容体
を透過する Ca^{2+} も内因性カンナビノイド産生に
寄与する．DGLα ノックアウトマウスでは Ca^{2+}
濃度上昇による内因性カンナビノイド産生が消
失することから，内因性カンナビノイドのうち
2-AG が逆行性伝達物質であると考えられる．現
在のところ Ca^{2+} 流入からどのようにして 2-AG
の前駆体であるジアシルグリセロール（DG）がつ
くられるのかは明らかになっていない．

(2) G_{q/11} タンパク質共役型受容体の活性化

　グループⅠ代謝型グルタミン酸受容体や M_1/
M_3 ムスカリン受容体といった $G_{q/11}$ タンパク質
共役型受容体の活性化によって内因性カンナビノ
イドが産生される（図 10.3）[11]．この場合も，内
因性カンナビノイドの一つである 2-AG が受容体
–PLCβ–DGLα の経路を介して産生される．現
在までに，オキシトシン受容体，セロトニン受容
体，オレキシン受容体，プロテアーゼ活性化受容
体Ⅰ型といったさまざまな $G_{q/11}$ タンパク質共役
型受容体の活性化によって内因性カンナビノイド
が産生されることが明らかになっている[12]．

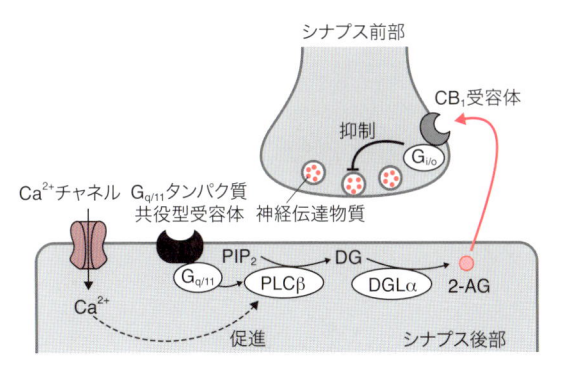

図 10.3 $G_{q/11}$ 共役型受容体活性化による内因性カンナビノイド産生および細胞内 Ca^{2+} 濃度上昇との相乗効果

$G_{q/11}$ タンパク質共役型受容体の活性化により $G_{q/11}$-ホスホリパーゼ $C\beta$（PLCβ）−DGLα の経路を介して 2-AG が産生される。この経路は，単独では 2-AG 産生を引き起こすことができない程度の低濃度の Ca^{2+} 流入によって明確に促進される。これは PLCβ の活性が Ca^{2+} によって高められるためである。PIP$_2$；ホスファチジルイノシトール 4,5 二リン酸。

(3) Ca^{2+} 濃度上昇と $G_{q/11}$ タンパク質共役型受容体活性化の相乗効果

Ca^{2+} 濃度上昇と $G_{q/11}$ タンパク質共役型受容体の活性化が同時に起こると，それぞれ単独では内因性カンナビノイドを産生しないような弱い刺激であってもカンナビノイド産生が引き起こされる。これは Ca^{2+} によって 2-AG の産生経路のうち PLCβ の活性化が増強され（図 10.4），2-AG 産生が促進されるためである[13,14]。

　このようにしてつくられた内因性カンナビノイドは細胞膜を通過し，シナプス前部の CB_1 受容体を活性化する。どのようにして内因性カンナビノイドが細胞膜を通過するのかはわかっていないが，内因性カンナビノイドは脂質分子であるため受動的に細胞膜を透過できると考えられている。

　細胞外へと放出された内因性カンナビノイドは分解酵素によって分解・除去される。2-AG を特異的に分解するモノアシルグリセロールリパーゼ（MGL）が CB_1 受容体と同様にシナプス前部に局在しており，この働きによって逆行性シグナルの終結が制御される。そしてこの産生と分解のバラ

ンスによって逆行性シナプス伝達抑制の持続時間が決まると考えられる。

　2-AG による逆行性シナプス伝達抑圧はこれまでに海馬，小脳，大脳基底核，大脳皮質，扁桃体，視床下部，脳幹などさまざまな脳部位で報告されており，きわめて普遍的な現象であるといえる。それに対してアナンダミドは一部のシナプスで働く逆行性伝達物質である[15]。

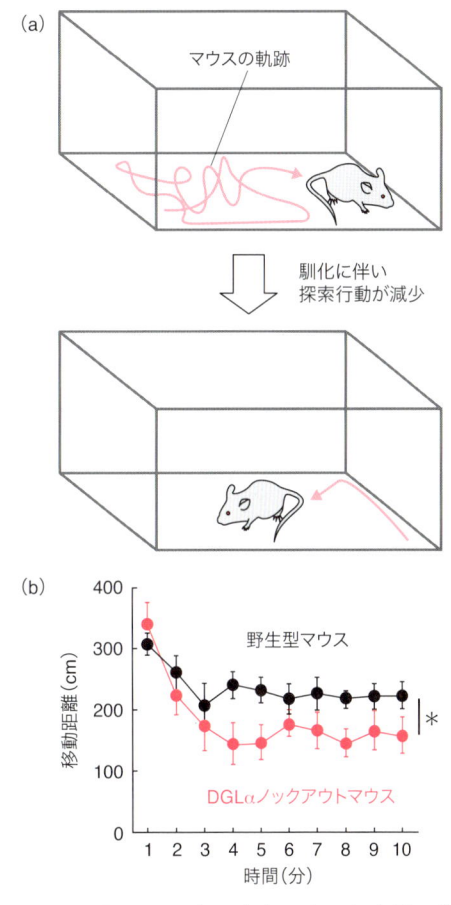

図 10.4 DGLα ノックアウトマウスにおける馴化促進

（a）新規環境に暴露されると，マウスは環境内を動き回り探索行動を行うが（上），環境への暴露を続けていると探索行動量が減少する（下）。（b）DGLα ノックアウトマウスおよび野生型マウスを新規環境に 10 分間暴露した際の行動量の変化。最初の 3 分はどちらも同等の行動量を示すが，3 分を経過すると DGLα ノックアウトマウスは野生型マウスに比べて探索行動が有意に減少する。エラーバーは平均値±標準誤差，＊は 2 元配置分散分析で $p < 0.05$ を表す。

表 10.1　脳機能における内因性カンナビノイドの役割

脳機能	情動	記憶・学習	摂食	知覚
脳部位	扁桃体 腹側被蓋野	扁桃体 海馬	視床下部 室傍核 嗅球	体性感覚野 末梢神経系
CB_1 受容体シグナル の低下による表現型	不安増加 快感の抑制？	馴化の促進（興奮性細胞特異的 CB_1 ノックアウトマウス） 馴化の遅延（抑制性細胞特異的 CB_1 ノックアウトマウス） 恐怖条件付け記憶の形成および 消去の障害	食行動の低下	Δ^9-THC による鎮痛作用 の減弱（興奮性細胞特異的 CB_1 ノックアウトマウス）
関連分子	2-AG アナンダミド ドーパミン	2-AG アナンダミド	2-AG アナンダミド β エンドルフィン	2-AG アナンダミド

10.4　CB_1 受容体依存性長期可塑性

　内因性カンナビノイドによる逆行性シナプス伝達は短期あるいは長期にわたりシナプス伝達を抑制する．とくに脱分極に伴う Ca^{2+} 濃度上昇によって誘導される短期間のシナプス伝達抑圧 は depolarization-induced suppression of inhibition/excitation（DSI/DSE, 脱分極した神経細胞に対する抑制性入力が抑えられる場合が DSI, 興奮性入力が抑えられる場合が DSE）と呼ばれる[1]．DSI/DSE ではおよそ 1, 2 分間にわたってシナプス伝達が抑制される短期のシナプス可塑性である．

　それに対し，シナプス伝達効率が数時間以上低下する長期のシナプス可塑性は長期抑圧（LTD）と呼ぶ．内因性カンナビノイドはこの LTD の誘導にも寄与している[16]．内因性カンナビノイドが仲介する LTD 誘導には LTD 誘発刺激中[*3]に内因性カンナビノイドが産生されてシナプス前部の CB_1 受容体が活性化されることが必要である．海馬では CB_1 受容体が 5 〜 10 分間活性化され

ることが LTD 誘導に必須で，また LTD の維持に CB_1 受容体活性は不要である．ただ CB_1 受容体の活性化がどのようにして長期間の神経伝達物質放出の抑圧を誘導するのかについてはまだよくわかっていない．

10.5　さまざまな脳機能における
　　　内因性カンナビノイドの役割

　内因性カンナビノイドによる短期，長期のシナプス可塑性が脳機能にどのように影響するかについて解説する（表 10.1）．

10.5.1　情　動

　DGLα ノックアウトマウスや CB_1 受容体のノックアウトマウスでは不安行動が増強することが報告されている[18-20]．したがって CB_1 受容体を介した 2-AG シグナリングは生理的な状態において抗不安作用をもつと考えられる．大脳，海馬，扁桃体の興奮性細胞だけに CB_1 受容体が発現しているマウスでは CB_1 受容体のノックアウトマウスと野生型マウスの中間程度の不安行動を示すことから[20]，興奮性細胞だけでなく抑制性細胞の双方の CB_1 受容体を介したシグナルが抗不安作用に重要であると考えられている．

　また，野生型マウスにおいてアナンダミドの

[*3]　これまでに海馬，小脳，線条体，扁桃体，大脳皮質をはじめとする脳のさまざまな部位で内因性カンナビノイドが仲介する LTD が報告されている[16]．LTD 誘発刺激条件は脳部位によって異なっており CB_1 受容体の活性化とシナプス前部の活動の同期が必須であったり，アストロサイトの CB_1 受容体が寄与したりとさまざまである[17]．

分解酵素の一つである脂肪酸アミドヒドラーゼ（FAAH）を薬理学的に阻害するとストレス状況下での不安行動が低下する[21]．このことからアナンダミドも抗不安作用をもつと考えられている．ヒトにおいても FAAH をコードする遺伝子の一塩基変異をもつ A アリル保持者はアナンダミドの分解能が低下し，恐怖刺激に対する扁桃体の活性化が低下することが報告されている[22]．

10.5.2 記憶学習

(a) 馴 化

CB$_1$ ノックアウトマウスや DGLα ノックアウトマウスでは，オープンフィールド課題（図10.4）において非連合学習の一種である馴化が促進されることが報告されている[23-25]．馴化の促進は興奮性細胞特異的に CB$_1$ 受容体をノックアウトしたマウスでも認められることから[24,26]，興奮性細胞軸索末端に存在する CB$_1$ 受容体を介した長期可塑性の制御が重要な役割を果たしていると考えられる[25]．逆に抑制性細胞特異的 CB$_1$ 受容体のノックアウトマウスでは探索行動の増加が報告されている[26]．

(b) 恐怖条件付け

匂い依存性恐怖条件付け課題において，条件付けの際に扁桃体の CB$_1$ 受容体活性を薬理学的に阻害すると条件付けが障害される[27]．したがって，条件付け記憶の形成時に内因性カンナビノイドによる扁桃体 CB$_1$ 受容体の活性化が必要であると考えられる．

また CB$_1$ ノックアウトマウスに音依存性恐怖条件付け課題を行うと，野生型マウスに比べて長期間にわたってすくみ反応を示す．また恐怖条件付け 20 分前に野生型マウスに CB$_1$ 受容体の阻害薬を投与した場合，すくみ反応の持続期間は対照群と有意な差は認められないが，消去課題の 10 分前に阻害薬を投与すると消去が障害される[28]．

このことは CB$_1$ 受容体を介した内因性カンナビノイドシグナルが恐怖条件付け記憶の消去を促進していることを示している．

電気生理学的にも，CB$_1$ ノックアウトマウスの扁桃体の急性スライスにおいて長期増強が促進され，逆に低頻度刺激による抑制性シナプス伝達の低下は認められなくなることから[28]，内因性カンナビノイドは扁桃体の CB$_1$ 受容体を介してシナプス可塑性を調節し，記憶の消去を促進している可能性がある．

条件付け記憶の消去にかかわる内因性カンナビノイドの種類も検討されている．DGLα ノックアウトマウスで音依存性恐怖条件付けによる記憶の消去が障害されることから，2-AG は CB$_1$ 受容体を介して不要な記憶の消去と有用な情報の再学習を促進していると考えられている[19]．またマウスの文脈依存性恐怖条件付け課題において，FAAH の阻害薬を扁桃体に投与すると恐怖記憶の消去が促進されることから，アナンダミドも記憶の消去に重要であると考えられている[29]．

ヒトにおいても記憶消去における CB$_1$ 受容体の役割が報告されており，CB$_1$ 受容体の遺伝子である *CNR1* 遺伝子のプロモーター領域の遺伝子変異は恐怖記憶の消去のしやすさと有意に相関していることがわかっている[30]．

10.5.3 摂食行動に対する影響

一般的にカンナビノイド受容体シグナルの活性化は摂食行動の増加を引き起こし，逆に阻害は摂食行動の低下を引き起こすことが知られている．

嗅球のレベルでは，CB$_1$ 受容体の活性化は梨状皮質から嗅球の顆粒細胞へ投射するグルタミン酸神経からのグルタミン酸（Glu）の放出を抑制する[31]．顆粒細胞は抑制性細胞で，嗅球にある僧帽細胞の活動を抑制するので，顆粒細胞で内因性カンナビノイドが産生されると顆粒細胞への興奮性の入力が減少し，活動が低下する．その結果，脱

抑制によって僧帽細胞の活動が高まり，摂食行動が増加する[31]．

　視床下部弓状核のアグーチ関連ペプチド（AgRP）神経とプロオピオメラノコルチン（POMC）神経の活性化も，それぞれ食行動の増加，食行動の停止を引き起こすことが知られている．しかし，POMC 神経の CB_1 受容体が活性化すると，POMC 神経の活動が増加するにもかかわらず食行動は増加する[32]．POMC 神経は視床下部弓状核から室傍核に投射し，通常 α メラノサイト刺激ホルモンと β エンドルフィンを放出するが，CB_1 受容体の活性化が室傍核において β エンドルフィンのみを増加させ，行動の増加を引き起こすと考えられている[32]．

10.5.4　知覚に対する影響

　大麻に鎮痛作用があることは古くから知られている．その有効成分である Δ^9- テトラヒドロカンナビノール（Δ^9-THC）の鎮痛作用は CB_1 受容体のノックアウトマウスでは認められないことから[33]，大麻の鎮痛作用はおもに中枢神経系と末梢神経系の CB_1 受容体を介していると考えられている[34]．また GABA 性細胞特異的に CB_1 受容体をノックアウトしても Δ^9-THC の鎮痛作用は認められるが，Ca^{2+}-カルモデュリン依存性キナーゼ（$CaMKII\alpha$）陽性細胞特異的に CB_1 受容体をノックアウトした場合には鎮痛作用が認められなくなる[35]．このことから中枢神経または末梢神経に存在する興奮性細胞軸索末端の CB_1 受容体を介して Δ^9-THC は鎮痛作用を発現していると考えられている．

10.6　疾患との関連

10.6.1　てんかん

　内因性カンナビノイドは活動依存的にシナプス伝達を抑制することから，てんかん発作のような

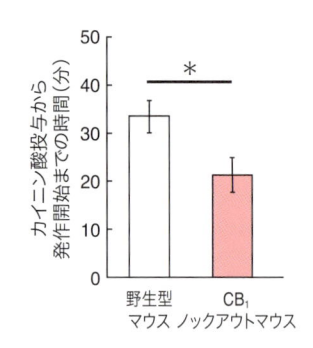

図 10.5　CB_1 ノックアウトマウスにおけるカイニン酸発作閾値の低下
マウスにカイニン酸を投与して強直間代発作が観察されるまでの時間を計測すると，野生型マウスに対して CB_1 ノックアウトマウスでは発作が観察されるまでの時間が有意に短かった．エラーバーは平均値±標準誤差，＊は t テストで $p < 0.05$ を表す．

異常興奮が起きる病態では発作抑制に大きな役割を果たしている．CB_1 ノックアウトマウスにてんかん発作誘発物質であるカイニン酸を投与すると野生型マウスと比較して重篤な発作症状が見られる（図 10.5）[36]．興奮性細胞特異的に CB_1 受容体をノックアウトしたマウスでも同程度に重篤な発作が認められるが，抑制性細胞特異的に CB_1 受容体をノックアウトしたマウスでは発作の重篤化は認められない[37]．これらのことから興奮性細胞の軸索末端に存在する CB_1 受容体が発作の抑制に対して重要な役割を果たしていると考えられる．とくに海馬歯状回内分子層は興奮性細胞の軸索末端に CB_1 受容体が高密度で発現しており（図 10.6），カイニン酸誘発発作の抑制に重要な役割を果たしていると考えられている．

　実際にてんかん患者において $DGL\alpha$ や CB_1 受容体の変化が報告されている．海馬硬化を伴うてんかん患者の海馬摘出標本では対照群と比較して FAAH の mRNA 発現量に差がないのに対して，$DGL\alpha$ の mRNA 発現量が減少していることが報告されており[38]，2-AG の産生低下によるカンナビノイドシグナリングの低下が起きている可能性がある．また，海馬の CB_1 受容体の mRNA 量

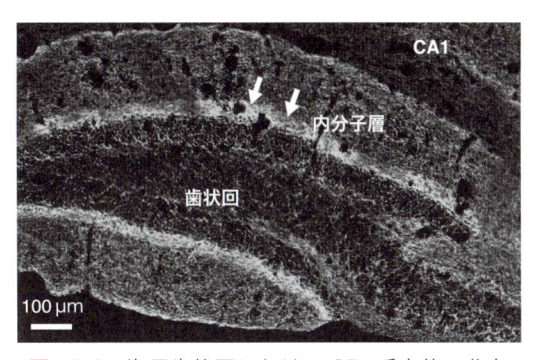

図 10.6　海馬歯状回における CB$_1$ 受容体の分布
海馬歯状回の CB$_1$ 受容体を抗 CB$_1$ 受容体抗体を用いて染色した. 内分子層（矢印）に CB$_1$ 受容体が強く発現している.

も低下し[38]，免疫染色による解析によるととくに海馬歯状回内分子層における低下が著しい[33]. したがって内側側頭葉てんかんの進行例では海馬の一部の領域で 2-AG の産生が低下し，また CB$_1$ 受容体も減少することで内因性カンナビノイドシグナルが著しく減少して発作が出やすい状態になっていると考えられる. 一方，未治療の側頭葉てんかん患者の脳脊髄液中においては，2-AG は対照群と同程度あるが，アナンダミドが対照群と比較して減少していることが報告されている[39].

10.6.2　統合失調症

Δ^9-THC は青年期における大麻の慢性使用で統合失調症発症のリスクを上げ，また急性静脈投与で精神病様の症状を引き起こす[40]. これらの報告から，内因性カンナビノイドシグナルの変化が統合失調症の発症に関連している可能性が考えられている. 実際に，統合失調症患者の死後の脳を用いた研究では背外側前頭前野における CB$_1$ 受容体の mRNA 量の減少[41] や，海馬，前頭葉での 2-AG 濃度の上昇が報告されている[42]. 2-AG 濃度の上昇に関しては抗精神病薬未服薬の患者においても認められている[42]. カンナビノイド受容体の逆アゴニスト（アゴニストとは反対の作用を及ぼし，受容体活性を低下させる物質）と考えられているカンナビジオールが統合失調症患者におい

て抗精神病薬としての作用をもつことも報告されている[43].

10.6.3　依存症

大麻が依存症を引き起こすことは広く知られている. そのためマウスにおいて CB$_1$ 受容体と薬物依存の関係が研究されている. 野生型マウスに CB$_1$ 受容体アゴニストである WIN55,212-2 を経静脈的に自己投与できるようにすると，30 分のセッション中に自己投与行動が増加するが，CB$_1$ 受容体のノックアウトマウスでは自己投与行動の増加は認められない[44]. したがって CB$_1$ 受容体を介したシグナリングが大麻への依存を形成すると考えられる. 依存の形成には脳内報酬系を司るドーパミン神経が関与しており，カンナビノイドのドーパミン神経に対する影響が検討されている. それによるとほかの脳領域や腹側被蓋野内から腹側被蓋野ドーパミン細胞に投射する抑制性細胞が CB$_1$ 受容体を発現しており，CB$_1$ 受容体の活性化により側坐核に投射するドーパミン神経への抑制性入力が減少すると，ドーパミン神経は脱抑制により活動が増加し，側坐核におけるドーパミン濃度を高める[45,46]. 興味深いことに CB$_1$ 受容体ノックアウトマウスではモルヒネの自己投与行動の増加も認められない[44]. したがってモルヒネによる依存性の形成に CB$_1$ 受容体を介したシグナルが関係していると考えられる.

10.7　おわりに

ここまで述べてきたように内因性カンナビノイドは逆行性シナプス伝達抑圧を担っており，このネガティブフィードバックにより神経回路がさまざまに調節されている. ここ数年の研究で内因性カンナビノイドのうち，おもに 2-AG が逆行性伝達物質として働くことが明らかになってきた. しかし一方で，アナンダミドもシナプスによっては

逆行性伝達物質として働くことが報告されており，どのように 2-AG シグナルとアナンダミドシグナルが使い分けられるのかなど，メカニズムの解明は今後の課題である．

また CB$_1$ 受容体の活性化が記憶，摂食，脳疾患などさまざまな脳機能にかかわること，さらに近年の部位や神経細胞種特異的に CB$_1$ 受容体をノックアウトしたマウスを用いた研究で，内因性カンナビノイドシグナルの責任部位や回路が明らかになりつつある．こうした知見の積み重ねで，今後さらに内因性カンナビノイドシグナルを標的とした臨床応用などが進んで行くと期待される．

（橋本谷祐輝・菅谷佑樹・狩野方伸）

文　献

1) M. Kano et al., *Physiol. Rev.*, **89**, 309 (2009).
2) B. K. Atwood & K. Mackie, *Br. J. Pharmacol.*, **160**, 467 (2010).
3) N. Stella, *Glia*, **58**, 1017 (2010).
4) A. Tanimura et al., *Neuron*, **65**, 320 (2010).
5) T. Fiskerstrand et al., *Am. J. Hum. Genet.*, **87**, 410 (2010).
6) J. L. Blankman et al., *Proc. Natl. Acad. Sci. USA*, **110**, 1500 (2013).
7) R. I. Wilso & R. A. Nicoll, *Nature*, **410**, 588 (2001).
8) A. C. Kreitzer & W. G. Regehr, *Neuron*, **29**, 717 (2001).
9) T. Ohno-Shosaku et al., *Neuron*, **29**, 729 (2001).
10) Y. Hashimotodani et al., *Curr. Opin. Neurobiol.*, **17**, 360 (2007).
11) T. Maejima et al., *Neuron*, **31**, 463 (2001).
12) I. Katona & T. F. Freund, *Ann. Rev. Neurosci.*, **35**, 529 (2012).
13) T. Maejima et al., *J. Neurosci.*, **25**, 6826 (2005).
14) Y. Hashimotodani et al., *Neuron*, **45**, 257(2005).
15) A. Luchicchi & M. Pistis, *Mol. Neurobiol.*, **46**, 374 (2012).
16) B. D. Heifets & P. E. Castillo, *Annu. Rev. Physiol.*, **71**, 283 (2009).
17) P. E. Castillo et al., *Neuron*, **76**, 70 (2012).
18) B. C. Shonesy et al., *Cell Rep.*, **9**, 1644 (2014).
19) I. Jenniches et al., *Biol. Psychiatry*, **79**, 858 (2015).
20) S. Ruehle et al., *J. Neurosci.*, **33**, 10264 (2013).
21) R. J. Bluett et al., *Transl. Psychiatry*, **4**, e408 (2014).
22) A. R. Hariri et al., *Biol. Psychiatry*, **66**, 9 (2009).
23) A. Degroot et al., *Behav. Brain Res.*, **162**, 161 (2005).
24) W. Jacob et al., *Genes Brain Behav.*, **8**, 685 (2009).
25) Y. Sugaya et al., *J. Neurosci.*, **33**, 3588 (2013).
26) M. Haring et al., *PloS ONE*, **6**, e26617 (2011).
27) H. Tan et al., *J. Neurosci.*, **31**, 5300 (2011).
28) G. Marsicano et al., *Nature*, **418**, 530 (2002).
29) D. Laricchiuta et al., *Behav. Brain Res.*, **256**, 101 (2013).
30) I. Heitland et al., *Transl. Psychiatry*, **2**, e162 (2013).
31) E. Soria-Gómez et al., *Nat. Neurosci.*, **17**, 407 (2014).
32) M. Koch et al., *Nature*, **519**, 45 (2015).
33) V. Di Marzo et al., *J. Neurochem.*, **75**, 2434 (2000).
34) X. Nadal et al., *Eur. J. Pharmacol.*, **716**, 142 (2013).
35) K. Monory et al., *PLoS Biol.*, **5**, e269 (2007).
36) G. Marsicano et al., *Science*, **302**, 84 (2003).
37) K. Monory et al., *Neuron*, **51**, 455 (2006).
38) A. Ludányi et al., *J. Neurosci.*, **28**, 2976 (2008).
39) A. Romigi et al., *Epilepsia*, **51**, 768 (2010).
40) D. C. D'Souza et al., *Neuropsychopharmacology*, **29**, 1558 (2004).
41) S. M. Eggan et al., *Biol. Psychiatry*, **71**, 114 (2011).
42) C. Muguruza et al., *Schizophr. Res.*, **148**, 145 (2013).
43) T. A. Iseger, & M. G. Bossong, *Schizophrenia Res.*, **162**, 153 (2015).
44) C. Ledent et al., *Science*, **283**, 401 (1999).
45) B. Szabo et al., *Eur. J. Neurosci.*, **15**, 2057 (2002).
46) C. R. Lupica et al., *Br. J. Pharmacol.*, **143**, 227 (2004).

原始的な脳神経系を有する昆虫などにおける重要分子群とそれらの農薬標的可能性

Summary

　昆虫もヒトと同様に神経系を発達させ，感覚と運動を統合している．昆虫の神経系でも基本的な構造と信号伝達はヒトの神経系と共通する機構を使用している．しかし昆虫は髄鞘がない，神経筋接合部でグルタミン酸を伝達物質として使用する，特殊な感覚受容器をもつなど，ヒトの神経系では見られない特徴を有している．こうした昆虫特有の神経系の特徴を認識する昆虫制御剤がこれまでに開発されてきた．本章ではこれまでに開発された神経作用性昆虫制御剤とそれらが標的とする電位依存性イオンチャネル，イオンチャネル型受容体およびカルシウムホメオスタシスに関与するイオンチャネルに関する最新の理解を紹介する．加えて，行動制御にかかわるケミカルリガンド受容分子群にも光をあて，これからの潮流になる可能性を秘めた昆虫神経系の原理に迫る．

11.1　はじめに

　われわれヒトは食糧を確保するために農業を生み出した結果，ほかの種と同等に扱われるべき一部の昆虫種を人類の食糧確保を妨げる‘害虫’と位置づけ，防除してきた．またマラリアを媒介するハマダラカなどの吸血昆虫種も繁栄を妨げる種として駆除してきた．そのなかで昆虫制御剤（いわゆる殺虫剤）が満たすべき重要な性質の一つとして重視されたのが切れ味（即効性）である．そのため，昆虫制御剤の多くは必然的に昆虫の生命恒常性の維持に必須な中枢神経系に作用することになった．しかしわれわれヒトも神経系をもつという理由から，これらは常に批判の的になってきた．さらに近年，ミツバチの蜂群崩壊症候群（Colony Collapse Disorder；CCD）に寄与する可能性があるとして，後述する一群の化合物の使用が禁止された．それゆえ，防除対象種に対して特異的に作用する新たな制御剤の開発が，今国際会議で熱く議論されている．

　このような状況のなかで，流行を意識しながらも支点を定めながら研究者たちが積み上げた昆虫制御剤の作用機構と選択性に対する理解は，科学技術の進展とともに深化し，新規で高選択的かつ環境に対する負荷の少ない昆虫制御の概念を提供しようとしている．そこで本章では，あえて古典的な標的分子にも言及し，神経作用性の昆虫制御剤の作用機構と選択毒性の機構について紹介し，そのうえで次代の昆虫制御の標的分子と候補について記述する．そこから見えてくるものは，昆虫制御の次元を超えた化学生態学のパラダイムである．

　なお，昆虫のGタンパク質共役型受容体（GPCR）については，リガンドが多岐にわたり，その記述に多くの誌面を割くことになるため，本書では割愛した．これから紹介する昆虫制御剤の標的あるいはその候補となっている神経分子群を表 11.1 にまとめた．本章の内容を理解する一助として参照してもらいたい．

表11.1　昆虫制御剤の標的あるいは標的候補のイオンチャネル類におけるヒトと昆虫間の違い

	ヒト	昆虫
電位依存性 Na^+ チャネル(Na_V)	$Na_V\alpha$-サブユニットを $Na_V\beta$-サブユニットが調節	Para を補助タンパク質 TipE が調節
電位依存性カチオンチャネル		DSC1
システインループスーパーファミリーに属するイオンチャネル型受容体（カチオン透過型）	ニコチン性アセチルコリン受容体(nAChR, 神経細胞型と筋肉型)	nAChR（神経細胞型のみ）
システインループスーパーファミリーに属するイオンチャネル型受容体（アニオン透過型）	GABA 受容体(GABA_A 受容体) グリシン受容体	GABA_A 受容体 グルタミン酸作動性 Cl^- チャネル ヒスタミン作動性 Cl^- チャネル pH 感受性 Cl^- チャネル
グルタミン酸受容体関連イオンチャネル型(ionotropic)受容体（カチオン透過型）	AMPA 受容体 カイニン酸(KA)受容体 NMDA 受容体	グルタミン酸受容体（神経筋接合部） グルタミン酸受容体様イオンチャネル型受容体（リガンド未知，感覚子）
リアノジン受容体(RyR)	RyR1（骨格筋） RyR2（心筋） RyR3（脳神経）	1種類
TRP チャネル	TRPV (Vanilloid) TRPA (Ankyrin) TRPM (Melastatin) TRPC (Canonical) TRPN (No mechanoreceptor C) TRPML (Mucolipin) TRPP (Polycystin)	TRPV (Iav, Nan) TRPA (TRPA1, Painless, Pyrexia, Waterwitch) TRPC (TRP, TRPL, TRPγ) TRPN (NOMPC) TRPMTRPP (Amo) TRPML*
嗅覚受容体(OR)	G タンパク質共役型受容体(GPCR)	OR を共受容体(Orco)が調節
味覚受容体(GR)	GPCR	GPCR
Ppk (Pickpocket)		Ppk23（求愛行動） Ppk29（求愛行動） Ppk28（水分感知）*

* 昆虫の TRP チャネルと Ppk はショウジョウバエの例.

11.2　電位依存性チャネル

　神経信号の伝導を担う活動電位は，一過的に活性化する電位依存性 Na^+ チャネル（Na_V）とそれを抑制する電位依存性 K^+ チャネル(K_V)の連携により誘起される．また，シナプス伝達では電位依存性 Ca^{2+} チャネル（Ca_V）*1 が活動電位の到達により引き起こされる膜電位を感知して Ca^{2+} を細胞内に取り込むことで神経終末からの伝達物質の分泌を制御している．これらの電位依存性イオンチャネルのうち，これまでに実用化された昆虫制御剤はいずれも Na_V を第一の標的とすることか

*1　厳密には Ca_V は VDCC の α_1 サブユニットを指す.

ら，ここでは Na_V に焦点を絞って昆虫制御剤との相互作用について記す．また，Na_V，K_V および Ca_V と類似の構造をもつが，それらとは別種で，かつ昆虫特有の DSC1 (<u>D</u>rosophila <u>s</u>odium <u>c</u>hannel 1) についても，ピレスロイドの活性発現に対する影響と標的候補の観点から紹介する．

11.2.1　電位依存性 Na^+ チャネルと関連分子

　脊椎動物の Na_V は六つの膜貫通セグメント(S1–6)を含む四つの類似ドメインから成る α サブユニットと，Na_V の機能的発現量や電位依存性などを調節する β サブユニットが結合したヘテロマー構造をとる．α サブユニットには9種(Na_V1.1

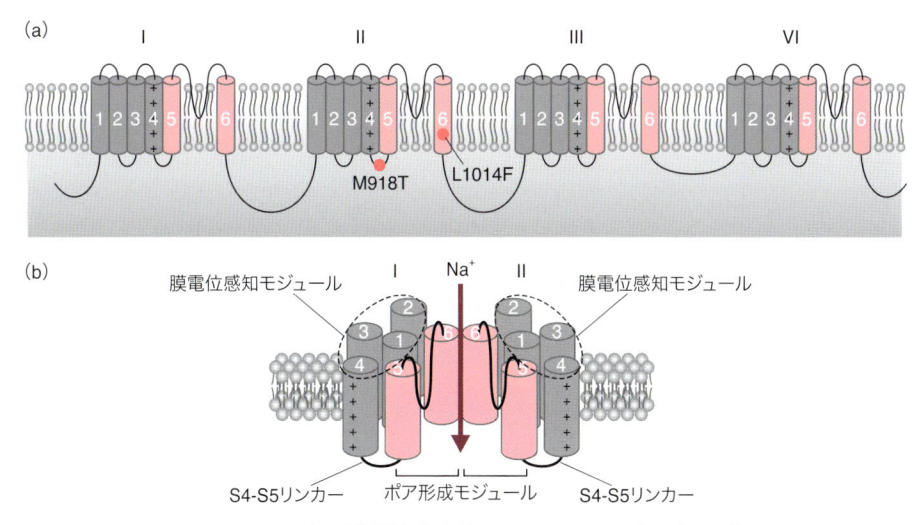

図 11.1　昆虫の膜電位依存性ナトリウムチャネル（Para）
(a) Para. 脊椎動物の Na⁺ チャネルの α サブユニットと同様に四つの相同ドメインからなり，各ドメインは六つの膜貫通ヘリックス（セグメント，S）をもつ．(b) Para のうち S1–S4 が膜電位を感知し，S5 と S6 およびそれらを繋ぐリンカーはイオンチャネルの形成にかかわる．

～ $Na_V1.9$），β サブユニットには 4 種（$β1 ～ β4$）があり，それらの組み合わせと個々のサブユニットの選択的スプライシングにより Na_V の電位依存性，局在，機能的な発現時期が多様に変化する．一方昆虫は，*para* 遺伝子がコードする Para を唯一の Na_V とし（図 11.1 a）[1]，その電位依存性，局在性，発現量は選択的スプライシング[2]と RNA 編集[3,4]が調節している．昆虫は哺乳動物の Na_V の β サブユニットに相同するタンパク質はもたず，補助タンパク質 TipE によって Para の機能的発現を調節している（図 11.1 b）[5]．

昆虫の Na_V を標的とする代表的な化合物として，まず除虫菊がつくる天然昆虫制御剤ピレトリンとその類縁体であるピレスロイドを挙げる（図 11.2）．多くのピレスロイドは活動電位下降後に脱分極性後電位を誘起する．それが活動電位発生の閾値を越えたときに活動電位の連続発火（反復興奮）が生じる．これはピレスロイドにより開いた状態に保持されることによる[6] Na_V の不活性化の遅延が原因となっている[7]．ピレスロイドは神経活性と毒性症状の違いからタイプ I と II に

分類される．タイプ I は反復興奮を引き起こし，天然ピレトリンも含めて大部分のピレスロイドがこれに属する．それに対して α-シアノ-メタフェノキシベンジルエステル構造をもつタイプ II ピレスロイドはタイプ I ピレスロイドよりも長く静止状態の Na_V を開いた状態にすることで膜を脱分極し，活動電位の発生を抑制する[8]．

脊椎動物の 9 種の Na_V のうち中枢で発現する $Na_V1.2$ はピレスロイドに対して低い感受性を示すのに対して，末梢神経で発現する $Na_V1.8$ や胎児期に発現する $Na_V1.3$ は高い感受性を示す．このことから，脊椎動物と昆虫の Na_V の違いだけではピレスロイドの選択毒性のしくみを理解することは難しい．ピレスロイドの神経活性は負の温度依存性を示す[9]．われわれの体温は昆虫の体温より高い．そのことも選択毒性のしくみの一つとして働いている．

ピレスロイド抵抗性をもたらす有名な変異に

*2　もともと DDT（*p,p'*-dichlorodiphenyltrichloroethane）（図 11.2）に対する抵抗性をもたらす神経レベルの変更としてイエバエで見出され[10]，のちに天然ピレトリンに対しても交差抵抗性をもたらすことが明らかとなった[11]．

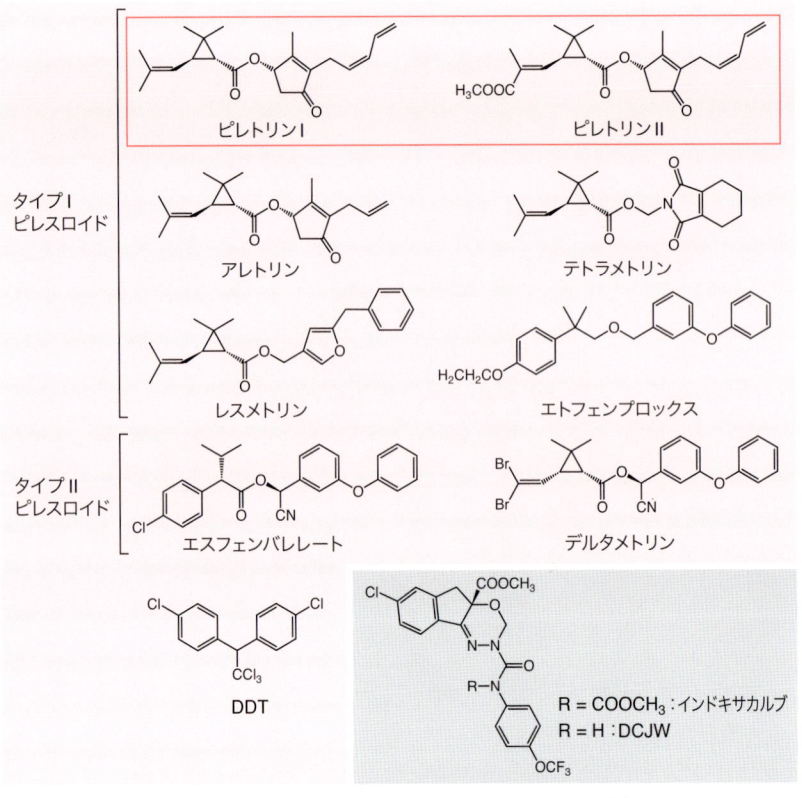

図 11.2　昆虫の Na_V を標的とする昆虫制御剤
ピレトリンを含む類縁体ピレスロイドおよび DDT は Para Na_V を開いた状態に保持する．それに対してインドキサカルブの代謝物 DCJW は Para の不活性化からの回復を阻害する．天然物を枠で囲った．

kdr（knockdown resistant）がある[*2]．*kdr* では Para Na_V の第 2 ドメインの S6 におけるロイシン（Leu, L）1014 がフェニルアラニン（Phe, F）に置換している（L1014F 変異）[12–14]．二つ以上のアミノ酸変異が重なり，高度に DDT/ピレスロイド抵抗性もたらす変異も多数報告されている（図 11.1 a）[15]．たとえば *super kdr* 系統のイエバエは，L1014F 変異に加えて S5–S6 リンカーにおけるメチオニン（Met, M）918 がトレオニン（Thr, T）に変異している（M918T）．こうした変異と K_V の結晶構造[16,17]をもとにピレスロイドの結合部位が推定され[18]，さらにピレスロイド抵抗性ネッタイシマカの *para* 遺伝子の解析によって Para にはピレスロイドの結合部位が二つあることが提唱された[19]．さらに Para–ピレスロイ

ド複合体モデルを利用して，ピレスロイドと直接相互作用するアミノ酸も推定されている[19]．

オキサジアジン環をもつインドキサカルブ（図 11.2）はピレスロイドとは異なる様式で *Para* に作用し，昆虫を致死させる．インドキサカルブは虫体内で代謝されて活性体 DCJW となり[*3]，活動電位を抑制する．DCJW は Na^+ 電流を抑制するが，その活性化過程には影響しない[20–23]．Na_V には速い不活性化と遅い不活性化があり，DCJW の作用はこの二つ状態からの回復を阻害する[22,23]．DCJW はリドカインのそれと拮抗することから，両者は Para のなかで同じ部位に結合すると考えられている[21]．

---

*3　DCJW；*N*-decarbomethoxylated DPX-JW062.

11.2.2　DSC1

かつてショウジョウバエには Para に加え，も
う一つの Na_V として DSC1 があるといわれて
いたが[24]，その詳細は不明であった．チャバネ
ゴキブリの DSC1 ホモログ BSC1（*Blattella
Sodium Channel 1*）をアフリカツメガエル卵
母細胞で発現させ，その機能を解析した結果，
BSC1 は Na_V ではなく Ca^{2+} に対して高い透過性
を示すカチオンチャネルであることが明らかに
なった[25]．さらに DSC1 をノックアウトしたショ
ウジョウバエを用いた研究により，DSC1 が極
度の興奮を抑制するブレーカ役を務め，その欠
損はピレスロイド感受性を高めることも判明し
た[26]．DSC1 類縁タンパク質は脊椎動物には存
在しないことから，将来の昆虫制御の標的として
のポテンシャルを秘めている．

11.3　イオンチャネル型受容体：Cys-loop ファミリー

ケミカルリガンドの結合に応じて内蔵するイオ
ンチャネルを開く受容体は，イオンチャネル型
（ionotoropic）受容体（IR）あるいはリガンド作動
性イオンチャネルと呼ばれる．IR のなかで，神
経シナプス伝達でとくに中心的な役割を担って
いるのが細胞外に露出した N 末端に特徴的なシ
ステインループを有する一群である（システイン

ループ IR）．このファミリーに属する脊椎動物
の受容体にはニコチン性アセチルコリン受容体
（nAChR，ニコチン性受容体ともいう），$GABA_A$
受容体，グリシン受容体，セロトニン受容体があ
る．昆虫にも nAChR や $GABA_A$ 受容体があるが，
グリシン受容体やセロトニン受容体は見出されて
いない．

システインループ IR は，五つのサブユニッ
トが自身の四つの膜貫通部位（TM1 〜 TM4，図
11.3）のうち TM2 をイオンチャネル内部に向け
て集合した構造をもち，神経伝達物質の結合に応
じてイオンチャネルを開く．たとえば nAChR は
アセチルコリン（ACh）の結合に応じてカチオン
チャネルを開いて膜を脱分極し，$GABA_A$ 受容体
は γ-アミノ酪酸（GABA）の結合に応じて Cl^- チャ
ネルを開いて nAChR の活性化による脱分極を
抑制する．

11.3.1　ニコチン性アセチルコリン受容体

nAChR はその名のとおりタバコのアルカロイ
ドであるニコチンを結合し，ACh を受容したと
きと同様にカチオンチャネルを開く．脊椎動物は
nAChR を構成するサブユニットとして筋肉で発
現する α1, β1, γ, δ, ε サブユニットおよび神経
細胞で発現する α2 〜 α10（ただし α8 サブユニッ
トは鳥類のみ）と β2 〜 β4 サブユニットを有する．

それに対して昆虫は nAChR を構成するサブ

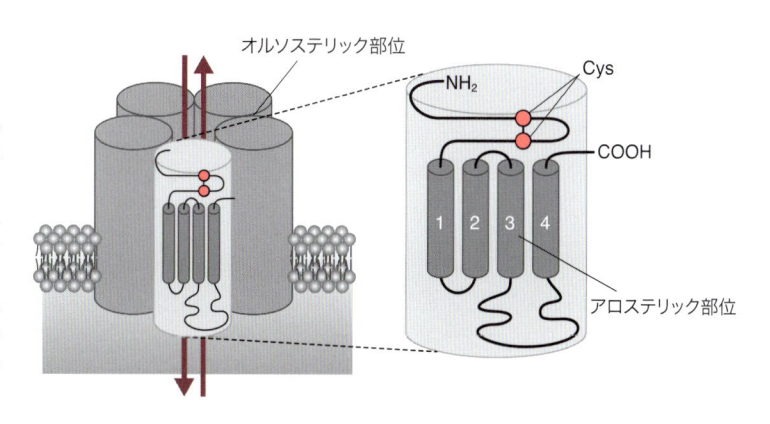

図 11.3　システインループスーパーファミリーに属するイオンチャネル型受容体
4 回の膜貫通ヘリックスをもつサブユニットが第 2 膜貫通ヘリックスをチャネル側に向けて集合して 5 量体をつくる．神経伝達物質が結合するオルソステリック部位と，モジュレーターとも呼ばれる昆虫制御剤が結合するアロステリック部位が存在する．

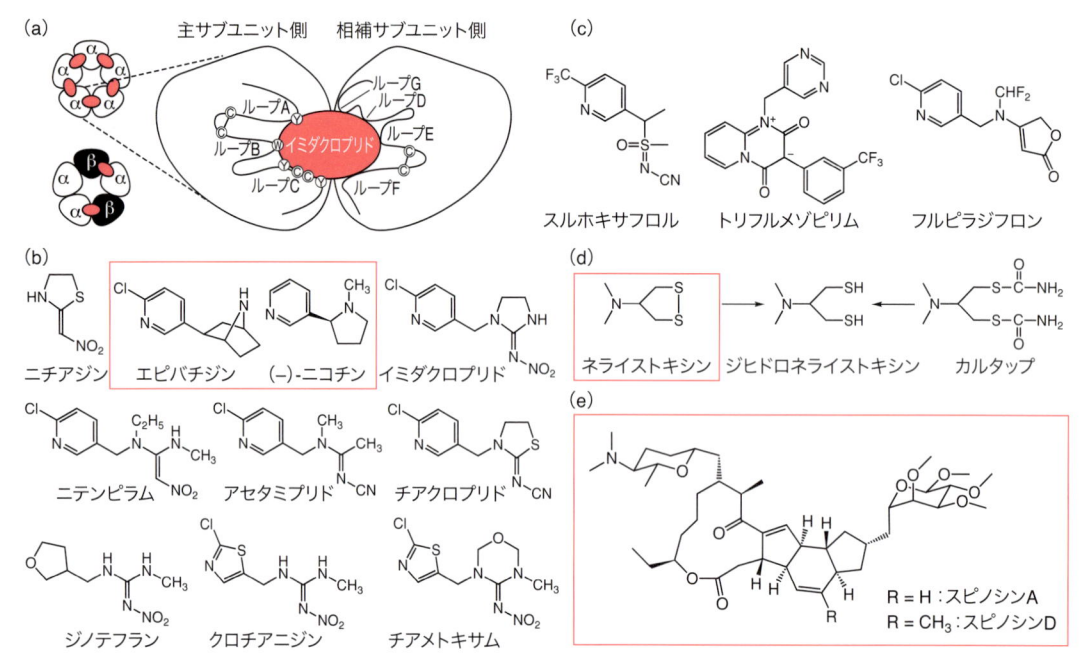

図 11.4　システインループスーパーファミリーに属するイオンチャネル型受容体のリガンド結合部位〔オルソステリック部位(a)〕と昆虫制御剤(b 〜 e)

(a) 六つのループ(A–F)がつくるオルソステリック部位. nAChR の場合, アセチルコリン(Ach)やネオニコチノイド系昆虫制御剤は α サブユニット−non-α サブユニット間のみならず, 隣接する α サブユニット間にも結合する可能性が指摘されている. (b) ネオニコチノイド系昆虫制御剤. ニコチンやエピバチジンと共通構造をもつ本昆虫制御剤群との相互作用には六つのループに加えてループ G も関与する. (c) オルソステリック部位に結合する nAChR 作用性昆虫制御剤スルホキサフロル, トリフルメゾピリムおよびフルピラジフロン. (d) ネライストキシンとカルタップ. 両化合物から生じるジヒドロネライストキシンは nAChR の Cys を化学修飾すると考えられている. (e) 微生物が産生するスピノサド (A と D を中心とするスピノシン類)は nAChR のアロステリック部位に結合し nAChR の機能を修飾する. 天然物を枠で囲った.

ユニットとして筋肉型 nAChR をもたず, 神経細胞で発現する α サブユニットと non-α サブユニットを有する. たとえばショウジョウバエでは七つの α サブユニットと三つの non-α (β1 〜 β3) サブユニットが, ハマダラカでは九つの α サブユニットと一つの non-α (β1) サブユニットが見出されている. 大多数の nAChR は連続したシステイン(Cys)をもつ α サブユニットと, もたない non-α サブユニットから成るヘテロ 5 量体構造をとる. 各サブユニットは 4 回膜貫通領域(Transmembrane region；TM) をもち, 第 2 膜貫通領域 (TM2) がイオンチャネル内壁を形成する. 一般に内在性リガンドが結合するタンパク質の部位はオルソステリック部位と呼ばれ, α サブユニットが提供するループ A 〜 C と non-α サブユニットが提供するループ D 〜 F によりつくられるオルソステリック部位に ACh が結合すると, 受容体中央のカチオンチャネルが開口する[27–29]. α7 nAChR のように単一のサブユニットだけから成る場合, 隣接するサブユニット間に五つのオルソステリック部位が形成される(図11.4 a).

ニコチンはかつてアブラムシの防除などに用いられたが, 毒性が高いために現在は使用されていない. そのため古典的な nAChR を標的とする昆虫制御剤の開発を目指す研究者は少なかったが, ニトロメチレン構造をもつニチアジンの昆虫 nAChR への選択的作用が報告されると状況は一変した. ニチアジンを改良して実用的昆虫制

御剤イミダクロプリドが上市され，続いてイミダ
クロプリドとすみ分けが可能な類縁体が開発され，
ネオニコチノイドと呼ばれる一群が生まれた（図
11.4 b）[30-32]．ネオニコチノイドは nAChR のオ
ルソステリック部位と結合し，アゴニストあるい
はアンタゴニストとして作用する．ネオニコチノ
イドは昆虫 nAChR に対して選択的に結合するこ
とから，昆虫 nAChR にはこれらの化合物群との
相互作用に有利に働く構造が存在すると推測され
た[30-32]．その構造の一つはループ D の塩基性ア
ミノ酸で[32-37]，その変異はこれらの化合物への
抵抗性に結びつく[38]．またループ C の YXCC 配
列中の X 位のアミノ酸が，昆虫ではネオニコチ
ノイドとの相互作用を妨げないセリン（Ser），ト
レオニン（Thr）あるいはプロリン（Pro）であるの
に対して，脊椎動物ではネオニコチノイドのニト
ロ基やシアノ基と静電的に反発するグルタミン酸
であることもその選択性に寄与する[39]*4．

　さらに $\beta 1$ ストランド（ループ G）の塩基性アミ
ノ酸（図 11.4 a）も nAChR のネオニコチノイド
感受性決定因子として貢献しているかもしれない．
このアミノ酸は相補サブユニット側（図 11.4 a）
に位置する α サブユニットのほうからネオニコ
チノイドと相互作用するため，ネオニコチノイ
ドは $\alpha-\beta$ サブユニットがつくる境界のみならず，
隣接する α サブユニットがつくる境界とも相互
作用する可能性が指摘されている[33]．最近ネオ
ニコチノイドと同様に nAChR のオルソステリッ
ク部位に結合すると考えられている昆虫制御剤が
3 剤開発された（図 11.4 c）．これらの化合物がど
のように nAChR に結合しているのかについて
は，今後の研究に委ねられている．

　nAChR に作用する天然物あるいはその誘導体

が昆虫制御剤として開発された例として，カル
タップ（図 11.4 d）と放線菌 *Saccharopolyspora
spinosa* が産生するマクロライド化合物スピノシ
ン類（図 11.4 e）を紹介する．カルタップは環形
動物イソメがつくるネライストキシンの誘導体で
あり，昆虫体内で活性体ジヒドロネライストキシ
ンとなってシステイン残基（Cys）を化学修飾する
ことで nAChR を阻害すると考えられている[40]*5．
スピノシン A と D の混合物スピノサドは昆虫選
択性が高く，おもにチョウ目害虫やアザミウマ類
の防除に用いられている．ワモンゴキブリの神経
細胞で発現する nAChR イミダクロプリドとスピ
ノシン A の作用機構を比較した研究例がある[41]．
それによると，イミダクロプリドは脱感作の速い
nAChR にはアンタゴニスト作用を示し，脱感作
の遅い nAChR にはアゴニスト作用を示す．一方，
スピノシン A はおもに脱感作の遅い nAChR の
ACh 応答をアロステリックに増大する．このよ
うな違いは受容体レベルで生じる抵抗性の現れ方
に影響し，ネオニコチノイド抵抗性が $\beta 1$ サブユ
ニットのループ D におけるアルギニン（Arg）81
から Thr への変異によりもたらされるのに対し
て[38]，スピノサド抵抗性は $\alpha 6$ サブユニットの第
3 膜貫通領域（TM3）におけるグリシン（Gly）275
からグルタミン酸（Glu）への変異によりもたらさ
れる[42]．

11.3.2　GABA 受容体

　高等動物では $GABA_A$ 受容体に全部で 19 のサ
ブユニット（$\alpha_{1-6}, \beta_{1-3}, \gamma_{1-3}, \varepsilon, \theta, \delta, \pi, \rho_{1-3}$）が見
出されており，このなかから特定のサブユニット
が神経細胞，発育段階などに応じて集合し，抑
制性神経伝達を制御する[43]．昆虫では RDL サ
ブユニットや LCCH3[44]，GRD サブユニット[45]
が $GABA_A$ 受容体サブユニットとして見出され
ている．RDL は昆虫制御剤ディルドリン抵抗性
（<u>r</u>esistant to <u>d</u>ie<u>l</u>drin）の原因遺伝子 *rdl* [46] の産

---

*4　脊椎動物ではネオニコチノイドのニトロ基やシアノ基と
静電的に反発するグルタミン酸（Glu）になっている．
*5　しかし，このような化学修飾が nAChR 内のどの Cys 残
基で生じているのかはまだ解明されていない．

物で，GABA$_A$ 受容体の薬理学的特性は RDL を用いて詳しく調べられている[47]．RDL の TM2 でのアラニン（Ala）302 の Ser への変異によってディルドリン感受性が低下することが明らかになっている[48]．また昆虫の GABA$_A$ 受容体はツヅラフジ科の樹木 *Anamirta cocculus* が含有する有毒セスキテルペンのピクロトキシニン（図 11.5）により非拮抗的に阻害されるが，高等動物の GABA$_A$ 受容体を拮抗的に阻害するケマンソウ科植物の有毒アルカロイドのビククリン（図 11.5）に対しては低感受性を示し，ベンゾジアゼピン系合成睡眠導入剤フルニトラゼパムにより増強される[47]．RDL サブユニットは LCCH3 サブユニットとピクロトキシニン低感受性でビククリン感受性の GABA$_A$ 受容体をつくり[49]，GRD サブユニットは LCCH3 サブユニットとカチオン透過性の GABA$_A$ 受容体をつくる[50]．これらのヘテロ GABA$_A$ 受容体は昆虫神経細胞で発現している GABA$_A$ 受容体とは異なる性質を示すことから，神経伝達には寄与していないと考えられている．また *Rdl* 遺伝子は 2 か所のエクソンで二者

択一スプライシングを受け，これに RNA 編集が加わることで，GABA に対して異なる感受性を示す多様な GABA$_A$ 受容体が生み出されている[51]．

　昆虫制御剤フィプロニルや，高残留性のため現在は使用されていない有機塩素系昆虫制御剤ディルドリンおよびリンデンとも呼ばれる γ-ベンゼンヘキサクロリド（γ-BHC，正式な命名法では 1α,2α,3β,4α,5α,6β-hexachlorocyclohexane）（図 11.5）は，ピクロトキシニンと同様に GABA$_A$ 受容体の Cl$^-$ チャネルに結合し，Cl$^-$ の透過を抑制することで昆虫制御活性を発揮する[52]．それに対して，イソキサゾール環を有するフルララネルとアフォキソラネル（図 11.5）は昆虫や線虫の GABA$_A$ 受容体をアロステリックに阻害する[52]．これらは昆虫制御剤としてではなく，抗寄生虫薬として登録されている．

　脊椎動物 GABA$_A$ 受容体のオルソステリック部位への GABA の結合を拮抗的に阻害する化合物としてガバジンやビククリンが知られているが，昆虫 GABA$_A$ 受容体に対する GABA 拮抗型昆虫制御剤は開発されていない．そのなかで糸状菌が

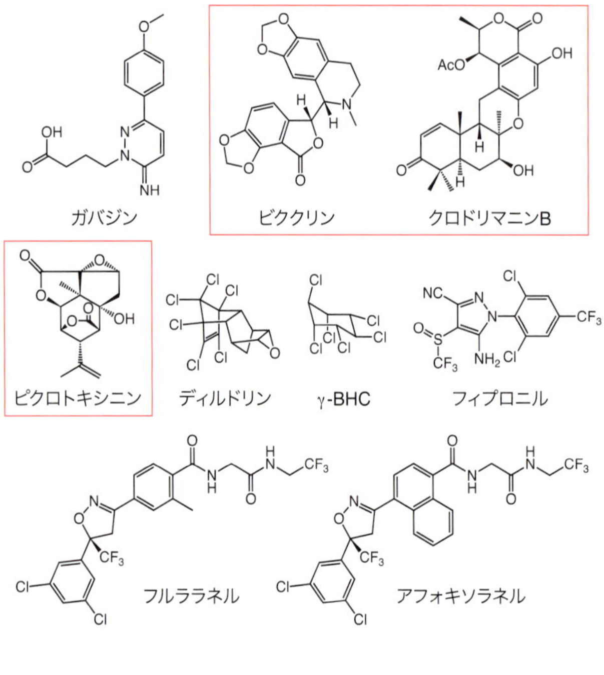

図 11.5　昆虫 GABA$_A$ 受容体を標的とする化合物

ガバジンとビククリンはオルソステリック部位に結合する．糸状菌が産生する昆虫制御性物質クロドリマニン類はビククリンと構造が類似し，選択的に昆虫 GABA$_A$ 受容体に作用する．低濃度で昆虫 GABA$_A$ 受容体を阻害する際に GABA と拮抗する．有機塩素系昆虫制御剤ディルドリンと γ-BHC は，植物がつくる天然毒ピクロトキシニンと同様に GABA$_A$ 受容体の Cl$^-$ チャネルに結合し，Cl$^-$ の透過を阻害する．フルララネルとアフォキソラネルは GABA$_A$ 受容体をアロステリックに阻害する．天然物を枠で囲った．

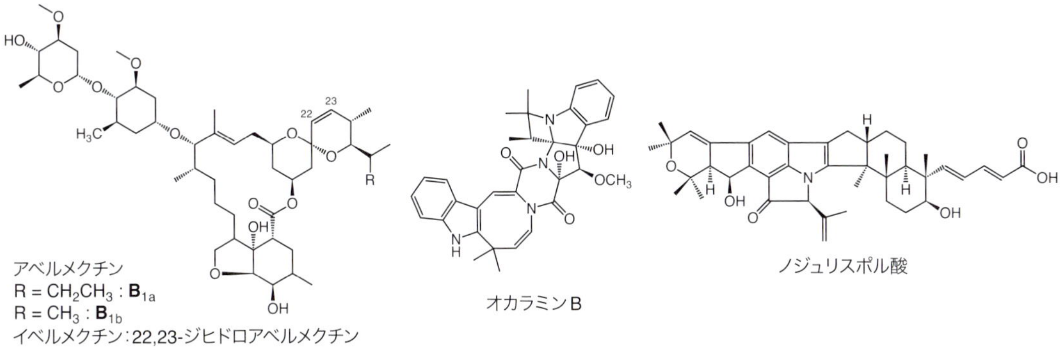

アベルメクチン
R = CH₂CH₃ : **B**₁ₐ
R = CH₃ : **B**₁ᵦ
イベルメクチン：22,23-ジヒドロアベルメクチン

オカラミンB

ノジュリスポル酸

図 11.6 昆虫抑制性グルタミン酸受容体（GluCl）を活性化する天然物
アベルメクチンの部分還元体であるイベルメクチンは抗寄生虫薬として実用されている（大村智・北里大学特別栄誉教授はイベルメクチンの発見で 2015 年ノーベル生理学・医学賞受賞）．オカラミンとノジュリスポル酸はイベルメクチンと同様に昆虫の GluCl を活性化する．

産生する殺虫性物質クロドリマニン類が拮抗的に作用する可能性のある物質として見出されている．クロドリマニン類の構造はビククリンの構造に似ているが，ビククリンが脊椎動物の GABA_A 受容体に高選択性を示すのに対して，クロドリマニン類は RDL に対して高選択性を示す[53]．本化合物群の詳細な作用機構の解明が必要である．

　昆虫は特有のグルタミン酸作動性 Cl⁻ チャネル（GluCl），ヒスタミン作動性 Cl⁻ チャネル（HisCl），pH 感受性 Cl⁻ チャネル（pHCl）のほか，リガンド未同定の Cl⁻ チャネルを複数有している．一方線虫は昆虫にはないチラミン作動性 Cl⁻ チャネルやアセチルコリン作動性 Cl⁻ チャネルなど，ユニークな Cl⁻ チャネル群を有する．これらの無脊椎動物特有の Cl⁻ チャネルは新たな制御剤の標的として有望である[54]．2015 年ノーベル生理学・医学賞の対象となったアベルメクチンの部分還元体イベルメクチン（図 11.6）の標的が GluCl であることは[55]，昆虫制御剤のみならず駆虫薬開発においても無脊椎動物特有の Cl⁻ チャネル群が重要であることを示している．最近糸状菌 *Penicillium simplicissimum* AK-40 株がつくる昆虫制御活性物質オカラミン類（図 11.6）が昆虫の GluCl を活性化することが見出された[56]．オカラミンの作用はイベルメクチンに似ている

が，イベルメクチンよりもさらに高い GluCl 選択性を示す[56]．GluCl を活性化するインドールアルカロイドとしてはオカラミンのほかにノジュリスポル酸（図 11.6）[57] が知られており，これらのインドールアルカロイド類とイベルメクチンが GluCl 内で同一の部位に結合するのかどうか興味がもたれる．

11.4 カルシウムホメオスタシスとリアノジン受容体

　細胞内 Ca^{2+} の濃度は平常時 100 nM 程度に保たれており，細胞外に比べて 10,000 倍程度低い．細胞内 Ca^{2+} 濃度が一過的に上昇すると，それを感知して分泌や筋肉の収縮が起こる．細胞内 Ca^{2+} 濃度の上昇は，細胞外からの流入と小胞体からの放出により引き起こされる．Ca_V の活性化により細胞内に Ca^{2+} が流入すると，小胞体に局在するリアノジン受容体（RyR）が活性化し，Ca^{2+} を放出する．さらに電位変化を伴わない細胞内 Ca^{2+} 上昇機構も存在し，G タンパク質共役型受容体（GPCR）が活性化するとホスホリパーゼ C がイノシトールリン脂質を加水分解しイノシトール 1,4,5-3 リンが生じ，それを受容したイノシトール 1,4,5-3 リン酸受容体が活

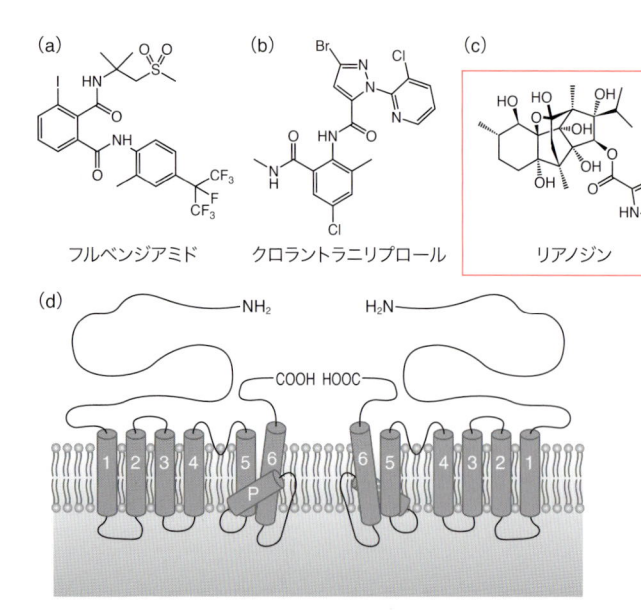

図 11.7　リアノジン受容体（RyR）と昆虫制御剤

RYR は 6 回膜貫通ヘリックスをもつサブユニットが集まり 4 量体を形成している．RyR は小胞体膜に局在し，細胞内の Ca^{2+} の上昇に応じて開口する．ジアミド系昆虫制御剤フルベンジアミドとクロラントラニリプロールは RyR の膜貫通領域に結合し，Ca^{2+} 応答性 Ca^{2+} 放出を誘起する．天然物を枠で囲った．

性化して，小胞体から Ca^{2+} が放出される．一方，Ca^{2+} の濃度上昇を抑制する役目を担うのが，形質膜の Ca^{2+}-ATP ase（PMCA）と小胞体の Ca^{2+}-ATPase（CERCA）である．

これらのカルシウムホメオスタシスにかかわる分子群のなかで，RyR[58] とイノシトール 1,4,5-3 リン酸受容体[59,60] については昆虫や線虫の化学的制御を念頭に置いて研究が行われていたが，発表当時はあまり注目されていなかった．しかし，ジアミド型昆虫制御剤と総称されるフルベンジアミド（図 11.7 a）[61] とクロラントラニリプロール[62] が登場するやいなや RyR は一躍脚光を浴びることになる．

RyR はイイギリ科の樹木 *Ryania speciosa* がつくるアルカロイド，リアノジン（図 11.7 c）が標的とすることにちなんで名付けられた受容体である．RyR はアミノ酸 5,000 程度からなる巨大な膜結合型タンパク質で，Ca^{2+} や Ca_V，細胞内のカルモデュリンなど Ca^{2+} シグナル媒介分子と相互作用する N 末端と，6 回の膜貫通ヘリックス（TM1 ～ 6）を有する C 末端をもつ．これらのうち，TM1 ～ 4 はおもに膜電位を感知し，TM5，TM6 および両 TM を繋ぐリンカーに存在する

P ヘリックスがイオンチャネルの形成に寄与している（図 11.7 d）[63]．RyR は小胞体膜で 4 量体を形成し，Ca^{2+} 上昇を感知して小胞体から Ca^{2+} を放出させる．脊椎動物では骨格筋で発現する RyR1[64]，心筋で発現する RyR2[65,66] および脳神経でおもに発現する RyR3[67] の計 3 種が知られているが，昆虫には 1 種類しかない[68]．

フルベンジアミドやクロラントラニリプロールは昆虫の筋肉で発現する RyR の同一部位に結合し，筋小胞体内からの Ca^{2+} 放出を促し，筋肉の収縮を誘起する[69–71]．またこれらは脊椎動物の RyR にはほとんど作用せず，昆虫の RyR に高選択的に作用する[71]．RyR におけるフルベンジアミドの結合部位については，光親和性官能基とビオチン基を有するフルベンジアミド誘導体，N 末端から数えて 183 番目のアミノ酸から膜貫通領域直前までの領域を異なる長さで欠損させたカイコガ RyR，および膜貫通部位をフルベンジアミド低感受性のウサギ RyR2 の相同部位に置換したキメラ RyR を用いて，C 末端の膜貫通領域に存在することが示された[72]．このことはフルベンジアミド抵抗性を示すコナガで TM3 と TM4 を繋ぐリンカー内の Gly4946 が Glu に変異し，

(a)　フルベンジアミド

(b)　クロラントラニリプロール

(c)　リアノジン

標識フルベンジアミドの結合活性が低下するという知見[73]と矛盾しない．またカイコガ RyR を用いた研究で，膜貫通領域までの N 末端部を欠損してもフルベンジアミドの結合能は保持されるのに対して，小胞体からの Ca^{2+} 放出が抑制されることも見出されている[72]．このことは RyR の N 末端領域の変異によってもジアミド系化合物に対する抵抗性が生じる可能性を示している．

11.5 感覚受容と昆虫の行動制御

ここまで，運動系を統御するチャネル分子と昆虫制御剤について記してきたが，ここからは昆虫の感覚神経系に視点を移してそれらの化学的制御の現実と将来性について述べる．昆虫は光，重力，音，味，熱，酸，匂い，機械刺激などの情報をそれぞれの因子の受容に特化した器官で捉え，中枢で処理し，行動に移す．このような感覚系に作用する化合物は忌避，誘引，摂食阻害，交尾阻害などの行動異常を昆虫に引き起こす．古くから有名かつ害虫防除で利用されている例として性フェロモンによる交尾の攪乱がある．フェロモンの受容のみならず，感覚受容はそれぞれの昆虫種によっ

て特有の分化を遂げており，種特異性を追求するうえできわめて重要な標的である，これから話をする吸汁阻害剤の標的解明の例は，性フェロモンとはジャンルが異なる，新たな行動制御の方向の一つを示している．

11.5.1 TRP チャネル

必要に応じて細胞外から Ca^{2+} を取り込む，いわゆる‘容量性カルシウム流入’の存在は古くから予測されていた．その実体の一つは1989年にショウジョウバエの複眼の光に対する応答異常の原因遺伝子 *trp* の同定により明らかになった[74]．*trp* は transient receptor potential の略で，遺伝子産物 TRP チャネルは Na^+ に比べて Ca^{2+} の透過性が高いカチオンチャネルとして働く．ショウジョウバエからは TRP チャネルと，それと類似するカチオンチャネル TRP-Like が発見され，TRPL と名付けられた．それらがどちらも変異するとショウジョウバエはまったく光に応答しなくなる．このパイオニア研究が導火線となり，TRP チャネルの探索と機能解析が活発に行われ，それらが動物，昆虫，線虫，糸状菌，酵母できわめて多様な機能を発揮していることが明らかに

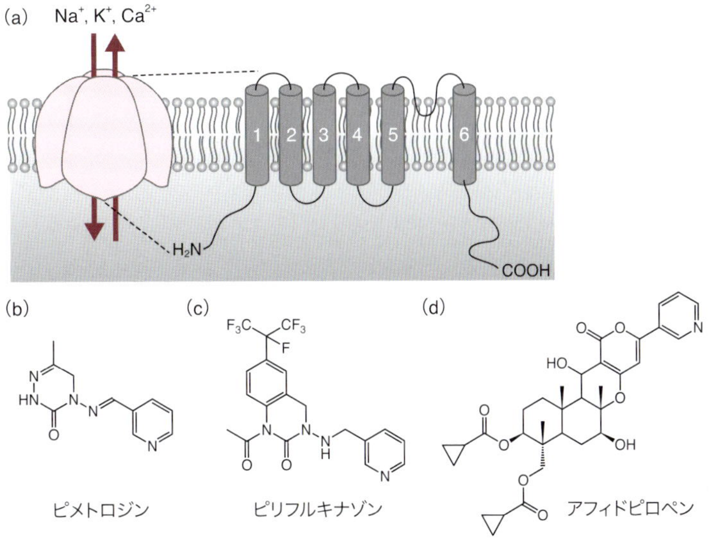

図 11.8 T R P （T r a n s i e n t Receptor Potential) チャネル

TRP チャネルは 6 回膜貫通ヘリックスをもつサブユニットの 4 量体として機能する．膜電位依存性 Na^+ チャネルと同様に第 5-第 6 膜貫通ヘリックスがカチオンチャネルをつくる．吸汁阻害剤ピメトロジンとピリフルキナゾンはショウジョウバエでは TRPV に属する Iav/Nan ヘテロチャネルに結合し，細胞外から細胞内への Ca^{2+} 取り込みを誘起する．

(a) Na^+, K^+, Ca^{2+}

(b) ピメトロジン

(c) ピリフルキナゾン

(d) アフィドピロペン

なった[75].

　TRP チャネルは Na_V，K_V および RyR と同じ電位依存性チャネルで，6 回の膜貫通ヘリックスをもち，TM5，TM6 およびそのリンカーがイオンチャネルを形成する（図 11.8 a）．形質膜で発現する TRP チャネルは電位依存性カチオンチャネルとして働き，その一部は Ca^{2+} に対して高い透過性を示す．TRP チャネルの活性化は膜の脱分極を引き起こし，Na_V などの電位依存性イオンチャネルの活性化を誘発する[*6].

　TRP チャネルは Ca^{2+} のほか，化学物質，温度，物理刺激，浸透圧，酸化還元状態，pH などに応答する[*7]．このような多様な応答性と細胞内外の構造によって，脊椎動物の TRP チャネルは TRPV (Vanilloid)，TRPA (Ankyrin)，TRPM (Melastatin)，TRPC (Canonical)，TRPN (No mechanoreceptor C)，TRPML (Mucolipin)，TRPP (Polycystin) のサブファミリーに分類されている[75,76]．真菌類にも TRP チャネルがあり TRPY と呼ばれる集団を形成する[77,78].

　昆虫の TRP チャネルに関する研究はショウジョウバエでよく進んでおり，TRPV が 2 種〔Nanchung (Nan)，Inactive (Iav)〕，TRPA が 4 種〔TRPA1, Painless, Pyrexia, Waterwitch (Wtrw)〕，TRPC が 3 種 (TRP, TRPL, TRPγ)，TRPN〔No Mechano-receptor Potential C (NOMPC)〕，TRPM，TRPP〔Almost there (Amo)〕，TRPML 各 1 種ずつ，計 13 種の TRP チャネルが同定されている.

　ピメトロジンとピリフルキナゾン(図 11.8 b, c)はアブラムシをはじめとする吸汁阻害剤（行動制御剤）として開発された．その作用機構は長年に

わたり不明であったが，遺伝学的手法が整ったショウジョウバエを用いて解明された．ピメトロジンとピリフルキナゾンはショウジョウバエのジョンストン器官内神経細胞の Ca^{2+} 濃度を上昇させ，音受容と重力受容を抑制するが，Nan と Iav を一つでもノックアウトするとピメトロジンとピリフルキナゾンによる同神経細胞の Ca^{2+} 濃度上昇が著しく抑制される．またこれらは CHO 細胞で発現させた Nan と Iav からなるヘテロマーに作用し，細胞内への Ca^{2+} の取り込みを誘起する．これらから，ピメトロジンとピリフルキナゾンは Nan/Iav TRPV チャネルを標的とすることが明らかになった[79]．さらに最近，吸汁性昆虫に対して摂食阻害活性を示すアフィドピロペンも Nan/Iav TRPV チャネルを活性化することが報告され[80]，本チャネル群に熱い視線が注がれている.

11.5.2　TRP 以外のケミカルリガンド受容体

　昆虫の化学受容と聞いてまず思い浮かべるのは嗅覚受容体（Olfactory Receptor；OR）と味覚受容体（Gustatory Receptor；GR）ではないだろうか．OR と GR はそれぞれ触覚，突起あるい

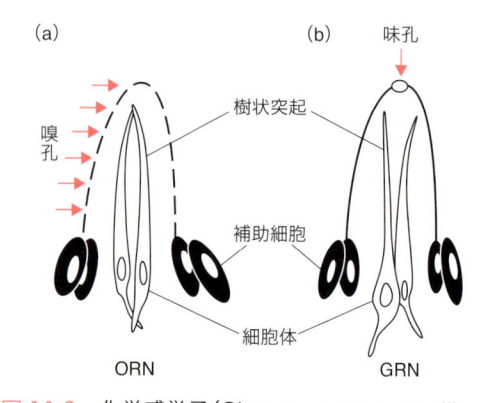

図 11.9　化学感覚子（Chemosensory sensillum）
(a)嗅覚にかかわる感覚子．揮発性のケミカルリガンドを通す嗅孔と呼ばれる孔を多数もつ．(b)味覚にかかわる感覚子．難揮発性のケミカルリガンドを通す味孔と呼ばれる小孔をその頂点に一つだけもつ．ORN や GRN は感覚子のなかに入り込み，それぞれ OR と GR によってケミカルリガンドを受容する.

[*6]　TRP チャネルには，細胞内の小胞体，リソソームなどでカチオンの出入りを制御するものもある.

[*7]　TRP チャネルには，植物の二次代謝物質によって活性化するものもある．たとえば TRPA はワサビの辛み成分イソチオシアネート類に，TRPV はトウガラシの辛み成分カプサイシンに，TRPM はハッカの成分メントールに応答する.

図 11.10　昆虫行動制御剤開発の
　　　　　標的候補分子群

(a) 嗅覚受容体（OR）と味覚受容体（GR）．OR
と GR は N 末端を細胞質型に C 末端を外側
に向けた 7 回膜貫通ヘリックス構造をもち，
イオンチャネル型受容体として働く．(b) イ
オンチャネル型グルタミン酸受容体に類似の
構造をもつイオンチャネル型受容体．昆虫
の感覚子で機能するイオンチャネル型受容
体は 3 回膜貫通ヘリックスをもち，ケミカ
ルリガンドを S1 と S2 で認識する．(c) Ppk
(Pickpocket)．2 回膜貫通ヘリックスをもち，
一部は求愛行動や水分の感知にかかわる．

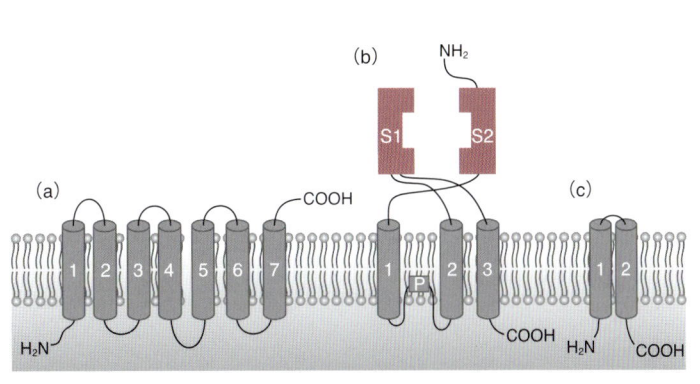

は体毛として見える化学感覚子（Chemosensory sensillum）内に樹状突起を伸ばす OR 神経細胞（ORN），GR 神経細胞（GRN）で発現している．ORN が局在する感覚子と GRN が局在する感覚子は構造に違いがあり，前者は揮発性のケミカルリガンドを通す多数の小孔(嗅孔)をもつのに対して，後者は難揮発性ケミカルシグナルを取り込む味孔をその頂点に一つだけもつ（図 11.9）．高等動物は OR，GR として GPCR をもち，それらは 7 回膜貫通構造で，N 末端を細胞外に C 末端を細胞内に向け，自身ではイオンチャネルを形成しない．ところが昆虫の OR と GR は，7 回膜貫通構造をもつものの，N 末端を細胞内に C 末端を細胞外に向けるという脊椎動物の OR や GR とは逆のトポロジーをもっており，さらに IR として働く（図 11.10）．このことはカイコガの性フェロモン，ボンビコールの受容体の同定と機能解析によって明らかとなった[81,82]．

　OR や GR には，共受容体（Co-receptor）と呼ばれる主受容体の応答を調節する分子が存在する．たとえばカイコガのボンビコール受容体 BmOR1 は共受容体 BmOrco と複合体をつくると，BmOR1 単独に比べて数百倍鋭敏に応答するようになる[82]．昆虫特有の OR と GR に関する研究はショウジョウバエでとくに進んでいるが[83]，OR や GR のケミカルリガンドの全貌は解明されていない．

　化学感覚子は触覚にとどまらず，翅の付け根，足，口の先端部などからだのいたるところに存在する．昆虫の体表に存在する体毛や刺状の構造はすべて感覚子であると思ってよい．そこでは OR，GR および TRP チャネルに加えてイオンチャネル型グルタミン酸受容体に構造が類似する IR が嗅覚受容あるいは味覚受容の役割を担っている．これらの IR は 3 回の膜貫通ヘリックスをもち，4 量体を形成する（図 11.10）．関連分子はショウジョウバエで 60 種もあり，その大部分のリガンドは不明である[83]．

　さらに行動制御に関与する分子の一つとして Ppk（Pickpocket）についても触れておきたい．Ppk は 2 回の膜貫通ヘリックスをもち，N 末端と C 末端を細胞質側に向ける（図 11.10）．ショウジョウバエには 31 もの *ppk* 遺伝子があるが，そのうち機能がわかっているのは求愛行動に関与する *ppk23* と *ppk29*[84,85]，水分の感知にかかわる *ppk28* などに限られる．

11.6　おわりに

　害虫からの植物保護や蚊などの感染症媒介昆虫の駆除において，中枢神経に作用する切れ味に優れた昆虫制御剤に頼るだけでは，種選択性の低さの欠点を克服するのは困難で，抵抗性の発生から逃れることはできないだろう．したがって以前か

ら言われているように，昆虫を化学的手段によって制御する場合でも一つの手段だけに頼らず，複数の方面から制御する工夫が必要である．このような総合防除に貢献できるものの一つが，昆虫の化学生態学に立脚した行動制御剤だと筆者は考え

る．われわれヒトと同様，昆虫もケミカルシグナルの海を漂っており，そのなかから鍵となる分子を鋭敏かつ選択的に感知して種の維持に繋げていることを知らなくてはならない．嗅覚や味覚に関する受容体の数は，種の多様性と植物とのかかわ

Key Chemistry　植物脂質を起源とするケミカルリガンド

植物では α リノレン酸をリポキシゲナーゼが過酸化し，アレンオキシド代謝物を経てサイクラーゼにより環化すると 12-オキソ-フィトジエン酸（OPDA）が生じる．これを還元・β-酸化すると，植物ホルモンの一種ジャスモン酸（JA）が生まれる．これは，アラキドン酸からリポキシゲナーゼによる過酸化とシクロオキシゲナーゼによる 5 員環形成を経て生じる動物のプロスタグランジン類の生合成に似ている．JA がメチルエステル化されると揮発性シグナル分子となる．JA とは異なる経路で OPDA が代謝されるとジャスミンの香りシス-ジャスモンが生じる．シス-ジャスモンは植物にも昆虫にも作用する．シス-ジャスモンが酸化されて生じるジャスモロロンが第一菊酸とエステル化されると昆虫制

御剤ピレスリン類の一種ジャスモリン I となる．また，過酸化された α リノレン酸が開裂するとみどりの香りとも呼べるヘキセノールおよびヘキセナール類が生じる．それらは植物間のコミュニケーションに利用されており[86]，これは動物でいうところの加齢臭 (E)-2-ノネナールである．

動物においてアラキドン酸から実に多様な生理活性物質が生み出されるのと同様に，植物でも α リノレン酸からここに記載したものよりはるかに多くのケミカルリガンドが生じていると予想される．その大部分はいまのところ作用機構が不明であるが，ケミカルリガンドの機能と受容のしくみは，次代の農薬開発の礎になると期待される．

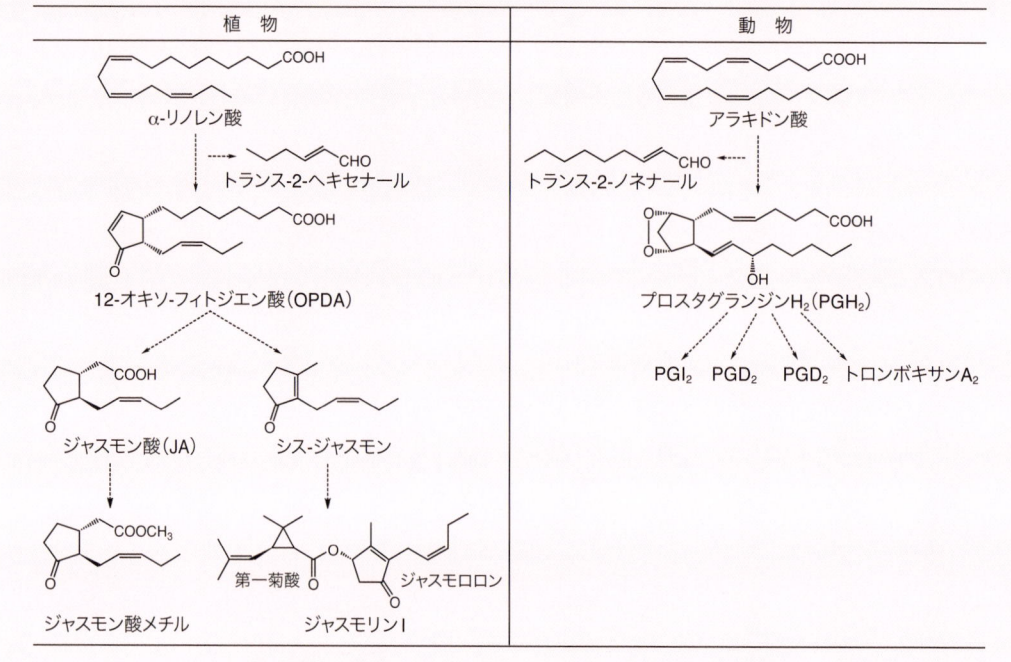

図　植物と動物で生み出されるケミカルリガンドの例

りまで考慮すると気が遠くなるくらいに多い．遺伝学的あるいは分子生物学的手法を用いて昆虫の行動におけるそれらの機能を推定することはできるが，それを効率的にできるのはショウジョウバエなどのモデル昆虫に限られ，残りの昆虫種の化学受容の機構は謎に包まれている．農薬開発にかかわる研究者のみならず，天然物有機化学者もそのことに気づき，混沌とした化学物質のスープのなかから，昆虫制御に重要な受容体のリガンドを精製し，その構造を決める必要があるのではないだろうか．その成果は，害虫と呼ばれる昆虫たちと付き合う方法を，私たちに教えてくれるはずである．

（松田一彦）

文　献

1) K. Loughney et al., *Cell*, **58**, 1143 (1989).
2) J. Tan et al., *J. Neurosci.*, **22**, 5300 (2002).
3) Z. Liu et al., *Proc. Natl. Acad. Sci. USA*, **101**, 11862 (2004).
4) W. Song et al., *J. Biol. Chem.*, **279**, 32554 (2004).
5) G. Feng et al., *Cell*, **82**, 1001 (1995).
6) S. F. Holloway et al., *Pflügers Arch.*, **414**, 613 (1989).
7) T. Narahashi, *Mini. Rev. Med. Chem.*, **2**, 419 (2002).
8) A. E. Lund & T. Narahashi, *Pestic. Biochem. Physiol.*, **20**, 203 (1983).
9) T. Narahashi, *J. Pharmacol. Exp. Ther.*, **294**, 1 (2000).
10) J. R. Busvine, *Nature*, **168**, 193 (1951).
11) J. R. Busvine, *Nature*, **171**, 118 (1953).
12) M. S. Williamson et al., *Mol. Gen. Genet.*, **252**, 51 (1996).
13) M. Miyazaki et al., *Mol. Gen. Genet.*, **252**, 61 (1996).
14) P. J. Ingles et al., *Insect Biochem. Mol. Biol.*, **26**, 319 (1996).
15) D. M. Soderlund, *Pest. Manag. Sci.*, **64**, 610 (2008).
16) S. B. Long et al., *Science*, **309**, 897 (2005).
17) S. B. Long et al., *Science*, **309**, 903 (2005).
18) A. O. O'Reilly et al., *Biochem. J.*, **396**, 255 (2006).
19) Y. Du et al., *Proc. Natl. Acad. Sci. USA*, **110**, 11785 (2013).
20) X. Zhao et al., *Neurotoxicology*, **24**, 83 (2003).
21) B. Lapied et al., *Br. J. Pharmacol.*, **132**, 587 (2001).
22) X. L. Wang et al., *Insect Sci.*, **23**, 50 (2016).
23) X. Zhao et al., *Neurotoxicology*, **26**, 455 (2005).
24) L. Salkoff et al., *Science*, **237**, 744 (1987).
25) W. Zhou et al., *Neuron*, **42**, 101 (2004).
26) T. Zhang et al., *PLoS Genet.*, **9**, e1003327 (2013).
27) P.J. Corringer et al., *Annu. Rev. Pharmacol. Toxicol.*, **40**, 431 (2000).
28) A. Nemecz et al., *Neuron*, **90**, 452 (2016).
29) N. Unwin, *Q. Rev. Biophys.*, **46**, 283 (2013).
30) K. Matsuda et al., *Trends Pharmacol. Sci.*, **22**, 573 (2001).
31) K. Matsuda et al., *Biosci. Biotechnol. Biochem.*, **69**, 1442 (2005).
32) K. Matsuda et al., *Mol. Pharmacol.*, **76**, 1 (2009).
33) M. Ihara et al., Mol. Pharmacol., 86, 736 (2014).
34) M. Shimomura et al., *Br. J. Pharmacol.*, **137**, 162 (2002).
35) M. Shimomura et al., *Mol. Pharmacol.*, **70**, 1255 (2006).
36) K. Toshima et al., *Neuropharmacology*, **56**, 264 (2009).
37) M. Ihara et al., *Invert. Neurosci.*, **8**, 71 (2008).
38) C. Bass et al., *BMC Neurosci.*, **12**, 51 (2011).
39) M. Shimomura et al., *Neurosci. Lett.*, **363**, 195 (2004).
40) V. Raymond-Delpech et al., *Invert. Neurosci.*, **5**, 29 (2003).
41) V. L. Salgado & R. Saar, *J. Insect Physiol.*, **50**, 867 (2004).
42) A. M. Puinean et al., *J. Neurochem.*, **124**, 590 (2013).
43) R. W. Olsen & W. Sieghart, *Neuropharmacology*, **56**, 141 (2009).
44) J. E. Henderson et al., *Biochem. Biophys. Res. Commun.*, **193**, 474 (1993).
45) R. J. Harvey et al., *J. Neurochem.*, **62**, 2480 (1994).
46) R. H. Ffrench-Constant et al., *Proc. Natl. Acad. Sci. USA*, **88**, 7209 (1991).
47) S. D. Buckingham et al., *Mol. Pharmacol.*, **68**, 942 (2005).
48) R. H. Ffrench-Constant et al., *Nature*, **363**, 449 (1993).
49) H. G. Zhang et al., *Mol. Pharmacol.*, **48**, 835 (1995).

50) G. Gisselmann et al., *Br. J. Pharmacol.*, **142**, 409 (2004).

51) A. K. Jones et al., *J. Neurosci.*, **29**, 4287 (2009).

52) S. D. Buckingham et al., *Curr. Med. Chem.*, **24**, 2935 (2017).

53) Y. Xu et al., *PLoS One*, **10**, e0122629 (2015).

54) V. Raymond & D. B. Sattelle, *Nat. Rev. Drug Discov.*, **1**, 427 (2002).

55) A. J. Wolstenholme, *J. Biol. Chem.*, **287**, 40232 (2012).

56) S. Furutani et al., *Sci. Rep.*, **4**, 6190 (2014).

57) N. S. Kane et al., *Proc. Natl. Acad. Sci. USA*, **97**, 13949 (2000).

58) J. E. Casida, *Chem. Res. Toxicol.*, **28**, 560 (2015).

59) V. Raymond-Delpech et al., *Cell Calcium*, **35**, 131 (2004).

60) H. A. Baylis et al., *J. Mol. Biol.*, **294**, 467 (1999).

61) M. Tohnishi et al., *J. Pestic. Sci.*, **30**, 354 (2005).

62) G. P. Lahm et al., *Bioorg. Med. Chem. Lett.*, **17**, 6274 (2007).

63) R. Zalk et al., *Annu. Rev. Biochem.*, **76**, 367 (2007).

64) H. Takeshima et al., *Nature*, **339**, 439 (1989).

65) J. Nakai et al., *FEBS Lett.*, **271**, 169 (1990).

66) K. Otsu et al., *J. Biol. Chem.*, **265**, 13472 (1990).

67) G. Giannini et al., *Science*, **257**, 91 (1992).

68) H. Takeshima et al., *FEBS Lett.*, **337**, 81 (1994).

69) T. Masaki et al., *Mol. Pharmacol.*, **69**, 1733 (2006).

70) D. Codova et al., *Pesitc. Biochem. Physiol.*, **84**, 196 (2006).

71) U. Ebbinghaus-Kintscher et al., *Cell Calcium*, **39**, 21 (2006).

72) K. Kato et al., *Biochemistry*, **48**, 10342 (2009).

73) D. Steinbach et al., *Insect Biochem. Mol. Biol.*, **63**, 14 (2015).

74) C. Montell et al., *Neuron*, **2**, 1313 (1989).

75) B. Nilius et al., *Pharmacol. Rev.*, **66**, 676 (2014).

76) 沼田朋大ら，生化学，**81**，962 (2009).

77) 伊原 誠 & 山下敦子，化学と生物，**52**，48 (2014).

78) M. Ihara et al., *J. Biol. Chem.*, **288**, 15303 (2013).

79) A. Nesterov et al., *Neuron*, **86**, 665 (2015).

80) R. Kandasamy et al., *Insect Biochem. Mol. Biol.*, **84**, 32 (2017).

81) T. Sakurai et al., *Proc. Natl. Acad. Sci. USA*, **101**, 16653 (2004).

82) T. Nakagawa et al., *Science*, **307**, 1638 (2005).

83) R. M. Joseph & J. R. Carlson, *Trends Genet.*, **31**, 683 (2015).

84) B. Lu et al., *PLoS Genet.*, **8**, e1002587 (2012).

85) R. Thistle et al., *Cell*, **149**, 1140 (2012).

86) K. Matsuda, *Top Curr. Chem.*, **314**, 73 (2012).

☑ **Brain Neurochemistry**

Ⅲ

脳神経における素過程・構造をコントロールする分子群

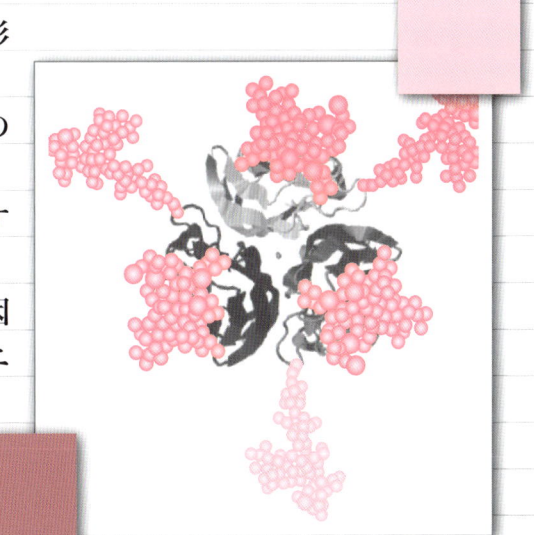

カリウムチャネル，ナトリウムチャネル
── 機能，構造，構造機能連関，機能調節機構

Summary

第 2 章では神経の活動電位発生の理論的背景を述べたが，この章では実際にそれを担う Na^+ チャネルと K^+ チャネルの分子特性について紹介する．活動電位を実現するために，興奮性のトリガーとなる Na^+ チャネルは一過的，局所的に Na^+ を透過することに特化する．また静止電位に引き戻す相に寄与する K^+ チャネルはきわめて多様性に富み，神経活動の無数のパターンを実現するために必要な，多様な活動電位の形状や発火パターンを生み出す素地を提供する．さらに K^+ チャネルが深い静止膜電位まで速やかに引き戻して安定させるためには，イオン半径が Na^+ に比べて大きい K^+ をより高く選択する必要がある．本章ではこれら二つのチャネルの違いや，その基本的特性であるイオン選択性，電位依存性，不活性化について分子的観点から解説する．

12.1　はじめに

活動電位に直接貢献するのは電位依存性の Na^+ チャネル（Na_V）と K^+ チャネル（K_V）である．遺伝子の同定は Na_V のほうが先んじたが，K_V はより単純な分子構造をもつため，電位依存性など両チャネルに共通する特性は K_V（および非電位依存性の K^+ チャネル）を対象にした研究で明らかになってきた．そのため，本章においてもまず K_V の基本的特性について述べる．また，神経活動を担う多様な K^+ チャネルのうち，内向き整流性 K^+ チャネル（Kir），直列ポアドメイン K^+ チャネル（K2P），Ca^{2+} 活性化型 K^+ チャネル（K_{Ca}）についても紹介する．これらの K^+ チャネルの分子構造，機能，役割の違いについては，簡単に表 12.1 にまとめた．

12.2　電位依存性 K^+ チャネル

K_V は 6 回膜貫通型（6TM）で，S1 から S4 は電

表 12.1　K^+ チャネルの分子構造，機能，役割

	分子構造とその特徴	機能	役割
電位依存性 K^+ チャネル（K_V）	6TM，4 量体 電位センサードメイン	膜電位変化により活性化する	Na_V によって生じた活動電位を再分極させる
内向き整流性 K^+ チャネル（Kir）	2TM，4 量体 整流性に寄与する大きな細胞内ドメイン	K^+ の平衡電位より負電位側でより大きな電流を生じる	K^+ の平衡電位に膜電位を近づけることで，静止膜電位の安定性に寄与する
直列ポアドメイン K^+ チャネル（K2P）	4TM，2 量体 二つの連結したポアドメイン	麻酔薬，熱や機械刺激など多様な刺激に応答する	多様な刺激に応じて静止膜電位を調節する
Ca^{2+} 活性化型 K^+ チャネル（K_{Ca}）	7TM（BK），4 量体 二つの細胞内 RCK（Ca^{2+} 感知）ドメイン	細胞内 Ca^{2+} 濃度上昇と膜電位変化の両方で活性化する	Ca^{2+} 濃度と膜電位変化の二つの情報を統合して膜電位を調節する

位依存性に重要な電位センサードメイン（voltage sensor domain；VSD），S5 と S6 は K⁺ 選択性を担うポアドメイン（pore domain；PD）となっている（図 12.1 a）．K_V はこの 6TM をサブユニットとしてホモあるいはヘテロ 4 量体を形成している．この VSD と PD は機能的に独立したモジュールで，PD はチャネル中央で集合してイオン透過孔を形成し，VSD はその周囲に四つ，個別に配置される．膜電位変化は VSD の立体構造の再配置を促し，それが連結領域（S4-S5 リンカー）を通じて PD のゲートの開口を促すことで，電位依存的活性化が実現される．

　はじめて同定された K_V は，異常な翅の震えを示す表現型のショウジョウバエの原因遺伝子 *Shaker* である[1]．この *Shaker* チャネルを対象に膨大な数の研究がなされ，電位依存性カチオンチャネルの一般的特性が明らかにされてきた．そ

れらによると，哺乳類の K_V には K_V1 から K_V12 までのファミリーが存在し，またそれぞれのファミリーには複数のサブタイプが存在する．それぞれのサブタイプは異なった性質をもち，それゆえヘテロ 4 量体形成時のチャネルの性質の多様性は莫大なものとなる．このように 4 量体としてイオン透過孔を形成するものを α サブユニットと呼ぶが，補助サブユニットである β サブユニットも存在する．β サブユニットには，細胞内部および外部結合型，膜貫通型とさまざまなタイプがあり，またゲーティング機能の調節，細胞内酸化還元状態のセンサーなどきわめて多様な機能を果たす．

12.2.1　K⁺ 選択性

　K_V を含む K⁺ チャネルは Na⁺（イオン半径 0.95 Å）に比べて K⁺（1.33 Å）を 1000 倍以上通しやす

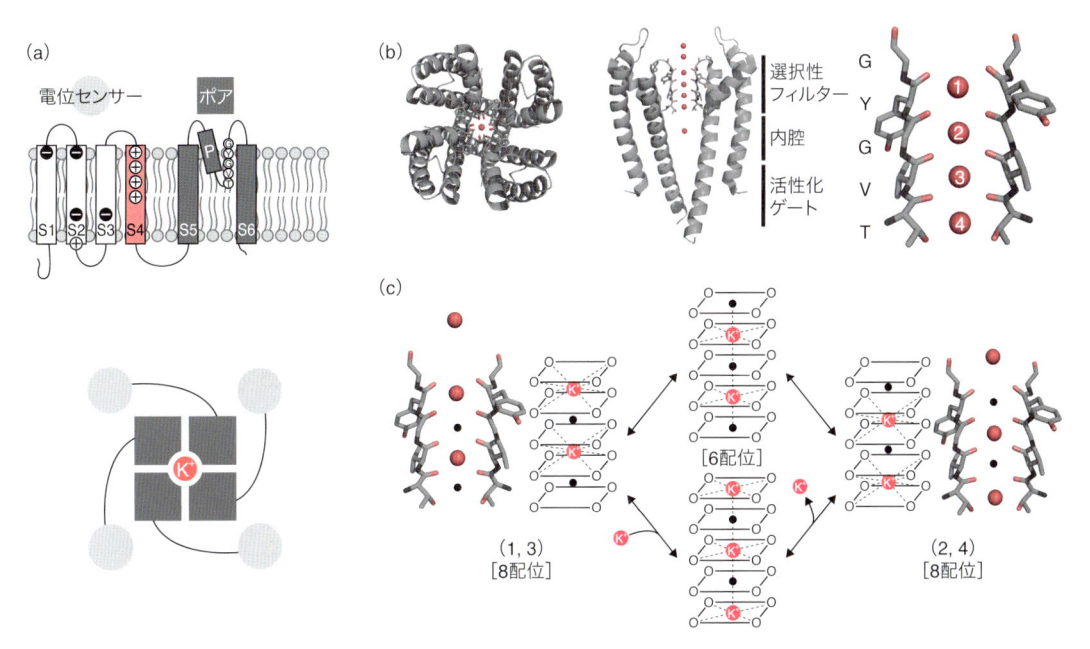

図 12.1　K⁺ チャネルの分子構造および KcsA の結晶構造

（a）K_V のトポロジー（上）とサブユニット配置（下）の模式図．荷電残基の位置や種類にはチャネルによって多様性がある．サブユニット配置は細胞外側から見た図．（b）KcsA の結晶構造（PDB：1K4C）．細胞外側から見た図（左），脂質膜面より見た図（中央）および選択性フィルター配列のみの拡大図（右）をそれぞれ示す．中央および右図は見やすさのため，手前と奥に位置するサブユニットは除いてある．（C）KcsA より提示された K⁺ 選択的透過メカニズムの概略図．白丸は KcsA 分子より提供される酸素原子，黒丸は水分子，点線は水素結合を表す．

い高い選択性と，1秒間にイオンおよそ 10^6 個という単純拡散に匹敵する速度の透過を同時に実現している．*Shaker* チャネルに対する部位特異的変異導入による構造機能連関研究などにより，選択性を決める配列は PD の二つの膜貫通領域のあいだにある TVGYG モチーフであることがわかった（図 12.1 a）．しかしこのモチーフがどのように選択的透過メカニズムを実現しているかを明快に理解するためには，結晶構造決定を待たねばならなかった．

　はじめて報告された K^+ チャネルの結晶構造は，原核生物由来の2回膜貫通型 K^+ チャネルである KcsA であった[2–4]．KcsA は K_V の PD に相当する部分のみから成る．KcsA の結晶構造中で，TVGYG 配列は一列に並び，等間隔に配置された主鎖およびトレオニン（Thr）側鎖のカルボニル基がチャネル中心軸に向けて4方向から突き出している（図 12.1 b）．K^+ に相当する電子密度はフィルター内に四つ観察され，それぞれは八つのカルボニル基の酸素原子と 2.70 〜 3.08 Å の距離で結合している．この距離は水溶液中で K^+ に水和する水分子の酸素原子との距離に相当すると考えられる．このようにフィルターの酸素原子が K^+ の水和状態を模した環境をもつため，K^+ はあたかも水和水を交換するように溶液中からフィルター内に進入し，エネルギー障壁をほとんど受けない．一方，より小さな Na^+ は水和水との距離が K^+ よりも近くなるため，K^+ に最適化された水和環境にフィットできず，脱水和に高いエネルギー障壁が生じる．この違いにより，より小さな Na^+ を排除した K^+ 選択性が実現される．

　速い透過性に関しては四つの K^+ 結合サイトが一列に並んでいることが重要である（図 12.1 c）．K^+ が隣り合う二つのサイトに同時に存在することは電荷の反発を考えると難しく，実際は $(1, 3)$ と $(2, 4)$ のサイトを占有する状態の二つがあり，それぞれの状態で残りの二つのサイトは水分子

で占められていると考えられる．結晶構造では2状態が平均化され，四つのサイトに均等に電子密度が観察される．この2状態は透過時に交互に繰り返されると考えられ，$(1, 3)$ から $(2, 4)$ そして再度 $(1, 3)$ へと遷移すると，玉突きのように内腔からイオンが一つ進入し，細胞外へ一つ押し出される．この2状態間のエネルギー差はほぼゼロである．また，$(1, 3)$／$(2, 4)$ 遷移の途中では，一時的に四つの正方形のカルボニル基と結合サイトを埋める水分子に挟まれた6配位状態を取るが，これもまた K^+ が取りうる水和状態であることがわかっている．すなわち，フィルター内での移動に関して K^+ はほとんどエネルギー障壁がなく，その移動方向は細胞内外の電気化学ポテンシャルで決定されるということである．こうしたしくみ以外にも，K^+ チャネルは，疎水性に富み水和状態で K^+ を保持できる内腔構造や，その内腔に双極子モーメントの負電荷側を向けるポア・ヘリックスによりカチオンである K^+ を引き寄せるメカニズムなど，イオン透過のために精緻化された構造を有している．

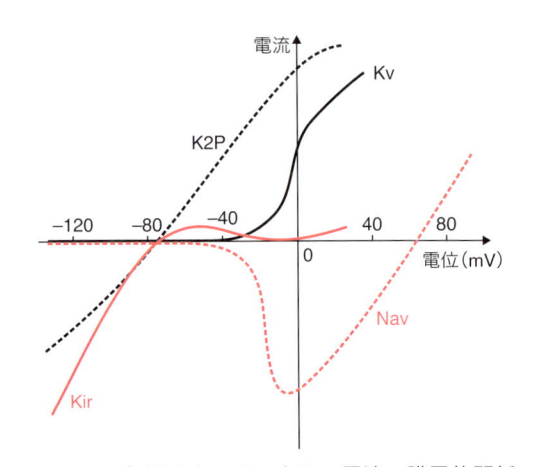

図 12.2　各種イオンチャネルの電流・膜電位関係
K_V，Kir，K2P，Na_V のそれぞれのチャネルにおいて，横軸に膜電位を，縦軸に電流をプロットした図．それぞれの性質については本文参照のこと．

12.2.2　電位依存的活性化

　膜電位変化を感知する VSD の一次構造上の特徴は，疎水性の膜貫通領域内に荷電残基が複数存在することである（図 12.1 a）．とくに S4 では正の荷電残基が 3 残基ごとに存在し，膜電位が負から正へと反転するとこの荷電部位の構造が変化し，それが VSD 全体の構造変化を促すと考えられている．実際に荷電部位の構造変化は脱分極刺激を与えたときにイオン電流に先行して外向きに流れるゲート電流として観察可能で，S4 の正電荷が膜電位変化に応じて細胞外側に移動することが示唆されている．この特性から K$_V$ の電流・膜電位関係は，負電位側では電流を生じないが，脱分極刺激に応じて活性化して急激に電流量が増大する．このとき生じる電流の方向は細胞内外の電気化学ポテンシャルによって決まり，細胞内 K⁺ 濃度が高い生理的な環境では外向き電流となる（図 12.2）．

　2005 年，哺乳類由来の *Shaker* 型 K$_V$（K$_V$1.2）の結晶構造が報告された[5,6] *1．S4 の正の荷電残基は S1 ～ S3 の負の荷電残基と相互作用して安定化されており，最も細胞外側にある残基はいくつか細胞外側へ露出していた（図 12.3 a）．この正電荷が分極刺激でどのように動くかは，ヘリックスが大きく膜に対して垂直方向に動くモデル，あるいはわずかな回転のみで電荷が移動するモデルなどが提唱されている[7]．しかし，静止状態の

---

*1　結晶化状態では膜電位は消失して 0 mV であり，この状態で K$_V$1.2 は活性化しているので，この結晶構造は活性化型と考えられる．

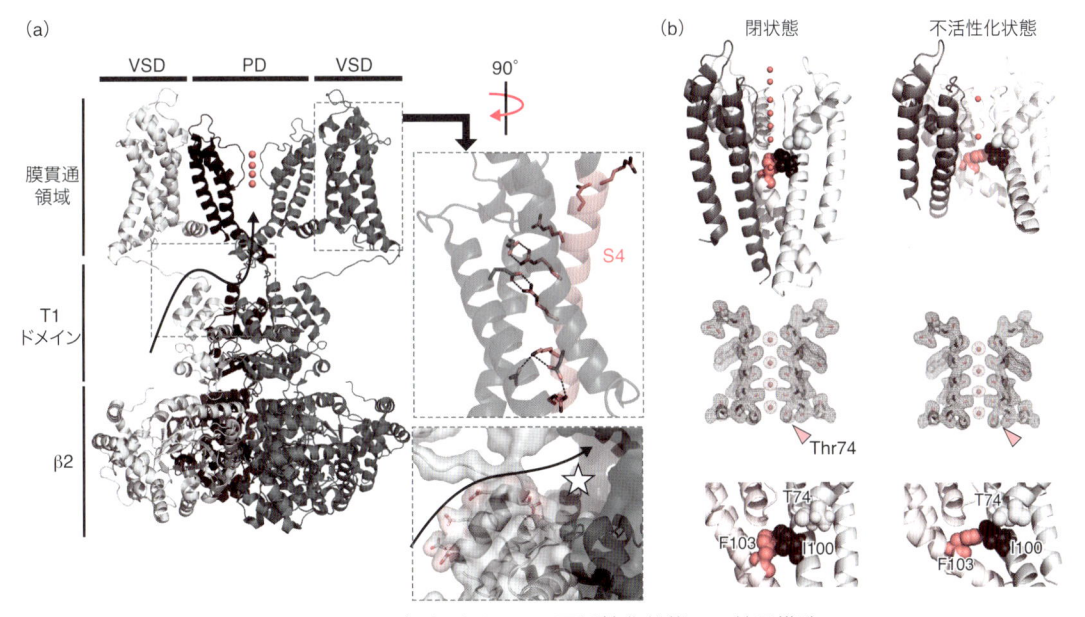

図 12.3　K$_V$ および KcsA の不活性化状態での結晶構造

(a) K$_V$1.2/2.1 キメラチャネルの結晶構造の全体図（PDB：2R9R）．キメラは分解能を高めるため，K$_V$1.2 の S3 と S4 の一部を K$_V$2.1 に置換したもの．手前と奥に位置する VSD と PD（それぞれ別のサブユニット由来）は除いてある．細胞内 T1 ドメインはチャネルの 4 量体化に寄与する領域．VSD は 90 度回転して拡大したものも示す．S4 ヘリックスの正の荷電残基と S1 ～ S3 上の負電荷は棒状モデルで示す．それぞれが塩橋を形成して安定化されていることがわかる．また，T1 ドメインと PD 間の横穴（☆）は表面モデルで拡大して示す．横穴近傍には負の荷電残基が集合しており，不活性化 ball はここを通過して矢印のようにして内腔に進入すると考えられる．(b) KcsA の閉状態と不活性化状態（PDB：3F5W）の構造比較．手前のサブユニットは除いてある．選択性フィルタ を構成する Thr74（白色），および活性化と不活性化の共役にかかわる Phe103（赤色）と Ile100（濃茶）を球状モデルで示す．活性化ゲートの開口（上）に伴い，TM2 中央付近の残基の再配置が起こり（下），選択性フィルターの構造変化および K⁺ 電子密度の変化(中)につながる．文献 8,9）より許可を得て転載．

結晶構造が得られていないこともあり，電位依存的活性化メカニズムのコンセンサスはまだ得られていない．

12.2.3　不活性化

K^+ チャネルの不活性化メカニズムは 2 タイプ存在する．このうちミリ秒オーダーの速いものは N 型不活性化と呼ばれる．この名称は α または β サブユニットの N 末端を切除すると起こらなくなることに由来する．この細胞内 N 末端領域は，脱分極刺激で活性化ゲートが開くと露出するポア内腔に速やかに結合し，イオン透過を阻害する（ball-and-chain model）．内腔にはまり込む ball である N 末端領域は，末端 10 残基程度は疎水性が，続く 10 残基は正の荷電残基が多く現れる．$K_V 1.2$ の結晶構造解明により，複数の負の荷電残基がチャネル開口部から細胞内ドメインとのあいだに大きく開いた横穴の表面に位置することがわかった（図 12.3 a）．このことから ball の正電荷と横穴の負電荷との静電相互作用により，ball は活性化ゲート近傍まで引き寄せられ，チャネルが開くと内腔まで伸びてポアを塞ぐものと考えられる．この際，最 N 末端側の疎水性残基群は内腔表面と疎水性相互作用を形成するためにきわめて効果的である．

K_V では，N 型不活性化が取り除かれても非常に遅い不活性化が残存する．この現象は C 型不活性化と呼ばれ，活性化ゲートの開口が引き金となり，自発的に選択性フィルターが非透過状態へ構造変化するために起こる．この構造基盤については，不活性状態と考えられる KcsA 変異体の結晶構造解明により理解が進んだ[8,9]．この結晶構造中で，選択性フィルターの精緻に配置されていたカルボニル基の直列構造が崩れており，フィルター中には二つの K^+ しか観察されない（図 12.3 b）．これでは先に述べた K^+ 透過メカニズムが実現できず，非透過状態になっていると考え

られる．閉状態の構造と比較してみると，活性化ゲートの開口に伴い TM2 のヒンジがフェニルアラニン（Phe）103 を支点として屈曲・回転し，その構造変化が Thr74 を含む選択性フィルター周囲に伝達されることがわかる．これにより活性化をトリガーとした不活性化への遷移が可能になると考えられる．KcsA は電位依存性をもたないが，同様のメカニズムは K_V でも起きていると考えられる．

12.3　活動電位にかかわる さまざまな K^+ チャネル

12.3.1　内向き整流性 K^+ チャネル(Kir)

Kir は K_V とは異なり基本的には開口したままで，静止膜電位の維持に重要な役割を果たす．K^+ の平衡電位に対して負電位側では大きな電流を生じるが，正電位側ではあまり電流を生じない，内向き整流性を示す（図 12.2）．これは Mg^{2+} や細胞内に大量に存在するスペルミンなどのポリアミンが細胞内側からチャネルを塞ぐためである．K^+ 電流が外向きに生じるとブロッカーはポア内部からの脱離が抑えられるので，平衡電位より正側の電位下で強く阻害される．

Kir の膜貫通領域は 2 本の PD のみ（TM1 ～ 2）だが，N 末端と C 末端ともに大きな細胞内領域をもつ．整流性を決定する重要な残基は TM2 中央付近に位置するアスパラギン酸（Asp）であるが，これ以外にも細胞内領域に存在する複数の負の荷電残基も重要である．Kir2.2 の結晶構造を見ると，細胞内ドメインは PD の下に 4 量体を形成してぶら下がっており，PD から連続した長い孔を形成している[10]（図 12.4 a）．TM2 の Asp 残基はまさにチャネル内腔に位置しており，ポリアミンなどの正に帯電したブロッカーを効果的に留め，イオン流を阻害できるようになっている．また，細胞内ドメインの荷電残基は透過孔中心に向

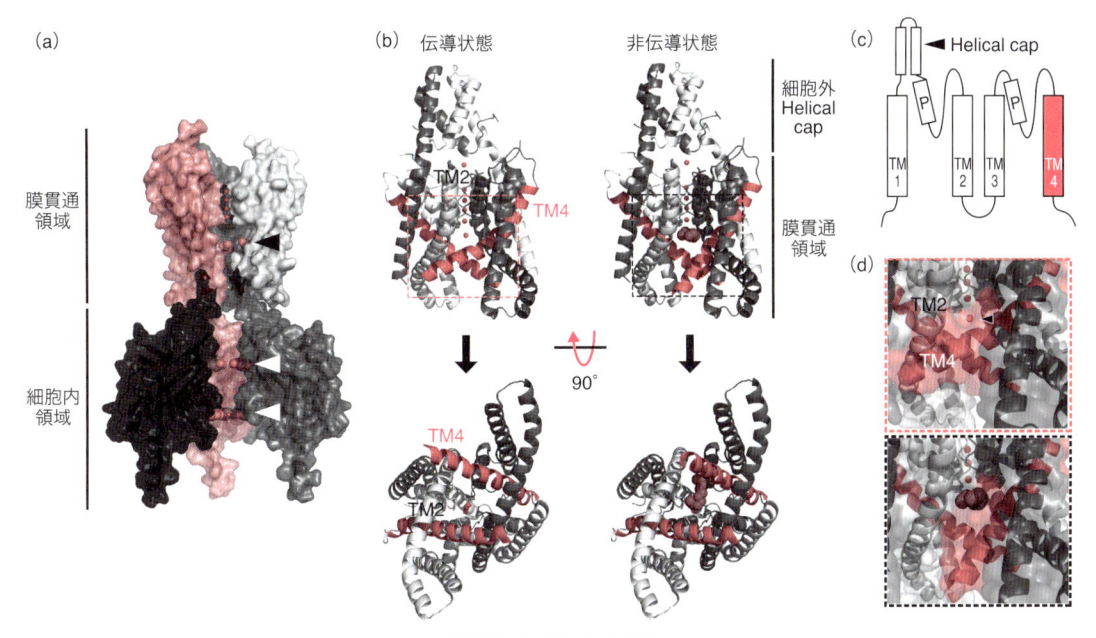

(a)　(b) 伝導状態　　非伝導状態　　細胞外Helical cap　膜貫通領域　(c) ◀ Helical cap　(d)

図 12.4　Kir と K2P

(a) ニワトリ Kir2.2 の 3.1 Å 分解能の結晶構造（PDB：3JYC）．黒矢頭は内腔に位置するブロッカー結合に重要な Asp 残基を，白矢頭は細胞内領域での結合サイトを示す．膜貫通および細胞内の，手前に位置するそれぞれの領域（別のサブユニット由来）は見やすさのため除いてある．(b) ヒト TRAAK の結晶構造（PDB：非伝導状態；4WFF，伝導状態；4WFE）．伝導状態はTRAAK の activator であるトリクロロエタノール存在下で得られた構造．上は膜平面より見た図，下は 90 度回転させ細胞内側から見た図．異なるサブユニットは濃淡で区別し，TM4 のみともに赤色で示す．脂質分子と想定される電子密度は球状モデルで示してある．細胞外側に存在するhelical cap 構造は K2P に特徴的な構造であり，頂点に位置するシステイン（Cys）によりジスルフィド結合が形成されている．(c) K2P のトポロジー図．(d) (b)の拡大図．伝導状態（赤枠）では TM4 が TM2と密着して内腔に K⁺ と想定される電子密度（矢頭）が観察されるが，非伝導状態（黒枠）では TM4 が回転して下がることで脂質膜から内腔まで開いた隙間が生じ，その隙間から内腔の K⁺ 結合位置にかけて代わりに脂質分子（茶色）が観察される．

けて近接して配置されることでイオンおよびブロッカーの結合部位を形成している．この細胞内ドメインの結合サイトは，補助的な阻害剤の結合部位を形成することで，電位差に応じて速やかに内腔へ結合および脱離することに寄与しているものと思われる．

12.3.2　直列ポアドメイン K⁺ チャネル(K2P)

K2P にはそれぞれの機能を反映して TRAAK，TWIK，TREK，TASK，TALK，THIK などのサブファミリーがある．基本的には電位依存性をもたず[*2]，常に K⁺ 電流を生じることで静止膜電位の安定性に寄与すると考えられる．このため電流・膜電位関係はオームの法則に従ってほぼ直線になる（図 12.2）．細胞内外の pH，アラキドン酸

などの多価不飽和脂肪酸，麻酔薬，さらには熱や機械的刺激によって活性化される．

K2P は相同な PD が二つ連結した 4 回膜貫通型（TM1 〜 4）で，結晶構造は 2 量体が集合して擬 2 回対称のチャネルを形成している（図 12.4 b，c）[11,12]．K2P には特有の立体構造が多く見られるが，そのうちの一つはチャネル中心から大きく外に向けて折れ曲がった TM2 である．これにより K2P は脂質膜とチャネル内部を隔てているTM2 と TM4 のあいだに横穴が生じている（図

*2　サブファミリーによっては電位依存性を示すものもある．
*3　実際に TRAAK の結晶構造ではこの横穴から内腔までの隙間に結合する脂質分子と思しき電子密度が観察されている（図 12.4 d）．TRAAK のアゴニストであるトリクロロエタノールとの共結晶では，TM4 が回転することでこの横穴が閉じ，同時に脂質分子の電子密度が消失してイオン透過の障害物が除かれる（図 12.4 d）．

12.4 d）．この横穴から内腔までの隙間には脂質分子が結合し，ゲートとして作用することが示唆されている[*3]．

しかし，K2P の膜貫通領域の構造変化にもかかわらずチャネルの細胞内側は大きく開口している．このことから K_V とは異なり，この領域は K2P の活性化ゲートとして機能していないと考えられる．脂質分子による阻害以外にも，K2P には C 型不活性化に類似したメカニズムがゲートとして機能することが報告されている[13]．

12.3.3　Ca^{2+} 活性化型 K^+ チャネル（K_{Ca}）

K_{Ca} は重要なセカンドメッセンジャーである細胞内 Ca^{2+} の濃度変化を，直接膜電位と対応付けることを可能にする重要なチャネルである．K_{Ca} はチャネルのコンダクタンスの違いにより BK（Big conductance K^+ channel），SK（Small conductance K^+ channel），IK（Intermediate conductance K^+ channel）の三つに分類される．BK チャネルは Ca^{2+} と膜電位の両方により活性化されるが，SK と IK チャネルに電位依存性はない．またそれぞれの Ca^{2+} 感受性および Ca^{2+} 認識メカニズムにも違いがある．神経細胞にはとくに SK チャネルの発現がよく認められ，後過分極電位の形成に寄与している．

K_{Ca} のなかでも BK チャネルはコンダクタンスの大きさゆえ電流が容易に得られることもあり，よく研究されてきた．BK チャネルは K_V と同様に VSD と PD から成り，4 量体として機能する（ただし BK チャネルは N 末端にもう 1 本膜貫通ヘリックスをもつ 7 回膜貫通型）（図 12.5 a）．C 末端領域は直列した二つの RCK（Regulator of K^+ Conductance）ドメインをもち，とくに RCK2 の負の荷電残基が多数連続する部位（Ca^{2+} bowl）が Ca^{2+} の認識に重要である．この C 末端領域の結晶構造は解明されており，四つのサブユニッ

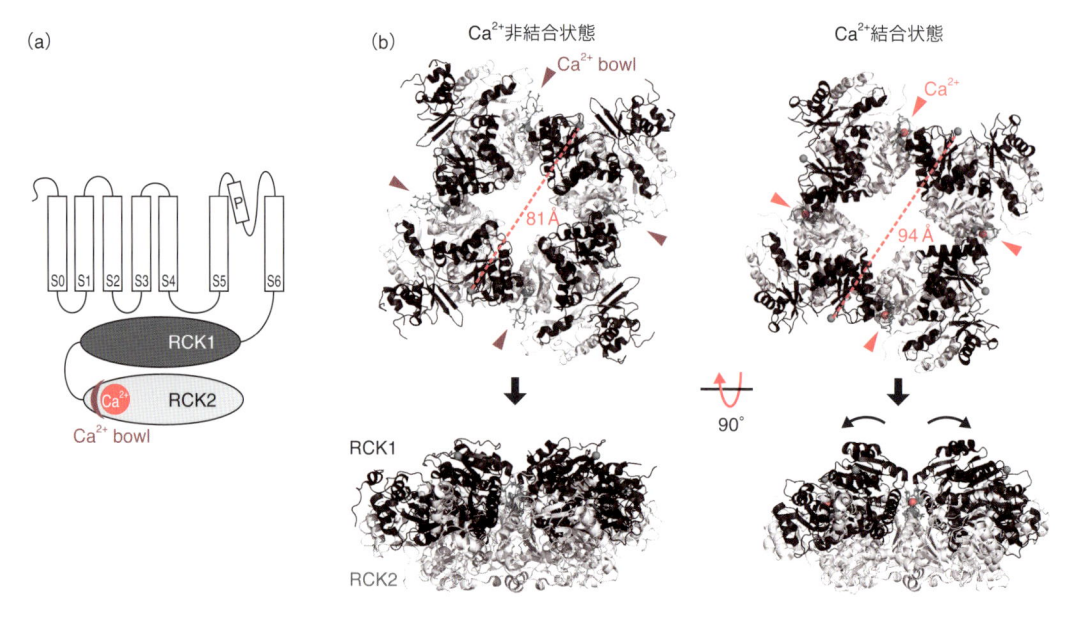

図 12.5　BK チャネル

（a）BK チャネルのトポロジー図．RCK1 直前の黒丸は，（b）の図中の球に相当する残基を表す．（b）BK チャネル C 末端領域の結晶構造．Ca^{2+} 結合状態はゼブラフィッシュ由来（PDB：3U6N），非結合状態はヒト由来（PDB：3NAF）．上は細胞外側から，下は横方向より見た図．（a）で示した球について，2 回対称位置にあるサブユニット間で距離を測定して示してある．全体として，Ca^{2+} 結合により 4 量体のリングの RCK1 により構成される上層が外側に膨らみ，直前に位置する S6 ヘリックスの活性化ゲートを開く方向に動くことがわかる．

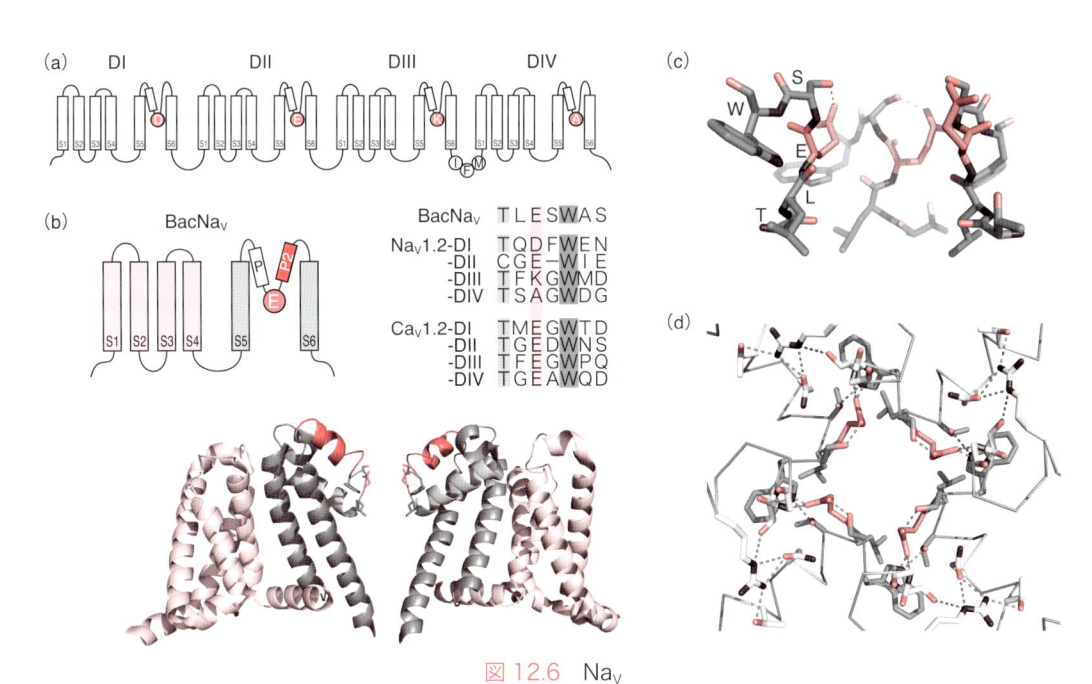

図 12.6 Na$_V$

(a) 真核生物 Na$_V$のトポロジー図．選択性を決定する DEKA 残基，不活性化に重要な IFM モチーフを強調して示してある．(b) BacNa$_V$のトポロジー図（左上），真核生物 Na$_V$チャネルとの選択性フィルターの配列比較（右上），BacNa$_V$ オルソログである Na$_V$Ab I217C 変異体の結晶構造（PDB：3RVY）（下）．選択性フィルターと二つのポア・ヘリックスを色分けして示す．(c) 選択性フィルターの拡大図．点線は水素結合を示す．手前のサブユニットは除いてある．(d) 選択性フィルター周辺をリボンモデルで細胞外側から見た図．多数の水素結合でフィルターが維持されていることがわかる．

トはリング状に配置され，RCK1 はリングの上層，RCK2 は下層を形成している（図 12.5 b）[14,15]．Ca^{2+} bowl は隣接するサブユニットとの境界面に位置し，Ca^{2+} 結合・非結合状態の構造の比較からは，Ca^{2+} bowl の構造変化がサブユニット境界面の相互作用を変化させ，最終的にリング下層の RCK2 を支点にして上層の RCK1 があたかも花弁が開くように動くことがわかる．この動きはRCK1 直前に位置する PD 活性化ゲートを開く動きとよく一致している．

12.4 電位依存性 Na⁺ チャネル

Na$_V$ 遺伝子は K$_V$ より先んじて，1984 年にはじめて電気ウナギからクローニングされた[16]．その分子構造，電位依存性，イオン選択性などの機能は，基本的に K$_V$ と類似している．しかし，

Na$_V$ は四つの相同なドメイン（DI 〜 DIV）が連結した 24 回膜貫通型の一次構造をもっている（図12.6 a）．それぞれのドメインは 6 本の膜貫通ヘリックスから成り，これが K$_V$ の 1 サブユニットに相当する．したがって Na$_V$ は K$_V$ と同様のサブユニット配置をとるが，その立体構造は非対称であると考えられる．

12.4.1 電位依存的活性化

S4 に 3 残基ごとに繰り返し正電荷が現れるなど，Na$_V$ の VSD は K$_V$ と類似している．しかし四つのドメインの一次配列の違いに応じて，それぞれの VSD は K$_V$ とは異なる電位依存性と役割をもつ．具体的には DI と DII がおもに活性化に寄与するのに対し，DIII と DIV は不活性化に重要である[17]．Na$_V$ は K$_V$ と同様に膜電位が正に変化することで活性化するが，Na⁺ は細胞外側

の濃度が高いため，通常 0 mV 付近では内向き電流を生じる．しかし Na^+ の平衡電位より正側の膜電位では Na^+ は細胞外側に流れるようになり，外向き電流を生じる（図12.2）．Na_V のドメイン特異性に関する最新の知見については Key Chemistry に記した．

12.4.2　Na^+ 選択性

Na_V の Na^+ 選択性は，K^+ チャネルと同様の位置にある選択性フィルターにより決定される．選択性に最も重要な残基はドメインごとに異なり，DI ～ DIV で並べると DEKA となる（図12.6 a）．一方，Na_V と相同性のある 24 回膜貫通型の電位依存性 Ca^{2+} チャネル（Ca_V[*4]）ではすべて残基が

同じでグルタミン酸（Glu）が四つ並んだ EEEE である．Na_V の DEKA を EEEE に置換すると Na^+ ではなく Ca^{2+} を選択するようになるので，このモチーフの重要性が示唆される．ただし原核生物由来の Na_V で，高い Na^+ 選択性を示す $BacNa_V$（bacterial Na_V）はホモ 4 量体で，その選択性配列は E（Glu）であるため，選択性については決定残基の周囲の骨格も含めた立体構造をもとに考える必要があるだろう．なお $BacNa_V$ オルソログの結晶構造は 2011 年以降複数のグループから報告されている（図12.6 b）[18-20]．全体の基本骨格としては K^+ チャネルに似ているが，決定残基である E（Glu）の側鎖はポア内部に向

*4　厳密には Ca_V は VDCC の α_1 サブユニットを指す．

Key Chemistry　　化学蛍光を用いた VSD 構造変化の検出

　VSD の構造変化は S4 に存在する正電荷の移動に由来するゲート電流として捉えられるが，この手法のみでは動的性質に関して限られた情報しか得られない．VCF（Voltage clamp fluorometry）は VSD の構造変化をより直接的に検出することを可能にする．Isacoff らは，*Shaker* チャネルにおいて S4 にシステイン変異を導入し，化学修飾により蛍光物質でラベルした．ラベル部位が細胞外溶液からタンパク質内部や脂質膜中に移動すると，蛍光強度が変化する．この実験で確かに電位依存的な蛍光変化が観察され，それまで仮説であった S4 の電位依存的な構造変化が実証された．近年は蛍光ラベルとしてチャネル活性への影響が少ない非天然蛍光アミノ酸を導入する手法も用いられている．

　Na_V がもつ四つの異なる VSD のゲート電流は混合されて測定されるため，それぞれの VSD のチャネル全体への寄与は不明確であった．VCF の Na_V への適用は，これらの異なる VSD の動きを区別することを可能にし，その結果，DI ～ DIII の構造変化により開口したポア領域は，DIV の構造変化でさらに異なる伝導状態に遷移することが示され，Na_V において非対称性がその機能に重要であることが示された[21]．このように，VCF はイオンチャ

ネルの動的構造変化の解析においてきわめて有効な手法である．

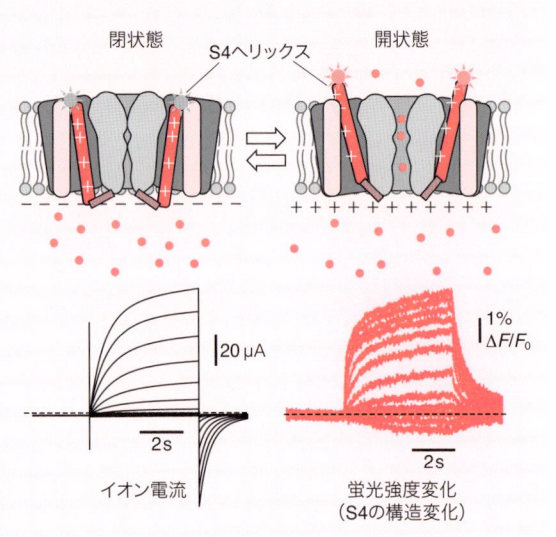

図　VCF の概略図

S4 ヘリックス上部に導入した蛍光ラベルは，電位依存的な S4 ヘリックスの構造変化に伴い，タンパク質および脂質膜内部から細胞溶液へと周囲の環境が変化する．これによって蛍光強度が変化するため，これを測定することで電位依存的な S4 の構造変化をより直接的に，かつイオン電流と別個・同時に測定することができる．図は中條浩一氏（大阪医大）のご好意により提供いただいた．

いている(図12.6c).フィルター周囲の残基は多数の水素結合によって安定化されているのが特徴で(図12.6d),またポア・ヘリックス以外に選択性フィルターのあとにもう1本ヘリックスが存在する.これらの構造的特徴の意義はまだ不明である.フィルター孔は K^+ チャネルよりも広く短い構造で,フィルター中には2か所の結合サイトがあるとされ,Na^+ は1分子が水和したままでフィルター内に進入するモデルが提唱された.しかし選択性フィルター内に Na^+ が明確に観察された結晶構造の報告はなく,詳細に Na^+ 選択性を理解するためにさらなる構造学的研究が必要と思われる.

12.4.3　不活性化

Na_V の不活性化は活動電位の一過性を実現するためにきわめて重要であり,不活性化に影響を与える変異は高 K^+ 性周期性四肢麻痺や先天性筋緊張症などのチャネル病を引き起こす.不活性化メカニズムは K_V と類似しており,二つ存在する."速い不活性化"はN型不活性化に相当するが,その決定領域はN末端ではなくDIII〜DIV間を結ぶリンカーに存在する三つのアミノ酸残基(IFMモチーフ)であり,この部分への変異導入は数ミリ秒で起こる速い不活性化を失わせる(図12.6a).このIFMモチーフが開いたチャネル内腔に結合して透過孔を塞ぐモデル(Lid model)が提唱されている.遅い不活性化はC型不活性化と同様に選択性フィルターの構造変化に起因すると考えられるが,詳細なメカニズムは不明である.

12.4.4　サブファミリー

Na_V のサブタイプには $Na_V1.1$〜1.9 の九つが存在する.その機能上,中枢神経系に発現するものが多いが,$Na_V1.4$ と 1.5 はとくに筋肉に局在している.一方 $Na_V1.7$〜1.9 は末梢神経系,とくに痛覚神経の後根神経節細胞によく発現している.

Na_V は神経毒や麻酔剤の標的であり,薬理学的特性による分類や機能解析が行われてきた.フグ毒テトロドトキシンは Na_V のポアを細胞外側から塞ぐブロッカーであり,選択性フィルター配列の残基がその親和性を決定する.またバトラコトキシンやベラトリジンなどはチャネルの細胞内側のDIとDIVのS6ヘリックスに結合し,不活性化を起こさせなくすることで毒性を示す.ほかにも β-サソリ毒はDIIのVSDに,α-サソリ毒はPDとDIVのVSDとにまたがって結合し,活性化を誘発する.Na_V への毒素の結合様式は K_V と比べてきわめて多様で,Na_V の非対称性構造に由来する複雑な機能メカニズムをうかがわせる.

12.4.5　サブユニット

補助サブユニットである β サブユニットの調節機能としては,α サブユニットの細胞膜上での発現量の上昇,活性化と不活性化の調節にかかわる.また興味深いことに,β サブユニットはチャネル活性調節以外にも多様な機能をもつ.β サブユニットは1回膜貫通型タンパク質で,1から4までの四つのサブタイプがあり,1と3,2と4の相同性が高い.すべての β サブユニットは細胞外側に免疫グロブリンドメインをもち,$\beta1$ を例に取ると,$\beta2$ およびコンタクチン,N-カドヘリンなどの細胞接着分子や細胞外マトリックスと結合する.またリン酸化を介してアンキリンGなどの足場タンパク質をリクルートする.これらの特徴から β サブユニットは細胞間接着,細胞運動,さらには発生にも関与している.

12.5　おわりに

活動電位を担う一群のチャネルについて,とくに立体構造から概説した.立体構造からこれらの分子が各々の特性を実現するためにいかに精緻につくられているかがわかったと思う.本章では

K^+ チャネルと Na_V について概説したが，さらに詳細な解説として文献[22~24] も参照していただきたい．今後も構造解析，電気生理学的解析などに加え，さまざまな先進的手法を適用することでチャネルの詳細な機能が明らかになっていくことが期待される．

（下村拓史・久保義弘）

文　献

1) D. M. Papazian et al., *Science*, **237**, 749 (1987).
2) D. A. Doyle et al., *Science*, **280**, 69 (1998).
3) J. H. Morais-Cabral et al., *Nature*, **414**, 37 (2001).
4) Y. Zhou et al., *Nature*, **414**, 43 (2001).
5) S. B. Long et al., *Science*, **309**, 897 (2005).
6) S. B. Long et al., *Nature*, **450**, 376 (2007).
7) F. Tombola et al., *Annu. Rev. Cell Dev. Biol.*, **22**, 23 (2006).
8) L. G. Cuello et al., *Nature*, **466**, 272 (2010).
9) L. G. Cuello et al., *Nature*, **466**, 203 (2010).
10) X. Tao et al., *Science*, **326**, 1668 (2009).
11) S. G. Brohawn et al., *Science*, **335**, 436 (2012).
12) S. G. Brohawn et al., *Nature*, **516**, 126 (2014).
13) P. L. Piechotta et al., *EMBO J.*, **30**, 3607 (2011).
14) Y. Wu et al., *Nature*, **466**, 393 (2010).
15) P. Yuan et al., *Nature*, **481**, 94 (2011).
16) M. Noda et al., *Nature*, **312**, 121 (1984).
17) B. Chanda & F. Bezanilla, *J. Gen. Physiol.*, **120**, 629 (2002).
18) J. Payandeh et al., *Nature*, **475**, 353 (2011).
19) X. Zhang et al., *Nature*, **486**, 130 (2012).
20) C. J. Tsai et al., *J. Mol. Biol.*, **425**, 4074 (2013).
21) M. P. Goldschen-Ohm et al., *Nat. Commun.*, **4**, 1350 (2013).
22) B. Hille, "Ion Channels of Excitable Membranes (3rd ed)," Sinauer (2001).
23) A. C. William et al., "The IUPHAR Compendium of Voltage-gated Ion Channels 2002," IUPHAR Media (2001).
24) 倉智嘉久 編,『イオンチャネル最前線 update』, 医歯薬出版 (2005).

chapter13

Part III　脳神経における素過程・構造をコントロールする分子群

カルシウムチャネル

Summary

　電位依存性 Ca^{2+} チャネル（VDCC）は，膜越えの細胞内外の電位差（膜電位）の脱分極により開口し，細胞内に Ca^{2+} を選択的に流入させるイオンチャネルである．脳神経系における VDCC の機能は，神経細胞の電気的興奮，神経伝達物質の放出，遺伝子発現などを介した情報処理，神経機能の発達，維持，再構築である．これらの生理機能に関する研究と並行して VDCC の調節機構の分子的解明，とくに β サブユニットやカルモジュリンなどの制御因子としての働きが着目されてきた．この章では VDCC の概略，脳における生理機能，そして制御因子による分子機構のうちとくに研究の進んでいる分子を中心に紹介する．

13.1　VDCC の分子構造，薬理学的分類

　電位依存性 Ca^{2+} チャネル（VDCC）のポア（pore，孔）を形成する α_1 サブユニットは，6 回膜貫通領域が 4 回繰り返すリピート構造（I 〜 IV）から成り，計 24 回の膜貫通領域構造をもつ（図 13.1）．それぞれのリピート構造の四つ目の

膜貫通領域（S4）には，5 〜 6 個の塩基性アミノ酸が配置され，膜電位を感知するセンサーとして働くと考えられている．イオンを選択し，透過させるポアは S5 と S6 のあいだのリンカー領域に形成される．VDCC は電気的性質により，弱い脱分極で十分に活性化される低電位活性化（low voltage-activated；LVA）型と，比較的強い細

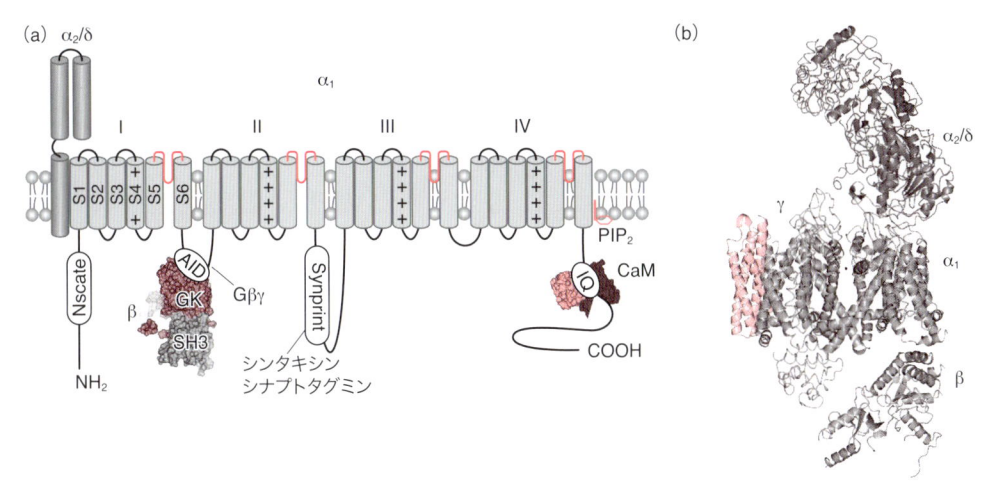

図 13.1　電位依存性 Ca^{2+} チャネルの構造（a）と制御因子（b）

NSCaTE：N-terminal spatial Ca^{2+}-transforming Element, AID：alpha-interacting domain, GK：guanylate kinase, SH3：Src homology 3, β-subunit：PDB 1T0H, CaM：PDB 3BXK, VDCC 複合体：PDB 3JBR. 文献 26, 28, 29）より改変.

表 13.1　Ca_V の分類

α サブユニット (旧表記)	遺伝子名	膜電位 活性化	機能 分類	発現部位	ヒトの疾患
$Ca_V1.1$ $(\alpha1_S)$	CACNA1S	HVA	L	骨格筋	低カリウム血性周期性麻痺(I型)，悪性高熱症
$Ca_V1.2$ $(\alpha1_C)$	CACNA1C	HVA	L	心臓 脳 平滑筋 副 腎 腎臓	Timothy 症候群，統合失調症／双極性障害
$Ca_V1.3$ $(\alpha1_D)$	CACNA1D	HVA	L	脳 腎臓 膵臓 心房	洞房結節機能不全，聴覚障害，自閉症，2 型糖 尿病，副腎性高血圧，原発性アルドステロン症
$Ca_V1.4$ $(\alpha1_F)$	CACNA1F	HVA	L	網膜	先天性停止性夜盲症
$Ca_V2.1$ $(\alpha1_A)$	CACNA1A	HVA	P/Q	脳 下垂体 腎臓	家族性片麻痺性偏頭痛(FHM1)，発作性失調症 2 型，脊髄小脳変性症 6 型(SCA6)，欠神発作， 水晶体落屑症候群
$Ca_V2.2$ $(\alpha1_B)$	CACNA1B	HVA	N	脳 末梢神経	not known
$Ca_V2.3$ $(\alpha1_E)$	CACNA1E	HVA	R	脳 下垂体	not known
$Ca_V3.1$ $(\alpha1_G)$	CACNA1G	LVA	T	脳 腎臓 神経系	not known
$Ca_V3.2$ $(\alpha1_H)$	CACNA1H	LVA	T	脳 心臓 腎臓 肝臓	特発性全般てんかん
$Ca_V3.3$ $(\alpha1_I)$	CACNA1I	LVA	T	脳	not known

胞膜の脱分極を必要とする高電位活性化（high voltage-activated；HVA)型の二つに分類される．

LVA 型と HVA 型の大きな違いは，前者には随型サブユニットは見られないが，後者には α_1 サブユニットとそれに付随する β サブユニット，α_2/δ サブユニットから成るヘテロマルチマーが見られる点である．VDCC でポアを形成する α_1 サブユニットは，Ca_V1，Ca_V2，Ca_V3 の 3 種類に分類される．Ca_V1 と Ca_V2 は HVA 型，Ca_V3 は LVA 型 Ca^{2+} チャネルを形成する（表 12.1）[*1]．さらに骨格筋 VDCC 複合体では γ サブユニットも同定されている．ただし γ サブユニットは脳神経では VDCC ではなく AMPA 受容体の副サブユニットとして機能しているという説もある．また Ca_V1，Ca_V2 は C 末端領域に IQ ドメインと呼ばれるカルシウム結合分子カルモデュリン(CaM)が結合する配列を有しており，CaM は準サブユニットの扱いを受ける．

Ca_V1 ファミリーには骨格筋に発現している $Ca_V1.1$[2] とその他の $Ca_V1.2$[3]，1.3[4]，1.4[5] があり，これらが形成するポアは機能的に L 型と総称される．Ca_V2 型には $Ca_V2.1$[6]，$Ca_V2.2$[7]，$Ca_V2.3$[8] があり，それぞれ P/Q 型，N 型，R 型のポアを形成する．L 型の薬理学的特徴として，ジヒドロピリジン系の化合物を含むカルシウム拮抗薬に選択的に作用することが知られている．また，ペプチド毒素である ω-コノトキシン MVIIA と ω-コノトキシン GVIA はそれぞれ P/Q 型($Ca_V2.1$)，N 型($Ca_V2.2$)を，クモ毒の SNX-482 は R 型($Ca_V2.3$)を選択的に阻害する．LVA 型の Ca_V3 は $Ca_V3.1$，$Ca_V3.2$，$Ca_V3.3$[9] の 3 種類が存在し，Cd^{2+} に対して感受性が乏しい．

13.2　VDCC の機能的役割

13.2.1　筋収縮

VDCC の生理学的機能は多様であり，興奮性細胞の応答において多くの決定的な役割を担う．なかでも骨格筋や心筋における代表的機能として収縮誘導がある．骨格筋細胞において，$Ca_V1.1$ は脱分極シグナルを小胞体からの Ca^{2+} 放出を介して Ca^{2+} シグナルへと変換する．この変換過程は興奮‐収縮連関（Excitation–Contraction

[*1] この Ca_V 分類の以前は，$\alpha1_A$〜$\alpha1_H$ と表記されてきた[1]．

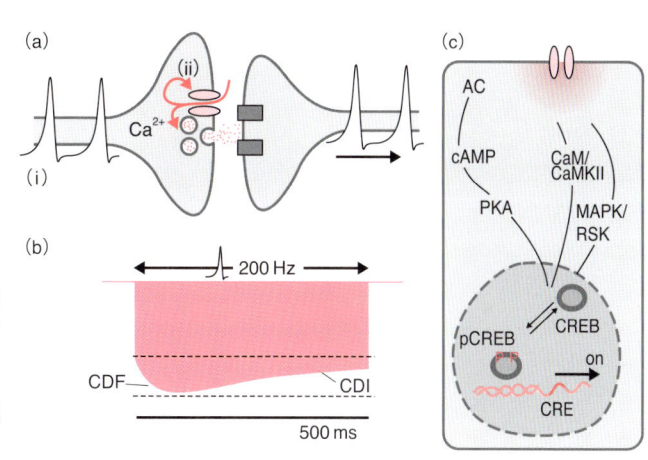

図 13.2　VDCC の神経機能
(a) VDCC は神経活動のペースメーク (i) や，神経伝達物質の放出 (ii) に関与する．(b) $Ca_V2.1$ における Ca^{2+} 依存的促通と不活性化．高頻度刺激によりまず CDF が発生し，徐々に CDI へ移行する．(c) Ca_V1 による CREB のリン酸化を介した遺伝子発現制御機構．

coupling；E–C coupling）と呼ばれ，$Ca_V1.1$ からの Ca^{2+} 流入を必要としない．一方心筋において $Ca_V1.2$ は心臓の収縮開始に必要な細胞外からの Ca^{2+} 流入を提供し，細胞内小胞体からさらなる Ca^{2+} 放出を促す Ca^{2+} 誘導性 Ca^{2+} 放出（Ca^{2+}-induced Ca^{2+}-release；CICR）に関与することが知られている．

13.2.2　神経伝達物質の放出

　脳機能における VDCC の最も重要な役割として，神経伝達物質の放出の制御が挙げられる．神経に生じた活動電位はシナプス終末に到達することで VDCC が活性化し，Ca^{2+} 流入を引き起こす（図 13.2 a）．流入した Ca^{2+} によりシナプス小胞の Ca^{2+} 結合能を有した分子が活性化され，結果として神経伝達物質が放出される．この時シナプス小胞関連分子（シンタキシン，SNAP-25，シナプトタグミンなど）が $Ca_V2.1$，$Ca_V2.2$ の II-III リンカーにある Synprint（synaptic protein interaction）領域に結合し，効率的な伝達物質の放出を助ける[10]．ほかにも Mint1，CASK，RIMs（Rab3-interacting molecules）などが Ca_V2 や β サブユニットと相互作用し，シナプス伝達において重要な役割を果たしている．

　L 型の Ca_V1 チャネルも，シナプス関連分子と結合して伝達物質の放出に関与するが，単一チャ

ネルレベルでの性質や細胞局在性の観点から考察すると，Ca_V1 よりも Ca_V2 のほうが活動電位とリンクした伝達物質の放出を行い，脳機能のなかでもより高速な情報処理にかかわるものと考えられている．また Ca_V3 も伝達物質放出に関与することが徐々に明らかとなってきている．Ca_V3 が担う LVA 型 Ca^{2+} 電流は window current（定常的な不活性化状態に対応する，図 13.3）が比較的深い膜電位領域にあることから，より微小な膜電位の動きに応答して神経伝達に関与するものと考えられている．

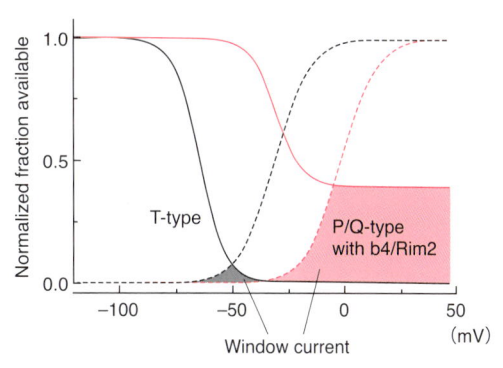

図 13.3　VDCC の電位依存的活性化，不活性化（window current）
活性化曲線（破線）と不活性化曲線（実線）の重なり部分は window current と呼ばれ，定常状態における活性化領域を示す．T 型 Ca_V3 の window current は低電位側に小さく開いている（灰色）．P/Q 型 $Ca_V2.1$ はより高電位側にある．とくに RIM があると電位依存的不活性化が抑制され大きな window current を示す（色）．

13.2.3　VDCC と遺伝子発現

VDCC を介した Ca^{2+} 流入は新たな遺伝子発現の制御にも関与する．$Ca_V1.2$ は，Ca^{2+}-カルモデュリン依存性キナーゼ II（CaMKII）を活性化させ，転写因子 CREB（cAMP responsible element）のリン酸化を促す[11]．この活性型転写因子により海馬神経細胞における長期増強（LTP）の形成が促進される（図 13.2 c）．さらに β サブユニットを介した遺伝子発現制御も報告されている．とくに $β_3$ や $β_4$ サブユニットは Pax6 や CHCB2/HP1γ といった遺伝子発現に関与する分子との相互作用が報告されている．近年，$β_4$ サブユニットが活動依存的に核へ移行し，甲状腺ホルモン受容体の制御によりチロシンオキシゲナーゼなどの発現を抑制することもわかりつつある[12]．

13.2.4　電気的ペースメイキング

$Ca_V1.3$ は黒質ドーパミン作動性神経細胞において見られる自律的な電気活動のペースメイキングにも寄与する[13]．同様なペースメイキングの役割（図 13.2 a）は LVA 型でも報告されており，$Ca_V3.3$ のノックアウトマウスではノンレム睡眠時に見られる睡眠紡錘波の異常が報告されている[14]．このように VDCC は重要な生理機能に関与するイオンチャネルであり，数多くの病態，とくに筋疾患，循環器病，てんかんなどとの関連性が報告されている（表 13.1 参照）．

13.3　VDCC の調節因子：β サブユニット

VDCC は Ca^{2+} というセカンドメッセンジャーを透過させるため，VDCC の活性化はさまざまなシグナル因子，調節因子の活性化を伴う．その結果，VDCC の活性状態は固定されるのではなく，時間とともに刻一刻と変動する非線形的な様相を呈する．

β サブユニットは 4 種類存在し，いずれも SH3（Src Homology Domain 3）と GK（Guanylate Kinase）様ドメインという二つの機能的ドメイン

Key Chemistry　　VDCC のイオン選択

教科書や論文のなかには「Ca」チャネルとの記述があることに気がつくだろう．Ca^{2+} がポアの透過時に脱イオン化されるという仮説もあるが，現在は否定的な意見が大勢を占める．これは Na^+ チャネルを人工改変して作製した Ca^{2+} チャネル分子の構造解析から，水和した Ca^{2+} がポア領域近傍に結合している様子など，その選択性の分子機構について構造生物学的に理解されつつあるからである[15]．

不思議なことに Ca_V2 や Ca_V3 は，アルカリ金属に属するより大きな Sr^{3+} や Ba^{2+} を Ca^{2+} と同等，もしくはそれ以上に透過させるが，小さい Be^{2+} や Mg^{2+} といったイオンはほとんど透過させない．また Ca^{2+} がないときに Na^+ を透過させるという性質も明らかになっている．ほかのイオンチャネル同様，無機イオン，金属イオン（水和物）を有機分子（官能

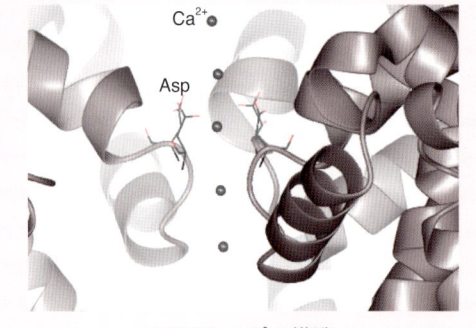

VDCC のポア構造
カルシウムとフィルター近傍のアスパラギン酸残基には少し距離があり，水和した Ca^{2+} は透過すると考えられる．文献 15）から改変．

基）で選択するという分子装置の観点から，VDCC はおもしろい研究対象といえるだろう．

を有している．このうち GK 様ドメインは α_1 サブユニットの繰り返し単位 I と II のあいだのリンカー領域にある AID と呼ばれる部位に結合し，VDCC の膜局在性や電位依存的不活性化に関与する[*2]．とくに電位依存的不活性化を起こしにくくする β_2 サブユニットは脂質修飾（パルミトイル化）されており，これにより細胞膜近傍に安定的に存在し，それが電位依存的不活性化を遅くすると考えられている[16]．

さらに，β サブユニットは前シナプス関連分子である RIM1 と相互作用しシナプス小胞を VDCC チャネル近傍に留め，さらには電位依存的不活性化を著しく減弱させる役割ももっている（図 13.3）[17]．また Ras 様 GTPase の一種である RGK 分子（Rem など）が β サブユニットに作用して α_1 サブユニットの膜移行を妨げる機構も報告されており[18]，β サブユニットを中心としたシグナル伝達との関連性がうかがえる．

13.4 Ca²⁺ 依存的フィードバック制御

いくつかの VDCC には，透過した Ca²⁺ による Ca²⁺ 依存的フィードバック制御が見られる．$Ca_V1.2$ や $Ca_V1.3$ には電位依存的活性化に伴って流入した Ca²⁺ により急速（< 50 ms）に活性が抑制される Ca²⁺ 依存的不活性化（Calcium-dependent Inactivation；CDI）と呼ばれるネガティブフィードバック制御が働く[*3]．神経細胞では，これとは対照的に Ca²⁺ によるポジティブフィードバック制御が報告されている．これは Ca²⁺ 依存的促通（Calcium-dependent

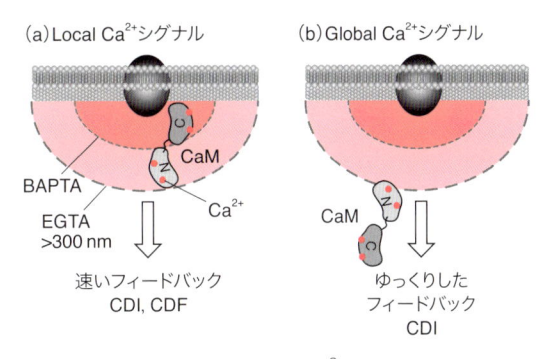

図 13.4 Local, Global Ca²⁺ シグナルによるフィードバック制御と Ca²⁺ キレート剤の関係
(a) Local Ca²⁺ シグナルによる制御．EGTA や BAPTA が生じる前に CaM がイオンチャネルに作用する．(b) Global Ca²⁺ シグナルによる制御．キレート剤のほうが強い作用をもつ．

Facilitation；CDF）と呼ばれ，成熟した神経シナプス前部で神経伝達物質放出を主として制御する $Ca_V2.1$ に見られる[20]．CDF はシナプス後部の EPSP を増大させ，刺激に応じたシナプス短期可塑性に関与し，小脳の発達や運動機能制御にも重要な役割を果たすと考えられている．これらの速いフィードバックは BAPTA や EGTA などの Ca²⁺ キレーターによる作用を受けにくいため，きわめて神経終末局所な "Local" Ca²⁺ シグナルとして着目されている（図 13.4 a）．

Local Ca²⁺ シグナルを支える分子メカニズムとしては，Ca²⁺ 結合タンパク質分子 CaM の関与を挙げることができる．CaM は真核細胞において存在し，細胞内に $1 \sim 10$ μM 程度の高い濃度で普遍的に存在する．CaM は Ca²⁺ 濃度が低い定常状態でも VDCC に 1 対 1 対応で繋がれており（Tethering），すなわちサブユニットとして恒常的に結合している[21]．このため，CaM・VDCC 複合体に Ca²⁺ が結合して Ca²⁺/CaM・VDCC 複合体を形成すると，VDCC の開閉が調節されると考えられる．これら速いフィードバック制御においては，CaM にある四つの EF-hand すべてが Ca²⁺ によって占有される必要はなく，CaM の C 末端側の房構造 "C-lobe" に

[*2] ただし β サブユニット自体における電位センサーは見つかっていないことから，この β サブユニットの関与は α_1 サブユニットの電位依存的不活性化を直接的な結合により変化させることに起因するものと考えられている．
[*3] この現象は当初，ノメノラシ神経細胞において報告され，その後心筋における活動電位の形成などに重要な役割を果たしていることが示された[19]．

Ca^{2+} が作用するだけで CDI や CDF が生じる.

　比較的ゆっくりした CDI ($\leq 100\,ms$) もある. これは Ca_V2 により形成される N, R, P/Q 型の VDCC において観察される. この Ca_V2 におけるゆっくりした CDI は Ca^{2+} キレーターによって阻害されることから, "Global" Ca^{2+} によるフィードバック制御と呼ばれる (図13.4 b). 興味深いことに速いフィードバック制御が CaM の C-lobe により制御されるのに対し, Ca_V2 の CDI は CaM の N-lobe によって制御される. これは CaM の lobe 特異的機能と呼ばれ, ゾウリムシの K^+ チャネルや Na^+ チャネル, 哺乳類 Ca^{2+} 依存性小コンダクタンス K^+ チャネル(Small conductance Ca^{2+}-activated K^+ channel), 電位依存性 Na^+ チャネル (Na_V) で同様の現象が報告されており, さまざまなイオンチャネルについて, 生物界を通して広く見られる制御システムであるといえる.

　ところで CaM の lobe 特異的機能の分子的基盤の詳細はどのようなものであろうか. 近年, VDCC の活性化の度合いと速度論的な解析をもとに, 興味深いモデルが提唱されている (図13.5)[22]. Ca^{2+} に対し遅い結合速度定数をもつ C-lobe CaM は Ca^{2+}CaM・VDCC 複合体中では安定的に存在するため, Ca^{2+} キレート剤 (バッファー)の影響をほとんど受けない CDI を引き起こす (Slow モデルにより説明されている). 一方, CaM の N-lobe は速い Ca^{2+} 結合定数をもってい

るが, 前後の構造変化のステップがゆっくりとした速度定数をもつため, 開口確率が低い状態では Ca^{2+} バッファーによる緩衝作用を受ける CDI を引き起こす(Slow-Quick-Slow モデルにより説明されている). これらは各ステップの速度論的な証拠は明示されておらず, 今後の十分な構造的な考証に基づいた構造変化の速度定数の決定が待たれる. CaM は単に Ca^{2+} シグナルを VDCC に伝えるだけでなく, Local Ca^{2+} シグナルや Global Ca^{2+} シグナルといった時空間的に異なるシグナルへと分岐させる変換分子として機能している. CaM 以外にも Ca^{2+} 結合分子として NCS-1, CaBP などが報告されており, 生理的な Ca^{2+} 制御機構のパズルを解きほぐすのは一筋縄ではいかない.

13.5　G タンパク質, 脂質による制御

　シナプス前膜においては, 神経伝達物質が G タンパク質共役型受容体(GPCR)を活性化し, G タンパク質の $\beta\gamma$ サブユニット複合体($G_{\beta\gamma}$)が直接的に作用することで, VDCC 活性を負に抑制するという, 神経伝達物質の放出からのネガティブフィードバックが知られている. この受容体刺激後の $G_{\beta\gamma}$ による抑制は, 強い脱分極刺激により解除される[23]. しかし強い脱分極刺激でも解除されない抑制成分もある. この抑制にはイノシトールリン脂質の一種, PIP_2〔ホスファチジルイノシ

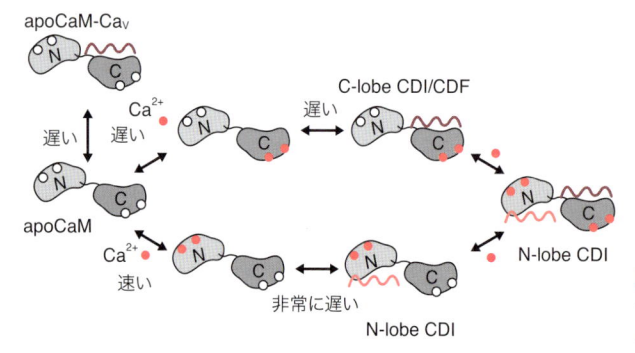

図13.5　Lobe-specific function モデル
一つの分子のなかで, CaM の N-lobe と C-lobe はそれぞれで, あるいは協同して働く.

トール（4,5）ビスリン酸〕が関与している可能性が示唆されている．PIP_2 はシナプス前部の G_q 共役型受容体の活性に伴い分解され，Ca_V2 の VDCC 活性を抑制し，結果的に伝達物質の放出を抑える働きをもつものと考えられている[24,25]．

13.6　おわりに

　VDCC が提唱されてから約 50 年が経過した．多面的な研究により猛烈なスピードで解明は進んできたが，近年の大きな成果としては骨格筋型 VDCC 複合体の 3 次元構造が低温電子顕微鏡観察（Cryo-EM）により明らかにされたことが挙げられる[26]．この構造解析から α_1, β, α_2/δ, γ サブユニットの位置関係が明確になった．しかし不明な点も多い．とくに VDCC の組み合わせ，周辺環境変化と病態の関係性，VDCC の制御機構と生理機能についてはほとんど未解明であるといっても過言ではない．また L 型 VDCC 阻害剤であるカルシウム拮抗薬は高血圧の治療薬として活躍しているが[27]，選択性や副作用について改良すべき点も多く残されている．VDCC は生理薬理的重要性の高いイオンチャネルであるがゆえに，さらなる研究の発展が期待される．

（森　誠之・平野　満・森　恵美子・森　泰生）

文　献

1) W. A. Catterall et al., *Pharmacol. Rev.*, **57**, 411 (2005).
2) T. Tanabe et al., *Nature*, **328**, 313 (1987).
3) A. Mikami et al., *Nature*, **340**, 230 (1989).
4) T. P Snutch et al., *Proc. Natl. Acad. Sci. USA*, **87**, 3391 (1990).
5) T. M. Strom et al., *Nat. Genet.*, **19**, 260 (1998).
6) Y. Mori et al., *Nature*, **350**, 398 (1991).
7) Y. Fujita et al., *Neuron*, **10**, 585 (1993).
8) T. Niidome et al., *FEBS Lett.*, **308**, 7 (1992).
9) E. Perez-Reyes et al., *Nature*, **391**, 896 (1998).
10) N. Weiss & G. W. Zamponi, *Adv. Exp. Med. Biol.*, **740**, 759 (2012).
11) H. Bito et al., *Curr. Opin. Neurobiol.*, **7**, 419 (1997).
12) M. Ronjat et al., *Channels(Austin)*, **7**, 119 (2013).
13) C. S. Chan et al., *Nature*, **447**, 1081 (2007).
14) S. Astori et al., *Proc. Natl. Acad. Sci. USA*, **108**, 13823 (2011).
15) L. Tang et al., *Nature*, **505**, 56 (2014).
16) S. X. Takahashi et al., *Biophys. J.*, **84**, 3007 (2003).
17) S. Kiyonaka et al., *Nat. Neurosci.*, **10**, 691(2007).
18) P. Beguin et al., *Nature*, **411**, 701 (2001).
19) B. A. Alseikhan et al., *Proc. Natl. Acad. Sci. USA*, **99**, 17185 (2002).
20) M. F. Cuttle et al., *J. Physiol.*, **512**, 723 (1998).
21) E. Minobe, et al., *J. Physiol.*, **595**, 2465 (2017).
22) M. R. Tadross et al., *Cell*, **133**, 1228 (2008).
23) S. R. Ikeda, *Nature*, **380**, 255 (1996).
24) B. C. Suh et al., *Neuron*, **67**, 224 (2012).
25) S. Mochida, *Neurosci. Res.*, **70**, 16 (2011).
26) J. Wu et al., *Science*, **350**, aad2395 (2015).
27) 赤羽悟美, 日薬理誌, **123**, 197 (2004).
28) F. Van Petegem et al., *Nature*, **429**, 671 (2004).
29) M.X. Mori et al., *Structure*, **16**, 607 (2008).

14 神経伝達物質放出

Summary

脳の働きの基盤は，神経回路における情報処理である．神経回路において，情報は神経細胞と神経細胞の接点であるシナプスで次の細胞に伝えられる．化学シナプスでは活動電位がシナプス前部へ到来すると，神経伝達物質が終末から放出される．伝達物質はシナプス前部に見られるシナプス小胞のなかに濃縮され，ある一定量が蓄えられており，活動電位の到来に伴う終末内への Ca^{2+} の流入によって瞬時に開口放出される．そのため放出される伝達物質の総量は，小胞 1 個に含まれる伝達物質の分子数を素量とした整数倍になる．また小胞は開口放出に至るまでのあいだに，伝達物質の充填，細胞骨格への係留，シナプス前膜へのドッキング，プライミング，膜融合という過程を経る．近年，これらの素過程にかかわる多くのタンパク質が同定され，神経伝達物質放出の分子レベルでの理解が進んできた．その結果，シナプトタグミンが Ca^{2+} の流入を感知するセンサーとして働き，SNARE が小胞膜とシナプス前膜を融合させるという仮説が広く受け入れられている．

14.1 はじめに

われわれの脳の機能は，カエルやイカの末梢神経系に比べはるかに複雑である．しかしそこで行われている神経情報伝達の基本メカニズムは驚くほど共通している．活動電位がシナプス前部に達すると，シナプス前膜は脱分極され局所電流が生じる．電気シナプス（electrical synapse）では，シナプス前膜とシナプス後膜はイオンチャネルであるギャップ結合を介して密着しているため抵抗が低く，前部から後部へ直接電流が流れる．しかし，化学シナプス（chemical synapse）では約 30 nm のシナプス間隙があるため，電流が直接流れ込むことはない．このため電気信号を一旦別の信号に変換し，シナプス後細胞に情報を伝える必要がある．この役割を担っているのが神経伝達物質（neurotransmitter）と総称される化学物質である．神経伝達物質はシナプス前部においてシナプス小胞（synaptic vesicle）に蓄えられており，Ca^{2+} により開口放出（exocytosis）される．本章ではそのメカニズムを説明する．

14.2 カルシウムイオンの役割

シナプス前部へ到達した活動電位はシナプス前膜を脱分極し，その部位に多く発現している電位依存性 Ca^{2+} チャネル（VDCC）を開く．細胞外液の Ca^{2+} 濃度は 1 ～ 2 mM なのに対し細胞内はその 1 万分の 1 で，この急な濃度勾配を駆動力として，Ca^{2+} が開いたチャネルを通り終末内へ流入する．その結果生じる局所的 Ca^{2+} 濃度の上昇が引き金となって，神経伝達物質が放出される．

神経伝達物質の放出に Ca^{2+} 流入が必須であることは，とくに 2 種類の実験材料，カエルの神経筋標本とイカの巨大シナプスを用いて詳しく調べられた．神経筋標本において外液の Ca^{2+} 濃度を低くすると，神経刺激時の神経伝達物質であるアセチルコリン（ACh）放出が減少する[1]．イカの

巨大シナプス前部における活動電位の発生を実験的に阻害しても，シナプス前膜に脱分極刺激を与えさえすればシナプス伝達が観察される[2]．また，巨大シナプス前部内に Ca^{2+} を微量注入するとシナプス伝達が生じるが[3]，VDCC 遮断薬あるいはキレート剤存在下では生じない[4]．これらのことから，伝達物質の放出には活動電位発生中の Na^+ および K^+ の流入出や膜の脱分極は必須ではなく，Ca^{2+} の流入だけで十分であることが明らかになった．

　活動電位により Ca^{2+} がシナプス前部へ流入することは，イカの巨大シナプスにおける発光タンパク質を用いたイメージングにより示された[5]．このとき Ca^{2+} を通すチャネルは，シナプス前膜に散在するのではなく，放出部位に密集しているため，シナプス前膜が脱分極したときにシナプス前部内の Ca^{2+} 濃度は均一に上昇するわけではない[6]．脱分極刺激後 VDCC が開いている時間はきわめて短いため（13 章参照），単発あるいは低頻度の活動電位でチャネルが開いたとき瞬間的にその開口部近傍で Ca^{2+} 濃度が火山の噴火の噴出物のように急激に上昇し，その後拡散により静止状態へと戻る（図 14.1 a）．このときチャネルの開口部を中心として形成される急な Ca^{2+} 濃度勾配をもつ空間は Ca^{2+} ドメインと呼ばれる[7]．

　神経伝達物質を開口放出可能な状態にあるシナプス小胞は，VDCC に結合している（tethering）

と考えられている．その場合，小胞は高濃度の Ca^{2+}（一説には 100 μM 以上）にさらされることから，この局所的 Ca^{2+} 濃度の上昇を感知するセンサーの Ca^{2+} 結合親和性は低いと考えられている[8,9]．高頻度の刺激が与え続けられた場合は流入した Ca^{2+} が細胞内の Ca^{2+} 緩衝能を越えてシナプス前部内を拡散するため，より広範囲にわたって Ca^{2+} 濃度が上昇する．すると Ca^{2+} ドメインが開口していない VDCC 近傍の小胞に及び，このときは高親和性のセンサーが働いて低い局所濃度の Ca^{2+} でも開口放出が生じるとされている（図 14.1 b）．

　化学シナプスでは，シナプス前部に活動電位が到達してからシナプス後膜電位の変化が生じるまでに約 1 ミリ秒の遅れ（シナプス遅延，synaptic delay）がある．これはシナプス前部から伝達物質が放出されるのにかかる時間と考えられる．イカの巨大シナプスでは，膜電位の逆転を伴う強い脱分極刺激を与えた場合，VDCC は開くものの終末内が外に比べて正に帯電しているため反発力が生じ，Ca^{2+} は流入しない[10]．しかし，刺激を止めた瞬間に Ca^{2+} が流入し，わずか 0.2 ミリ秒後にシナプス応答が生じる．これは刺激終了時には十分な VDCC がすでに開いているため，再分極させた瞬間に開口放出の誘発に十分な量の Ca^{2+} が一気に流入するためである．これらのことから，シナプス遅延の大部分は Ca^{2+} チャネル

図 14.1　刺激頻度の違いによる Ca^{2+} ドメインの比較

(a) 短発または低頻度の刺激では，開いた Ca^{2+} チャネルの小孔を中心とした細胞質の限られた空間で一過性の細胞内 Ca^{2+} 濃度（$[Ca^{2+}]_{in}$）が上昇する．このときチャネル近傍で待機するシナプス小胞の低親和性 Ca^{2+} センサー（LAS）が Ca^{2+} 流入を感知することにより小胞が開口放出する．(b) 高頻度刺激時にはより広範囲で Ca^{2+} 濃度が上昇するため，開口していないチャネル付近の小胞も高親和性 Ca^{2+} センサー（HAS）が活性化されるのに十分な濃度の Ca^{2+} にさらされ，開口放出する．

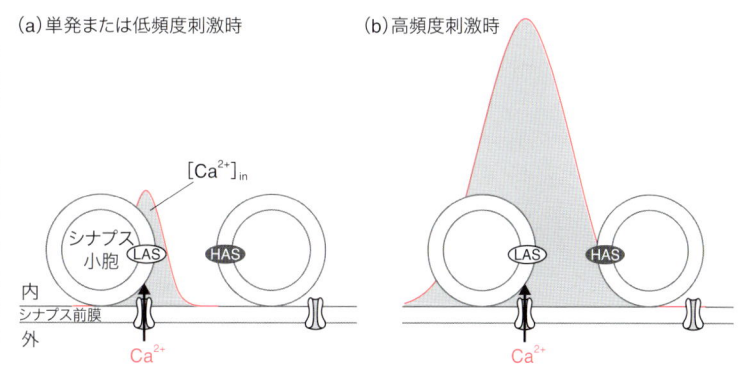

(a) 単発または低頻度刺激時　　(b) 高頻度刺激時

$[Ca^{2+}]_{in}$

シナプス小胞　LAS　HAS　　LAS　HAS

内　外　シナプス前膜

Ca^{2+}　　　Ca^{2+}

が開くのに必要な時間であり，Ca^{2+} 流入後きわめて短時間に多段階の反応が生じるとは考えにくいことがわかる．

14.3　量子的放出

　神経伝達物質は，シナプス小胞に一定量が濃縮して蓄えられている．そのため，神経刺激時に放出される伝達物質の総量は1個の小胞に含まれる量の整数倍になる*1.

　神経筋接合部は，運動神経終末とそれが支配する骨格筋の筋線維（筋細胞）のあいだに形成されるシナプスである（図14.2）．筋線維上のシナプス後部は皿状の特殊な形態をしているため終板（end plate）と呼ばれる．終板に微小細胞内電極を刺入して終板電位（end-plate potential；EPP）を観察すると，静止時も，ある一定の大きさ（約1 mV）の脱分極性の微小な終板電位

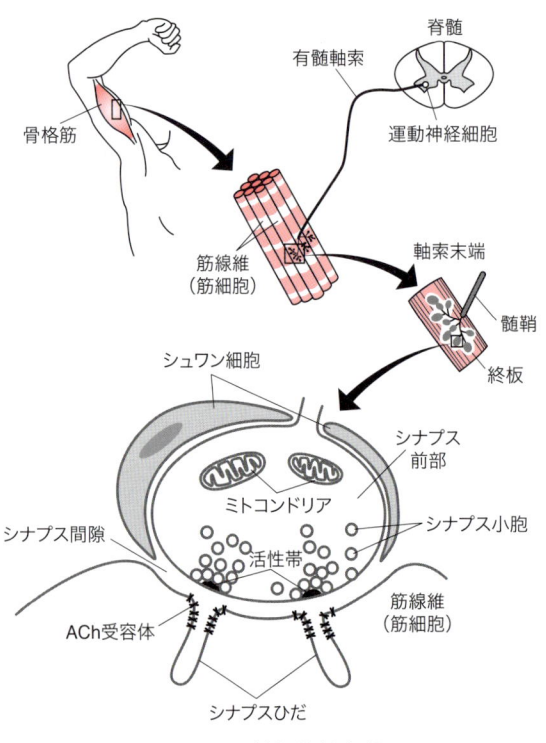

図14.2　神経筋接合部

（miniature end-plate potential；mEPP）が不規則に記録される．このmEPPは終板に限局して見られ，筋線維のほかの部位では記録されない．このことから運動神経終末からときどき自発的に放出される微量のAChによるものであると考えられている．実際に神経筋接合部近傍においた微小ピペットの先端からAChを吐出すると，mEPPとほぼ同様の電位変化が観察される[12].　このような実験結果から「神経伝達物質は多数の分子からなる小さな一定の単位として放出される」という考えが提唱され，その一定の単位は量子（または素量，quanta）と呼ばれた．この考えに基づくと，刺激に応答して運動神経から放出されるAChの総量は量子の整数倍になり，生じるEPPもいくつかのmEPPが加重した大きさになると推定される．実際にピーク値で正規化したmEPPの時間経過は，運動神経を刺激した時に生じるEPPのそれとよく一致する．

　細胞外 Ca^{2+} 濃度を下げると，神経刺激による伝達物質の放出確率が低くなり，EPPの発生頻度と大きさが抑えられる．Ca^{2+} 濃度が通常の約1/4程度と低い場合，神経を刺激して生じるEPPの大きさはまちまちで，応答が見られないことや，mEPPと同じ，あるいはその2倍，3倍など，mEPPを基本単位としてその正の整数倍になる．このようにAChが運動神経終末からパケットとして放出されるのは哺乳類でも同じである（図14.3）[13].　なお，神経伝達物質の量子が1個のシナプス小胞に含まれるその分子数に相当することは，電子顕微鏡像における膜融合したシナプス小胞の数と電気生理学的に測定した放出された素量の数が正比例すること，精製したシナプス小胞に含まれるAChの量が素量と近似することにより裏づけられている[14,15].

---

*1　この基盤となる考えは，1954年にカエルの神経筋標本におけるシナプス伝達の詳細な電気生理学的解析結果をもとに del Castillo と Katz により提唱された[11].

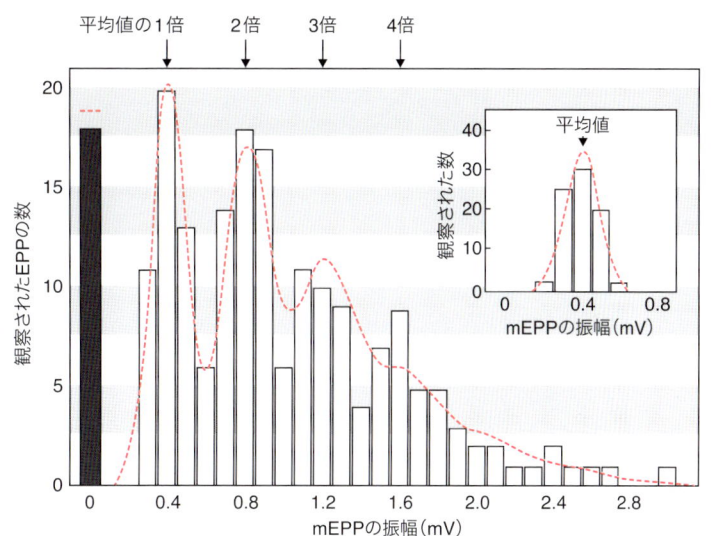

平均値の1倍　2倍　3倍　4倍

図 14.3　低 Ca^{2+} 濃度下で記録した
ネコの神経筋接合部における EPP
の振幅の度数分布と mEPP の振幅
値の関係

EPP の振幅の分布のピークの位置は，mEPP
の平均振幅値の正の整数倍とよく一致する．
赤点線は統計学的に算出した理論的分布を，
黒棒は刺激に対する応答が記録されなかっ
た回数をそれぞれ表す．文献 13 より改変
して作成．

14.4　シナプス小胞開口放出の素過程

　電子顕微鏡像において，シナプス小胞は内部
が明るく見える直径約 40 nm の円形の細胞内小
器官としてシナプス前部に多数観察される（図
14.4）．これらの小胞は，シナプス前膜に密接し
て存在するものと，それ以外の二種類に大別でき
る．後者の大部分はシナプシン（synapsin，次節
参照）というタンパク質を介して細胞骨格に結合
していると考えられており（図 14.5），シナプス
前部での自由な動きが制限され，低頻度の活動電
位では放出されない．このようなシナプス小胞の
集まりは"貯蔵"プール（reserve pool）と呼ばれ，

シナプス前部に存在する小胞のうち，約 80 ～
90 ％が貯蔵プールにあるとされている[16,17]．そ
れ以外の小胞の集団は"再循環"プール（recycling
pool）と呼ばれ，生理的条件下での伝達物質放出
の維持にかかわる．

　再循環プールの小胞は，開口放出に先立ちシナ
プス前膜に近接しなければならない．前述したよ
うに，神経伝達物質の放出は Ca^{2+} 流入後 0.2 ミ
リ秒以下というきわめて短い遅延で誘発されるこ
とから，シナプス小胞はあらかじめ放出部位で待
機し，Ca^{2+} 流入に備えていることになる．形態
学的にシナプス前膜に接近しているシナプス小胞
がこれにあたると考えられ，この状態およびそれ

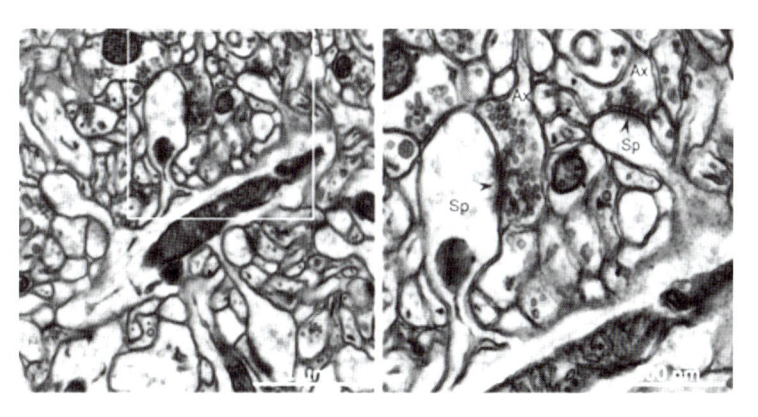

図 14.4　マウス海馬の興奮性シ
ナプスの電子顕微鏡像

樹状突起スパイン（Sp）にシナプス前
部（Ax）がシナプス（矢頭）を形成してい
る．写真は深澤有吾先生（福井大）の好
意による．

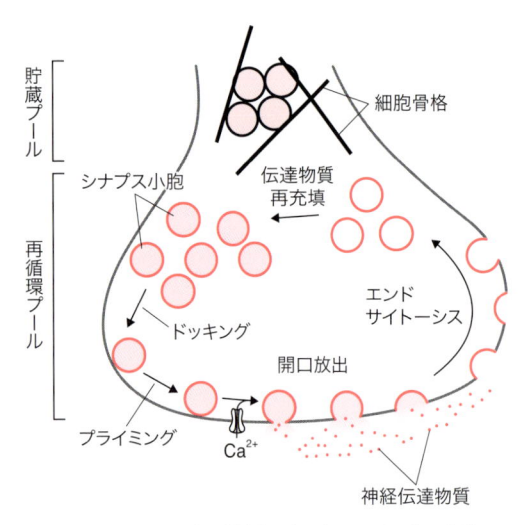

貯蔵プール
シナプス小胞
再循環プール
細胞骨格
伝達物質再充填
エンドサイトーシス
ドッキング
開口放出
プライミング
Ca^{2+}
神経伝達物質

図 14.5 シナプス前部におけるシナプス小胞の輸送循環の模式図

に至る過程は "ドッキング"（docking）と呼ばれる．

ドッキング後，シナプス小胞は "プライミング"（priming）と呼ばれる準備段階を経て，Ca^{2+} が流入しさえすれば瞬時に放出できる状態へと変化する[*2]．プライミングされた小胞は，ドッキング直後の小胞と形態学的に区別できない．言い換えれば，電子顕微鏡像において観察されるドッキングした小胞には，プライミング前の小胞とプライミング状態へ移行した小胞が混在していることになる．

活動電位がシナプス前部に到達すると，前部に Ca^{2+} が流入して局所濃度が上昇する．この Ca^{2+} 濃度上昇がどのようにしてシナプス小胞をシナプス前膜に融合させるかその詳細は不明である．しかし Ca^{2+} が脂質二重膜に直接作用するのではなく，センサー分子に結合することによりその信号が膜融合に変換されると考えられている．

生理的に生じる頻度の神経細胞の興奮では，開

口放出後，シナプス前膜の一部となったシナプス小胞膜は，エンドサイトーシスによりシナプス前部内へと回収される．そして神経伝達物質が再充填され，次の放出に向けて再び前述した経路をたどる．生理的な頻度以上に神経が興奮し，再循環プールの小胞が枯渇した場合は，貯蔵プールの小胞が細胞骨格から解き放たれ，刺激に応答した開口放出に動員されると考えられている[16,17]．

14.5　シナプス小胞に存在する分子群

シナプス小胞が複数の素過程を経て開口放出するまでに，多くのタンパク質が関与している．その一部はシナプス前膜上あるいは細胞質にも存在するが，多くは小胞膜上に局在する．ラットの脳から高純度に精製されたシナプス小胞の成分の網羅的解析の結果，小胞を構成するタンパク質の詳細が明らかになった（表 14.1）[19]．

ペプチド性のものとは異なり，低分子量の神経伝達物質はシナプス前部の細胞質で合成されることから，そこでトランスポーターの働きにより膜を横切って小胞内へ輸送される（図 14.6）．神経伝達物質の輸送には 2 種類のトランスポーターが関与している．一つは ATP 依存性のプロトン（H^+）ポンプ（vacuolar-type H^+ ATPase；V-ATPase）である[20]．このポンプは自身がもつ ATP 加水分解酵素の働きにより生じるエネルギーを消費して，H^+ を小胞内へ能動輸送する．その結果，小胞の内側は酸性（約 pH 5.5）になり，小胞外に比べ電気的に正に帯電する．もう一つは H^+ がその電気化学的勾配に従って小胞外へ移動しようとするエネルギーを利用して神経伝達物質を逆向きに小胞内へ輸送するトランスポーターである[21] [*3]．神経伝達物質のうち ACh は特異的な

[*2] プライミングとは，もともと副腎髄質クロマフィン細胞からのカテコールアミン分泌の化学的解析をもとに提唱された ATP に依存する過程[18]．のちにその概念が神経伝達物質の放出にもあてはめられた．プライミングされた小胞の集団は，仮想的に即時放出可能プール（readily releasable pool）とも呼ばれる[16,17]．

[*3] これらの小胞に存在する伝達物質のトランスポーターは，シナプス前膜に存在し放出後の伝達物質をシナプス間隙から回収するものとは異なる．

表14.1　ラット脳のシナプス小胞を構成するタンパク質群

タンパク質名	機　能	1小胞あたりの平均分子数
SCAMP1 (secretory carrier membrane protein 1)	シナプス小胞の輸送	1
V-ATPase	神経伝達物質の小胞内輸送	1
VGLUT	グルタミン酸の小胞内輸送	23
塩化物イオンチャネル	神経伝達物質の小胞内輸送	2
シナプシン (synapsin)	貯蔵プールの大きさの調節	8
Rab3A	小胞のプライミング	10
SV2 (synaptic vesicle protein 2)	小胞のプライミング	2
Munc-18	小胞のプライミング	2
シナプタグミン (synaptotagmin)	神経伝達物質放出の Ca^{2+} センサー	15
シナプトブレビン (synaptobrevin)	小胞の開口放出	70
シンタキシン (syntaxin)	小胞の開口放出	6
SNAP-25	小胞の開口放出	2
三量体 G タンパク質	細胞内シグナル伝達	2
CSP (cysteine string protein)	神経保護	3
シナプトフィジン (synaptophysin)	不明	32
シナプトギリン (synaptogyrin)	不明	2

トランスポーターにより，グルタミン酸（Glu）は小胞型グルタミン酸トランスポーター VGLUT により運び込まれる．γ-アミノ酪酸（GABA）とグリシン（Gly）は，小胞型抑制性アミノ酸トランスポーター（VIATT）を共用する．ドーパミン（DA），ノルアドレナリン（NA），セロトニン（5-HT）などのモノアミン類は，小胞型モノアミノトランスポーター（VMAT）により小胞内に取り込まれる．

　貯蔵プールにおいてシナプス小胞を細胞骨格に結合させ，そのシナプス前部内での挙動を制御しているシナプシンは分子内に膜貫通領域をもたない，シナプス小胞の表面に可逆的に結合する表在性の膜タンパク質である[22]．シナプシンは細胞骨格のアクチン線維にも同時に結合している．シナプス小胞とアクチン線維に結合したシナプシンが Ca^{2+}-カルモデュリン依存性キナーゼ II（CaMKII）によりリン酸化されると，シナプス小胞からはずれて小胞は貯蔵プールから遊離し，再循環プールに加わる．再循環プールの小胞がシナプス前膜にドッキングしプライミングされる過程には Rab3A や SV2，さらに Munc-18 をはじめ多くの関与する分子が挙げられているが，これらの過程の詳細なメカニズムは不明である．

　開口放出過程は SNARE（<u>SN</u>AP <u>re</u>ceptor）と称される膜融合関連タンパク質スーパーファミリーに属する 3 種類の膜タンパク質が，小胞膜とシナプス前膜とを融合させることで生じると考えられている．SNARE は一般的にその局在により，輸送小胞に存在する v-SNARE（vesicular SNARE）と標的膜に存在する t-SNARE（target

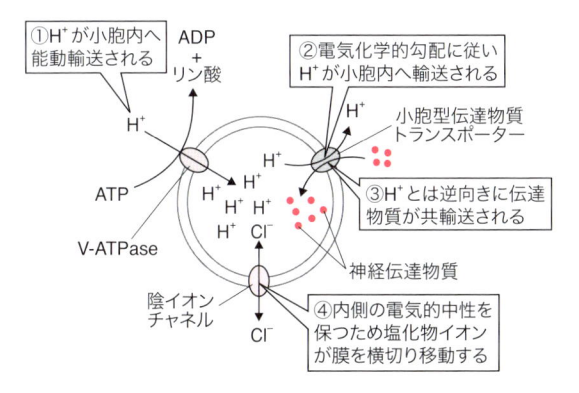

①H⁺ が小胞内へ能動輸送される
②電気化学的勾配に従い H⁺ が小胞内へ輸送される
小胞型伝達物質トランスポーター
③H⁺ とは逆向きに伝達物質が共輸送される
神経伝達物質
④内側の電気的中性を保つため塩化物イオンが膜を横切り移動する
陰イオンチャネル
V-ATPase

図 14.6　プロトンの電気化学的勾配を利用した神経伝達物質のシナプス小胞内への輸送のモデル

SNARE）の 2 種類に大別される．シナプス小胞の開口放出では，小胞に局在するシナプトブレビンが v-SNARE として，シナプス前膜に存在するシンタキシンと SNAP-25 （synaptosomal-associated protein with 25-kDa）が t-SNARE として働く[24]．これら 3 種類の SNARE が 1 分子ずつ会合すると，コイルドコイル構造をもつ複合体を形成する（図 14.7）[25]．このような SNARE 複合体が小胞膜とシナプス前膜のあいだで形成されると，二つの膜が限りなく近づけられ，膜が融合するという仮説が有力視されている（図 14.8 ii, iii）[23]．実際に v-SNARE と t-SNARE を別々に組み込んだ人工脂質小胞同士を反応させると，両者が互いに融合する[26]．

　SNARE 複合体は Ca^{2+} 結合能をもたない．そのため，広く細胞内膜輸送系において，二つの膜のあいだで SNARE 複合体が形成しさえすれば膜融合は自発的に生じる．一方，刺激に応じたシナプス小胞の開口放出は Ca^{2+} により厳密に制御

されているので，流入する Ca^{2+} を感知するセンサーが SNARE を介した膜融合を制御しなければならない．シナプス前部内には多数の Ca^{2+} 結合タンパク質が存在するが，なかでも伝達物質放出の Ca^{2+} センサーの最有力候補はシナプス小胞膜貫通タンパク質シナプトタグミンである（図 14.7）[27–29]．シナプトタグミンの Ca^{2+} 結合能を分子生物学的手法により欠失させると，動物種にかかわらず伝達物質の放出が著しく障害を受けることからも，この考えは広く受け入れられている[30,31]．現時点では，シナプトタグミンがどのようにして Ca^{2+} シグナルをその流入後瞬時に SNARE による膜融合に変換するかは明らかではない．

　シナプス小胞の開口放出後，シナプトブレビンは t-SNARE と結合したままシナプス前膜へ移行すると考えられている（図 14.8 iv）．このように同一細胞膜上において膜貫通領域まで結合した SNARE 複合体は，もはや膜融合活性をもたず，活性化には単量体に解離する必要がある．複合体中の SNARE どうしの結合はきわめて強固なため，解離には ATP のもつエネルギーが使われる．この役割を担うのは ATP 加水分解酵素 NSF （N-ethylmaleimide-sensitive fusion protein）と，NSF の SNARE への会合を仲介する SNAP （soluble NSF-attachment protein，前出の SNAP-25 とはまったく別の分子）である（図 14.8 v）[23]．両者はもともとゴルジ体の小胞輸送に必須な共役因子として発見され，その後広く細胞内膜輸送に関与することが示された[*4]．NSF と SNAP の働きにより単量体となったシナプトブレビンは，小胞膜とともにエンドサイトーシスされ，次の開口放出に使われる（図 14.8 vi）

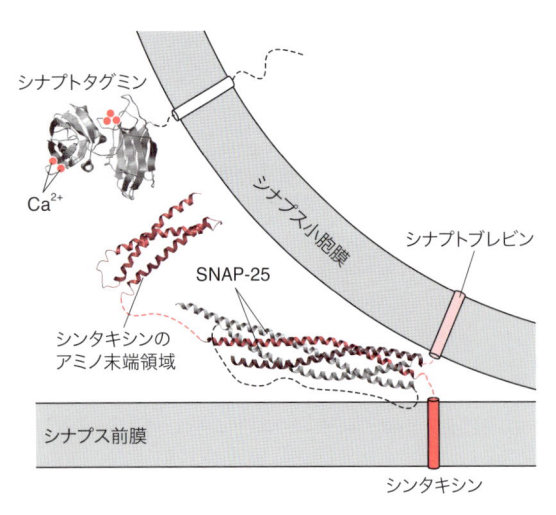

図 14.7　神経伝達物質放出の膜融合装置 SNARE と Ca^{2+} センサーシナプトタグミンの立体構造

SNAP-25 の 2 本の α ヘリックスと，シナプトブレビンおよびシンタキシン各 1 本ずつの α ヘリックスが結合し SNARE 複合体が形成される．シナプトタグミンの 5 か所の Ca^{2+} 結合部位は色円で表した．立体構造が明らかにされていない各タンパク質の膜貫通ドメインは円柱で，ドメイン間をつなぐリンカー領域は点線で書き加えた．

---

*4　この研究の過程において発見されたのが SNARE で，SNAP の細胞膜受容体（receptor）を略して SNARE と名付けられた．

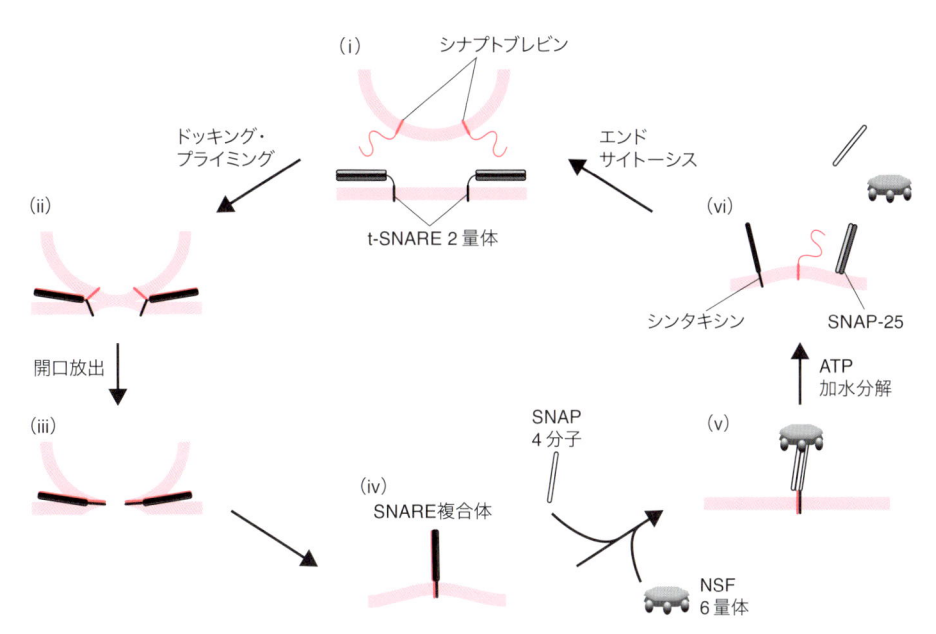

図14.8　シナプス小胞の循環とSNAREの会合解離サイクルにおけるNSFとSNAPの役割
シナプス小胞膜に存在するシナプトブレビンが，シナプス前膜のSNAP-25とシンタキシンからなるt-SNARE二量体と結合し，膜融合を引き起こす（iからiii）．開口放出後，SNARE複合体はシナプス前膜に移行し（iv），SNAPを介して結合するNSFによるATPの加水分解で生じるエネルギーを利用し単量体に解離する（vからvi）．簡略化のためシンタキシンのアミノ末端領域は省略し，膜融合より後の素過程では1組のSNARE複合体のみを描いた．

14.6　おわりに

　神経伝達物質放出の基本メカニズムについて概説した．その放出は量子的であり，その素量はシナプス小胞に貯蔵されている伝達物質の分子数に相当する．シナプス前膜の脱分極により開口したイオンチャネルを通して流入したCa^{2+}の局所的濃度上昇が引き金となり，シナプス小胞膜がシナプス前膜と融合し，そのなかに蓄えていた神経伝達物質を開口放出する．その詳細なメカニズムはまだ不明だが，Ca^{2+}センサーシナプトタグミンや膜融合装置SNAREをはじめ多くのタンパク質が関与した複雑な反応であることに間違いない．

　本章ではCa^{2+}依存性のシナプス小胞の開口放出による伝達物質放出についての説明にとどめたが，神経細胞によってはこれとは異なる方法で伝達物質を分泌するものもある[32]．また，ペプチド性の伝達物質を含む有芯小胞の放出，とくに細胞体や樹状突起からの放出は，シナプス小胞とは異なるメカニズムが存在する可能性もある．またエンドカンナビノイドや一酸化窒素（NO）などの逆行性神経伝達物質の放出は，シナプス小胞からの放出とは明らかに異なるだろう．神経伝達物質放出の全容の理解にはまだまだ多くの課題が残されている．

（西木禎一）

文　献

1) P. Fatt & B. Katz, *J. Physiol.*, **117**, 109 (1952).
2) B. Katz & R. Miledi, *J. Physiol.*, **192**, 407 (1967).
3) R. Miledi, *Proc. R. Soc. Lond. B*, **183**, 421 (1973).
4) E. M. Adler et al., *J. Neurosci.*, **11**, 1496 (1991).
5) R. Llinás & C. Nicholson, *Proc. Nat. Acad. Sci. USA*, **72**, 187 (1975).
6) S. J. Smith et al., *J. Physiol.*, **472**, 573 (1993).
7) J. E. Chad & R. Eckert, *Biophys. J.*, **45**, 993 (1984).
8) R. Llinás et al., *Science*, **256**, 677 (1992).
9) R. Heidelberger et al., *Nature*, **371**, 513 (1994).

10) R. Llinás et al., *Biophys. J.*, **33**, 323 (1981).
11) J. del Castillo & B. Katz, *J. Physiol.*, **124**, 560 (1954).
12) S. W. Kuffler & D. Yoshikami, *J. Physiol.*, **251**, 465 (1975).
13) I. A. Boyd, A. R. Martin, *J. Physiol.*, **132**, 74 (1956).
14) J. E. Heuser et al., *J. Cell Biol.*, **81**, 275 (1979).
15) R. Miledi et al., *J. Physiol.*, **333**, 189 (1982).
16) S. O. Rizzoli & W. J. Betz, *Nat. Rev. Neurosci.*, **6**, 57 (2005).
17) A. A. Alabi & R. W. Tsien, *Cold Spring Harb. Perspect. Biol.*, **4**, a013680 (2012).
18) M. A. Bittner & R. W. Holz, *J. Biol. Chem.*, **267**, 16226 (1992).
19) S. Takamori et al., *Cell*, **127**, 831 (2006).
20) Y. Moriyama et al., *J. Exp. Biol.*, **172**, 171 (1992).
21) J. Masson et al., *Pharmacol. Rev.*, **51**, 439 (1999).
22) S. Hilfiker et al., *Philos. Trans. R. Soc. Lond. B*, **354**, 269 (1999).
23) T. C. Südhof & J. E. Rothman, *Science*, **323**, 474 (2009).
24) T. Söllner et al., *Nature*, **362**, 318 (1993).
25) R.B. Sutton et al., *Nature*, **395**, 347 (1998).
26) T. Weber et al., *Cell*, **92**, 759 (1998).
27) M. Geppert et al., *Cell*, **79**, 717 (1994).
28) E. R. Chapman, *Annu. Rev. Biochem.*, **77**, 615 (2008).
29) T. C. Südhof, *Handb. Exp. Pharmacol.*, **184**, 1 (2008).
30) J. M. Mackler et al., *Nature*, **418**, 340 (2002).
31) T. Nishiki & G. J. Augustine, *J. Neurosci.*, **24**, 8542 (2004).
32) U. Koch & A. K. Magnusson, *Curr. Opin. Neurobiol.*, **19**, 305 (2009).

Key Chemistry　神経伝達物質放出を特異的に阻害する細菌毒素

　神経伝達物質放出機構の解明において，クロストリジウム属の 2 種の細菌が産生する神経毒素が非常に役立った．一つは傷口から感染し強直性痙攣を引き起す破傷風菌が産生する破傷風毒素，もう一つは食中毒を引き起すボツリヌス菌が産生するボツリヌス毒素である．これらの毒素は神経伝達物質の放出を遮断し，感染した人や動物を死に至らしめる．毒素自体は 20 世紀半ばには精製され結晶化されていたが，細胞内標的を含めてその作用機序は長いあいだ不明であった．

　1990 年に入り，毒素をコードする遺伝子がクローニングされ，その推定アミノ酸配列から金属イオン依存性プロテアーゼであることが示唆された．折しも，シナプス前部に局在するタンパク質が相次いで同定されていた時期でもあり，精力的に毒素のプロテアーゼ活性の基質の同定が進められた．その結果，破傷風毒素とボツリヌス毒素(B, D, F および G 型)は SNARE の一つシナプトブレビンを切断することが明らかになった(図)．また SNAP-25 がボツリヌス A，C および E 型毒素により，シンタキシンがボツリヌス C 型毒素によりそれぞれ切断されることも示された．破傷風およびボツリヌス毒素によ

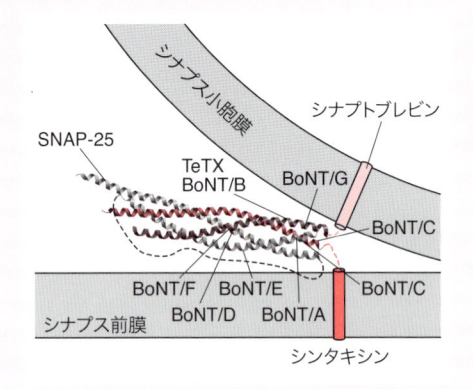

図　破傷風毒素ならびにボツリヌス毒素による SNARE の切断部位

シンタキシンはボツリヌス毒素（BoNT）の C 型によってのみ，SNAP-25 は A 型，C 型および E 型のボツリヌス毒素により，シナプトブレビンはほかの 4 種類のボツリヌス毒素（B, D, F, G 型）と破傷風毒素（TeTX）によりそれぞれ 1 か所を特異的に切断される．簡略化のためシンタキシンのアミノ末端領域は省いた．

る SNARE の切断は，それらが引き起こす疾患の発症機構の解明だけでなく，SNARE がシナプス小胞の開口放出に必須であることを示すのに大きく貢献した．

chapter 15

シナプス可塑性

Summary

哺乳類の中枢神経系のシナプスは，シナプス前部，シナプス後細胞およびシナプス間隙から構成されており，その周囲をグリア細胞であるアストロサイトが取り囲むことにより三者間シナプスを形成している．高次脳機能はこれらの要素のいずれか，あるいはいくつかが長期的な変化を引き起こすことにより発現するとされており，その基盤となっている機能的，および，形態学的な変化を“シナプス可塑性（synaptic plasticity）”と総称する．本章では，中枢神経系で最もよく解析されている脳部位の一つである海馬を例に，おもにシナプス前部およびシナプス後細胞におけるシナプス可塑性の誘導と発現の分子機構について，代表的な現象を取り上げて詳説する．シナプス可塑性の誘導については，その受容体機構を中心に述べ，シナプス可塑性の発現については，酵素などの細胞内シグナル伝達分子とそれによる受容体の修飾機構を解説する．具体的には，シナプスの前後で観察される短期シナプス可塑性と，長期増強や長期抑圧などの長期シナプス可塑性を取り上げ，その分子・細胞機構の詳細を解説する．

15.1　中枢神経系におけるシナプス伝達

　哺乳類の中枢神経系における情報伝達の主要な経路は神経細胞と神経細胞のあいだで行われるシナプス伝達（synaptic transmission）である．神経系における興奮はシナプス前細胞（presynaptic cell）の軸索（axon）によって電気的に伝えられ，シナプスにおいて神経伝達物質の放出を引き起こし，これがシナプス後細胞（postsynaptic cell）の受容体に結合して電気的興奮，あるいは，抑制，または生化学的変化を引き起こす（図15.1）．このようなシナプスを化学シナプス（chemical synapse）と呼び，これを媒介するシナプス後細胞の受容体は，受容体内のイオンチャネルを介してイオン流により直接的にシ

ナプス後細胞の興奮性を調節するイオンチャネル型受容体（ionotropic receptor）とシナプス後細胞のセカンドメッセンジャーを介した間接的な興奮性調節を行う代謝型受容体（metabotropic receptor）に大別される[*1]．本章では，シナプス

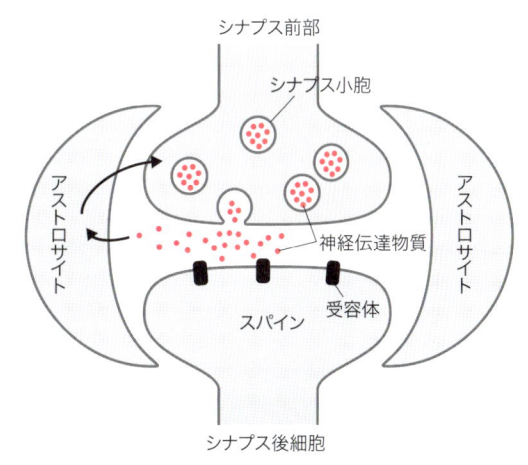

図 15.1　三者間シナプス

三者間シナプスは，シナプス前部，シナプス後細胞およびアストロサイトの三者から構成される．

---

*1　発達時期や特定の脳部位においては，微細な小孔により神経細胞どうしが接合し，直接的に電気的な興奮が伝搬する電気シナプス（electrical synapse，電気的シナプスとも呼ばれる）も存在するが，それに関連するシナプス可塑性はほとんど明らかにされていない（詳細は文献[1]参照）．

はこのような化学シナプスを指すものとする.

　シナプスは，興奮性シナプス（excitatory synapse）と抑制性シナプス（inhibitory synapse）の二つに分類される．前者は一般的に神経細胞を脱分極（depolarization）させ，後者は過分極（hyperpolarization）させる[*2]．中枢神経系においては，興奮性シナプスでは，一般的にグルタミン酸（Glu）が神経伝達物質として作用し，シナプス後細胞のグルタミン酸受容体に結合してシナプス後細胞の興奮性を上昇させる[2)]．興奮性シナプスでは，シナプス後細胞の樹状突起（dendrite）からスパイン（spine）と呼ばれる棘状構造物が突出し，そこに伝達を担う受容体が集まっており，効率よく神経情報伝達が行われるが，この部位をシナプス後肥厚（postsynaptic density；PSD）と呼び，後述するシナプス伝達とその可塑性に関与する機能分子が集積している．このようなPSDがはっきりと観察される構造のシナプスを非対称性シナプス（asymmetrical synapse）と呼ぶ．グルタミン酸受容体は，イオンチャネル型受容体であるAMPA受容体，NMDA受容体およびカイニン酸（KA）受容体と，シナプス後細胞の生化学的過程を調節する代謝型グルタミン酸受容体（mGluR）であるmGluR1からmGluR8までの8種類から成るが，通常のシナプス伝達を担う速いシナプス伝達はおもにAMPA受容体とNMDA受容体により媒介されている．カイニン酸受容体は特殊なシナプスにのみ存在する（詳細文献[3)]参照）．mGluRは遅いシナプス伝達を媒介するとともに，シナプス可塑性の誘導や修飾に関与する（後述）．シナプス伝達は電気生理学的な手法を用いて記録されるが，細胞内および細胞外で電位として記録する場合に，興奮性シナプス後電位（EPSP）と呼ばれる．また，膜電位固定法によりシナプス応答を電流として記録する場合には，シナプス応答は興奮性シナプス後電流（EPSC）と呼ばれる.

　一方，中枢神経系の抑制性シナプスにおいては，神経伝達物質はグリシン（Gly）あるいはγ-アミノ酪酸（GABA）である．抑制性シナプスには一般的にスパインは存在せず，PSDもはっきりしないような構造であり，対称性シナプス（symmetrical synapse）と呼ばれる．脊髄では多くの場合，Glyが神経伝達物質であるが，それ以外の中枢神経系においては，GABAが主要な神経伝達物質として作用する[*3]．GABA受容体は，$GABA_A$受容体，$GABA_B$受容体および$GABA_C$受容体の3種類が存在するが，$GABA_A$受容体と$GABA_B$受容体が主要な役割を果たす．$GABA_A$受容体はイオンチャネル型の受容体であり，Cl^-を透過して一般的には過分極を引き起こし，抑制性の応答を誘発する．一方$GABA_B$受容体は代謝型の受容体であり，セカンドメッセンジャーを介して内向き整流性K^+チャネル（inward-rectifier K^+ channel；Kir）を活性化し，一般的には抑制性の応答を引き起こす．これらの受容体もシナプス可塑性に密接に関与し，一般的にはシナプス可塑性を抑制的に調節する．抑制性シナプス応答についても，電気生理学的には，抑制性シナプス後電位（IPSP）あるいは抑制性シナプス後電流（IPSC）と呼ばれる．なお，IPSPは細胞外電位記録法で記録することは原則的には難しく，抑制性入力が層状に入力する一部の脳部位を除いては細胞外電位として記録することはできない.

15.2　シナプス可塑性の分類

　シナプス可塑性（synaptic plasticity）とは，シナプスがある特定のパターンで活性化したあと，

[*2]　状況により必ずしもそのような応答を引き起こさないこともある.

[*3]　ただし，シナプスによっては，GlyとGABAの両方を放出するものも存在することが示唆されているが，まだ確定的な結論は出ていない.

その機能や構造の変化が一定期間持続する現象を指す．シナプス可塑性には，いくつかの分類法がある．

15.2.1 変化の持続時間による分類

一般的に1時間以上変化が持続する場合を長期的シナプス可塑性（long-term synaptic plasticity），持続時間が1時間未満の場合を短期的シナプス可塑性（short-term synaptic plasticity）と呼ぶことが多い．短期的な可塑性については，さらに多くの種類に分類されることがあるが，その詳細については後述する．

15.2.2 変化の様式による分類

シナプスでの変化の様式により，機能的シナプス可塑性（functional synaptic plasticity）と構造的シナプス可塑性（structural synaptic plasticity）の二つに分類される．機能的シナプス可塑性とは，構造変化の有無に関係なく，シナプスの活性化履歴により，そのシナプスにおける伝達効率が一定時間変化する現象を指す．伝達効率が変化する要因としては，①シナプス前部からの神経伝達物質の放出確率および放出量の変化，②シナプス前部から放出された神経伝達物質に対するシナプス後細胞での感受性の変化，③シナプス応答を引き起こす部位数の変化が挙げられる．脳部位やシナプスの種類，シナプスの活性化様式などにより，これらのどの要素が変化するかが決まることが多く，それによりシナプス伝達における機能的変化が引き起こされる．一方，機能的シナプス可塑性に伴って，スパインの大きさが変化することが最近多く報告されている[5]．このような構造的シナプス可塑性には，シナプスの形態の複雑な変化（一つだったスパインが二つ以上に分枝するなど），機能的なシナプスの数自体の変化〔いわゆる不活性化シナプス（silent synapse）の活性化[6,7]〕が報告されている．ただし実際にシナプス

可塑性が起こる場合には，機能的変化と構造的変化の両方が同時に起こるという考え方が一般的になりつつある[4]．

15.2.3 変化の方向による分類

シナプス機能が促進的に変化するのか，あるいは抑制的に変化するのかによりシナプス可塑性を分類することもある．シナプス伝達効率が上昇する場合には，シナプス増強（synaptic potentiation）と呼ばれ，逆に低下する場合はシナプス抑圧（synaptic depression）と呼ばれる[*4]．しかし，特定のシナプス前性の増強に対しては「シナプス"促通"（synaptic facilitation）」ということもある（たとえば次項の「2発刺激促通」など）．

末梢神経系においてもシナプス可塑性が存在することが報告されている[*5]．神経筋接合部（neuromuscular junction）や交感神経節神経細胞（sympathetic ganglionic neuron）などで長期可塑性や短期可塑性が観察されており，かなり多くの報告があるが，本章では最も代表的なものとして，中枢神経系におけるシナプス可塑性をおもな対象とする．次節で中枢神経系におけるシナプス可塑性の具体的な例をいくつか挙げて解説する．

15.3 シナプス可塑性の種類と特性

15.3.1 シナプス前性短期可塑性

中枢神経系のシナプス前性短期可塑性（presynaptic short-term plasticity）には，多くの種類が存在するが，ここではそれらのうちの代表的なものについて解説する．

---

*4 以前は，おもに海外で，シナプス前性のシナプス伝達効率の増大を増強（potentiation），シナプス後性の増大を促通（facilitation）と呼ぶことがあったが，現在では明確に区別することはなくなっている．
*5 詳細については不明の点が多い．

(a)　2発刺激促通と2発刺激抑圧

　短期間（数10ミリ秒から数100ミリ秒程度）にシナプスが2回連続して活性化すると，1回目のシナプス応答に対して，2回目のシナプス応答が増大する現象を2発刺激促通（paired-pulse facilitation；PPF）と呼ぶ（図15.2）．多くの種類のシナプスで，2回目のシナプス前部からの神経伝達物質の放出確率が，1回目の放出確率より高くなるためにこの促通が誘発されると考えられている[8]．これまで促通の誘導機構については，1回目のシナプス活動でシナプス前部に流入した Ca^{2+} が，2回目のシナプス活動の際にある程度残っていて，流入する Ca^{2+} に加算されるため，Ca^{2+} の濃度がより高くなることでシナプス応答が増大するとされてきた．この仮説を残存 Ca^{2+} 仮説（residual Ca^{2+} hypothesis）[9] と呼ぶ．すなわち通常の神経伝達物質放出機構がより高濃度になった Ca^{2+} に促進されることでPPFが誘発されるものと考えられてきた．しかしごく最近になって，通常のシナプス伝達には関与しないと思われるシナプトタグミン7（synaptotagmin 7）がPPFなどのシナプス前性短期可塑性を誘発するという結果が報告された[10]．今後は，この結果が一般化できるかどうかの検証が注目される．

　一方，短期間の2回刺激により2発目のシナプス応答が減弱することがある．このような現象を2発刺激抑圧（paired-pulse depression；PPD）と呼ぶ．海馬歯状回の一部のシナプスや抑制性シナプスの多くでPPDが観察される．一般的に，シナプス伝達効率の低いシナプスにおいて

は PPF が見られることが多く，高いシナプスでは PPD が観察されることが多い．PPD は，放出確率が高いために放出可能なシナプス小胞の多くが1回目の刺激で神経伝達物質を放出し，2回目の刺激の際に放出可能なシナプス小胞が減少するために起こるとされているが，その詳細な機構については不明な点が多い．

(b)テタヌス後増強

　シナプスが高頻度（数10ミリ秒程度の間隔で数100ミリ秒から数秒程度の期間）で活性化したあとに，シナプス前部からの神経伝達物質放出確率が数分間増大する現象をテタヌス後増強（post-tetanic potentiation；PTP）と呼ぶ（図15.3 a）．PTP の発現機構については，いまだ定説はない．これまでにシナプス前部のプロテインキナーゼC（PKC）の活性化により発現するという報告はあるが[11,12]，今後さらなる検討が必要だと思われ

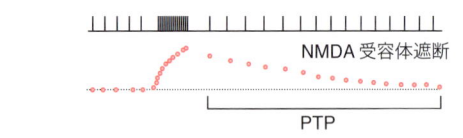

(a) テタヌス後増強（PTP）

NMDA 受容体遮断

PTP

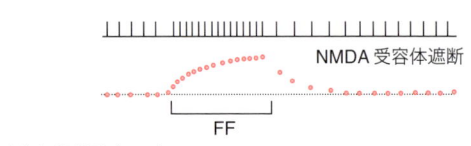

(b) 頻度促通（FF）

NMDA 受容体遮断

FF

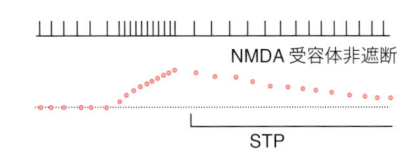

(c) 短期増強（STP）

NMDA 受容体非遮断

STP

図15.3　短期可塑性の代表例
それぞれ，上のグラフはシナプス前活動電位，下は EPSP スロープを示す．NMDA 受容体を遮断した状態で刺激頻度を増加させるとシナプス前性の短期可塑性であるテタヌス後増強（PTP, a）および頻度促通（FF, b）が誘導される．NMDA 受容体が活性化できる状態で適当な刺激を与えると短期増強（STP, c）が誘導される．

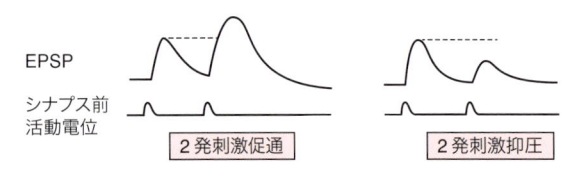

EPSP

シナプス前
活動電位

2発刺激促通　　2発刺激抑圧

図15.2　2発刺激促通（PPF）と2発刺激抑圧（PPD）
数10ミリ秒の間隔で入力線維を2回連続して刺激すると，2発目の刺激により誘発されるシナプス応答が1発目のシナプス応答より増大したり（PPF），減少したり（PPD）する．

る．シナプスの高頻度の活性化により，シナプス前部内のシナプス小胞の動態が大きく変化すると考えられ，それがPTPの発現に関与することが強く示唆されるが，それを明確に示した報告はない．今後は，おもにアクティブゾーンに存在するSNAREタンパク質と呼ばれる神経伝達物質の放出を制御するとされる分子群をはじめとしたシナプス前部の機能分子の関与を検討する必要がある．

(c) 頻度促通と頻度抑圧

　ある種のシナプスでは，シナプスの活性化頻度を持続的に上昇させると，そのあいだにシナプス応答が徐々に，あるいは一気に増大することがある．このような現象を頻度促通（frequency facilitation；FF）と呼ぶ（図15.3b）[*6]．海馬CA1領域の興奮性シナプス（CA1シナプス）で見られるように，持続刺激中にシナプス伝達促通に続いて，もとのレベルよりもシナプス応答が減少する場合もあり，シナプスの活性化頻度の変化は複雑な可塑的変化を引き起こす[13]．シナプス応答が持続刺激により減弱する現象には，これまで一定の用語は与えられていなかったが，頻度抑圧（frequency depression）と呼ぶことを提唱したい．

　頻度促通によりシナプス伝達が増強するのにはいくつかの要因が考えられる．比較的短い間隔でシナプスが活性化することによりシナプス前部内のCa^{2+}濃度が上昇し，シナプス前部からの神経伝達物質放出確率が増大することが第一に挙げられる．また，持続的なシナプス活性化によりシナプス前部内でのシナプス小胞動態が変化し，放出可能シナプス小胞プールのシナプス小胞からの神経伝達物質の放出が増えることも一因と考えられる．一方頻度抑圧についても，いくつかの発現機構が考えられる．その一つは頻回刺激により，シナプス前部内の放出可能なシナプス小胞プールのシナプス小胞が減少することで，シナプス応答が減弱することである．貯蔵プールなどからのシナプス小胞の補充が十分でないと，徐々にシナプス応答が減少する．この場合，神経伝達物質放出確率が増大していても，結果的にシナプス応答が減弱することになる．また，神経線維が持続刺激されることにより，神経伝達物質の放出を抑制する神経調節分子が放出される場合もある（次項参照）．

(d) シナプス前抑制

　これまでに紹介した3種類のシナプス前性短期可塑性は，シナプスでの神経活動が同じシナプスでのそれ以降の伝達効率に変化をもたらすもの（同シナプス性修飾，homosynaptic modification）であった．これとは異なり，ほかのシナプスから放出された神経伝達物質や神経調節物質によりシナプス伝達が修飾される場合（異シナプス性修飾，heterosynaptic modification）や，組織内に持続的に存在する生理活性物質により短期的，あるいは持続的に修飾を受ける場合（modification by ambient substances）がある．これらのうち，シナプス伝達が抑制される場合をシナプス前抑制（presynaptic inhibition）と呼ぶ（図15.4）．これに関与する生理活性物質の代表的なものに，GABAやアデノシンなどが知られており，Gluも場合によってはシナプス前抑制を引き起こす．いずれもシナプス前部に存在するそれぞれの物質に対する代謝型受容体（後述）により引き起こされる[15,16]．

　神経伝達物質を放出したシナプス前部が，自ら放出した神経伝達物質などで抑制を受ける場合もある．これを同シナプス性自己抑制（homosynaptic autoinhibition）と呼ぶ．また，

---

*6　頻度促通はシナプスの種類や発達時期により大きく異なり，海馬CA3苔状線維シナプス（mossy fiber synapse）では1Hz程度の持続刺激を与えると，きわめて大きな頻度促通（コントロールの10倍程度）が見られる．これはこのシナプスのPPFがほかの種類のシナプスよりもはるかに大きなこと（促通が2倍以上）と合わせて，海馬CA3苔状線維シナプス同定のための基準となっている[14]．

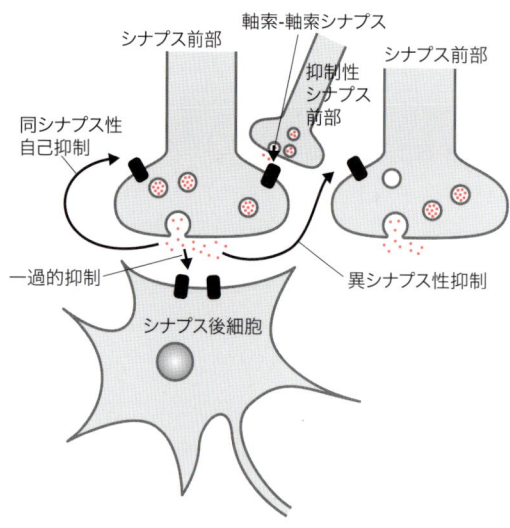

図 15.4　シナプス前抑制

シナプス前抑制には，同シナプス性と異シナプス性が存在し，軸索–軸索シナプスを介した特殊な種類のものも存在する．同じシナプスで，シナプス前性とシナプス後性の一過的(シナプス)抑制が見られることもある．

ほかのシナプスのシナプス前部から放出された神経伝達物質などでシナプス前抑制が引き起こされる場合を，異シナプス性抑制 (heterosynaptic inhibition) と呼ぶ．シナプス前部に別の神経細胞のシナプス前部がシナプス結合し(軸索-軸索シナプス；axo-axonic synapse)，神経伝達物質などを放出して直接シナプス前部からの神経伝達物質の放出を抑制することもある．さらに，マリファナの類似物質である内在性のカンナビノイド (endocannabinoid) は短期的なシナプス前抑制を起こすことも知られており，その誘導機構も最近詳しく解析されるようになった（10章を参照）[17]．シナプスによってはカンナビノイド (cannabinoid) が長期的なシナプス抑制を引き起こすことがあることも報告されている[18]．

15.3.2　シナプス前性長期可塑性

アメフラシのえら引っ込め反射では，えらの収縮を引き起こすシナプス結合のシナプス前部で，刺激頻度依存性やセロトニン依存性のシナプス前

性長期可塑性が起こることが報告されている．またマウスやラット，モルモットなどの哺乳類においても，シナプス前性長期可塑性が誘導されることが知られている．

たとえばマウスやラットの海馬 CA1 シナプスでは，シナプス後性の長期可塑性の一種である長期増強(LTP)や長期抑圧(LTD)が誘導・発現することはよく知られ，詳しく研究されているが，シナプス前性長期可塑性 (presynaptic long-term plasticity)の存在も報告されている．最も詳しく解析されている哺乳類におけるシナプス前性長期可塑性に，海馬 CA3 苔状線維シナプスの LTP[14] と LTD[19] がある．シナプス後性の長期可塑性においては，シナプス後細胞の NMDA 受容体がその誘導に必須であることが多いが，苔状線維シナプスの場合は，その誘導にも発現にも NMDA 受容体は関与せず，すべてがシナプス前部で起こるというのが最も有力な説である．それに関与する機能分子群については，詳しく後述する．

15.3.3　シナプス後性短期可塑性

シナプス後性短期可塑性 (postsynaptic short-term plasticity) の代表例として，シナプス後性短期増強 (short-term potentiation；STP) がある（図 15.3 c）．最もよく検討されている STP は，海馬 CA1 領域で観察されるもので，100 Hz 程度の高頻度の刺激を入力線維に 0.1 秒程度与えたり，数 10 Hz の刺激を 1 秒程度与えたりすると，その後のシナプス伝達が数分間から 10 分余りにわたって短期的に増強することが知られている[20]．この増強にはシナプス後細胞の NMDA 受容体の活性化が必要であることがわかっているが，100 Hz，1 秒程度の刺激であれば長期的な増強になるのにもかかわらず，このような刺激条件では短期的な増強のみが誘導される理由は，いまだはっきりしていない．また，どのような細胞内機構により，この種の増強が発現するかについても

確実には解明されていない.

　一方, シナプス後細胞が持続的に脱分極を繰り返すことでも, その細胞上に存在するほとんどのシナプスで STP が誘導されることも知られている[21]. その発現には, シナプス後細胞の AMPA 受容体の感受性の増大が関与することが報告されている[22]. さらに, シナプス後細胞の脱分極のパターンによっては, STP が長期的な増強になることも明らかになっており, その分子機構については後述する.

15.3.4　シナプス後性長期可塑性

　哺乳類の中枢神経系で最もよく研究されている興奮性シナプスの一つである海馬 CA1 シナプスでは, シナプス後性長期可塑性 (postsynaptic long-term plasticity) が非常に起こりやすいことが知られている. 典型的には 100 Hz 程度の高頻度で入力線維を 1 秒程度刺激〔このような可塑性を引き起こす刺激をコンディショニング (conditioning) と称する〕すると, コンディショニング前に比べて, シナプス応答が 1.5 倍から 2 倍程度に増大する LTP が誘導されることが報告されている (図 15.5)[23]. しかも, 個体レベルでは数時間から, 少なくとも数日間にわたって誘導が持続する[*7]. CA1 シナプスにおいては, LTP の誘導にグルタミン酸受容体の一種である NMDA 受容体が重要な役割を果たす (後述). この LTP はシナプスの活性化により誘導されるものであるが, 最近になってシナプス後細胞で, ある種のパターンで脱分極を繰り返すとシナプス非選択的に, すなわち記録している細胞上のほとん

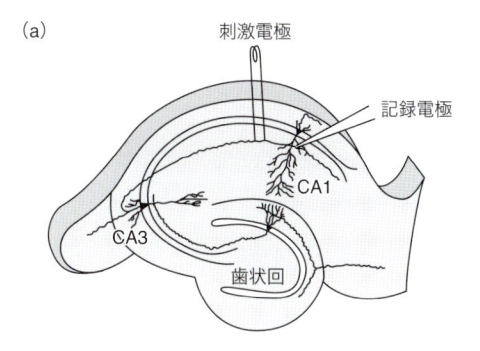

(a) 刺激電極 / 記録電極 / CA1 / CA3 / 歯状回

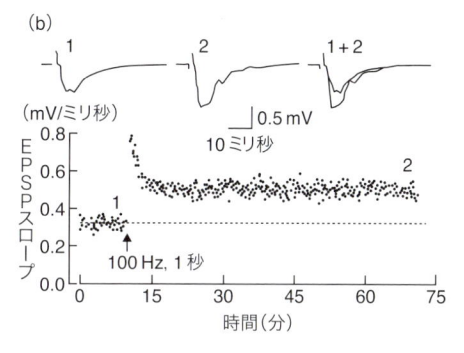

(b)

図 15.5　海馬スライス標本とシナプス後性長期増強

海馬 CA1 領域において, 100 Hz, 1 秒間の LTP 誘導刺激を与えると, その後 1 時間以上にわたって, シナプス応答が増大する LTP が誘導される.

どのシナプスで LTP が誘導されることが報告されている[24].

　シナプス後性の LTD についても多くの報告がなされている. 再現性が確認されている最も初期の報告に, 海馬 CA1 シナプスにおいて 1 Hz 程度の比較的低頻度の刺激を入力線維に持続的に (10 ～ 15 分程度) 与えると, それにより活性化されるシナプスでの伝達効率が 1 時間以上の長期にわたって減弱するというものがある[25]. この LTD の誘導法は, マウスやラットの比較的幼若な個体から得られたスライス標本でとくに有効であることが報告されている[*8]. LTP と同様に, このタイプの LTD にも NMDA 受容体が関与するとされている (細胞内機構については後述).

---

*7　もともとは, 1960 年代後半に, 生きたウサギで Lømo ら (欧州における学会発表) により発見された現象であるが, その後, 摘出した海馬から作製した海馬スライス標本においても, 同様のコンディショニングで 1 時間以上持続する興奮性シナプス伝達の LTP が誘導されることが明らかとなった. 現在では, スライス標本を用いて LTP の分子・細胞機構が詳細に検討されている.

15.4　シナプス可塑性の誘導・発現の分子・細胞機構

15.4.1　シナプス前性短期可塑性
(a) PPFと頻度促通

　これまでPPFの発現機構に関しては，残存Ca^{2+}仮説により説明されてきており，SNAREタンパク質をはじめとするCa^{2+}依存性の通常の神経伝達物質放出機構の修飾を介して発現するとされてきた．最近になって，通常のシナプス伝達には関与しないとされるシナプトタグミン7が，PPFだけでなく，頻度促通を媒介しているという報告がなされた[10]．この論文では，シナプトタグミン7のノックアウトマウスの急性脳スライス標本を用いている．このマウスでは各種の中枢シナプスにおいて，PPFと頻度促通がほぼ完全に消失しているが，通常のシナプス伝達やシナプス前部内におけるCa^{2+}動態にはまったく変化が見られなかった．このことからシナプス活動が起こったあとにのみシナプトタグミン7がCa^{2+}センサーとして作用し，シナプス前性短期可塑性の発現を直接制御していると考えられる．これが真実であれば画期的な発見であるが，これまでにPPFの大きさが通常のシナプス伝達の神経伝達物質放出確率の変化とよく相関することが報告され，多くの研究により再確認されていることから，シナプトタグミン7のみによりPPFや頻度促通が制御されていることは理解しがたい．今後，シナプトタグミン7がどのような機構によりPPF

や頻度促通を制御しているのか，またシナプトタグミン7が関与する現象がどこまで一般化できるのかといった問題が解決されることが望まれる．
　頻度促通については，これまでにいくつかの分子の関与が報告されている．シナプス前部の機能解析の際に，$5 \sim 20\,Hz$の低頻度でシナプスを持続的に活性化させたときのシナプス応答を検討することが多い．この最初期の例としてDoc2と呼ばれる機能分子に関する報告がある[13]．Doc2にはDoc2αとDoc2βの二つのサブタイプが存在し，前者は中枢神経系に存在し，後者は全身で発現している．Doc2αは，シナプス小胞上に存在するシナプトタグミンと同様に，Ca^{2+}およびリン脂質と相互作用するC2様ドメインを二つ有し，シナプス小胞上に局在することが知られている．Doc2αのノックアウトマウスでは，PPFやPTPには異常は観察されないが，$5\,Hz$刺激によるシナプス応答が野生型に比べて顕著に増大している．したがって，Doc2αは通常のシナプス伝達や神経伝達物質放出確率には関与せず，持続刺激によるシナプス前部でのCa^{2+}濃度上昇による頻度促通にのみ関与するものと考えられるが，その詳しい機構についてはいまだ不明である．一部，シナプトタグミン7と共通する性質も見られるため，今後は両分子の相互作用などの解析が重要であると思われる．またSNAREタンパク質の一つであるシンタキシン1AのCa^{2+}-カルモデュリン依存性キナーゼIIα（CaMKIIα）との結合を阻害させたノックインマウスにおいてもシナプス前性短期可塑性に異常が見られる[26]．SNAREタンパク質は，神経伝達物質放出を直接的に制御するアクティブゾーンに存在する分子群であるが，シンタキシン1Aはシナプス前膜に局在してシナプス小胞の細胞膜への融合を調節するとされる機能分子である．シンタキシン1AはCaMKIIαと相互作用して機能が変化するが，それを阻害したノックインマウスでは，PPFとPTPが増大し，

＊8　成体動物の海馬スライス標本でも誘導できるとの報告もあるが，多くの場合，誘導できたとしても，幼若動物に比べてその大きさはかなり小さいとされている．コンディショニング刺激としてPPFを誘導する際に使用されるような2発刺激を用いると，成体動物でもかなり大きなLTDが誘導できることが報告され，それにはシナプス後細胞のグループIのmGluRが関与するとされているが，その機構については不明な点が多く，さらなる検討が必要であると思われる．また，グループIのmGluRのアゴニストを海馬スライス標本に投与するとLTDが誘導されるという報告も多く存在するが，その再現性や誘導機構についても，より詳しい検討が必要である．

5 Hz 刺激によるシナプス応答も増大する．シナプス小胞のプールサイズには異常は見られないが，シナプス小胞の貯蔵プールから放出可能プールへの供給速度が増加することがわかっており，シンタキシン 1A は CaMKIIα と相互作用することで，シナプス小胞動態を制御することにより，シナプス前性短期可塑性を調節するものと考えられる．

(b) PTP

　PTP 発現の分子機構については，まだほとんど解明されていないというのが現状である．シナプス後細胞で誘導されるシナプス可塑性を遮断した状態でシナプス前線維に 100 Hz 程度の高頻度刺激を与えると，それに続いて PTP が誘導され

るが，その際にシナプス前部内に流入する Ca^{2+} が PTP 誘導のおもな要因になっていることは間違いないと思われる．しかし，それのみで十分なのか，あるいはほかの要因も必要なのかについてはまだはっきりとしていない．Ca^{2+} 流入後の PTP 発現に関与する細胞内シグナル伝達機構についても不明な点が多いが，PKC が PTP の発現に関与しているという報告がある．クロム親和性細胞において，PKC を活性化するとされるフォルボールエステルにより Ca^{2+} 依存性の開口放出 (exocytosis) が促進されるという報告や[27]，海馬においてフォルボールエステルが放出可能シナプス小胞プールを増大させるという報告がある[28]．したがって PKC が PTP に関与する可能性が高

Key Chemistry　　CaMKIIα

　海馬 CA1 領域の長期増強 (LTP) の誘導・発現には，シナプス後細胞の CaMKIIα の活性化が必要であることは一般的に認められているが，この分子のどのような機能が LTP の誘導・発現に直接関与しているかについては不明な点が多かった．もちろん，この分子はセリンスレオニンキナーゼとしての役割が最も詳しく調べられているが，それだけでなく，足場タンパク質としてほかの機能分子と相互作用して複合体を形成するという機能や，カルモデュリンと結合したり，細胞内での局在が変化（たとえばシナプス後肥厚への移動）したりすることでシグナル伝達を調節することも知られている．したがってコンベンショナルなノックアウトマウスでは，これらの機能がすべて消失してしまうため，その表現型の原因がよくわからなかった．そこで，この問題を解決するために，CaMKIIα のリン酸化能のみが欠失したコンディショナルノックインマウスが作製された[5]．このノックインマウスでは，野生型の CaMKIIα の代わりに，CaMKIIα の ATP 結合部位であるリジン (Lys, K) 42 をアルギニン (Arg, R) に置換した変異型 CaMKIIα を発現させることで，リン酸化に必須である ATP の結合のみが阻害され，

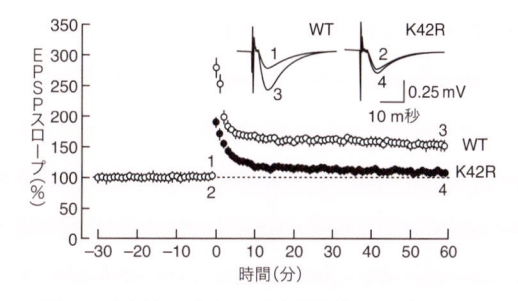

図　野生型 (WT) および変異型 (K42R) マウスでの LTP 誘導

CaMKIIα のリン酸化能のみが欠失する．海馬スライス標本を用いた電気生理学的解析により，CA1 領域での興奮性シナプス伝達の LTP を検討したところ，野生型 (WT) マウスでは 100 Hz，1 秒の入力線維の高頻度刺激により正常に LTP が誘導できるのに対して，変異型 (K42R) マウスでは LTP がほぼ完全に消失していることがわかった（図）．変異マウスを用いた行動学的解析では，海馬依存性の記憶能力が顕著に障害されていることが明らかになっている．したがって，CaMKIIα のリン酸化能は LTP の誘導・発現に必須であるとともに，個体レベルでの記憶形成にも必要であることが明らかになった．

く，実際にシナプス前部の PKC が活動依存的に活性化されて PTP が発現するという報告や[29]，シナプス小胞のシナプス前膜への融合の Ca^{2+} 依存性が PKC により高まることによって PTP が発現するという報告もある[11]．しかし，これらの結果はまだ十分に再現性が確認されておらず，またフォルボールエステルのシナプス前部に対する効果は PKC のリン酸化を介したものではないとの報告もあることから[30]，今後のさらなる検討が必要である．

(c) シナプス前抑制

中枢神経系におけるシナプス前抑制に関与する代表的な機能分子として，シナプス前部に存在する $GABA_B$ 受容体[8]とアデノシン A_1 受容体[16]がある．海馬 CA1 シナプスにおいては，いずれの受容体もシナプス前部に存在する代謝型受容体であり，活性化されるとシナプス前部からの神経伝達物質の放出を抑制する．その機構に関しては，シナプス前部の Ca^{2+} チャネルを抑制して神経伝達物質の放出を抑制するという考えと，放出を媒介する機構そのものに作用するという考えがある．これらのどちらが正しいか，あるいはどちらも正しいのかについては，今後のさらなる検討が必要である．

GABA は神経活動により抑制性介在神経細胞から放出され，シナプス後細胞およびシナプス前細胞のいずれにも作用する．どちらも全体としては神経系の抑制を引き起こすが，その機構はまったく異なる（図 15.4）[15]．シナプス後細胞における抑制はその細胞の興奮性を低下させ，一方シナプス前細胞における抑制では，興奮性線維（この場合は異シナプス性抑制）と抑制性線維のいずれかの終末からの神経伝達物質の放出を抑制し，複雑な反応を引き起こす．アデノシン[*9]はグリア細胞から放出されるという説と，GABA と同様に介在神経細胞から放出されるという報告があ

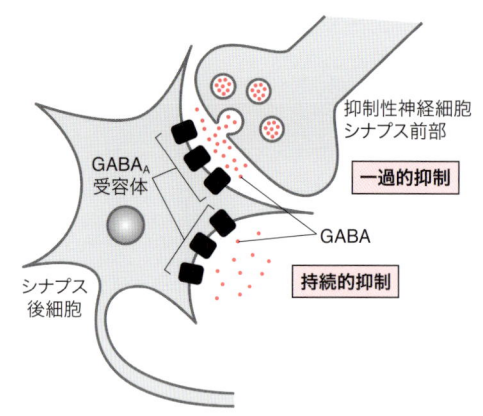

図 15.6　一過的抑制と持続的抑制
シナプス小胞から放出される神経伝達物質により直接シナプス後細胞を抑制する一過的抑制（シナプス抑制）と神経細胞の周囲に持続的に存在する神経伝達物質により恒常的に引き起こされる持続的抑制が存在する．

る[16]．神経活動により GABA やアデノシンが放出されて引き起こされるシナプス前抑制を一過的抑制（phasic inhibition，シナプス抑制ともいう）と呼び，神経活動とは直接関係せず，神経細胞周囲に存在する神経伝達物質や神経調節物質により引き起こされる抑制を持続的抑制（tonic inhibition）と呼ぶ[31]（図 15.6）．

内在性カンナビノイドによるシナプス前抑制については，その詳細な分子機構が知られている．海馬などの興奮性シナプスや抑制性シナプスには，シナプス前部にカンナビノイド受容体のサブタイプの一つである CB_1 受容体が存在し，それが活性化されることでそのシナプスからの Glu や GABA などの神経伝達物質の放出が短期的に抑制される．この短期可塑性のきわめて特徴的な点は，シナプス前部の CB_1 受容体がシナプス後細胞から放出される生理活性物質により，逆行性に活性化されるところである．シナプス後細胞がシナプスの活性化などにより強

---

*9　アデノシンの特徴は，神経活動により放出されて急速に作用を発揮するだけでなく，組織内にも持続的にかなりの高濃度で存在しており，恒常的にシナプス前抑制を引き起こしていることにある．

く脱分極すると，シナプス後細胞膜に存在する Ca^{2+} チャネルが活性化し，それによりシナプス後細胞の Ca^{2+} 濃度が上昇することで内在性のカンナビノイドが合成され，それが細胞膜を透過してシナプス前部に到達し，効果を発揮すると考えられている．カンナビノイドのなかでも 2-AG（2-aracjdonoylglycerol）がこのような逆行性伝達物質であるとする説が最も有力であるが，アナンダミド（anandamide）が関与するという考えもある．またカンナビノイドの産生にシナプス後細胞のムスカリン受容体（ムスカリン性アセチルコリン受容体ともいう）などの代謝型受容体が促進的に作用することも知られている．カンナビノイドはシナプス後細胞の細胞膜を透過してシナプス前部に到達するため，興奮したシナプス後細胞のシナプス自身の神経伝達物質放出を抑制する（同シナプス性抑制，homosynaptic inhibition）だけでなく，近傍のシナプスにも作用する（異シナプス性抑制，heterosynaptic inhibition）と考えられている．しかしその詳細については，さらなる検討が必要である．さらに短期的な抑制だけでなく，シナプス（とくに海馬などの抑制性介在神経細胞の抑制性シナプスなど）によっては，CB_1 受容体の活性化により LTD が誘導されることも報告されており，やはり詳細については検討が続いている状況である．このように内因性カンナビノイドによるシナプス伝達調節については，最近も研究が急速に進んでいるため，10 章と最近の総説[17,18] を参照するとともに，最新の論文を参照していただきたい．

15.4.2 シナプス前性長期可塑性

(a) 苔状線維シナプス LTP

　海馬 CA3 領域の苔状線維シナプスでは，前述のように，入力線維の高頻度刺激により，シナプス前性の LTP が誘導・発現する（図 15.7）．シナプス前部に連続して活動電位が到達すると，シ

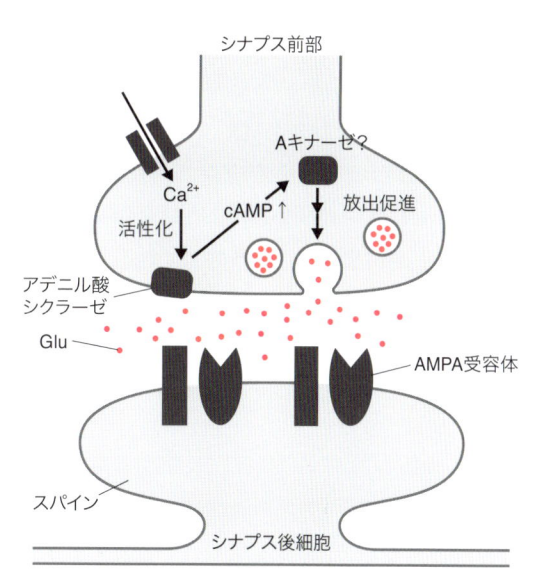

図 15.7　海馬 CA3 領域の苔状線維シナプス長期増強
苔状線維シナプスにおいては，シナプス前部でのみ LTP が誘導・発現する．シナプス前部内の Ca^{2+} 濃度の急上昇により，PKA のような種々の酵素系が活性化されることによって，シナプス小胞からの神経伝達物質の放出が長期的に促進される．

ナプス前膜に局在する電位依存性 Ca^{2+} チャネル（VDCC）が活性化し，シナプス前部内の Ca^{2+} 濃度が急上昇することにより LTP が誘導されると考えられている．現時点で最も支持されている LTP 誘導・発現の仮説は，Ca^{2+} 濃度が急上昇することによりシナプス前部内のアデニル酸シクラーゼ（多くの種類が存在するが，おそらく Ca^{2+} 依存的に活性化するサブタイプ）が活性化され，シナプス前部内の cAMP 濃度が上昇し，プロテインキナーゼ A（PKA）が活性化され，それによって神経伝達物質放出が長期的に促進されて LTP が発現するというものである[32]．しかし，PKA の活性化でどの機能分子がリン酸化され LTP が発現するのかについては，まだ明快な解答は得られていない．RIM1 や Munc-13，Rab3 というシナプス前部の神経伝達物質放出に関連するとされる分子が苔状線維 LTP に関与するという報告もあるが，それらのデータの再現性は十分に確認されておらず，詳しい分子機構についても不明の

点が多い.

(b) 苔状線維シナプス LTD

　海馬 CA3 領域の苔状線維シナプスの LTP に
ついてはこれまで述べてきたように長年研究され,
その誘導・発現機構はかなり詳しく検討されてき
た. 一方, このシナプスに LTD が存在するかど
うかについては比較的最近まで報告がなかったが,
海馬 CA1 シナプスで見られる LTD と類似のコ
ンディショニングにより, LTD が誘導できるこ
とが明らかになっている（図 15.8）[19]. その誘導・
発現の分子機構は LTP と同様で, シナプス後細
胞の活動を完全に抑制し, NMDA 受容体を完全
に遮断した状態でも誘導され, LTD 発現に伴っ
て神経伝達物質放出確率が減少する. また, この
シナプスでの LTD はシナプス前部でのみ誘導・
発現することが報告されている. しかもその誘導
には, おもにシナプス前部に存在することが知

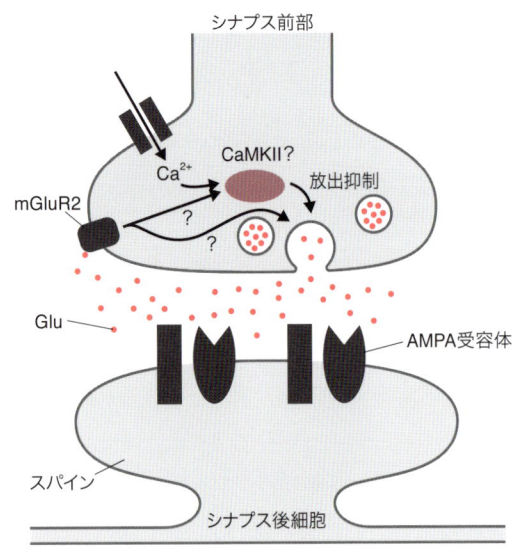

**図 15.8　海馬 CA3 領域の苔状線維シナプス長期
抑圧**
苔状線維シナプスにおいては, シナプス前部でのみ LTD が誘
導・発現する. シナプス前部内の持続的な Ca^{2+} 濃度の上昇に
より, CaMKIIα が活性化され, それとともに mGluR2 が活性
化することによって, シナプス小胞からの神経伝達物質の放
出が長期的に抑制されると考えられている.

られているグループ II の mGluR2 の活性化が必
須であるという報告もある[33]. 苔状線維 LTD の
誘導にシナプス前部への Ca^{2+} の流入が重要であ
ることもわかっており, mGluR2 の下流として,
シナプス前部にも多く存在することが知られてい
る CaMKIIα が重要な役割を果たすことも報告
されている[34]. ただ mGluR2 のノックアウトマ
ウスでは, 通常の海馬依存性とされる行動学試験
において有意な障害は見出されておらず, 苔状線
維 LTD および mGluR2 の個体レベルにおける
役割については, 今後, さらなる検討が必要である.

15.4.3　シナプス後性短期可塑性

　シナプス後性の STP の誘導・発現の分子機構
はほとんどわかっていない. シナプス刺激によ
る STP の誘導に NMDA 受容体が関与すること
は一般に認められつつあるが[21], STP が LTP の
最初の相の一部なのか, あるいは LTP とはまっ
たく関係ないのかについては意見が分かれてお
り, まだ決着はついていない. また, なぜ長期的
な可塑性にならないかもまったく結論が出ていな
い. しかし, 10 分程度続く現象であることから,
神経回路全体としては大きな影響を与えうるもの
であり, 生理的に重要な現象であると考えられる.
今後のこの現象の理解の進展を期待したい.

15.4.4　シナプス後性長期可塑性
(a) 海馬 CA1 シナプス LTP

　海馬 CA1 シナプスの LTP は, シナプス可塑
性のなかでも歴史が長く, 研究が最も進んでい
るものの一つである. 入力線維の高頻度刺激（た
とえば 100 Hz, 1 秒など）やシータバースト（θ
burst, 数発の 100 Hz 程度の刺激を 200 ミリ秒
程度の間隔で何度も繰り返し与える LTP 誘導刺
激）のようなコンディショニングを与えると, シ
ナプス後細胞が大きく脱分極し, 樹状突起のス
パインに存在する NMDA 受容体が活性化する

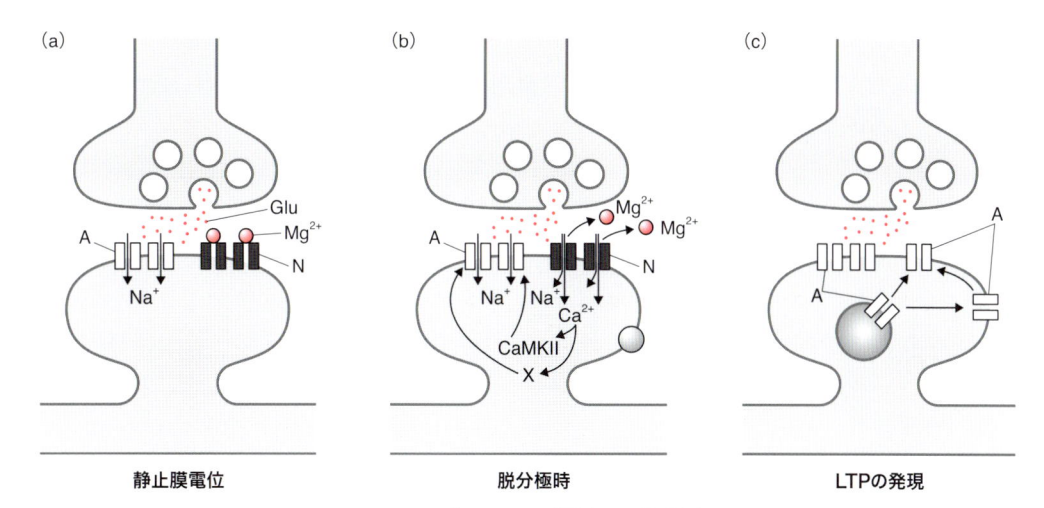

図 15.9　海馬 CA1 領域の長期増強

海馬 CA1 シナプスにおける LTP 誘導・発現の分子機構.（a）静止膜電位では，NMDA 受容体（N）は細胞外の Mg^{2+} ブロックによりほとんど機能せず，シナプス伝達はおもに AMPA 受容体（A）により担われる.（b）一つの神経細胞上の多くのシナプスが一気に活性化すると神経細胞は大きく脱分極し，NMDA 受容体の Mg^{2+} ブロックが解除され，細胞内の Ca^{2+} 濃度が上昇して CaMKIIα などが活性化されることにより，AMPA 受容体が修飾される.（c）LTP の発現には AMPA 受容体のシナプス後部への挿入が関与するとされるが，シナプス部位に直接挿入されるという説と，シナプス後部の周辺に挿入されてから側方拡散によりシナプス部位に輸送されるという説がある.

が，これが誘導のきっかけであると考えられている（図 15.9）.通常の興奮性シナプス伝達は，AMPA 受容体により媒介され，NMDA 受容体はほとんど寄与していないが，それには NMDA 受容体が有する特性が関与している.神経細胞が非興奮時の静止膜電位に近い膜電位を取っているときは，NMDA 受容体に内在しているイオンチャネルに Mg^{2+} が閉塞し（Mg^{2+} ブロック），たとえ Glu が受容体に結合してもイオンは透過できない.一方，AMPA 受容体は Glu が結合すれば原則的には必ず開口するため，高頻度刺激などにより多くのシナプスで Glu が持続して大量に放出されると，K^+ や Na^+ の一価の陽イオンを選択的に透過する AMPA 受容体チャネルを介して，おもに Na^+ が電気化学ポテンシャルに従ってスパイン内に流入し，シナプス後部が大きく脱分極する（細胞内は Na^+ 濃度が非常に低く，かつ細胞内が負に帯電しているため，細胞外の Na^+ が大量に流入する.一方，K^+ は細胞内濃度が非常に高いため，細胞内が負に帯電しているにもか

わらず，確率的にはシナプス電流にはほとんど関与しない）.すると NMDA 受容体の Mg^{2+} ブロックが解除され，NMDA 受容体を介してイオンが透過できるようになる.つまり NMDA 受容体は神経伝達物質の放出とシナプス後細胞の脱分極が同時に起きたことを検出する同期検知器のような役割を果たしているといえる.ここでさらに重要なことは，AMPA 受容体が一価の陽イオンを選択的に透過するのに対して，NMDA 受容体は二価の陽イオンである Ca^{2+} も透過する点である.Ca^{2+} は種々の機構により細胞内濃度がきわめて低くなるように調節されており，高頻度のシナプスの活性化により NMDA 受容体が開口すると，スパイン内に大量の Ca^{2+} が流入することになる.これが LTP 誘導の最初のステップである.

NMDA 受容体活性化によりスパイン内の Ca^{2+} 濃度が上昇すると，Ca^{2+} 依存性の種々の生化学的変化が起こり，それが LTP の発現へとつながる.歴史的には，1980 年代終わりに PKC[36] と CaMKII の Ca^{2+} 依存的な活性化が LTP 発

現のきっかけになることが最初に報告されている *10 35,36)．以下では，これまでに最も詳しく解析されている CaMKIIα を中心に LTP の発現機構について説明する．

　CaMKIIα は，シナプス後細胞に最も多く存在するタンパク質の一つであり，興奮性シナプスのスパイン内にも豊富に存在する．CaMKIIα は NMDA 受容体が開口すると Ca^{2+} 依存的に活性化し，シナプス後細胞の多くの種類のタンパク質をリン酸化して，その作用を発現する．海馬 CA1 領域の LTP には，AMPA 受容体の修飾が関与することが明らかになっているが（後述），CaMKIIα が直接的に AMPA 受容体をリン酸化することで LTP が発現するのか，あるいは CaMKIIα がほかの機能分子をリン酸化し，それが間接的に AMPA 受容体の修飾を引き起こすのかはまだ明らかになっていない．

　CaMKIIα が LTP の発現に関与することが直接的に示された最初の報告は，CaMKIIα のノックアウトマウスで LTP が大きく減弱することを示した研究である[37)]．ただし，CaMKIIα にはタンパク質リン酸化酵素としての作用以外にも，ほかの機能タンパク質を集積させる足場タンパク質としての役割やカルモデュリンを結合してその濃度や分布を調節するなどの作用もあり，コンベンショナルなノックアウトマウスでは CaMKIIα のリン酸化能の欠如のみが LTP の障害に関与しているどうかは明らかではなく，またその後の別の研究で同様のノックアウトマウスに LTP の異常が見られなかったという報告もあり，CaMKIIα のリン酸化が LTP の発現に必須かは結論が出ていなかった．しかし最近になって，リン酸化能のみが欠失し，CaMKIIα の発現は変化しない CaMKIIα のノックインマウスで LTP がほぼ完全に消失していることが明らかになり[5)]，現在は

LTP の発現において CaMKIIα がきわめて重要な役割を果たしていることはほぼ間違いないと考えられている．

　CaMKIIα や PKC などの活性化に引き続いて，最終的には AMPA 受容体の修飾により LTP が発現する．Ca^{2+} 依存性の酵素の活性化以降のステップに関しては不明な部分が多く，現在でもさかんに研究が進められている *11．AMPA 受容体の修飾に関しては大きく二つの説がある．一つは，LTP の誘導後に AMPA 受容体の単一チャネル特性が変化し，チャネルを通る電流量が増加する（コンダクタンスの上昇）というものである[38)]．それには AMPA 受容体のリン酸化が関与するとされている．もう一つは，AMPA 受容体のコンダクタンスの変化の有無にかかわらず，シナプス後部の PSD に AMPA 受容体が挿入され，機能的な AMPA 受容体の個数が持続的に増加して LTP が発現するというものである．現在は，後者が有力であると考えられている[39,40)]．ただし AMPA 受容体のシナプス部位への集積については，シナプス後部の直下に AMPA 受容体を含む脂質二重膜小胞様の構造物があり，それが LTP 誘導刺激により PSD に挿入されるという考えと，PSD の周辺部位に同様の機構により AMPA 受容体が挿入され，それが側方拡散（lateral diffusion）により輸送され PSD に集積して LTP が発現するという考えがある．

　AMPA 受容体のシナプス後膜への挿入や側方輸送には多くの種類の分子が関与することが報告されている．そのなかで最もよく解析されているものの一つに，膜貫通 AMPA 受容体調節性タンパク質（TARP）がある[41)]．TARP には複数種のサブタイプが存在するが，海馬や小脳などでは，

---

*10　その後，MAP キナーゼなどの酵素群の LTP 発現への関与も報告されるようになっている．

*11　かなり以前には，海馬 CA1 領域の LTP がシナプス前部からの神経伝達物質の放出の増加により発現するとする説があったが，現在ではその説はほぼ否定されており，シナプス後細胞での変化が LTP 発現の実体であるというのが定説となっている．

とくにγ2 サブタイプ（スターゲージンともいう）が AMPA 受容体の輸送や生理学的および薬理学的特性の決定に重要な役割を果たすことが知られている．それらの過程には TARP 以外の細胞内シグナル分子が関与することも報告されているが，まだ不明の点も多い（詳細は総説[42]参照）．

(b) 脱分極パルス誘導性 LTP

前述のように，海馬 CA1 領域の錐体細胞からホールセル記録を行い，6 秒に 1 回程度の頻度で –60 mV から +10 mV の脱分極パルスを 20 回程度与えると，長期間持続するシナプス伝達増強が誘導されることが報告されている[24]．このタイプの LTP が発現している際には，電気刺激により誘発される脱分極パルス誘導性の EPSC の増大と，それと同時に記録した自発性 EPSC（spontaneous EPSC）の振幅の増大がほぼ一致することから，記録している細胞上のほとんどのシナプスで増強が起こっていることが強く示唆される．つまりシナプス選択性はなく，同一の細胞上に形成されるほとんどのシナプスで，このタイプの LTP が発現していることになる．また 2 本の刺激電極を用いて二つの独立な入力を刺激し，一方の入力にのみ通常の高頻度刺激による LTP を誘導したあと，脱分極パルス誘導性 LTP を誘導すると，LTP をあらかじめ誘導しておいた入力では，それ以上の EPSP の増大が起こらず，一方で対照の未処置の入力では脱分極パルス誘導性 LTP が誘導できることが明らかになっている．つまり，脱分極パルス誘導性 LTP と通常の高頻度刺激により誘導される LTP は，同じ機構により発現していることになる．さらにカレントクランプモードで 1 秒間の 100 Hz の脱分極刺激を 20 回繰り返し与えて活動電位を発生させると，同様の LTP 様増強が誘導できることから，より生理的な条件でも脱分極パルス誘導性 LTP が誘導できる[24]．

(c) 海馬 CA1 シナプス LTD

海馬 CA1 領域の興奮性シナプスにおいては，1 Hz 程度の刺激を 10 分から 15 分程度持続して入力線維に与えると，シナプス伝達効率が長期的に減弱する LTD が誘導されることが明らかになっている[25]．前述のように通常の低頻度の刺激では NMDA 受容体はほとんど活性化しないことがわかっているが，実際にはこの低頻度刺激のあいだにわずかに活性化し，スパイン内の Ca^{2+} 濃度がごくわずかに上昇するものとされている．NMDA 受容体の阻害薬存在下では LTD が誘導できないことがその根拠となっている．おそらく LTD の誘導にはスパイン内の Ca^{2+} 濃度の変化の大きさと持続時間が関係しており，低濃度の上昇がある一定時間持続することが重要と考えられている．一方 LTP の誘導では，Ca^{2+} が短時間に急上昇することが重要と考えられている．

LTD の誘導刺激から LTD の発現につながる細胞内機構については有力な説が唱えられている[43]．Ca^{2+} 濃度上昇以降の最初の段階には，タンパク質脱リン酸化酵素の一種であるカルシニューリン（calcineurin, PP2B ともいう）が関

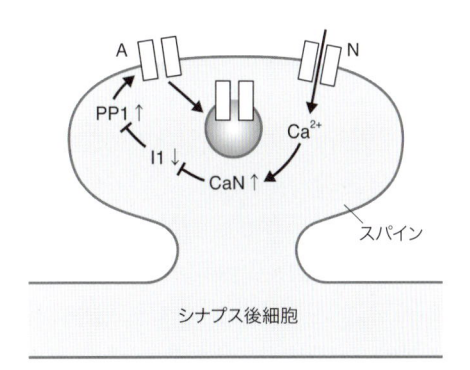

図 15.10　海馬 CA1 領域の長期抑圧
CA1 シナプスにおける LTD は，シナプス後部の NMDA 受容体がわずかに活性化されることにより，スパイン内の Ca^{2+} 濃度がわずかに，しかし持続的に上昇することでカルシニューリン（CaN）が活性化される．それにより，インヒビター 1（I1）が抑制され，I1 により抑制されていたタンパク質脱リン酸化酵素 1（PP1）の活性が上昇することにより，AMPA 受容体のシナプス部位からの取り込みが持続的に増加することにより LTD が発現するとされている．

与するとされている（図15.10）．CaMKIIαの活性化には，比較的高濃度のCa²⁺が必要とされるが，カルシニューリンはそれよりもかなり低濃度のCa²⁺によって活性化されるため，NMDA受容体がわずかに活性化された際のCa²⁺濃度上昇ではカルシニューリンのみが活性化され，それによりそれ以降の生化学過程が活性化されると考えられる．現在の最も有力な説は，カルシニューリンがインヒビター1と呼ばれる分子のリン酸化を抑制することで，それにより抑制を受けていたタンパク質脱リン酸化酵素1（PP1）の活性を上昇させるというものである．PP1はAMPA受容体の活性やシナプス部位での局在を恒常的に減少させ，最終的にはAMPA受容体により媒介されるシナプス伝達が長期にわたり抑制されることになり，これがLTDの発現の本質であるとされている．

15.5　おわりに

　ここまで述べてきたように，中枢神経系ではシナプス前部およびシナプス後部のいずれにおいても可塑性が存在し，その種類もきわめて多いことがわかってきた．ここでは，おもなものについて代表的な現象だけでなく，これまで教科書や参考書ではあまり取り上げられてこなかったが神経科学研究の学術論文で頻繁に記述される現象についてもできるだけ多く記載した．しかし依然として不明な点が多く，より詳細な検討が必要である．さらにこれらの可塑性が個体レベルでどのような役割を果たしているかについても不明な点が多く残されており，今後の重要な課題となっている．これらを総合的に解析することで，シナプス可塑性に関与する機能分子の役割の本質が明らかにできるものと思われ，今後の研究のさらなる発展が望まれる．本章が読者の教育・研究活動に少しでも役立てば，著者としては望外の幸せである．

（真鍋俊也）

■■■■■■■■■■ 文　献 ■■■■■■■■■■

1) J. I. Nagy et al., *Biochim. Biophys. Acta*, **1860**, 102 (2018).
2) S. Ozawa et al., *Prog. Neurobiol.*, **54**, 581 (1998).
3) M. Carta et al., *Eur. J. Neurosci.*, **39**, 1835 (2014).
4) M. Matsuzaki et al., *Nature*, **429**, 766 (2004).
5) Y. Yamagata et al., *J. Neurosci.*, **29**, 7607 (2009).
6) J. T. R. Isaac et al., *Neuron*, **15**, 427 (1995).
7) D. Liao et al., *Nature*, **375**, 400 (1995).
8) T. Manabe et al., *J. Neurophysiol.*, **70**, 1451 (1993).
9) B. Katz & R. Miledi, *J. Physiol.*, **195**, 481 (1968).
10) S. L. Jackman et al., *Nature*, **529**, 88 (2016).
11) D. H. Brager et al., *Nat. Neurosci.*, **6**, 551 (2003).
12) N. Korogod et al., *Proc. Natl. Acad. Sci. USA*, **104**, 15923 (2007).
13) G. Sakaguchi et al., *Eur. J. Neurosci.*, **11**, 4262 (1999).
14) R. A. Zalutsky & R. A. Nicoll, *Science*, **248**, 1619 (1990).
15) P. Dutar & R. A. Nicoll, *Neuron*, **1**, 585 (1988).
16) O. J. Manzoni et al., *Science*, **265**, 2098 (1994).
17) T. Ohno-Shosaku & M. Kano, *Curr. Opin. Neurobiol.*, **29**, 1 (2014).
18) T. J. Younts & P. E. Castillo, *Curr. Opin. Neurobiol.*, **26**, 42 (2014).
19) K. Kobayashi et al., *Science*, **273**, 648 (1996).
20) R. C. Malenka, *Neuron*, **6**, 53 (1991).
21) D. M. Kullmann et al., *Neuron*, **9**, 1175 (1992).
22) D. J. A Wyllie et al., *Neuron*, **12**, 127 (1994).
23) T. V. P Bliss & G. L. Collingridge, *Nature*, **361**, 31 (1993).
24) H. K. Kato et al., *J. Neurosci.*, **29**, 11153 (2009).
25) S. M. Dudek & M. F. Bear, *Proc. Natl. Acad. Sci. USA*, **89**, 4363 (1992).
26) Y. Watanabe et al., *J. Biol. Chem.*, **288**, 34906 (2013).
27) K. D. Gillis et al., *Neuron*, **16**, 1209 (1996).
28) C. F. Stevens & J. M. Sullivan, *Neuron*, **21**, 885 (1998).
29) N. Korogod et al., *Proc. Natl. Acad. Sci. USA*, **104**, 15923 (2007).
30) J. S. Rhee et al., *Cell*, **108**, 121 (2012).
31) F. Arima-Yoshida et al., *Eur. J. Neurosci.*, **33**, 1637 (2011).
32) M. G. Weisskopf et al., *Science*, **265**, 1878 (1994).
33) M. Yokoi et al., *Science*, **273**, 645 (1996).
34) K. Kobayashi et al., *Eur. J. Neurosci.*, **11**, 1633 (1999).

35) R. Malinow et al., *Science*, **245**, 862 (1989).

36) R. C. Malenka et al., *Nature*, **340**, 554 (1989).

37) A. J. Silva et al., *Science*, **257**, 201 (1992).

38) T. A. Benke et al., *Nature*, **393**, 793 (1998).

39) T. Manabe et al., *Nature*, **355**, 50 (1992).

40) Y. Hayashi et al., *Science*, **287**, 2262 (2000).

41) S. Tomita et al., *Neuron*, **45**, 269 (2005).

42) I. H. Greger et al., *Neuron*, **94**, 713 (2017).

43) R. M. Mulkey & R. C. Malenka, *Neuron*, **9**, 967 (1992).

chapter 16

膜貫通型プレシナプス因子による
シナプス/アクティブゾーンの形成誘導

Summary

シナプス伝達は，活動電位により電位依存性 Ca²⁺ チャネル (VDCC) が開きシナプス小胞の開口放出により神経伝達物質が放出されることで開始される．このシナプス小胞が集積し開口分泌を行うシナプス前部をアクティブゾーンと呼び，この構造が効率的な神経伝達に必須である．本章ではアクティブゾーンの形成，維持の分子機構を神経筋接合部のシナプスを中心に解説する．神経筋接合部では，筋由来ラミニン β2，シナプス前部のラミニン受容体，アクティブゾーン特異的細胞質タンパク質の複合体がアクティブゾーンを組織している．このシナプス後部より分泌される分化因子から膜貫通型プレシナプス因子を経て細胞内アクティブゾーンタンパク質に繋がる分子機構は，シナプス前部のアクティブゾーンとシナプス後部の特異的構造体を整列させ，効率的なシナプス伝達に寄与している．また，アクティブゾーン形成と分化の普遍的な分子機構について，中枢神経系シナプスや感覚神経シナプスと共通な分子機構も取り上げながら考察する．

16.1 はじめに

　運動や呼吸には，運動神経細胞から筋細胞に情報を伝達する神経筋接合部のシナプス機能が必須である（図 16.1）．この神経筋接合部の解析により，シナプス伝達やシナプス形成の分子機構における重要な知見が多数もたらされてきた．

　化学シナプスの基本的作動原理であるシナプス小胞が担う放出によるシナプス伝達（量子仮説，quantal hypothesis）がはじめて明らかにされたのはこの神経筋接合部である[1,2]．この機能的解析に一致して，シナプス小胞がシナプス前膜に集積し，開口放出により神経伝達物質が放出される様子が電子顕微鏡観察により報告された[3,4]．このシナプス小胞が集積し，開口放出するシナプス前部をアクティブゾーンと呼ぶ[3]．神経伝達物質受容体として最初に精製，クローニング，詳細に解析されたのは，神経筋接合部の アセチルコリン受容体である[5-9]．その後も神経筋接合部はそ

の大きさや実験操作の簡易性から，シナプス形成，再生の研究対象として活用された[10-13]．本章では，

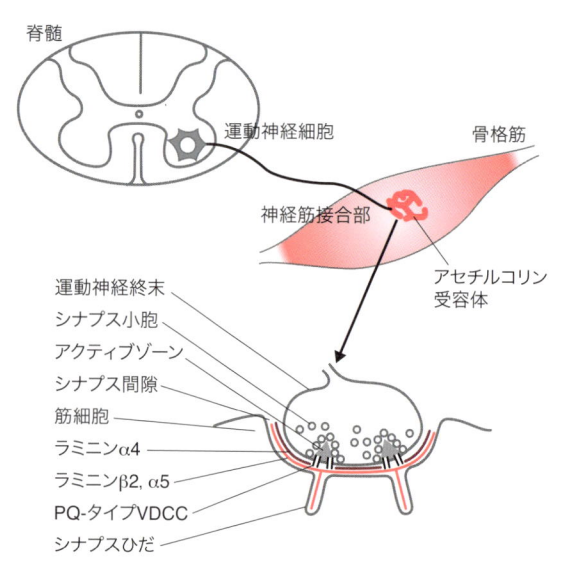

図 16.1　運動神経細胞と神経筋接合部
脊髄の運動神経細胞，骨格筋表面にある神経筋接合部とアセチルコリン受容体，神経筋接合部の微細構造，アクティブゾーン，電位依存性 Ca²⁺ チャネル (VDCC) とシナプス特異的ラミニン α4，α5，β2.

このようにシナプス機構の研究に多大に貢献した神経筋接合部の形成, 分化, 維持の分子機構を取り上げる. また, 神経筋接合部と中枢神経系シナプスの共通なシナプス形成機構についても考察する.

16.2　シナプス前部分化誘導因子

　神経筋接合部におけるシナプス前部側の分化機構には, 発生の各段階で複数の細胞外因子が関与している (図 16.2). 胎生期には運動神経細胞軸索が, 筋細胞と接触することでその形態を成長円錐からシナプス前部に分化させる. この段階では, シナプス形成やシナプス小胞の集積が線維芽細胞増殖因子 (FGF7/10/22), SIRP-α (signal regulatory protein α) や LRP4 (low density lipoprotein receptor-related protein 4) により誘導されている[14-16]. 筋細胞は細胞外マトリクス分子ラミニンのサブユニットをいくつか発現し, そのうちラミニン (laminin) α4, α5, β2 を神経筋接合部のシナプス間隙に特異的に集積させる[17]. 生後の幼若期は, ラミニン β2 が神経終末のアクティブゾーンを誘導する[20]. この分子機構の詳細は後述する. また, 生後の幼若期のシナプス競合と除去の時期は, ラミニン α4, α5 が神経筋接合部内での神経終末の成長に関与している[23].

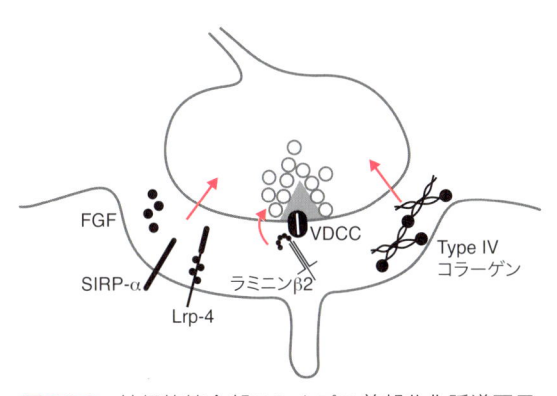

FGF

SIRP-α

Lrp-4

VDCC

ラミニン β2

Type IV
コラーゲン

図 16.2　神経筋接合部のシナプス前部分化誘導因子
FGF, SIRP-α, LRP4 は初期のシナプス形成を誘導する. ラミニン β2 は VDCC と結合してアクティブゾーンを誘導する. タイプ IV コラーゲンは神経筋接合部の成熟と維持に必須である.

成熟期は, 細胞外マトリクス分子のうちコラーゲン (collagen) α3/6 (IV)[*1] がシナプスの維持に機能する[14]. 老化に伴うシナプス変性と脱落にはシナプス特異的ラミニンサブユニットが関与すると示唆されている[24].

16.3　アクティブゾーン分化誘導因子

　さて, 本題であるアクティブゾーン形成の分子機構について考察する. シナプス伝達は神経終末への活動電位到達, VDCC 開放による細胞内 Ca^{2+} 濃度の上昇, シナプス小胞の開口放出によるアクティブゾーンへの神経伝達物質放出によって開始される[25,26]. アクティブゾーンの分化と維持には, 筋細胞から分泌され, シナプス間隙に集積する細胞外マトリクスラミニン β2 が機能している (図 16.3). ラミニン β2 は, 運動神経終末のシナプス前部の細胞膜に特異的に集積する P/Q-タイプと N-タイプの VDCC (Cav2.1, Cav2.2)[27-29] の細胞外ドメインに特異的に結合する[20]. それに対して, 神経筋接合部に集積しないシナプス外ラミニンサブユニット β1 は, P/Q-タイプ VDCC に結合しない. これらは, ラミニンと Ca^{2+} チャネルのリガンド-受容体相互作用に, リガンド側の特異性が存在することを示している. 一方, 受容体側にも特異性がある. L-タイプと R-タイプの VDCC (Cav1.2, Cav2.3) は, 運動神経細胞に発現するが神経筋接合部に集積せず, ラミニン β2 に結合しない. このような特異性をもった相互作用により, ラミニン β2 は細胞外から運動神経細胞終末にある P/Q-タイプ VDCC を固定する. さらに VDCC は, その細胞内部位でアクティブゾーン特異的タンパク質バスーン (Bassoon) と結合する[21,30]. ラミニン β2 欠損マ

---

*1　このタイプ IV コラーゲンは, 生後の神経筋接合部成熟と神経支配の維持に必須であり, これを欠損すると多様な変化や老化様の変性が起こる[14].

ウスはアクティブゾーンの減少を含むシナプス前部分化欠乏の重篤な表現型を呈する[18]．P/Q-タイプと N-タイプの VDCC の 2 重欠損マウスは，アクティブゾーン欠乏の表現型を示すが[21]，それ以外のシナプス形成は正常に分化し，野生型と変わらないシナプスの大きさと構造を示す．この 2 重欠損マウスでは，シナプス小胞，シナプス小胞関連タンパク質がシナプス前部に集積し，アセチルコリン受容体と対峙する神経筋接合部が形成される．これらの知見は，このアクティブゾーン形成の分子機構と 16.2 節で述べたシナプス形成機構が独立していることを示している．神経筋接合部アクティブゾーンは，このような膜貫通型タンパク質複合体を形成することによりシナプス伝達に必須な構造を形成しているのである．

　神経筋接合部にはアクティブゾーンが多数離散した状態で分布し，筋細胞のシナプスひだ（襞）と整列するように位置している（図 16.1，3，5）．マウス神経筋接合部の大きさは生後約 2 か月間で約 3 倍に成長するが，そのあいだにアクティブゾーンは数を増やし，その密度をほぼ一定に保ち続けている[31]．成熟マウスの単一神経筋接合部には，抗バスーン抗体により検出されるアクティブゾーンが約 800 個存在する[31]．これらのアクティブゾーンは，シナプス内に一様な密度で分散しており，その位置決定にラミニン α4 が関与している．野生型マウスの神経筋接合部ではシナプスひだのない部分，アクティブゾーンのない部分のシナプス間隙にラミニン α4 が集積している[32]．つまりアクティブゾーン直下にはラミニン α4 がない．ラミニン α4 欠損マウスでは，アクティブゾーンの総数は変化しないが，その位置がずれてシナプスひだと整列しない[32]．これらの結果は，シナプスひだ以外の部分でアクティブゾーンが形成されないように，ラミニン α4 がアクティブゾーン誘導因子の活性を抑制していることを示唆している（図 16.3）．

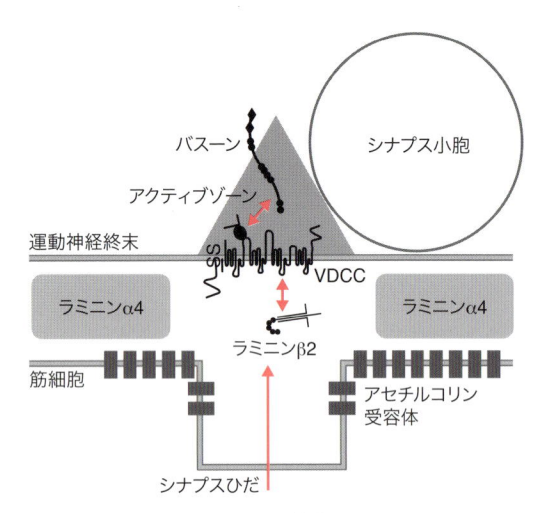

図 16.3　アクティブゾーン形成因子

筋細胞由来ラミニン β2 は運動神経終末の VDCC を繋ぎとめ，Ca²⁺ チャネル細胞内部位はアクティブゾーン特異的タンパク質バスーンを繋ぎとめアクティブゾーンを形成する．ラミニン α4 はアクティブゾーンをシナプスひだ部位に限定する．

16.4　アクティブゾーン特異的タンパク質

　アクティブゾーン特異的タンパク質は，アクティブゾーン細胞骨格マトリックス（cytoskeletal matrix at the active zone；CAZ）[33] と呼ばれ，脊椎動物ではバスーン[34]，CAST/ELKS/Erc ファミリータンパク質[35-37]，Munc13[38,39]，ピッコロ（Piccolo）[40]，RIM1/2[41] を含む．このなかでバスーン，CAST，RIM は，中枢および末梢神経系シナプスで Ca²⁺ チャネルのチャネル機能やシナプス伝達を調節する[22,42-49]．また，バスーンとピッコロがシナプス小胞の集積に関与していることが，海馬神経細胞と感覚神経細胞のリボンシナプスで報告されている[44,50]．Munc13-1/2 の 2 重欠損マウスでは神経伝達が完全に消失していることから，Munc13 はシナプス前部の機能に必須なタンパク質であることが示された[51]．これらアクティブゾーン特異的タンパク質は，Ca²⁺ チャネルと相互作用することでその機能の一部を発揮する．バスーン，CAST/Erc2/ELKS2α，ELKS，RIMs は，VDCC の

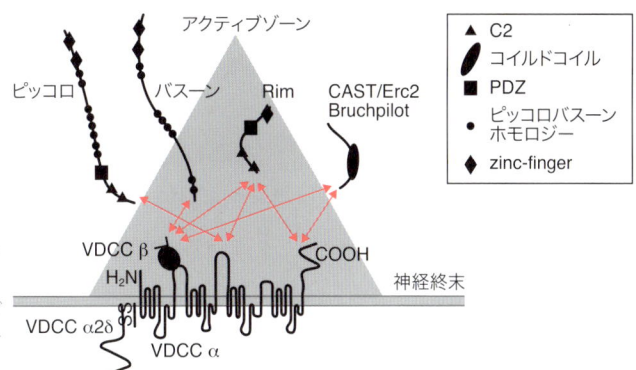

図 16.4　Ca^{2+} チャネルとアクティブゾーン特異的タンパク質の結合
Ca^{2+} チャネルは足場タンパク質としてアクティブゾーン特異的タンパク質と結合して，それらをシナプス前膜に繋ぎとめる．

β サブユニットに結合するが[21,42,45,49,52]，この β サブユニットは，チャネルポアを形成する α サブユニットと強固な複合体を形成し，P/Q-タイプと N-タイプの Ca^{2+} チャネルを形成する（図 16.4）[53]．また RIMs とピッコロは VDCC の $\alpha 1$ サブユニットと結合する[48,54,55]．

　またアクティブゾーン特異的タンパク質は，相互結合することで巨大タンパク質複合体を形成する[56-59]．電子顕微鏡で観察したときにシナプス前部に検出されるアクティブゾーン電子線吸収高密度体（active zone electron-dense materials）はこの複合体であると考えられる．これらアクティブゾーン特異的タンパク質やシナプスタンパク質シンタキシンが VDCC と結合することで，シナプス前部に VDCC を凝集させ繋ぎとめているという報告も多数ある[30,46-48,60-64]．すなわち VDCC が足場タンパク質として機能し，アクティブゾーン特異的タンパク質群をシナプス前部の細胞膜の Ca^{2+} チャネル近傍に集積させて，アクティブゾーンを形成するのである．

16.5 感覚神経，中枢神経系のアクティブゾーン

　神経筋接合部以外でもこのような分子機構が機能しているのだろうか？　網膜の光受容体シナプスでは，ラミニン $\beta 2$ がシナプス間隙に集積し

ている[65,66]．ラミニン $\beta 2$ 欠損マウスでは，この光受容体シナプスにおいてシナプス形成異常が起こり，シナプス前部のリボン（アクティブゾーン構造の一部，電子線吸収高密度体）がシナプス前部の細胞膜から遊離している[65]．つまり，神経筋接合部と似たアクティブゾーン異常を示す．また，L-タイプ VDCC である Cav1.4 欠損マウスや Ca$_V$1.3 変異ゼブラフィッシュも，同様に光受容体のシナプス前部リボンの欠損や変異を起こす[67,68]．バスーン欠損マウスもシナプス前部リボンの変異を起こす[69]．これら知見は，網膜の光受容体シナプスにおいてもラミニン $\beta 2$ と Ca^{2+} チャネルがシナプス前部のアクティブゾーン形成に関与していることを示唆している．

　では中枢神経系のシナプスにおいても，神経筋接合部に見られるようなアクティブゾーン形成分子機構は機能しているか？　前述した P/Q-タイプと N-タイプの VDCC は，神経系の多くのシナプスで活動電位を神経伝達物質放出に変換するのに必須な役割を担っており，中枢神経系シナプスにおいてもシナプス前部に集積している[70-83]．したがって，神経筋接合部と同様な分子機構がシナプス前部のアクティブゾーンを形成していることが予想される．しかし，ラミニン $\beta 2$ は中枢神経系シナプスで確認されていない[84]．それでは中枢神経の Ca^{2+} チャネル細胞外リガンドとして知られている分子はあるか？　トロンボスポン

ディン（Thrombospondin）は，Ca^{2+} チャネルの $\alpha2\delta$ サブユニットに結合し，シナプス後部形成を部分的に誘導する[85]．しかし，トロンボスポンディンは，修飾サブユニットに結合するが，Ca^{2+} チャネルの $\alpha1$ サブユニットには結合しないので，Ca^{2+} チャネルのタイプを区別する特異性をもたない．またシナプス後部に働きかけることから，シナプスにおいて作用する細胞がラミニン $\beta2$ とは異なる．これらから，中枢神経系シナプスのアクティブゾーン形成に寄与する Ca^{2+} チャネルの新規リガンドが存在することが予想され，その同定が試みられている．

16.6　アクティブゾーンと可塑性

アクティブゾーンは固定化された安定的な構造か，それとも可塑性を示す動的な構造だろうか？　中枢神経系シナプスは，シナプスの構造や数によって神経伝達効率を変化させることで可塑性を示す．たとえば環境エンリッチメント（environment enrichment）を付与した状態で飼育したマウスは，記憶学習効率やシナプス形成の上昇が起きることが知られている[86-88]．このようなシナプスの変化の一つとして，アクティブゾーン数の変化も報告されている．多様な飼育環境で飼育されたマウスでは，海馬苔状線維（mossy fiber；MF）巨大シナプスの肥大化が起こり，その大型シナプス前部において，バスーンで染色されるアクティブゾーンの数が増大する[89]．この結果は，中枢神経系シナプスでアクティブゾーンが可塑的な構造であり，シナプスの伝達効率の変化に伴いその数を変化させることを示している．

それでは，末梢神経系シナプスではどうか？マウス神経筋接合部のラミニン $\beta2$ と Ca^{2+} チャネルの相互作用を阻害すると，2日間の急性阻害でアクティブゾーンの数が顕著に減少していた[20]．さらに老化マウスの神経筋接合部ではアク

アセチルコリン受容体
アクティブゾーン

成熟マウス　　老化マウス　　老化マウス＋運動
神経筋接合部

図 16.5　神経筋接合部アクティブゾーンの分布
神経筋接合部においてアセチルコリン受容体とアクティブゾーンを示す．老化の過程でアクティブゾーンの密度は減少するが，運動によりこの減少が軽減し成熟マウスと同じレベルに維持される．

ティブゾーンの欠損が起きた[31]．興味深いことに，動物を運動させ運動神経細胞と筋細胞の活動を上昇させると，神経筋接合部でバスーンのタンパク質量と分布パターンが回復する（図 16.5）[22]．これらの知見より，アクティブゾーンは中枢，末梢神経系にかかわらず可塑的な構造で，しかも積極的に維持されなくては存続しない構造であることを示している．

16.7　アクティブゾーンと疾病

アクティブゾーン形成分子機構に関与するタンパク質は，神経筋障害の発症にも大きくかかわることが報告されている．シナプス前部分化因子であるラミニン $\beta2$ の遺伝子に変異をもつピアーソン症候群（Pierson Syndrome）患者は，神経筋接合部シナプスが変性，脱神経することによる運動機能障害と，腎機能障害を発症する[90,91]．神経筋接合部と腎臓はどちらもラミニン $\beta2$ が細胞外マトリクスとして強く発現している組織である．また，ピアーソン症候群患者とラミニン $\beta2$ 欠損マウスの症状は酷似している[18,92]．

自己免疫疾患のランバート・イートン重症筋無力症（Lambert Eaton Myasthenia Syndrome；LEMS）は，P/Q タイプ VDCC に対する自己抗体が病因として考えられている[93,94]．この自己抗体が，チャネル細胞外ドメインに結合し，チャネル

の機能不全や細胞内取り込みを促し，神経伝達の機能障害を引き起こしていると考えられている．興味深いことに，LEMS 患者や動物モデルにおいて，アクティブゾーンの減少が報告されている[95,96]．LEMS 自己抗体の一部は Ca^{2+} チャネルのラミニン β2 結合部位を認識することがわかっており[97]，この自己抗体が，ラミニン β2 と Ca^{2+} チャネルの結合を阻害することでアクティブゾーンの減少を引き起こし，発症に寄与していると考えられる[20]．

16.8　シナプス後部分化誘導因子

　ここまではシナプス前部形成と分化の分子機構を考察してきたが，神経筋接合部におけるシナプス形成分子機構では，筋細胞側のシナプス後部分化がよく解析されている．その詳細は多くの総説に解説されているので[10,11,13,98-100]，ここでは概略を述べるだけにとどめる．

　運動神経による神経支配以前の発生初期段階では，筋細胞がアセチルコリン受容体を自発的に凝集させる．この神経終末に依存しないアセチルコリン受容体凝集には，筋細胞の Wnt（ウィント）分泌タンパク質と筋特異的チロシンキナーゼ（Musk）が関与していると考えられている[101]．神経支配の段階では，運動神経細胞から放出されるアグリン（Agrin）と呼ばれるプロテオグリカンが重要な働きをする（図16.6）[102,103]．アグリンは，筋細胞の LDL 受容体関連タンパク質4（Lrp4）膜貫通型タンパク質受容体に結合して，さらに Musk と複合体を形成し，筋細胞細胞質タンパク質ラプシンを介してアセチルコリン受容体の凝集を促す．アグリンは運動神経細胞と筋細胞に発現するが，運動神経細胞でのみ発現する32, 33番エクソン（別名 Z エクソン）を含むアグリンは，それらを含まないタンパク質型と比べて約千倍ほど強力な分化誘導因子としてアセチルコリン受容

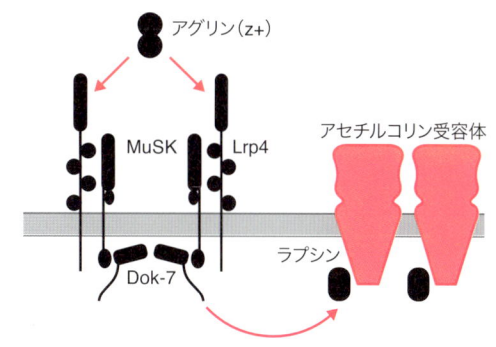

図 16.6　神経筋接合部のポストシナプス分化誘導因子
運動神経終末由来アグリン（Z+）は Lrp4 に結合し，Musk のリン酸化と Dok-7 結合を起こし，ラプシンを介したアセチルコリン受容体の凝集を誘導する．

体の凝集[*2]を促す[104,105]．発生段階に神経支配されなかったアセチルコリン受容体凝集体は，神経筋接合部の活動依存的に分散することが知られており，この分子機構に神経伝達物質アセチルコリン（ACh）がアセチルコリン受容体分散因子として機能する[107,108]．なお，生後には，アセチルコリン受容体凝集体が円盤状からプレッツェル様の複雑な形態に成熟するが，この分化には，細胞外マトリクス分子ラミニン α4, α5 とジストログライカン（Dystroglycan）が関与している[23]．これらの分子機構により，神経筋接合部のシナプス後部分化が誘導されている．

16.9　おわりに

　本章では，おもに神経筋接合部の知見からアクティブゾーンの分化機構を考察してきた．神経系のシナプス一般において，シナプス前部の VDCC は，細胞外リガンドの受容体またはアクティブゾーン特異的タンパク質の足場タンパク質として機能し，アクティブゾーンを形成，維持している．このように Ca^{2+} チャネルは膜貫通型シ

*2　アセチルコリン受容体の凝集には，Musk のリン酸化による活性化，Musk の PTB ドメインに結合する筋細胞質タンパク質 Dok7，ラプシンが必須である[106]．

ナプス前部因子として，シナプス後部由来因子と細胞内アクティブゾーンタンパク質を繋げ，シナプス前部のアクティブゾーンとシナプス後部特異的構造体を整列させ，Ca^{2+}流入イオンチャンネルとして効率的なシナプス伝達を達成している．しかし，アクティブゾーン形成や維持の分子機構には，まだ解明されていない点も多い．たとえば発生段階や可塑的な変化時に，アクティブゾーンの数は各シナプスでどのように決定されているのか？　神経活動依存的な調整を受けていることを示唆する報告はあるが，その分子機構はまだ不明であり，解明が待たれる．

（西宗裕史）

文　献

1) J. del Castillo et al., *J. Physiol.*, **124**, 560 (1954).
2) B. Katz et al., *J. Physiol.*, **137**, 267 (1957).
3) R. Couteaux et al., *C. R. Acad. Sci. Hebd. Seances Acad. Sci. D*, **271**, 2346 (1970).
4) J. E. Heuser et al., *J. Cell. Biol.*, **81**, 275 (1979).
5) M. Noda et al., *Nature*, **299**, 793 (1982).
6) K. Sumikawa et al., *Nucl. Acids Res.*, **10**, 5809 (1982).
7) M. Ballivet et al., *Proc. Natl. Acad. Sci. USA*, **79**, 4466 (1982).
8) A. Devillers-Thiery et al., *Proc. Natl. Acad. Sci.*

USA, **80**, 2067 (1983).
9) M. Noda et al., *Nature*, **301**, 251 (1983).
10) J. R. Sanes et al., *Annu. Rev. Neurosci.*, **22**, 389 (1999).
11) J. R. Sanes et al., *Nat. Rev. Neurosci.*, **2**, 791 (2001).
12) S. D. Meriney et al., *J. Physiol.*, **591**, 3159 (2013).
13) H. Darabid et al., *Nat. Rev. Neurosci.*, **15**, 703 (2014).
14) M. A. Fox et al., *Cell*, **129**, 179 (2007).
15) H. Umemori et al., *J. Biol. Chem.*, **283**, 34053 (2008).
16) N. Yumoto et al., *Nature*, **489**, 438 (2012).
17) B. L. Patton et al., *J. Cell. Biol.*, **139**, 1507 (1997).
18) P. G. Noakes et al., *Nature*, **374**, 258 (1995).
19) B. L. Patton et al., *Nature*, **393**, 698 (1998).
20) H. Nishimune et al., *Nature*, **432**, 580 (2004).
21) J. Chen et al., *J. Neurosci.*, **31**, 512 (2011).
22) H. Nishimune et al., *PLoS One*, **7**, e38029 (2012).
23) H. Nishimune et al., *J. Cell Biol.*, **182**, 1201 (2008).
24) M. A.Samuel et al., *PLoS One*, **7**, e46663 (2012).
25) B. Katz et al., *J. Physiol.*, **192**, 407 (1967).
26) B. Katz et al., *J. Physiol.*, **189**, 535 (1967).
27) N. C. Day et al., *J. Neurosci.*, **17**, 6226 (1997).
28) D. A. Protti et al., *Neuroreport*, **5**, 333 (1993).
29) M. D. R. Siri & O. D. Uchitel, *J. Physiol.*, **514**, 533 (1999).
30) D. Davydova et al., *Neuron*, **82**, 181 (2014).
31) J. Chen et al., *J. Comp. Neurol.*, **520**, 434 (2012).
32) B. L. Patton et al., *Nat. Neurosci.*, **4**, 597 (2001).
33) T. Dresbach et al., *Cell. Mol. Life Sci.*, **58**, 94

Key Chemistry　　　　ラミニン

ラミニンは α, β, γ 鎖サブユニット から成る 3 量体の細胞外マトリクス分子であり，基底膜の主要構成要素である．その分子量は合計で約 850 kDa にもなる大型分子である．脊椎動物においては 5 種類の α 鎖，3 種類の β 鎖，3 種類の γ 鎖がそれぞれ違った遺伝子にコードされていることが報告されており，これらのサブユニットが十字架型の 3 量体を形成する．ラミニンは構成する α, β, γ 鎖の種類によって命名される．たとえばシナプスに局在するラミニン -521 は α5, β2, γ1 鎖から，ラミニン 421 は α4, β2, γ1 鎖から成り立っている．ラミニン α, β, γ 鎖サブユニットは，すべて細胞外分泌シグナル

配列をもち，小胞体で 3 量体を形成して，細胞外に分泌される．α, β, γ 鎖のコイルドコイルドメインが 3 量体形成を担い，α 鎖はその C 末端に五つの相同性のある G ドメインをもつ．この G ドメインは，その球状な構造から laminin globular（LG）ドメインとも呼ばれ，結晶構造が同定されている．また，G ドメインは，ラミニン受容体のインテグリン，ディストログライカン，ルーサーラン，シンディカンがおもに相互作用する部位であり，ラミニンが主要な細胞接着分子として機能することに寄与している．一方，P/Q-タイプ VDCC は，ラミニン β2 の C 末端 20 kDa 部位に結合する．

(2001).

34) S. tom Dieck et al., *J. Cell Biol.*, **142**, 499 (1998).

35) Y. Wang et al., *Proc. Natl. Acad. Sci.*, **99**, 14464 (2002).

36) T. Ohtsuka et al., *J. Cell Biol.*, **158**, 577 (2002).

37) M. Deguchi-Tawarada et al., *Genes to Cells*, **9**, 15 (2004).

38) N. Brose et al., *J. Biol. Chem.*, **270**, 25273 (1995).

39) A. Betz et al., *Neuron*, **21**, 123 (1998).

40) C. Cases-Langhoff et al., *Eur. J. Cell Biol.*, **69**, 214 (1996).

41) Y. Wang et al., *Nature*, **388**, 593 (1997).

42) S. Kiyonaka et al., *Nat. Neurosci.*, **10**, 691 (2007).

43) P. S. Kaeser et al., *Neuron*, **64**, 227 (2009).

44) T. Frank et al., *Neuron*, **68**, 724 (2010).

45) Y. Uriu et al., *J. Biol. Chem.*, **285**, 21750 (2010).

46) Y. Han et al., *Neuron*, **69**, 304 (2011).

47) P. S. Kaeser et al., *Cell*, **144**, 282 (2011).

48) P.S. Kaeser et al., *Proc. Natl. Acad. Sci. USA*, **109**, 11830 (2012).

49) S. Kiyonaka et al., *J. Biochem.*, **152**, 149 (2012).

50) K. Mukherjee et al., *Proc. Natl. Acad. Sci. USA*, **107**, 6504 (2010).

51) F. Varoqueaux et al., *Proc. Natl. Acad. Sci. USA*, **99**, 9037 (2002).

52) S. E. Billings et al., *Neuroreport*, **23**, 49 (2012).

53) W. A. Catterall, *Annu. Rev. Cell Dev. Biol.*, **16**, 521 (2000).

54) T. Shibasaki et al., *J. Biol. Chem.*, **279**, 7956 (2004).

55) T. Shibasaki et al., *Diabetes*, **53**, S59 (2004).

56) E. Takao-Rikitsu et al., *J. Cell Biol.*, **164**, 301 (2004).

57) X. Wang et al., *J. Neurosci.*, **29**, 12584 (2009).

58) S. S. Carlson et al., *J. Neurochem.*, **115**, 654 (2010).

59) C. S. Muller et al., *Proc. Natl. Acad. Sci. USA*, **107**, 14950 (2010).

60) M. K. Bennett et al., *Science*, **257**, 255 (1992).

61) Z. H. Sheng et al., *Neuron*, **13**, 1303 (1994).

62) I. Bezprozvanny et al., *Nature*, **378**, 623 (1995).

63) A. Maximov et al., *J. Neurosci.*, **22**, 6939 (2002).

64) S. Mochida et al., *Proc. Natl. Acad. Sci. USA*, **100**, 2819 (2003).

65) R. T. Libby et al., *J. Neurosci.*, **19**, 9399 (1999).

66) R. T. Libby et al., *J. Neurosci.*, **20**, 6517 (2000).

67) F. Mansergh et al., *Hum. Mol. Genet.*, **14**, 3035 (2005).

68) L. Sheets et al., *J. Neurosci.*, **32**, 17273 (2012).

69) D. Specht et al., *Eur. J. Neurosci.*, **26**, 2506 (2007).

70) Y. Mori et al., *Nature*, **350**, 398 (1991).

71) T. V. Starr et al., *Proc. Natl. Acad. Sci. USA*, **88**, 5621 (1991).

72) M. E. Williams et al., *Science*, **257**, 389 (1992).

73) S. J. Dubel et al., *Proc. Natl. Acad. Sci. USA*, **89**, 5058 (1992).

74) T. Takahashi et al., *Nature*, **366**, 156 (1993).

75) Y. Fujita et al., *Neuron*, **10**, 585 (1993).

76) I. M. Mintz et al., *Neuron*, **15**, 675 (1995).

77) S. A. Waterman, *J. Neurosci.*, **16**, 4155 (1996).

78) S. A. Waterman, *Br. J. Pharmacol.*, **120**, 393 (1997).

79) W. A. Catterall, *Cell Calcium*, **24**, 307 (1998).

80) F. J. Urbano et al., *Mol. Membr. Biol.*, **19**, 293 (2002).

81) C. A. Reid et al., *Trends in Neurosci.*, **26**, 683 (2003).

82) B. Leitch et al., *Brain Res.*, **1279**, 156 (2009).

83) D. W. Indriati et al., *J. Neurosci.*, **33**, 3668 (2013).

84) D. D. Hunter et al., *J. Comp. Neurol.*, **323**, 238 (1992).

85) C. Eroglu et al., *Cell*, **139**, 380 (2009).

86) M. B. Moser et al., *J. Comp. Neurol.*, **380**, 373 (1997).

87) N. Gogolla et al., *Neuron*, **62**, 510 (2009).

88) L. Baroncelli et al., *Cell Death and Differ.*, **17**, 1092 (2010).

89) E. Bednarek et al., *Neuron*, **69**, 1132 (2011).

90) M. Zenker et al., *Hum. Mol. Genet.*, **13**, 2625 (2004).

91) V. Matejas et al., *Hum. Mutat.*, **31**, 992 (2010).

92) P. G. Noakes et al., *Nat. Genet.*, **10**, 400 (1995).

93) Y. I. Kim et al., *Science*, **239**, 405 (1988).

94) V. Magnelli et al., *FEBS Lett.*, **387**, 47 (1996).

95) H. Fukunaga et al., *Proc. Natl. Acad. Sci. USA*, **80**, 7636 (1983).

96) T. Fukuoka et al., *Ann. Neurol.*, **22**, 193 (1987).

97) M. Takamori et al., *Neurosci. Res.*, **36**, 183 (2000).

98) F. Ono, *Science Signaling*, **1**, pe3 (2008).

99) A. R. Punga et al., *Curr. Opin. Pharmacol.*, **12**, 340 (2012).

100) Y. Yamanashi et al., *J. Biochem.*, **151**, 353 (2012).

101) A. Barik et al., *Dev. Neurobiol.*, **74**, 828 (2014).

102) E. W. Godfrey et al., *J. Cell Biol.*, **99**, 615 (1984).

103) U. J. McMahan, *Cold Spring Harb. Symp. Quant. Biol.*, **55**, 407 (1990).

104) W. Hoch et al., *EMBO J.*, **13**, 2814 (1994).

105) R. W. Burgess et al., *Neuron*, **23**, 33 (1999).

106) K. Okada et al., *Science*, **312**, 1802 (2006).

107) T. Misgeld et al., *Proc. Natl. Acad. Sci. USA*, **102**, 11088 (2005).

108) W. Lin et al., *Neuron*, **46**, 569 (2005).

中枢神経系における分泌型シナプス形成因子

Summary

　脊椎動物では，神経細胞と神経細胞のあいだ，および神経細胞と効果器のあいだの情報伝達はおもに化学シナプス（以下，シナプス）を介して行われる．シナプス伝達の強さは神経活動の変化によって動的に制御されており，記憶・学習をはじめとするあらゆる高次機能の基盤となる．また，シナプスは発達期に形成されるだけでなく，生涯をとおして動的に変化することもわかってきた．

　シナプス形成を担う活性をもつ分子をシナプスオーガナイザーと呼ぶ．近年，細胞接着分子や分泌型分子などさまざまなシナプスオーガナイザーが同定された．多様なシナプスオーガナイザーがそれぞれどのように制御され，そしてどのように相互作用して，シナプス形成・成熟・維持あるいは除去過程に働くのかを解明することは，神経科学の中心的課題の一つとなっている．本章では，近年特有の機能をもつことがわかってきた補体 C1q ファミリーを中心として分泌型シナプスオーガナイザーについて概説する．

17.1　はじめに

　化学シナプス（シナプス）では，シナプス伝達の強さが神経活動の変化によって動的に制御されており，記憶・学習の基礎過程を担うと考えられている．シナプスの機能は正常な脳機能の発現に必須で，統合失調症，不安障害，うつ病などさまざまな精神疾患においてシナプス構造の変化が報告されている．またシナプスを形成，分化させる活性をもつ接着分子であるニューロリギン（Neuroligin）3, 4 やニューレキシン（Neurexin），あるいはシナプス分子のアンカータンパク質である *Shank* 遺伝子の異常が，自閉スペクトラム症の患者の一部で見つかった[1]．

　中枢神経系の興奮性シナプスのシナプス前部では，グルタミン酸（Glu）を含んだシナプス小胞が活性帯に融合してシナプス間隙に Glu を放出し，シナプス後肥厚（PSD）に局在するグルタミン酸受容体に結合することによって興奮性シナプス後

電位を惹起する．シナプス形成は軸索を効果器まで誘導する軸索ガイダンス過程から始まる．その後，シナプス前部とシナプス後部が接着し，シナプス前部の活性帯やシナプス後部の PSD が形成され，グルタミン酸受容体などを集積させてシナプスが成熟する（図 17.1）．このようなシナプス形成を担うタンパク質をシナプスオーガナイザーと総称する．

　シナプスオーガナイザーの研究は無脊椎動物の神経筋接合部で先行した．神経筋接合部ではシナプス間隙に存在する基底膜に，軸索から分泌されたアグリンや，シナプス後部である筋細胞から分泌されたラミニン β2 が埋め込まれ，シナプス後部，前部の分化を引き起こす[2,3]．それに対して中枢神経系には明確な基底膜は存在しない．そのためシナプス前部や後部に発現する膜貫通型の細胞接着分子群（ニューロリギン，ニューレキシン，SynCAM，LRRTM，TrkC など）が，シナプス間隙をまたいで直接に結合し，シナプスオーガ

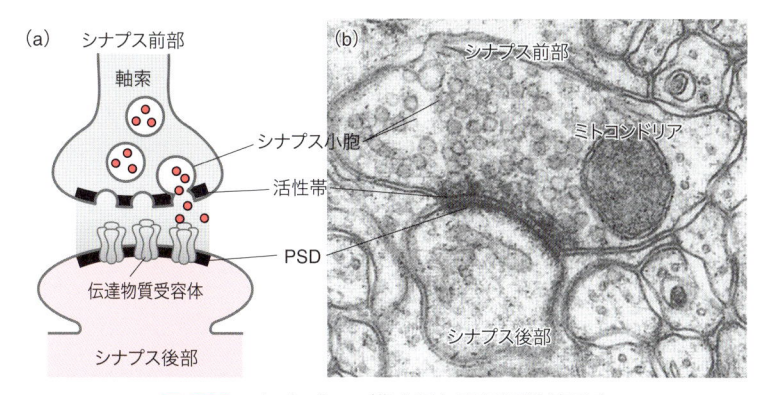

図 17.1 シナプスの模式図と電子顕微鏡写真

シナプスは神経細胞と神経細胞が情報を伝える場である．情報の送り手であるシナプス前部（薄い灰）にはミトコンドリアや，グルタミン酸などの神経伝達物質を含んだシナプス小胞が観察される．シナプス小胞が融合し，神経伝達物質が分泌する場である活性帯が発達している．非常に狭いシナプス間隙を挟んで，受け手であるシナプス後部（ピンク）がある．神経伝達物質に対する受容体が集積するシナプス後肥厚(PSD)と活性帯は長さが一致して対峙している．

ナイザーとして働く．そのほかに神経細胞やグリア細胞から放出される分泌型シナプスオーガナイザーも存在する．本章では補体ファミリー分子を中心に分泌型シナプスオーガナイザーの機能について紹介する．

17.2 中枢神経系で機能する分泌型シナプスオーガナイザー

シナプス後部で合成され，シナプス前部の特異的受容体に対して逆行性に働き，その分化を誘導する中枢シナプスのシナプスオーガナイザーとして，FGF[*1] や Wnt7a が見出されている（図17.2 a, b）[4,5]．FGF 欠損マウスではシナプス前部においてシナプス小胞の集積が障害される[6]．

シナプス前部から後部に対して順行性に働きかけるシナプスオーガナイザーとして，神経ペントラキシンファミリー分子(NPTX1, NPTX2, NPTXR) が報告された（図17.2 c）．これらの分子は AMPA 受容体の細胞外部分に結合する[7]．とりわけ，神経ペントラキシンファミリー分子

は AMPA 受容体 GluA4 サブユニットに高い親和性を有し，神経ペントラキシンファミリー分子を欠損したノックアウトマウスでは，抑制性神経細胞や網膜神経節細胞など棘突起をもたない神経細胞において，樹状突起シャフト上の GluA4 の集積が大幅に低下する[8]．また棘突起をもつ神経細胞では棘突起上の AMPA 受容体のエンドサイトーシスを制御することによりシナプス可塑性を制御する[9]．これらのことから，分泌型シナプスオーガナイザーは，その受容体がシナプス前部と後部のどちら側にあるのかに依存していずれかに選択的に作用するものと考えられる．

グリア細胞が分泌するシナプスオーガナイザーとしてはトロンボスポンディン(Thrombospondins, TSPs) が発見された（図17.2 d）[10]．TSPs は発達期に分泌され Ca^{2+} チャネルの α2δ-1 サブユニットに結合しシナプス形成を誘導する[11]．TSPs の下流シグナリング経路はよくわかっていないが，シナプス後部のニューロリギンが関与して発達期のシナプス前部の分化を促進する[12]．しかし TSPs はシナプス後部においてAMPA 受容体の集積を引き起こさない．

---

*1 FGF：線維芽細胞増殖因子．

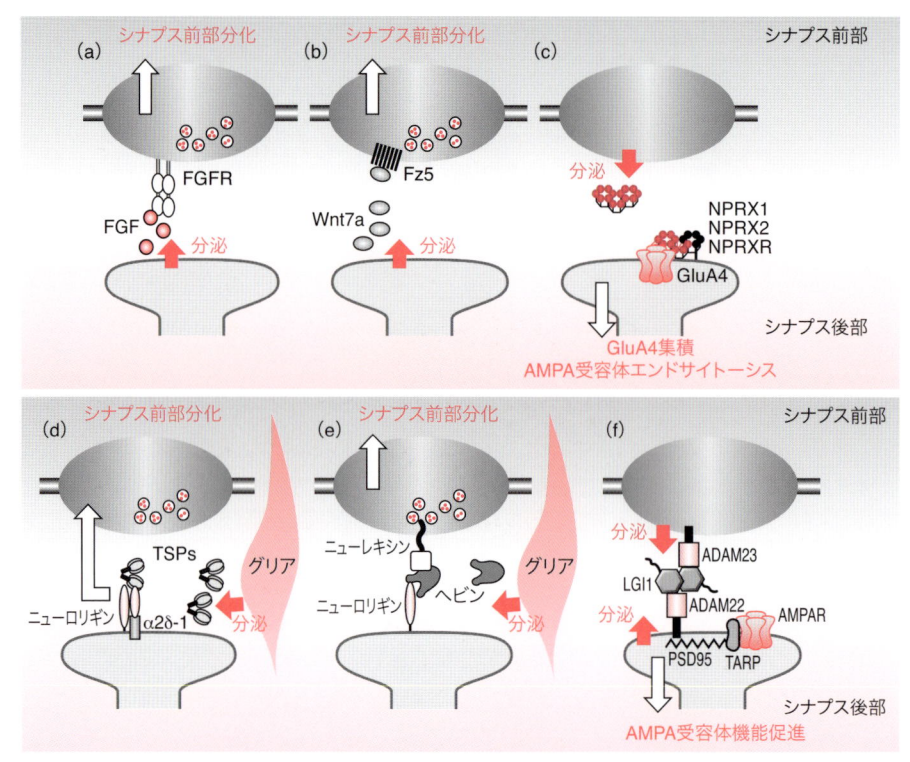

図 17.2　分泌型シナプスオーガナイザーとその受容体

(a) シナプス後部から分泌された FGF はシナプス前部に存在する FGFR と結合し，シナプス前部でのシナプス小胞の集積を引き起こす．(b) シナプス後部から分泌された Wnt7a はシナプス前部において Fz5 と結合し，軸索形態変化を含むシナプス前部の分化を引き起こす．(c) シナプス前部から分泌された NPTX1 や NPTX2 は，膜タンパク質型 NPTXR とともにシナプス後部の GluA4 を含む AMPA 型受容体の集積を引き起こす．(d) トロンボスポンディン（TSPs）はグリア細胞から分泌され，電位依存性 Ca^{2+} チャンネルの α2δ-1，あるいはシナプス後部のニューロリギンに結合しシナプス前部の分化を誘導する．(e) グリア細胞から分泌されたヘビンはシナプス前部のニューレキシン 1α，シナプス後部のニューロリギンと同時に結合することによってシナプス形成を引き起こす．(f) シナプス間隙に放出された LGI1 は ADAM23 および ADAM22 と結合し，シナプス後部において PSD95，TARP を介して AMPA 型受容体を集める．

17.3　補体 C1q とそのファミリータンパク質

C1q は自然免疫系における古典的補体経路の最初の標的認識タンパク質である．C1q の C 末端部分の球状（gC1q）ドメインと類似したドメインをもつ一連の分子群を C1q ファミリータンパク質と呼び，ヒトでは少なくとも 32 種の分子が見つかっている．脂肪細胞から分泌され糖代謝にかかわるアディポネクチン（Adiponectin）や，冬眠動物において冬眠を制御する hibernation protein などもこのファミリーに含まれる[13]．

C1q ファミリー分子は gC1q ドメインを介して 3 量体を形成するとともに，N 末端領域に存在するコラーゲン様ドメイン，EGF ドメイン，コイルドコイルドメインなどによりさらに高次多量体を形成し機能している（図 17.3 a，b）．たとえばヒトコラーゲン Xα1 は，gC1q ドメインの点変異によって 3 量体形成が障害されると Schmid 型骨幹端異形成症を引き起こす[14]．またアディポネクチンには 3 量体型と高次多量体型が存在するが，同定されている受容体 AdipoR1，AdipoR2 への親和性がそれぞれ異なり，異なった機能を発揮するらしい[15]．

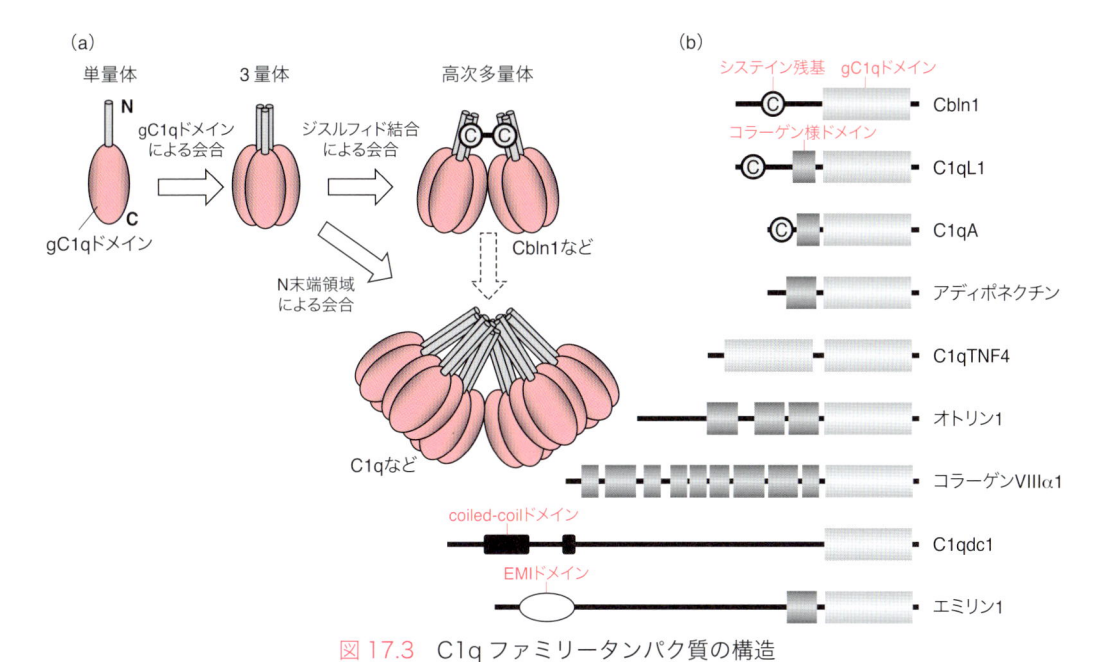

図 17.3　C1q ファミリータンパク質の構造
(a)球状 C1q (gC1q)ドメインによる3量体形成と N 末端領域による高次多量体形成の模式．C1q で見られる18量体形成と，システイン(Cys)残基によるジスルフィド結合による6量体形成の例(Cbln1 など)を示している. (b) C1q ファミリータンパク質のドメイン構造.

　gC1q ドメインのアミノ酸配列をもとに C1q ファミリーの系統樹を作製すると，C1q，エミリン，Cbln，C1qL の四つのサブファミリーに分けられる（図 17.4）．サブファミリーのうち Cbln，C1qL サブファミリーはとくに中枢神経系に高発現していている．補体 C1q そのものも中枢神経系に広く発現し機能している．たとえば網膜神経節細胞から分泌される C1q は，発達時における過剰な網膜神経節細胞－外側膝状体シナプスの刈り込みを制御する[16]．この C1q によるシナプス除去はほかの脳領域でも観察され，C1q が除去されるシナプスにおいてどのように「Eat me」シグナルとして機能し，シナプス除去過程に関与しているかが，今後の研究の進展が期待される．

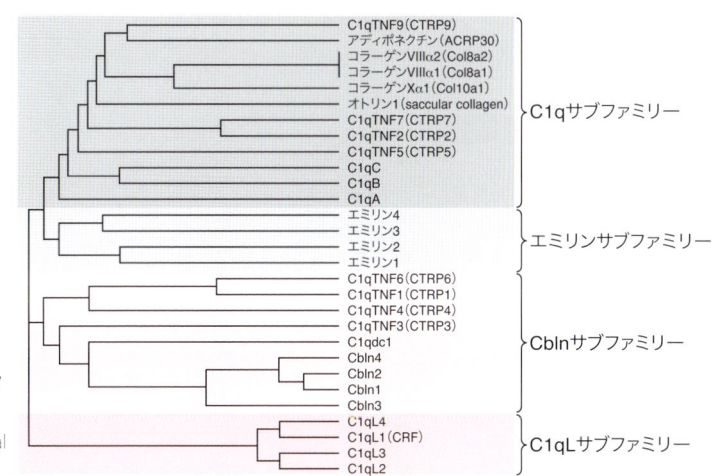

図 17.4　C1q ファミリータンパク質の系統樹
gC1q ドメインのアミノ酸配列から Clustal W と PHYLIP プログラムにて作成した.

17.4　小脳平行線維シナプスにおける Cbln1 の役割

Cbln サブファミリーに属する Cbln1 の mRNA は小脳顆粒細胞に高発現し，Cbln1 タンパク質は顆粒細胞の軸索である平行線維とプルキンエ細胞間のシナプス（以下，平行線維シナプス）に局在する[17,18]．このことから，合成された Cbln1 タンパク質は平行線維から放出され，シナプス後細胞であるプルキンエ細胞に働きかけることが予想された．

Cbln1 欠損マウスは顕著な小脳性運動失調を示す[19]．正常な平行線維シナプスの数が 20% まで激減し，シナプス前部が存在しない「裸の棘突起」が多く観察された．野生型マウス小脳ではシナプス前部の活性帯とシナプス後部の PSD の長さは一致するが，Cbln1 欠損マウスにおいて残存するシナプスには，PSD が活性帯よりも長い「ミスマッチ」シナプスが散見された．また Cbln1 欠損マウスの平行線維シナプスは機能的にも正常ではなく，野生型マウスの平行線維シナプスでは，脳における運動学習の基礎過程である神経活動の亢進によってシナプス伝達が長期的に低下する長期抑圧（LTD）が起きるのに対し，Cbln1 欠損マウスでは LTD は起こらない（図 17.5）．しかし，おもしろいことに成熟後の Cbln1 欠損マウスの小脳くも膜下腔に Cbln1 タンパク質を一回注入するだけで，わずか 2 日以内に急速に平行

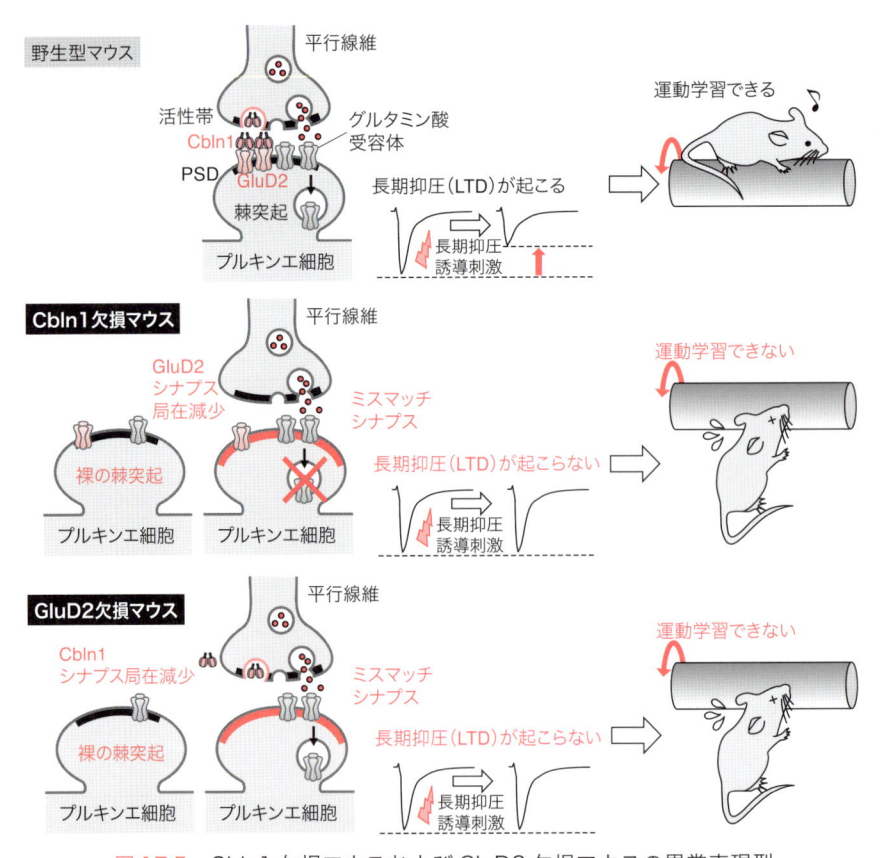

図 17.5　Cbln1 欠損マウスおよび GluD2 欠損マウスの異常表現型
両マウスとも，小脳平行線維シナプスの数が激減，裸の棘突起が出現する．残ったシナプスもミスマッチ型になり，また長期抑圧（LTD）が起こらない．行動レベルでは運動学習ができない．また，Cbln1 と GluD2 は相手がいないとそれぞれシナプス局在が減少する．

線維シナプス形成が誘導され，運動失調が回復した．そして新しく形成されたシナプスは，Cbln1タンパク質が分解されると消失し，マウスも再び運動失調を示すようになる[20]．この実験結果から，Cbln1 は成熟後の小脳においても強力に平行線維シナプス形成を誘導すること，シナプスの維持と機能発現のためには生涯をとおして Cbln1 が必要であることが明らかとなった．単独遺伝子欠損による劇的なシナプス低形成，および成熟脳におけるシナプス形成・維持活性は，Cbln1 がほかのシナプスオーガナイザー分子と一線を画する明確な特徴である．

17.5 孤児リガンド Cbln1 と 孤児受容体 GluD2 の出会い

　分泌された Cbln1 はどのようにその機能を発揮するのであろうか？ δ2 型グルタミン酸受容体（GluD2）は，プルキンエ細胞にほぼ特異的に発現する．GluD2 はアミノ酸配列ではグルタミン酸受容体ファミリーに分類されるが，Glu は結合しないことから長らく孤児受容体と呼ばれていた．興味深いことに GluD2 欠損マウスの示す表現型は，小脳平行線維シナプス数の減少，残存するシナプスの特徴的な形態，LTD の障害，さらに運動失調など，Cbln1 欠損マウスに酷似していた（図 17.5）．しかし GluD2 はほかのグルタミン酸受容体と同様に 4 量体を形成するが，それに対して Cbln1 は 6 量体を形成するため，対称性のミスマッチから GluD2 が Cbln1 の受容体である可能性は低いと当初考えられた．しかし *in vitro* 結合実験で Cbln1 が GluD2 の最 N末端領域（ATD）部分に結合することが判明し[21]，結晶構造解析の結果，シナプス間隙に放出された 6 量体 Cbln1 分子中の 3 量体 gC1q それぞれが，GluD2 モノマーの ATD 部分と結合することがわかった（図 17.6）[22]．また GluD2 欠損マ

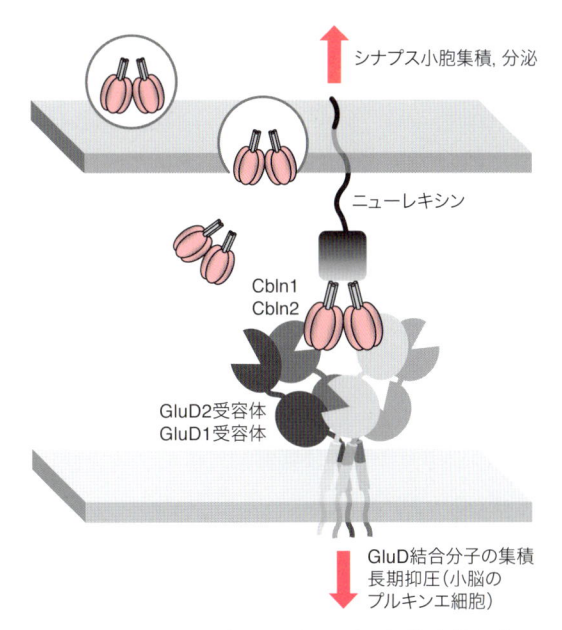

図 17.6　ニューレキシン-Cbln-GluD 複合体による両方向性シナプス分化
シナプス前部ではシナプス小胞の集積と分泌機構の構築を担い，シナプス後部においては GluD 結合タンパク質の集積，とくに小脳プルキンエ細胞においては長期抑圧機構の構築を行う．

ウスでは，分泌された Cbln1 がプルキンエ細胞棘突起上で安定して局在できないこと（図 17.5），Cbln1/GluD2 両遺伝子欠損マウス小脳で Cbln1タンパク質注入は，平行線維シナプス形成を誘導させないことから，Cbln1-GluD2 複合体が小脳平行線維シナプスでのシナプスオーガナイザーであることが証明された[21]．

17.6 ニューレキシン-Cbln1-GluD2 三者複合体による両方向性シナプス分化

　HEK293 細胞にニューロリギン 1 を発現させて顆粒細胞と共培養すると，軸索上のニューレキシンを介して HEK293 細胞上にシナプスが誘導される．この培地中にリコンビナント Cbln1 を加えると，ニューロリギン 1 によるシナプス形成が大幅に阻害されることが偶然に見出され，これをきっかけに Cbln1 が小脳顆粒細胞軸索上の

ニューレキシンに結合することが判明した[23]．結晶構造解析によって，1分子のCbln1分子（6量体）は，N末端のシステイン（Cys）を含む領域によって，1分子のニューレキシンと結合することも明らかとなった．同時に2分子のCbln1は1分子の4量体GluD2受容体とも結合し，シナプスを挟んで2（単量体）：2（6量体）：1（4量体）のニューレキシン-Cbln1-GluD2三者複合体が形成され[22]，シナプス前部において機能的なシナプス小胞の集積を引き起こす（図17.6）．一方Cbln1欠損マウスでは残存したシナプス後部におけるGluD2密度が減少し，GluD2欠損マウスと同様にLTD障害が起きた（図17.5）．これらからCbln1はシナプス後部においてGluD2のシナプス局在と機能の制御を行い，両方向性に機能する新しいタイプのシナプスオーガナイザーであることが明らかとなった（図17.6）．

ほかにも分泌型因子がシナプス間隙を介して対峙する二つの受容体と複合体を形成し，機能する例が報告されている．たとえばグリア細胞が分泌するヘビンは，シナプス前部のニューレキシン1α，シナプス後部のニューロリギンと同時に結合することによってシナプス前部の分化を引き起こす（図17.2e）[24]．またてんかんに関連する分泌性タンパク質LGI1は，シナプス後部ではADAM22を受容体としてAMPA受容体の機能を促進するが[25]，同時にシナプス前部ではADAM23と結合する可能性がある．このようにシナプス前部および後部に発現する二つの受容体は，分泌型タンパク質を介してシナプスに繋ぎとめられ，形成された3者複合体はシナプス伝達を間接的に制御する（図17.2f）．

これらのようなサンドウィッチ型シナプスオーガナイザーの利点は，シナプスの機能をより動的に調節することができることにあるのかも知れない．たとえばCbln1の発現やCbln1と結合できるニューレキシンのスプライスアイソフォー

ムの発現は神経活動の上昇で制御される[26,27]．GluD2受容体も神経活動によって細胞表面発現量が調節されるため[28]，ニューレキシン-Cbln1-GluD2複合体形成によるシナプス形成は局所的な神経活動調節によってより精緻に調節される可能性がある．

17.7　GluDファミリー，Cblnファミリーの小脳外での機能

GluD1はGluD2と最も近い類縁分子として20年以上前に同定された．内耳有毛細胞に高発現し，GluD1欠損マウスでは軽微な聴力障害が観察されたが，その機能についてはよくわかっていなかった[29]．近年，GluD1は大脳皮質，海馬，線条体，扁桃体，小脳皮質などに豊富に発現することが明らかとなった[30]．またGluD1もGluD2と同じくCblnファミリーと結合し，*in vitro*においてはシナプス形成能を有することもわかった．

一方Cblnサブファミリーは，Cbln3の発現が小脳顆粒細胞にほぼ限局しているのに対して，Cbln1は嗅内皮質や視床，視床下部，嗅球にも発現が認められ，Cbln2やCbln4も小脳に限らず広く脳全域にその遺伝子発現が見られる[17]．Cbln2はCbln1と同様にGluD2，GluD1およびニューレキシンと結合することができ，*in vitro*でシナプス分化を誘導する[23]．したがって小脳外の脳領域においてもニューレキシン-Cbln1/Cbln2-GluD1複合体がシナプスオーガナイザーとして普遍的に機能することが予想できる（図17.6）．Cbln4は，Cbln1やCbln2に比べてニューレキシンに対する結合能が低く，そのためにシナプス分化能も低いが，Cbln4はネトリン受容体であるDCC（deleted in colorectal cancer）に特異的に結合する[31]．そのためCbln4はDCC-Cbln4-GluD1という新しい複合体を介

して独自のシナプス制御機能をもつ可能性がある．

　近年，統合失調症あるいは，気分障害，自閉スペクトラム症などの高次機能障害と，GluD1や Cbln2 遺伝子上の変異との関連が指摘され，GluD ファミリー，Cbln ファミリーによる高次脳機能への関連がクローズアップされている．これらのファミリー分子によるシナプス形成と高次脳機能への意義の理解には，それぞれの欠損マウスの解析結果が期待される．

17.8　Cbln/C1qL ファミリーと樹状突起のテリトリー

　多くの神経細胞の樹状突起の特定の領域では，それぞれ特異的な入力線維がシナプスをつくり，それぞれ異なった機能を発現する．では樹状突起内にどのようにしてシナプスの特異性が形成されるのであろうか？

　中枢神経系で高発現する C1q 様ファミリー（C1qL ファミリー）は，Cbln ファミリー分子とは相補的な発現パターンを示し[17,32]，一つの神経細胞の樹状突起上に複数入力する軸索が，Cbln

ファミリー分子と C1qL ファミリー分子をそれぞれ別個に分泌し，それぞれのシナプスに限局させる例が発見されている（図 17.7）．

　海馬 CA3 錐体細胞には 3 種類の入力線維があり，海馬歯状回顆粒細胞からの入力線維である苔状線維（Mossy fiber；MF）シナプスが尖端樹状突起の最も近位（透明層）に形成される．同じ CA3 細胞からの交連・連合線維は尖端樹状突起中部（放線層）と基底樹状突起部（上昇層）に，嗅内皮質からの入力は尖端樹状突起の最も遠位（網状分子層）にシナプスを形成する．C1qL ファミリーの C1qL2 と C1qL3 は歯状回顆粒細胞に発現し，苔状線維-CA3 細胞シナプスにタンパク質が局在する．一方 Cbln ファミリーの Cbln1 と Cbln4 は嗅内皮質に発現することから，これらのタンパク質は嗅内皮質からの軸索である貫通線維-CA3 細胞シナプスに局在して機能すると予測される（図 17.7 b）．

　またプルキンエ細胞の樹状突起遠位部では小脳顆粒細胞からの入力を受けて平行線維シナプスが形成され，細胞体に近い近位部では延髄の下オリーブ核から伸びる軸索が登上線維シナプスを形

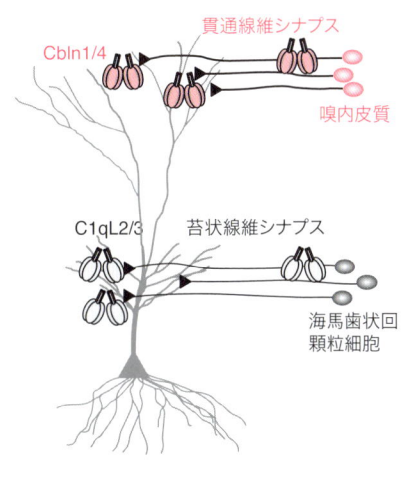

図 17.7　Cbln ファミリーと C1ql ファミリーが，同じ神経細胞樹状突起の異種のシナプスに局在する例
(a) 海馬 CA3 錐体細胞では Cbln1/Cbln4 は貫通線維シナプスに，C1qL2/C1qL3 は苔状線維シナプスに局在する．(b) 小脳プルキンエ細胞では，樹状突起遠位部の平行線維シナプスに Cbln1 が，近位部の登上線維シナプスに C1qL1 が局在する．

成する．平行線維シナプスでは Cbln-GluD2 複合体が機能するのに対し，登上線維の起始核である延髄下オリーブ核には，C1qL ファミリーである C1qL1 が高発現し，C1qL1 タンパク質はプルキンエ細胞の近位樹状突起の登上線維シナプスに局在する（図 17.7 a）．

17.9 C1qL ファミリーによるシナプス強化とシナプス除去

成熟小脳では，一つのプルキンエ細胞に対し一本の登上線維が巻きつきながら多くのシナプスを形成する．しかし生後発達初期は，一つのプルキンエ細胞に対して複数の登上線維がシナプスを形成している．これは発達に伴い登上線維間において強弱が生まれ，競合に負けたシナプスが刈り込まれて，最終的に一本の登上線維が強化されるからである．C1qL1 欠損マウスの登上線維シナプスの機能を解析したところ，生後直後では複数の登上線維からのシナプスが野生型と変わりなく形成され，発達に伴って登上線維間でシナプス競合が起こり強弱を生じた．しかし C1qL1 欠損マウスでは，強い登上線維シナプスはそれ以上強化されず，また弱い登上線維シナプスの刈り込みも起

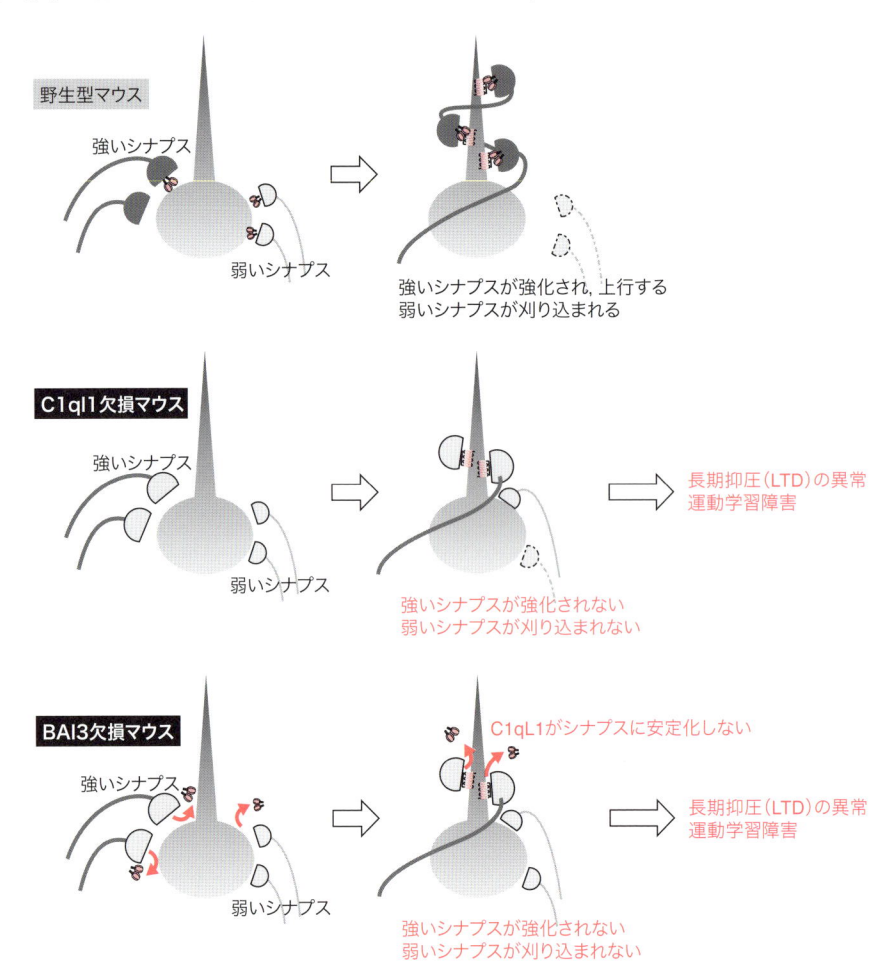

図 17.8　C1qL1 欠損マウスおよび BAI3 欠損マウスにおける小脳プルキンエ細胞での異常表現型
登上線維シナプスは形成されるが，弱いシナプスの刈り込みがなされず，強いシナプスの強化も起こらない．その結果長期抑圧（LTD），運動学習が障害される．

こらず，LTD の異常および運動学習障害を呈することがわかった（図17.8）[33]．つまり C1qL1 は登上線維シナプスの強化と除去を司る分泌型因子ということである．

ではどのように C1qL1 タンパク質は登上線維シナプスに機能するのであろうか？　細胞接着型 G タンパク共役受容体である BAI3（brain-specific angiogenesis inhibitor 3）のリガンド網羅的探索の結果，C1qL サブファミリーが候補として報告された[34]．BAI3 は発達期から成熟期まで恒常的にプルキンエ細胞に発現している．そこでプルキンエ細胞で BAI3 遺伝子発現を急性にノックダウンさせたところ，登上線維シナプスへの C1qL1 局在が失われた（図17.8）[33]．この結果は GluD2 欠損マウスにおいて Cbln1 のシナプス局在が失われることと相似している．また，プルキンエ細胞選択的 BAI3 欠損マウスは C1qL1 欠損マウスと同様に，成熟後においてもプルキンエ細胞上に複数の登上線維入力が残存し，LTD および運動学習障害が観察された（図17.8）．さらにウイルスベクターを用いて野生型 BAI3 を BAI3 欠損マウスのプルキンエ細胞に発現させると，このような表現型はレスキューされたが，C1qL1 への結合部位を欠いた BAI3 にはその効果がなかったことから，BAI3 が C1qL1 の機能的な受容体であることが明らかとなった[33]．このように C1qL1-BAI3 複合体が登上線維シナプスの強化と，競合に敗れたシナプスの除去という二つの現象に機能することが発見された．しかし現時点では，どのような分子基盤がそれぞれの現象を引き起こすのか，また二つの現象がリンクしているのかについては未解決である．

Key Chemistry　C1q ファミリーの球状ドメイン構造

C1q ファミリーが共通してもっている C 末端部分の球状（gC1q）ドメインは，β シートがロールケーキのような Jelly-roll 構造と呼ばれる構造をとり，3 量体を形成している（図）．図の結晶構造は，C1qL1 の gC1q ドメインによる 3 量体構造（PDB ID：4D7Y）である．ここでは，3 量体構造であることを明確にするために，サブユニットごとに色付けした．

赤丸で示したアミノ酸残基は，それぞれのサブユニットのセリン（Ser）244 残基とグルタミン（Gln）211 残基である．この二つのアミノ酸をアスパラギン（Asn）に置き換えると，ここに糖鎖付加が起こる．大きな構造物である糖鎖は立体障害となり，BAI3 との結合を阻害する．この糖鎖付加型 C1qL1 は登上線維シナプスにおいて機能せず，C1qL1 欠損マウスの表現型をレスキューできなかった．

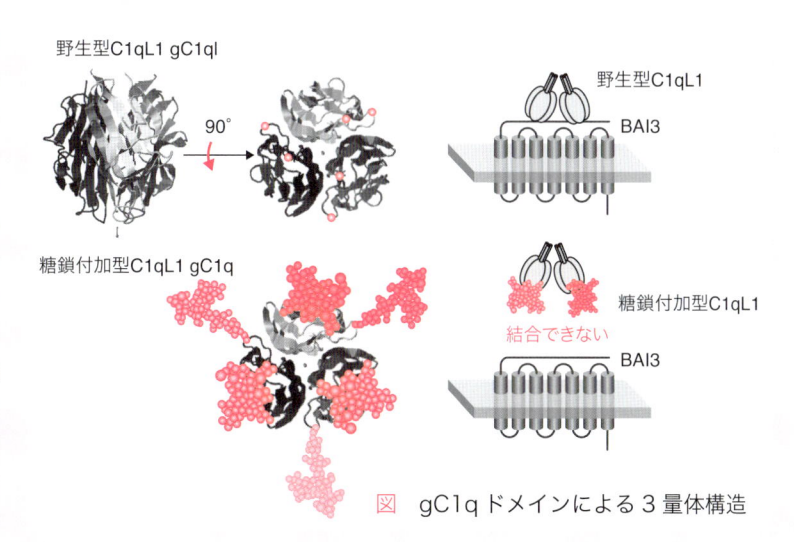

野生型C1qL1 gC1ql

糖鎖付加型C1qL1 gC1q

野生型C1qL1

BAI3

糖鎖付加型C1qL1

結合できない

BAI3

図　gC1q ドメインによる 3 量体構造

17.10　C1qL ファミリーによるシナプス後部カイニン酸受容体の機能制御

C1qL1 と相同性の高い分子である C1qL2 と C1qL3 は，海馬では歯状回顆粒細胞に発現し，そのタンパク質は軸索末端である苔状線維（MF）と，その投射シナプスである MF-CA3 錐体細胞シナプスに局在する．C1qL2 と C1qL3 遺伝子両方を欠損するマウス（C1qL2/3DKO）の MF-CA3 シナプスでは，シナプス後部マーカーである PSD95 やシナプス前部マーカーである VGluT1 の輝度値や大きさには変化がなかった．すなわち，C1qL1 とは違い，C1qL2 や C1qL3 はシナプスの数や強度には関与していないということになる[35]．では C1qL2 や C1qL3 はこのシナプスで何をしているのだろうか？

中枢神経系における速いシナプス伝達は，おもに AMPA 受容体が担う．一方，カイニン酸（KA）受容体はチャネルの閉口過程が遅く，神経ネットワーク活動を時間的あるいは空間的に統合させる．KA 受容体はとくに海馬 MF-CA3 錐体細胞シナ

プス後部に多く，かつ選択的に局在するが，これまでこの特定のシナプス後部に局在するメカニズムは不明なままであった．そこで C1qL2 と C1qL3 の局在パターンが KA 受容体と非常に類似していることに着目し，C1qL2/3DKO マウスを解析したところ，MF-CA3 錐体細胞シナプスに多量に存在するはずの KA 受容体がほぼ完全に消失していた（図 17.9）．さらに C1qL2/3DKO MF-CA3 シナプスにおいて KA 受容体由来のシナプス応答を電気生理学的手法により計測したところ，これもほぼ完全に消失していた．このように C1qL2/3DKO ではシナプス後部の KA 受容体の局在と機能が障害されていることがわかった[35]．

KA 受容体は GluK1-GluK5 の五つのサブユニットから成り，脳内ではさまざまなコンビネーションで存在する．リコンビナント C1qL2, C1qL3 タンパク質は GluK2 および高親和型 KA 受容体の GluK4 の細胞外領域に特異的に結合し，また GluK2 を欠損したマウスの MF-CA3 シナプスでは内在性 C1qL2 および C1qL3 のシナプ

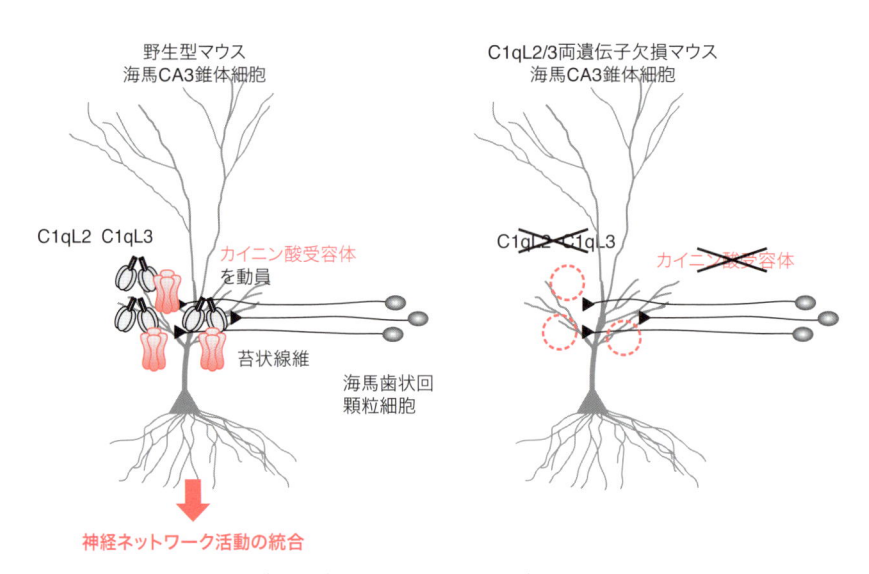

図 17.9　C1qL2/3 両遺伝子欠損マウスにおける海馬 CA3 錐体細胞の異常表現型
シナプス前部から分泌された C1qL2/C1qL3 は KA 受容体サブユニット GluK2/GluK4 に結合し，CA3 錐体細胞の KA 受容体をシナプス後部に集積させ，神経ネットワーク活動の統合を制御する．

ス局在が激減していた．これらの結果は *in vivo* においても KA 受容体が C1qL2 および C1qL3 と結合していることを示唆している[35]．これまで，KA 受容体はシナプス後細胞内の足場タンパク質と結合することによってシナプスに局在すると考えられてきた．しかし今回の発見によって，シナプス前部の神経細胞から放出される C1qL2 や C1qL3 が，シナプス後部に存在する KA 受容体のサブユニットに結合し，KA 受容体の局在化を「シナプスを越えて」決定し，さらには神経ネットワーク活動の統合を制御するという新しい機構がはじめて明らかとなった（図 17.9）．

17.11　まとめ

　C1q ファミリー分子がほかの多様なシナプスオーガナイザーに加えて存在する意義は何であろうか？　Cbln ファミリーの受容体としてシナプス前部ではニューレキシンや DCC が存在し，シナプス後部では GluD が存在する．一方 C1qL ファミリーは異なったスプライスアイソフォームのニューレキシンに結合し，シナプス後部では KA 受容体や BAI3 に結合する．このような標的分子の多様性は補体 C1q の特徴であり C1q ファミリーの性質であろう．HEK293 細胞とさまざまな脳部位由来の神経細胞の共培養系を用いた *in vitro* でのシナプス形成アッセイでは，Cbln ファミリーは興奮性シナプスのみならず抑制性シナプスも誘導できる．つまり興奮性・抑制性シナプス形成は，シナプス前部からどのような Cbln ファミリーが分泌されるかに依存していると考えられる．実際に海馬 CA3 神経細胞や小脳プルキンエ細胞で見られる樹状突起の領域によるシナプスの特性も，シナプス前部から放出される C1qL ファミリー分子によって規定されていた．このようにシナプス前部で発現し分泌される Cbln や C1qL ファミリーは，シナプスそれぞれに対し機

能や形態にさまざまなバリエーションと特異性を与える分子と位置づけることができる．ほかにも多様な C1q ファミリー分子が，さまざまな脳部位に発現している．依然として未解明な課題は多く，今後の研究の進展が望まれる．

　　　　　　　（松田恵子・掛川　渉・柚﨑通介）

文　献

1) T. C. Sudhof, *Nature*, **455**, 903 (2008).
2) M. Gautam et al., *Cell*, **85**, 525 (1996).
3) H. Nishimune et al., *Nature*, **432**, 580 (2004).
4) A. C. Hall et al., *Cell*, **100**, 525 (2000).
5) H. Umemori et al., *Cell*, **118**, 257 (2004).
6) A. Terauchi et al., *J. Cell Sci.*, **128**, 281 (2015).
7) G. M. Sia et al., *Neuron*, **55**, 87 (2007).
8) K. A. Pelkey et al., *Neuron*, **85**, 1257 (2015).
9) R. W. Cho et al., *Neuron*, **57**, 858 (2008).
10) K. S. Christopherson et al., *Cell*, **120**, 421 (2005).
11) C. Eroglu et al., *Cell*, **139**, 380 (2009).
12) J. Xu et al., *Nat. Neurosci.*, **13**, 22 (2010).
13) U. Kishore et al., *Trends Immunol.*, **25**, 551 (2004).
14) O. Bogin et al., *Structure*, **10**, 165 (2002).
15) T. Yamauchi et al., *Nature*, **423**, 762 (2003).
16) B. Stevens et al., *Cell*, **131**, 1164 (2007).
17) E. Miura et al., *Eur. J. Neurosci.*, **24**, 750 (2006).
18) E. Miura et al., *Eur. J. Neurosci.*, **29**, 693 (2009).
19) H. Hirai et al., *Nat. Neurosci.*, **8**, 1534 (2005).
20) A. Ito-Ishida et al., *J. Neurosci.*, **28**, 5920 (2008).
21) K. Matsuda et al., *Science*, **328**, 363 (2010).
22) J. Elegheert et al., *Science*, **353**, 295 (2016).
23) K. Matsuda et al., *Eur. J. Neurosci.*, **33**, 1447 (2011).
24) S. K. Singh et al., *Cell*, **164**, 183 (2016).
25) Y. Fukata et al., *Science*, **313**, 1792 (2006).
26) T. Iijima et al., *J. Neurosci.*, **29**, 5425 (2009).
27) T. Iijima et al., *Cell*, **147**, 1601 (2011).
28) H. Hirai, *Eur. J. Neurosci.*, **14**, 73 (2001).
29) J. Gao et al., *Mol. Cell. Biol.*, **27**, 4500 (2007).
30) K. Konno et al., *J. Neurosci.*, **34**, 7412 (2014).
31) P. Wei et al., *J. Neurochem.*, **121**, 717 (2012).
32) T. Iijima et al., *Eur. J. Neurosci.*, **31**, 1606 (2010).
33) W. Kakegawa et al., *Neuron*, **85**, 316 (2015).
34) M.F. Bolliger et al., *Proc. Natl. Acad. Sci. USA*, **108**, 2534 (2011).
35) K. Matsuda et al., *Neuron*, **90**, 752 (2016).

ガストランスミッターと神経機能の redox 制御・神経細胞死

Summary

　神経細胞間の情報伝達手段の一つとして，一酸化窒素（NO），一酸化炭素（CO），硫化水素（H₂S）に代表される気体性の神経伝達物質「ガストランスミッター（GT）」の重要性が明らかになりつつある．GTは中毒症状の原因となるなど毒性物質としての作用がある一方で，適量産生下では生理機能的に重要な物質であり，神経細胞では分化，神経活動の調節による記憶形成，神経保護作用などにかかわっていることが解明されつつある．

　GT は多方向性の細胞間シグナルであり，発生源から濃度依存的に特定のシグナル経路の増強や減弱を惹起する性質を有している．このことは神経回路の形成，神経発生，および脳虚血性疾患における神経細胞死／保護作用など，局所的・時間的なコントロールが必要とされる制御機構に有用である．慢性的な GT の活性化は神経の機能や生存に影響を与え，神経変性疾患の病因となることが示唆されている．本章では各 GT の脳内における代謝機構，および GT の特性を生かした生理機能の制御機構，各種疾患との関連について概説する．

18.1　神経伝達物質としてのガストランスミッター

　神経細胞は互いに密な情報伝達ネットワークを構築することで，神経興奮伝達や記憶形成をはじめとしたさまざまな生理応答を可能にしている．神経細胞間ではおもにシナプス間隙における神経伝達物質の放出・受容により，方向性をもった情報伝達が行われる．神経伝達物質のなかにはきわめて生体膜透過性が高く，近傍の神経細胞に拡散することで広範囲かつ両方向性に情報を伝える分子が存在する．そのような伝達物質の一つが気体性伝達物質，つまりガストランスミッター（gaseous transmitter, GT）である．

　GT はほかの神経伝達物質と異なり特異的な受容体を必要とせず，タンパク質や金属イオン，核酸，脂質など，さまざまな分子に直接または間接的に作用するため，多種多様なシグナル伝達を可能にする．一方で GT は生体内の環境変化に応じてその標的分子を厳密に選択している．その拡散性や標的分子の多さゆえ一見無作為に起こるシグナル伝達は，実際は見事に制御されている（以下に詳述する）．こうした性質が幅広くかつ統制のとれたシグナル伝達を可能とし，脳のような複雑なネットワークを形成する組織の情報伝達系に適していると考えられている．

　GT は現在までに一酸化窒素（NO），一酸化炭素（CO），硫化水素（H₂S）の 3 種類が同定されており，いずれも特異的な合成経路によって酵素依存的に産生される（図 18.1）．また 3 種の GT は細胞内のレドックス（redox）環境により時々刻々とその様態を変え，自身の反応性を調節して存在している．

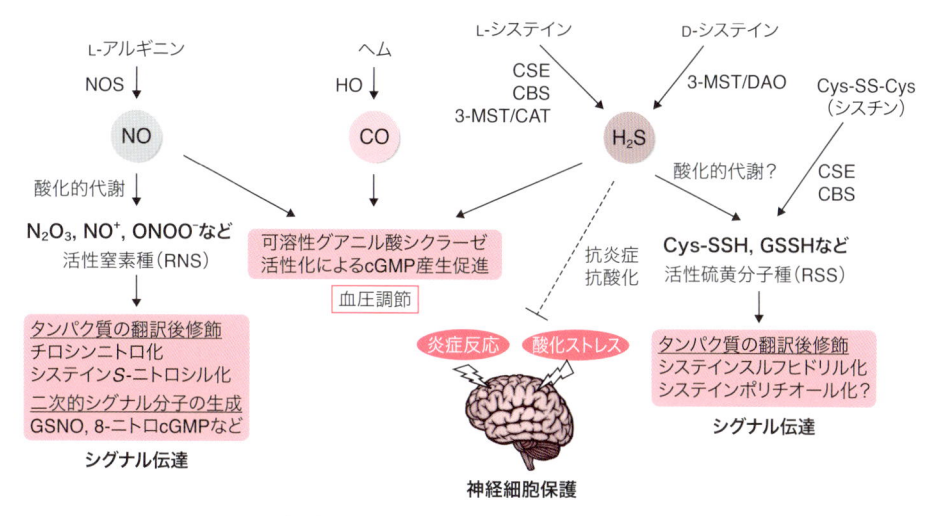

図 18.1　各ガストランスミッター（GT）の産生・反応経路
GT は翻訳後修飾や補因子となる金属への配位結合などを介してタンパク質活性を制御する．これらの修飾は
GT が直接，または GT より形成される代謝物／2 次シグナル分子が間接的に作用することにより惹起される．

18.1.1　GT の性質および産生・代謝経路
(a) NO

生理活性物質としての NO は 1980 年代に見出され，当初は心血管弛緩因子として詳細な作用機序が解析された．その後，NO が血管平滑筋細胞の可溶性グアニル酸シクラーゼを活性化して cGMP の生合成を促進し，その下流において血管を弛緩させることが証明され，NO が血圧を調節するシグナル分子であること，またそのシグナル伝達機構の正しさが示された．さらに神経細胞内でも NO 産生がさかんに行われていることが発見され，興奮伝達の調節，神経保護，海馬の長期増強誘導に伴う記憶形成など，神経活動の一端を担う重要な因子であることが明らかになりつつある[1]．

NO は L-アルギニン（Arg）を基質として一酸化窒素シンターゼ（NOS）により産生される．NOS には神経型（neuronal NOS, NOS1），誘導型（inducible NOS, NOS2），内皮型（endo-thelial NOS, NOS3）の 3 種類のアイソザイムが存在する．神経細胞にはおもに NOS1，脳血管系の内皮細胞には NOS3 が構成的に発現しており，

Ca^{2+} 依存的に活性化され適量の NO を産生する[*1]．一方マクロファージやグリア細胞（アストロサイトおよびミクログリア）は炎症反応に応答して NOS2 発現を誘導し，Ca^{2+} 非依存的に多量の NO を産生する（NOS2 はほかのアイソザイムの 1000 倍以上の NO 産生能を有する）．

NO は生体内では一つの不対電子を有するフリーラジカルである．NO ラジカルの半減期は短く，産生後すぐに段階的に酸化されて多様な代謝中間体を形成する．たとえば NO は活性酸素種の一つであるスーパーオキシド（O_2^-）と反応し，細胞障害性の高いペルオキシ亜硝酸イオン（$ONOO^-$）となり，さらに酸化が進んで最終的には無毒な硝酸イオン（NO_3^-）に変換されて代謝される．そのほかにもニトロソニウムイオン（NO^+）や三酸化二窒素（N_2O_3）などの代謝中間体が存在する．これらは総じて反応性が高く生体分子を酸化修飾〔ニトロ化および S-ニトロシル（SNO）化〕しやすいため，活性窒素種（reactive nitrogen species, RNS）と呼ばれる．NO は自身の作用だ

*1　海馬 CA1 野の錐体細胞には NOS3 が発現するなど，例外も存在する．

けでなく RNS に適宜変換されることでスムーズなシグナル伝達を行う.

また NO は強い親電子性を有し，ほかの分子に求電子攻撃することで性質の異なる 2 次的なシグナル分子を生成する．たとえば神経細胞内に豊富に存在するペプチドである還元型グルタチオンはシステイン（Cys）残基に NO を捕捉し，S-ニトロソグルタチオン（GSNO）を形成する．GSNO は酸化力が高く，ほかのタンパク質 Cys 残基に対して自身の NO を受け渡す反応性（トランスニトロシル化反応）に富んでおり，NO シグナルを効率よく伝達する手助けをしている．近年 NO が細胞質の cGMP と強く反応して 8-ニトロ cGMP を形成し，Cys 残基を選択的に修飾する（S-グアニル化）などの新たなシグナル系を有することも明らかとなっている[2]．

(b) CO

1912 年，CO が酸素よりもはるかに高い親和性でヘモグロビンに結合し，その酸素運搬能を抑制する結果，酸素欠乏症を引き起こすという CO 中毒の分子機序が発見された．そのため当初 CO は外因性の有害物質として認識されていたが，1968 年に生体内で CO を産生する酵素が同定され，CO の生理的機能の解明に焦点があてられるようになった．そして 1993 年に低濃度の CO は脳において神経保護を担うことが明らかとなった．

CO はほかの GT と異なり生体内で比較的安定で，遷移金属を含む補欠分子を有するタンパク質に選択的に結合する．CO はヘムを基質としてヘムオキシゲナーゼ（HO）により産生される．ヒトの HO には，酸化ストレスやヘムの蓄積など種々のストレス刺激を感知して誘導される誘導型の HO-1，構成型の HO-2 の 2 種類のアイソザイムが存在する．脳では HO-2 が多く発現しており一定量の CO を産生するが，小脳や海馬など特定領域の神経細胞が慢性的な障害を受けると限定

的に HO-1 の発現が誘導され，それに応じて CO の産生量が増加する．また，アストロサイトやミクログリアはストレス条件下において HO-1 を強く誘導し，迅速に CO を産生して神経細胞へと供給する[3]．

CO の脳における代謝経路については未解明な部分が多い．脳において酸化的代謝を受ける，もしくは脳内から運び出され末梢で代謝されるといった仮説があるが，それらの正否は明らかではない．

(c) H₂S

1996 年，脳において産生された微量の H_2S が海馬の長期増強（LTP）の誘導促進を行うことが見出され[4]，H_2S が記憶形成を司る神経伝達物質として機能していることが広く認識されるようになった．H_2S は神経細胞を酸化ストレスから保護する抗酸化作用を有し，タンパク質の翻訳後修飾（スルフヒドリル化）を介したシグナル伝達を行うなど，さまざまな生理作用が解明されている[5,6]．

H_2S はそれぞれシスタチオニン β-シンターゼ（CBS），シスタチオニン γ-リアーゼ（CSE）および 3-メルカプトピルビン酸硫黄転移酵素（3-MST）の 3 種類の酵素により産生される．CBS と CSE は L-Cys を基質とし，ピリドキサル 5′-リン酸依存的に H_2S 産生を行う．対して 3-MST は L-Cys または D-Cys から H_2S を産生することが可能で，基質により異なる．一つは 3-MST/CAT 経路で，まずシステインアミノトランスフェラーゼ（CAT）が L-Cys と α-ケトグルタル酸から 3-メルカプトピルビン酸（3-MP）を合成し，その後 3-MST が 3-MP を分解して H_2S を産生する経路である．もう一方は 3-MST/DAO 経路で，D-アミノ酸アキシダーゼ（DAO）が食物由来の D-Cys から 3-MP を合成し，3-MST がこれを分解して H_2S を産生する経路である．これらの H_2S 産生酵素はいずれも脳に発現するが，それ

ぞれ特異的な発現部位・様式をもつ．神経伝達物質としての H_2S 産生の大部分を担っている CBS はアストロサイトに高発現しており，ついで産生に寄与している 3-MST は小脳プルキンエ細胞，大脳および海馬錐体細胞に発現している．また CSE は定常状態では脳では発現していないが，酸化ストレスなど特殊なストレス条件下で発現誘導される．

　H_2S の脳における代謝経路はほとんど不明だが，(1) 酸化反応を受け硫酸イオンに変換される，(2) 細胞質でメチル化されジメチルスルフィドとなる，(3) 金属および Cys 残基を含有するタンパク質に結合する，といった代謝経路が存在すると推定されている．

　NO の場合と同じく H_2S の反応性自体は高いわけではなく，実際には活性硫黄分子種(reactive sulfur species, RSS) と呼ばれる反応性に優れた硫黄含有分子が，タンパク質スルフヒドリル化の形成などの重要な生理機能を果たすことが明らかとなっている．RSS には Cys のチオール部に過剰の硫黄が結合したシステインパースルフィド（Cys-SSH）や還元型グルタチオンに過剰の硫黄が結合したグルタチオンパースルフィド（GSSH）が含まれ，脳内でも恒常的に産生されている．実際に CBS や CSE は H_2S 合成だけでなくシスチン（Cys-SS-Cys）から直接 Cys-SSH を産生することが見出されている[7]．

18.1.2　GT の自己・相互制御機構

　GT は互いに化学的性質が似ていることから共通の生体分子を標的とする場合がある．そのため 3 種類の GT は互いに産生酵素の発現や活性を調節し合い，システマティックにその産生量を制御している（図 18.2）．たとえば NO と CO は互いに可溶性グアニル酸シクラーゼを標的とし脳血管の拡張を促す GT である．NO は生体内の酸化ストレスセンサーである Nrf2-keap1 複合体によ

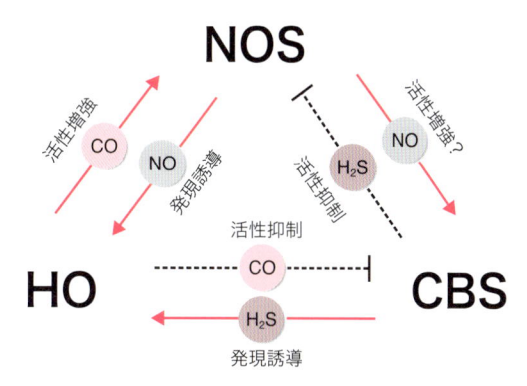

図 18.2　GT の相互制御機構
各 GT は互いに産生酵素の遺伝子発現や酵素活性を調節し合い，GT 産生量を協調的に制御している．赤色実線；産生促進，黒色点線；産生抑制，HO；ヘムオキシゲナーゼ，NOS；一酸化窒素合成酵素，CBS；シスタチオニン β-シンターゼ．

る転写制御系を刺激して HO-1 の発現誘導をもたらす．一方 CO は NOS 分子の構成要素であるヘム鉄に結合し NOS 活性を増強する．この相互作用により，血管拡張を指示するシグナルを感知して脳内の NO と CO のどちらかが産生されはじめると，連鎖的に両者の産生量が増加し，すばやい応答ができる．一方で NOS1 に対する H2S や CBS に対する CO のように，それぞれの GT がほかの GT 産生酵素を阻害する場合や，GT が自身の産生酵素をフィードバック阻害する機構[*2] も知られている．それぞれが特殊な生理活性をもちながら，その自己・相互制御機構により厳密に産生量を調節できる性質こそ，GT が神経伝達物質として成立する所以であるといえる．

18.2　GT による神経細胞の制御

　ここでは GT のなかで最も解析されている NO を中心に，GT の①神経伝達物質としての機能，②エピジェネティクス調節機構，③細胞骨格の調節機構を用いた神経細胞の制御機構について概説する（図 18.3）．

[*2]　NOS2 は NO が自身の Cys 残基に結合することにより酵素活性を失い，過剰な NO の産生を防いでいる．

18.2.1　GT の神経機能制御

　GT は脂溶性の低分子で細胞膜の透過性に優れ，受動的に拡散することができるため逆行性伝達物質としての特性をもつ．逆行性伝達物質とは化学シナプスにおいてシナプス後部から細胞外へ放出されて，シナプス前部に作用しシナプス伝達を調節する物質を指す．とくにグルタミン酸受容体制御において逆行性神経伝達物質によるフィードバックは重要である．シナプスにおいてシナプス後肥厚部（Post synaptic density；PSD）と呼ばれるタンパク質の集合体が形成され，シグナル伝達が効率化されている．グルタミン酸受容体の一つである NMDA 受容体も PSD95 タンパク質と細胞内で複合体を形成しており，NO 産生酵素 NOS1 は PSD95 と結合することにより NMDA 受容体を中心に形成される情報複合体の一部となる[8]．NMDA 受容体の活性化により PSD における NO 産生が亢進され，NO が細胞外に放出されると，シナプス前膜に作用する逆行性伝達物質として機能する．NO はシナプス前膜に取り込まれた NO は可溶性グアニル酸シクラーゼを活性化し，cGMP 産生の亢進を引き起こす．その結果，cGMP/cGMP 依存性プロテインキナーゼのカスケードが活性化し，グルタミン酸（Glu）の放出を促進する．このような逆行性伝達によりシグナル増幅が起こることがシナプス形成の調節，神経回路の形成などを介して記憶形成などを制御し，LTP にかかわると考えられている．

　同様に神経活性化により細胞内 Ca^{2+} 濃度が上昇することにより活性が上昇するカゼインキナーゼ II は HO をリン酸化により活性亢進し，CO 産生を亢進させる．NO と同様に CO についても逆行性伝達によりグアニル酸シクラーゼ産生の亢進を引き起こし，LTP を制御することが報告されている[9]．

　H_2S についてもその産生酵素である CBS が神経活性化に付随する Ca^{2+} 濃度の上昇と相関して活性が亢進し，H_2S の産生量が増加する．一方で H_2S ではシナプス後部において NMDA 受容体のジスルフィド結合を還元し，さらにスルフヒドリル化を誘導することにより NMDA 受容体の活性化を亢進し，LTP の形成に関与していることが報告されている[4]．

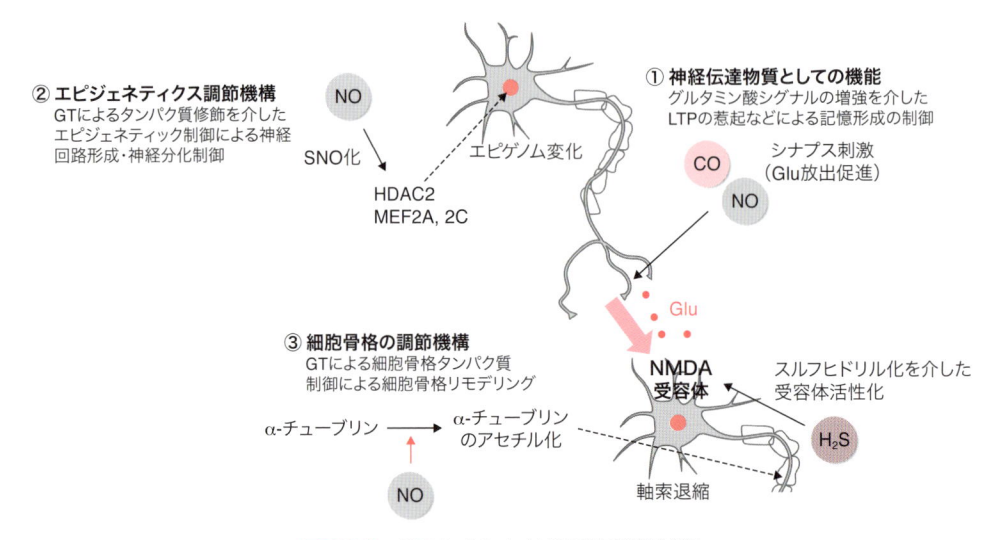

図 18.3　GT を介した神経細胞機能制御

各 GT の制御する神経細胞の生理機能は，分化，細胞骨格のリモデリング，LTP 制御による記憶形成など多岐にわたる．

18.2.2　GT によるエピジェネティクス制御

　GT の重要な作用の一つに，DNA 配列の変化によらず遺伝子発現を制御するエピジェネティクス（epigenetics）がある．脳内のさまざまなプロセスに対応するため，神経細胞は動的に細胞間で回路を形成する必要があり，とくに樹状突起の伸長とシナプス形成によるほかの神経細胞との接続が重要である．これらのサイクルの非常に早い変化に対応するため，関連するタンパク質の発現の効率がエピジェネティクスによる制御を受ける．

　GT のなかでとくに NO によるエピジェネティクス制御についての解明が進んでおり，NO は，ヒストンデアセチラーゼ 2（HDAC2）の SNO 化修飾と，転写因子機能の調節により，エピジェネティクス制御を行っていることが明らかになっている．たとえば脳由来神経栄養因子（BDNF）はその受容体との結合により NOS1 を活性化し，NO 産生を亢進する．産生した NO は解糖系にかかわるグリセルアルデヒド 3 リン酸デヒドロゲナーゼ（GAPDH）を SNO 化する．定常状態では細胞質中に存在する GADPH は SNO 化により，E3 ユビキチンリガーゼである SIAH1 と結合し，核内に移行する．核内に移行した GADPH は自身の SNO 基を HDAC2 に受け渡す（トランスニトロシル化）ことで HDAC2 を SNO 化し，ヒストンのアセチル化を亢進する[10]．さらに GAPDH とともに核に移行した SIAH1 はヒストンメチル化酵素である SUV38H1 の分解を促進する[11]．これらの作用により染色体の構造を変化させることでヒストンの翻訳後修飾が大きく変化し，転写因子 CREB[*3] の DNA 結合が促進することで遺伝子の転写が制御される．

　NO は神経幹細胞における転写因子の活性調節にも作用している．古典的には哺乳類の神経細胞は成長後のある時期から増殖しないと考えられていたが，近年，成長後も神経幹細胞が増殖し神経

に分化することにより神経新生が起き，記憶形成などに深く関与することが明らかになっている．海馬歯状回における神経幹細胞は神経もしくは非神経細胞であるグリア細胞に分化するが，その生存性や神経細胞への分化の割合は外的因子に大きく依存し，エピジェネティック制御が仲介することが指摘され始めている．たとえば神経幹細胞の発生を制御する転写因子である MEF2（Myocyte enhancer factor-2）は発生期における臓器の分化を制御し，成体脳では神経幹細胞の分化やシナプス機能の調節により記憶形成を制御する．NO は MEF2A ファミリーのうち MEF2A および MEF2C を SNO 化し，その転写活性を抑制する[12]．この機構は脳梗塞や神経変性疾患などのストレスに対応して神経幹細胞の分化を抑制する働きがあり，それぞれの疾患において認知記憶機能に低下が見られることと関連すると考えられている．

18.2.3　機能調節・細胞骨格リモデリングにおける GT の作用

　神経の発生や神経の損傷時には，神経回路を形成できなかった神経細胞または死細胞で軸索の退縮が起こる．この機構には軸索を裏打ちする細胞骨格のリモデリング機構が重要であり，NO が関与していることが明らかになった．NO は軸索を形成する α-チューブリン結合タンパク質である MAP1B を SNO 化する[13]．またタンパク質の脱アセチル化酵素である HDAC6（ヒストンデアセチラーゼ 6）は過剰の NO により SNO 化を受けると活性が抑制され，α-チューブリンのアセチル化を誘導する[14]．MAP1B の SNO 化，α-チューブリンなどの細胞骨格制御タンパク質のアセチル化が亢進により，軸索が退縮する神経変性疾患においても NO の過剰な産生が起こると考えられ，神経の機能低下や細胞死を誘引する分子機構として細胞骨格のリモデリングは注目されている．

18.3　GT と虚血性ストレスにおける GT の働き

　脳梗塞に代表される虚血性ストレスによって神経細胞死が観察されるが，これは神経終末から過剰に放出される Glu の刺激に伴う NOS1 活性化による NO 産生の亢進が深く関与している．脳梗塞時，梗塞巣中心部からその周辺部位では，NO 濃度勾配に依存するレドックス状態の勾配が形成される．興味深いことに中心部では急速な神経細胞死が起こるのに対して，周辺部位では遅延性の神経細胞死が観察される．このような神経細胞死の時間差が起こる原因として，NO の濃度依存的な SNO 化などの翻訳後修飾の違いが考えられる．すなわち NO 濃度の高い中心部では細胞生存性にかかわる脱リン酸化酵素 PTEN とセリン・スレオニンキナーゼ Akt の双方に SNO 化が起こり[*4]，結果的に生存系シグナルである Akt 活性の阻害により神経細胞死が誘導される．一方周辺部では PTEN のみが SNO 化され，それにより Akt 活性が亢進し，アポトーシスによる神経細胞死を防いでいると考えられている[15]．また脳梗塞においては脳血流も大きく変動している．血管内皮細胞に発現する NOS3 は梗塞時発現が上昇し，血管拡張作用を有する NO が産生され血流を回復させることで欠乏した酸素を補おうとする．H_2S は NO と同様に血管拡張作用があるが，正常時は脳内で大量に産生される CO により H_2S 産生酵素の一つである CBS 活性が抑制されて H_2S 濃度を制御し，血管は収縮した状態で維持されている．しかし虚血により酸素が不足すると CO 濃度が低下し，H_2S 産生が高まることにより血管が拡張する．GT はこのような血流低下による低酸素状態を血管の拡大により改善し

ようとする防御的機構として働く[16]．レドックス環境の複雑なコントロールのもと，GT により神経細胞の運命が決定されていると考えられる．

18.4　GT と神経変性疾患の因果関係

　GT は生理的濃度で働く場合には神経伝達物質として振る舞う．しかしながら，加齢の進行や環境有害物質の曝露，異常なタンパク質凝集（神経の場合，アミロイド β や α-シヌクレインの凝集が代表的）などにより神経細胞やグリア細胞に慢性的なストレスが負荷されると，脳内における GT 産生系が異常を来す．すると GT 代謝のバランスが崩れ，GT が高濃度に達することにより通常の脳においては標的としないような生体分子に GT が無秩序に結合し，また，脳内で均衡を保っていたレドックス環境を激変させ，その恒常性を破綻させる．一方で GT の欠乏によって保護作用が解除された神経細胞は，周辺で起こった酸化ストレスや炎症反応に対して脆弱になる．これらの機構はアルツハイマー病（Alzheimer's disease, AD）やパーキンソン病（Parkinson's disease, PD）をはじめとした各種神経変性疾患の発症および悪化につながると考えられている．ここからは，NO や H_2S を中心に，各種 GT の産生異常と神経変性疾患の発症機構の関係について解説する．

18.4.1　NO と神経変性疾患

　ほかの臓器の細胞群に比べて神経細胞はとくに NO に対する感受性が強く，細胞毒性が出現しやすい．神経変性疾患患者の脳においては，慢性的な神経炎症の増強に伴ってグリア細胞における NOS2 誘導が強く見られる．さらに，NMDA 受容体の持続的な活性化により神経細胞内への Ca^{2+} 流入が誘導され，NOS1 の異常な活性化が起こっており，脳内で過剰量の NO が産生されていることが知られている．実際に AD や PD

---

*4　PTEN；Phosphatase and Tensin Homolog Deleted from Chromosome 10，Akt；RAC-alpha serine/threonine-protein kinase.

患者の死後脳では健常脳と比べて NO ラジカルの蓄積が強く見られ，また NO によるニトロ化および SNO 化修飾を受けたタンパク質がより多く検出できる．なお神経変性疾患の発症にこれらの異常なタンパク質修飾が深く関与していることが見出されている．すなわち神経細胞の維持や生存に関するタンパク質の異常な酸化修飾により機能変化が生じ，その結果，細胞恒常性の破綻に起因した神経細胞死が惹起されると考えられている．具体的に例を挙げると，タンパク質ジスルフィドイソメラーゼ（Protein disulfide isomerase, PDI）[*5] はそのシャペロン活性部位に Cys 残基を有しているが，高濃度の NO 存在下ではその部位が SNO 化されることによりシャペロン活性が消失する．その結果タンパク質の折りたたみに不具合が生じ，小胞体内に未成熟なタンパク質が蓄積する．細胞はこのようなストレス（小胞体ストレス）に対し防御機構を備えてはいるが，慢性的なストレスが負荷され続けると最終的には神経細胞死が惹起される．このように NO がタンパク質品質管理系に悪影響を及ぼすことで，神経変性疾患発症の一因となっている可能性が示唆される（図 18.4）．実際に孤発性 AD や PD 患者の死後脳においては，SNO 化 PDI の形成が頻繁に確認されている[17]．

　このほかにも，異常なタンパク質 SNO 化はミトコンドリアの機能，遺伝子転写活性，シナプス伝達，各種受容体やイオンチャネルを介したシグナル系など，神経細胞におけるさまざまな細胞応答を押し並べて破綻させ，神経変性疾患の病態形成に密接にかかわることが知られている[18]．

18.4.2　H₂S と神経変性疾患

　H_2S は抗炎症，抗酸化，細胞死抑制など多岐

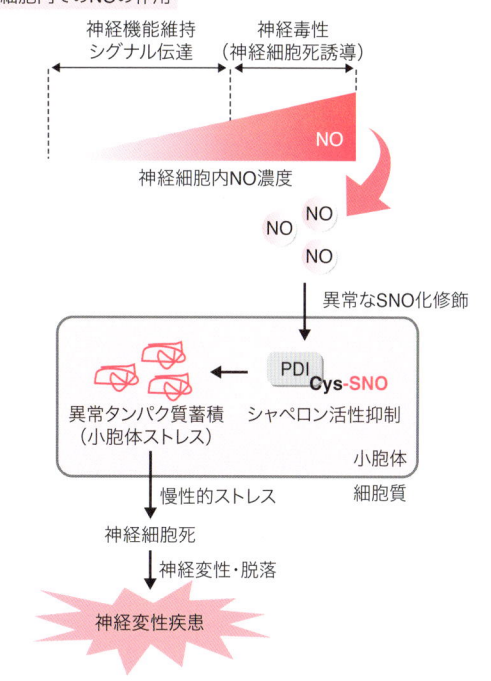

図 18.4　GT と神経変性疾患
細胞内 GT 濃度は厳密に制御される必要がある．とくに神経細胞では至適濃度で恒常性維持に関与するが，過剰産生時はさまざまなストレスを誘引し神経変性疾患の原因の一つになりうる．図は高濃度の NO により小胞体ストレスが惹起され，細胞死に至るまでの経路を例として示す．

に渡り，細胞保護作用を発揮していることは既に述べた．このように神経細胞の機能維持と H_2S 産生は密な関係にある．しかしながら AD や PD を発症した脳では病態の進行度に依存して H_2S の産生が抑制されており，多くの場合 CBS の変異や VNTR 多型[*6] による機能異常がその原因として考えられている．また AD 患者の脳はそのほかに DNA メチル化などを介したエピジェネティックな発現抑制による脳内 CBS の減少や，CBS のアクチベーターである S-アデノシルメチオニンの産生量低下が観察されることもある．これらによる脳内 H_2S 濃度の低下により，神経細胞の周辺で頻繁に炎症反応および酸化ストレスが惹起され，最終的に神経変性に至ることが示唆さ

※5　神経細胞内の小胞体に局在し，タンパク質を折りたたんで機能をもった高次構造に変える過程に必須なシャペロン分子の一つである．

※6　VNTR；variable number tandem repeat

れている[6]．実際に神経変性疾患患者の脳内においては過剰量の炎症性サイトカインや活性酸素種が蓄積していることが報告されている．

18.5　おわりに

　急速な解析技術の向上により，GT の機能解析は日進月歩している．本章では省略したが，近年 NO が痛み・痒みの促進物質の一つであるという報告もあり，末梢神経の活動における GT の作用が明らかにされつつある．このように GT 研究はさまざまな生理現象を説明できるフロンティアと

して注目を集め続けているが，一方で GT の影響自体は広範であり，その制御は容易ではない．今後さらなる解析技術の向上による詳細な GT 濃度変化や，各疾患特異的に変化するシグナル機構を詳細に解析していくことが必要である．

（奥田洸作・高杉展正・上原　孝）

文　献

1) S. Okamoto & S. A. Lipton, *Biochim. Biophys. Acta*, **1850**, 1588 (2015).
2) T. Sawa et al., *Nat. Chem. Biol.*, **3**, 727 (2007).
3) R. M. Otterbein & E. Leo, *Nat. Rev. Drug Discovery*, **9**, 728 (2010).

Key Chemistry　GT または GT 結合性タンパク質の検出方法

　ジアミノフルオレセイン-2（DAF-2）やその誘導体は自身のアミノ基が NO ラジカルと反応すると蛍光を発する物質に変換される蛍光プローブであり，培養細胞や組織切片中の NO をリアルタイムに観察できる．また，NO ラジカルの代謝物である亜硝酸イオン（NO_2^-）を特異的かつ簡便に検出するグリース試験（比色法）や 2,3-ジアミノナフタレン（DAN）試験（蛍光法）は，試料中の NO 濃度を間接的に測定する方法として広く用いられている．NO 結合性タンパク質の検出法は現時点で 3 種類の GT のなかで最も確立されている．$ONOO^-$ を介したタンパク質チロシン残基のニトロ化は，抗ニトロチロシン抗体を用いた免疫化学的検出が簡便で一般的であるが，より定量的な解析が必要な場合には高速液体クロマトグラフィー（HPLC）を応用した検出法を採用する．また，SNO 化タンパク質はビオチンスイッチ法により検出する．本法ではまずタンパク質のフリーのチオール基をアルキル化剤によりブロックし，SNO 基をアスコルビン酸などで還元したあとに特異的にビオチン標識する．その後，ビオチンを認識して結合するストレプトアビジンアガロースで沈降後に特異的抗体を用いたウエスタン解析をする．

　細胞内で H_2S が解離して精製される硫化水素イオン（HS^-）を定量する一般的な方法にメチレンブルー法がある．これは，酸性条件かつ塩化鉄（III）存在下で *N,N*-ジメチル-*p*-フェニレンジアンモニウムと HS^- が反応してメチレンブルーを生成する機構に基づく比色定量法である．しかし本法は H_2S の絶対定量には不適であるため，より高感度なモノブロモビマンを用いた HPLC 分析法が用いられることもある．モノブロモビマンはチオール特異的蛍光プローブであり，H_2S と高親和性を示し特殊な蛍光化合物（スルフィド-ジビマン）を形成する．これを質量分析装置で解析することにより高感度性と高選択性を兼ね備えた分析が可能となる．また，18.1.1 項で述べたパースルフィド類などのサルフェン硫黄を検出する蛍光プローブ SSP4 もある．H_2S 結合性タンパク質に関してはスルフヒドリル化（R-SSH）の検出法としてマレイミド法が用いられる．

　金属中心を有する補欠分子をもつタンパク質に結合する CO については，細胞レベルでの検出を可能にするプローブはない．これは CO がほかの GT よりも反応性が低く，安定であることが原因と推定されている．CO 結合性タンパク質の検出法も同様に存在しない．

4) K. Abe & H. J. Kimura, *Neurosci.*, **16**, 1066 (1996).

5) H. Kimura, *Molecules*, **19**, 16146 (2014).

6) Y. Z. Jiang et al., *Mol. Cell Biol.*, **33**, 1104 (2013).

7) T. Ida et al., *Proc. Natl Acad. Sci. USA*, **111**, 7606 (2014).

8) R. Sattler et al., *Science*, **284**, 1845 (1999).

9) D. Boehning et al., *Neuron*, **40**, 129 (2003).

10) M. R. Hara et al., *Nat. Cell Biol.*, **7**, 665 (2005).

11) A. Riccio et al., *Mol. Cell*, **21**, 283 (2006).

12) S. Okamoto et al., *Cell reports*, **8**, 217 (2014).

13) H. Stroissnigg et al., *Nat. Cell Biol.*, **9**, 1035 (2007).

14) K. Okuda et al., *Biol. Pharm. Bull.*, **38**, 1434 (2015).

15) N. Numajiri et al., *Proc. Natl. Acad. Sci. USA*, **108**, 10349 (2011).

16) B. N. Vardarajan et al., *Neurobiol. Aging*, **33**, 2231, e30 (2012).

17) T. Uehara et al., *Nature*, **441**, 513 (2006).

18) T. Nakamura et al., *Neurobiol. Dis.*, **84**, 99 (2015).

神経ネットワークの形と機能を制御する細胞骨格系分子群

Summary

　細胞骨格系は自己集合性タンパク質の重合体を基盤として高度に組織化された多機能構造体である．細胞骨格タンパク質に富む神経組織においては，長い神経突起の形成・維持，軸索内の高速物質輸送，シナプスの構造的可塑性などにおいて，細胞骨格系の普遍的な静的・動的機能が高度に洗練されたかたちで実現されている．微小管は神経突起の主要な構造基盤かつ細胞内輸送路であり，細胞小器官や膜タンパク質などの極性輸送と局在に必須である．神経突起内微小管の安定性や機能はチューブリンの化学的修飾と多数の関連タンパク質によって制御されており，微小管の安定化は軸索変性に対する緩和効果も期待されている．膜骨格は細胞膜を裏打ちするアクチン線維を主成分とし，ミオシン，セプチンなど多数の関連分子が組織化した多様な分子ネットワークで，細胞表層の形状，分子集積，区画化，シグナル伝達などを制御する．神経系の膜骨格は，高度に機能分化した膜ドメインである軸索起始部，シナプス，グリア突起などの構造基盤として，活動電位の発生，シナプス伝達の可塑性，脳内環境の恒常性維持などを支えている．

19.1　はじめに

　ヒトの脳は 1700 億個もの神経細胞とグリア細胞が化学的・電気的に相互作用する複雑なネットワークである．タンパク質重合体から成る細胞骨格系は総延長距離 100 万 km にも及ぶとされる神経突起を構造的に支持するだけでなく，シナプス入力に応じた細胞骨格の再編成がシナプスの構造的可塑性の基盤として働き，学習・記憶に必須である．本章では微小管，アクチン線維およびセプチン線維の神経系における生理機能の概要とトピックスを紹介する．

19.2　細胞骨格系概説

　細胞骨格系は自己集合性タンパク質が重合して，直鎖状，分枝状，束状，らせん状，管状，環状など多様な形状のポリマーを構築し，関連タンパク質とともにより複雑な高次集合体へと組織化するシステムの総称である．細胞骨格タンパク質の構造や特性には生物種や細胞のタイプによる多様性が著しく，機能も多面的であるが，次のように分類できる．

1）静的(static)な機能

- ・細胞形状やサイズの規定
- ・細胞極性の形成・維持
- ・機械的強度の付与
- ・細胞膜・細胞内膜系の支持
- ・膜タンパク質や脂質などに対する拡散障壁の形成ないし微小領域の区画化
- ・足場の形成
- ・皮膚付属器の形成　など

2）単独ないしモータータンパク質との相互作用で発生する力や変位に基づく動的(dynamic)な機能

- ・細胞形状変換(変形・移動・貪食・出芽・分裂)

表 19.1　真核生物で保存された細胞骨格系

	微小管	アクチン線維	セプチン線維	中間径線維
短径 (電顕)	25 nm	7 nm	7 nm	10 nm
結合ヌクレオチド	GTP/GDP	ATP/ADP	GTP/GDP	－
構成単位	α/β-チューブリンヘテロ二量体	アクチン単量体 (G-アクチン)	セプチンヘテロ多量体	コイルドコイルタンパク質ホモ二量体
構造			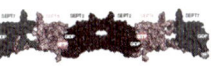	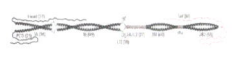
極性	＋　　　　－	－　　　　＋	－	
連続性	高	高	低	高
モータータンパク質	ダイニン, キネシン	ミオシン	－	

微小管やアクチン線維と対照的に, セプチン線維と中間径線維は, 1) 重合 / 脱重合サイクルが遅く, 2) 長軸方向に極性がなく, 3) モータータンパク質の軌道とならず, 4) 植物に存在しない点では共通である.

・鞭毛・繊毛・微絨毛・仮足の形成と駆動
・高分子 (染色体 DNA, RNA, タンパク質) や細胞小器官などの細胞内輸送
・細胞内に侵入した微生物の捕捉　など

真核生物ドメインで保存された細胞骨格系 (表19.1) のうち, 酵素活性のないコイルドコイルタンパク質が規則正しく束化した中間径線維は, 無極性かつ安定であり, 静的機能に特化している. 微小管, アクチン線維は長軸方向に極性をもつチューブリン (GTPase), アクチン (ATPase) の重合体で, 静的機能に加えて, 酵素反応と共役した速い重合 / 脱重合サイクル, およびモータータンパク質 (ATPase) 群との相互作用に由来する動的機能を併せもつ. セプチン系の構成単位は低活性 GTPase から成るヘテロオリゴマーであり, 長軸方向に無極性, 単軸方向に非対称な短線維として細胞質内に散在する. 細胞内ではこれらの細胞骨格系と多数の関連タンパク質群が協調して多彩な生命現象を支えている.

19.3　神経回路の構造基盤としての細胞骨格系

　神経回路の構成単位である神経細胞は情報処理素子であり, 細胞膜上に散在する多数の化学的シナプスと電気的シナプスからの入力に伴う膜電位変化を非線形演算し, ほかの神経細胞に出力する. 情報の入力側である樹状突起と出力側の軸索は厳密に区画化されており, 分子／微細構造／機能レベルで極性化している.

　膜電位変化は伝導距離に応じて減衰するため, シナプスからの距離が入力の重み付けに反映される. また活動電位は軸索起始部で発生し (後述), その伝導速度は軸索の断面積に相関する. つまり神経回路の電気的性質の決定因子となる神経突起の長さ・径, 軸索起始部の位置, シナプス配置, 樹状突起棘 (スパイン) の形状などの構造基盤は細胞骨格系といえる. 以下, 神経組織における微小管系と膜骨格系 (アクトミオシン系, セプチン系を含む) の概略を紹介する[*1].

---

*1　神経突起の径や強靱性などに寄与するニューロフィラメントなどの中間径線維系は割愛する.

19.4　微小管系

19.4.1　神経突起内微小管系の組織化と機能

　微小管は神経突起の主要な構造基盤かつ細胞内輸送路であり，細胞小器官や膜タンパク質などの極性輸送と局在に必須である．微小管の多くは中心体に起始し，中心体側に⊖端（伸縮がブロックされている）を，遠位側に⊕端（チューブリン重合/脱重合によってダイナミックに伸縮する）を向けている．軸索においては，選択的に局在する tau などの微小管関連タンパク質群（microtubule-associated proteins；MAPs）によって微小管が組織化（安定化/架橋/束化）されている．ミトコンドリアなどの細胞小器官やシナプス小胞は⊕端指向性モーターであるキネシンを介して細胞体から軸索遠位部へと順行性輸送され，細胞体への回収は⊖端指向性モーターであるダイニンを介する逆行性輸送によって行われる．一方，樹状突起内には順・逆の微小管が混在し，樹状突起選択的な MAP2 などによって組織化されている．通常，軸索は樹状突起よりはるかに長く，末端への高速物質輸送の需要も高いため，軸索内微小管の一方向性配向は合目的的といえる．

19.4.2　微小管関連タンパク質とチューブリンの化学的修飾

　微小管には MAPs やモータータンパク質以外にも多数のタンパク質が直接・間接的に会合し，微小管の局所構造や状態を変化させて不安定化，脱重合，切断などの制御に関与したり，モータータンパク質との相互作用を修飾して小胞輸送を制御したりする．チューブリンを基質として翻訳後修飾する多数の酵素も広義の MAPs に含まれる．

　α および β-チューブリンの翻訳後修飾として，特定アミノ酸残基のアセチル化（α, K40；β, K252），リン酸化（β, S172），ポリグルタミル化（α, E445），ポリグリシル化（β, E437），ポリア

ミン化（β, Q15）などに加えて，カルボキシル末端の脱チロシン化・再チロシン化（α, Y451），脱グルタミン酸化（α, E450, E449）などが知られており，いずれも微小管の構造変化を通じて重合/脱重合動態や関連タンパク質との相互作用の様式を変化させる[1]．たとえばチューブリンのアセチル化やポリグルタミル化はキネシンによる小胞輸送を促通し，ポリグルタミル化は AAA タンパク質スパスチン（遺伝性痙性対麻痺の責任タンパク質の一つ）による微小管切断を促進するなど，多数の興味深い報告がある[2]．

19.4.3　神経突起伸展における微小管修飾の重要性

　微小管のアセチル化は安定性と相関する反面，過度のアセチル化／安定化は脱重合によってリサイクルされるチューブリンの⊕端への供給を減らし，微小管伸長を鈍化させる．ゆえに，微小管の安定性と不安定性のバランスは⊕端伸長に依存する神経突起伸展の決定因子であり，微小管へのアセチル基転移酵素（ATAT1/MEC17, ELP3, GCN5, ARD1-NAT1 など）と脱アセチル化酵素（HDAC6, SIRT2 など）の発現や局在の制御もその一端を担う．

　MDCK 細胞（イヌ腎上皮由来）では一部の微小管に短いセプチン線維が会合し，小胞輸送を促進するポリグルタミル化微小管を逆反応から保護するとともに，小胞輸送を阻害する MAP4 の会合を排除することによって，小胞輸送を促進する[3]．

　一方セプチン・オリゴマー形成に必須なサブユニット SEPT7 を欠乏（RNA 干渉）させることでセプチン線維系を不安定化させると，ラット初代培養神経細胞の突起伸展が阻害される[4]．これはマウス個体と初代培養系を併用した実験から，SEPT7 の欠乏だけでなく欠損（遺伝子破壊）でも微小管のアセチル化と安定化を亢進させること，このとき主要なアセチル基転移酵素（MEC17,

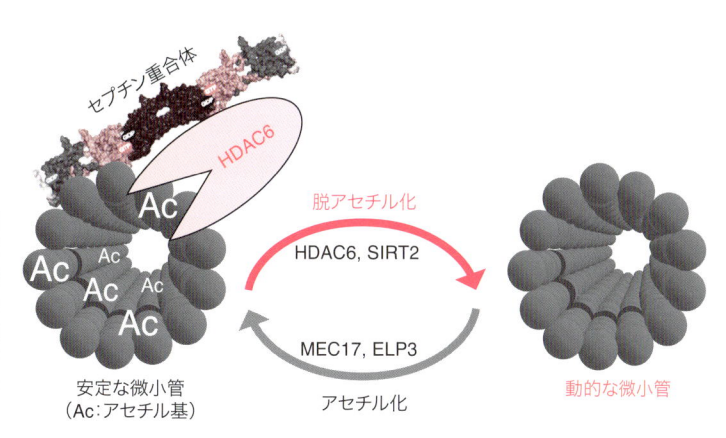

図 19.1　微小管脱アセチル化における HDAC6-セプチン系の役割
微小管の伸長は神経突起伸長の分子基盤である．微小管の伸長には微小管の安定化が必要である反面，過度の安定化は遊離チューブリンの供給を妨げるため，scrap & build の局所的制御が必要である．神経系発生過程においては，微小管周囲の脱アセチル化酵素 HDAC6 とその足場となるセプチン線維がその一翼を担う．

ELP3）の量は変化しないこと，発生過程の神経細胞の微小管近傍で脱アセチル化酵素 HDAC6 と SEPT7 が近接し，免疫共沈することなどが見出された．HDAC6 の欠乏・欠損や脱アセチル化活性の薬理学的阻害が神経突起伸展を鈍化させるのに対し[5]，SEPT7 欠乏・欠損神経細胞においては HDAC6 阻害剤 tubacin が無効で，また HDAC6 の総量や酵素活性は正常であった．これから，微小管上のセプチン線維はアセチル化チューブリンに HDAC6 を近接させることで脱アセチル化を促進する足場ないしアダプターとして機能すると推測された（図 19.1）[6]．

　また，ヒトゲノムに 13 種類存在するセプチン遺伝子の一つ *SEPT9* は遺伝性神経痛性筋萎縮症（Hereditary Neuralgic Amyotrophy；OMIM 162100）の原因遺伝子として同定された[7]．この稀な優性遺伝性末梢神経障害は，ストレスによって誘発される上腕神経叢領域の神経痛と筋萎縮を特徴とする．発症機序として，微小管制御ないし軸索輸送の障害，シュワン細胞ないしミエリン機能の障害などが想定されている．マウスの *Sept9* 欠損は *Sept7* 欠損と同様に細胞分裂異常などによって胎生致死となるが，ヘテロ接合体には明白な異常が認められないことから，ヒトと相同の優性変異アレルをもつマウスを用いた検証が待たれている．

19.4.4　微小管安定化剤の治療応用への試み

　ビンカアルカロイド（ビンクリスチンおよび誘導体，表 19.2）は β-チューブリンに結合して微小管を不安定化し，脱重合させる．タキサン系化合物（パクリタキセルおよび誘導体）も β-チューブリンに結合するが，重合／脱重合サイクルの脱重合相を阻害することで微小管を安定化する．いずれも細胞周期 M 期における染色体牽引力の発生源である紡錘体微小管の形成・動態を阻害するため，抗がん剤として汎用されている．両者に共通の副作用として末梢神経障害が頻発するが，パクリタキセルによる感覚異常には電位依存性 Na$^+$ チャネル（Na$_V$）や TRP チャネルの関与が大きいとされている．パクリタキセルによる微小管安定化にはむしろ外傷性神経切断や変性疾患に伴う軸索変性・退縮の緩和効果が期待されてきたが，タキサン類は容易に脳血液関門（blood brain barrier；BBB）を通過せず，上述の副作用もある．

　そこで β-チューブリンへの結合サイトをもち，BBB を通過するマクロライド系化合物エポチロン B を脊髄損傷モデルラットに投与したところ，微小管安定化と線維芽細胞の遊走阻害による瘢痕形成抑制との相乗効果によって軸索伸長が促進され，運動機能も改善したことが報告された[8]．また HDAC6 阻害剤（チュバスタチン A，トリコスタチン A）も，上述の微小管安定化ないし軸索輸

表 19.2　臨床応用（または臨床応用が検討）されている微小管重合阻害剤および安定化剤

	ビンクリスチン	パクリタキセル	エポチロン B	チュバスタチン A
化合物				
分子標的	β-チューブリン	β-チューブリン	β-チューブリン	HDAC6 （α-チューブリン脱アセチル化酵素）
微小管への作用	重合阻害	安定化	安定化	安定化
臨床作用 （副作用）	有糸分裂阻害剤 （神経障害）	有糸分裂阻害剤 （神経障害）	有糸分裂阻害剤 神経保護？	有糸分裂阻害剤？ 神経保護？

送促進効果によって Charcot-Marie-Tooth 病モデルマウスにおける神経症状を緩和したと報告された[9]．このように，抗がん剤として開発された作用機序の異なる微小管安定化剤が，軸索損傷・変性の新規治療薬候補として注目されている．

19.5　膜骨格系

19.5.1　膜骨格系概説

　細胞膜直下の細胞骨格ネットワークである膜骨格（membrane skeleton）は細胞表層の形状，張力，剛性，分子集積，区画化，シグナル伝達などを制御する．主成分であるアクチン線維，アクチン重合制御分子群（低分子量 G タンパク質 Rho，Rac，CDC42 や，これらのエフェクターないし下流の分子群 ROCK/Rho キナーゼ，フォルミン，PAK1，LIMK，コフィリン，Arp2/3 複合体，コータクチンなど），アクチン線維の組織化・変位・繋留に関与する分子群（ミオシン，セプチン，スペクトリン，アンキリン，dystrophin/utrophin，ERM など），その他多数の構成要素を含む複雑系である．

　膜骨格は普遍的な細胞構造であるが，細胞骨格線維の密度や配向は一様ではなく，局所的に稠密化することによって分子仕切り（拡散障壁）機能や

分子集積（足場）機能が高度化する（図 19.2）．特定の膜タンパク質，タンパク質複合体，リン脂質，細胞小器官などの構成要素が微小領域に局在することにより，多様な機能をもつ膜ドメインが組織化される．神経系には高度に機能分化した膜ドメイン構造が多く，中枢神経系の神経細胞では軸索起始部，シナプス前膜，シナプス後膜からスパイン，グリアではシナプス周囲や血管周囲のアストログリア突起，軸索周囲のオリゴデンドロサイトやシュワン細胞の突起（ミエリン鞘），末梢神経

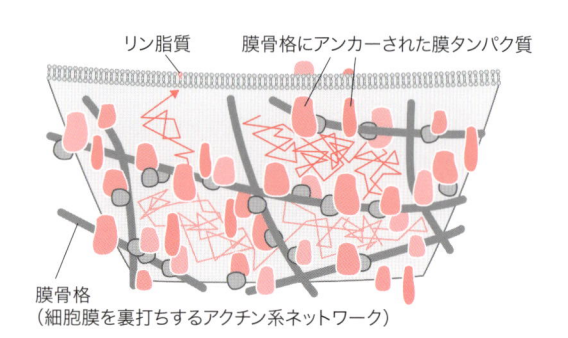

図 19.2　アンカード膜タンパク質ピケットモデル（anchored transmembrane protein picket model）

膜骨格（アクチン線維を主成分とする細胞膜裏打ち分子のネットワーク）に会合している膜タンパク質（ピケット）近傍の分子は，細胞膜の粘性の影響も受けて可動性が制限される．膜骨格に直接衝突しないリン脂質分子も自由拡散できず，ピケットで仕切られた区画内に時折閉じ込められる（藤原敬宏博士，楠見明弘博士のご好意による）．

系では神経筋接合部や感覚受容器などが代表例である.

19.5.2　軸索起始部

　細胞膜の脱分極が閾値を超えると，細胞内外の大量のイオンが急速に流出・流入して活動電位が発生する．主要な発生源は軸索起始部であるが，興奮性入力を受けて脱分極する樹状突起や細胞体からの距離が短く，Na_v をはじめとするイオンチャネルが高密度に集積していることが要因である．この膜ドメインにおいて Na^+ チャネル群は足場タンパク質アンキリン G を介してスペクトリンに連結し，間接的にアクチン膜骨格に繋留されている[10]．分子集積が稠密化すると，軸索起始部は細胞体−軸索間の拡散障壁としても機能し，膜タンパク質にとどまらず，細胞膜を構成するリン脂質の拡散も制限することが 1 分子レベルで実証されている（図 19.2）[11,12]．なお，イオンチャネル-アンキリン-スペクトリン-アクチンという分子ネットワークは神経細胞のほか心臓の刺激伝導系でも発達しており，構成タンパク質の変異がそれぞれてんかんや不整脈などの原因となる.

19.5.3　シナプス

　シナプス近傍の細胞膜には，神経伝達物質の開口放出装置・受容体・輸送体，膜電位を制御するイオンチャネル群，細胞接着やシグナル伝達を担う分子群など，重要な膜タンパク質が集積する（12 ～ 17 章参照）.

　軸索終末に存在する多数のシナプス小胞の多くは，内膜系，アクチン線維ないし膜骨格系などに繋留・隔離されている（reserve pool）．これらの一部が SNARE 複合体を介してシナプス前膜のアクティブゾーンへドッキングし，プライミングを経て，活動電位に伴う Ca^{2+} サージで即時開口放出可能な準備状態（readily releasable pool）となるという仮説が有力であるが，現実には多様な

状態が存在し，議論の余地が多い[13].

　線条体に高密度に投射するドーパミン神経細胞の軸索終末や軸索瘤に局在するセプチン線維は，SNARE 複合体やドーパミン輸送体などシナプス前部の一連の分子群と会合する．*Sept4* 欠損マウスではこれらの分子が減少し，シナプス伝達が減弱することから，シナプス前膜直下のセプチン線維はドーパミン放出・回収装置を繋留し安定化する膜骨格の構成要素といえる[14]．パーキンソン病や統合失調症の死後脳にみられるセプチンの量的・質的な異常は主病態に続発するグリオーシスなども反映した複合的なものと推測されるが，ドーパミン系の障害を介して行動異常の一因となる可能性もある[14-16].

19.5.4　スパイン

　興奮性シナプスで結合する 1 対の神経細胞が同期発火すると，シナプス伝達効率が一過性に増強する．これは神経心理学者 Hebb が海馬での学習・記憶の素過程として理論的に予想し，電気生理学者 Bliss と Lømo が実証したポジティブ・フィードバック現象であり，シナプス伝達の長期増強（LTP）と呼ばれる．それに対し小脳では逆方向の現象である長期抑圧（LTD）がよく研究されてきた．これらの機能的可塑性のおもな分子実体はシナプス後膜上 AMPA 受容体の一過性増加 / 減少であり，おもな決定因子はエクソ / エンドサイトーシス，側方拡散による流入 / 流出のバランスとされている（22 章参照）.

　スパインはアクトミオシンに富み，ダイナミックに形態変化するシナプス後膜の支持基盤である．ラトランキュリン A によるアクチンの脱重合がシナプス後膜上のグルタミン酸受容体（AMPA および NMDA）クラスターを著減させることや[17]，グルタミン酸入力がアクチン重合を亢進させてスパイン頭部を膨隆させること[18]などから，アクチン重合がシナプス伝達効率の増強と長期的維持に

関与することが示された．このように，入力依存的なスパイン体積増加はシナプス後部形状を安定化することで，LTP の持続に寄与することから，構造的可塑性と呼ばれる．

スパイン内アクチン線維の多くは細胞膜直下で重合するが，局在ないし動態の異なる少なくとも三つの成分を含む複雑な系である．

① スパイン頂部で重合して速やかに求心移動する成分(時定数 40 秒)

② スパイン基部の安定な成分(17 分)

③ シナプス入力(グルタミン酸投与)に応じて体積増大に寄与する成分(2 ～ 15 分)[19]

各成分の制御メカニズムや相互関係は興味深く重要な課題であるが，③ の生理的意義に関して，マウスの運動学習に伴って体積増加する大脳皮質 1 次運動野のスパインに選択的にターゲティングしたアクチン重合抑制プローブをオプトジェネティクス(光遺伝学)的に作用させることで，活動依存的なスパイン体積増加が運動学習に必須であることが個体レベルで実証された[20]．

19.5.5　シナプス周囲のグリア突起

アストログリアの細胞質内には GFAP などの中間径線維束が大量に存在するが，細胞表層には分布していない．一方，細胞表層のセプチン線維は低分子量 G タンパク質 CDC42 の多数のエフェクター分子群のうち機能未知の CDC42EP(CDC42 effector protein) ファミリーと相互作用するが[21,22]，生理的意義は不明であった．小脳においてバーグマングリア選択的に発現する CDC42EP4 のノックアウトマウス系統の樹立により，以下の所見が得られた(図 19.3)．

- 平行線維-プルキンエ細胞間のグルタミン酸作動性シナプスを被覆するバーグマングリア突起において，CDC42EP4 とセプチン線維はシナプスに面する細胞膜直下に集積する
- 両者は複合体を形成し，非筋型ミオシンIIB(MYH10) やグルタミン酸トランスポーター GLAST/EAAT1[*2] とも相互作用する

＊2　GLAST；Glutamate aspartate transporter, EAAT；excitatory amino acid transporter.

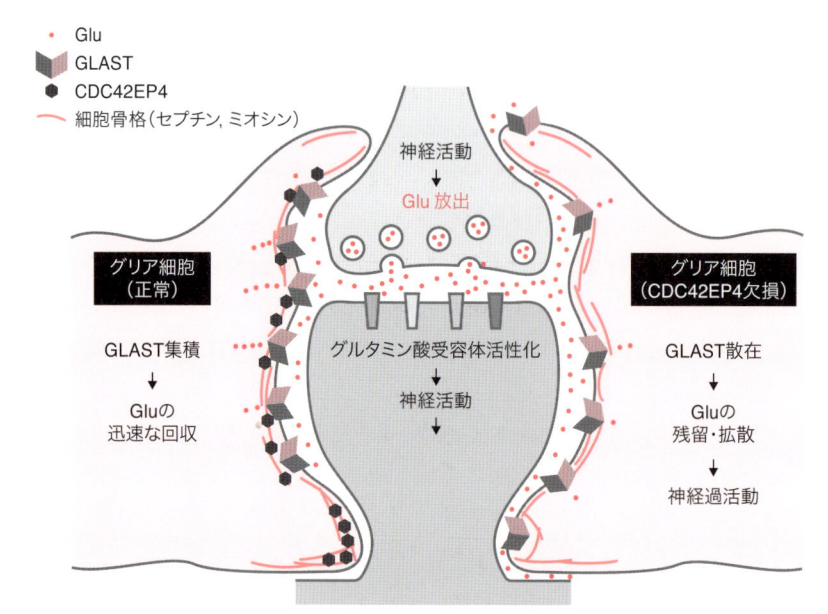

凡例:
- Glu
- GLAST
- CDC42EP4
- 細胞骨格(セプチン, ミオシン)

神経活動 → Glu 放出

グリア細胞(正常)
GLAST集積 → Gluの迅速な回収

グルタミン酸受容体活性化 → 神経活動

グリア細胞(CDC42EP4欠損)
GLAST散在 → Gluの残留・拡散 → 神経過活動

図 19.3　シナプスを包囲するグリア突起の膜骨格構成タンパク質 CDC42EP4 の欠損によるグルタミン酸クリアランス機能低下のメカニズム
GLAST；glutamate aspartate transporter.

- CDC42EP4 欠損によってこの相互作用が減弱し，GLAST はシナプスから遠ざかる方向に脱局在する
- 電気生理学的には上記シナプスの興奮性シナプス後電位（EPSP）が軽度に遷延するのみであるが，グルタミン酸トランスポーター阻害剤 DL-TBOA[*3] の添加に過敏に反応し，シナプス後膜電位が顕著に上昇する
- 運動学習障害は軽度であるが，野生型では無効な低濃度の DL-TBOA の投与によって重篤化する．また，CDC42EP4-セプチン複合体は GLAST をシナプス近傍に集積させる足場ないし拡散障壁としてグルタミン酸クリアランスに寄与することが示唆されている[23]．

CDC42EP4 欠損マウスにはシナプス微細構造の異常[25] や神経障害モデルにおける脆弱性も見出されており（未発表），大脳皮質や海馬での主要なグルタミン酸トランスポーター GLT-1/EAAT2[*4] の局在メカニズムとともに今後の課題となっている．

---

*3　DL-TBOA；DL-threo-β-benzyloxyaspartic acid
*4　GLT；Glutamate transporter

19.6　おわりに

神経系における細胞骨格研究の歴史は長く，情報量も膨大である．本章では微小管，アクチン，セプチンに関する概説と自験データの紹介にとどめたが，全体像についてはほかの著書や総説[24] を参照していただきたい．神経系の重要な特徴は細胞骨格系への依存度が高いことである．つまり，わずかな異常が精神・神経疾患を引き起こして個体の適応度や生存，さらには社会にも影響を及ぼしうる．疾患の背景となる分子メカニズムや治療のための分子標的には探索の余地が多く，今後さらなる発展が期待される．

（木下　専）

文　献

1) C. Janke, *J. Cell Biol.*, **206**, 461 (2014).
2) B. Lacroix et al., *J. Cell Biol.*, **189**, 945 (2010).
3) E. T. Spiliotis et al., *J. Cell Biol.*, **180**, 295 (2008).
4) T. Tada et al., *Curr. Biol.*, **17**, 1752 (2007).
5) M. Tapia et al., *PLoS One*, **5**, e12908 (2010).
6) N. Ageta-Ishihara et al., *Nat. Commun.*, **4**, 2532 (2013).
7) G. Kuhlenbäumer et al., *Nat. Genet.*, **37**, 1044 (2005).
8) J. Ruschel et al., *Science*, **348**, 347 (2015).
9) C. d'Ydewalle et al., *Nat. Med.*, **17**, 968 (2011).
10) M. N. Rasband, *Nat. Rev. Neurosci.*, **11**, 552

Key Chemistry　　　微小管修飾に関するキーワード

神経ネットワークに重要なチューブリンの化学的修飾に関するいくつかの用語，物質についてまとめておく．

アセチル化：基質がポリペプチドの場合，リシン（Lys）残基のアミノ基の水素に対するアセチル基置換反応．ATAT1/MEC17，ELP3，GCN5，ARD1-NAT1 など複数のアセチル化酵素／複合体がチューブリンを基質とする．

脱アセチル化：アセチル基を除去する加水分解反応．

チューブリンの脱アセチル化は HDAC6，SIRT2 などの酵素が触媒する（図 19.1）．

HDAC6：神経系における主要な微小管脱アセチル化酵素であるが，アダプター機能なども併せもつ多機能タンパク質としてオートファジーなどにも関与する．α-チューブリン（K40）など特定のタンパク質に付加されたアセチル基を基質として選択的に加水分解する．

(2010).

11) B. Winckler et al., *Nature*, **397**, 698 (1999).

12) C. Nakada et al., *Nat. Cell. Biol.*, **5**, 626 (2003).

13) E. Neher, *Neuron*, **87**, 1131 (2015).

14) M. Ihara et al., *Neuron*, **53**, 519 (2007).

15) K. Pennington et al., *Mol. Psychiatry*, **13**, 1102 (2008).

16) G. Suzuki et al., *Hum. Mol. Genet.*, **18**, 1652 (2009).

17) D. W. Allison et al., *J. Neurosci.*, **18**, 2423 (1998).

18) M. Matsuzaki et al., *Nature*, **429**, 761 (2004).

19) N. Honkura et al., *Neuron*, **57**, 719 (2008).

20) A. Hayashi-Takagi et al., *Nature*, **525**, 333 (2015).

21) G. Joberty et al., *Nat. Cell Biol.*, **3**, 861 (2001).

22) M. Kinoshita et al., *Dev. Cell*, **3**, 791 (2002).

23) N. Ageta-Ishihara et al., *Nat. Commun.*, **6**, 10090 (2015).

24) R. A. Nixon & A. Yuan, "Cytoskeleton of the Nervous System: 3 (Advances in Neurobiology)," Springer (2011).

25) N. Ageta-Ishihara et al., *Neuro Chem. Int.*, in press.

樹状突起パターンを調節する細胞外因性および神経活動に依存したメカニズム

Summary

　樹状突起は，接続する神経細胞からの入力信号を受け取る受動的な役割だけでなく，入力信号を能動的に処理して適切な加工を行う「場」になっている．神経系の機能に重要なこの細胞小器官は，神経発生の過程を通じてダイナミックにその形態を発達させるとともに，生理機能を成熟させていく．はじめに樹状突起の伸長とともに枝分かれ（分岐）が生じ，次第に樹状突起による空間充填が進む．その後，ある枝は形態が維持され，また別の枝は刈り込みを受けたり縮退したりして消滅する．この形態的な成熟の過程で，樹状突起内の各部位に特定のイオンチャネルや細胞内タンパク質が輸送され空間的に配置されることで，生理機能が樹状突起内で部域化していく．このような樹状突起形成のプロセスには，当該の神経細胞に内在もしくは外因性の多様な調節タンパク質群や，細胞膜の脱分極やスパイク発火などの神経活動が寄与している．本章では，とくに外因性のメカニズム（分泌タンパク質依存的もしくは細胞接触依存的なメカニズム）と，神経活動によって制御される樹状突起のパターン形成を中心に論じる．

20.1　はじめに

　脳は非常に複雑で精緻な情報処理を行い，莫大な記憶を貯蔵する．このような生体システムにおいて，神経細胞は構造的および機能的なエレメントである．構造単位としての神経細胞に注目すると，細胞体から一本だけ伸びる軸索とは対照的に，複数の樹状突起がきわめて複雑に分岐していることが特徴的である（図20.1）．機能単位としての神経細胞は1個の情報処理装置で，樹状突起は信号入力端末として重要な役割を担っている．具体的には，感覚刺激の入力や上位神経細胞からのシナプス入力を受容し，その入力強度に応じて適切な大きさの膜電位を発生させることで，（多くの神経細胞にとっての）出力信号そのものであるスパイク発火パターンを調節している．この情報処理過程において，樹状突起は入力信号を単純に細胞体や軸索へと伝達する「伝導ケーブル」として

の受動的な役割だけでなく，さまざまな様相において情報を加工する「演算デバイス」として，能動的な役割も担っていることが理論的に予想され，そして近年，さまざまな実験手法によって証明されつつある[1,2]．すなわち，神経系の発生過程において，樹状突起が正常な空間パターン（正常な突起分枝の形成と配置，各種イオンチャネルの正常な空間分布，スパインなどの下位構造体の動態制御など）を獲得することは，単に正しいシナプス接続をもった神経回路網を形成するためだけでなく，個々の神経細胞が情報処理単位として正常な生理機能を果たすためのきわめて重要な要件であるといえよう．本章では，樹状突起の形成過程を制御する分子メカニズムのなかでも，近年その知見が爆発的に増えている「細胞外因性のシグナル」および「入力依存的な神経活動」によって制御される分子メカニズム（図20.2）に注目して概説していく[3,4]．

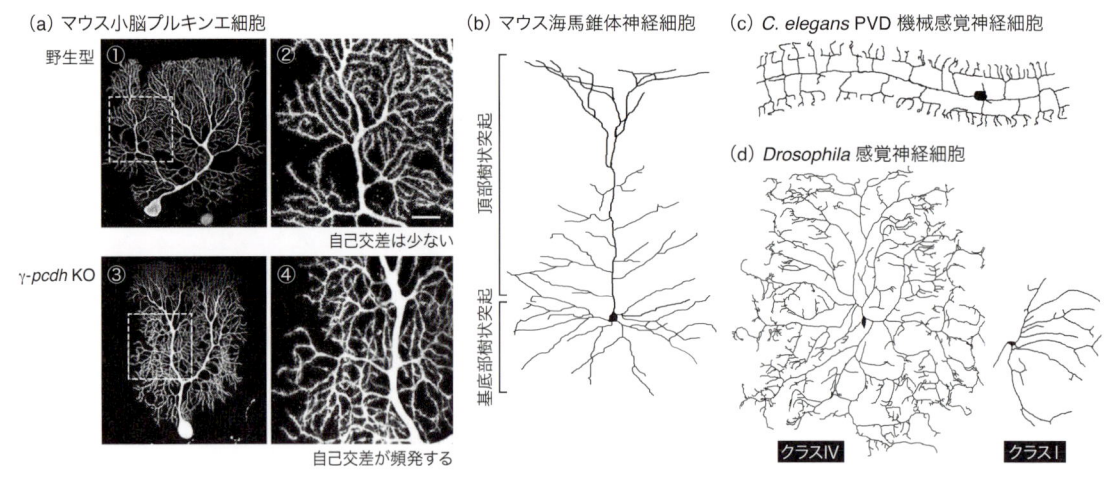

(a) マウス小脳プルキンエ細胞
野生型　①　②
自己交差は少ない
γ-pcdh KO　③　④
自己交差が頻発する

(b) マウス海馬錐体神経細胞
頂部樹状突起
基底部樹状突起

(c) *C. elegans* PVD 機械感覚神経細胞

(d) *Drosophila* 感覚神経細胞
クラスIV　クラスI

図 20.1　多様な樹状突起パターン

20.2　「細胞外分泌型因子」による樹状突起パターンの制御

　細胞外分泌型タンパク質は，分泌源を中心とするタンパク質濃度勾配を周辺の組織上に形成すると考えられる．この濃度勾配は，樹状突起に組織内での相対的な位置や配向性の情報を神経細胞に伝達する．また，特定の発生時期に分泌されることで，神経細胞に発生のタイミングを指令する（表20.1）．

20.2.1　ニューロトロフィン

　ニューロトロフィン（Neurotrophins；NTs）は神経成長因子（NGF），脳由来神経栄養因子（BDNF）などを含む多数の構成員から成るタンパク質ファミリーであり，樹状突起上のチロシンキナーゼ型受容体を介して信号伝達される[5]．げっ歯類の大脳皮質において，NTs は樹状突起の伸長と分岐を促進するが，この効果は NTs や大脳皮質の層や樹状突起が展開する位置に依存して異なっていることが知られている[6]．たとえば BDNF の受容体であるトロポミオシン関連キナーゼ B（TrkB）[*1] を大脳皮質の錐体細胞特異的にノックアウトし欠損させると，樹状突起の複雑

性が低下する[7]．また，NT-3–TrkC シグナル伝達系はプルキンエ細胞で樹状突起の複雑性を維持するのに必要である．TrkC をノックアウトするとプルキンエ細胞の樹状突起の複雑性が低下するが，プルキンエ細胞に投射する顆粒細胞でのNT-3 の発現を抑制すると，プルキンエ細胞の樹状突起の複雑性が維持される．これは個々のプルキンエ細胞内での NT-3–TrkC シグナル伝達活性の強度を，隣り合うプルキンエ細胞間で比較して樹状突起の複雑性を調節する機構が存在することを示している（図 20.2 a）[9]．この Trk 受容体のシグナル伝達経路はいまだ不明な点が多いが，神経活動を介したシグナル伝達経路の存在が指摘されている[10]．

20.2.2　セマフォリン

　セマフォリン（Semaphorin；Sema）2A, 2Bおよび 3A は，もともとは伸長してくる軸索が留まらないようにする反発性の軸索ガイダンス制御因子として発見された．それらは樹状突起パ

---

*1　TrkB；Tropomyosin-related kinase B. 興味深いことに，TrkB 受容体には少なくとも二つのアイソフォームがあり，そのそれぞれが樹状突起形態の異なるパラメータ（「近位部特異的な分岐数の増加」と「遠位部に限局した伸長促進」）に影響を与えていることがわかっている[8]．

表 20.1 樹状突起の形成過程を制御する因子

分泌因子／接着因子	受容体	協働因子、セカンドメッセンジャー、転写因子など	樹状突起形成における生理機能	生物種
ニューロトロフィン (Neurotrophin)	トロポミオシン関連キナーゼ B (Tropomyosin-related kinase B, TrkB)		伸長速度の調節、分岐数の制御	げっ歯類
セマフォリン (Semaphorin)	ニューロピリン1 (Neuropilin1, NRP1)、プレキシン (Plexins)	TAOK2 セリンスレオニンキナーゼ (Thousand-and-one-amino-acid kinase 2, TAOK2)、環状グアノシン一リン酸 (cyclic guanosine monophosphate, cGMP)	伸長速度の調節	げっ歯類、アフリカツメガエル、ショウジョウバエ、センチュウ
ネトリン (Netrin)	フラズルド (Frazzled) ／UNC-40	Par4 セリンスレオニンキナーゼ (Partitioning defective 4 kinase, Par4)	伸長方向の制御（誘引）、自己交差忌避	げっ歯類、アフリカツメガエル、ショウジョウバエ、センチュウ
スリット (Slit)	ラウンドアバウト (Roundabout, Robo)		伸長方向の制御（忌避）	げっ歯類、アフリカツメガエル、ショウジョウバエ、センチュウ
エフリン (Ephrin)	エフ受容体キナーゼ (Eph)	Src チロシンキナーゼ、結節性硬化症 1 型タンパク質 (Tuberous sclerosis 1, TSC1)	伸長距離の制御	げっ歯類、アフリカツメガエル、ショウジョウバエ、センチュウ
リーリン (Reelin)	超低密度リポタンパク質受容体 (Very low-density lipoprotein receptor, VLDLR)、アポリポタンパク質 E 受容体 2 (Apolipoprotein E Receptor 2, ApoER2)	過分極活性化型環状ヌクレオチド感受性カリウムチャネル 1 (hyperpolarization-activated cyclic nucleotide-gated potassium channel 1, HCN1)、G タンパク質活性化型内向き整流性カリウムチャネル (G-protein-activated inwardly-rectifying potassium channel 1, GIRK1)	伸長速度の調節、伸長方向の制御、様々なガイダンス分子が樹状突起の遠位部に集積するのを制御	げっ歯類
骨形成タンパク質 (Bone morphogenetic proteins, BMPs)	骨形成タンパク質受容体 (BMPR1A/1B)	コフィリン (Cofilin)、スマッド (Similar to mother against decapentaplegic, SMAD)、ヘス5 (Hairy and enhancer of split 5, HES5)	伸長の促進	げっ歯類
非典型的カドヘリン (Atypical cadherins)：フラミンゴ/スターリーナイト (Flamingo/Starry night, Fmi/Stan)	同種親和性の分子間相互作用	ヴァン・ゴッホ (Van Gogh, Vang)、エスピナス (Espinas, Esn)、Rho 低分子量 G タンパク質	伸長速度の調節、自己交差忌避	げっ歯類、ショウジョウバエ、センチュウ
非典型的カドヘリン (Atypical cadherins)：プロトカドヘリン (Protocadherin, Pcdh)	同種親和性の分子間相互作用	タンパク質キナーゼ C (Protein kinase C, PKC)、ミリストイル化アラニンリッチ C キナーゼ基質 (Myristoylated alanine-rich C-kinase substrate, MARCKS)	分岐形成、自己交差忌避	げっ歯類
G タンパク質共役型接着因子 (Adhesion G-protein-coupled receptors)：脳特異的血管新生抑制因子 (Brain-specific angiogenesis inhibitors, BAIs)	同種親和性の分子間相互作用	Rac1 低分子量 G タンパク質、貪食・細胞運動性タンパク質 1 (Engulfment and cell motility protein 1, ELMO1) 低分子量 G タンパク質活性化因子	分岐形成、伸長方向の制御	げっ歯類
ダウン症候群細胞接着分子 (Down syndrome cell adhesion molecule, DSCAM)	同種親和性の分子間相互作用	ドレドロックス (Dreadlocks, Dock)、p21 活性化セリンスレオニンキナーゼ (p21-activated serine/threonine kinase, Pak)	自己交差忌避	げっ歯類、ショウジョウバエ、センチュウ
インテグリン (Integrins)	ラミニン (Laminins)	セマフォリン 2、プレキシン B	平面性の維持	ショウジョウバエ
テニューリン (Teneurin)	同種親和性の分子間相互作用	ノット/コリエ (Knot/Collier)、カット (Cut)	伸長方向の制御、分岐形成や位置の調節	ゼブラフィッシュ、ショウジョウバエ、センチュウ

ターン形成にも重要で，哺乳類の大脳皮質神経細胞やショウジョウバエの嗅覚神経細胞などの樹状突起が標的領域に投射して分岐することを促進していることが近年明らかになった[11,13]．しかしこれはSema3A受容体であるニューロピリン1（Neuropilin1, NRP1）が，軸索と樹状突起の双方に一様に発現しているために，Sema3Aが軸索ガイダンスにおいて反発作用を起こす一方で，樹状突起では分岐は促進するという矛盾を説明するのには不十分であった．最近になって，セリンスレオニンキナーゼTAOK2[*2]がNRP1を介したSema3A依存的な樹状突起伸長を協働的に調節し，軸索ガイダンスにおいてはそうした協働的な作用はないことが示された．また，アフリカツメガエルの脊髄にある交連性介在神経細胞では，Sema3A依存的にcGMPが樹状突起でのみ産生され，電位依存性Ca^{2+}チャネル（VDCCs）の活性化を介して樹状突起伸長が促進されることが示されており[15]，これらは樹状突起特異的なセマフォリンの働きを説明するメカニズムである．セマフォリンのもう一つの受容体であるプレキシン（Plexins）は，発生中のマウス網膜における層特異的な樹状突起の分岐やシナプス形成を調節している[16]．

20.2.3　ネトリンとスリット

ショウジョウバエ幼虫の腹部神経節の正中線付近には，ネトリン（Netrin）やスリット（Slit）などさまざまな分泌型タンパク質が分布することが知られており，これらは上述したセマフォリン同様，軸索ガイダンスを制御する因子として発見された．ネトリンとスリットは，それぞれフラズルド（Frazzled）受容体やラウンドアバウト

（Roundabout；Robo）受容体とともに機能している．ショウジョウバエの運動神経細胞の樹状突起は，この「正中線由来分泌タンパク質―受容体相互作用」を介して誘導され典型的な樹状突起パターンを獲得する．スリットは運動神経細胞の樹状突起を正中線から退け，逆にネトリンは誘引することで，正中線を交差させて伸長させるように誘導する[17,18]．げっ歯類では，Slit1–Robo相互作用により錐体細胞（図20.1 b）の頂部側樹状突起の伸長が制御されている[19,20]．

セマフォリンと同様に，ここでも樹状突起と軸索という異なるコンパートメントが，いかにして共通の分泌因子によって制御されうるのか，という重要な疑問が残されている．これに関してモデル動物である線虫 *Caenorhabditis elegans* での研究は示唆に富む．セリンスレオニンキナーゼPar4（Liver kinase B, LKB1の線虫オルソログ）とUNC-40受容体（大腸がん欠失遺伝子DCCの線虫オルソログ）は，UNC-6（ネトリンの線虫オルソログ）に応答して樹状突起の伸長を促進する．一方でUNC-40受容体はUNC-5受容体と協働して，UNC-6に応答して軸索の伸長を抑制したり退けたりする．この結果は樹状突起と軸索で異なる受容体複合体が形成されることや，異なるシグナル伝達系が作用していることを示唆している．

これらに加えて，PVD機械感覚神経細胞（図20.1 c）の樹状突起は，UNC-40を介したUNC-6依存的な自己交差忌避を示すことが知られている[21,22]．自己交差忌避とは空間充填型パターンをとる樹状突起が示す特性の一つで，単一の神経細胞に由来する樹状突起同士が互いに相手を忌避しながら伸長する現象を指す．この特性により，過不足なく平面領域を樹状突起で覆うことができると考えられている．この自己交差忌避の事例では，姉妹樹状突起が周辺組織から放出されたUNC-6をUNC-40受容体により"捕獲"し，そして，「姉妹樹状突起同士が衝突した際に，それぞれの突起

*2　TAOK2；Thousand-and-one-amino-acid kinase 2．興味深いことに，TAOK2遺伝子は自閉症スペクトラム障害感受性遺伝子の一つに数えられている．マウスでのTAOK2活性の低下に伴う基底部側樹状突起の形成異常は，自閉症患者に見られる神経細胞の発達異常を再現しているのかもしれない[14]．

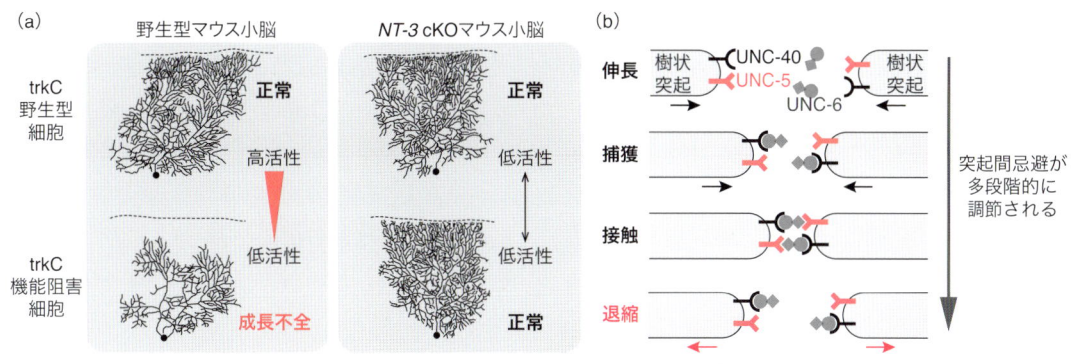

図 20.2　樹状突起に特徴的な制御メカニズムの例

(a) 隣接細胞との NT-3–TrkC 活性比較を介した競合性パターン制御（マウス小脳プルキンエ細胞）．(b) 周辺細胞から供給される分泌因子による忌避性パターン制御（*C. elegans* PVD 機械感覚ニューロン）．

末端が "捕獲" しておいた UNC-6 を提示し合うことで相互に退縮を誘導する」というメカニズムが提唱されている（図 20.2 b）．

20.2.4　エフリン

エフリン（Ephrin）は，Eph 受容体キナーゼを介して神経突起のパターン形成とそれに続く特異的なシナプス形成の両方を支配している[23]．EphA7 はエフリン A5 の受容体として働き，Src キナーゼおよび結節性硬化症 1 型タンパク質（Tuberous sclerosis 1；TSC1）によるシグナル伝達経路を介して，大脳皮質神経細胞の樹状突起が示す伸長忌避を誘導している[24]．また，EphB1/EphB2/EphB3 の 3 重変異体では，マウスの海馬神経細胞（図 20.1 b）において樹状突起の分岐数，全長および複雑性のすべてが減少または低下する．このことは EphB 受容体ファミリーが樹状突起形成に重要であることを示している[25]．

20.2.5　リーリン

リーリン（Reelin）は，皮質の層構造の形成に重要な働きを示す分泌因子として発見された．重篤な運動失調を示す reeler マウスの海馬神経細胞では，樹状突起が短小化するとともに伸長方向が異常になることも知られている[26]．reeler ヘテロ変異体は層構造異常を示さないが，樹状突起の複雑性が低下する異常を示すことから，リーリンが層構造形成とは独立に樹状突起形成を調節することが報告されている．一方で reeler マウスで見られる樹状突起の異常は，細胞移動の異常の二次的な結果である可能性も示唆されている[27]．また別の報告によれば，海馬 CA1 領域や大脳皮質第 5 層の錐体細胞において，リーリンが層構造形成とは独立して，さまざまな分子が樹状突起の遠位部に集積するのを制御しているらしい．

リーリンシグナルにより，過分極活性化型環状ヌクレオチド感受性 K^+ チャネル 1（HCN1）や G タンパク質活性化型内向き整流性 K^+ チャネル（GIRK1）が樹状突起遠位部の先端領域に特異的に配置されることがわかっている[*3]．これらの K^+ チャネルは，シナプス入力信号を強度や周波数ごとに能動的に選別するフィルタ機能を担っている[28]．

20.2.6　骨形成タンパク質

骨形成タンパク質（Bone morphogenetic proteins；BMPs）は，皮質および海馬神経細胞の樹状突起形成を誘導している．最近の細胞特異的ノックアウト実験の結果から，BMP 受容体で

＊3　HCN1；Hyperpolarization-activated cyclic nucleotide gated potassium channel 1，GIRK1；G-protein-activated inwardly-rectifying potassium channel 1.

ある BMPR1A/1B が，交感神経系神経細胞の樹状突起伸長の制御に関与していることがわかってきた．BMP7 の下流では，アクチン制御タンパク質の一つであるコフィリン（Cofilin）がリン酸化により活性化されることで，アクチン骨格系の再編成が誘導され，大脳皮質神経細胞の樹状突起形成が進む[29]．別の BMP である増殖分化因子 5（Growth differential factor 5；GDF5）は，BMPR1B 受容体および BMPR2 受容体を介して，海馬錐体神経細胞の樹状突起伸長を制御している．この下流ではスマッド（Similar to mother against decapentaplegic；SMAD）が活性化されており，ヘス 5（Hairy and enhancer of split 5；HES5）などの転写活性化因子の発現が調節されているらしい．実際に Gdf5 変異体マウスでは，海馬錐体神経細胞の頂部側および基底部側の樹状突起（図 20.1 b）がいずれも顕著に萎縮する[30]．

20.3　「細胞接触依存型因子」による樹状突起パターンの制御

　樹状突起は，周辺の細胞や細胞外マトリクスと接触しながら伸長または退縮する．また同一の神経細胞に由来する樹状突起（姉妹樹状突起）と接触することもある．樹状突起が，このような細胞—細胞間あるいは細胞—基質間の物理的な接触（あるいは近接）を検出・利用することで，その後の伸長パターンを巧妙に調節するしくみが明らかになってきた．

20.3.1　非典型的カドヘリン

　Ca^{2+} 依存性の細胞接着因子であるカドヘリンは，現在ではカドヘリンスーパーファミリーのなかの典型的カドヘリン（Classical cadherins）として位置づけられている[31]．そして典型的カドヘリンに対して，複数の非典型的カドヘリン（Atypical cadherins）が樹状突起形成に重要な

役割を果たすことが報告されている．非典型的カドヘリンのなかでも，7 回膜貫通型カドヘリンであるフラミンゴ（Flamingo/Starry night；Fmi/Stan）は，ショウジョウバエの侵害覚受容器であるクラス IV 神経細胞（図 20.1 d）の樹状突起形成において，突起間相互反発を制御して自己交差忌避を実現する．Fmi はクラス IV 感覚神経細胞において，LIM ドメインタンパク質であるエスピナス（Espinas；Esn）と結合し複合体を形成している．この Fmi–Esn 複合体がヴァン・ゴッホ（Van Gogh；Vang）や Rho 低分子量 G タンパク質などの下流因子と協働的に機能していることが遺伝学的に示されているが，シグナル伝達の詳細なメカニズムは不明である[32-34]．Fmi の哺乳類オルソログである Celsr2（カドヘリン-EGF-ラミニン A グロビュラードメイン 7 回膜貫通型受容体 2）は，器官培養下の錐体細胞やプルキンエ細胞の樹状突起伸長を促進するが，Celsr3 は海馬スライス培養下において，錐体細胞の樹状突起の伸長を抑制している[35,36]．

　哺乳類神経細胞の樹状突起形成には，1 回膜貫通型の非典型的カドヘリンであるプロトカドヘリン（Protocadherin；Pcdh）も作用している．遺伝子クラスターを構成する γ-Pcdh は，大脳皮質神経細胞の樹状突起の分岐形成に必須であり，γ-Pcdh の下流ではプロテインキナーゼ C（PKC）–ミリストイル化アラニンリッチ C キナーゼ基質（Myristoylated alanine-rich C-kinase substrate；MARCKS）シグナル伝達経路（PKC–MARCKS シグナル伝達経路）が抑制されている[34]．γ-Pcdh は，スターバーストアマクリン細胞（Starburst amacrine cells）およびプルキンエ細胞にみられる自己交差忌避を制御している（図20.1 a）．γ-Pcdh クラスターに含まれる 22 個のアイソフォームをすべて欠失した細胞に，たった一つのアイソフォームを戻すだけで自己交差忌避異常が回復する[37]．

20.3.2　G タンパク質共役型接着因子

　脳特異的血管新生抑制因子（Brain-specific angiogenesis inhibitors；BAIs）は，G タンパク質共役型接着因子（Adhesion G-protein-coupled receptors）に分類される．このうち BAI3 は，プルキンエ細胞の樹状突起の分岐と伸長方向の調節に必要であり，Rho ファミリー低分子量 G タンパク質 Rac1 とその活性化因子である貪食-細胞運動性タンパク質 1（Engulfment and cell motility protein 1；ELMO1）を介して，アクチン細胞骨格系の再編成を制御している[38]．統合失調症や双極性障害との関連性が指摘されており，樹状突起の形成不全が病態発症の原因になっている可能性がある[39,40]．

20.3.3　ダウン症候群細胞接着分子

　ダウン症候群はヒト 21 番染色体のトリソミー（3 染色体性）により引き起こされ，軽度の精神遅滞を伴う先天性疾患である．ダウン症候群細胞接着分子（Down syndrome cell adhesion molecule；DSCAM）は，ダウン症候群の発症にかかわる候補因子の一つとして，ヒト 21 番染色体上に遺伝子が同定された．近年のモデル動物を用いた解析により，さまざまな神経発生過程に関与していることがわかってきた[41]．ショウジョウバエ DSCAM1 は樹状突起の自己交差忌避を含むパターン形成を調節している．脊椎動物の網膜では，層特異的なシナプス形成を制御する一方で，樹状突起の分岐やタイリング・自己交差忌避を支配している[42-48]．γ-Pcdh の場合と同様に，DSCAM によるパターン形成は，ホモフィリック（homophilic，同種親和性の）相互作用により調節されている．驚くべきことに，ショウジョウバエ DSCAM1 では選択的スプライシングにより 38,000 種以上ものアイソフォームが生成される可能性があり，実際に相当数のアイソフォームの存在が確認されている[49]．そして，それぞれのア

イソフォーム間の特異的なホモフィリック相互作用を介して樹状突起間の反発が誘導され，自己交差忌避が駆動されている．哺乳類では，DSCAM は大脳皮質の発生過程で動的に発現しており，錐体細胞の樹状突起分岐において重要な役割を担っている[50]．

20.3.4　インテグリン

　前述したように接触依存的な反発作用によって姉妹樹状突起間の自己交差忌避が達成されるが，それだけでは一部の神経細胞で見られる平面的な樹状突起のパターン形成は説明できない．ショウジョウバエのインテグリン（Integrins）変異体およびインテグリン結合因子であるラミニン（Laminins）変異体では，自己交差忌避を示し平面的な突起パターンをもつクラス IV 神経細胞において，樹状突起の自己交差が頻発する．共焦点顕微鏡と透過型電子顕微鏡を用いた詳しい観察から，変異体において平面交差しているように見えた樹状突起の末端が，実は一方の樹状突起が表皮細胞に潜り込むようにして伸長しており，"立体交差"することで接触を回避して伸長していることがわかった．つまりインテグリンを介した樹状突起と細胞外基質との接着によって，樹状突起が展開する領域の平面性が維持されていたわけである[51,52]．その後，基質である表皮細胞から分泌される Sema2b に対して，クラス IV 神経細胞が PlexB を介して応答し，樹状突起上の β インテグリン発現量を増強することによって樹状突起の平面性を維持していることが明らかとなっている[53]．

20.3.5　テニューリン

　テニューリン（Teneurin）は，ホモフィリックな細胞接着因子として神経細胞とその周辺細胞とのあいだの相互作用に機能することが報告されている．ショウジョウバエのテニューリンタンパク

質 Ten-m は，自己受容器であるクラス I 神経細胞（図 20.1 c）で強く，クラス IV 神経細胞では弱く発現し，さらにこれらの樹状突起と隣接する表皮においても，体節中央付近に位置する表皮細胞で強く発現している．神経細胞と表皮細胞とのあいだの Ten-m を介した相互作用により，クラス I 神経細胞では突起が体節境界方向へと選択的に伸長し，クラス IV 神経細胞では突起末端が一方向に偏ることなく，放射状に配向することが示されている[54]．テニューリンは，ショウジョウバエ嗅覚受容細胞の軸索と投射神経の樹状突起のあいだでのシナプスパートナーのマッチングも調節している[55]．またゼブラフィッシュでは，テニューリン 3 が網膜神経節細胞とそのプレシナプスのアマクリン細胞，そしてポストシナプスの視蓋で発現しており，網膜神経節細胞の樹状突起や軸索の形態形成と，機能的な神経回路形成の両方を制御している[56]．

20.4 「神経活動」に依存した樹状突起パターンの制御

　神経活動は，樹状突起形成の重要な調節因子である．これまでのところ，神経活動の効果の多くは Ca^{2+} シグナルを経由していると考えられている．ショウジョウバエのクラス IV 感覚神経細胞では，一過性の Ca^{2+} 上昇が樹状突起の刈り込みを促進していることがわかっている[57]．VDCCsにより，樹状突起の特定の分枝でのみ一過性の Ca^{2+} 上昇が誘導され，それにより活性化されるプロテアーゼであるカルパイン（Calpain）がその下流で活性化されることにより樹状突起の刈り込みを引き起こす．このように樹状突起の局所でのみ興奮性が変化する現象は，哺乳類の神経細胞でも報告されている[58]．

　VDCCs や NMDA 受容体を経由した Ca^{2+} の細胞内への流入は，Ca^{2+} のカルモデュリン（Calmodulin；CaM）への結合を誘発し，結果として Ca^{2+}-カルモデュリン依存性キナーゼ（CaMKs）を活性化する．CaM および CaMKs を介した Ca^{2+} 依存性シグナル伝達系は，樹状突起のさまざまなパターン形成をコントロールしている[59,60]．たとえば小脳顆粒細胞の初代培養では，VDCCs の活性化により流入した Ca^{2+} により CaMKIIα が活性化すると，basic helix-loop-helix（bHLH）転写活性化因子である NeuroD がリン酸化されて活性化し，樹状突起伸長が誘導される．CaMKII の活性化が関与する同様の現象は，交感神経細胞でも確認されている[61]．一方 CaMKIIβ は，げっ歯類の大脳皮質神経細胞では中心体に局在しており，CaMKIIα とは独立に樹状突起の縮退や刈り込みを調節している[59]．別の Ca^{2+} チャネルの一つである "カノニカル" 一過性受容器電位チャネル 5（Canonical transient receptor potential channel 5；TRPC5）もまた，CaMKIIβ シグナル経路の上流に位置する活性化因子であることがわかっている[62]．CaMKIIβ ノックアウトマウスでは，認知障害と運動不全がみられており，さまざまな神経細胞で重要な機能を果たしていると考えられる．

　CaMKIV は，VDCCs による Ca^{2+} 流入の下流で機能するきわめて重要な因子であり，CaMKIV ノックアウトマウスは，樹状突起の発生異常を示すとともに運動機能異常を示す．ほかの CaMKs とは異なり，CaMKIV はおもに核内に局在して，cAMP 応答配列結合タンパク質（CREB）の活性化を通して樹状突起の伸長を制御している[63,64]．さらに，これらの異なる CaMKs が協調的に機能することもわかっている[65]．

　VDCCs や NMDA 受容体はまた，分裂促進因子活性化タンパク質キナーゼ（Mitogen-activated protein kinase；MAPK）の活性化も誘導している．海馬神経細胞を間隔をあけて複数回刺激すると MAPK が活性化され，樹状突

起先端部の糸状仮足の伸長と安定化が誘導される[66]. 交感神経や皮質の神経細胞では，神経活動によって MAPK 活性が昂進され，樹状突起伸長が誘導されることが知られている[10]. したがって，CaMKs と MAPKs は，樹状突起形成を調節する Ca^{2+} シグナルにとって必要不可欠な下流因子である.

20.5　おわりに

　樹状突起の周辺には非常に多くの外因性因子が存在しており，さまざまな下流シグナルが活性化されている. そしてそれらが複雑に絡み合って個々の樹状突起の "当面の挙動" が決定されているはずである. それでは，それぞれのシグナル伝達系はどのように樹状突起の分岐促進などの "当面の挙動" を決定するのだろうか？　この疑問に答えるには，時間の経過と空間の広がりの両方の観点から詳しく吟味することが重要だろう. 時間の経過について見ると，たとえば小脳皮質の顆粒細胞は，Ca^{2+} 流入によって，樹状突起形成の初期過程においては CaMKIIα が活性化され NeuroD 依存的な突起伸長が誘導される[61]. ところが突起形成の後期過程になると，今度は CaMKIIβ 依存的な突起退縮と刈り込みとが誘導される[59]. また，空間の広がりについては，外因性のシグナルが一つの神経細胞の局所に与えられることが，シグナルの特異性を生む要因の一つだと考えられている. たとえば Sema3A は軸索には反発因子として働くが，同一神経細胞の樹状突起には逆に誘引因子として作用している[12]. 今後，神経細胞内部の "微小ドメイン" を観察するイメージング技術が進歩していけば，時空間的に限局して作用する因子が同定されていくに違いない. 具体的には，高分解能顕微鏡によるライブイメージング技術と高性能カルシウム指示体との組み合わせに，大きな期待がもてる.

（碓井理夫・服部佑佳子・上村　匡）

文　献

1) M. London & M. Häusser, *Annu. Rev. Neurosci.*, **28**, 503 (2005).
2) S.-I. Terada et al., *Elife*, **5**, 1 (2016).
3) P. Valnegri et al., *Trends Neurosci.*, **38**, 439 (2015).
4) J. L. Lefebvre et al., *Annu. Rev. Cell Dev. Biol.*, **31**, 741 (2015).
5) E. J. Huang & L. F. Reichardt, *Annu. Rev. Biochem.*, **72**, 609 (2003).
6) A. K. K. McAllister et al., *Neuron*, **15**, 791 (1995).

Key Chemistry　カルシウムシグナルとカルシウムドメイン

　静止期の細胞質内 Ca^{2+} 濃度（$[Ca^{2+}]$）は，10^{-8} ～ 10^{-7} M 程度に維持されているが，これは細胞外濃度 10^{-4} ～ 10^{-3} M に対してきわめて低い. 細胞質内 $[Ca^{2+}]$ の変化は，種々の Ca^{2+} 結合タンパク質との結合を介して，二次情報伝達物質（Second messenger system）として広範な細胞応答を惹起する. 一過的な細胞質内 $[Ca^{2+}]$ の上昇（Calcium transient）は，細胞外からの Ca^{2+} 流入や，細胞内ストアから放出される Ca^{2+} によって形成される. 前者は電位依存性（Voltage-gated），受容体作動性（Ligand-gated），またはストア作動性（Store-operated）Ca^{2+} チャネルなどを通して細胞外の Ca^{2+} が流入する. 後者では Ca^{2+} 貯蔵庫である小胞体（Endoplasmic reticulum, ER）などからリアノジン受容体やイノシトール三リン酸受容体を通して Ca^{2+} が細胞質へと移動する. いったん細胞質内に流入した Ca^{2+} は，カルシウムバッファーの存在下で拡散し，細胞膜の内側に沿って半球形状に濃度分布を形成すると推定される. この空間分布はカルシウムドメイン（Calcium domain）と呼ばれ，Ca^{2+} シグナルの有効距離の目安になると考えられる.

7) B. Xu et al., *Neuron*, **26**, 233 (2000).

8) T. A. Yacoubian & D. C. Lo, *Nat. Neurosci.*, **3**, 342 (2000).

9) W. Joo et al., *Science*, **346**, 626 (2014).

10) A. R. Vaillant et al., *Neuron*, **34**, 985 (2002).

11) L. B. Sweeney et al., *Neuron*, **72**, 734 (2011).

12) F. Polleux et al., *Nature*, **404**, 567 (2000).

13) T. Komiyama et al., *Cell*, **128**, 399 (2007).

14) F. C. de Anda et al., *Nat. Neurosci.*, **15**, 1022 (2012).

15) M. Nishiyama et al., *Nat. Cell Biol.*, **13**, 676 (2011).

16) L. O. Sun et al., *Science*, **342**, 1241974 (2013).

17) T. A. Godenschwege et al., *J. Neurosci.*, **22**, 3117 (2002).

18) M.-P. Furrer et al., *Nat. Neurosci.*, **6**, 223 (2003).

19) K. L. Whitford et al., *Neuron*, **33**, 47 (2002).

20) D. A. Gibson et al., *Neuron*, **81**, 1040 (2014).

21) H. M. Teichmann & K. Shen, *Nat. Neurosci.*, **14**, 165 (2011).

22) C. J. Smith et al., *Nat. Neurosci.*, 15, 731 (2012).

23) E. B. Pasquale, *Nat. Rev. Mol. Cell Biol.*, **6**, 462 (2005).

24) M. A. Clifford et al., *Proc. Natl. Acad. Sci. USA*, **111**, 4994 (2014).

25) C. C. Hoogenraad et al., *Nat. Neurosci.*, **8**, 906 (2005).

26) B. B. Stanfield & W.M. Cowan, *J. Comp. Neurol.*, 185, 393 (1979).

27) J. Kim et al., *Brain Struct. Funct.*, **220**, 2263 (2015).

28) J. V. Kupferman et al., *Cell*, **158**, 1335 (2014).

29) M. Podkowa et al., *Mol. Cell. Neurosci.*, **57**, 83 (2013).

30) C. Osório et al., *Development*, **140**, 4751 (2013).

31) D. Shi et al., in "The Cadherin Superfamily (eds. S. Suzuki & S. Hirano)," Springer (2016).

32) T. Usui et al., *Cell*, **98**, 585 (1999).

33) D. Matsubara et al., *Genes Dev.*, **25**, 1982 (2011).

34) F. B. Gao et al., *Neuron*, **28**, 91 (2000).

35) Y. Shima et al., *Dev. Cell*, **7**, 205 (2004).

36) Y. Shima et al., *Nat. Neurosci.*, **10**, 963 (2007).

37) J. L. Lefebvre et al., *Nature*, **488**, 517 (2012).

38) V. Lanoue et al., *Mol. Psychiatry*, **18**, 943 (2013).

39) H.-M. Liao et al., *Schizophr. Res.*, **139**, 229 (2012).

40) M. J. McCarthy et al., *PLoS One*, **7**, e32091 (2012).

41) D. Schmucker & B. Chen, *Genes Dev.*, **23**, 147 (2009).

42) H. Zhu et al., *Nat. Neurosci.*, **9**, 349 (2006).

43) M. E. Hughes et al., *Neuron*, **54**, 417 (2007).

44) B. J. Matthews & W. B. Grueber, *Curr. Biol.*, **21**, 1480 (2011).

45) B. J. Matthews et al., *Cell*, **129**, 593 (2007).

46) P. Soba et al., *Neuron*, **54**, 403 (2007).

47) M. Yamagata & J. R. Sanes, *Nature*, **451**, 465 (2008).

48) P. G. Fuerst et al., *Nature*, **451**, 470 (2008).

49) D. Schmucker et al., *Cell*, **101**, 671 (2000).

50) K. R. Maynard & E. Stein, *J. Neurosci.*, **32**, 16637 (2012).

51) C. Han et al., *Neuron*, **73**, 64 (2012).

52) M. E. Kim et al., *Neuron*, **73**, 79 (2012).

53) S. Meltzer et al., *Neuron*, **89**, 741 (2016).

54) Y. Hattori et al., *Dev. Cell*, **27**, 530 (2013).

55) W. Hong et al., *Nature*, **484**, 201 (2012).

56) P. Antinucci et al., *Cell Rep.*, **5**, 582 (2013).

57) T. Kanamori et al., *Science*, **340**, 1475 (2013).

58) A. Losonczy et al., *Nature*, **452**, 436 (2008).

59) S.V. Puram et al., *Nat. Neurosci.*, **14**, 973 (2011).

60) G. A. Wayman et al., *Neuron*, **59**, 914 (2008).

61) B. Gaudillière et al., *Neuron*, **41**, 229 (2004).

62) S. V. Puram et al., *Genes Dev.*, **25**, 2659 (2011).

63) L. Redmond et al., Neuron, 34, 999 (2002).

64) D. Mauceri et al., Neuron, 71, 117 (2011).

65) A.E. Ghiretti et al., J. Neurosci., 33, 6504 (2013).

66) G.Y. Wu et al., Nat. Neurosci., 4, 151 (2001).

67) J. E. Chad & R. Eckert, *Biophys. J.*, **45**, 993 (1984).

☑ **Brain Neurochemistry**

Ⅳ

脳神経系の高次機能・構造を コントロールする分子群

21章　神経栄養因子とサイトカイン

22章　接着分子と神経回路形成

23章　細胞移動と脳層構造の形成

24章　神経発火の異常とてんかん

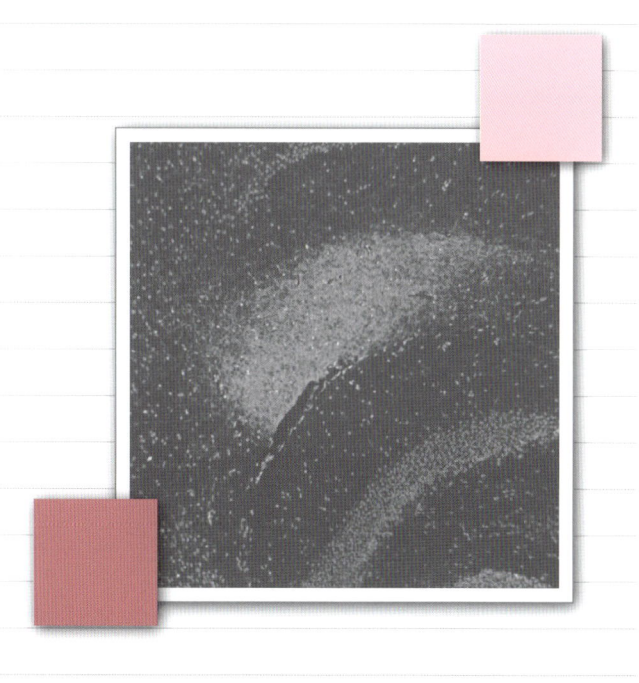

神経栄養因子とサイトカイン
——神経分化，発達，可塑性での役割

Summary

　神経系の細胞群の運命を大きく左右する細胞間情報分子として，サイトカインと呼ばれる一群が免疫造血系と同様に脳神経系にも存在する．そのうち神経系の細胞分化・発達を調節する分子は，神経科学の分野で神経栄養因子と呼ばれ，研究がなされてきた．現在はその作用が神経系に限らないこと，免疫造血系サイトカインが脳神経細胞にも作用することがわかっており，その区別は不明瞭である．これらの細胞間情報分子が神経幹細胞の増殖，神経細胞やグリア細胞への分化，シナプス形成やミエリン化といった脳神経系の発達・成熟に関与するとともに，成長後には外部ストレスに対する神経細胞死や神経再生，グリア活性化など，神経系の恒常性，可塑性を調節している．神経栄養因子の活性，生理作用は標的細胞や時期により実に多種多様で，このような神経系細胞の多くの機能プロセスに影響を与えていることが明らかになっている．近年では，そのシグナル異常が脳機能障害や細胞死を引き起こすことから，精神疾患や変性疾患との関連性も注目されている．

21.1　神経成長因子の発見とその概念化

　現在の神経栄養因子，サイトカインの研究を考えるうえで先駆的な研究になった事例に，神経成長因子（NGF）の発見がある[1]．ユダヤ系イタリア人の R. Levi-Montalcini 博士は，発生中の鶏卵内の胎児末梢神経が移植肉腫に引き寄せられて多くの神経線維を伸ばしている現象を見つけ，移植肉腫がなんらかの誘因分子を分泌していると考えた（図 21.1）．アメリカ・ワシントン大学に移籍した彼女は，生化学者 S. Cohen 博士とともに，その分子をマウス顎下腺より分子量約 1 万のタンパク質として，活性因子を精製し NGF と呼んだ．そしてこの NGF を交感神経塊の培養液に加えると，四方八方に神経突起を伸張させることを見出した[*1]．それと同時に，彼女らは偶然にも，がん細胞を増殖させる因子として，上皮成長因子

（epidermal growth factor，EGF）を同定・単離した．その後，NGF は神経科学分野で一躍脚光を浴びる研究対象に躍進し，また EGF は細胞増殖因子として細胞生物学，とりわけがん研究で注目を浴びることになる[*2]．

　この NGF の発見により，神経の突起進展や神経支配といった現象は，野生動物が水を求めるがごとく，神経突起が標的から放出される栄養分子

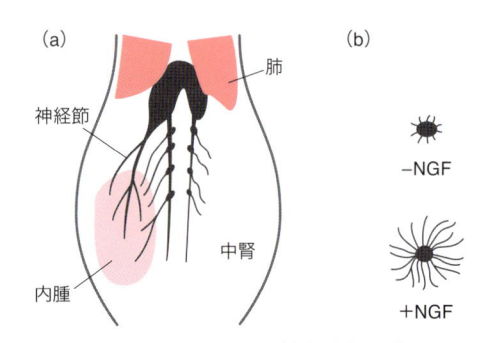

図 21.1　NGF による神経突起の伸長
(a) ニワトリ受精卵への肉腫の移植による末梢神経節の肥大と神経伸長，(b) 培養している交感神経節への NGF の添加と神経突起の伸長.

[*1]　その後，NGF はマウス顎下腺から大量に精製され，構造決定に至っている.

を探し出して標的細胞に接触するプロセスを反映することがわかった．一方，末梢神経細胞は過剰に産生され，その発達途中でその一部が死滅することが知られていた．神経栄養因子の発見により，この現象もまた説明可能となった．つまり，水にありつけた動物だけが生き残るように，栄養源にたどり着いた神経細胞だけが生き残る結果，神経細胞と標的細胞の1対1の支配関係が成立するという「神経栄養因子（neurotrophic factor）の概念」が樹立されたのである[2]．

その後のNGFの遺伝子クローニングにより，NGFには相同な類縁分子種 "ニューロトロフィン（Neurotrophins；NTs）" が存在することが判明した[3]．ニューロトロフィンは，NGF以外に脳由来神経栄養因子（BDNF），NT-3，NT-4/5より構成され，脳内に多く存在し，これらはNGFに反応しなかった脳神経細胞の分化・発達・成熟に関与していることが明らかになっている．つまり神経細胞の種類により反応する栄養因子は異なること，さらにその反応の内容と質は神経細胞の発達時期により変化することがわかったのである．

21.2 神経系に作用する神経栄養因子，サイトカイン

NGFは，発見当初は神経系独自の細胞間情報分子としてもてはやされていたが，1980年代後半になると，免疫造血系の分化増殖因子，いわゆるサイトカインも，神経細胞やグリア細胞に作用することがわかった．いまでは神経栄養因子に免疫造血系サイトカインや細胞増殖因子を加えた，細胞間情報タンパク質の総称としてサイトカインと呼ぶことが多い[4]．現在は，免疫造血系サイトカインの概念が神経細胞の一生にもあてはまるこ

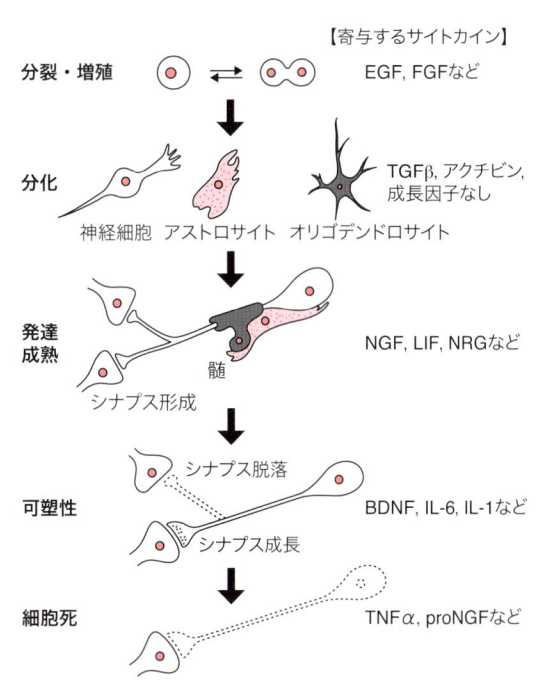

【寄与するサイトカイン】

分裂・増殖 — EGF, FGFなど

分化 — 神経細胞 アストロサイト オリゴデンドロサイト — TGFβ, アクチビン，成長因子なし

発達・成熟 — シナプス形成 髄 — NGF, LIF, NRGなど

可塑性 — シナプス脱落 シナプス成長 — BDNF, IL-6, IL-1など

細胞死 — TNFα, proNGFなど

図 21.2 神経細胞の一生涯のプロセスを調節する神経栄養因子，サイトカイン

とがわかっている．サイトカインは分化前の神経幹細胞の増殖，さまざまな神経細胞への分化，それらの発達，成長，シナプスの成熟，さらには神経伝達効率まで制御している．こういった実に多くの神経細胞の一生のプロセスに影響を与えているのである（図 21.2）[3]．なおこの調節機能は着目する発達の段階や作用する細胞の種類により大きく異なる．たとえば知覚神経細胞は神経伝達速度の違いによりA線維やC線維などに分類されるが，その支配する皮膚や骨，筋肉の標的細胞種により，神経栄養因子の反応性が異なり，一定の特異性を呈する（図 21.3）．これは標的細胞が特定の栄養因子を分泌することで，支配対象となる神経線維を選別していると説明されている[5]．

かつてNGFなどの神経栄養因子は，標的細胞が分泌する逆行性分子として捉えられていた

ルモンなどのホルモンに似ている（図 21.4 a）．ただしホルモンも比較的小さなタンパク質分子であるが，神経栄養因子と異なり特定の細胞種にロックオンすることはなく，体内を循環して，対応する受容体を有するすべての細胞に作用する．

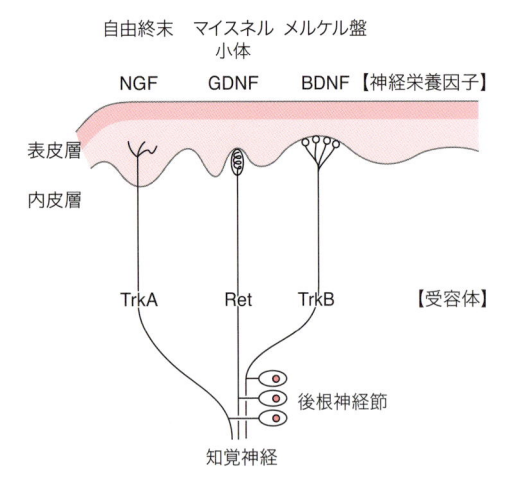

図 21.3　末梢知覚神経の種類と神経栄養因子の対応
C 線維で自由終末の知覚神経は NGF 受容体 TrkA を発現し，A 線維でメルケル盤に結合する神経は BDNF 受容体 TrkB を有する.

（図 21.4 **B**）．しかし現在では，逆に神経細胞自身が合成し標的細胞に向かって放出する場合（図 21.4 **A**），血液中を循環して標的細胞に供給される場合（図 21.4 **C**），近接する周囲のグリア細胞が神経栄養因子を産生する場合（図 21.4 **D**），神経細胞が産生した神経細胞自身に作用する場合（図 21.4 **E**）が判明し，旧来の逆行性神経栄養因子の概念は崩れてしまっている[6].

21.3　神経栄養因子，サイトカインの種類

　神経系に作用している神経栄養因子などのサイトカインは，現在 100 種類を超えている．ここで神経系の作用が強い代表的な神経栄養因子，サイトカインについて解説しておこう（表 21.1）．歴史的な由来に基づいてこれらの代表的サイトカインを分類してみると，①NGF などの神経栄養因子として同定されたもの，②EGF などの細胞増殖因子として同定されたもの，③アクチビンなどの初期発生の細胞分化因子として同定されたもの，④インターフェロンなどの免疫造血系の分化増殖因子として同定されたもの，加えて⑤近年，免疫細胞の移動・遊走を促進する分子として同定されたケモカインなどが存在する．このような歴史

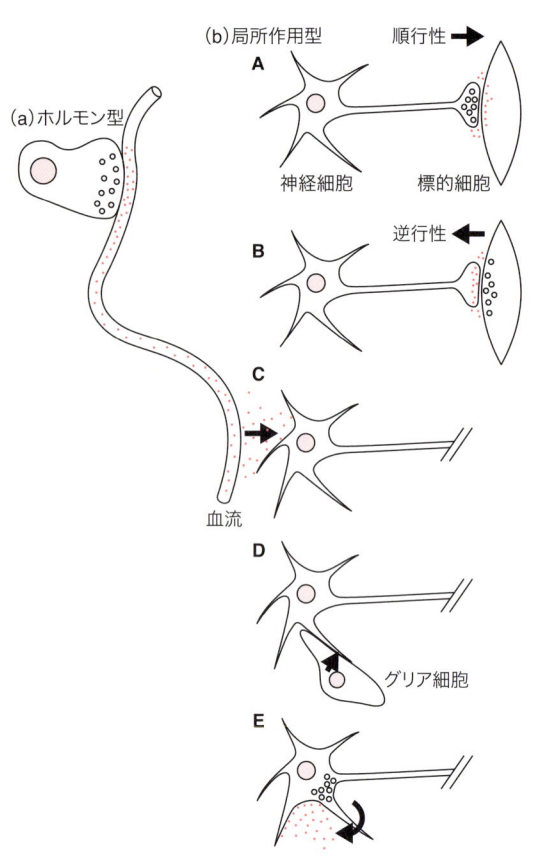

図 21.4　神経栄養因子，サイトカインの産生細胞と標的細胞
分泌様式には血液中に放出させてからだ全体に供給するホルモン型（a）と，より局所的に作用する局所作用型（b）がある．神経細胞はこれら因子を標的細胞（**B**），血流（**C**），周辺細胞（**D**），自己細胞（**E**）から供与される.

的経緯に基づいた分類は生理学的には意味を失っているが，対象となるサイトカインの最も強い生理活性の特徴を反映していることも事実である.

　分子構造学的な視点からサイトカインを分類するためには，それらが標的とする細胞の表面に発現している受容体の特徴が重要な手がかりとなる[7]．つまり，放出された神経栄養因子はその受容体に結合し，なんらかの細胞内シグナルを惹起して，その結合を細胞に情報伝達するが，その際に使った受容体の構造と下流のシグナルから分類できるのである．神経栄養因子と細胞増殖因子の受容体はおもにチロシンキナーゼ型の受容体であり，初期発生の細胞分化因子の受容体はセリンス

表21.1　脳内でのおもな神経栄養因子，サイトカイン

免疫造血系サイトカイン	インターロイキン1 (IL-1)	免疫細胞から血液を介して神経にも作用する．ミクログリアによっても分泌され急性期反応を誘導する．海馬ではシナプス伝達を抑制する．オリゴデンドロサイトに作用して，脱分化，脱髄を引き起こす．
	インターロイキン6 (IL-6)	免疫細胞から血液を介して脳にも作用する．発熱を引き起こすことで有名．ミクログリアを刺激して急性反応を誘導する．オリゴデンドロサイトに作用して，脱分化，脱髄を引き起こす．
	白血病阻止因子(LIF)	アストロサイトが分泌する．オリゴデンドロサイトへの分化を促進する．
神経栄養因子	脳由来神経栄養因子 (BDNF)	神経やミクログリアから放出される神経栄養因子でアポトーシスを阻害する．またGABA神経発達を促進するとともに，興奮性シナプスの成熟を促進したり，長期増強 (LTP)を強化できる．
	神経成長因子(NGF)	おもに神経細胞，アストロサイト，皮膚により合成・放出される神経栄養因子．脳内ではコリン作動性神経がその標的の一つ．末梢では，知覚神経細胞や交感神経細胞の生存必須因子．前駆体NGFはp75NGF受容体を活性化することで，アポトーシスを誘導するといわれる．
	グリア細胞由来神経栄養因子(GDNF)	神経細胞やアストロサイトから分泌される栄養因子で，GABA神経やドーパミン神経の分化・発達を促進する．
	S100β	活性化アストロサイトから分泌されるCa²⁺結合性の炎症タンパク質．最近になって終末糖化産物(AGE)受容体の内在性リガンドであることが判明した．NF-kBシグナルを駆動して神経保護に作用するといわれる．
細胞分化因子	トランスフォーミング成長因子ベータ(TGFβ)	おもにアストロサイトから放出される抗炎症性サイトカイン．痙攣や脳損傷時に分泌される．
細胞増殖因子	ニューレグリン1 (NRG1)	神経細胞がつくる神経栄養因子．前駆体は神経細胞の細胞膜にアンカーしていて，神経活動に依存して，切断・放出される．GABA神経細胞やオリゴデンドロサイトに作用し，その分化・発達を促進する．
	ヘパリン結合性上皮成長因子様因子(HB-EGF)	神経細胞から遊離される細胞増殖性のサイトカイン．ニューレグリン1と同様，その前駆体は神経細胞の細胞膜にアンカーしている．神経活動に依存して，切断・放出される．神経前駆細胞やグリア前駆細胞の増殖を促す．
ケモカイン類	MCP-1	単球の走化性因子として見出されたMCAF（monocyte chemotactic and activating factor）とも呼ばれる．ミクログリアに作用し，活性酸素の放出亢進，IL-1およびIL-6の産生を誘導をする．

レオニンキナーゼドメインを有する．一方インターロイキンに代表される免疫造血系の分化増殖因子の多くはⅠ型，もしくはⅡ型サイトカイン受容体に結合し，隣接接触する別分子〔JAK（ヤヌスキナーゼ）など〕のリン酸化酵素を活性化してシグナルを伝達する．つまり，歴史的な分類によるサイトカイン生理活性の特徴はこれらの細胞内シグナル伝達路の様式を反映していたとも考える．次の項では例を挙げて，より具体的に受容体とその細胞内シグナル路を解説してみよう．

21.4　ニューロトロフィンとその受容体

前述したようにNGFには一群の相同な類縁分子ニューロトロフィン（BDNF, NT-3, NT-4/5）が存在する[8]．細胞内でこのニュートロフィンは，mRNAから，2倍サイズの前駆体分子として合成され，その前駆体は2量体（pro-NGF, pro-BDNF, pro-NT-3）として存在する．その一部はフリン（furin）などのタンパク質切断酵素によりN末端側が除去され，成熟型2量体になる[*4]．これらの受容体の分子構造も互いにとても似通っていて，高親和性受容体であるTrkタンパク質，低親和性受容体であるp75タンパク質やソルティリンが知られている．ニューロトロフィンのTrk受容体には，TrkA, TrkBおよびTrkCの3種が同定されており，TrkAはNGFと，TrkBはBDNFおよびNT-4/5と，TrkCはNT-3と

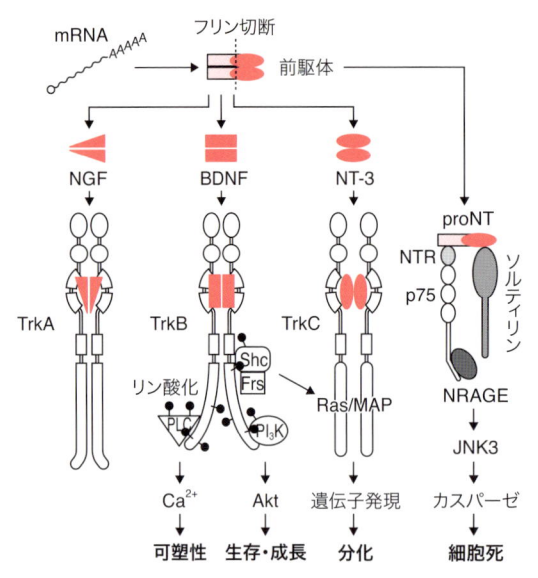

図 21.5　ニュートロフィンの成熟と受容体シグナル事例

ニュートロフィン (NGF, BDNF, NT-3) は mRNA から分子量 3 万弱の前駆体として合成され，2 量体化して存在する．その一部は細胞内でフリンなどの酵素で切断され，成熟型となる．成熟型 2 量体は TrkA, B, C の受容体に結合し，アダプター分子 (PLC, Shc, PI3K) を引き寄せ，さらにリン酸化する．

それぞれ特異的に結合する（図 21.5）．これらの結合の解離乗数 K_d 値は約 10^{-11} M で，きわめて高い親和性を有するといえる．

　Trk タンパク質は，受容体型チロシンキナーゼであり，その細胞内領域にチロシンキナーゼドメインをもつ．2 量体であるニューロトロフィンの結合によって，この受容体チロシンキナーゼも 2 量体化され，その結果相互の受容体分子をリン酸化（自己リン酸化）する．すると Trk タンパク質のリン酸化部位を認識するアダプタータンパク質が引き寄せられ，そのアダプタータンパク質自身もリン酸化する(詳しくは次項参照)．こうしてキナーゼ群からなる細胞内シグナルが，リン酸化のドミノ倒しのように細胞内に伝播する．一方低親和性受容体である p75 やソルティリンは前駆体

*4　たとえば成熟型 BDNF は 119 個のアミノ酸よりなるポリペプチド鎖の 2 量体で，NGF とは 50%以上の相同性を示す．BDNF のアミノ酸 1 次構造は，ヒト，マウス，ブタなどの哺乳動物間でほぼ同一である．

ニューロトロフィンと結合する受容体で，結合の K_d 値は約 10^{-9} M と低い．低親和性受容体の下流のシグナルに関してはまだ統一的な見解に至っていないが，NRAGE などの分子が候補となり，death シグナルと呼ばれるカスパーゼなどの自己分解系酵素を活性化して，細胞の“自殺”を誘導すると考えられている．

21.5　ニューロトロフィンの細胞内シグナル伝達路

　ニューロトロフィンの受容体である TrkB を例にとって，その細胞内シグナル経路とその生理活性に至る過程をさらに具体的に紹介してみよう[9]．TrkB は前述のように受容体型チロシンキナーゼであり，2 量体リガンド BDNF の結合で会合し，相互のチロシン残基をリン酸化する．一般的に多くの細胞内シグナル分子は，受容体型キナーゼの自己リン酸化部位を認識し，その部位に結合することにより，自らもリン酸化を受けてその構造を変化させる．

　TrkB のリン酸化部位に結合するシグナル分子は多岐に渡る．代表的なものに細胞の生存や突起伸張を担うホスファチジルイノシトール 3 キナーゼ（phophatidylinositol 3-kinase, PI3 キナーゼ）や，細胞内 Ca^{2+} 動態を変化させ細胞増殖を制御するホスフォリパーゼ Cγ（phopholipase Cγ，PLCγ），RAS シグナル経路を介して種々の細胞分化遺伝子を駆動する SHP や SHP2 などが知られている[10]．これらは酵素であり，TrkB に結合することで活性化され，ほかの分子を分解，リン酸化，脱リン酸化する．それに対して，酵素活性のない細胞内シグナル分子はアダプター分子と呼ばれ，ほかのタンパク質の結合部位として働く SH2（src homology 2）ドメインや PTB（phosphotyrosine binding）ドメイン，PH（pleckstrin homology）ドメインをもち，さらに

その分子自身もリン酸化される部位を有する．ア
ダプター分子は SH2 ドメインや PTB ドメイン
を通じてリン酸化されたタンパク質と結合し，そ
の後リン酸化を受けて，また別のシグナル分子と
結合する．アダプター分子はこのようにして細胞
内にあるシグナル分子同士を引き合わせ，細胞外
からの微弱な刺激に対してシグナル分子を有効か
つ迅速に活性化させる．

　このように，サイトカインは中枢神経系におい
て多様な細胞内シグナル分子を連続的にドミノ倒
し的に活性化することにより，下流のシグナル分
子や転写因子を連鎖的に活性化させ，その機能を
増強・発揮していると考えられている．したがっ
て同じ神経栄養因子，サイトカイン受容体をもつ
細胞であっても，細胞内にどんな細胞内シグナル
分子，アダプター分子が存在するかによって，実
際に生理的に現れる反応に，大きな違いが生じる．

21.6　ニューロトロフィンと
シナプス可塑性

　BDNF の発見は，中枢神経系でもニューロト
ロフィンを代表とする神経栄養因子やサイトカイ
ンが重要な調節機能をもちうる可能性を提示し
た[11]．培養下で脳神経細胞はそれほど BDNF に
依存しないで生存を維持できることから，発見当
初はその中枢神経機能はなぞに包まれていた．し
かし BDNF やその受容体 TrkB の欠損マウスは，
大脳皮質が萎縮していることがわかり，BDNF が
脳の発達に必須な役割をもつことがわかった．実
際に BDNF は神経活動によって非常に大きく発
現誘導され，海馬，とくに苔状神経終末に蓄えられ，
活動依存的に CA3 の神経細胞に向かって放出さ
れる[12]．これらの現象から，BDNF は神経活動依
存性の可塑的変化を媒介する物質として，シナプ
ス生理学の領域で注目を浴びることとなった[13]．

　具体的にそのメカニズムを，海馬を例にとって
少し解説してみよう（図 21.6）．海馬歯状回の顆
粒細胞は，非常にたくさんの BDNF を入力神経
活動依存的に合成している．合成された BDNF
は苔状神経線維（mossy fiber；MF）を順行性に
運ばれ，CA3 にある神経終末であるシナプス前
部に蓄えられる．顆粒細胞に興奮が伝わると，活
動電位がその神経終末に伝達され，神経伝達物質
であるグルタミン酸（Glu）とともに BDNF が放
出される．BDNF は CA3 神経細胞のシナプス後
部に存在する TrkB に結合して，PLCγ などの細
胞内シグナル分子を活性化させる．するとシナプ
ス後部内の Ca^{2+} 濃度が上昇し，NSF と呼ばれる
分子が活性化して，グルタミン酸受容体を含有す
る小胞を膜融合させる．これにより，シナプス後
膜上のグルタミン酸受容体量が増加し，結果，こ
のシナプスの神経伝達効率は上昇し，局所タンパ
ク質合成も上昇する．こうしていわゆる長期増強
（LTP）類似の現象が誘導される．同様の現象は
抑制性 GABA 神経細胞でも観察されている．こ
のような海馬の BDNF 発現の変動が，精神疾患
であるうつ病や統合失調症でも観察されているの
で，病気との因果関係が現在，注目されている[14]．

21.7　おわりに

　活性化される細胞内のシグナル分子は，各種サ
イトカイン，EGF，PDGF，FGF，インシュリ
ン間で共通のものが多い．これらすべての受容
体をもつ細胞，たとえば繊維芽細胞（fibroblast）
において，FRS-2 というアダプター分子は FGF
によってチロシンリン酸化されるが，その他の
EGF や PDGF によってはほとんどリン酸化を受
けない．また，グリア前駆細胞において PDGF
による Gab1 のチロシンリン酸化はほかのサイ
トカイン EGF に比べ弱い．つまり，これまでの
説明では受容体やアダプター分子の有無だけで議
論を進めてきたが，実際にはそんなに単純ではな

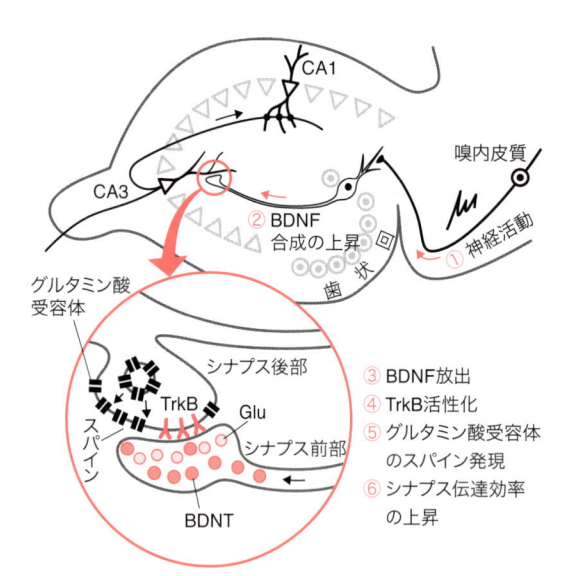

図 21.6　海馬シナプス可塑性における BDNF の役割
嗅内皮質からの神経活動をよく受ける歯状回の顆粒細胞は BDNF
を多く合成し，苔状線維内を順行性に移動して CA3 の神経終末
に蓄えられ，次の興奮に応じて多量の BDNF を放出する．

いということだ．これは古いシグナル分子研究は
おもに生化学的な解析，すなわちタンパク質を組
織や細胞全体から抽出する方法によるため，細胞
間の濃度差や細胞内の空間的局在の違いについて
議論ができていないことによる．サイトカイン受
容体の発現量，アダプター分子の細胞内濃度，細
胞内の分布・局在，その時点での染色体構造は千
差万別であり，それゆえ，細胞ごとのサイトカイ
ンに対する反応も千差万別となる．本当のサイト
カインの反応を理解・予測するためには　今後，
細胞の時間空間状況を考慮した，よりミクロな解
析が必要になってくるであろう[15]．

　確かに神経栄養因子やサイトカインは，神経細
胞やグリア細胞に対し分化誘導，生存維持，シナ
プス可塑性の制御といったさまざまな生理機能を
担っている．しかし，サイトカインに代表される
可溶性の細胞間情報分子だけで，神経細胞，グリ
ア細胞の分化，発達，成熟，生死を解説すること
はできない．細胞―細胞間の接触によるシグナル
を媒介する非可溶性の膜表面分子も重要な役割を

果たしている．とくに初期神経発生や神経分化の
過程においては，Delta（デルタ），Shh（ソニッ
ク・ヘッジホッグ），Wnt（ウィント）などの細胞
表面分子が機能していることがわかっている[16]．
これらの分子シグナルは選択的で独特のもので，
前述したサイトカインの細胞内シグナル経路とは
大きく異なる．また，これらはショウジョウバエ
の発生遺伝学研究により発見された分子であるた
め，サイトカインと呼べるのかどうか議論が分か
れ，今ではサイトカインという概念さえ曖昧に
なってきているのが現状である．

　いずれにしても免疫造血系で観察されたように，
神経系における神経栄養因子，サイトカインの機
能や活性も，多重的に制御され，互いに干渉して
いる．

（那波宏之・武井延之）

文　献

1) リタ レーヴィ・モンタルチーニ著，藤田恒夫ら訳，
『美しき未完成』，平凡社（1990）．
2) 畠中寛，『神経成長因子ものがたり（実験医学バイオ
サイエンス 5）』，羊土社（1992）．
3) Y. A. Barde, *Prog. Clin. Biol. Res.*, **390**, 45（1994）．
4) 宮園浩平ら編，『膨大なデータを徹底整理する サイ
トカイン・増殖因子キーワード事典』，羊土社（2015）．
5) L. Francois & E. Patrik, *Trends Neurosci.*, **35**,
373（2012）．
6) K. L. Hull & S. Harvey, *Int. J. Endocrinol.*,
2014, 234014（2014）．
7) 吉村昭彦ら編，『サイトカインによる免疫制御と疾
患（実験医学増刊 Vol.28（12））』，羊土社（2010）．
8) P. A. Barker, *Nat. Neurosci.*, **12**, 105（2009）．
9) D. R. Kaplan & F. D. Miller, *Curr. Opin.
Neurobiol.*, **10**, 381（2000）．
10) A. Patapoutian & L. F. Reichardt, *Curr. Opin.
Neurobiol.*, **11**, 272（2001）．
11) P. H. Patterson & H. Nawa, *Cell*, **72**, 123（1993）．
12) M. Fukuchi et al., *J. Pharmacol. Sci.*, **98**, 212（2005）．
13) A. K. McAllsiter et al., *Annu. Rev. Neurosci.*,
22, 295（1999）．
14) H. Nawa et al., *Mol. Psychiatry*, **5**, 594（2000）．
15) N. Takei & H. Nawa, *Front Mol. Neurosci.*, **7**,
28（2014）．
16) R. Kageyama et al., *Exp. Cell Res.*, **306**, 343（2005）．

接着分子と神経回路形成
——複雑な神経回路形成にかかわる接着分子群

Summary

　細胞と細胞を特異的に接着させる接着分子群が知られている．接着分子であるカドヘリンは，同じカドヘリン分子種同士がホモフィリックに結合し，一方でほかのカドヘリン分子種とは結合しない性質をもつ分子群として同定された．カドヘリンに特徴的な細胞外領域であるカドヘリンモチーフをもつ分子群はカドヘリンスーパーファミリーとして知られ，そのなかに属するクラスター型プロトカドヘリンはゲノム上で免疫グロブリンやＴ細胞受容体と類似した遺伝子クラスター構造をもち，脳神経系で強く発現している．このクラスター型プロトカドヘリンは，個々の神経細胞でランダムな組み合わせで発現をしている接着分子群であり，神経回路形成にかかわることが明らかになっている．

　脳神経系は複雑な神経回路があり，個々の神経細胞が個性的な活動をしながら集団的活動をしている．この神経細胞の集団的活動こそが記憶などの脳の情報を担うものであり，クラスター型プロトカドヘリンが神経細胞の個性化や神経回路の機能の複雑化を介して神経細胞の集団的活動を調節する可能性が示唆されてきている．

22.1　はじめに

　脳神経系に存在する神経細胞の活動には個性があり，さまざまな組み合わせの神経細胞集団（セル・アセンブリ）を形成して情報を処理していると考えられている[1]*1．このセル・アセンブリ仮説は，時を経て２光子顕微鏡による神経活動の可視化やオプトジェネティクス（光遺伝学）的手法による神経活動の人工的操作技術により，脳における情報処理や記憶痕跡にかかわることが実証されつつある[2]．神経系のセル・アセンブリの基盤には，個々の神経細胞が形成する神経回路の性質がかかわることも報告されている．脳神経系の高次機能にも神経回路の性質が重要にかかわることが示唆されてきており，脳が統合して処理できる情報量が最大になるときに意識が生まれるという

統合情報理論も提唱されている[3]．つまり個々の神経細胞が個性をもち，複雑な神経回路を形成するメカニズムにこそ脳を理解する本質がある．これらの観点から，神経細胞の個性を生み出し，神経回路形成にかかわることが示唆される接着分子群，クラスター型プロトカドヘリン遺伝子群の発現と機能が注目されている．

22.2　脳における接着分子

　生物のからだは細胞からできている．脳も細胞から成る．からだや脳をつくっている細胞は互いに接着することで，まとまった個体や組織をつくる．脳における接着分子は，細胞が基質と接着するためのインテグリンファミリー，細胞と細胞を結合させる免疫グロブリンスーパーファミリーやカドヘリンスーパーファミリーが知られており（図22.1），神経細胞の移動，軸索伸長，樹状突

---

*1　D. O. Hebb により提唱された．

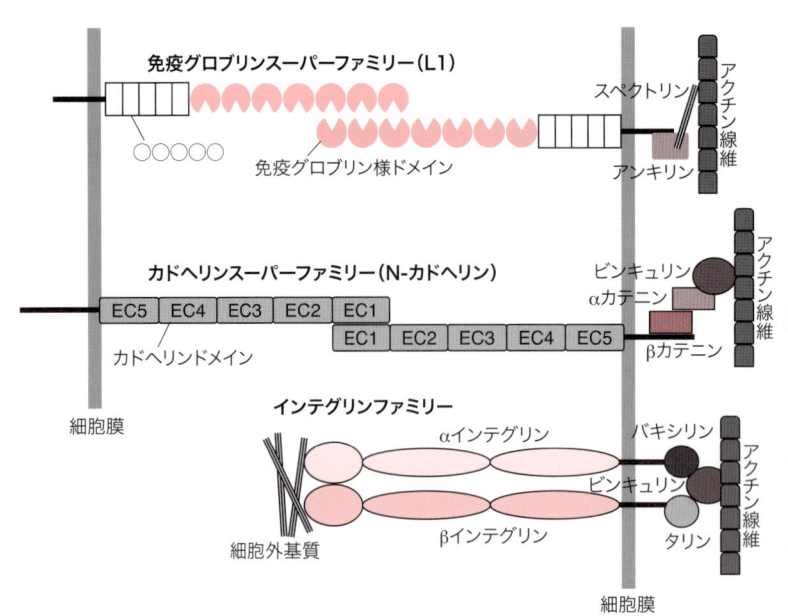

図 22.1　脳神経系で発現する接着分子

免疫グロブリンスーパーファミリーは細胞外領域に免疫グロブリン様ドメインを，カドヘリンスーパーファミリーは細胞外領域にカドヘリンドメインをもつ．細胞外基質と接着するインテグリンファミリーも接着分子である．それぞれ細胞内領域でアクチン線維と結合して細胞接着構造をつくる．

起形成，シナプス形成，ミエリン鞘形成などを制御していることが知られている[4]．

22.2.1　接着分子カドヘリン

　発生時の動物胚の器官（網膜や肝臓）の細胞をバラバラにして放置しておくと，それぞれの網膜細胞，肝臓細胞同士が接着して再凝集するが，別々の細胞間では接着が起こらない．この現象から，網膜細胞，肝臓細胞同士を特異的に接着させるメカニズムの存在が示唆されていた．また，これらの細胞接着には細胞外の Ca^{2+} が必要であることも明らかとなっていた．竹市らはこのような細胞外 Ca^{2+} 依存的な接着活性を担うカドヘリン（cadherin）分子群を同定した[5]．同定された E-カドヘリン，N-カドヘリンを培養細胞の L 細胞に独立に強制発現させると，E-カドヘリン発現細胞同士，N-カドヘリン発現細胞同士が細胞外 Ca^{2+} 依存的に細胞接着して細胞凝集塊をつくった．しかし E-カドヘリン発現細胞と N-カドヘリン発現細胞とは接着しなかったことから，カドヘリンは同種同士で接着する能力（ホモフィリックな細胞接着能）があることが明らかとなった．E-

カドヘリンと N-カドヘリンは 1 回膜貫通型の細胞膜分子で，細胞外に 5 個のカドヘリンドメイン（EC）と，細胞内領域をもつ．細胞内領域は α-カテニンや β-カテニンを介してアクチン線維と結合し，細胞接着構造をつくる（図 22.1）．

22.2.2　クラスター型プロトカドヘリンの発見

　ヒトにおいては約 100 種類のカドヘリンスーパーファミリーが存在しているが[*2]，その多くは脳神経系に発現する遺伝子であり，52 種類がクラスター型プロトカドヘリンに属している（図 22.2）．頭足類のタコ[*3] には 168 種類のクラスター型プロトカドヘリンが存在し，脳神経系で強く発現していることが明らかとなっている[8]．また脱皮動物（ショウジョウバエや線虫を含む）以外の無脊椎動物でも脳神経系の高度化や進化にクラ

---

*2　これまでのヒトゲノム解析により，細胞外にカドヘリンドメインをもつ遺伝子は 100 種類を超え，カドヘリンスーパーファミリーを形成している[6]．また，カドヘリンモチーフをもつ遺伝子は，単細胞である立襟鞭毛虫中に存在し，多細胞生物が進化する過程で重要な役割を果たしたのではないかと考えられている[7]．

*3　最近，遊びや物まねなどの高い知能を有することがわかってきた．

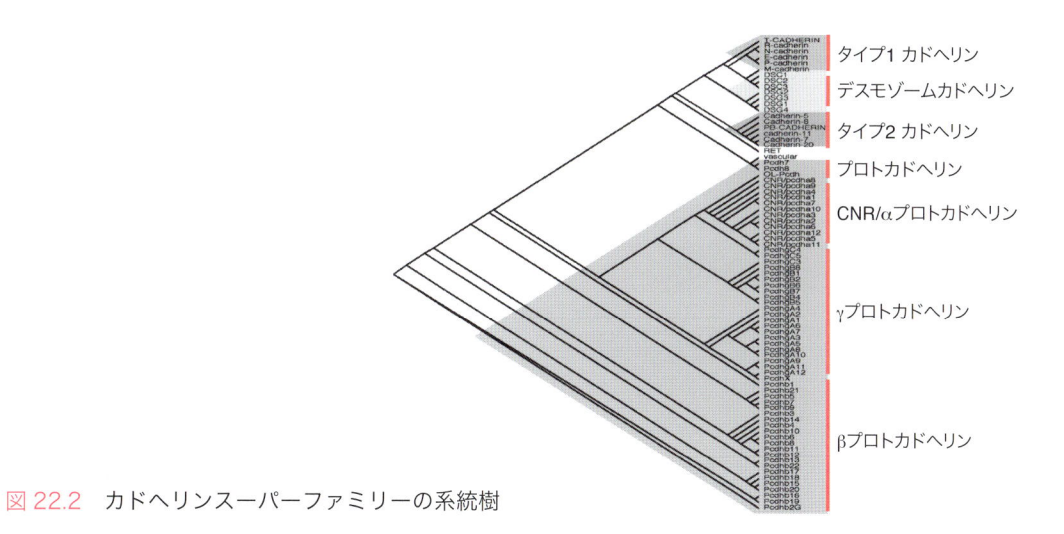

図 22.2　カドヘリンスーパーファミリーの系統樹

スター型プロトカドヘリンが重要な役割をしていることが示唆されている．

このクラスター型プロトカドヘリンは，1998年に脳神経系において，共通の細胞内領域と多様な細胞外領域を有する1回膜貫通型細胞膜分子群として8種類が同定された．この8種類すべてが，細胞外領域に配列の異なる5個のカドヘリンドメインをもっていることからカドヘリン関連神経受容体（Cadherin-related neuronal receptor；CNR）と命名された[9]．またこれらの CNR 分子群は，個々の神経細胞で異なる組み合わせで発現していることも示された．細胞内領域に共通機能領域をもち，細胞外領域が多様化した遺伝子群は，免疫系における免疫グロブリンと T 細胞受容体，嗅神経系における匂い受容体が知られており，これらの遺伝子群が単一細胞レベルでの多様性を生み出し，獲得免疫，免疫記憶，特異的な匂い認識（特異的神経回路形成）に重要な役割を果たしていることがわかっている．そのため CNR 分子群は脳神経系における記憶や個々の神経細胞がつくる局所回路形成に重要な役割を果たしていると考えられた．

1999 年，マウスの CNR 遺伝子配列をもとにヒトゲノムプロジェクトで得られたヒト遺伝子全配列を探索した結果，ヒト染色体 5q31 に，細胞外に 5 個のカドヘリンモチーフ，1 回膜貫通領域，細胞内領域をコードした 52 種類のクラスター型プロトカドヘリン遺伝子が存在することが明らかになった（図 22.3）[10]．このクラスターは，15 種類の α クラスター，15 種類の β クラスター，22 種類の γ クラスターに分けられた[*4]．また α クラスターと γ クラスターには，それぞれに共通した細胞内終末領域をコードするエクソンが存在していた．すなわち α クラスターには 15 種類，γ クラスターには 22 種類の可変エクソンが，それぞれ共通した α 定常エクソン，γ 定常エクソンにスプライシングして遺伝子発現していた．なお，β クラスター 15 種類は単一エクソンにコードされ，遺伝子発現していた．この α クラスター，γ クラスターの定常エクソンにコードされる共通領域には FAK（Focal adhesion kinase）と PYK2（Protein Tyrosine kinase）のチロシンキナーゼが結合し，これらの酵素活性を阻害していること

---

*4　マウス CNRs ゲノムでは，18 番染色体にプロトカドヘリン遺伝子クラスターが存在し，そのうち 8 種類は α クラスターにコードされていた．また α クラスター，β クラスター，γ クラスターの可変エクソンは，14 種類，22 種類，22 種類で，α クラスター，γ クラスターの定常エクソンはヒトとよく保存されていた[11]．

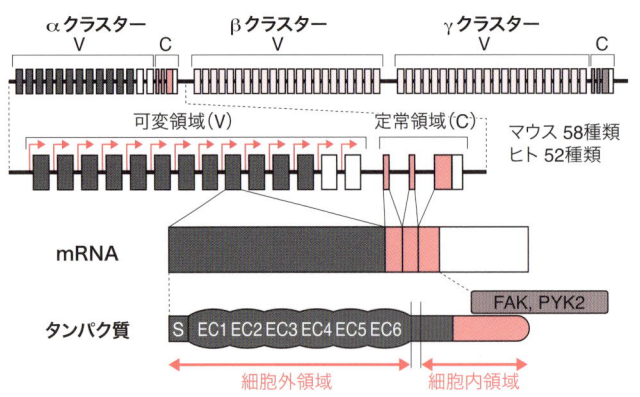

図 22.3 クラスター型プロトカドヘリン
のゲノム構造と遺伝子発現
αプロトカドヘリンの定常領域とγプロトカドヘリ
ンの定常領域には FAK と PYK 2 が結合する.

も明らかになっている[12](図 22.3).

22.2.3 ホモフィリックな細胞接着活性

クラスター型プロトカドヘリンもカドヘリンと同様にホモフィリックな細胞接着活性をもつが,古典的カドヘリンとは異なり 4 量体を形成して細胞接着活性をもつことが明らかとなっている.したがって,内在的にクラスター型プロトカドヘリンが発現している培養細胞では,正確な細胞接着活性測定が行えない.そのためクラスター型プ

ロトカドヘリンを発現していないヒト白血球由来の K562 細胞を用いたクラスター型プロトカドヘリンの細胞接着実験により[13],クラスター型プロトカドヘリンの β1 ～ β22, γA1 ～ γA12, γB1 ～ γB8, γC3, γC5 のホモフィリックな細胞接着活性が明らかとなった[14].興味深いことに,クラスター型プロトカドヘリンの α1 ～ α12, αC1, γC4 は単独では細胞膜上に移行できず,単独で細胞膜上に発現できる β1 ～ β22, γA1 ～ γA12,

---

クラスター型プロトカドヘリンのタンパク質構造が解析された.α, β, γ ともに細胞外に 6 個のカドヘリン領域(EC1 ～ EC6)をもつ.EC1 ～ EC4 は直線的構造をもち,EC2 ～ EC3 はアイソフォーム特異的細胞接着活性をもつ.EC1 と EC4 がトランス(違う細胞膜間)に相互作用する.EC5 ～ EC6 はシス(同一細胞膜上)に相互作用をし,すべてのアイソフォーム間でヘテロ 2 量体を形成することができる.α1 ～ 12, γC4 は単独で細胞膜上に移動することはできず,ほかのアイソフォームとヘテロ 2 量体となることで細胞膜上に移動し接着活性を示す.ヘテロ 2 量体による格子状のタンパク複合体により接着活性がもたらされるが,ヘテロ 4 量体による接着活性の可能性も示されており,機能的タンパク複合体の詳細についてはまだ不明である.

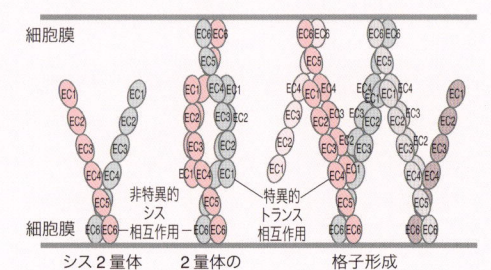

図 クラスター型プロトカドヘリンのタンパク質
構造とシスとトランスによるヘテロタンパク
質複合体の形成
文献 51)より作成.

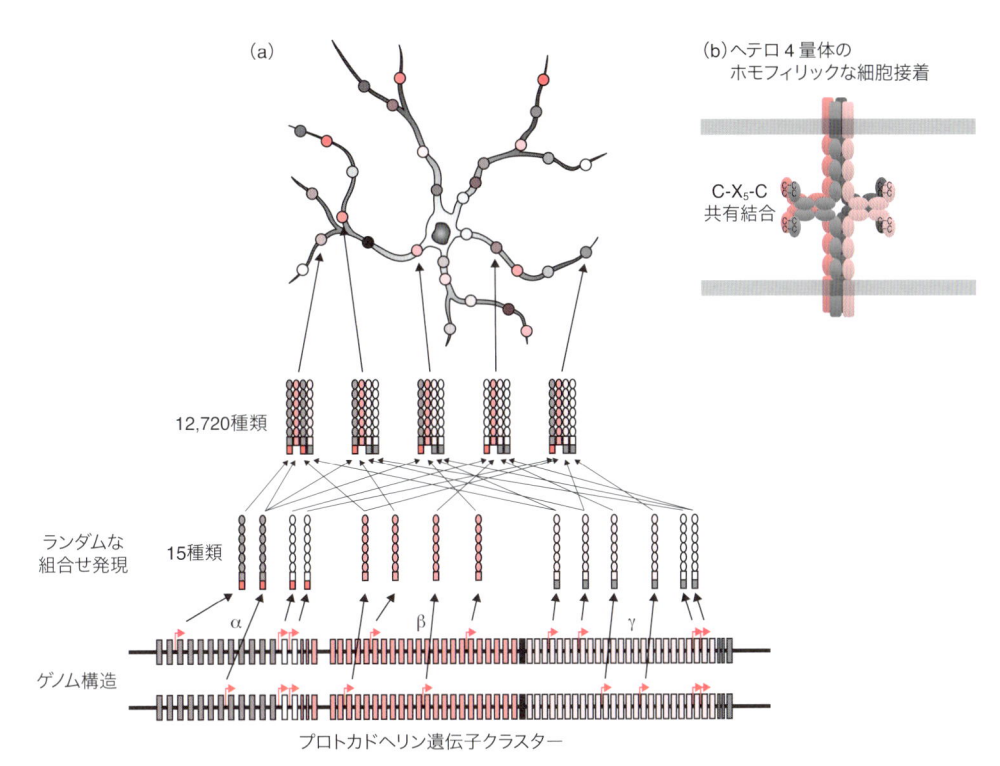

(a)

(b)ヘテロ4量体の
ホモフィリックな細胞接着

C-X₅-C
共有結合

12,720種類

ランダムな
組合せ発現 15種類

ゲノム構造

α β γ

プロトカドヘリン遺伝子クラスター

図 22.4 個々の神経細胞におけるクラスター型プロトカドヘリンのランダムな遺伝子発現とランダムなヘテロ2量体やヘテロ4量体の形成
神経細胞に存在する対立染色体の遺伝子クラスターは独立して発現制御されている.

γB1 〜 γB8, γC3, γC5 とヘテロ2量体を形成することで細胞膜上に移行し, それぞれのホモフィリックな細胞接着活性を獲得することが明らかとなった. また, これらの分子種が細胞膜上に移行できない原因はカドヘリン領域の EC6 にあることも明らかとなり, この領域をなくすと単独で細胞膜上に発現し, ホモフィリックな細胞接着活性を示すことがわかった.

ヘテロ2量体は, α/α, α/β, α/γ, β/β, β/γ, γ/γ すべての組み合わせにおいてタンパク質複合体を形成することが確認され, ヘテロ2量体同士によるホモフィリックな細胞接着活性を示す. また, 5種類の異なるクラスター型プロトカドヘリン分子種を K562 に発現させた場合, 発現する分子種が5種類とも一致していれば細胞接着活性が認められるが, 1種でも異なる分子種が発

現していると残り4種が同じでも細胞接着活性が認められず, ヘテロ2量体でのホモフィリックな細胞接着活性をもつ分子群であることが示されている. これらの結果から, 53種類のクラスター型プロトカドヘリンのうち15種類の分子種が単一神経細胞で発現した場合, アレルあたり12種の α から1種, 22種の β から2種, 19種の γ から2種で 78(α) × 26,796(β) × 14,706(γ) の組み合わせとなり, 3 × 10¹⁰ を超える多様性が生じることがわかった. また, ランダムな組み合わせのヘテロ2量体やヘテロ4量体が形成されれば単一神経細胞あたりに 12,750種類が存在することになる (図 22.4)[15]. このように, 個々の神経細胞でのクラスター型プロトカドヘリンはヘテロ多量体として点在した細胞接着活性をもつと考えられる.

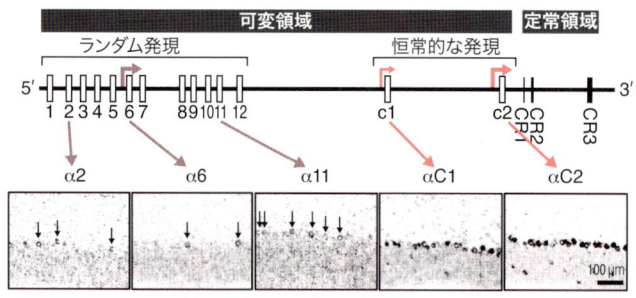

図 22.5　αプロトカドヘリンのゲノム構造と可変エクソンの小脳プルキンエ細胞における発現パターン

ランダム発現する分子種と恒常的に発現する分子種がある.

22.3　クラスター型プロトカドヘリンの発現制御

22.3.1　神経細胞ごとのランダムな遺伝子発現制御

　クラスター型プロトカドヘリンの各可変エクソンには独立したプロモーターがある. 発生段階において発現の増減はあるものの, αC1, αC2, γC3, γC4, γC5 は神経細胞で恒常的に発現している. しかし, これ以外の可変エクソン（マウスで 53 種類, ヒトで 47 種類）は, 神経細胞ごとに異なった組み合わせでランダムに発現している（図 22.5）. これらの可変エクソンの発現は, α クラスター[16], β クラスター[17], γ クラスター[18] ごとのプロモーター選択により決定される. また各プロモーター領域には CGCT 配列が保存されており, 染色体構造制御にかかわる CTCF タンパク質と結合する（図 22.6）[19]. 各クラスターに働くエンハンサー領域が明らかになっており, α クラスターでは HS5-1 が, β クラスターでは HS16-

20 がプロモーター選択にかかわる[20,21]. おもしろいことに, α クラスター内の遺伝子数を変換させるとランダムなプロモーター選択の頻度が変わる. すなわち, 遺伝子クラスター内の遺伝子数を 12 個から 2 個に減らすと, 各神経細胞はこの二つのどちらかを必ず選択し発現させる. したがって野生型の 12 個の場合よりも, この 2 個の発現頻度が高くなる[22]. 神経細胞で恒常的に発現している αC2 でも, 遺伝子クラスター内の位置を変えるとランダムな発現制御に変化してしまうことが明らかとなっており, クラスター型プロトカドヘリンのランダムな遺伝子発現制御には, 遺伝子クラスターの構造が深くかかわっていることがわかる.

　では, クラスター型プロトカドヘリンのランダム発現はどのように制御されているのだろうか? 遺伝子クラスター構造を変化させ, ランダムな発現から恒常的な発現に変化した α10 のプロモーター領域の DNA メチル化パターンの解

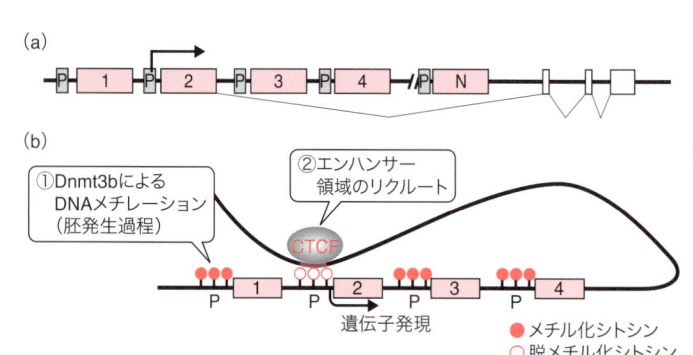

図 22.6　クラスター型プロトカドヘリンのランダムな発現制御

プロモーター選択により遺伝子発現制御が行われている. （a）プロモーター選択にかかわる Dnmt3b によるプロモーター領域の DNA メチル化パターン. 各可変領域のエクソンにプロモーターが存在する.（b）CTCF 結合によるエンハンサー領域のリクルートが必要である.

析から，恒常的に発現させたプロモーター領域ではDNAのメチル化がほとんど認められなかった．一方，ランダム発現するプロモーター領域では15〜50％のシトシン（C）がメチル化された状態であった．このプロモーター領域のDNAメチル化はマウス発生初期，胎生3.5〜9.5日間にDNAメチル化酵素のDnmt3bにより起こることが明らかとなっている（図22.6）[*5]．これらの結果から，発生初期に起こるプロモーター領域のDNAメチル化が個々の神経細胞でのランダムな組み合わせ発現にかかわることが明らかとなった[23]．なお，Dnmt3bは神経幹細胞が誕生する前の発生初期でしか発現しない酵素であり，ランダムな発現やプロモーター選択は発生初期に決定されていることになる（図22.6）．

また，クラスター型プロトカドヘリンゲノム領域でのDNAメチル化については，マウスの育児行動により変化することや[24]，自殺した人の死後脳で高いDNAメチル化が認められること[25]なども報告されている．さらにこのプロモーター領域には脱メチル化にかかわるTet1[26]，レット症候群の原因遺伝子であるDNAメチル化結合タンパク質MeCP2[27]，X染色体不活性化因子Smchd1[28]が結合していることも報告されている[*6]．近年，脳におけるエピジェネティックな変化や制御が脳機能の制御にかかわり，統合失調症，自閉症，うつ病などのヒト精神神経疾患との関連性が示唆されてきている．このようにクラスター型プロトカドヘリンは，エピジェネティックな制御を受ける大きなゲノム領域であり，ますます注目されてきている．

[*5] 実際に，このDnmt3bを欠損させた人工多能性細胞株を作製し，正常なマウス胚に移植してキメラマウスを作製させ，このDnmt3bが欠損しているプルキンエ細胞を解析したところ，単一神経細胞で発現しているクラスター型プロトカドヘリンの分子種数が増加していた．

[*6] Tet1；メチル化ミトシンヒドロキシラーゼ1, MeCP2；メチルCgG結合タンパク質2, Smchd1；染色体構造維持ヒンジ領域タンパク質1.

22.3.2　ミエリン鞘形成によるタンパク質発現制御

クラスター型プロトカドヘリンはすべての神経細胞で発現しており，γクラスターの可変エクソンは神経細胞だけではなく，アストロサイト，コロイドプレキサス（脈絡叢），腎臓の細胞などでも発現が認められている．一方αクラスターの可変エクソンは，おもに分化した神経細胞で発現しており，軸索形成過程で発現が増強し，ミエリン鞘形成により発現が減少する[29]．興味深いことに，ミエリン鞘の形成不全となるシバラーマウスでは，このαクラスターの可変エクソンの急激な発現減少が認められなかった．このことからαクラスターの可変エクソンの発現は神経回路の成熟にかかわることが示唆されている．

22.4　遺伝子欠損マウス解析

クラスター型プロトカドヘリンの遺伝子欠損マウスにおける解析が進められている．αクラスターを欠損させたマウスは，見た目は正常だが，恐怖条件付けの記憶が向上していた[30]．またセロトニン神経の正確な軸索投射に異常があり，海馬におけるセロトニン量が増加していた[31]．ほかにも嗅上皮から嗅球への軸索の投射が乱れ，同じ匂い受容体を発現している軸索収束に異常が認められた（図22.7）[32]．これらの異常はαクラスターの共通領域をコードする定常エクソンを欠損させたマウスでも見られ，細胞内領域の共通領域を介して正確な軸索投射が制御されていることが考えられた[33]．

γクラスター欠損マウスは手足の振戦があり，誕生後すぐに死亡する[34]．この細胞死の原因はγクラスターにおけるγC3〜γC5にあることが報告されており[35]，このマウスの脊髄では介在神経細胞の神経細胞死が認められている．また，この細胞死がBax（Bcl-2結合Xタンパク質）依存的で，Bax欠損マウスではγクラスター欠損マウ

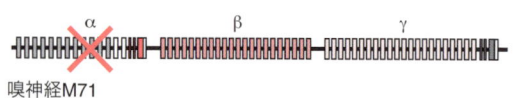

嗅神経M71

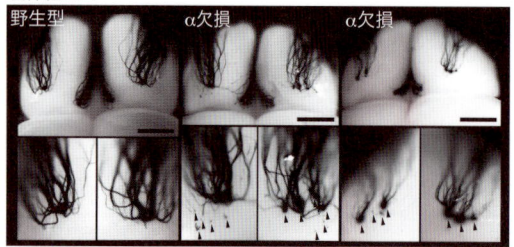

セロトニン神経

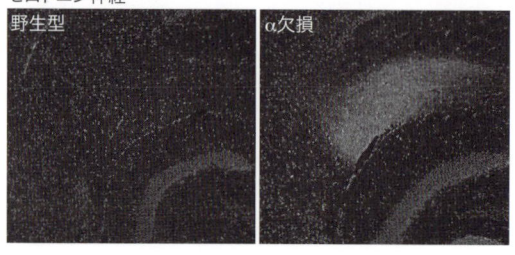

図 22.7　CNR/αプロトカドヘリン欠損マウスにおける神経軸索の投射異常

M71 において受容体を発現している嗅神経軸索投射とセロトニン神経軸索投射.

スにおける細胞死は認められなくなる（しかしマウスは誕生後に死亡する）. γクラスターをコンディショナルに欠損させたマウスを利用することにより, γクラスターが網膜のアマクリン細胞や小脳のプルキンエ細胞の樹状突起形成に関与していることも明らかとなっている[36]. γクラスターが欠損すると, これらの神経細胞では樹状突起伸長における自己回避が起こらない. しかし, γクラスター欠損細胞に1種類のγ分子種を強制発現させるだけで自己回避が回復することから, γ分子種のホモフィリックな細胞接着活性が, 樹状突起の自己回避を起こさせると考えられている. また, 樹状突起の分岐でのγクラスターの機能発現に, FAK, PKC, MARCKS などを介した細胞内シグナルが関与していることも報告されている[37]*7.

*7 FAK；Focal adhesion kinase（接着斑キナーゼ）, PKC；Protein kinase C（プロテインキナーゼ C）, MARCKS；Myristoylated alanine-rich C kinase substrate（ミリスチル化高アラニン C キナーゼ基質）.

このようにクラスター型プロトカドヘリン分子群は軸索, 樹状突起の形成にかかわる機能をもっていることが示唆されている. また, シナプス形成とのかかわりも示唆されてきている. しかし, まだクラスター型プロトカドヘリンのランダムな組み合わせ発現とヘテロ2量体による相互作用の複雑な神経ネットワーク形成における役割は明らかになっていない.

22.5　おわりに

大脳皮質における個々の神経細胞がつくる局所回路特性も次第に明らかになってきている. つまり, ①近接している神経細胞でも30%程しかシナプス結合をつくらないこと[38], ②共通の神経細胞にシナプス結合をもつ神経細胞どうしは高い確率でシナプス結合をもつこと（集団性）[39], ③すべての神経細胞がショートカット（短い距離）で繋がり合っていること, ④各神経細胞に必ず強くシナプス結合をする神経細胞が少数存在していること[40], ⑤同じ細胞系譜由来の神経細胞同士の結合確率が高いこと[41], ⑥同じ神経幹細胞由来の神経細胞は類似した刺激選択性をもつこと[42]などが報告されている. これらの結果は, 脳における神経回路が, 集団性の高いスモールワールド性をもち, この特徴がある結合性は神経細胞が発生, 分化する過程で生みだされていることを示唆している.

澁木らは, αクラスター欠損マウスにおいて, ヒゲと視覚から得られる空間情報統合における後部頭頂連合野の機能が働かないことを明らかにした[43]. この結果は, クラスター型プロトカドヘリン分子群が大脳皮質における情報の統合機能に関与する可能性を示唆している. またヒトのクラスター型プロトカドヘリンが自閉症や音楽の才能に関連していることも報告されている[44,45]. クラスター型プロトカドヘリン遺伝子群は神経細胞が分

化する過程でランダムな組み合わせで発現が決定され，神経細胞に個性ある細胞接着活性を与える．

　個々の神経細胞にランダムな組み合わせで回路形成因子を発現させたシミュレーション解析を行った結果，集団性の高い，スモールワールド性をもつ複雑なネットワークになることが明らかとなった[46]．D. J. Watts と S. H. Strogatz のネットワークモデルにより，集団性が高くかつスモールワールド性をもつ複雑ネットワークは，ランダム性と規則性との中間に生まれることが報告されている[47]．よってクラスター型プロトカドヘリンのランダムな組み合わせ発現と分子種に特異的な細胞接着活性は，脳における複雑な神経回路形成にかかわっている可能性が示唆される（図22.8)[48,49]．神経細胞の活動に個性があり，セル・アセンブリにより処理される情報は，複雑な神経回路から生まれると考えられている．神経細胞の組み合わせによる莫大なセル・アセンブリをもたらす生物学的基盤が，クラスター型プロトカドヘリンのランダム発現と細胞接着能によりプログラムされているのではないか？　脳において記憶や意識を生みだすメカニズムへのアプローチが接着分子を手掛かりに始まろうとしている[50]．

（八木　健）

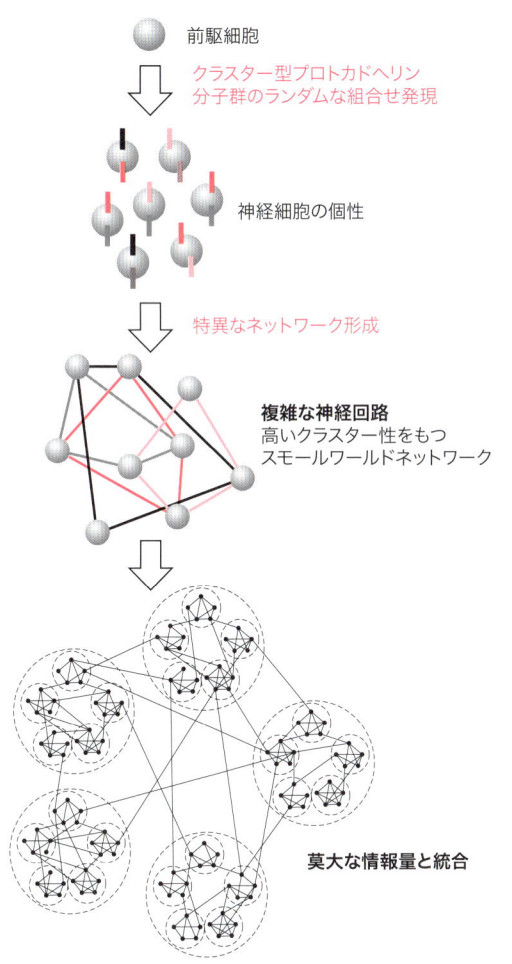

図 22.8　クラスター型プロトカドヘリンによる神経回路形成モデル

シミュレーションモデルによるクラスター型プロトカドヘリンのランダムな組み合わせ発現と特異的な経路形成により，集団性の高いスモールワールドネットワークが形成されることが示唆されている．これにより複雑な神経回路形成が生まれ，莫大な情報が処理され統合されることが考えられる．

文　献

1) D. O. Hebb, "The organization of behavior: A neurophychological theory," John Wiley (1949).
2) X. Liu et al., *Nature*, **484**, 381 (2012).
3) G. Tononi, *BMC Neurosci.*, **5**, 42 (2004).
4) 古谷 裕，吉原良浩，「細胞接着分子」，脳科学辞典 (https://bsd.neuroinf.jp/wiki/ 細胞接着分子)，(2015).
5) A. Noce et al., *Cell*, **54**, 993 (1988).
6) H. Morishita & T. Yagi, *Curr. Opin. Cell Biol.*, **19**, 584 (2007).
7) M. Abedin & N. King, *Science*, **319**, 946 (2008).
8) C. B. Albertin et al., *Nature*, **524**, 220 (2015).
9) N. Kohmura et al., *Neuron*, **20**, 1137 (1998).
10) Q. Wu & T. Maniatis, *Cell*, **97**, 779 (1999).
11) Q. Wu et al., *Genome Res.*, **11**, 389 (2001).
12) J. Chen et al., *J. Biol. Chem.*, **284**, 2880 (2009).
13) D. Schreiner & J. A. Weiner, *Proc. Natl. Acad. Sci. USA*, **107**, 14893 (2010).
14) C. A. Thu et al., *Cell*, **158**, 1045 (2014).
15) T. Yagi, *J. Neurogenetics*, **27**, 97 (2013).
16) S. Esumi et al., *Nat. Genet.*, **37**, 171 (2005).
17) K. Hirano et al., *Front Mol. Neurosci.*, **5**, 90 (2012).
18) R. Kaneko et al., *J. Biol. Chem.*, **281**, 30551 (2006).
19) T. Hirayama et al., *Cell Rep.*, **2**, 345 (2012).
20) S. Ribich et al., *Proc. Natl. Acad. Sci. USA*, **103**, 19719 (2006).

21) S. Yokota et al., *J. Biol. Chem.*, **286**, 31885 (2011).
22) Y. Noguchi et al., *J. Biol. Chem.*, **284**, 32002 (2009).
23) S. Toyoda et al, *Neuron*, **82**, 94 (2014).
24) P. O. McGowan et al., *PLoS One*, **6**, e14739 (2011).
25) M. Suderman et al., *Proc. Natl. Acad. Sci. USA*, **109**, 17266 (2012).
26) Y. Xu et al, *Mol. Cell*, **42**, 451 (2011).
27) M. Chahrour et al., *Science*, **320**, 1224 (2008).
28) K. Chen et al., *Proc. Natl. Acad. Sci. USA*, **112**, E3535 (2015).
29) H. Morishita et al., *Neuroreport*, **15**, 2595 (2004).
30) E. Fukuda et al., *Eur. J. Neurosci.*, **28**, 1362 (2008).
31) S. Katori et al., *J. Neurosci.*, **29**, 9137 (2009).
32) S. Hasegawa et al., *Mol. Cell Neurosci.*, **38**, 66 (2008).
33) S. Hasegawa et al., *Front. Mol. Neurosci.*, **5**, 97 (2012).
34) X. Wang et al., *Neuron*, **36**, 843 (2005).
35) W. V. Chen et al., *Neuron*, **75**, 402 (2012).
36) J. L. Lefebvre et al., *Nature*, **488**, 517 (2012).
37) A. M. Garrett et al., *Neuron*, **74**, 269 (2012).
38) S. Song et al., *PLoS Biol.*, **3**, e68 (2005).
39) Y. Yoshimura & E. M. Callaway, *Nat. Neurosci.*, **8**, 1552 (2005).
40) R. Perin et al., *Proc. Natl. Acad. Sci. USA*, **108**, 5419 (2011).
41) Y. C. Yu et al., *Nature*, **458**, 501 (2009).
42) G. Ohtsuki et al., *Neuron*, **75**, 65 (2012).
43) K. Yoshitake et al., *Cell Rep.*, **5**, 1365 (2013).
44) L. Ukkola-Vuoti et al., *PLoS One*, **8**, e56356 (2013).
45) A. Anitha et al., *J. Psychiatry Neurosci.*, **38**, 192 (2013).
46) T. Kitsukawa & T. Yagi, *Sci. Rep.*, **5**, 14984 (2015).
47) D. J. Watts & S. H. Strogatz, *Nature*, **393**, 440 (1998).
48) T. Yagi, *Front. Mol. Neurosci.*, **5**, 45 (2012).
49) T. Yagi, "Neural Surface Antigens (Pruszak, J. ed)," Elsevier (2015), pp.141–151.
50) 八木 健, 実験医学, **33**, 492 (2015).
51) K. M. Goodman et al., "*eLife*", **5**, e20930 (2016).

chapter 23

細胞移動と脳層構造の形成

Summary

　脳の形成過程において，多くの神経細胞は限られた領域で産生されたあとに自律的に移動して自らの機能部位へ到達する．移動の経路は時空間的に厳密に制御されており，異なる細胞種は異なる経路を経て適切な位置へ移動する．神経細胞の移動は機能的な神経回路網の形成に必須の過程であり，近年の遺伝学的解析から，脳形成不全を伴う神経疾患の原因遺伝子の多くが神経細胞移動の制御に関与することが明らかになっている．また神経細胞の移動は，線維芽細胞や上皮細胞などの一般的な移動細胞とはダイナミクスの点で大きく異なり，特徴的な細胞核移動を介して移動を行う．

　本章では脳の形成過程における神経細胞の移動様式について概説し，細胞接着分子や分泌性ガイダンス分子の時空間的制御を介した移動経路決定のメカニズムについて，これまでの知見を例とともに紹介する．また神経細胞の核移動を駆動する力発生における細胞骨格系の役割について現在考えられているモデルを解説する．最後に神経細胞移動の停止における Ca^{2+} シグナルの役割について論じる．

23.1　はじめに

　脊椎動物の脳ではおよそ数十億から数千億個の神経細胞が皮質や神経核と呼ばれる特徴的な脳構造を形成し，精緻な神経回路網を構成している．多くの神経細胞は脳室帯と呼ばれる脳の限られた領域に存在する幹細胞から産生されたあと，自らが機能するべき部位へと自律的に移動していく．神経細胞の移動経路は細胞種に応じて厳密に制御されており，ヒトではその移動距離は長いものでおよそ数十 mm に及ぶこともある．神経細胞移動は脳の皮質や神経核の形成に必須の過程であり，近年の遺伝学的解析から，ヒトの重篤な精神神経症状を伴う I 型滑脳症や X 連鎖型滑脳症の原因遺伝子が神経細胞移動の分子メカニズムに深く関与することが明らかになってきている．

　移動中の神経細胞は紡錘形の細胞体を有し，移動方向へ先導突起と呼ばれる長さ数十から数百 μm の神経突起を伸ばしている．細胞体は直径 10 μm 程度でその内部はほぼ細胞核で占められている．神経細胞移動は，先導突起を適切な移動方向へと誘導する過程と，細胞核を先導突起内部に進入させる過程の二つに大きく分けることができる（図 23.1 a）．先導突起の先端はアクチン線維に富む運動性の高い成長円錐を形成し，周囲の化学的環境（ガイダンス分子）を探索するセンサーの役割と突起伸展のための駆動力発生装置としての役割を担っている．生体では成長円錐は文字通り円錐状であるが，2 次元の培養基質上では扇型に広がり，細い糸状仮足（フィロポディア）で縁取られた手のような形態を示す（図 23.1 b）．糸状仮足と葉状仮足（ラメリポディア，手のひらの部分）の遠位部は免疫グロブリンファミリー，カドヘリン，インテグリンなどの細胞接着分子が集積し基質に対する接着点を形成する．細胞接着分子は細胞膜直下でアクチン線維と結合し，アクチン線維の重合とミオシン活性による逆行性流動の力を推進力として移動方向へと形質膜を伸展させる．

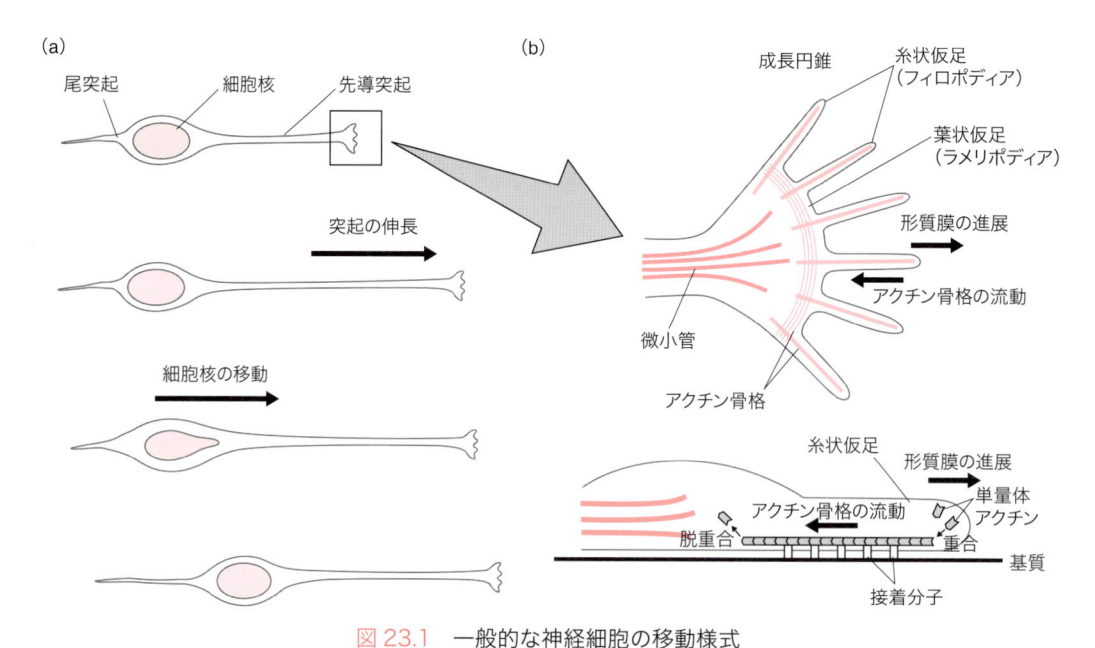

図 23.1　一般的な神経細胞の移動様式

（a）神経細胞の移動様式は，移動方向へ先導突起と呼ばれる神経突起を伸ばす過程とその内部を細胞核が移動する過程に分けることができる．（b）先導突起の先端には成長円錐と呼ばれる手の平状の構造が存在しており，接着分子を介して基質との接着点を形成するとともにアクチン骨格の重合および逆行性流動によって形質膜を伸展させている．

一方，細胞核の移動は先導突起の伸展と必ずしも同期しておらず，微小管とアクチンおよびそれぞれのモーター分子の活性により前進と一時的な停止のサイクルを繰り返す "跳躍運動"（saltatory movement）を示す（後述）[1]．

脳ではさまざまな細胞外マトリックス，細胞接着分子，分泌性ガイダンス分子が発現しており，神経細胞はそれらの時空間分布で規定された移動経路を通り，機能部位へ到達する．成長円錐にはこれらの環境因子に対する受容体が適切に発現しており，移動方向に沿った特定の神経線維に対して細胞接着点を形成するほか，環境からのシグナルに応答して細胞骨格依存的な突起の伸展を促進もしくは抑制する．次節からは，環境因子による神経細胞移動の制御について知見が蓄積している4種の神経細胞の移動について例を挙げて紹介する．

23.2　脳の形成過程における神経細胞の移動

脳は発生初期において背側外胚葉から分化した神経管を起源とする．神経管は柱状の神経上皮細胞から成り，発生に伴って自己複製を繰り返して肥厚する．神経管はのちに体軸に沿って前方から終脳，中脳，後脳，脊髄の原基として領域化される．神経管内腔（脳室；ventricle）に接する脳室帯（ventricular zone；VZ）で分裂した神経上皮細胞の核は，分裂間期には神経管外壁を包む基底膜（軟膜；pia matter）側へ移動してS期を経たのち，再び脳室側へ下降して分裂するという細胞周期に連動した上下運動を繰り返す．この核移動はエレベータ運動（elevator movement または分裂間期核移動；interkinetic nuclear migration）と呼ばれる．この過程で神経管が肥厚するとともに神経上皮細胞も細長くなり，放射状グリア細胞（radial glia）と呼ばれる神経幹細胞として神経細

胞(もしくは神経前駆細胞)の産生を続ける．放射状グリアから誕生した神経細胞は，脳室帯を離脱して自らが機能するべき部位へと移動する．

23.2.1 大脳皮質

神経細胞の移動は神経管に対して法線方向に移動する法線移動(radial migration)と接線方向に移動する接線移動（tangential migration）の二つに大きく分けられる（図 23.2 a）．大脳皮質を構成する神経細胞はグルタミン酸作動性の興奮性神経細胞と GABA 作動性の抑制性介在神経細胞に大別されるが，これらの神経細胞は脳の異なる領域で産生され，それぞれおもに法線移動と接線移動によって移動することが知られている．

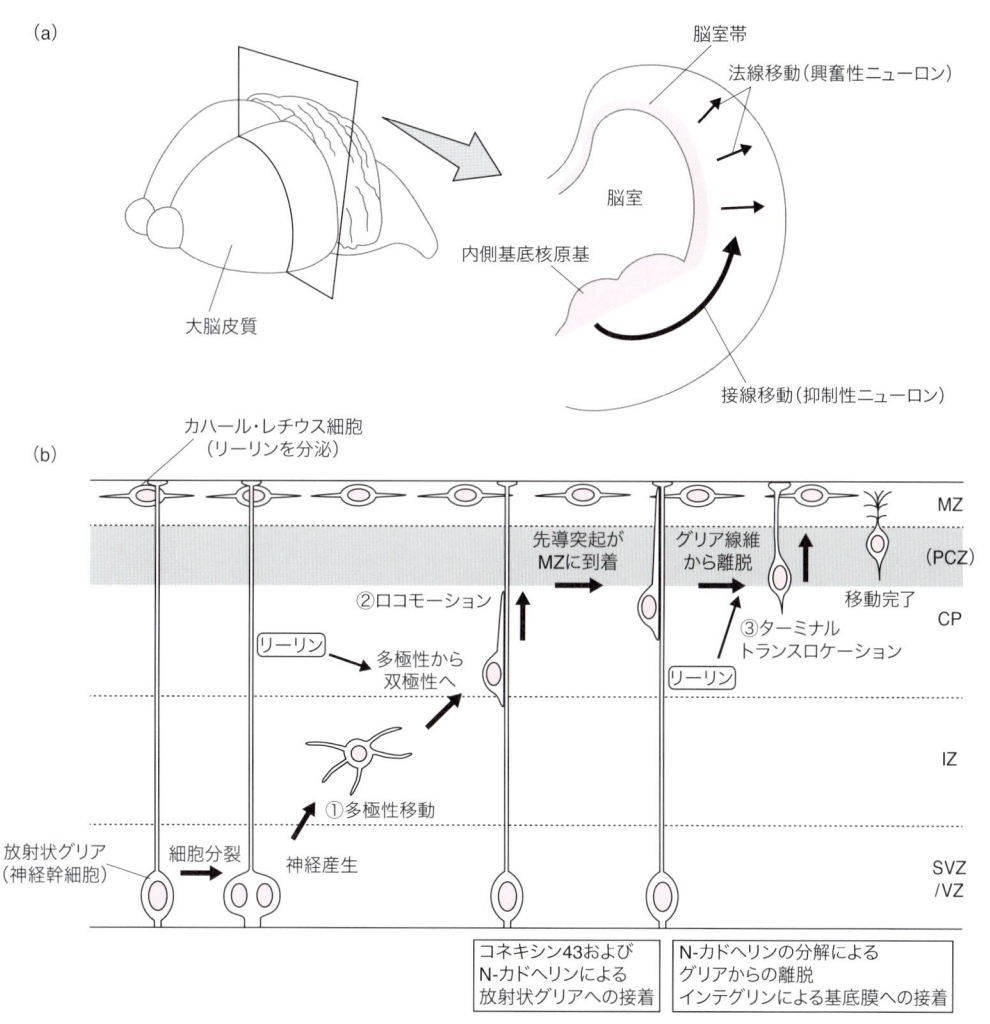

図 23.2　哺乳類脳の発生過程における神経細胞の移動

（a）発生期のマウス大脳皮質横断面．神経細胞の移動は大きく法線移動と接線移動に分類することができる．大脳皮質においては背側の脳室帯で産生された興奮性神経細胞はおもに法線移動を行い，腹側の内側基底核原基で産生された抑制性神経細胞はおもに接線移動を行う．（b）大脳皮質興奮性神経細胞の移動様式．脳室帯に存在する放射状グリアから産生された興奮性神経細胞は，①多極性移動，②ロコモーション移動，③ターミナルトランスロケーション移動を経て皮質板上部へと到達する．MZ；辺縁帯 (marginal zone)，CP；皮質板 (cortical plate)，IZ；中間帯 (intermediate zone)，SVZ；脳室下帯 (subventricular zone)，VZ；脳室帯 (ventricular zone)．PCZ（primitive cortical zone）には先行して移動を終了したばかりの未成熟な神経細胞が集積している．

(a) 興奮性神経細胞

　大脳皮質の興奮性神経細胞は神経管背側の脳室帯において放射状グリアから分裂したのち，放射状グリアの線維に沿って脳の表層へ法線方向に移動する．この際，より後期に誕生した神経細胞は先に分化した神経細胞を追い越してより表層まで到達するため，脳表層から深部に向かって発生順序とは逆順に並んだ明瞭な層構造を形成する（inside-out パターン）．大脳皮質興奮性神経細胞は異なる形態をもつ複数の移動モードを経ることがわかっている（図 23.2 b）．まず母細胞である放射状グリアから離れたのち，表層側の中間帯（intermediate zone；IZ）で複数の突起をもつ多極性の形態をとりランダムな方向へ移動する（多極性移動；multipolar migration，図 23.2 b-①）[*1 2]．そのうち表層側の 1 本の突起が伸長して先導突起に分化すると，反対側の尾突起を残してその他の突起が退縮し，双極性細胞に変化して，放射状グリアの線維を足場として先導突起を伸ばしながら皮質板（cortical plate；CP）を表層側へまっすぐ移動する（ロコモーション；locomotion，図 23.2 b-②）．先導突起先端が軟膜直下の辺縁帯（marginal zone；MZ）に到達すると，今度は突起を収縮させることで懸垂運動のように細胞体を皮質板の最表層まで移動させる（ターミナルトランスロケーション；terminal translocation，図 23.2b-③）[*2 3]．

　大脳皮質興奮性神経細胞の法線移動は，皮質形成不全の表現形を示す reeler 変異マウスの原因遺伝子がコードする細胞外分泌タンパク質リーリン（Reelin）シグナルの制御を受ける．大脳皮質では軟膜直下の辺縁帯に存在するカハール・レチウス細胞（Cajal-Retzius cell）がリーリンを分泌している[6-8]．移動中の神経細胞に存在するリーリン受容体 apoE 受容体 2（apolipoprotein E receptor 2；apoER2）と VLDL 受容体（very-low-density lipoprotein receptor；VLDLR）がリーリンを受容すると，二次情報伝達分子である Dab1（disabled 1）がリン酸化され下流で複数の分子シグナルを活性化し，微小管骨格系，アクチン骨格系，接着分子など細胞移動にかかわる多くの細胞構造の編成を誘導する．リーリンシグナルは多極性移動する神経細胞が双極性形態へと変化する過程を制御する[9,10]．また，ロコモーション中の神経細胞は N-カドヘリンやギャップ結合構成タンパク質であるコネキシン 43 によるホモフィリック結合を介して放射状グリア線維と接着しているが[11]，ターミナルトランスロケーションに移行する際に N-カドヘリンを分解して放射状グリアから離脱し[12]，インテグリンを介して辺縁帯に存在する細胞外マトリックスであるフィブロネクチンと接着する．リーリンはこの N-カドヘリンからインテグリンへのスイッチング機構にも関与することが示されている[13]．

(b) 抑制性介在神経細胞

　大脳皮質の抑制性介在神経細胞の多くは終脳領域の腹側に位置する内側および尾側基底核原基（medial and caudal ganglionic eminence；MGE/CGE）で誕生したのち，背側の大脳皮質領域に向かって軟膜に対し水平方向に接線移動する（図 23.2 a）．皮質領域に達すると皮質板上部の辺縁帯と下部の中間帯内をランダム方向に接線移動しながら皮質領域全体に広がったのち[14]，方向転換して，放射状グリアの線維に沿って法線移動して皮質板（CP）内へ進入していく．一般に抑制性神経細胞の移動は興奮性神経細胞よりも距離が長く，速い．抑制性介在神経細胞の先導突起は枝

---

*1　多極性移動は目的地への到達には直接寄与しないが，同じ母細胞から産まれた娘細胞が神経回路局所に集中することを防ぐために細胞をシャッフルする役割があるのではないかと考えられている[4]．
*2　ターミナルトランスロケーションは皮質板上部で先行する細胞が密集した領域を通過するのに必要であると示唆されている[5]．

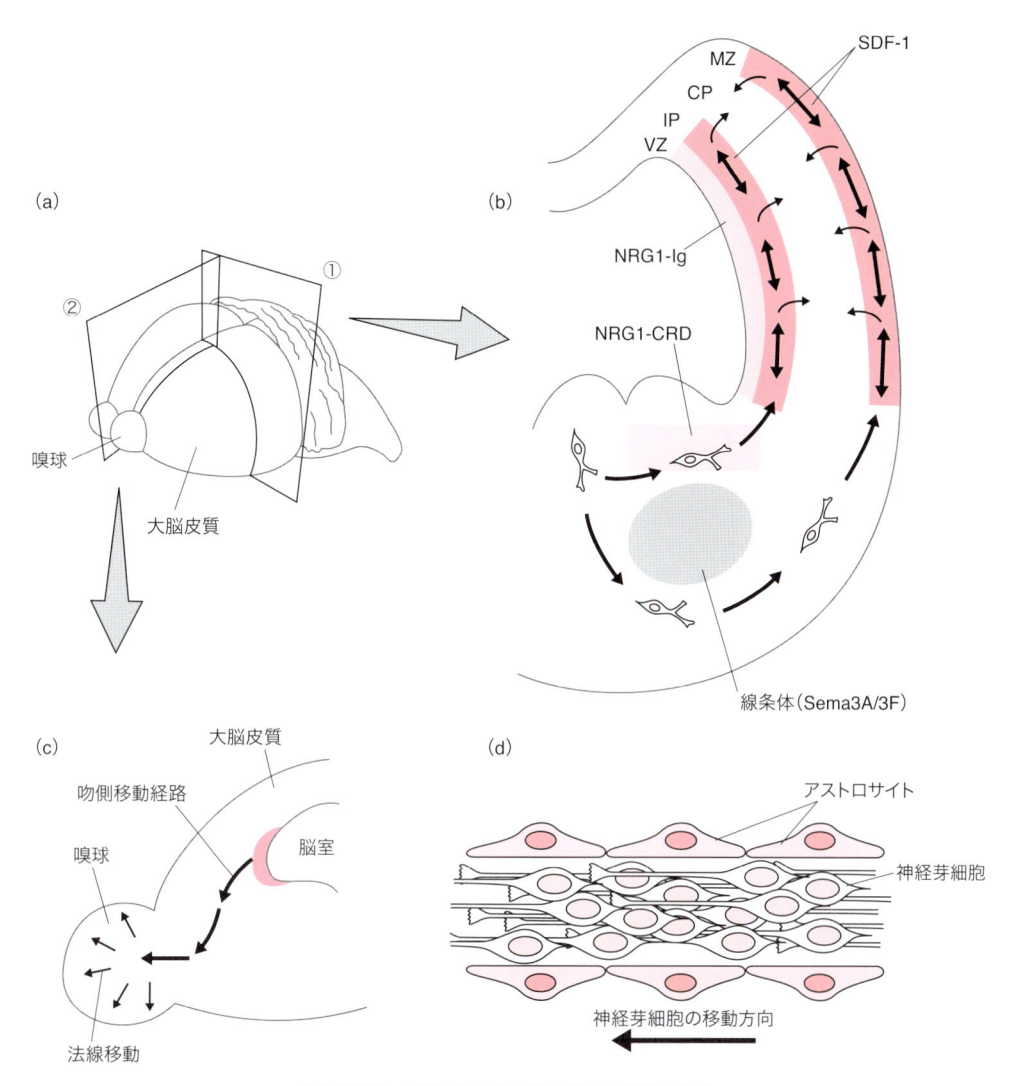

図 23.3　抑制性介在神経細胞の移動様式

（a）発生期のマウス大脳皮質の横断面および矢状断面.（b）内側基底核原基で産生された大脳皮質抑制性介在神経細胞は反発性ガイダンス因子セマフォリン 3A/F，誘引性ガイダンス因子ニューレギュリン-1，SDF-1 などに誘導されて大脳皮質に到達する.（c）側脳室に隣接する脳室下帯で産生された嗅球神経細胞の神経芽細胞は吻側移動経路を通って嗅球へ到達する.（d）吻側移動経路を移動する神経芽細胞はほかの神経芽細胞の先導突起を足場として数珠状に連なって移動する（chain migration）. 吻側移動経路の周囲ではアストロサイトが集まってトンネル状の構造を形成している.

分かれしており，周囲を探索しながらジグザグ移動を行うが，その方向は脳組織に分布する反発性および誘引性のガイダンス分子により誘導される（図 23.3 a, b）.

　基底核原基を出発した介在神経細胞はニューロピリン（neuropilin）1/2 を発現しており，腹側の線条体領域で発現する反発性ガイダンス分子セ

マフォリン（semaphorin）3A/F により線条体への進入を妨がれている. 一方，外側基底核原基（lateral ganglionic eminence；LGE）に由来する線条体神経細胞はニューロピリン 1/2 を発現しないため，セマフォリン 3A/F の影響を受けず線条体領域へと進入できる[15]. 皮質への誘導は誘引性ガイダンス分子であるニューレギュリン-1 の

作用による[16]．ニューレギュリン-1は膜結合型（Neuregulin-1-CRD）と分泌型（Neuregulin-1-Ig）が異なる領域で発現しており，それぞれ短距離と長距離の誘引シグナルを担う．皮質領域に到達した介在神経細胞はSDF-1受容体CXCR4/7を発現しており，誘引性の分泌タンパク質であるSDF-1（CXCL12）が分布する辺縁帯および中間帯内を接線移動しながら水平方向へ広がる[17,18]．介在神経細胞のSDF-1応答性は発生の進行にともなって消失し，辺縁帯と中間帯を離脱して皮質板へと進入する．皮質板ではコネキシン43依存的に放射状グリアと接着して法線移動し，皮質層内の特定位置に到達して移動を完了する[19]．このようなSDF-1を介した皮質進入の制御は，対応する興奮性神経細胞の皮質内配置が完了するまで抑制性神経細胞を待機させるためだと考えられている．なお，抑制性介在神経細胞の移動はリーリンには依存しない[20]．

(c) 嗅球の抑制性介在神経細胞

脳前端の嗅球のGABA陽性抑制性神経細胞である顆粒細胞と傍糸球細胞は，外側基底核原基（lateral ganglionic eminence；LGE）の一部から派生した脳室下帯（subventricular zone；SVZ）でつくられ，吻側移動経路（rostral migratory stream）に乗って嗅球へ運ばれる．この移動は放射軸とは直角であるため接線移動と括られるが，大脳皮質の抑制性介在神経細胞の終脳腹側から背側への接線移動とも直交する方向である（図23.3 c）．嗅球の抑制性神経細胞の産生は成体まで続き，神経前駆細胞として分裂しながら嗅球へ移動する．移動する神経前駆細胞は数珠状に連なり，ギャップジャンクションで結合したアストロサイトが形成するトンネルのなかを流れるように移動する（図23.3 d）．神経前駆細胞同士もギャップジャンクションや細胞接着分子を介して結合し，互いを足場として連鎖移動（chain

migration）する．

脳室下帯で産生された神経前駆細胞は，反発性のガイダンス分子であるスリット（Slit）1，2により吻側移動経路へ誘導される．脈絡叢（colloid plexus）および中隔（septum）から脳室へと分泌されたスリット1，2は，脳室壁に存在する上衣細胞の繊毛が生み出す脳脊髄液の流れに乗って，脳室下帯に前後方向の濃度勾配を形成する[21]．神経前駆細胞が吻側移動経路内に入ると，神経前駆細胞がスリット1を発現し，受容体Roboを発現するアストロサイトの分布や形態を制御して移動経路であるトンネル構造を維持する[22]．

23.2.2　小脳顆粒細胞

小脳の興奮性神経細胞である小脳顆粒細胞は，脳発生過程において特徴的な二相性移動を示し，古くから神経細胞移動のモデルとして研究されてきた（図23.4）[23]．小脳顆粒細胞の前駆細胞は脳室帯の幹細胞から誕生したのち，分裂を繰り返しながら小脳原基の表層を覆うように分布する．生後発生期に顆粒細胞に分化すると冠状（脳の左右）方向に将来軸索となる双極性の突起を伸ばし，小脳軟膜に対して水平方向に接線移動する．その後，双極性の軸索と垂直方向に新たな先導突起を形成し，バーグマングリアの放射状線維に沿って法線移動して小脳皮質深層に到達する[24]．小脳顆粒細胞の二相性移動は，細胞内シグナルの相互作用で巧妙に制御される．接線移動中の細胞はCXCR4を発現し，軟膜から分泌されるSDF-1の誘引作用により表層付近に繋ぎ止められるが，エフリン（ephrin）のシグナルによってSDF-1シグナルが阻害されることで深層への法線移動を始める[25,26]．また，タイトジャンクションの構成タンパク質であるJAM-Cが顆粒細胞とバーグマングリア線維の接着を促進することで接線移動から法線移動への転換を引き起こすことも報告されている[27]．JAM-Cの細胞表面への発現は極性タンパク質で

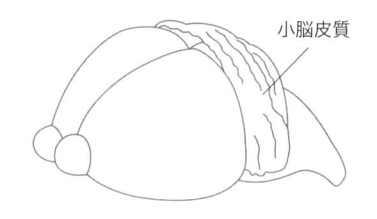

顆粒細胞前駆細胞
外顆粒層
SDF-1による誘引
分化
接線移動
方向転換
分子層
エフリンシグナルによる
SDF-1の阻害
JAM-Cによるグリア線維
への結合
法線移動
バーグマングリア
軸索
内顆粒層
移動完了

図 23.4　小脳顆粒細胞の二相性移動
小脳皮質の最表層である外顆粒層で産生され
た小脳顆粒細胞は層構造に平行に双極性の突
起を伸ばしながら接線移動を行う．その後，
顆粒細胞はそれまでの移動方向とは垂直に第
三の突起を伸長させ，バーグマングリア線維
に沿って法線移動を行って皮質深部の内顆粒
層へと到達する．移動時の先導突起と尾突起
は移動終了後，Ｔ字型の軸索となる．

ある Pard3A により制御される．未分化な細胞
では Pard3A は E3 ユビキチンリガーゼ Siah の
作用により分解されるが，発生の進行とともに
Siah の発現が低下すると Pard3A が細胞内に蓄
積し JAM-C の細胞表面への発現が促進されるこ
とが示されている．

23.3　神経細胞の核移動を駆動する分子メカニズム

　神経細胞は外部の環境に応答して移動方向に先
導突起を伸ばしたのち，その方向へ核移動を行う．
核は細胞中最も大きな運搬物であり，アクチンお
よび微小管と関連モーター分子が駆動する力で運
ばれる．ここでは現在提唱されている複数の核移
動モデルについて，細胞骨格系およびモーター
分子の役割に着目して紹介する（Key Chemistry
参照）．

23.3.1　微小管

　神経細胞核移動の分子基盤に関する初期の知
見は，脳形成不全を伴う先天性疾患の遺伝学的
解析から得られた．Miller-Dieker 症候群の患
者では神経細胞移動の不全から大脳皮質の表面
積が拡大せず，脳溝（表面の皺）が消失している
（type-I lissencephaly；I 型滑脳症）．患者の
ゲノムにおいて第 17 番染色体に存在する LIS1
（lissencephaly-1）遺伝子が欠失していることが
見出され[28]，その後の研究で LIS1 はコウジカビ
の菌糸内核移動の制御分子で，微小管モータータ
ンパク質ダイニン結合分子 NudF（ADP リボー
ス脱リン酸化酵素）と高い相同性をもつことが判
明した[29]．現在，LIS1 はダイニンを微小管上に
固定する機能をもつと考えられている[30,31]．

　典型的な細胞において微小管は中心
体（centrosome）または微小管形成中心
（microtubule organizing center；MTOC）を重
合核として細胞周辺に向かってプラス端を配向し
て放射状に伸長している．移動中の神経細胞では
中心体は核の前方側に局在し，先導突起へ微小管
束を伸長する一方，後方では核を取り囲む微小管
構造を形成する（図 23.5 a）[32,33]．核移動では，ま
ず微小管関連タンパク質 APC（Adenomatous
Polyposis Coli）やダイニンを介して先導突起と

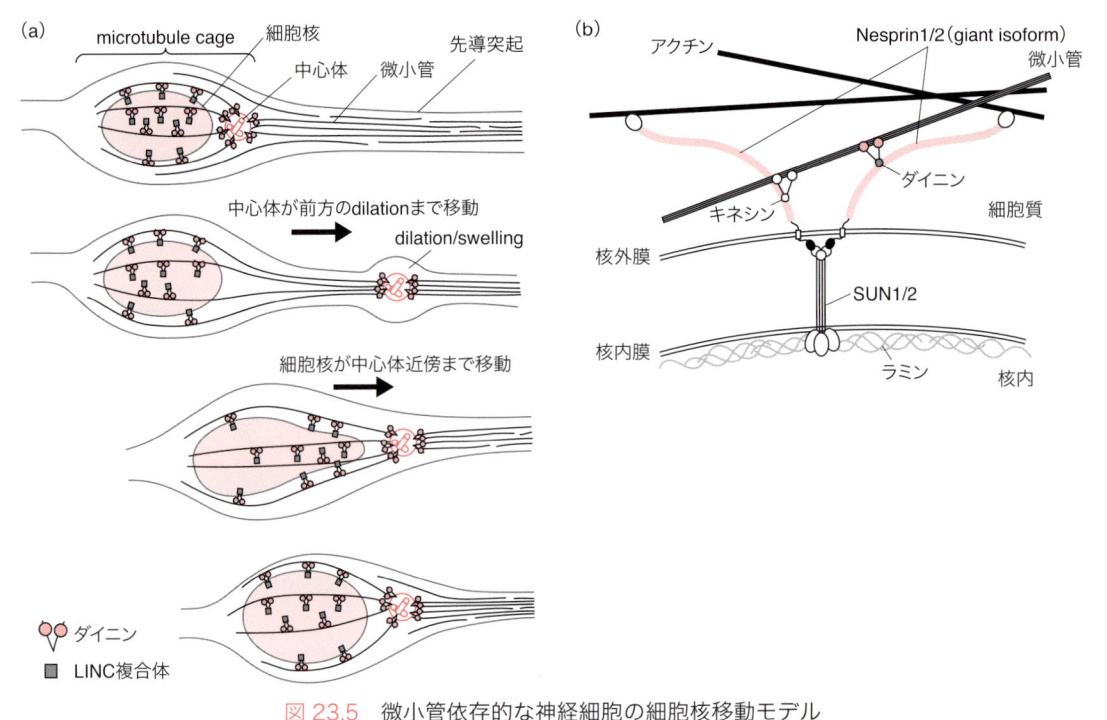

図 23.5　微小管依存的な神経細胞の細胞核移動モデル

(a) 移動中の神経細胞では微小管形成中心である中心体が細胞核の前方に存在する．中心体は細胞核の移動に先行して先導突起内に形成された膨潤部 (swelling/dilation) へと前進する．その後，中心体から核に対して伸長した微小管骨格に沿って，ダイニンモータータンパク質依存的に核が前方へと牽引されると考えられている．(b) LINC (linker of nucleoskeleton and cytoskeleton) 複合体．核外膜に存在し細胞骨格との相互作用を担う KASH ドメインタンパク質（図中：Nesprin1/2）と核内膜に存在し核膜の裏打ちタンパク質である核ラミンと結合する SUN ドメインタンパク質（図中：SUN1/2）から成る．KASH ドメインタンパク質は複数種類存在しており，微小管やアクチン，モータータンパク質など多数の分子が結合する．

結合した微小管が中心体を前方へと牽引する[34,35]．続いて細胞核が LIS1 およびダイニン関連分子の働きで微小管マイナス端が集束する中心体近傍へと移動する[36,37]．ただし小脳顆粒細胞では一時的に核が中心体を追い抜いて前方へ移動する事例が報告されており[38]，必ずしも中心体自身が核牽引の動力源となるわけではない．核膜に発現する LINC 複合体(Linker of Nucleoskeleton and Cytoskeleton) は各種細胞骨格と結合するが（図 23.5 b），移動する神経細胞において LINC 複合体とダイニンの結合が微小管依存的核移動に必要であることが示唆されている[39]．

23.3.2　アクチン

　微小管による細胞核移動モデルが提唱される一方で，アクチン骨格系の制御も核移動に必須である．アクチンの脱重合化剤 (Cytochalasin B や Latrunculin A)，重合化促進剤(Jasplakinolide) またはアクチン依存性モータータンパク質である非筋細胞型ミオシン II の阻害剤 Blebbistatin を移動中の神経細胞に投与すると核移動が即座に停止する[32,40,41]．核移動と先導突起伸展の阻害に必要な Blebbistatin の有効濃度が異なることから，ミオシン II は突起伸長と核移動を個別に制御すると示唆される．アクトミオシンの作用機序には複数の作業仮説があり，アクチンおよびミオシン II が核の後方に集積し，収縮により核を後方から押し出すという説[40-42]，核の前方に集積しミオシン II 依存的なアクチン線維の流動により核を牽引するという説[43]，先導突起先端でアクチンが

発生する力が核移動を制御するという説などが提唱されている[44]. アクチンと細胞核は，微小管骨格系と核の結合を介して間接的に相互作用する可能性があるが，線維芽細胞では LINC 複合体とアクチンの結合が核の動きを制御するという報告があり，神経細胞でも直接相互作用する可能性もある(図 23.5 b)[45]. アクチン骨格系は微小管と協働的に作用し，細胞形態やステージにより複数の機能を発現すると考えられる．

23.4 細胞骨格のダイナミクスを制御する分子群

現在，細胞骨格ダイナミクスの制御を介して神経細胞に影響を及ぼす分子は数多く同定されており（図 23.6），そのうちのいくつかは脳形成不全を伴う神経疾患にも深く関与している．ここでは，とくに重要と思われるものについて解説を行う．

23.4.1 ダブルコルチン

ダブルコルチン(DCX)はヒトの X 連鎖型滑脳症である皮質下帯状異所性灰白質(subcortical band heterotopia，または double cortex syndrome)

の原因として見つかった微小管関連タンパク質(microtubule associated protein；MAP)であり，幼若な神経細胞に特異的に発現し，微小管の安定化に寄与する[46,47]. また，ニューラビン-Ⅱやスピノフィリンを介してアクチンと相互作用し，微小管骨格とアクチン骨格の架橋役を担う可能性が示されている[48,49]. マウスでは DCX と高い相同性をもつ DCX 様キナーゼ(DLCK)が相補的に機能する[50]. DCX の微小管結合能は CDK5，PKA，MARK，JNK などのキナーゼ群によるリン酸化で制御され，先導突起の形成および細胞核移動を調節する[51-55].

23.4.2 CDK5

CDK5（サイクリン依存性タンパク質キナーゼ 5）は神経細胞において豊富に発現しているセリンスレオニンキナーゼであり，ノックアウトマウスが皮質形成不全の表現形を示すことから，神経細胞移動への関与が明らかになった[56,57]. CDK5 の活性化には活性調節サブユニットとなる p35 もしくは p39 との結合が必要であり（p35，p39 はほかのサイクリンとの相同性をもたない），p35/p39 ダブルノックアウトマウスは CDK5

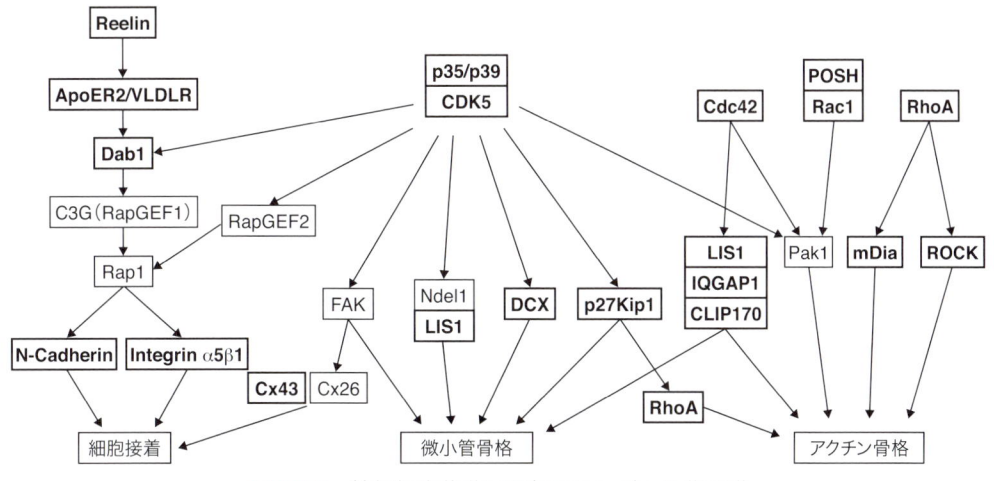

図 23.6 神経細胞移動に関与するシグナル分子群
これまでに神経細胞移動に関与することが報告されている分子シグナル経路の抜粋．多数のシグナル経路が細胞骨格ダイナミクスや細胞接着機構を制御している．本文中で言及した分子については太字で示した．

Key Chemistry　　細胞骨格とモータータンパク質

モータータンパク質は微小管やアクチン細胞骨格の線維上を移動することにより物質の輸送や細胞形態変化のための力の発生を行う．微小管上を移動するモータータンパク質としてキネシンおよびダイニンファミリータンパク質，アクチン骨格上を移動するものとしてミオシンファミリータンパク質が知られている（図a）．多くのモータータンパク質に共通して細胞骨格に結合するheadドメインと二量体形成に必要なtailドメインが存在する．二量体中の二つのheadドメインはATPの加水分解エネルギーによりタンパク質構造を変化させ細胞骨格への結合力を増減させることで，細胞骨格上を"歩く"ことができる．モータータンパク質の歩行は指向性を示し，キネシンファミリー分子は概して微小管のプラス端方向へ，ダイニンファミリー分子はマイナ

ス端方向へと移動する．ダイニン分子は結合分子を介して形質膜などの構造と結合することで逆に微小管骨格自体を牽引することもあり，コウジカビの生殖管で見られる核移動では，細胞膜に保定されたダイニンが微小管をスライドさせて核を牽引すると考えられている（図b）．LIS1はダイニンのATPaseであるリング構造に結合し，スライド活性を抑えて微小管との結合を安定化させると考えられている．またミオシンⅡは2量体がさらに逆平行に結合した構造をつくる．両端に存在するheadドメインは同時に異なる2本のアクチン線維と結合し，それらを互いに引き寄せることでアクチン骨格構造を収縮させる（図c）．このようなアクチン骨格の収縮は細胞の形態変化や移動などに寄与することが知られている．

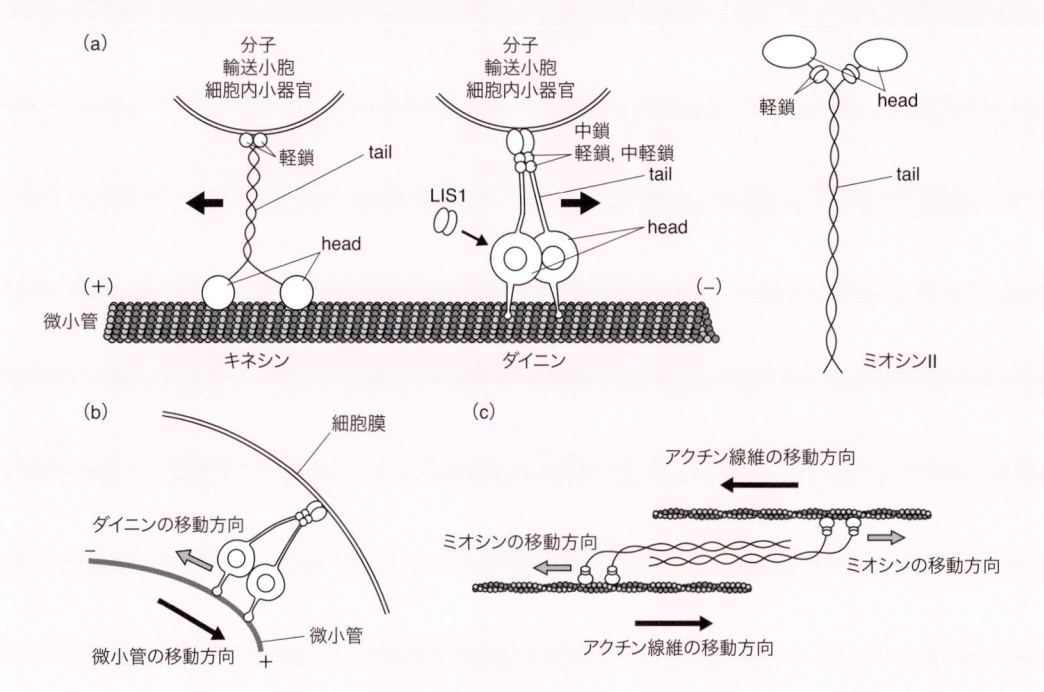

図　さまざまな細胞骨格モータータンパク質
（a）微小管モータータンパク質であるキネシン，ダイニンと代表的なアクチンモータータンパク質であるミオシンⅡ．構造的な共通点として，tailドメインとheadドメインをもつ重鎖と，モーター活性の調節や積荷との結合を担う中鎖，中軽鎖，軽鎖などから成る．キネシンは微小管のプラス端側，ダイニンはマイナス端側にそれぞれ選択的に移動する．LIS1はダイニンのheadドメインに結合し，ダイニンの機能を制御する．（b）ダイニンは物質の輸送に関与するだけでなく，形質膜に結合することで微小管自体を牽引する．（c）ミオシンⅡ分子はtailドメインを介して逆平行に結合することで複数のアクチン線維を引き寄せ，細胞の収縮力を生み出す．

ノックアウトマウスと同様の表現形を示す[58]. CDK5 は非常に多数の細胞骨格関連タンパク質をリン酸化し, これらの分子を協調的に制御することで先導突起形成と神経細胞移動を調節すると考えられている[59–63]. その一つ, サイクリン依存性キナーゼ阻害タンパク質である p27Kip1 は最終分裂後の神経細胞において CDK5 によるリン酸化を受けて安定化する. p27Kip1 は RhoA シグナル経路を介してミオシン II やアクチン脱重合促進因子であるコフィリンを抑制するほか, 微小管に結合し微小管の重合を促進する[64,65].

23.4.3 フィラミン A

FLNA は X 染色体連鎖型の脳形成障害である脳室周囲結節性異所性灰白質 (periventricular nodules heterotopia) の原因遺伝子である[66,67]. その翻訳産物であるフィラミン (filamin) A は細胞内で 2 量体を形成し, アクチン線維間を架橋することでメッシュ状のアクチン構造を安定化させる. フィラミン A は脳室帯の神経幹細胞ではフィラミン A 結合タンパク質 (FILIP) により分解され, その発現量が低く抑えられており, 神経細胞に分化すると上昇する[68]. 大脳皮質において多極性移動する神経細胞が双極性形態に分化する過程にフィラミン A の発現調節が重要であることが示されている[69,70]. また, フィラミン A は Arf1 特異的なグアニンヌクレオチド交換因子 (guanine nucleotide exchange factor；GEF) である BIG2 (Brefelsin A-inhibited guanine exchange factor 2)の局在を制御することで小胞輸送に関与することも示唆されている[71].

23.4.4 Rho ファミリー GTPase

Rho ファミリー GTPase のメンバーである Rac1, Cdc42, RhoA は多くの移動細胞において細胞骨格系の制御に関与する. 神経細胞移動においても Rho GTPase およびそのエフェクター分

子の関与が数多く報告されている[72].

胎生期の大脳皮質興奮性神経細胞にドミナントネガティブ型 Rac1 の強制発現もしくは RNAi 法による Rac1 の発現抑制を行うと中間帯において先導突起の形成不全が起こり, 移動が阻害される[73,74]. また POSH (plenty of SH3) と呼ばれるタンパク質は活性型の Rac1 と特異的に結合し, Rac1 を先導突起の根元に局在させる. Rac1-POSH はアクチンダイナミクスを制御することで先導突起の根元に拡張部 (dilation もしくは swelling) をつくり, 前進しようとする中心体および細胞核の進入を促すと考えられている[40,41,74]. ドミナントネガティブ型 Cdc42 も大脳皮質興奮性神経細胞の移動を障害するが, その効果は Rac1 に比べて弱い. また Rac1 は細胞膜上に局在するのに対して, Cdc42 は中心体近傍に集積する傾向がある[75]. 小脳顆粒細胞においては, Cdc42 は Ca^{2+} 依存的に LIS1, IQGAP1, CLIP-170 と複合体を形成することが報告されている. IQGAP1 がアクチン線維と結合する一方, CLIP-170 が微小管のプラス端に結合することで, 微小管とアクチンを架橋する役割を担っていると考えられている[76].

RhoA のエフェクター分子の一つである Rho キナーゼ (ROCK) はミオシンホスファターゼを阻害することでミオシン II の活性を上昇させる. 小脳顆粒細胞や嗅球の神経芽細胞を ROCK 阻害剤処理すると移動が抑制される[44,77]. また, アクチン重合因子として知られる RhoA のエフェクター分子 mDia1/3 (哺乳類 diaphanous ホモログ) は大脳皮質抑制性神経細胞や嗅球神経芽細胞の接線移動に関与する. mDia1/3 をともに欠失した細胞では核前方のアクチン流が見られず, 中心体の移動も抑制される[77]. その一方で多くの分子が RhoA の活性を抑制することによって神経細胞移動を促進することも報告されている. Rho GTPase のメンバーである Rnd2/3 は, RhoA の

活性を抑制することで，それぞれ大脳皮質興奮性神経細胞の多極性形態から双極性形態への転換およびロコモーション移動を促進する[78,79]．すなわち移動の各ステップで RhoA 活性が時空間的に厳密に制御されることが示唆される．生体内では RhoA の相同分子である RhoB/C が相補的に神経細胞移動に関与する可能性も示唆されている[80]．

23.5　神経細胞の移動と停止を制御するシグナル機構

移動中の小脳顆粒細胞の細胞体ではトランジェントな（transient，一過的）Ca^{2+} 濃度上昇が断続的に観察される[81]．この Ca^{2+} トランジェントの発生頻度は，細胞が目的地付近に到達すると低下することや，Ca^{2+} キレート剤を投与して抑制すると細胞移動が阻害されることから，移動の継続と停止を制御すると考えられている[82]．

大脳皮質の抑制性神経細胞においても移動中に Ca^{2+} トランジェントが見られる．移動中の抑制性神経細胞では細胞内の Cl^- イオン濃度が高く維持されているため，組織中に遊離した GABA により $GABA_A$ 受容体が開口すると成熟した神経細胞とは逆に脱分極が起こる．この脱分極により電位依存性 Ca^{2+} チャネル（VDCC）が開き，Ca^{2+} 流入が起こって移動が促進する．一方，目的地付近に到達した抑制性神経細胞は分化に伴って K^+-Cl^- 共トランスポーター（KCC2）の発現を開始する．KCC2 は細胞内 Cl^- イオン濃度を低下させて Ca^{2+} トランジェントを抑制し，細胞の移動を終了させる[83]．

神経細胞移動における Ca^{2+} シグナルの機能は複雑であり，小脳顆粒細胞においては先導突起先端から細胞体への Ca^{2+} 流入が移動を負に制御するという報告もある．反発性のガイダンス因子であるスリット 2 を顆粒細胞の先導突起先端に投与すると突起先端から Ca^{2+} が伝播し，細胞体に

到達すると細胞は移動を停止して逆方向へ先導突起を伸ばして再び移動を始める[84]．また，大脳皮質興奮性神経細胞において人為的に Ca^{2+} トランジェントの発生頻度を高めると，細胞は皮質の最終目的地に到達する前に移動を停止し樹状突起の形成を始めることが報告されている[85]．

23.6　おわりに

神経細胞移動は非常に動的かつ複合的な過程であり，各ステップで多様な分子の発現と機能が緻密な時空間的制御を受ける必要がある．現在，発生期の大脳皮質や小脳皮質については多くの研究がなされているが，その他の脳領域や成体で細胞移動がどのような制御を受けるかは未解明の部分が多い．また，紙面の関係で取り上げなかった多くの分子を含め，シグナル活性の時空間ダイナミクスの正確な理解は今後の課題である．

脳形成異常の原因遺伝子の機能解析でおもに用いられているげっ歯類の脳は，ヒトの脳に比べてはるかに単純であり，細胞構成や移動制御に明確な違いがあることが明らかになってきている．近年，ヒト ES 細胞や iPS 細胞を用いて *in vitro* 下で脳組織を構築する手法が急速に進展しており，ヒト特異的な神経細胞移動の分子機構を実験的に検証することも可能になりつつある．

（梅嶋宏樹・見学美根子）

■■■■■■■　**文　　献**　■■■■■■■

1) J. C. Edmondson & M. E. G. Hatten, *J. Neurosci.*, **7**, 1928 (1987).
2) H. Tabata & K. Nakajima, *J. Neurosci.*, **23**, 9996 (2003).
3) B. Nadarajah et al., *Nat. Neurosci.*, **4**, 143 (2001).
4) M. Torii et al., *Nature*, **461**, 524 (2009).
5) K. Sekine et al., *J. Neurosci.*, **31**, 9426 (2011).
6) G. D'Arcangelo et al., *Nature*, **374**, 719 (1995).
7) S. Hirotsune et al., *Nat. Genet.*, **10**, 77 (1995).
8) M. Ogawa et al., *Neuron*, **14**, 899 (1995).
9) K.-I. Kubo et al., *J. Neurosci.*, **30**, 10953 (2010).

10) Y. Jossin & J. A. Cooper, *Nat. Neurosci.*, **14**, 697 (2011).

11) L. A. B. Elias et al., *Nature*, **448**, 901 (2007).

12) T. Kawauchi et al., *Neuron*, **67**, 588 (2010).

13) K. Sekine et al., *Neuron*, **76**, 353 (2012).

14) D. H. Tanaka et al., *J. Neurosci.*, **29**, 1300 (2009).

15) O. Marin et al., *Science*, **293**, 872 (2001).

16) N. Flames et al., *Neuron*, **44**, 251 (2004).

17) M.-C. Tiveron et al., *J. Neurosci.*, **26**, 13273 (2006).

18) J. A. Sánchez-Alcañiz et al., *Neuron*, **69**, 77 (2011).

19) L. A. B. Elias et al., *J. Neurosci.*, **30**, 7072 (2010).

20) R. Pla, et al., *J. Neurosci.*, **26**, 6924 (2006).

21) K. Sawamoto et al., *Science*, **311**, 629 (2006).

22) N. Kaneko et al. *Neuron*, **67**, 213 (2010).

23) E. F. Ryder & C. L. Cepko, *Neuron*, **12**, 1011 (1994).

24) K. Kawaji et al., *Mol. Cell Neurosci.*, **25**, 228 (2004).

25) Q. Lu et al., *Cell*, **105**, 69 (2001).

26) Y. Zhu et al., *Nat. Neurosci.*, **5**, 719 (2002).

27) J. K. Famulski et al. *Science*, **330**, 1834 (2010).

28) O. Reiner et al., *Nature*, **364**, 717 (1993).

29) X. Xiang et al., *Mol. Biol. Cell*, **6**, 297 (1995).

30) M. Yamada et al., *EMBO J.*, **27**, 2471 (2008).

31) J. Huang et al., *Cell*, **150**, 975 (2012).

32) R. J. Rivas & M. E. Hatten, *J. Neurosci.*, **15**, 981 (1995).

33) T. Tanaka et al., *J. Cell Biol.*, **165**, 709 (2004).

34) J.-W. Tsai et al., *Nat. Neurosci.*, **10**, 970 (2007).

35) N. Asada & K. Sanada, *J. Neurosci.*, **30**, 8852 (2010).

36) D. J. Solecki et al., *Nat. Neurosci.*, **7**, 1195 (2004).

37) L.-H. Tsai & J. G. Gleeson, *Neuron*, **46**, 383 (2005).

38) H. Umeshima et al., Proc. Natl. Acad. Sci. USA, 104, 16182 (2007).

39) X. Zhang et al., *Neuron*, **64**, 173 (2009).

40) A. Bellion et al., *J. Neurosci.*, **25**, 5691 (2005).

41) B. T. Schaar & S. K. McConnell, *Proc. Natl. Acad. Sci. USA*, **102**, 13652 (2005).

42) F. J. Martini & M. Valdeolmillos, *J. Neurosci.*, **30**, 8660 (2010).

43) D. J. Solecki et al., *Neuron*, **63**, 63 (2009).

44) M. He et al., *J. Neurosci.*, **30**, 10885 (2010).

45) G. W. Luxton et al., *Science*, **329**, 956 (2010).

46) F. Francis et al., *Neuron*, **23**, 247 (1999).

47) J. G. Gleeson et al., *Neuron*, **23**, 257 (1999).

48) M. Tsukada et al., *J. Biol. Chem.*, **280**, 11361 (2005).

49) S. L. Bielas et al., *Cell*, **129**, 579 (2007).

50) H. Koizumi et al., *Neuron*, **49**, 55 (2006).

51) J. Bai et al., *Nat. Neurosci.*, **6**, 1277 (2003).

52) H. Koizumi et al., *Nat. Neurosci.*, **9**, 779 (2006).

53) T. Tanaka et al., *Neuron*, **41**, 215 (2004).

54) B. T. Schaar et al., *Neuron*, 41, 203 (2004).

55) J. Jin et al., *Devel Neurobio*, **70**, 929 (2010).

56) T. Ohshima et al., *Proc. Natl. Acad. Sci. USA*, **93**, 11173 (1996).

57) E. C. Gilmore et al., *J. Neurosci.*, **18**, 6370 (1998).

58) J. Ko et al., *J. Neurosci.*, **21**, 6758 (2001).

59) T. Ohshima et al., *Development*, **134**, 2273 (2007).

60) Y. Hirota et al., *J. Neurosci.*, **27**, 12829 (2007).

61) H. Umeshima & M. Kengaku, *Mol Cell Neurosci.*, **52**, 62 (2013).

62) Y. V. Nishimura et al., *Development*, **141**, 3540 (2014).

63) T. Kawauchi, *Dev. Growth Differ.*, **56**, 335 (2014).

64) T. Kawauchi et al., *Nat. Cell Biol.*, **8**, 17 (2006).

65) J. D. Godin et al., *Dev. Cell*, **23**, 729 (2012).

66) J. W. Fox et al., *Neuron*, **21**, 1315 (1998).

67) S. P. Robertson et al., *Nat. Genet.*, **33**, 487 (2003).

68) T. Nagano et al., *Nat. Cell Biol.*, **4**, 495 (2002).

69) T. Nagano et al., *J. Neurosci.*, **24**, 9648 (2004).

70) M. R. Sarkisian et al., *Neuron*, **52**, 789 (2006).

71) J. Zhang et al., *J. Neurosci.*, **33**, 15735 (2013).

72) R. Azzarelli et al., *Front. Cell. Neurosci.*, **8**, 445 (2014).

73) T. Kawauchi et al., *EMBO J.*, **22**, 4190 (2003).

74) T. Yang et al., *Cell Rep.*, **2**, 640 (2012).

75) D. Konno et al., *J. Biol. Chem.*, **280**, 5082 (2005).

76) S. S. Kholmanskikh et al., *Nat. Neurosci.*, **9**, 50 (2005).

77) R. Shinohara et al., *Nat. Neurosci.*, **15**, 373, S1 (2012).

78) J. I.-T. Heng et al., *Nature*, **455**, 114 (2008).

79) E. Pacary et al., *Neuron*, **69**, 1069 (2011).

80) S. Cappello et al., *Neuron*, **73**, 911 (2012).

81) H. Komuro & P. Rakic, *Neuron*, **17**, 275 (1996).

82) T. Kumada & H. Komuro, *Proc. Natl. Acad. Sci. USA*, **101**, 8479 (2004).

83) D. Bortone & F. Polleux, *Neuron*, **62**, 53 (2009).

84) C.-B. Guan et al., *Cell*, **129**, 385 (2007).

85) Y. Bando et al., *Cerebral Cortex*, **26**, 106 (2016).

神経発火の異常とてんかん

Summary

　神経活動の異常な過興奮であるてんかん発作は，神経回路の興奮と抑制のバランスが乱れることから生じると考えられてきた．その考え方は基本的に正しいとされているが，てんかん発作の特徴である「ときたま」「突然」起きるという現象の機序はまだ十分に説明されていない．近年数多くのてんかん関連遺伝子が同定され，それらに対応して開発されたモデル動物を用いて，細胞・神経回路レベルにおけるてんかん発作の発生機序の研究が進められている．その結果，てんかん発作が現れるには複数の要素が関与し，たとえば神経細胞の興奮性だけではなく神経連絡のパターンや障害後の神経線維の分枝やシナプス形成などが関係していることがわかった．そのため，おもにイオンチャネルを標的として神経細胞の興奮性を抑えることを目指していた従来の抗てんかん薬に替わって，従来とは異なる作用機序による抗てんかん治療の開発が望まれている．

24.1　はじめに

　てんかん（epilepsy）は古代から知られている疾患で，紀元前400年頃のヒポクラテスによる記述[*1]が有名である．近代的なてんかんの検討は，19世紀にイギリスのJ. H. Jacksonにより始められたとされている．Jacksonはてんかん発作時に意識が損なわれるだけでなく，腕の動きなどの局所症状が伴うこと（Jacksonian march）を見出し，局所的な発作から全般発作に進展する症例を観察した．

24.1.1　てんかん発作

　発作（seizure）とは神経活動の異常な過興奮により脳の機能が一時的に途絶えることである．てんかんはそのような発作が慢性的に繰り返して生じる状態をいう．発作という言葉はほかにも用い

られることが多いため，てんかんによる発作はてんかん発作（epileptic seizure）と呼ぶ場合が多い．

　てんかん発作は通常突然生じ，数秒から数分以内に消失する．症状は四肢の運動，視野内のフラッシュ光，臭い感覚，意識消失などさまざまで，これはてんかん発作にかかわる脳の部位を反映しており，同じかたちで繰り返されることが多い．なお，5～10分で発作が終わらない状態はてんかん発作重積状態（status epileptics）と呼び，全身麻酔下での呼吸管理などの救命集中治療を必要とする．

24.1.2　てんかんの分類

　臨床的なてんかんの分類は単純ではない．現在，国際抗てんかん連盟（ILAE）の「てんかん発作型分類」（1981，2010改訂提案版）と「てんかん症候群および関連発作性疾患の分類」（1989，2010改訂提案版）が用いられている[1]．発作型分類の基本的な考え方は，異常活動が局所的に始まるか（焦点発作もしくは部分発作），あるいは全般的に始

［*1］　当時神がかり的疾患と考えられていたてんかんについて，ヒポクラテスは著書『神聖病について』で脳が原因で生じると提唱した．

表 24.1　てんかん発作型分類

焦点発作もしくは部分発作	海馬 大脳皮質
全般発作	Tonic–clonic (in any combination) 強直，間代発作（すべての組み合わせ） Absence 欠神発作 　Typical 定型欠神発作 　Atypical 非定型欠神発作 　Absence with special features 特徴を有する欠神発作（Myoclonic 　　absence ミオクロニー欠神発作，Eyelid myoclonia 眼瞼ミオクロニー） Myoclonic ミオクロニー発作 　Myoclonic ミオクロニー発作 　Myoclonic atonic ミオクロニー脱力発作 　Myoclonic tonic ミオクロニー強直発作 Clonic 間代発作 Tonic 強直発作 Atonic 脱力発作
分類不明の発作	Epileptic spasms てんかん性スパスムス

文献 21）より改編．和訳が，http://www.ilae.org に掲載されている．

まるかであり（全般発作），この二つの大別は治療薬の選択にも反映される（表 24.1）．局所的に始まる部位としては海馬，大脳皮質が主要な部位である．一方，全般発作では左右の大脳半球で同時に異常活動が始まるので，その原因は脳の中心部もしくは脳幹部が関与すると想定されている[*2]．

24.1.3　てんかん研究の重要性

てんかんは患者数の多い疾患で，有病率は総人口の 0.5 ～ 1%とされている．発症率は 3 歳以下に多く，成人になると発病者は減るが，60 歳を超えると脳血管障害などを原因とする発病が増加する．てんかんには薬物療法，外科治療などの治療が行われるが，患者の約 20%はコントロールが十分でなく，難治性てんかんと呼ばれる．現在用いられている抗てんかん薬の多くは，イオンチャネルに作用し神経細胞の興奮性を抑えることによって発生を抑えているが，単一のイオンチャネルに作用するというよりは，複数のターゲット分子に作用する．また作用機序が必ずしも明らか

になっていない薬剤もある．

神経細胞の興奮性を抑える薬剤は必然的に眠気やふらつきなどを引き起こしやすい．それぞれ副作用（たとえばフェニトインでは歯肉増殖，バルプロ酸では高アンモニア血症）もあり，従来の薬剤とは作用機序の異なる新たな抗てんかん薬の開発が進められている．

24.1.4　てんかんの診断・解析

てんかん発作は必ずしも動作に反映されるわけではない．そのため，診断・解析には脳波測定が不可欠である．ヒトの臨床の検査室内で用いられる脳波測定には，国際 10-20 法と呼ばれる頭皮上の 20 か所の電極配置が用いられる．電位の大きさは数十 μV である．行動中や作業中の脳波測定には電極数の少ない方法が用いられることがある．ただし，動作中は筋電図やその他の外部からのノイズが問題になる．脳波で調べることは異常活動の発生部位（焦点），広がり方，異常活動の周波数帯域などで，すなわち脳のどこから異常な活動が始まり，どのように広がるかである．

マウスやラットの場合，脳波の測定には頭皮電極ではなく，頭蓋内の埋め込み電極がよく用いら

---

*2　代表的な全般発作である欠神発作〔absence，以前は小発作，プチマル（petit mal）痙攣と呼ばれた〕では，視床の関与が重要であるとされている．

れる．頭蓋に埋め込むことにより頭皮電極に比較して大きい電位変化を測定できるが，電極の数は左右大脳半球にそれぞれ 1 〜 2 か所程度で，異常活動の焦点の検出は困難である．

24.2　てんかん発作の発生機序

てんかんを研究するうえでの重要課題は，てんかん発作が常に起きているわけではなく，稀に突然生じることである．発作を繰り返して起こすてんかんの原因としては，脳の障害によるものと遺伝子異常によるものなどが知られている．脳の障害によるものには，出生児の脳障害，脳炎，髄膜炎，脳血管障害，脳外傷などが起因として挙げられる．遺伝子異常によるものとしては，代謝異常，神経回路形成異常，神経細胞興奮性異常などがある．

てんかん発作は，神経活動の異常な過興奮により，脳の機能が一時的に途絶えることであるから，その発生には神経活動の過興奮に陥りやすい条件があり，かつ発作の引き金があると想定される．過興奮に陥りやすい条件とは，神経細胞集団で興奮と抑制のバランスが興奮側に傾くことと考えられる．発作の引き金としては，神経細胞集団の活動の興奮抑制バランスの揺らぎか，あるいはポジティブフィードバックや脱抑制（disinhibition）などの偶発的な神経活動連鎖が考えられるが，十分には解明されていない．また脳形成異常や脳外傷の後遺症もてんかんの原因となるが，これらの脳では異常な神経回路が形成されていると考えられている．

なお γ-アミノ酪酸（GABA）は通常抑制性に働くが，幼若な神経細胞では興奮性に働く．幼若神経細胞では，Cl^- を細胞外に汲み出す K^+-Cl^- 共トランスポーター 2（KCC2）の活性が弱く，細胞内 Cl^- 濃度は高いままのため，Cl^- 電流の平衡電位は神経細胞の静止膜電位よりも 0 に近く，$GABA_A$ 受容体の活性化により脱分極を起こす．

24.2.1　実験的なてんかん発作

薬剤・電気刺激によりてんかん発作を誘発する方法が数十年前から用いられている．なかでも有名なのはカイニン酸（kainic acid）[*3] 投与とキンドリング（kindling）である．これらのてんかんモデルでは，長年にわたる多くの研究により形態から電気生理にいたるまで詳細に検討がなされており，海馬が障害の部位である側頭葉てんかんの複雑な病態生理の理解に貢献している．

(a) カイニン酸てんかん発作

カイニン酸の脳内注入は，てんかん状態を作成する方法として長年用いられている．このカイニン酸てんかん発作モデルの研究により，てんかん発作と脳の器質的障害の関係が明らかになっている．カイニン酸てんかん発作を $GABA_A$ 受容体アゴニストのベンゾジアゼピンで抑えると，海馬の障害を防ぐことができる．てんかん発作の強さは海馬 CA3 領域の障害と相関し，海馬への入力を遮断すると海馬障害が抑えられる．ここで，海馬障害は血流量を上回る活動によるものではない．てんかん発作のあと，神経線維の分枝（sprouting）が起こり，新しいシナプスが形成され，また歯状回（dentate dyrus）の顆粒細胞（granule cell）の苔状線維（mossy fiber；MF）から CA3 錐体細胞（pyramidal cell）や CA1 錐体細胞に多くのグルタミン酸作動性シナプスができることが示されている．したがってカイニン酸てんかん発作は，カイニン酸の直接的作用のみで生じるのではなく，神経細胞の過興奮により脳の障害を引き起こし，その結果として新たな神経回路

[*3]　カイニン酸は，1953 年に竹本らにより寄生虫の回虫の虫下し治療薬として使われていた海人藻の有効成分として単離同定された．1970 年代になるとカイニン酸が神経細胞を強力に脱分極させ，細胞死を引き起こすことが示され，その後カイニン酸を脳室内あるいは扁桃体に注入することで，ヒトの側頭葉てんかんに似たてんかんと脳障害を実験的につくり出すことが示された．それ以降，てんかんのモデルとして多くの研究がなされてきている[2]．

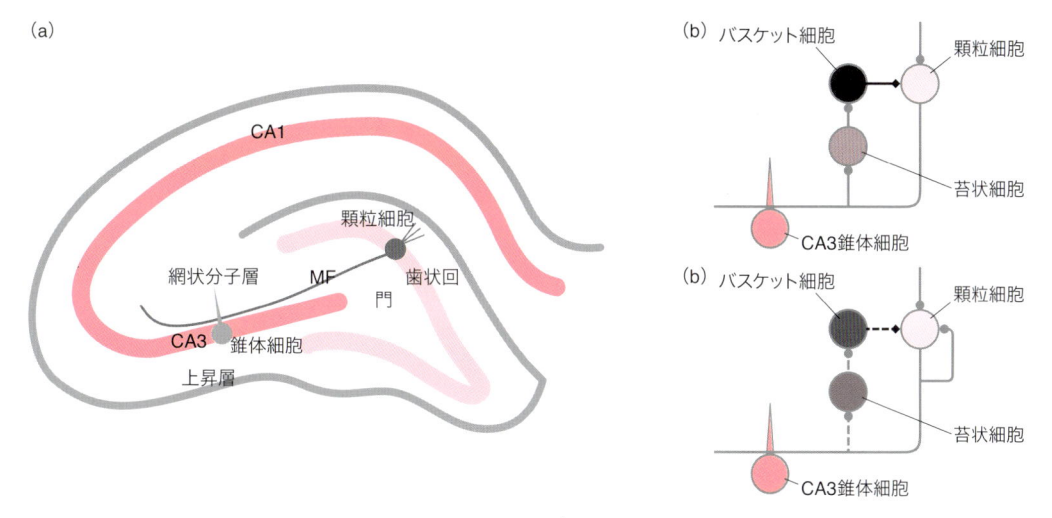

図 24.1　海馬

(a) 海馬の模式図. 海馬における異常活動の発生には，歯状回近辺の異常の関与が考えられている. (b) 海馬の外から入力を受ける歯状回の顆粒細胞は苔状線維（MF）を介して CA3 錐体細胞に情報を伝える. 顆粒細胞は歯状回門の興奮性細胞である苔状細胞と抑制性細胞のバスケット細胞によるフィードバック抑制を受ける. (c) 苔状細胞は脆弱な細胞で，さまざまな原因により細胞数が減少し，結果として抑制性バスケット細胞の活動が低下する. また MF の異常な分枝により興奮性の再帰ループ回路が形成される. このような神経回路異常がてんかん発作の発生に関与していると考えられている.

を形成し異常な神経活動を引き起こすことで生じるのである.

てんかん発作は興奮抑制のバランスの乱れから生じるという考えに基づき，抑制性神経細胞に関しても多くの研究がなされている. 海馬上昇層（stratum oriens）の抑制性神経細胞のうち網状分子層（stratum lacunosum-moleculare）に軸索を伸ばすソマトスタチン陽性抑制性細胞（O-LM 細胞）は減少し，これらの CA3 および CA1 錐体細胞樹状突起への抑制は減少するが，海馬上昇層のパルブアルブミン陽性抑制性細胞は保たれ，これらから細胞体への抑制はむしろ増加する. これと関連して，側頭葉てんかんモデルでは，歯状回の門 (hilus) にある興奮性の苔状細胞(mossy cell)が減少し，そのため苔状細胞から入力を受ける抑制性のバスケット細胞 (basket cell) の活動が低下し，結果として，バスケット細胞による顆粒細胞の抑制が減弱すると提唱されている（「居眠りバスケット細胞 dormant basket cell 説」）（図 24.1）[3,4].

(b) キンドリング

もう一つの古典的な側頭葉てんかんのモデルは弱い電気刺激を繰り返し与えることでてんかんを生じさせるキンドリングである[4,5]. Delgado と Sevillano は，発作を起こさない程度でネコの海馬を刺激（1 日あたり 100 回ほど）し，それを 15 〜 30 日繰りかえすと，発作が起きやすくなることを見出した(1961 年). その後，Goddard は低頻度刺激を扁桃体に加えることによりてんかんを起こさせることに成功した（1967 年）. キンドリングは刺激に対するてんかん発作の閾値を下げるが，通常，自発的なてんかん発作は起こさないので，自発的てんかん発作を起こすにはより多くのキンドリング刺激が必要である.

海馬キンドリングの最初の段階で，c-fos 発現[*4] で見た神経細胞の過興奮は海馬内にとどまっているが，しばらくすると c-fos 発現は梨状皮質（piriform cortex）に広がる. 梨状皮質はその部

[*4]　神経細胞の活動に伴って発現が高まるため，神経細胞活動性の指標として用いられる.

位の刺激で急速にキンドリングが起きる[4]. この
ときてんかん発作に伴って噛む・嗅ぐといった顔
の動きが見られ，これはヒトの側頭葉てんかんの
症状と似ている．キンドリングは NMDA 受容体,
AMPA 受容体といったグルタミン酸受容体に依
存している．キンドリングにより海馬歯状回顆粒
細胞の MF に分枝が起き，顆粒細胞自身にも伸
びる．これらが機能的なシナプスをつくり，興奮
性の再帰ループを形成することになる．局所回路
のシミュレーションにより分枝による再帰ループ
の形成によりてんかん発作の活動を再現するこ
とができる[6]. また，MF の分枝とキンドリング
成立の時間的経過との比較などから，MF の分枝
はてんかん発作の主原因ではなく，要因の一つ
とされている[4]. キンドリングで，海馬歯状回で
の抑制は増強する．しかし連続刺激で抑制系が持
続しなくなるとてんかん発作を起こすことになる．
神経回路の再編には，NGF, BDNF, GDNF,
NT-3 などの神経栄養因子や軸索誘導因子および
それらの受容体が関与している．

　キンドリングの研究は，てんかん発作は，ある
特定の原因に帰することはできず，イオンチャネ
ルの発現量の変化や軸索の分枝などいろいろな要
素が積み重なった結果として生じることを示して
いる．これらの研究成果から，異常な神経活動の
発生には歯状回から歯状回門付近の神経細胞と神
経回路が関与していることが明らかになってきた．

(c) その他

　実験的に動物個体もしくは脳スライス標本でて
んかん発作を起こす即効性の操作には，いくつか
方法がある．基本的な考えは興奮抑制のバランス
を極端に興奮側に傾けることであり，興奮性を
高めるか，あるいは抑制性を抑える操作を行う．
興奮性を高めるには，電位依存性 Na^+ チャネル
（Na_V）が開いたままの状態にする〔バトラコトキ
シン，アコニチン（トリカブトの主要有毒成分）〕，

グルタミン酸（Glu）のアップテーク・除去を阻害
する（TBOA など）などの方法がある．また抑制
性を抑えるには $GABA_A$ 受容体をブロックする
（ピクロトキシンなど），K^+ 電流を抑える（TEA
などの薬剤），さらに細胞外 K^+ イオン濃度を上
げて，外向き K^+ 電流を弱め，細胞内電位を脱分
極方向に変化させるといった実験方法が使われる．
低血糖状態や低酸素状態をつくり出す方法や，グ
リアと神経細胞のあいだの乳酸シャトルを利用す
る方法もある．

24.3 てんかんの原因

24.3.1 歯状回門の異所性顆粒細胞

　異常な神経活動の発生には，神経回路の変化だ
けではなく，"異常"な細胞が関与している．ヒ
トの側頭葉てんかんおよび動物モデルでは，歯状
回門に異所性に歯状回の顆粒細胞が見られる．異
所性顆粒細胞は，正常顆粒細胞と同様に透明層
（stratum lucidum）を通って CA3 錐体細胞に投
射するが，正常細胞に比べて高い確率で歯状回に
再帰枝を送る．異所性顆粒細胞のなかでも高頻度
に発火する細胞があり，未熟な性質をもっている
と思われる[7]. ラットでピロカルピン投与により
てんかん重積を起こし，2〜4か月後に正常と異
所性の顆粒細胞を調べた研究では，異所性顆粒細
胞は正常細胞に比較して静止膜電位が浅く，発火
頻度が高かった[8].

　小山らは，新生児ラットの熱性痙攣モデルで〔出
生後 11 日目（P11）に体温を 39.5〜42.5℃にす
る〕，P5 にレトロウイルスで GFP ラベルした顆
粒細胞を P60 に観察すると[9]，正常の場合 P5 に
新生した顆粒細胞は P6 にはほとんど歯状回門の
部分に位置し，P18 までに顆粒細胞層に移動す
る．しかし熱性痙攣モデルでは，およそ 4 分の
1 の細胞が歯状回門に残っていた．熱性痙攣は
$GABA_A$ 受容体の活性化を起こし，神経細胞が未

熟なために興奮性に作用し，さらに興奮性を高めることになる．その証拠として Na^+-K^+-Cl^- 共トランスポーター（NKCC1）をノックダウンし細胞内 Cl^- 濃度を下げると，異所性顆粒細胞とピロカルピンによるてんかん発作を防ぐことができた．

これらの研究成果は，とくに歯状回門の神経細胞とそれらの神経回路が異常な神経活動の発生に重要な役割を果たしていることを示している．

24.3.2　遺伝子異常によるてんかん

イオンチャネルは神経細胞の興奮性を左右することから，イオンチャネル異常はてんかん発作の原因となるであろうと想定されていた．1995年に Steinlein らにより神経系のニコチン性アセチルコリン受容体（ニコチン性受容体ともいう）$\alpha 4$ サブユニットの変異が常染色体性優性夜間前頭葉てんかん（autosomal dominant nocturnal frontal lobe epilepsy；ADNFLE）の原因であることが発表された（その後，同受容体の $\alpha 2$ サブユニットと $\beta 2$ サブユニットの変異でも ADNFLE が生じることが報告されている）．これに引き続き，K^+ チャネル，Na^+ チャネル，Ca^{2+} チャネル，$GABA_A$ チャネルなどの変異でもてんかんが起きることが報告されている[10,11]．2015 年の時点では，中国科学院北京生命科学研究所のてんかんに関係する遺伝子と変異のデータベース EpilepsyGene によると，499 の遺伝子と数千の変異が登録されている[12]．

ゲノム解析およびマウスモデルの解析が進むにつれて明らかになってきたことは，てんかん関連遺伝子は，イオンチャネル関連とは限らず，多くのものはそれら以外だということである．シナプス形成や細胞内シグナル伝達にかかわる遺伝子の変異でもてんかんが起きる．

最近研究が進んでいるいくつかの遺伝子異常によるてんかんを取り上げる．

24.3.3　電位依存性 Na^+ チャネルの変異によるてんかん

電位依存性 Na^+ チャネル（Na_V）の $\alpha 1$ サブユニット SCN1A の変異は，比較的症状の軽い全般てんかん熱性痙攣プラス（generarized epilepsy febrile seizures plus；GEFS+）から，小児発症の症状の重篤な Dravet 症候群まで，幅広いてんかんと関係している．

GEFS+ は，SCN2A，SCN1B の変異でも起きるが，SCN1A の変異による GEFS+ type2 では，100 種近い変異が報告されている．変異は不活性化の障害を起こし興奮性を高めるものが多いが，チャネルの機能をなくしたり低下させたりする変異もある[*5]．

Dravet 症候群（乳児重症ミオクロニーてんかん；severe myoclonic epilepsy in infant）は，乳幼児期に発症する重篤なてんかんで通常の抗てんかん薬が効かない．病態モデルであるマウス遺伝子 Scn1a のヘテロノックアウト(+/–)を用いた研究によると，てんかん発作はふつう海馬抑制性神経細胞が十分に活動電位を発生できないために生じるが，Dravet 症候群では抑制性の小脳プルキンエ細胞の障害のために小脳失調症が生じる[14]．Dravet 症候群ではてんかんにおける突然死（sudden unexpected death in epilepsy；SUDEP）が多く起きるが，モデルマウスの解析によると，これは強直間代発作のあとの副交感神経系活動が徐脈・心室不全を引き起こすためと考えられ，心臓の Na^+ チャネルの異常によるものとされている[15]．またモデルマウスの行動異常は大脳皮質の抑制性神経細胞の機能不全のためとされている．低濃度の $GABA_A$ 受容体アゴニストのクロナゼパム（clonazepam）投与により行動異常が改善することもわかっている[16]．

[*5]　機能欠失型 loss-of-function の変異でなぜてんかんとなるのかはわかっていない．抑制性神経細胞がとくに影響を受けるためという考え方は　つの可能性であるが，機能欠失型のチャネルがほかの Na^+ チャネルの発現調節を含め細胞の調節機能に影響を与えているためかもしれない．

24.4 欠神発作の発生メカニズム

　欠神発作は代表的な全般発作であり，通常小児の疾患である．発作は前兆なく起こり，数秒〜数十秒間意識が失われるが，発作後すぐに意識は完全に回復する．ヒトの場合脳波で特徴的な3 Hzの棘徐波発射（spike-and-wave discharge, SWD）が大脳全般に見られる（マウスの場合は5〜8 Hz程度）．GABA$_A$受容体の弱いアンタゴニストとして作用するペニシリンを大量に投与するとネコで欠神発作と同様の脳波が生じ，そのときに大脳皮質と視床で発火が同期することから，欠神発作の発生には大脳皮質と視床のいずれもが関与していると考えられている．視床には末梢からの情報を大脳皮質に情報を伝える興奮性の視床皮質神経細胞（thalamocortical neuron；TC）があり，視床の外側部には抑制性の視床網様神経細胞（thalamic reticular neuron；TRN）がある．TRNはTC神経細胞より興奮性の入力を受け，TC神経細胞に抑制性に出力する（図24.2）．

　視床にはリズムを発生する機能〔たとえば睡眠時紡錘波（sleep spindle）〕があるが，Tタイプの VDCC が重要な役割を果たしている．Tタイプ

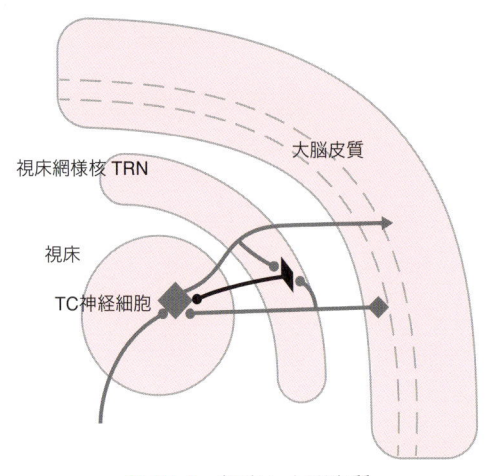

図 24.2　視床と大脳皮質

視床と大脳皮質は相互に神経線維を送り，機能的に密接につながっている．また，視床は視床網様核との相互作用により，リズムを形成することが知られている．

VDCCは，通常の静止膜電位付近で大部分が不活性化しているが，抑制性の入力により過分極すると不活性化状態から回復し，深い膜電位で活性化して神経細胞を脱分極させる．このVDCCによる脱分極は，Na$^+$チャネルによる脱分極よりもゆっくりしたものであるが，引き続きNa$^+$チャネルが活性化されてバースト状の活動電位を発生させる．このような現象はリバウンドバーストと呼ばれている．またTRNはシナプス結合で相互に抑制するとともにギャップジャンクションにより繋がっているため，同期して発火する．これらが視床の同期リズム発生機能の分子メカニズムであるとされている．TC神経細胞にはTタイプVDCCのサブタイプCa$_V$3.1が，TRNにはCa$_V$3.2とCa$_V$3.3が発現している．

　Ca$_V$3.1のノックアウトでは，薬剤（GABA$_B$受容体アゴニストなど）による欠神発作は起こりにくくなり，逆にCa$_V$3.1の発現量を増加させたトランスジェニックマウスでは，SWDが観察される[17]．

　totteringマウスなどのVDCC Ca$_V$2.1（P/Qタイプ）の変異マウスは小脳失調と欠神発作を有するが，TC神経細胞でのCa$_V$3.1の発現増加が欠神発作の原因であるとされている．このtotteringマウスでは視床大脳皮質経路でフィードフォワード抑制機能を司る大脳皮質第4層の抑制性神経細胞から錐体細胞への抑制が低下していることが知られていた．大脳皮質抑制性細胞のP/QタイプCa^{2+}チャネルα1サブユニットCa$_V$2.1を除くと，高発火頻度バスケット細胞（fast-spiking basket cell）の機能が損なわれ，全般発作を引き起こす．発作のタイプは強直間代発作，欠神発作，ミオクロニーと多様であった[18]．TC神経細胞のTタイプVDCCに変化はなかった．

　これらの研究成果を合わせて考えると，欠神発作にはTタイプVDCCの存在は不可欠であるが，必ずしも増加している必要はなく，視床と大脳皮質の異常が合わさって生じると考えられる．

24.5　代謝状態とてんかん

ここまで述べてきたように，海馬や視床がてんかん発作の発生にどのようにかかわっているかの理解は進んできている．しかし大脳皮質における興奮抑制のバランスの乱れや異常活動のトリガーがいかに生じるかについてはまだ未解明の部分が多い．しかしこれについてはもともと，神経細胞には環境が不利になったときに活動を低下させる機能があるのではないかと推測されている．たとえば十分なグルコースの供給がなくケトン体を用いて ATP を産生しなくてはならない状況で，神経細胞は活動を抑える．この性質を利用したてんかんの治療法が 1920 年代開発されたにケトン食療法であり，現在も難治性てんかんの治療法として用いられている．佐田らは脳内のグリア細胞から神経細胞に乳酸を運ぶ経路が神経細胞の電気活動の調節に関与し，神経細胞に運ばれた乳酸をピルビン酸に変換する乳酸脱水素酵素 LDH を阻害することにより神経細胞が過分極して，その結果電気活動を抑えることを示した[19]．さらに Dravet 症候群の治療薬として最近承認されたスチリペントールが LDH 阻害剤であることを見出し，スチリペントールを改変することにより強力な抗てんかん作用のある誘導体イソサフロールをつくり出した．このてんかん治療の戦略は，細胞内代謝に変化により K^+ チャネル（おそらく ATP 感受性 K^+ チャネル）が活性化されることを利用したものであり，これに類似した治療戦略を見出していく必要がある．

Key Chemistry　　ガバペンチン（商品名 ガバペン）

新しい薬剤は常にさまざまな思いつきと多様な実験・観察から，時には紆余曲折を経て生み出されるものだが，ガバペンチンの開発の経緯はとりわけ興味を引くものである．

大脳皮質の抑制性シナプス伝達は GABA を用いて行われる．しかし GABA は脳血液関門（blood-brain barrier，BBB）を越えることはできないため経口投与はできない．BBB を通過させる目論みで GABA の脂溶性を高めた化合物としてガバペンチンは開発された．幸運にもガバペンチンは動物実験で抗てんかん作用を示した．しかし不思議なことに，ガバペンチンは GABA 受容体には作用せず，Ca^{2+} チャネル $\alpha2$-δ サブユニットと結合していた．そのため Ca^{2+} チャネルに作用すると思われたが，Ca^{2+} チャネル電流に直接的には作用しない．その後，$\alpha2$-δ サブユニットがアストロサイトより分泌されシナプス形成を促進するトロンボスポンジ

GABA　　　ガバペンチン　　　プレガバリン

ンの受容体であることがわかり，ガバペンチンはトロンボスポンジンの $\alpha2$-δ サブユニットへの結合を阻害し，興奮性シナプスの形成を抑制することが示された[22]．

現在，ガバペンチン（商品名ガバペン）は焦点発作のてんかんに用いられるほか，新たなシナプス形成が関与すると考えられている慢性疼痛の治療にも用いられている．また，ガバペンチンと類似の分子薬理作用を有する薬剤であるプレガバリン（商品名リリカ）は[23]，神経障害性の疼痛治療薬として用いられている（抗てんかん薬としては使われていない）．

24.6　おわりに

　てんかん発作は，興奮抑制のバランスの乱れに何らかのトリガーが重なって生じる．これまでの研究により興奮抑制のバランスの乱れとなるいろいろな原因が明らかにされてきた．とくに遺伝子変異によるてんかんとそのモデル動物の研究は，てんかんの発生メカニズムの研究に大きく貢献した．これらの研究から，てんかん発作は単一の要因で起きることは少なく，遺伝子変異の場合であっても，二次的な影響を受けて，てんかんが発症するらしいことがわかってきた．しかし，てんかん発作の直接のトリガーが何かは多くの場合未解明である．

　近年，脳障害への反応として軸索の分枝により異常な神経回路が新たに形成されると想定されている．心臓の場合を考えてみると，不整脈の発生の原因は異常なリエントリー回路の活動がその一つであり，その回路を断ち切る治療が行われている．脳においてもそのような異常なリエントリー回路が，異常活動を引き起こしていると考えられる．これに対する対処法として，異常な回路形成を防ぐことが一つの手段として考えられるが，神経回路の再編は常にダイナミックに行われているものであり，正常な再編と異常な再編を区別できるのかが問題となる．ガバペンチン（商品名ガバペン）やプレガバリン（商品名リリカ）は，シナプス形成を阻害すると考えられており，これらがどのようなシナプス形成に作用するのかを調べることにより，異常回路形成防止のための戦略が見えてくるかもしれない．また興奮抑制のバランスをとっているさまざまなイオンチャネルなどは，代謝などにより活性を調節されている．イオンチャネルなどを直接のターゲットとするのではなく，間接的にそれらの発現量を増減させるという手法も追求されるべきであろう．実際，2016 年に製造販売が許可されたペランパネルは，AMPA 受容体の附属サブユニットである TARP に作用するが，その作用は海馬に発現する TARP γ-8 に特異的であることから，めまい・ふらつきといった副作用が少ないとされている[20]．さらなる創薬や治療の可能性が期待されている．

（井本敬二）

文　献

1) 日本てんかん学会 てんかん発作型国際分類およびてんかん症候群型国際分類．http://square.umin.ac.jp/jes/word/kokusaibunrui-taiou.html
2) Y. Ben-Ari, "Jasper's basic mechanisms of the epilepsies, 4th edition," National Centre for Biotechnology Information (2012). http://www.ncbi.nlm.nih.gov/books/NBK98166/
3) R. S. Sloviter, *J. Comp. Neurol.*, **459**, 44 (2003).
4) K. Morimoto et al., *Prog. Neurobiol.*, **73**, 1 (2004).
5) E. Bertram, *Epilepsia*, **48 supp 2**, 65 (2007).
6) V. Santhakumar et al., *J. Neurophysiol.*, **93**, 437 (2005).
7) M. C. Cameron et al., *J. Comp. Neurol.*, **519**, 2175 (2011).
8) A. L. Althaus et al., *J. Neurophysiol.*, **113**, 118 (2015).
9) R. Koyama et al., *Nat. Med.*, **8**, 1271 (2012).
10) J. L. Noebels, *Ann. Rev. Neurosci.*, **26**, 599 (2003).
11) H. Lerche et al., *J. Physiol.*, **591**, 753 (2013).
12) X. Ran et al., *Nucleic Acids Res.*, **43**, D893 (2015).
13) M. M. Meisler et al., *J. Clin. Invest.*, **115**, 2010 (2005).
14) F. H. Yu et al., *Nat. Neurosci.*, **9**, 1142 (2006).
15) F. Kalume et al., *J. Clin. Invest.*, **123**, 1798 (2013).
16) S. Han et al., *Nature*, **489**, 385 (2012).
17) E. Cheong et al., *Pflügers Arch. Eur. J. Physiol.*, **466**, 719 (2014).
18) E. Rossignol et al., *Ann. Neurol.*, **74**, 209 (2013).
19) N. Sada et al., *Science*, **347**, 1362 (2015).
20) M. P. Maher et al., *J. Pharmacol. Exp. Ther.*, **357**, 394 (2016).
21) A. T. Berg et al., *Epilepsia*, **51**, 676 (2010).
22) Ç. Eroglu et al., *Cell*, **139**, 380 (2009).
23) S. M. Stahl et al., *Trends Pharmacol. Sci.*, **34**, 332 (2013).

V

神経の分子的研究における テクニック

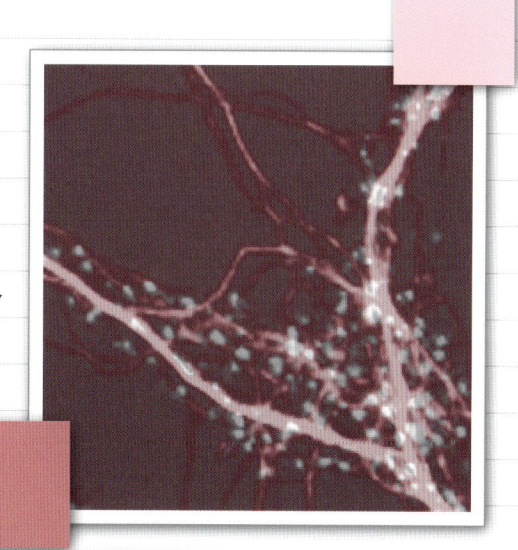

神経伝達物質受容体の可視化 および活性制御の新手法

Summary

　神経細胞においては，複数の神経伝達物質受容体（以下受容体）が発現しており，その動態および活性の変化が神経活動と深く相関する．受容体の動態評価に関しては，蛍光タンパク質を融合させて受容体を可視化するアプローチがおもに用いられてきた．この手法により受容体の機能解明は劇的に進んだが，受容体によっては蛍光タンパク質との融合によりその機能や局在が大きく変わるなどの問題点を抱えていた．近年，遺伝子工学と化学的アプローチを組み合わせることで蛍光タンパク質の欠点を克服した方法論が報告され，新たなタンパク質可視化方法として注目されている．また，遺伝子に摂動を与えることなく神経細胞に内在する受容体を可視化する化学的アプローチも開発されている．

　受容体の活性制御に関しては，受容体選択的なアゴニストおよびアンタゴニストが広く用いられている．しかし，サブタイプ選択的なアゴニストはごく一部に限られること，標的細胞選択的に薬剤を作用できないなどの問題点を抱えていた．この点に関しても，遺伝子工学と化学的アプローチを組み合わせた化学遺伝学的手法により，従来の問題点を克服した新たな受容体活性制御法が開発されつつある．

25.1　はじめに

　脳組織を構成する神経細胞およびグリア細胞には，数多くの神経伝達物質受容体が発現しており，それぞれが神経活動の維持に重要な役割を果たす（詳細は Part II 参照）．各種受容体の発現量や空間分布は細胞種によって異なり，シナプス可塑性（synaptic plasticity）などの脳機能と連動して変化する．そのため神経機能の理解においては，各種受容体の発現量だけでなく空間配置あるいは動態変化を知ることが必須となる．その先駆的な例がローダミン修飾 α ブンガロトキシンによるニコチン性アセチルコリン受容体（nAChR，ニコチン性受容体ともいう）の可視化であり[1]，1980年代は蛍光団を修飾した高親和性・高選択的な天然リガンドが用いられた．その後 1992 年の緑色蛍光タンパク質（Green fluorescent protein；GFP）のクローニングを皮切りに，遺伝子工学的

に蛍光タンパク質を受容体と融合して，その分布および動態変化が解析されるようになり[2]，現在もその方法が主流である．しかし蛍光タンパク質（25 ～ 30 kDa）との融合による受容体機能の低下や，遺伝子工学的に特定の受容体サブタイプを過剰発現させてしまうなどの問題点が存在する．内在性の受容体は抗体を用いることで可視化できるが，抗体の大きさは 150 ～ 200 kDa とさらに大きく，また実際にライブイメージングに使用できるものはごく一部に限られる．そこでこれらの問題点を克服し，神経細胞に内在する受容体の正常な（生理的な）動態の観察を可能にする新たな可視化方法の開発が待望されている．

　受容体の分布および動態の評価だけでなく，受容体が活性化されたあとにどのような細胞応答および神経活動が惹起されるかを知ることも受容体の生理機能解明において必須である．しかし多くの場合，細胞内には同じアゴニストで活性化され

表 25.1 細胞内タンパク質および受容体可視化方法の歴史

年数	可視化した受容体	標的タンパク質	参考論文
1977	ローダミン修飾 α ブンガロトキシンによるニコチン性アセチルコリン受容体の可視化	天然受容体	1)
1997	蛍光タンパク質による GPCR の可視化	蛍光タンパク質タグ	2)
1998	ペプチドタグ(FlAsH)法の開発	ペプチドタグ	6)
2003	SNAP タグ法によるタンパク質可視化	タンパク質タグ	3)
2004	His タグを用いた受容体の可視化	ペプチドタグ	7)
2005	ビオチンリガーゼを用いた受容体可視化	ペプチドタグ	11)
2006	Asp タグを用いた受容体の可視化	ペプチドタグ	9)
2008	Halo タグ法によるタンパク質可視化	タンパク質タグ	5)
2009	LDT 化学によるタンパク質可視化	天然タンパク質	12)
2012	LDAI 化学による受容体可視化	天然受容体	16)
2017	LDAI 化学による AMPA 受容体動態解析	天然受容体	20)

る複数の受容体サブタイプが存在し，特定の受容体サブタイプの機能解明は難しい．仮にサブタイプ選択的な作用薬があっても，脳スライス切片などにその薬剤を投与すると，その受容体を発現する複数の細胞が一様に活性化されてしまう．神経回路中の特定細胞の特定受容体サブタイプを選択的に活性化することができれば，受容体の生理機能解明は格段に進むと考えられる．

受容体可視化法の歴史に関して表 25.1 にまとめた．次節からは，受容体の可視化に関して，化学的アプローチを組み込むことで蛍光タンパク質の欠点を改善した新たな方法論を紹介する．受容体の活性制御法についても，遺伝子工学と化学的方法を組み合わせた化学遺伝学的なアプローチによって単一受容体の活性制御法が開発され始めているので，その研究例も紹介する．

25.2 タンパク質タグ法によるタンパク質の可視化

蛍光タンパク質を用いたタンパク質の可視化では，翻訳されてから分解されるまで蛍光を発するため，細胞表層および細胞内など異なる動態変化を示す受容体の解析には不向きである．その問題点を克服できる手法として，タンパク質タグを融合した受容体を発現させ，任意のタイミングでそのタンパク質タグに対して蛍光団を修飾する方法が知られる．その最初の報告が，Johnsson らによる SNAP タグ法である（図 25.1 a）[3]．

SNAP タグ法では，DNA 修復酵素である O^6-アルキルグアニン-DNA アルキルトランスフェラーゼ（hAGT, 20 kDa）を標的タンパク質に融合する．このタンパク質タグは，ベンジルグアニン（BG）誘導体と特異的に反応してタンパク質にベンジル基を共有結合で連結させる．この反応は速やかに進行するため，蛍光標識 BG を加えるタイミングで標的タンパク質に蛍光団の導入が可能である．BG ではなくベンジルシトシン（BC）誘導体と選択的に反応するように改変された CLIP タグも開発されている[4]．

その他のタンパク質タグとして Halo タグが知られている（図 25.1 b）[5]．Halo タグ法では，細菌由来のハロアルカンデハロゲナーゼ（33 kDa）をタンパク質タグとして用いる．ハロゲン化アルキルはハロアルカンデハロゲナーゼと選択的に反応するので，ハロゲン化アルキル基を有する色素を加えることで，Halo タグ融合タンパク質への色素修飾が可能となる．SNAP タグと比較すると Halo タグはサイズが大きいが，基質蛍光団の調整の容易さと選択性の高さが利点である．

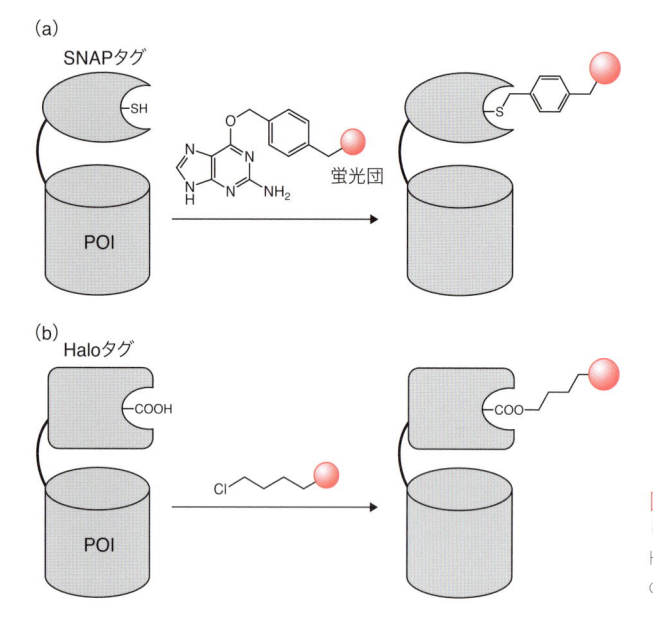

図 25.1　タンパク質タグの代表例
(a) SNAP タグによる蛍光ラベル．(b) Halo タグによる蛍光ラベル．POI (protein of interest)は標的タンパク質．

　いずれの手法も，標的タンパク質の可視化のタイミングを蛍光修飾基質を加えるタイミングで制御できるなどの利点から，受容体の局在性解析やパルスチェイス解析などに応用されている．一方でタンパク質タグ法の欠点としては，蛍光タンパク質と同様に 20 〜 33 kDa のタンパク質タグを標的タンパク質に融合させること，遺伝子工学的に標的タンパク質にタグを融合させる必要がある点が挙げられる．

25.3　ペプチドタグ法による タンパク質の可視化

　タンパク質タグの大きさを改善した手法に，ペプチドタグ法がある．この手法ではオリゴペプチドに対して蛍光団を化学的に修飾する．その先駆的な研究として Tsien らによる FlAsH (Fluorescein arsenical hairpin binder) 法がある（図 25.2 a）[6]．FlAsH 法では，ヒ素とチオールの強い親和性を利用する．ヒ素を修飾したフルオレセインは CCPGCC を含む 15 残基程度のオリゴペプチド配列に対して強く結合し，ペプチド

タグに結合したときに蛍光を発する発蛍光型の蛍光タグである．ただし，CCPGCC という配列はゲノム上にはほとんど存在しないが，ヒ素自体が多くのチオール種に対して高い親和性を有するため非特異的な結合が比較的多いこと，ヒ素を用いるため蛍光プローブ自体の細胞毒性が指摘されている．

　これらの問題点を改善する方法として，特定オリゴペプチド配列に対して特異的に結合する金属錯体を用いたアプローチが提案されている（図 25.2b）．具体的にはオリゴヒスチジンに対して選択的に結合する金属錯体モチーフを用いた 6x ヒスチジンタグに対して選択的に結合できる小分子蛍光プローブや，オリゴアスパラギン酸タグに対して選択的に結合する蛍光プローブが開発されている[7-9]．ただしこれらのような金属錯体を用いる場合，配位結合の可逆性が欠点である．これを改善するために王子田・浜地らは，リアクティブタグと名付けた蛍光プローブをペプチドタグに対して共有結合で連結する方法も開発している[10]．

　ペプチドタグに酵素化学的に人工小分子を連結し，それに対して蛍光団を標識するアプローチも

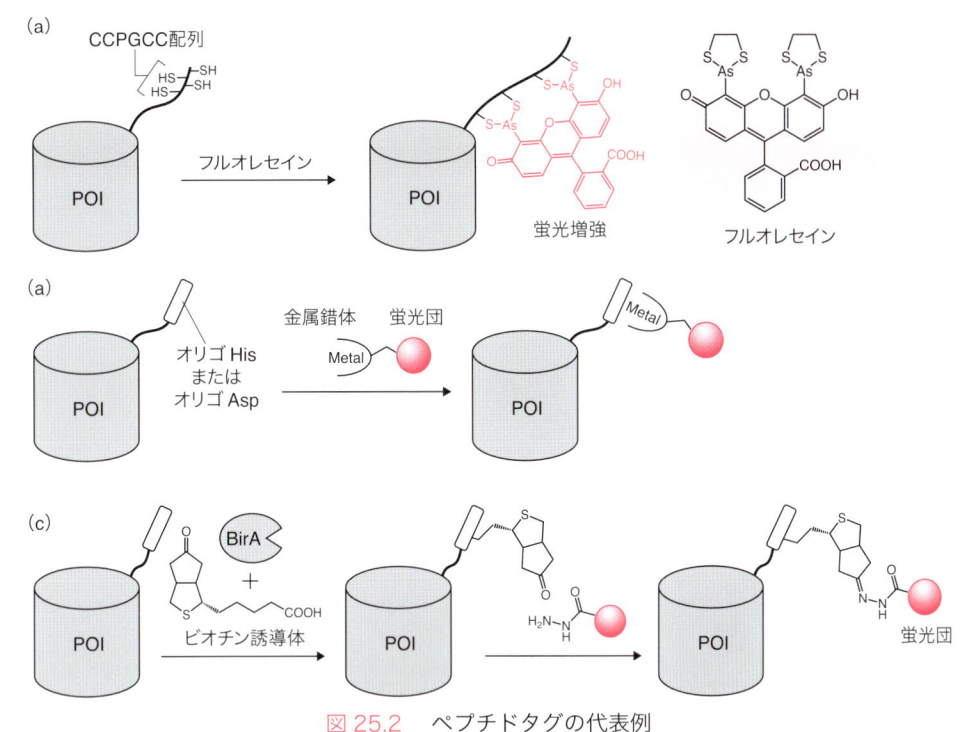

図 25.2　ペプチドタグの代表例

(a) FlAsH タグ法．(b) 金属錯体とペプチドタグを用いた蛍光ラベル．(c) 酵素を用いて小分子および蛍光団をペプチドタグに修飾する方法の代表例．

開発されている（図 25.2 c）．Ting らは細菌由来のビオチンリガーゼ（BirA）を用いた蛍光ラベル化方法を開発した[11]．この方法では 15 アミノ酸基質認識配列を標的タンパク質に修飾させることで，BirA が発現した場所にビオチンとビオチン誘導体を標識する．これに蛍光団を修飾することで標的タンパク質への蛍光標識が可能となる．

　本節で挙げたいずれの方法も標的タンパク質に導入するのはオリゴペプチドであるので，タンパク質機能に及ぼす影響は少ないと期待される．ただし受容体タンパク質の N 末端，C 末端にはオルガネラ移行シグナルが修飾されることが多く，その導入位置には十分に注意を払う必要がある．またペプチドタグ法もペプチドタグを導入した受容体を過剰発現させる必要がある．細胞内では複数の受容体サブタイプが発現しており，それぞれの発現量が厳密に制御されているため，そのバラ

ンスが崩れてしまうことも懸念される．

25.4　リガンド指向性化学による細胞内在性タンパク質の可視化

　細胞内のタンパク質の真の生理的動態を評価するためには，細胞に内在するタンパク質を小さな蛍光プローブで直接的に可視化することが理想である．浜地らはリガンド指向性化学と名付けた化学的アプローチにより，細胞に内在するタンパク質の可視化方法の開発を進めている（図 25.3）．この方法では標的タンパク質に選択的に認識される小分子リガンドを用い，蛍光団などのプローブを反応性部位を介して小分子リガンドに連結させたラベル化剤を設計する．このラベル化剤は細胞内において標的タンパク質に認識されたあとに，リガンドが切り離されて蛍光団がリガンド結合部

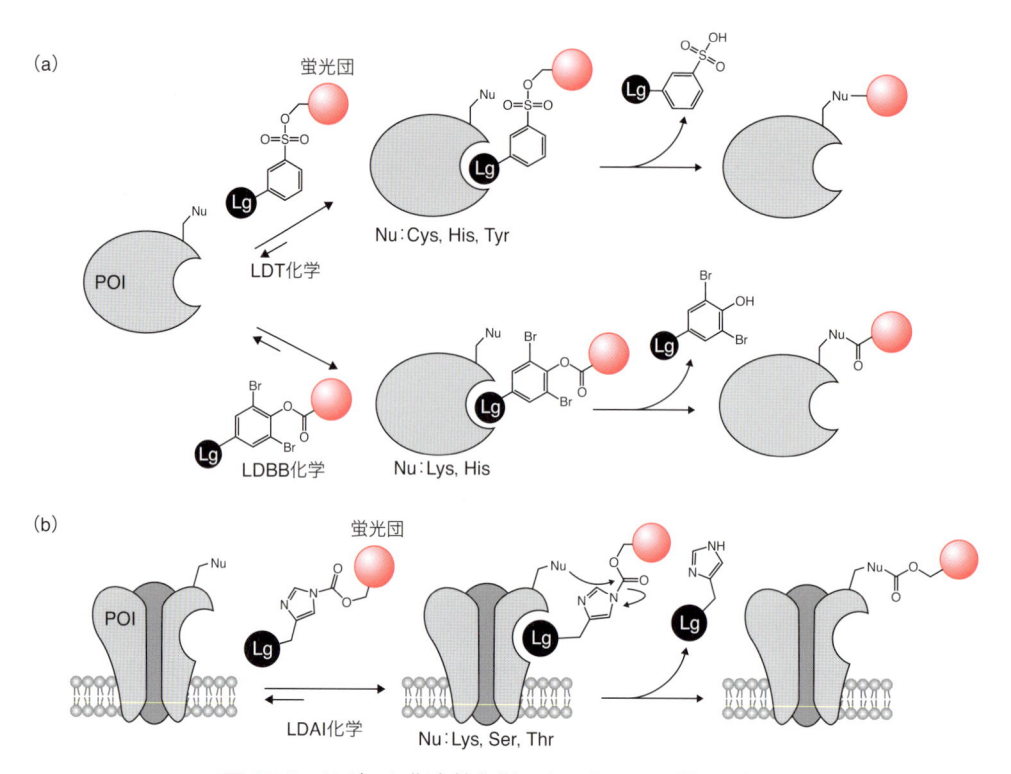

図 25.3　リガンド指向性化学によるタンパク質の可視化
(a) リガンド指向性トシル (LDT) 化学，リガンド指向性ジブロモフェニルエステル (LDBB) 化学の模式図．(b) リガンド指向性アシルイミダゾール(LDAI)化学による細胞膜タンパク質ラベルの模式図．Nu；求核性アミノ酸残基.

位近傍の求核性アミノ酸残基に修飾される．反応後に生成するリガンド部位あるいは余剰なラベル化剤は洗浄操作で除けるため，従来のアフィニティーラベル（Key Chemistry 参照）と同様にリガンド認識に基づく手法でありながら，ラベル化後も受容体機能は保持される．また反応性部位の種類を変えることによりラベル化されるアミノ酸の種類も変わり，異なる局在を示すタンパク質のラベル化および可視化が可能となる．以下，その詳細について説明する．

　細胞内に標的がある場合には，反応性部位にベンゼンスルホン酸エステル構造を有するリガンド指向性トシル（ligand-directed tosyl；LDT）化学が有用である（図 25.3 a）[12-14]．LDT 化学では，水中でも比較的安定なベンゼンスルホン酸エステル構造を反応性部位として採用する．この官能基

は細胞内においても比較的安定に存在するが，リガンドが標的タンパク質に認識されるとその近接効果により反応が加速され，標的タンパク質への蛍光団のラベル化が可能となる．LDT 化学では，リガンド結合部位近傍のシステイン（Cys），ヒスチジン（His），チロシン（Tyr）残基に対しておもに反応が進行する．実際にこの手法を用いることで，細胞内における化学プローブのラベル化だけでなく，マウス個体においても血液中の炭酸脱水素酵素に対する選択的なケミカルラベルに成功している[12]．このように水中で比較的安定な反応基を用いた LDT 化学は，細胞内あるいは *in vivo*

*1　反応性があまり高くなく，長い反応時間が必要であったが，反応性を上げてその問題点を克服したリガンド指向性ジブロモフェニルエステル（ligand-directed dibromophenyl benzoate；LDBB）化学も報告されている[15]．

において有用なアプローチとして期待できる[*1].

　細胞表層のタンパク質ラベル化には，反応性部位にアシルイミダゾール構造を有するリガンド指向性アシルイミダゾール（ligand-directed acyl imidazole；LDAI）化学が有用である（図25.3 b）[16]. LDAI 化学で用いるアシルイミダゾール基は LDT 化学で用いるベンゼンスルホン酸エステル基と比べると反応性が高く，細胞表層のタンパク質に対して速やかに反応が進行する．一方でアシルイミダゾール基は細胞内では分解されてしまうため，細胞内タンパク質へのラベル化には不向きである．LDAI 化学では，リジン（Lys），セリン（Ser），スレオニン（Thr）残基におもにラベル化反応が進行する．この手法を用いることで，

細胞表層に発現するタンパク質の pulse-chase 解析や寿命解析に成功している[17].

25.5　神経細胞内在性 AMPA 受容体の可視化および動態解析

　AMPA 受容体は興奮性神経伝達を担うイオンチャネル型グルタミン酸受容体の一種であり，シナプス可塑性に深くかかわることが知られる．AMPA 受容体は細胞膜だけでなく細胞内にも存在し，その局在変化および機能変化がシナプス可塑性と大きく関連する（図25.4 a）．従来その動態解析は，pH 感受性蛍光タンパク質（pHluorin/SEP）を融合した細胞表層でのみ強い蛍光を発す

Key Chemistry　リガンドの親和性に基づくタンパク質のラベル化・可視化

　リガンドの親和性を利用した受容体の可視化法はさまざまな局面で活用されている．古くは 1977 年に報告された α ブンガロトキシンの親和性を利用したニコチン性アセチルコリン受容体の蛍光可視化である．この手法は単にリガンドの親和性を利用した可逆的な方法であるが，標的タンパク質に対して不可逆的に共有結合させるのが，アフィニティーラベルと呼ばれる手法である．なかでも光照射のタイミングで化学修飾が可能な光アフィニティーラベルは，1980 年代から受容体タンパク質の分子同定やリガンド結合部位の同定に広く用いられてきた．プロテオミクス技術の発達に伴い，現在においてもアフィニティーラベルを利用したタンパク質機能解明が活発に進められている．

　タンパク質同定において，アフィニティーラベル化は強力な方法であるが，リガンドに受容体が共有結合して受容体機能が

阻害されてしまうという欠点がある．その問題点を克服したのが，本章で述べたリガンド指向性化学である．この手法ではラベル化後にリガンドが除去されるため，受容体機能が回復される．そのためとくに天然の受容体の動態解析の新たな研究ツールとした注目されている．

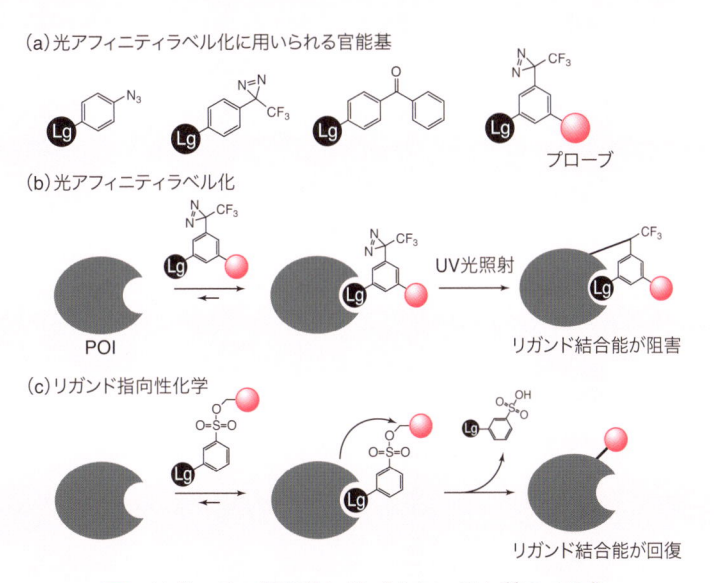

（a）光アフィニティラベル化に用いられる官能基

プローブ

（b）光アフィニティラベル化

POI　　UV光照射　　リガンド結合能が阻害

（c）リガンド指向性化学

リガンド結合能が回復

図　リガンドの親和性に基づくタンパク質ラベル化

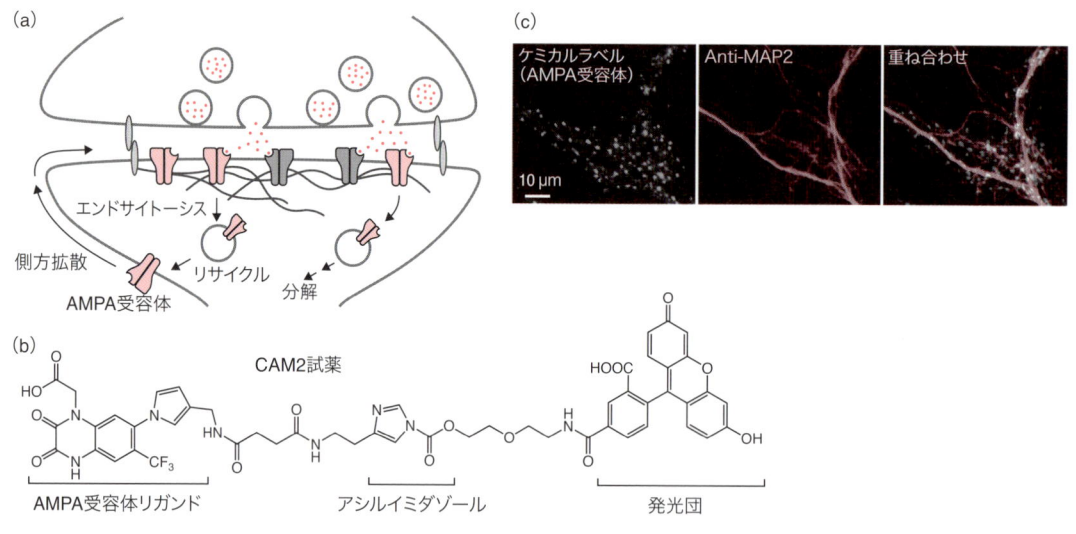

図 25.4　LDAI 化学による神経細胞内在性 AMPA 受容体の可視化

(a) 神経細胞における AMPA 受容体の動態変化．(b) AMPA 受容体ラベル化剤（CAM2 試薬）の構造．(c) 海馬分散培養での AMPA 受容体の可視化．ケミカルラベルは CAM2 試薬で可視化された AMPA 受容体，Anti-MAP2 像は樹上突起の染色をそれぞれ意味する．

る SEP-AMPA 受容体が用いられ[18]，分散培養あるいは脳スライス培養においてその動態変化の解析が進められてきた．しかしながら，シナプス可塑性の一種である長期抑圧（LTD）時に細胞内での pH が変わることが報告されており，SEP を用いた解析では受容体の動態変化に伴わない蛍光変化のアーティファクトが含まれることが懸念されている[19]．また AMPA 受容体には 4 種類のサブタイプ（GluA1〜4）および複数種類のスプライス変異体が知られ，それら各サブユニットにより構成されるヘテロ四量体がイオンチャネルとして機能している．そのため SEP-AMPA 受容体を用いた方法では天然のヘテロ四量体構成を崩してしまう懸念がある．

したがって天然のサブユニット構成を有する内在性 AMPA 受容体の動態評価が重要である．内在性 AMPA 受容体の動態は，従来は抗体を用いた方法が用いられてきた．しかし抗体が有する二つの結合サイトが受容体をクロスリンクしてしまうことや，150 〜 200 kDa という大きなタンパク質（抗体）が修飾されることによる動態への影響などが懸念されている．このような背景のもと，清中・浜地らはリガンド指向性化学を用いた AMPA 受容体のラベル化に着手した．

細胞表層の AMPA 受容体を選択的に可視化するために，リガンド指向性化学としては LDAI 化学を用いることとした．AMPA 受容体に関して選択的に作用するリガンド構造は既知であったため，その構造活性相関をもとに図 25.4 (b) に示すラベル化剤を設計し，chemical AMPA receptor modification 2 （CAM2）試薬と名付けた．哺乳動物細胞株（HEK293T）を用いた強制発現系により，AMPA 受容体のリガンド結合部位近傍に蛍光ラベル化が選択的に進行していること，ラベル化により受容体機能が損なわれていないことが確認できた．さらに培養神経細胞を用いて内在性の AMPA 受容体に対するラベル化を評価したところ，培養神経細胞でも AMPA 受容体に対して選択的にラベル化反応が進行していた（図 25.4 c）．前述のとおりラベル化後も受容体機能は保たれるため，本手法を用いて内在性 AMPA 受容体の動態解析も可能である．実際に海馬培

養神経細胞で CAM2 試薬でラベル化した細胞表層 AMPA 受容体の動的（mobility）成分を FRAP（Fluorescent recovery after photobleaching, 光褪色後蛍光回復）法により評価したところ，内在性ラベル化 AMPA 受容体の動的成分は従来の SEP-AMPA 受容体を用いて解析されたものよりかなり低いという結果が得られた[20]．この手法は培養神経細胞に限らず，脳スライス切片のような脳組織の内在性 AMPA 受容体をラベル化することが可能である．とくに CAM2 試薬は分子量が約 1000 の小分子であるため高い組織浸潤能を有しており，脳スライス深部の AMPA 受容体を蛍光標識できることが確認されている．抗体（分子量 150 〜 200 kDa）を用いた方法では，このような脳深部の内在性受容体の可視化を行うことはできないため，高い組織浸潤能は CAM2 試薬の大きな利点といえる．また脳スライス切片においても余剰なリガンドは簡単な洗浄操作で除けて受容体機能は保たれるため，本手法は脳スライス切片においても AMPA 受容体の動態解析を行うことができる．今後，本手法を用いることで，中枢神経の内在 AMPA 受容体の動態解析が格段に進むことが期待される．

25.6　GABA_A 受容体のケミカルラベルおよび薬剤スクリーニングへの応用

　GABA_A 受容体はイオンチャネル型 GABA 受容体であり，抑制性神経伝達を担う．サブユニット五量体を形成することで，GABA_A 受容体はイオンチャネルを形成する（図 25.5 a）．GABA_A 受容体には 19 種類のサブユニット（$\alpha1$–$\alpha6$, $\beta1$–$\beta3$, $\gamma1$–$\gamma3$, δ, ε, π, θ, $\rho1$–$\rho3$）が知られ，神経細胞内にはサブユニットの組み合わせが厳密に制御された多様なヘテロ五量体が存在する．またそれぞれのサブユニットは 50 kDa 程度の大きさで，蛍光タンパク質の修飾により受容体機能（イ

オンチャネル活性）が大きく損なわれる．そのため GABA_A 受容体の動態解析においては，遺伝子工学を用いないリガンド指向性化学が有用なアプローチになる．そこで清中・浜地らは細胞表層の GABA_A 受容体に関しても，細胞表層のラベル化に適した LDAI 化学を用いて受容体の蛍光ラベル化を行った．

　GABA_A 受容体に関しては，天然リガンド〔γ-アミノ酪酸（GABA）〕が結合するオルソステリックサイトに加えて，ベンゾジアゼピンサイト，バルビタールサイトなど複数の機能調節（アロステリック）部位も知られる．それぞれのリガンド結合部位は各サブユニットの境界領域に存在すると考えられているが，その詳細な構造情報は得られていない．一方でリガンド指向性化学ではリガンドの親和性に基づいてラベル化剤の設計を行うため，精密な三次元構造が知られていないタンパク質も標的にできる．実際に GABA サイトを標的とした CGAM-Gaba 試薬，ベンゾジアゼピンサイトを標的とした CGAM-Bzp 試薬を合成し，HEK293T 細胞に強制発現させた GABA_A 受容体の選択的なラベル化および可視化に成功した[21]．

　この手法では GABA_A 受容体のリガンド結合部位近傍に蛍光団を標識できる．その蛍光は蛍光消光基を連結させたリガンドを加えることで消光され，同じ結合部位と競合するリガンドが存在する場合にのみ蛍光消光基が追い出されるかたちで蛍光強度が回復する．これはいわゆる，BFQR（bimolecular fluorescence quenching and recovery，二分子間蛍光消光・回復）法と呼ばれる方法であるが[22]，この手法を CGAM-Bzp 試薬を用いてラベル化した GABA_A 受容体を発現する細胞に適用することで，ベンゾジアゼピンサイトに相互作用するリガンドを検出できるバイオセンサーの構築に成功した（図 25.5 b）．このバイオセンサーは薬剤のハイスループットスクリーニングに適用でき，ベンゾジアゼピンサイトに対し

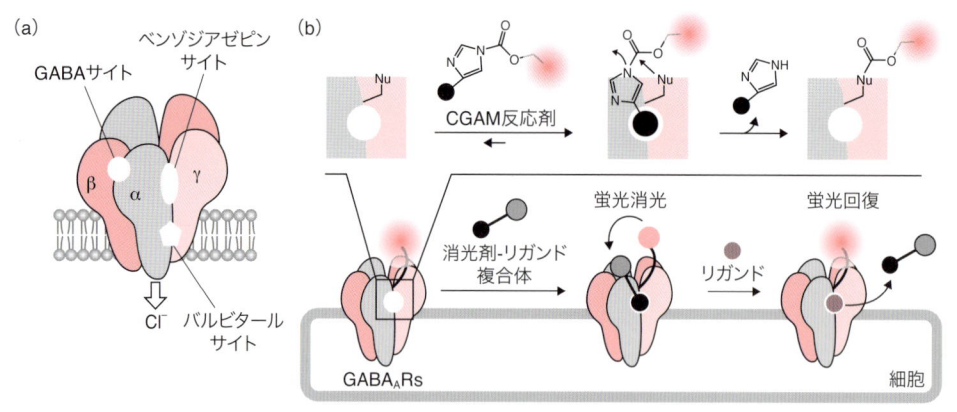

図 25.5　GABA_A 受容体のケミカルラベル

(a) GABA_A 受容体のサブユニット構成.（b）（上側）CGAM 試薬による GABA_A 受容体の可視化.（下側）ケミカルラベルおよび BFQR 機構を用いた GABA_A 受容体リガンドに対するバイオセンサー構築.

て作用する二つの新規化合物を 1028 個のケミカルライブラリーからスクリーニングできた[21].　サブタイプ選択的なベンゾジアゼピン誘導体は，副作用の少ない GABA_A 受容体作用薬として着目されており，リガンド指向性化学はこのような薬学・薬理学研究への応用にも有用である.

25.7　リガンド結合部位改変による人為的な受容体の活性制御

Deisseroth らによって報告されたチャネルロドプシンを用いたオプトジェネティクスは，光刺激により狙った神経細胞の脱分極を誘導でき，神経回路研究に必須な研究手法となりつつある（詳細は 28 章参照）.　受容体研究においても，神経回路中の特定細胞の特定受容体サブタイプを活性化することができれば，その解析および生理機能の理解は格段に進む.　光照射によってリガンドを放出できるケージド化合物や光照射で可逆的に構造変化するフォトクロミック部位を修飾した光制御リガンドを用いた受容体の活性制御は，1980 年代から行われている研究アプローチである.　しかし，この方法では光活性化後もリガンドが拡散してしまうために，狙った細胞に選択的に

リガンドを作用させることは難しい.　2006 年に Trauner らは，光照射により異性化するリガンドを共有結合で受容体に連結させて，光制御によりリガンドの配向が変わることを利用した受容体活性の光制御法を報告した（図 25.6 a）[23].　この手法は狙った受容体の活性を光制御できる点で魅力的であるが，完全な ON-OFF スイッチは難しく，光制御できるリガンドの設計も複雑である.　また，受容体サブタイプ選択性という観点では，サブタイプ選択的なアゴニストの種類がごく一部に限られるため，その特異的制御はきわめて困難である.

G タンパク質共役型受容体（GPCR）に関しては，遺伝子工学的な手法により人工的なリガンドに応答させるシステムが 1990 年代後半から報告されている.　この方法論には DREADD, RASSL, TREC, neoceptor などがあり，いずれもリガンド結合にかかわるアミノ酸に対して変異導入を行い，変異導入した受容体の活性を人工的に設計したリガンドで選択的に活性化させる（図 25.6 b）[24].　広く用いられている DREADD 法は，天然には存在しない CNO（クロザピン-N-オキシド）で選択的に活性化される変異ムスカリン受容体[*2] を用い，変異ムスカリン受容体を特定の細胞に発現させることで，狙った細胞選択

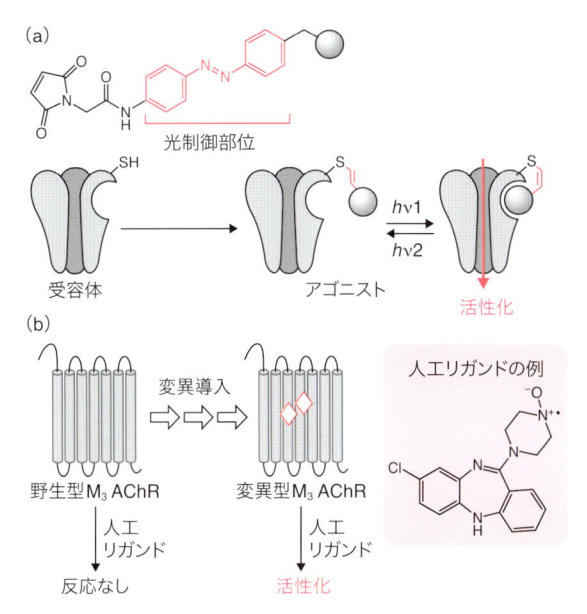

図 25.6　リガンド結合部位改変による人為的な受容体活性制御の代表例

(a) フォトクロミック部位を有するリガンド修飾に基づく受容体活性化の光制御．(b) Designer receptors exclusively activated by a designer drug (DREADD) 法による変異 M3 アセチルコリン受容体の人工リガンドによる活性化．

的な G タンパク質経路の活性化を可能にしている．しかし特定の受容体の下流を活性化させる方法には展開できていない．各々の受容体が足場タンパク質を介して特定の場所に発現することを考えると，狙った受容体を選択的に活性化できる新たな方法論の開発が必要である．

25.8　配位ケモジェネティクスによる受容体のアロステリック活性制御

　清中・浜地らは，特定の受容体の活性を人為的に制御することを目指して，受容体に対する化学遺伝学的なアロステリック活性制御法の開発を進めている．その際，リガンド結合に伴う受容体の構造変化に着目した．受容体においては，その度合いの違いはあるものの，リガンドの結合に伴い

＊2　ムスカリン受容体はムスカリン性アセチルコリン受容体ともいう．

構造変化が起こり，それによってイオンチャネル活性あるいは G タンパク質などの相互作用タンパク質との親和性が調節される．そこで，受容体に対して遺伝子工学的に導入した配位サイトと金属錯体との錯体形成による構造変化を人為的に惹起し，狙った受容体を活性化する手法（配位ケモジェネティクス）を着想した．

　まず，AMPA 受容体を標的として人為的なアロステリック活性化法の開発が行われた（図 25.7a）．AMPA 受容体は，リガンドの認識に伴いリガンド結合部位の構造が大きく変化することが知られる．具体的には比較的開いたリガンド結合部位の構造がアゴニストの結合により閉じた構造となり，その閉じ具合いが受容体の活性化と強く相関することが Gouaux らによる X 線結晶構造解析から明らかになっている[25]．そこで，その構造情報をもとに，AMPA 受容体 GluA2 サブタイプにおいて，リガンド結合に伴い大きく構造変化が起こる上下のアミノ酸それぞれに対して His の変異導入を行い，複数の金属錯体を用いて受容体の活性化が評価された．その結果，GluA2 (K470H/R705H) 変異体に対して，ビピリジンパラジウム (II) 錯体〔Pd(bpy)〕を加えることで，GluA2 のグルタミン酸 (Glu) に対する EC_{50} 値が 60 倍低濃度にシフトした．NMR による構造解析から，Pd(bpy) が変異導入した His 残基のイミダゾール基に配位していることを確認でき，戦略どおり Pd(bpy) と二つの His 残基との錯体形成により，受容体の構造変化を惹起したと考えられた．一方で Pd(bpy) の単独処置では，GluA2 変異体は活性化しなかった．すなわち，新たに導入した変異導入と Pd(bpy) との錯体形成は，GluA2 のアゴニストに対する親和性を向上させる新たなポジティブアロステリック制御部位として機能することが示された．この AMPA 受容体に対する人為的なアロステリック制御法は，内在的に複数のグルタミン酸受容体が存在する

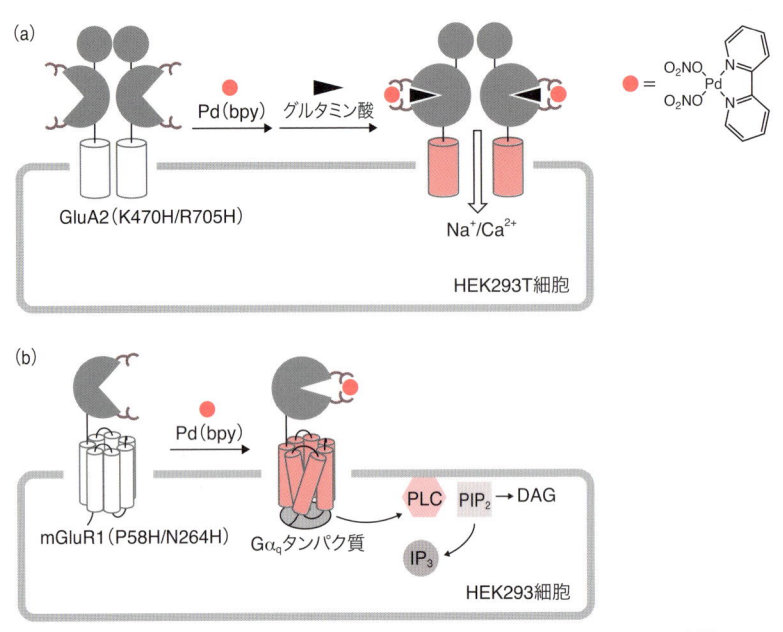

図 25.7　配位ケモジェネティクスによる受容体のアロステリック制御
(a) 変異 AMPA 受容体サブタイプ〔GluA2 (K470H/R705H)〕の Pd(bpy) によるポジティブアロ
ステリック活性化．　(b) 変異代謝型グルタミン酸受容体サブタイプ〔mGluR1 (P58N/N264H)〕
の Pd(bpy)による直接的活性化．

神経細胞においても適用できる．実際に GluA2
(K470H/R705H) 変異体を発現させた大脳皮質
培養細胞に Pd(bpy) を投与することで，内在性
の AMPA 受容体が活性化されない Glu 濃度領
域で選択的に変異 AMPA 受容体およびその下流
シグナルを活性化させることに成功している[26]．

　本手法は，リガンド結合に伴い構造変化を起こ
すタンパク質であれば同様に適用可能と期待され
る．実際に代謝型グルタミン酸受容体（mGluR）
に対して同様の戦略を適用された（図 25.7 b）．
mGluR は class C の GPCR に属し，細胞外に
リガンド結合部位を有する．また，AMPA 受
容体と同様にリガンド結合に伴い大きな構造変
化を起こすことが知られる[27]．そこで mGluR1
サブタイプのリガンド結合部位の上下にそれぞ
れ His の変異導入を行い，Pd(bpy) による活性
制御が検討された．その結果 mGluR1 (P58H/
N264H)において，Pd(bpy)添加による活性化を
確認できた．興味深いことに mGluR1 の場合に

は，Glu 非存在下においても Pd(bpy) の添加に
より mGluR1 変異体の活性化が惹起された．す
なわち，Pd(bpy) は mGluR1 （P58H/N264H）
変異体に対してアロステリックアゴニストとして
機能することが示された[26]．配位ケモジェネティ
クス法は，グルタミン酸受容体以外の受容体に対
しても同様に適用できると期待され，特定の受容
体に対する新たな活性制御法として期待される．

25.9　おわりに

　本章では，受容体の可視化方法および活性制御
法に関する最近の研究展開に関して紹介した．受
容体の可視化については蛍光タンパク質を用いた
従来の遺伝子工学的なアプローチだけでなく，遺
伝子工学と化学的なアプローチを組み合わせた方
法，あるいは内在性の受容体を可視化解析するた
めの化学的なアプローチが開発されつつある．今
後は，内在性の受容体を可視化する技術開発が進

むことで，受容体の生理機能解明がより一層進むと期待される．

　受容体の活性制御においては，特定の細胞の特定の受容体機能を明らかにするために，従来のリガンドを用いた化学的アプローチから，遺伝子工学と化学的アプローチを組み合わせた化学遺伝学的なアプローチへとシフトしつつある．今後，これらの新手法により，*in vivo* での受容体の生理機能解明がより精密さを増しつつ加速することが期待される．

（清中茂樹・浜地　格）

文　献

1) P. Ravdin et al., *Anal. Biochem.*, **80**, 585 (1977).
2) L. Kallel et al., *Trends Physiol. Sci.*, **21**, 175 (2000).
3) A. Keppler et al., *Nat. Biotechnol.*, **21**, 86 (2003).
4) A. Gautier et al., *Chem. Biol.*, **15**, 128 (2008).
5) G. V. Los et al., *ACS Chem. Biol.*, **3**, 373 (2008).
6) B. A. Griffin et al., *Science*, **281**, 269 (1998).
7) E. G. Guignet et al., *Nat. Biotechnol.*, **22**, 440 (2004).
8) C. T. Hauser et al., *Proc. Natl. Acad. Sci. USA*, **104**, 3693 (2007).
9) A. Ojida et al., *J. Am. Chem. Soc.*, **128**, 10452 (2006).
10) H. Nonaka et al., *J. Am. Chem. Soc.*, **132**, 9301 (2010).
11) I. Chen et al., *Nat. Methods*, **2**, 99 (2005).
12) S. Tsukiji et al., *Nat. Chem. Biol.*, **5**, 341 (2009).
13) T. Tamura et al., *J. Am. Chem. Soc.*, **134**, 2216 (2012).
14) K. Yamaura et al., *Chem. Commun.*, **50**, 14097 (2014).
15) Y. Takaoka et al., *Chem. Sci.*, **6**, 3217 (2015).
16) S. Fujishima et al., *J. Am. Chem. Soc.*, **134**, 3961 (2012).
17) T. Miki et al., *Chem. Biol.*, **21**, 1013 (2014).
18) M. C. Ashby et al., *J. Neurosci.*, **24**, 5172 (2004).
19) M. Rathje et al., *Proc. Natl. Acad. Sci. USA*, **110**, 14426 (2013).
20) S. Wakayama et al., *Nat. Commun.*, **8**, 14850 (2017).
21) K. Yamaura et al., *Nat. Chem. Biol.*, **12**, 822 (2016).
22) T. Tamura et al., *ACS Chem. Biol.*, **9**, 2708 (2014).
23) M. Volgraf et al., *Nat. Chem. Biol.*, **2**, 47 (2006).
24) B. R. Conklin et al., *Nat. Methods*, **5**, 673 (2008).
25) N. Armstrong et al., *Neuron*, **28**, 165 (2000).
26) S. Kiyonaka et al., *Nat. Chem.*, **8**, 958 (2016).
27) N. Kunishima et al., *Nature*, **407**, 971 (2000).

PET分子イメージングによる脳機能解明

Summary

　PETイメージングは，ハードウエアとしてのPETカメラ，ソフトウエアとしての画像解析法，さらに計測用プローブとしてのポジトロン標識化合物の進歩とが相まって，生体機能を生きたままの状態で定量計測できる分子イメージング法の主流となっている．特定の生体内機能分子に特異性の高いPETプローブを投与してその生体内動態・分布を生体外から計測することにより，脳神経機能の基礎的解明のみならず多くの脳神経疾患の診断や治療効果判定，さらには治療用の新規医薬品の開発において有用性が高い．とくに同じ測定原理と同じPETプローブを使用できる特徴を生かして，実験動物を用いた前臨床研究から健常人や患者を対象にした臨床研究まで橋渡しができる「トランスレーショナル研究」の手段としての役割が高まっている．本章ではC-11・F-18などのポジトロン放出核種を用いたPETプローブの開発から，それらの有効性と安全性を実験動物で確認し臨床研究にまで繋げたトランスレーショナル研究の実例を示しながら，脳機能解明研究におけるPET技術の現状と将来について述べる．

26.1　はじめに

　PET（Positron Emission Tomography，陽電子断層画像装置）は，ポジトロン（陽電子）を放出するC-11・F-18などの放射性同位体で標識された化合物（PETプローブ）の生体内分布と動態を体外計測することで，生きたままの生体内機能を非侵襲的に定量計測できる装置である．X線CT（Computed tomography，コンピューター断層撮影装置）やMRI（Magnetic Resonance Imaging，核磁気共鳴画像法）がおもに生体内の「形態」を画像化するのに対して，PETプローブは特定の生体内機能物質（内在性基質・神経伝達物質など）を模倣した化合物や，生体内分子ターゲット（神経受容体・酵素など）を特異的に認識してそれらに結合あるいは代謝捕捉する．これらは生理的な急性変化や疾患による慢性的変化を反映した分布・動態の変化を示すことから，生体内の「機能」を定量性よく画像化できる．この点が最近小動物を対象にした基礎研究分野で汎用されている蛍光や化学発光を用いた「光イメージング法」に対する，PETイメージング法の長所である．

26.2　PET標識合成法

　脳機能イメージングを目的として，多種類の神経伝達系のポジトロン標識化合物が開発されてきた（図26.1）．これらの標識には $[^{11}C]$ ヨウ化メチル（$[^{11}C]CH_3I$）や $[^{11}C]$ メチルトリフレート（$[^{11}C]CH_3OSO_2CF_3$）を標識前駆体として，そのヘテロ原子に N-$[^{11}C]$ メチル化・O-$[^{11}C]$ メチル化する方法が多く用いられてきた．しかし，ヘテロ原子への $[^{11}C]$ メチル化法だけでは対象となる化合物が限られてしまうため，化合物の芳香環と直接炭素-炭素結合を形成する「クロスカップリング反応」を改良した，芳香環を $[^{11}C]$ メチル化す

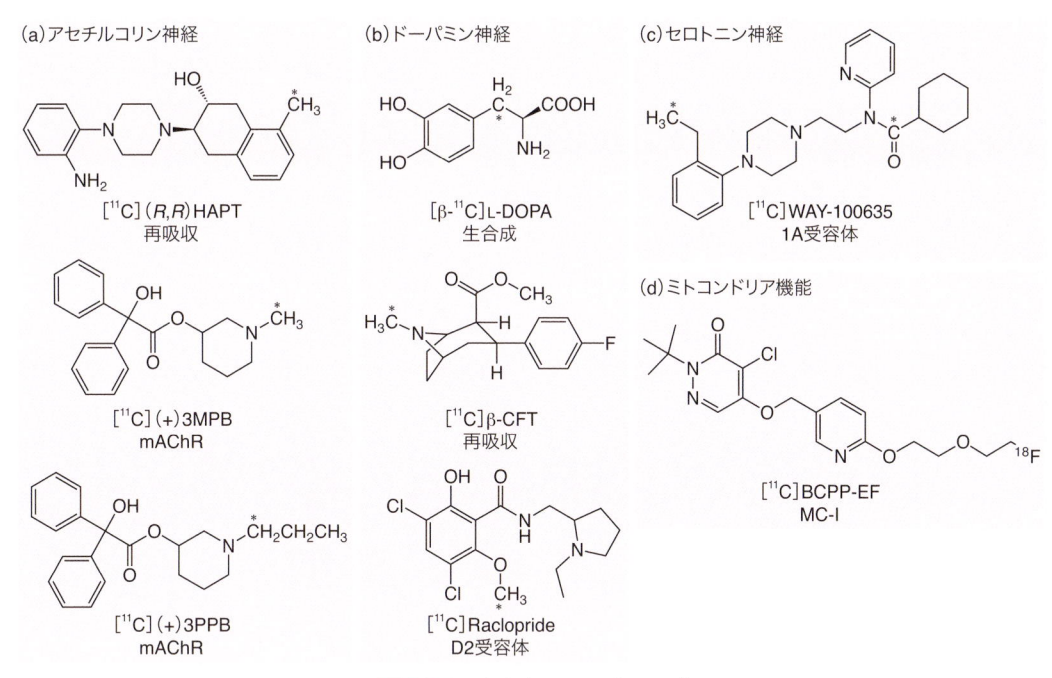

（a）アセチルコリン神経

[11C]（R,R）HAPT
再吸収

[11C]（+）3MPB
mAChR

[11C]（+）3PPB
mAChR

（b）ドーパミン神経

[β-11C]L-DOPA
生合成

[11C]β-CFT
再吸収

[11C]Raclopride
D2受容体

（c）セロトニン神経

[11C]WAY-100635
1A受容体

（d）ミトコンドリア機能

[11C]BCPP-EF
MC-I

図 26.1　おもな PET プローブ

る標識合成法が開発された[1]．[11C]（R,R）HAPT
（図 26.1 a）は，アセチルコリン神経のシナプス
前細胞の小胞に発現する H+ 依存性小胞アセチル
コリントランスポーター（VAChT）に結合する
PET プローブで，認知症などのアセチルコリン
神経の障害を検出できると期待されている[2]．こ
の PET プローブの C-11 標識は，パラジウム触
媒存在下でホウ素体の前駆体に［11C］ヨウ化メチ
ルを反応させたあと，芳香環と直接炭素-炭素結
合を形成させたものである[*1]．

　脳機能イメージングにおけるポジトロン放出核
種による標識合成の対象になる PET プローブは
分子量 300 ～ 500 前後の比較的低分子の化合物
で，その化学構造式のなかに不斉炭素を含むこと
も少なくなく，立体的には 2 種類以上の光学異
性を示し，薬理作用も異なる場合が多い．PET

プローブとしてみた場合，光学異性体どうしの放
射化学的性質は同一で，生体に投与された際の代
謝・脳血液関門（BBB）の透過性・組織内への拡
散・遊離形存在量・非特異的結合量ともほとんど
同一である．唯一異なるのが目的とした生体機能
分子ターゲットへの特異的結合性で，活性型と不
活性型の異性体の標識化合物を用いた計測を連続
して行い両者の取り込み量を比較することで，そ
の化合物の遊離形＋非特異的結合および特異的
結合を算出することができる．ムスカリン受容
体（mAChR，ムスカリン性アセチルコリン受容
体ともいう）に特異的な[11C]3MPB（3-N-メチル
ピペリジルベンジレート）は不斉炭素を含む PET
プローブで，活性型の[11C]（+）-3MPB は大脳皮
質・大脳基底核などに高い集積を示すのに対し，
その光学異性体で不活性型の[11C]（−）-3MPB は，
遊離形での存在量と非特異的結合量を反映すると
思われるきわめて低いレベルの集積しか示さな
い[5]．

　L-DOPA は，ドーパミン神経のシナプス前細

*1　同様の反応を応用して，α4β2 ニコチン性アセチル
コリン受容体に特異的な PET プローブである ［11C］ メチル
-A85380[3] や，ドーパミン（DA）生合成を計測するための ［11C］
6-メチル-m-チロシン[4] も開発された．

胞に取り込まれたあと，芳香族アミノ酸デカルボキシラーゼ（AADC）[*2]によってドーパミン（DA）に変換されてシナプス小胞に貯えられたもので，シナプス前細胞の電気的興奮によってシナプス間隙に放出される．脳内DA生合成能から神経機能を計測するために，このL-DOPAそのもののC-11標識が試みられた．有機化学的にはカルボニル基の炭素をC-11標識することは容易であるが，AADCでL-DOPAからDAへの変換の際に脱炭酸されると，$[^{11}C]COOH$がはずれて速やかに血中へ放出されて組織から消失するため，DA生合成能を計測することはできない．変換されたDAにC-11を保持させるためにはβ位の炭素をC-11標識する必要があるが，有機合成化学的には短時間での反応は困難である．そこで天然由来の酵素に複雑な標識合成反応を行わせた．それによってラセミ混合物の前駆体 $[^{11}C]$D,L-アラニン（Ala）から1個の反応容器中で短時間にL-$[\beta$-$^{11}C]$DOPA（図26.1 b）に変換することが可能となった[6]．

　脳機能イメージングを意図したPETプローブには，目的とするターゲット分子への特異性と親和性を有するだけでなく，血中から脳内への送達性が不可欠である．そのため，比較的脂溶性が高く能動的にBBBを透過できる化合物が選択される．また血中で代謝を受けて生じる代謝物は水溶性代謝物だが，この代謝物はBBBを通過できないため，脳内へ取り込まれる放射能は標識化合物に由来すると考えられる．ところが，たとえばWAY-100635はセロトニン受容体（5-HT$_{1A}$R）に高い特異性と親和性を有する化合物で，これを O-メチル化反応で標識して得たPETプローブ $[O$-Methyl-$^{11}C]$WAY-100635[7] の血中代謝物を分析すると，$[^{11}C]$WAY-100635以上に脂溶

性が高くBBBを容易に通過できる標識化合物 $[^{11}C]$WAY-100634が投与1時間後に70％も存在していた．これは投与後の代謝過程を考慮せずに，特異性と親和性，標識合成の容易さからだけでPETプローブを開発したためである．そこでこの代謝過程を逆手に取って，代謝ではずれてBBBを通過できないシクロヘキサンカルボニル基にC-11標識した ［カルボニル-$^{11}C]$WAY-100635を合成したところ，脳内の5-HT$_{1A}$Rの画像化・定量解析が可能になった（図26.1 c）[8]．

26.3　PETプローブの動態に影響を与える要因

　近年の "脳機能マッピング" 研究の高まりのなかで，刺激に対するよりダイナミックな神経伝達の変化を計測しようとする試みがなされている．これは神経受容体に高い特異性をもち，かつ比較的弱い親和性を有するPETプローブを用いたとき，刺激によりシナプス前細胞からシナプス間隙への神経伝達物質の放出量が増加すると，受容体上で神経伝達物質と標識化合物のあいだで競合が起こり，PETプローブで計測した放射能から算出される特異結合の割合の減少が観察されることを原理とする[9]．コンピューターゲームを行っている最中（脳が活発に働いている状態），線条体における $[^{11}C]$ラクロプライドのドーパミンD2受容体への結合が有意に低下したことから，報酬系の活性化により内在性DAのシナプス間隙への放出量が増え，$[^{11}C]$ラクロプライドの結合がDAとの競合によって減少したと説明された[10]．しかしこの結果で誘発された $[^{11}C]$ラクロプライドの結合低下がDAとの競合のみで起こるとすると，必要なDA放出量は覚醒剤のメタンフェタミンを 0.1 mg/kg（覚醒剤中毒者は 0.01 mg/kg 以下を常用）以上投与しないと起こらないことになる．塚田らはPETプローブの多面的計測を行い，ム

[*2]　神経伝達物質のDAとセロトニン（5-HT）の合成に必須な酵素で，L-DOPAをDAに，5-ヒドロキシトリプトファンを5-HTに変換する．

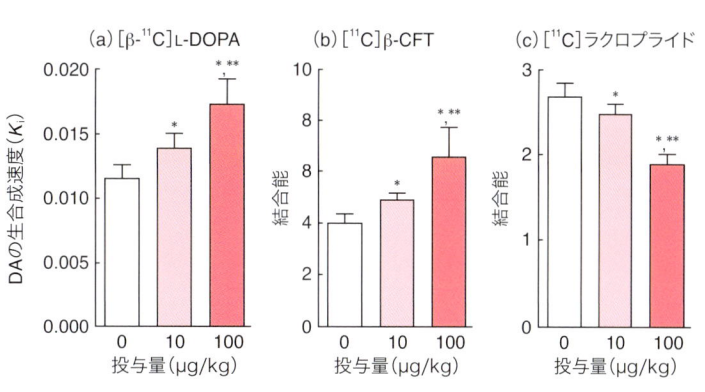

図 26.2　ドーパミン神経活性に及ぼすスコポラミンの影響

ムスカリン受容体阻害薬であるスコポラミンは，[β-¹¹C]DOPA で計測した DA 生合成(a) および [¹¹C]β-CFT で計測した再吸収部位活性 (b) を用量依存的に増加させ，[¹¹C]ラクロプライドで計測した D2 受容体結合 (c) を低下させた.

スカリン受容体を阻害すると DA 生合成 / 放出が促進されると同時に DA 再吸収活性の促進も起こり，その結果必ずしもマイクロダイアリシスで計測した "見かけ上" の DA 量の増加が起こらなくても，[¹¹C]ラクロプライドの結合が低下することを示した（図 26.2）[11]．すなわち神経ネットワークを介して間接的にドーパミン神経系に影響を与えた場合の [¹¹C]ラクロプライドの結合変化は，DA のシナプス間隙の「定常的濃度」のみで制御される「占有率」ではなく，DA と受容体とのよりダイナミックな相互作用の「動的変化」で制御される「速度論」で説明されることが示唆された[11]．

PET プローブが実験動物を対象とした前臨床研究に活用できることは前述したとおりであるが，一方で注意すべき点がいくつかある．それは①計測対象に対して空間分解能が不十分，② ヒトより高い比放射能が必要，③ 固定のために麻酔が必要，などである．とくに③の麻酔薬が標識化合物の動態に影響を与えるのかについては，臨床現場でも長時間の固定に耐えられない患者を対象にした PET 計測に使用される麻酔は考慮すべき問題である．塚田らは覚醒状態のサルを着座の状態で計測できる方法を開発し，麻酔薬が脳機能に与える影響を評価した．その結果ケタミンがシナプス後細胞のドーパミン D2 受容体に結合する [¹¹C]ラクロプライド[12]・[¹¹C]MNPA〔(*R*)-2-CH₃O-*N-n*-フィニルノルアポモルフィン〕[13] だ

けではなく，シナプス前細胞の DA 再吸収部位を認識する[¹¹C]β-CFT・[¹¹C]β-CIT-FE の動態にも影響を与えることが判明した[12]．さらに吸入麻酔薬であるイソフルレンが，[¹¹C]β-CFT で計測した DA 再吸収活性の評価に多大な影響を与えることもわかった．イソフルレン麻酔により[¹¹C]β-CFT の線条体への結合は覚醒状態と比較して約 55 %増加し，また DA 再吸収部位の阻害薬である 2 mg/kg のコカインにより [¹¹C]β-CFT の結合能は約 70 %減少する．一方，覚醒状態で同量のコカインで [¹¹C]β-CFT の結合能は約 35 %しか減少しないため，イソフルレン麻酔下で，薬理効果が覚醒時よりも過大評価されてしまうことが示された[14]．

26.4　パーキンソン病のトランスレーショナル PET 研究

ドーパミン神経機能低下によって発症するパーキンソン病（Parkinson's disease；PD）の治療では，DA 前駆体物質 L-DOPA を用いた DA 補充療法が用いられるが，症状の進行とともに L-DOPA を DA に変換する AADC が激減し，L-DOPA による治療効果が低下する．これに対しては遺伝子治療や細胞治療により損なわれたドーパミン神経機能を修復する「再生医療」が試みられており，その評価にも PET プローブが活用

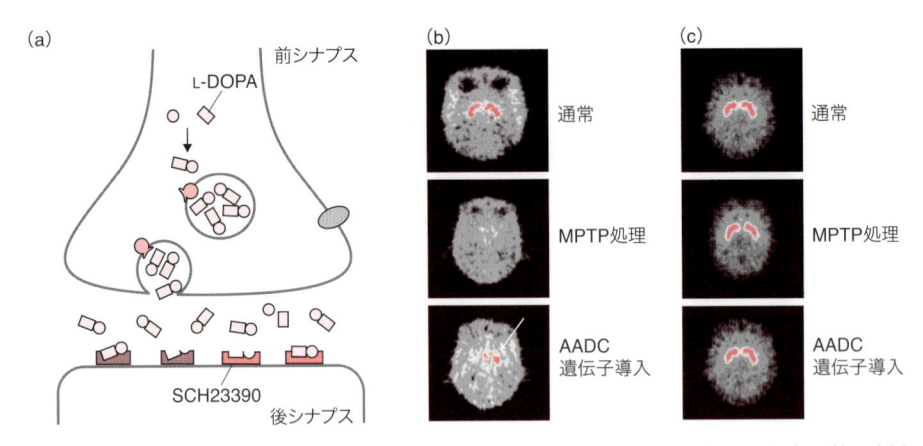

図 26.3　シナプスの構造とサルパーキンソン病モデル動物における遺伝子治療の効果判定
ドーパミン神経の選択的神経毒である MPTP の慢性投与後，[β-^{11}C] L-DOPA で計測したシナプス前部の DA 生合成能はほとんどど消失した．左被殻（矢印）にウイルスベクターに組み込んだ AADC 遺伝子を導入したところ，発現した AADC により [β-^{11}C] L-DOPA が [^{11}C] DA に変換されて集積した．

されている．PD のモデル動物であるドーパミン神経選択的な神経毒 MPTP[*3] を慢性投与されたサルにおいては脳内ドーパミン神経活動を PET プローブで計測すると，シナプス前部に関与する DA 生合成や小胞・シナプス膜のドーパミントランスポーター活性が顕著に低下していた．しかし，シナプス後部の受容体結合などにはほとんどど変化が認められず，これらは患者の病態変化とよく一致する[15,16]．またシナプス前部の指標となる DA 生合成活性を［^{18}F] FDOPA（6-[^{18}F] フルオロ-L-DOPA)・[β-^{11}C] L-DOPA・[^{11}C] 6MemTyr（6-[^{11}C] メチル-m-チロシン）の 3 種類の PET プローブを用いて評価すると，いずれも正常時と比較して有意な低下を示すが，ドーパミントランスポーター活性との相関性については [^{11}C] 6MemTyr が最も機能低下を鋭敏に反映しており，[^{18}F] FDOPA は最も反映性が低いことが見出された[16]．

　この MPTP 処理サルの左側被殻に，AADC 遺

伝子を組み込んだアデノ随伴ウイルスベクターを注入して，経時的に AADC 活性の発現を [β-^{11}C] L-DOPA を用いて計測すると，8 年以上にわたって安定して酵素活性発現の回復が認められ（図 26.3)，運動機能も有意に改善することがわかった[15]．サルでの前臨床実験で有効性と安全性が担保されたため，重篤な患者 6 名に対して同様の遺伝子治療を第 1 相試験として実施したところ，サルの結果と同様に DA 生合成の回復および運動機能の改善が全例で認められた[17]．

　また，近年脳内のミトコンドリア複合体-I（MC-I）活性を特異的に計測できる PET プローブ [^{18}F] BCPP-EF（2-tert-butyl-4-chloro-5-{6-[2-(2-fluoroethoxy)-ethoxy]-pyridin-3-yl-methoxy}-2H-pyridazin-3-one)（図 26.1 d）が開発された[18]．これを用いて PD のサルの脳内ドーパミン神経障害との関連性を確認したところ，線条体および黒質のシナプス前部の指標であるトランスポーター活性あるいは DA 生合成活性は，それぞれ [^{18}F] BCPP-EF で計測した MC-I 活性と，いずれも有意な正の相関を示した[19]．

　線条体および黒質において，[^{18}F] BCPP-EF で計測した MC-I 活性は MPTP の慢性投与で有

*3　1-Methyl-4-phenyl-1,2,3,6-tetrahydropyridine．ヒトや実験動物の脳内でモノアミン酸化酵素により代謝されて，ドーパミン神経に特異的に取り込まれて障害して，PD 様の症状を呈する．

意に低下したが，興味深いことにドーパミントランスポーターが豊富に存在して MPP$^+$ が取り込まれて障害が惹起されることが予想された線条体および黒質だけでなく，大脳皮質でも MC-I 活性の低下が認められた[20]．この結果は今後検証する必要があるが，近年 PD 患者の脳において，セロトニン（5-HT）やノルアドレナリン（NA）のような DA 以外のモノアミン神経系の障害とうつ症状や認知機能障害が報告されており，MC-I 計測が PD の運動機能障害以外の病態解明に役立つ可能性がある．

26.5　認知症のトランスレーショナル PET 研究

アルツハイマー病（Alzheimer's disease；AD）は認知記憶機能障害が主症状で，これはおもに脳内アセチルコリン神経の機能低下による．そのため治療薬として，アセチルコリン分解酵素（AChE）[*4] 阻害薬が用いられる．覚醒サルを対象にドネペジルの脳内アセチルコリン神経系に与える影響を動物 PET プローブによる ［^{11}C］MP4A（N-メチル-4-ピペリジルアセテート）を用いた AChE 抑制効果，［^{11}C］(+)3PPB（3-N-プロピルピペリジルベンジレート）を用いたムスカリン受容体への作用，マイクロダイアリシスによるアセチルコリン（ACh）の直接計測，さらに老齢サルにおけるワーキングメモリー機能の改善効果と多角的に評価した結果，ドネペジルが用量依存的に AChE 活性を抑制してシナプス間隙の ACh 濃度を増加させ，ムスカリン受容体の神経伝達を増加させて，老化により低下したワーキングメモリー

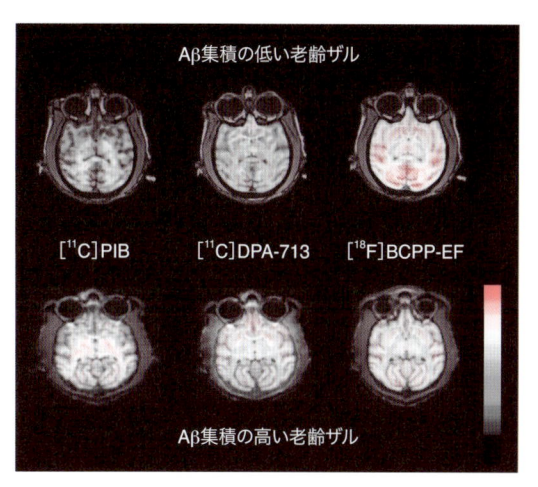

図 26.4　サル脳における Aβ タンパク質の集積がおよぼす MC-I 活性への影響
老齢のアカゲザルの脳を対象に，［^{11}C］PIB を用いて Aβ タンパク質の集積を，［^{11}C］DPA-713 を用いて脳内炎症を，また［^{18}F］BCPP-EF を用いて MC-I 活性を評価したところ，Aβ タンパク質の集積が高い個体ほど脳内炎症が惹起され，MC-I 活性が低下していた．

を改善することが示唆された[21]．これは PET プローブが医薬品の作用機序の説明の一助となった一例である．

AD の原因の一つとしてアミロイド β タンパク質（Aβ タンパク質）[*5] の異常集積が示唆されると，［^{11}C］PIB[22] などのプローブが開発され患者の脳内 Aβ 集積を計測することが可能になった．欧米では現在 3 種類の PET プローブが承認されている．またもう一つの原因物質であるタウタンパク質の異常集積も ［^{11}C］PBB3 を用いて PET 計測する試みが始まっている[23]．さらに前述の MC-I 活性を計測できる ［^{18}F］BCPP-EF（図 26.1 d）の前臨床研究の結果，Aβ 集積の高い老齢サルほど脳内炎症の度合いが高く，MC-I 活性が低下していることが見出された（図 26.4）[24]．一方，臨床 PET で最も汎用されている ［^{18}F］FDG（フルオロ-2-デオキシ-D-グルコース）の集積には，Aβ 集積とのあいだに有意な相関性は認められなかった[24]．これは炎症細胞である活性化したマクロファージ（おもに末梢組織）やミクログリア（おも

に脳内）にも取り込まれて，正常細胞活性との弁別ができないという［^{18}F］FDGの弱点によるものと考えられる．MC-I活性を計測できる［^{18}F］BCPP-EFは，炎症細胞に妨害を受けずに正常な脳神経やグリア細胞の活性のみを計測できるため，ADやPDなどの各種脳神経精神疾患の早期診断や治療効果判定により有効であると期待され，臨床評価が開始されている．

優れた「ケミカルマシーン」である脳の研究に最も適した計測ツールであるといっても過言ではない．PETプローブは学際研究の最たるものであるが，なかでもこの複雑な脳の分子レベルでの解明には，特異性に優れたPETプローブの開発が不可欠であり，この分野における化学者の活躍が期待されている．

（塚田秀夫）

26.6　おわりに

PETプローブはがんの早期発見における有用性に光があてられがちであるが，実は生体の最も

文　献

1) H. Doi et al., *Chem. Eur. J.*, **15**, 4165 (2009).
2) S. Nishiyama et al., *Synapse*, **68**, 283 (2014).
3) Y. Iida et al., *J. Nucl. Med.*, **45**, 878 (2004).
4) M. Kanazawa et al., *Bioorg. Med. Chem.*, **23**,

Key Chemistry　ミトコンドリア機能計測用PETプローブ

真核細胞に呼吸能力のある好気性細菌が入り込んで共生したミトコンドリアは，細胞の機能維持に必須な細胞小器官である．5種のミトコンドリアコンプレックス（MC-I〜V）で構成される「電子伝達系」を介して，細胞のエネルギー源のATPを産生し，細胞機能の維持に必須なエネルギーの約85％の蓄積および供給を担う．その活性は生体の健康状態や各種の疾患に関与しており，ミトコンドリアの機能計測を非侵襲的に計測できるPETプローブは，神経変性疾患をはじめとする各種疾患の診断と治療効果判定に有用である．「電子伝達系」の最初の段階を担うMC-Iは，4種類のMCのうち最大の分子量を有するとともに一番活性が低いために，電子伝達系全体の律速段階になっている．さらに最も活性酸素種（Reactive oxygen species；ROS）の標的になりやすく，自らもROS産生に関与するなど，最もミトコンドリア機能を反映し，MC-IがPETプローブ開発のターゲットとなった．心筋の機能計測用に開発された［^{18}F］BMS-747158-02（log $D_{7.4} = 3.69$, $K_i = 0.95$

nM）をリード化合物として，MC-Iへの特異性を有し，非侵襲的な脳内MC-Iの機能計測に適した動態・結合特性を有するプローブを創成するために，化合構造式の展開を試みた結果，［^{18}F］BCPP-EF（log $D_{7.4} = 3.03$, $K_i = 2.68$ nM）が見出された．脳内移行性やMC-Iの特異的阻害薬であるロテノンに対する反応性，さらに各種脳神経疾患動物モデルを対象に評価結果から，［^{18}F］BCPP-EFが脳のMC-I評価に最適であることが確認された．

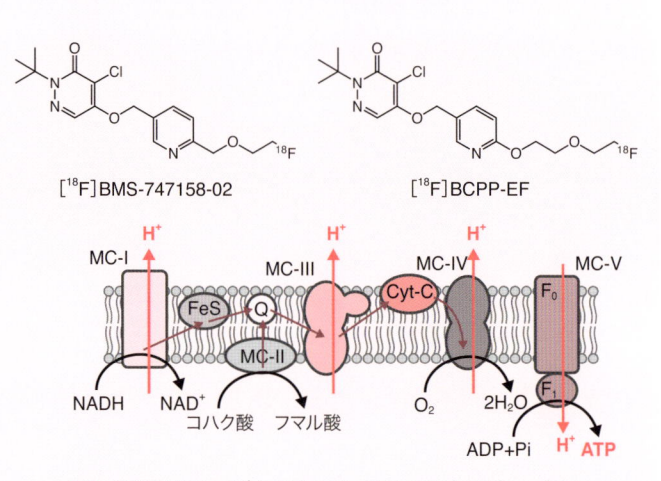

図　PETプローブとミトコンドリアコンプレックス

729 (2015).

5) H. Tsukada et al., *Synapse*, **39**, 182 (2001).

6) P. Bjurling et al., *Acta. Chem. Scand.*, **44**, 183 (1990).

7) C. A. Mathis et al., *Life. Sci.*, **55**, PL403 (1994).

8) V. W. Pike et al., *Eur. J. Pharmacol.*, **301**, R5 (1996).

9) M. Laruelle, *J. Cereb. Blood Flow Metab.*, **20**, 423 (2000).

10) M. J. Koepp et al., *Nature*, **393**, 266 (1998).

11) H. Tsukada et al., *J. Neurosci.*, **20**, 7067 (2000).

12) H. Tsukada et al., *Synapse*, **42**, 273 (2001).

13) H. Ohba et al., *Synapse*, **63**, 534 (2009).

14) H. Tsukada et al., *Brain Res.*, **849**, 85 (1999).

15) S. Muramatsu et al., *Synapse*, **63**, 541 (2009).

16) M. Kanazawa et al., *J. Nucl. Med.*, **57**, 303 (2016).

17) S. Muramatsu et al., *Mol. Ther.*, **18**, 1731 (2010).

18) H. Tsukada, et al., *J. Nucl. Med.*, **55**, 473 (2014).

19) H. Tsukada et al., *J. Nucl. Med.*, **57**, 950 (2016).

20) M. Kanazawa et al., *J. Nucl. Med.*, **58**, 1111 (2017).

21) H. Tsukada et al., *Synapse*, **52**, 1 (2004).

22) W. E. Klunk et al., *Ann. Neurol.*, **55**, 306 (2004).

23) M. Maruyama et al., *Neuron*, **79**, 1094 (2013).

24) H. Tsukada et al., *Eur. J. Nucl. Med. Mol. Imaging*, **41**, 2127 (2014).

磁気共鳴画像（MRI：Magnetic Resonance Imaging）

Summary

有機化合物の分子構造を調べるための方法として発展した核磁気共鳴だが，生体の断層像を得られることから医療機器としても発展した．最近では脳やからだの構造だけでなく，脳血流変化に基づく脳活動（機能的磁気共鳴画像），水分子の拡散異方性に基づく神経線維束画像，血管を抽出して三次元的に表示する脳血管画像，細胞内代謝物の計測・画像化など，脳や生体のさまざまな構造，物質，活動を可視化する方法として，医療のみならず脳神経科学分野の基礎研究でも中核的な計測装置として使用されている．本章では，磁気共鳴画像および機能的磁気共鳴画像の計測原理を中心にして，近年の脳神経科学において用いられている各種の磁気共鳴画像について解説する．

27.1　磁気共鳴画像研究の歴史と発展

核磁気共鳴現象が発見され，物理学としての研究が始められたのが 1940 年代である（図 27.1 a）．原子核のラーモア周波数（Larmor frequency）がほかの原子との結合状態によってわずかに変化することから，当初はおもに有機化合物の分子構造を調べるための方法として発展した．1970 年代に生体の正常な組織と腫瘍組織では磁気共鳴信号の緩和時間が異なることが発見され，さらに傾斜磁場[*1]を用いることにより生体や物質の断層像を得られるようになり（図 27.1 b）[1]，医療への応用が始まった．1980 年代にはヒトの頭部やからだ

[*1]　磁気共鳴を用いて物質や生体の断層像を得るためには，得られた磁気共鳴信号の位置情報が必要となる．超電導マグネット内の X, Y, Z 方向（図 27.2）に，それぞれ一対の電磁石を置き（図 27.2 ③），同時に逆方向に電流を流して超電導マグネットによりつくられた静磁場を傾斜させ（図 27.6 ②，③ 傾斜磁場），原子核の種類とラーモア方程式から計算される周波数の電磁波を照射することによって，位置情報を得ることができる．図 27.1 ②の画像を 1973 年に撮像した Lauterbur によって考案された．この発明により，Lauterbur は 2003 年にノーベル生理学・医学賞を受賞した．

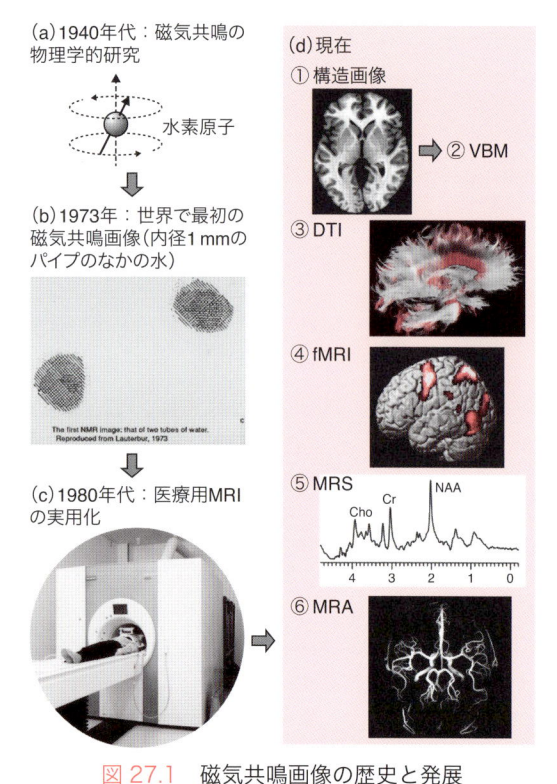

図 27.1　磁気共鳴画像の歴史と発展
(b) は文献 1) より引用．(d) ③ は http://www.humanconnectomeproject.org/gallery/ より引用．⑤は明治国際医療大学，田中忠蔵氏から提供していただいた．

の断層像を撮像する医療用 MRI 装置が発売され（図 27.1 c），さらに超伝導磁石の高性能化やコンピューターの処理能力の増大に伴って，現在では

① 構造画像
② 構造画像から脳の各領域の体積を計算し，個人間，集団間で比較（voxel based morphometry；VBM）
③ 脳内の水分子の拡散異方性に基づく神経線維の画像化（神経線維束画像，diffusion tensor imaging；DTI）
④ 局所脳血流の変化から神経活動を計測する機能的磁気共鳴画像（functional Magnetic Resonance Imaging；fMRI）
⑤ 脳内代謝物質の計測（磁気共鳴分光法，Magnetic Resonance Spectroscopy；MRS）
⑥ 脳の血管画像（磁気共鳴血管造影；Magnetic Resonance Angiography；MRA）

など，脳のさまざまな組織や物質を可視化・解析できるようになり，医療にとって必要不可欠な装置になっている（図 27.1d）．磁気共鳴画像装置自体は高価だが，一台の装置で撮像法を変えることにより上記のさまざまな画像を得られるため，急速に普及し，医療だけでなく脳神経科学の基礎研究においても重要な計測法となっている．

27.2　磁気共鳴画像装置のハードウェア

　図 27.2 に磁気共鳴画像装置の外観と主要な構成を示した．1.5 テスラ以上の高磁場磁気共鳴画像装置は，液体ヘリウムによって冷却され超伝導状態にあるコイルに電流を流すことで 1.5 ～ 7 テスラの強力で均一な静磁場をつくり出す円筒状の超伝導マグネット（図 27.2 ①）を中心に構成されている．マグネットの内側には磁場の均一度を調整するためのシミングコイル（図 27.2 ②），X/Y/Z の三方向について線形の傾斜磁場をつくるため

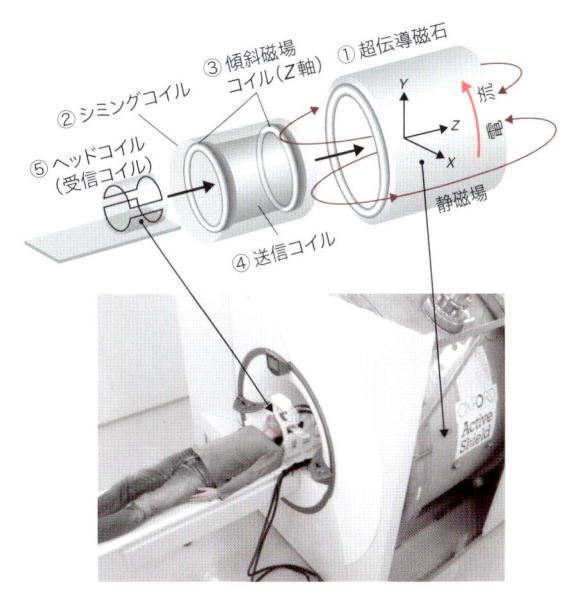

図 27.2　磁気共鳴画像装置の構成
文献 35）より引用.

の傾斜磁場コイル（図 27.2 ③，図では Z 軸方向の傾斜磁場のみを表示）と，高周波の振動磁場を発生する送信コイル（図 27.2 ④）がある．さらに，fMRI では頭部を撮像するので，超伝導マグネットの中心に磁気共鳴信号を受信する頭部用受信コイル（図 27.2 ⑤）があり，このなかに被験者の頭部が入る．

27.3　磁気共鳴の原理

　核磁気共鳴とは，一定の周波数で歳差運動[*2] をする原子核が磁場中に置かれることで同じ周波数の高周波磁場からエネルギーを吸収する現象である．エネルギーを吸収した状態で高周波磁場を止めると，原子は吸収したエネルギーを同じ周波数

[*2]　歳差運動の周波数は，以下の式によって決まる．
　　$\omega = \gamma B_0$
　　（ω ＝歳差運動の角周波数，γ ＝原子核の種類で決まる磁気回転比，B_0 ＝静磁場の磁束密度）
水素原子核の磁気回転比は 42.576 MHz/T なので，たとえば 3T の磁気共鳴画像装置では約 128 MHz になる．これがラーモア周波数である．

の高周波磁場として放出する．この高周波磁場を
コイルにより受信したものが磁気共鳴信号であり，
磁気共鳴信号を後述する傾斜磁場によって得られ
る位置情報に基づいて再構成し，二次元の断層画
像として画像化したものが磁気共鳴画像である．

　生体用の MRI では，通常は生体組織に多く存
在する水分子や脂肪を構成する水素原子を対象
としている（水分子や脂肪以外の水素原子の計測
が 27.5.3 で述べる MRS になる）．水素原子核は，
正の電荷をもつ陽子がスピンと呼ばれる自転運動
（核スピン）によって磁性が発生しているので，一
つひとつの水素原子を小さな電磁石とみなすこと
ができる．

　核スピンが一定の強度の静磁場に入ると以下の
二つの現象が生じる．

(1) バラバラの向きで回転している核スピンが
（図 27.3 a ①），静磁場と同じ方向（基底状
態）か，逆方向（励起状態）に整列する（ゼー
マン分裂）．このとき基底状態の核スピン
のほうがわずかに多い（図 27.3a ②）[*3]．

(2) 実際は個々のスピンは完全に静磁場方向に
配列しているのではなく，静磁場に対して

ある角度をもっている．さらに原子核の
種類と静磁場強度によって決まる周波数
（ラーモア周波数[*2] で，静磁場の方向を中
心として回転軸を傾けながら回転するコマ
のような歳差運動をしている（図 27.3 a ③）．

　傾いた磁石が回転しているので，静磁場の方向
を Z とすると，個々の核スピンは図 27.4 (b) の
ように Z 軸方向の成分と（縦磁化成分），X-Y 平
面上で回転する成分（横磁化成分）に分解でき，し
たがって図 27.4 (a) ②は (c) のように表すことが
できる．さらに複数の核スピンをまとめて巨視的
に見ると，縦磁化成分は反対方向を向いた核スピ
ンの縦磁化成分によって打ち消され，基底状態の
スピンが多い分 Z 軸方向の成分が残る（巨視的縦
磁化成分）．X-Y 平面上の横磁化成分は個々の核
スピンの位相がバラバラなので巨視的横磁化成分
はゼロとなる．この状態で核スピンの歳差運動の
周波数と等しい高周波磁場を与え続けると，図
27.4 の①→②→③に示した以下の二つの現象が
同時に（しかし独立して）生じる．

(1) 核スピンが高周波磁場のエネルギーを吸収
して，基底状態にある核スピンがエネル
ギーの高い励起状態へと遷移する．

(2) 核スピンの位相が高周波磁場の位相に同期
することにより，個々の核スピンの横磁化
成分の位相が揃う．

　この二つの現象を合わせて励起（excitation）

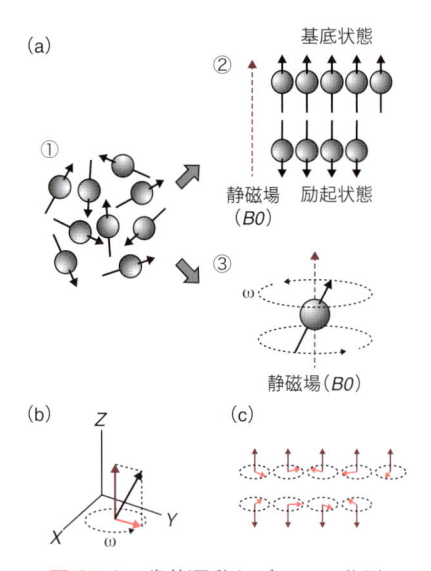

(a)
①
②　基底状態
静磁場
（B0）　励起状態
③
ω
静磁場（B0）
(b)　Z
X　ω　Y
(c)

図 27.3　歳差運動とゼーマン分裂

[*3]　基底状態（N–）と励起状態（N+）のスピンの数の比はボル
ツマン分布に従う．すなわち，

$$N(-)/N(+) = \exp(2\mu B_0/kT)$$

（k はボルツマン定数，T は絶対温度，B_0 は磁束密度，
μ は磁気モーメント）

水素原子における陽子の磁気モーメントは 1.4×10^{-26} なの
で，室温にある 1 テスラの磁場では，$N(+)$ が 100 万個に対し
て $N(-)$ が 7 個多く存在することになる（その差はわずかだが，
1 cc の水には，300 兆個の水素原子が含まれる）．このように
基底状態と励起状態のスピンの数の比は温度と磁場強度の関
数として与えられるので，静磁場強度が大きくなるほど $N(-)$
－ $N(+)$ が大きくなり，磁気共鳴信号が強くなる．磁気共鳴信
号が強くなれば S/N 比が高くなるので，より小さなボクセル
で撮像できる．

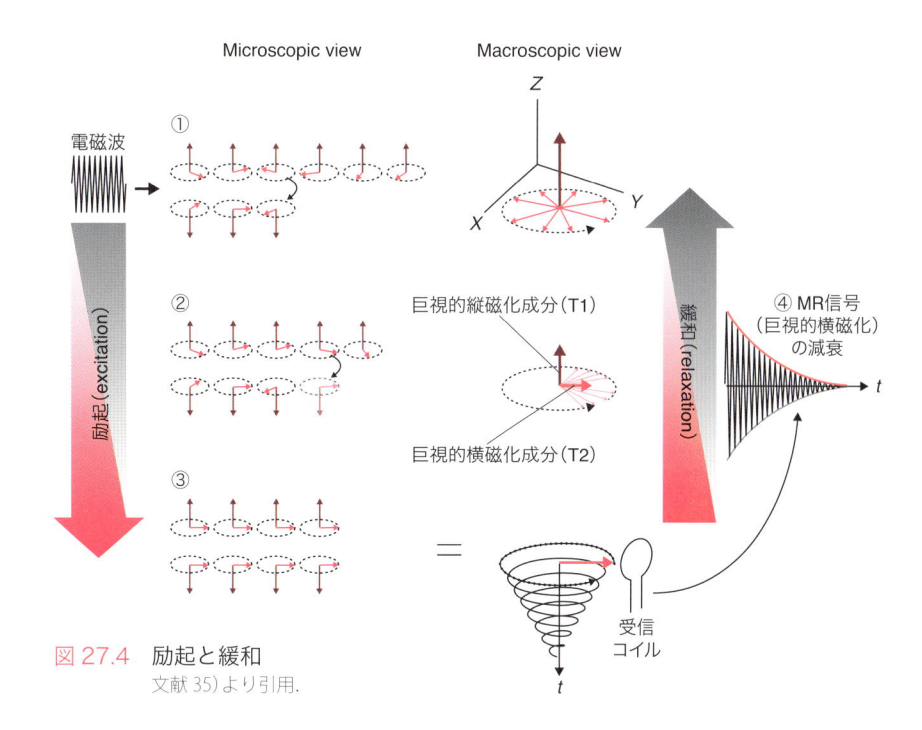

図 27.4　励起と緩和
文献 35)より引用.

と呼ぶ. 高周波磁場を一定期間照射し，基底状態と励起状態の核スピンが同数になれば Z 軸に平行な巨視的縦磁化成分はゼロとなり，核スピンの位相が揃うにつれて X-Y 平面上に巨視的横磁化成分が出現する. 磁化ベクトルが 90 度倒れるのでこの電磁波を 90 度励起パルスと呼び（この角度を Flip Angle と呼び FA で表す），励起パルスと励起パルスの時間間隔を繰り返し時間（Repetition Time；TR）と呼ぶ. 電磁波を止めると励起とは逆の緩和(relaxation)が始まり，以下の二つの現象が(独立して)生じる(図 27.4 ③→②→①). すなわち，

(1) 吸収されたエネルギーが周囲に放出され，励起状態にある核スピンが基底状態に戻り巨視的縦磁化成分が回復する(T1 緩和あるいは縦緩和).

(2) 近傍にある核スピンどうしがつくる微小な磁場が干渉し（スピン-スピン相互作用），核スピンの位相がずれて巨視的横磁化成分が徐々に減衰する(T2 緩和あるいは横緩和，

図 27.4 ④). このとき X-Y 平面上に受信コイルがあれば，巨視的横磁化成分の回転に伴う電磁誘導によって受信コイルに歳差運動と等しい周波数の正弦波様の起電力が発生し(MR 信号)，これが磁気共鳴信号となる.

緩和に要する時間は，水素原子が組織内でほかのどのような原子・分子と結合しているかにより異なる. したがって励起から一定時間後（エコー時間，echo time；TE）の磁気共鳴信号強度は脳の白質・灰白質・脳室（＝脳脊髄液，cerebrospinal fluid；CSF）などの組織によって異なり（図 27.5 a，MR 信号の減衰），各ボクセル[*4]の輝度値にグレースケールを割りあてて画像として表示すれば脳の構造画像が得られる（T2 強調画像. 図 27.5 d).

[*4] volume（体積）と pixel からつくられた造語. デジタル画像（二次元）はピクセルの集合としてつくられているが，MRI 画像は厚さ（スライス厚）を含む三次元空間からの信号なので，一般にこれをボクセルと呼ぶ.

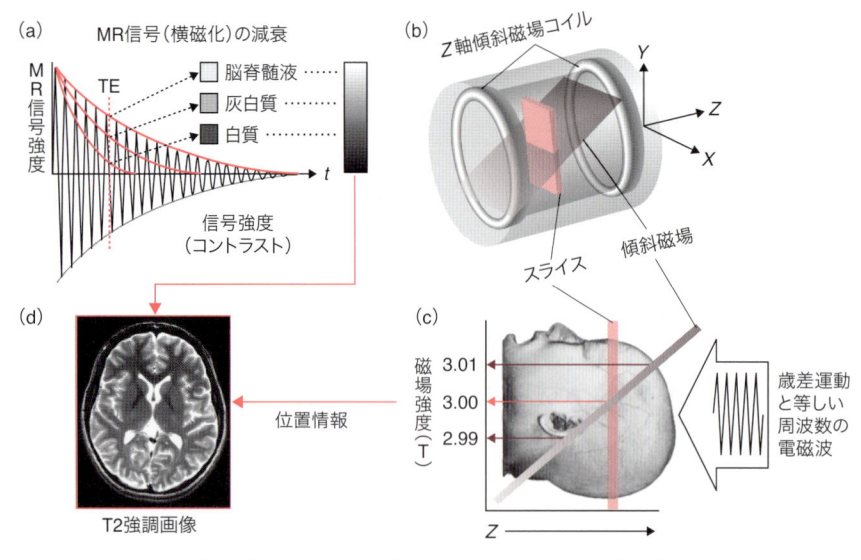

図 27.5　画像の構成（コントラストと位置情報）
（b）Z 軸傾斜磁場コイルのみを表示，（d）縦磁化成分を画像化する T1 強調画像もあるが省略する．文献 35）より引用．

　断層像を得るためには，磁気共鳴信号が脳のどの部位から得られたかを示す位置情報が必要となる．位置情報の取得には磁場強度の違いによる共鳴周波数の違いを利用する．超伝導マグネットの内側に空間の三方向についてそれぞれ傾斜磁場をつくるための一対になったコイルがある．一対のコイルに逆方向に電流を流して，超伝導マグネットによる静磁場を Z 軸に対して線形に傾斜させる（図 27.5 b）．核スピンの歳差運動の周波数は磁場強度により異なり，磁気共鳴はスピンの歳差運動と等しい周波数の高周波磁場でなければ生じないので，Z 軸上の特定の面（図 27.5 c，スライス）に選択的に図 27.4 ①→②→③に示した励起を起こすことができる．さらにスライス面内での位置情報を得るために X 軸，Y 軸に対しても磁場を傾斜させ，二次元フーリエ変換により歳差運動の周波数と位相情報から位置を求めて断層画像を構成する（図 27.5 d）．

27.4　fMRI

　1990 年代に入って脳血流から脳の活動を計測

できることが示された．頭部やからだの断層像を撮像する医療用 MRI 装置をそのまま用いて，脳活動に基づいて脳の機能を測れることから機能的磁気共鳴画像（functional Magnetic Resonance Imaging；fMRI）と呼ばれている．

27.4.1　脳活動計測

　fMRI について説明する前に，脳活動計測全般について簡単に説明しておく．ヒトの脳活動の計測によってわれわれが知りたいのは，精神活動・行動の生物学的基盤となる脳の神経活動である．その最小単位は 100 億とも 200 億ともいわれる脳の神経細胞（neuron）の電気的活動だが，個々の神経細胞の活動を非侵襲的に計測することは不可能である[*5]．しかし神経細胞の電気的活動に伴ってさまざまな生理学的活動が生じる．神経細胞が電気的に活動するにはエネルギーとして ATP が必要で，ATP の産生には酸素によって糖（グルコース）を解糖する代謝活動が必要

[*5]　脳波・脳磁波など，神経細胞の電気的活動を直接計測する方法もあるが（図 27.6），活動部位の位置の推定に誤差が含まれる．また脳深部の活動が計測できないなどの制約がある．

である．したがって神経活動に伴って代謝活動
（酸素代謝，糖代謝）が生じる．この神経活動と代
謝活動（図27.6 ①→②）の連関を神経代謝カップ
リング（Neurometabolic coupling）と呼ぶ．酸
素とグルコースは脳内にほとんど貯蔵されていな
いので，代謝活動に伴って血液を介して供給する
ために局所脳血流が増大する[4]．この代謝活動と
血流変化（図27.6 ② ③）の連関を代謝血流カップ
リング（Flow-metabolism coupling）と呼ぶ．す
なわち神経活動（脳活動の一次信号）に伴って代謝
活動および血流が増大する（二次信号）．この一
連の過程（図27.6 ①→②→③）をまとめて神経血
管カップリング（Neurovascular coupling）と呼
び，神経血管ユニット（Neurovascular unit）を
介して必要なエネルギーを血液から神経細胞に
供給する[5]．われわれの脳では絶えずこのサイク
ルが繰り返されており，脳活動計測とは，この
サイクルのなかのある過程を物理量として計測
し，その結果から一次信号である神経細胞の部
位，タイミングと活動の強さを求めることにほ
かならない．（1）神経活動を計測する方法として，
脳波（Electroencephalography；EEG）や脳磁
波（Magnetoencephalography；MEG）があり，

（2）代謝活動を計測する方法として，陽電子断
層像（Positron Emission Tomography；PET）
や 27.5.3 で 説 明 す る Magnetic Resonance
Spectroscopy（MRS）がある．そして（3）血流
変化を計測する方法として，27.4.2で説明する
機能的磁気共鳴画像や近赤外光分光法（Near-
infrared spectroscopy；NIRS）などがある．

27.4.2　fMRIの原理

　磁気共鳴の原理で近傍にある核スピンどうしが
つくる微小な磁場の干渉によって（スピン-スピン
相互作用），核スピンの位相がずれ（dephasing）
巨視的横磁化成分が徐々に減衰するが（27.3 参
照），実際の横磁化成分はスピン-スピン相互作
用から理論的に予測される減衰（自由誘導減衰，
Free Induction Decay；FID）より早く減衰する．
スピン-スピン相互作用以外に磁場の不均一があ
れば，核スピンの歳差運動の周波数が異なるため
に，個々の核スピンの位相がより早くずれるから
である．これを T2 と区別するために T2*（T2 ス
ター）と呼ぶ．磁場の不均一の原因としては，

　（1）超伝導マグネットそのものがもつ静磁場の
　　　不均一

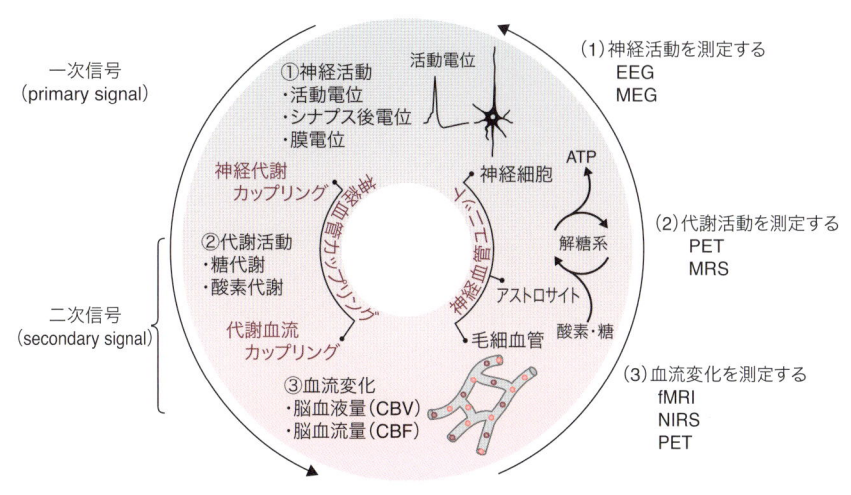

図 27.6　脳活動の一次信号，二次信号と脳活動計測法
文献 36）より引用．

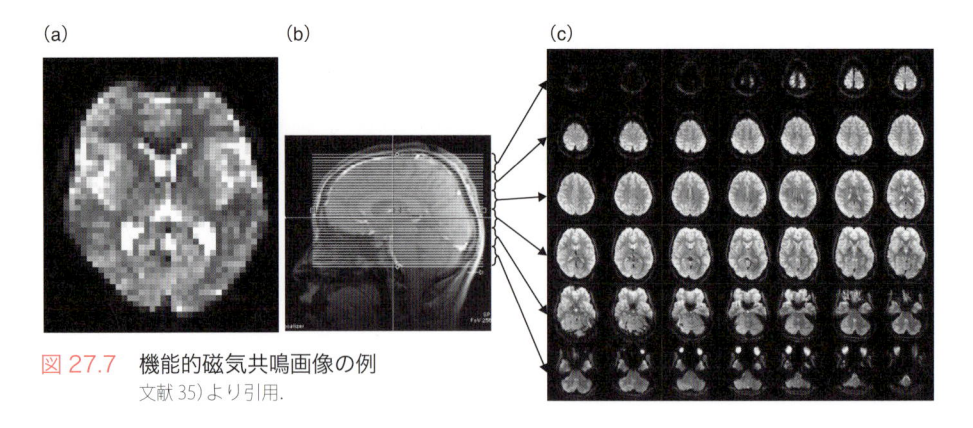

図 27.7　機能的磁気共鳴画像の例
文献 35）より引用.

(2) マグネット内に空気とは異なる磁化率[*6]を もつ生体が入ることにより生じる不均一

(3) 血液中のヘモグロビン（hemoglobin；Hb）に起因する不均一〔BOLD（Blood oxygenation Level Dependent）効果〕

などがある. これらのなかで血流量（cerebral blood flow；CBF）の変化に伴って生じる (3) を検出するのが fMRI である. そのため機能画像のを T2*強調画像とも呼ぶ.

　図 27.7 に機能画像の例を示す. 図 27.7 (a) では, 機能画像が明暗比（＝コントラスト）のあるボクセルの集合であることを明示するために, 空間フィルターをかける前の画像を表示した. MRI の原理で説明したように fMRI 画像の信号の絶対値（各ボクセルの輝度）は脳の各組織の T2*緩和時間に依存しており（図 27.5 a）, 脳の神経活動とはまったく関係ない. したがって図 27.7 (a) では脳室の信号値が最も高くなっている. 図 27.7 (b) に示した脳の構造画像の矢状断で最上部から脳幹・小脳を含む最下部までを 64 × 64 ボクセル（ボクセルサイズ 3 × 3 × 3 mm）で構成される 42 枚のスライスで撮像した機能画像が図 27.7(c) である.

　次に fMRI の原理となる BOLD 効果について説明する. 脳は神経細胞の電気的活動にとって必要な酸素やブドウ糖を血液から受け取っている. 酸素は血液中の赤血球中の Hb によって運ばれる. Hb（直径 7 〜 8 µm, 厚さ 1 〜 2 µm）は, ヘム（Heme）と呼ばれる鉄原子を取り巻く有機化合物（ポルフィリン；porphyrin）と, グロビン（globin）と呼ばれるタンパク質から構成されている. 肺でヘム内の鉄原子に酸素分子が結合したヘモグロビンは動脈から細動脈, 毛細血管（直径 8 〜 10 µm）を通り（図 27.8 a, b）, ここで酸素を放出して二酸化炭素と結合し, 細静脈から静脈を経て肺に戻る.

　Hb は酸素との結合状態によって磁化率が変化する. すなわち酸素分子と結合した酸素化 Hb（oxy-Hb）は反磁性[*6]を示すのに対して, 酸素分子を離した脱酸素化 Hb（deoxy-Hb）は常磁性[*6]を示す. したがって強い磁場のなかでは deoxy-Hb は磁化されて新たな磁場を形成するため,

---

[*6]　磁場のなかに物質が置かれるとその物質は磁化され, それ自身が一時的な磁石となり周辺に新たな磁場をつくる. この磁化されやすさの尺度を磁化率（magnetic susceptibility）と呼ぶ. 単位体積あたりに生じた磁気双極子モーメントの量を磁化ベクトル（J）とすると,
$$J = \chi H \quad （H は磁場の強さ）$$
となり, χ を磁化率と呼ぶ. 磁化率が負の値を示す物質を反磁性体（diamagnetic material）と呼び, 磁場中に置かれるとわずかに磁場とは反対方向に磁化されるが, 磁気共鳴信号にはほとんど影響しない（水, 紙など, ほとんどの有機化合物・無機化合物）. 正の値を示す物質を常磁性体（paramagnetic material）と呼び, 磁場と同じ方向に磁化されるが, 磁場がなくなれば磁化も消失する（一部の金属, 酸素分子, 窒素酸化物など）. 大きな正の値を示す物質は強磁性体（ferromagnetic material）と呼ばれ, 磁場中では磁場と同方向に強く磁化され, 磁場がなくなっても磁化が消失しない（鉄, ニッケル, コバルトなどの金属, フェライトなどの無機化合物）.

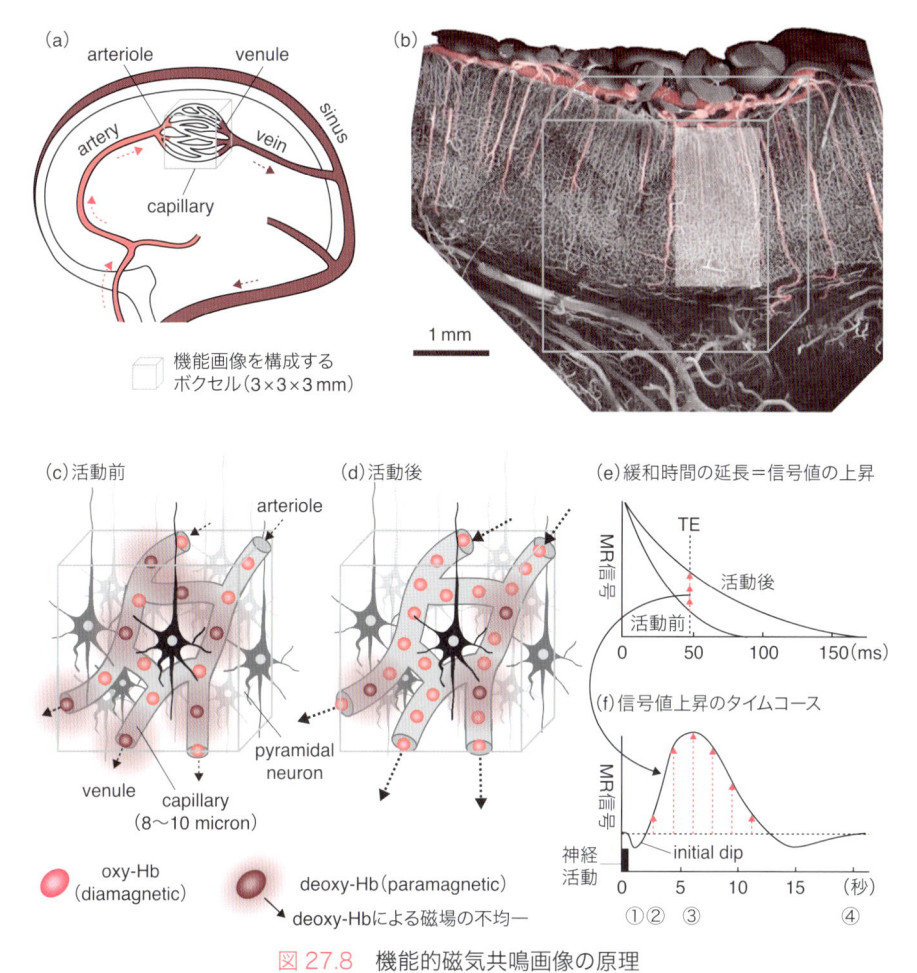

図 27.8　機能的磁気共鳴画像の原理

(b) はサルの一次視覚野の電子顕微鏡写真．動脈を赤で，静脈を青で，毛細血管をグレースケールで示している．文献 36，37) より引用．

deoxy-Hb を多く含む血管と周囲の組織では磁場の均一度が低下している．水素原子のスピンの回転周波数は磁場強度に依存するため，deoxy-Hb の周囲の水分子内の水素原子スピンの位相は早く乱れ，$T2^*$緩和時間が短縮する．したがって通常の状態では毛細血管の周囲の$T2^*$信号値は低下している（図 27.8 c，活動前）．この血管内の deoxy-Hb の常磁性による磁気共鳴信号の変化が BOLD 効果である．

　ここで脳のある領域の神経細胞が活動すると，以下の現象が生じる．

　(1) 脳内の局所的な神経活動によって酸素消費量が増加．

　(2) 酸素消費量の増大によって deoxy-Hb が増加する結果，$T2^*$緩和時間が短縮し，一時的に$T2^*$信号が減少（initial dip，図 27.8 f ①）．

　(3) 活動した神経細胞に酸素を供給するために周囲の毛細血管の局所血流量が増加．

　(4) 血流量の増加は 30 ～ 50 ％に達し，実際の酸素消費量の増加（約 5 ％）を大幅に上回る[6,7]．

　(5) その結果，毛細血管および細静脈での血流量と流速が上がり，deoxy-Hb が急速に灌流され，神経細胞の周囲にある毛細血管の

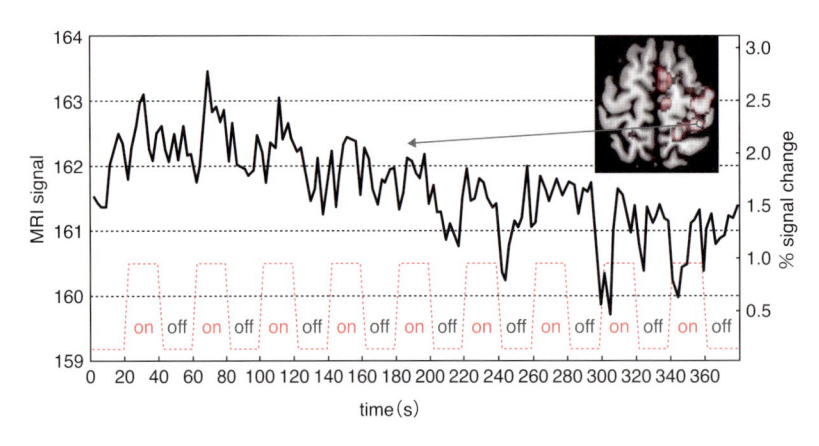

図 27.9　機能的磁気共鳴画像の信号値の変化
文献 35）より引用.

ボクセルあたりの deoxy-Hb 量が減少（活動後，図 27.8 d）.

(6) 磁性体である deoxy-Hb が減少するとボクセル内の磁場の均一度が上がり，$T2^*$ 緩和時間が延長して，$T2^*$ 信号が増大（図 27.8 e）. このように fMRI 信号の増大は血流変化に基づくため，神経活動と同時ではなく，1 〜 2 秒遅れて始まり（図 27.8 f ②），5 〜 6 秒でピークに達し（図 27.8 f ③），約 20 秒後にもとに戻る（図 27.8 ④）. この変化を血流動態反応関数（Hemodynamic Response Function；HRF）と呼ぶ.

したがって fMRI における脳活動に伴う信号値の上昇は，神経細胞が活動した領域の信号値が上昇するというよりは，BOLD 効果によって毛細血管周囲の脳組織の信号値がもともと低下しており，それが脳活動に伴う血流の増加による灌流（perfusion）効果で deoxy-Hb が減少し，低下していた信号値が回復する，という理解が正しい. 図 27.9 に，左前腕への熱痛刺激により賦活された右第一次体性感覚野の 1 ボクセルの信号値の時系列データと，重回帰分析（SPM8, Wellcome Department of Imaging Neuroscience）[34] による解析結果を示した. 図 27.9 の時系列データは，一般の fMRI を用いた論文に掲載されている図とは異なり，計測中の頭部の動きの補正以外は何の

フィルター処理もせずに，縦軸も MRI 信号の絶対値で表示している. 熱痛刺激のオン・オフに応じた信号値の変化が一次体性感覚野に認められるが，信号の変化率はわずか 1％ 程度にすぎず，刺激提示（オン）による信号値の上昇より大きい緩徐な変動や刺激が呈示されていないとき（オフ）でも大きな信号値の変動が認められる. つまり画像から直感的に予想されるよりも実際の信号雑音比は非常に低い. fMRI に限らず，非侵襲脳機能計測による脳研究は，非常に低い S/N 比のなかから，いかにノイズを低減あるいは一定に保ち，実験条件に伴うわずかな信号変化を取り出すかに尽きる. そのためには MRI の原理，BOLD 効果の原理，BOLD 効果の時間特性などを理解したうえで，剰余変数を一定に保ち，実験変数だけを変化させる実験条件・刺激の設定が不可欠である.

27.4.3　脳機能計測法としての fMRI の特徴

図 27.10 にさまざまな脳活動計測法の空間分解能，時間分解能，侵襲性，計測可能領域を示した. 縦軸（空間分解能）の左側には目盛の値に対応した脳神経系の構造（構成単位）を模式的に示した. この図からわかるように，fMRI は非侵襲的な脳活動計測法のなかでは最も高い空間分解能を有する.

fMRI の空間分解能に関しては，一般に一つのボクセルのサイズが 2 × 2 × 2 mm から 3 × 3 ×

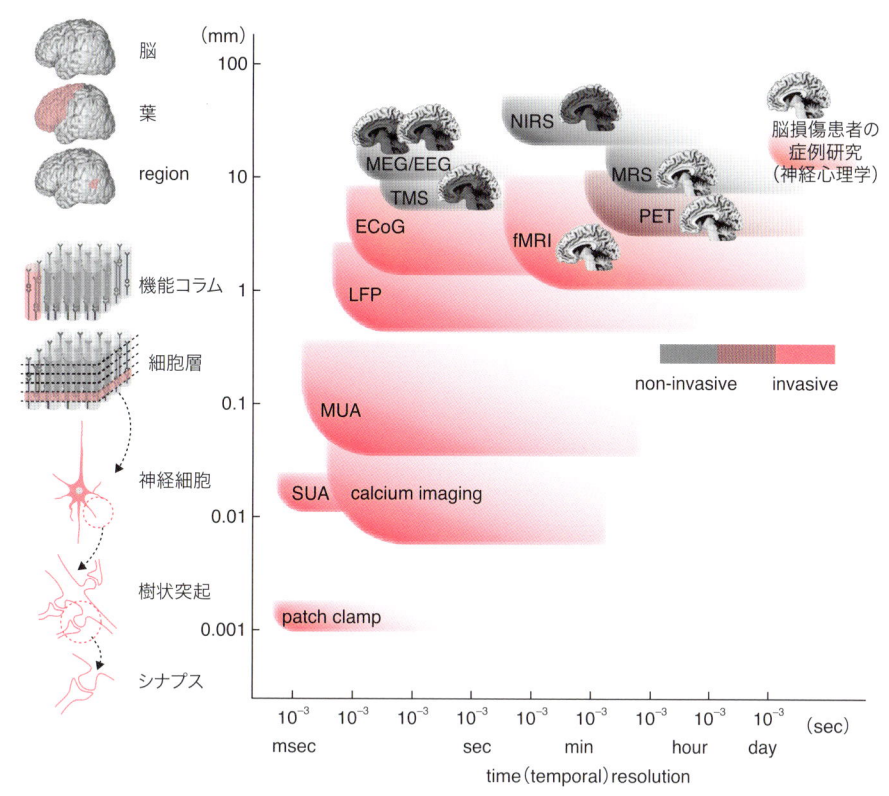

図 27.10　脳活動計測法の空間分解能（対数軸），時間分解能（対数軸），侵襲性．
縦軸の左は，対応する脳の構造（構成単位）を示している．グラフ中の脳断面で黒い領域は，その計測法では計測できない脳領域を示している．文献 35)より引用．

5 mm 程度で，解析の際の空間フィルターを考えなければ基本的に各ボクセルの信号値は独立なので，2〜3 mm 程度の分解能を有している．MRI の空間分解能は静磁場の強度に依存しており[*3]，近年実用化された超高磁場（7〜9.4 テスラ）の磁気共鳴画像装置では，1 mm 以下のボクセルサイズでも十分な強度の磁気共鳴信号が得られる場合もある．これは fMRI の空間分解能が，図 27.10 の縦軸上で機能コラム（functional column）から大脳皮質細胞構築の細胞層レベルに近づいていることを意味している．実際に 7 テスラの高磁場 MRI を用いてヒトやサルの第一次視覚野で，眼優位性コラムだけでなく方位選択性コラムや細胞層に選択的な賦活が報告されている[8-10]．

ただし fMRI 信号の変化が毛細血管での血流の変化なのか，細静脈での血流の変化も含むのかについては，BOLD 効果の発見以降絶えず議論されてきた．前者であれば fMRI の信号値は正確に神経細胞が活動した部位に限局した変化を示すが，後者であれば神経細胞が活動した部位とその下流の静脈を含むより広い範囲で信号値が変化することになり，空間分解能は低下する．現時点では比較的狭い領域の神経細胞が活動した場合の信号値の上昇はほぼ毛細血管領域に限定されるのに対して，広い領域の神経細胞が同時に活動した場合はBOLD 効果に起因する信号値の上昇が細静脈にまで及ぶと考えられている[11,12]．

　fMRI での信号値の増加が脳のどのような神経活動を反映しているかについては，サルとネコ

を用いた fMRI と神経生理学的記録の同時記録により調べられている[13,14]．その結果，BOLD 効果による信号変化は比較的狭い領域（0.2 × 0.2 mm 程度）の個々の神経細胞の発火頻度を反映する Multi Unit Activity（MUA）よりも，より広い領域内（2 × 2 mm 程度）の神経細胞の同期的活動を反映する LFP（Local Field Potential, 局所電場電位）との相関が高いことが示された．すなわち特定の脳領域の出力（SUA/MUA で示される錐体細胞の活動電位）ではなく，LFP，ECoG（Electrocorticography, 皮質脳波），EEG（Electroencephalograhy, 脳波）と同様に，機能コラムや単一の領域内での局所的な結合からの入力によるシナプス活動を強く反映していると考えられている[*7]．

27.5　fMRI 以外の MRI による脳機能計測法

　高価な磁気共鳴画像装置が医療や基礎研究において普及してきたもう一つの理由は，同じ装置で撮像法を変えることで構造画像や機能画像以外にも生体のさまざまな組織や物質を可視化できるからである（図27.1）．たとえば脳内で一定の速度で移動している血液を選択的に画像化することで，血管の画像（Magnetic Resonance Angiography；MRA）を得られ，脳動脈瘤の検査などに利用できる．また水分子の拡散の異方性

を強調して撮像した画像の解析で，神経線維の画像が得られる．以下，脳活動に関連したものを取り上げる．

27.5.1　拡散強調画像と神経線維束画像

　水溶液中の水分子は熱運動によりランダムに動いている（ブラウン運動）．したがってコップのなかの水にインクを垂らせば球状に拡散していく（等方拡散, isotropic diffusion）．しかし水分子の移動を妨げる構造があれば，拡散は等方ではなくなる．これを拡散の異方性（diffusion anisotropy）と呼ぶ．脳の白質を構成する神経線維の軸索内にはダイニン，キネシンなどのいわゆるモータータンパク質が軸索内輸送を行う際にレールとして用いる微小管や，ニューロフィラメントが軸索と平行に多数走っている．この構造のため水分子は神経線維と平行な方向には動きやすく，一方で垂直な方向には動きにくいため，灰白質よりも拡散異方性が大きい[15]．拡散異方性の原因としては，神経線維を覆う髄鞘も考えられるが，拡散強調画像で計測されるのは，時間にして 20 〜 30 ミリ秒内での 10 µm 程度の水分子の動きで，有髄線維だけでなく無髄線維でも同程度の拡散異方性が認められることから[16]，髄鞘は拡散異方性の主要な原因ではないと考えられている．

　一定の時間間隔を置いて大きさが同じで逆向きの傾斜磁場をかけると，静止している水分子は最初の傾斜磁場による各スピンの位相変化が次の逆向きの傾斜磁場によって相殺されて影響を受けないが，傾斜磁場の方向に動いた水分子では位相変化が相殺されずに信号値が低下する．これをさまざまな方向で計測することで，ボクセルごとの拡散の大きさや拡散異方性を求められる．からだや脳内の水分子の拡散の大きさや方向を画像化したものを総称して拡散強調画像（Diffusion Weighted Image；DWI）と呼ぶ．さらに異方性を定量化するために，ボクセル内で

---

*7　Logothetis は神経細胞の活動電位を記録している MUA よりもおもにシナプス後電位を反映している LFP のほうが fMRI 信号との相関が比較的高かったと報告している[13]．通常はシナプスからの入力と神経細胞の発火には高い相関が認められる．またヒトでの SUA と fMRI 計測から神経細胞の発火頻度と fMRI 信号が高い相関を示したという報告もある[34]．したがって fMRI 信号がどのような神経活動を反映しているのかについてはまだ結論は出ていない．なお LFP, ECoG, EEG は，いずれもシナプス後電位に起因する細胞外電流をおもに反映しているが，電流源から電極までの距離と脳実質および脳外組織の伝導特性によって記録される周波数帯域が大きく異なっており，まったく同じ活動を見ている訳ではない．

の神経線維の方向（X 軸）と神経線維に直交する二方向（Y, Z 軸）を軸として，各軸方向への拡散の大きさ（Apparent Diffusion Coefficient；ADC，拡散係数）で表される楕円体（テンソル楕円体）を用いて解析した画像を総称して神経線維束画像（Diffusion Tensor Image；DTI）と呼ぶ．画像化とは位置情報をもつ各ボクセルに一つの

値（スカラー値）を割りあてることであるが，各ボクセルには 6 個の変数（3 軸の拡散の大きさと方向）が含まれ，そのままでは画像化が困難である．そのため，通常は異方性の強さを示す FA 値（Fractorial Anisotropy，三方向の拡散係数の標準偏差．神経線維に富む白質では 1 に近い値，脳脊髄液では 0 に近い値となる）による FA map

Key Chemistry 脳の自発性活動とデフォルトモードネットワーク

fMRI による脳活動計測で近年注目されているのが，デフォルトモードネットワーク（Default Mode Network；DMN）である．従来の脳研究では，被験者や被験動物に特定の刺激を提示したり特定のタスクをさせたりした際の活動した脳部位や活動の強さを計測することにより，その部位の機能を調べてきた（図上，刺激・課題による activation study）．ところがヒトの脳の重量は体重の 2% しかないにもかかわらず，人体が消費する全エネルギーの約 20% を消費する．しかも視知覚の情報処理やタスク遂行に伴う局所の脳活動によるエネルギー消費の増加はわずか 1% 程度にすぎない[35,36]．したがって脳が消費するエネルギーの大半は安静時の自発性脳活動に使われていることになる．さらに，脳にはあるタスクをしているときよりも，安静時のほうがエネルギー消費が高く，相関して活動する複数の領

域がある．これらの事実から，Raichle は特定のタスクをしているときには活動を停止し，安静時に特異的に相関して活動する領域が一つの機能的ネットワークを形成していると考え（後部帯状回，内側前頭前野，下頭頂葉小葉など），デフォルトモードネットワークと名付けた[36,37]．現在ではデフォルトモードネットワーク以外にも，安静時の脳にはさまざまな機能的ネットワークが存在することが明らかにされている．これらを総称して resting-state network（RSN）と呼び，認知症，各種の神経精神疾患，慢性痛患者などでの異常が報告されている[36]〔図下，自発性脳活動ネットワーク（DMN/RSN）〕．ただしデフォルトモードネットワークの役割については，意識，記憶，情報統合，自己参照などさまざまな機能との関連が示唆されているが，未だに明確ではない．

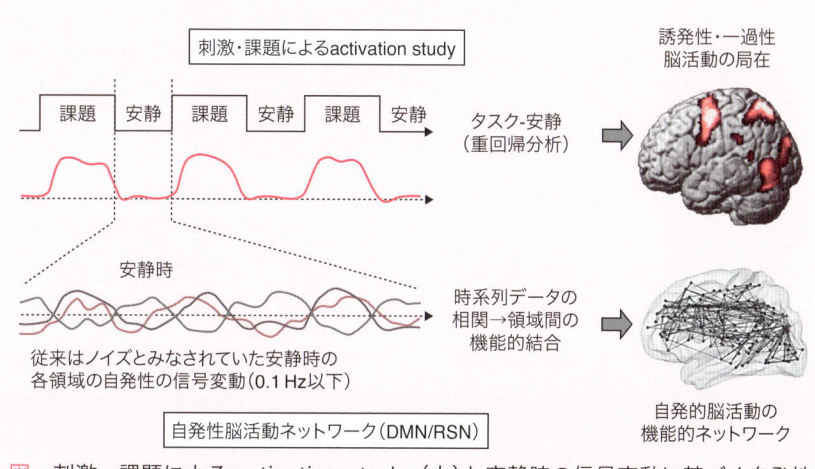

図　刺激・課題による activation study（上）と安静時の信号変動に基づく自発性脳活動の機能的ネットワーク（下）

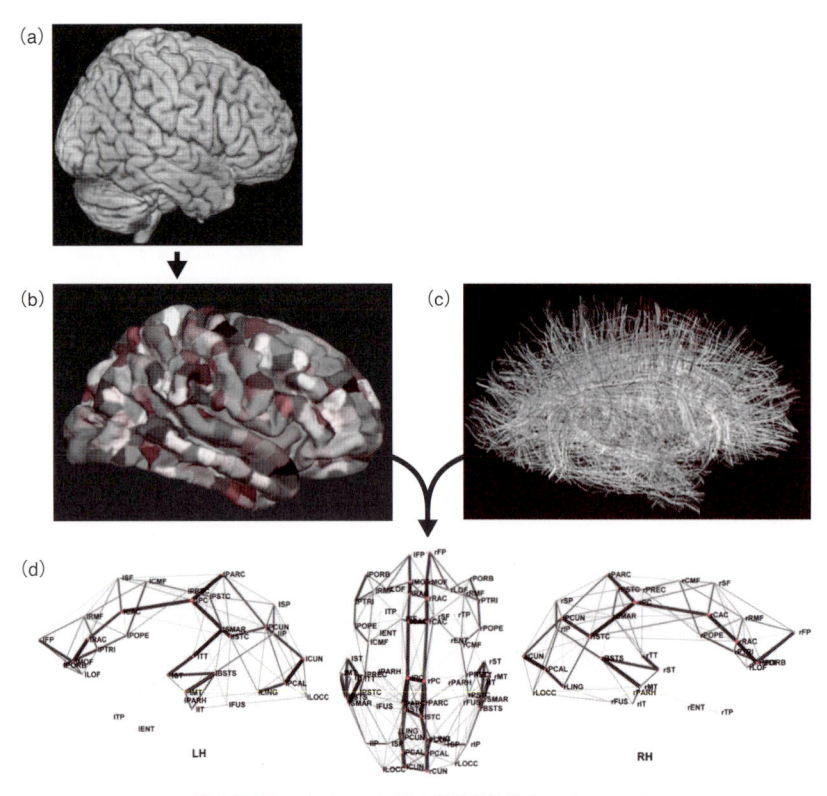

図 27.11　ヒトの全脳の解剖学的ネットワーク
MRI 構造画像(a)をもとにしてヒトの脳を 1000 の領域に分割(b)，神経線維束画像(c)と合わせて
解析することにより，ヒトの全脳の神経線維による解剖学的ネットワークを可視化(d)．(d) 左は
脳を左側から，中央は上から，右は右側から見た場合．文献 38)より引用

や[17]，方向の情報を捨てて三方向の ADC の平均値による ADC map として画像にする．さらに FA map から一定以上の拡散異方性をもつボクセルの拡散が最も大きい方向を神経線維の方向と仮定して隣接する複数のボクセルを辿っていくと，神経線維束を三次元画像として再構築することができる（拡散テンソル画像, Diffusion Tensor Tractograph；DTT)[18,19].

　一つのボクセル内で交差する複数の神経線維束を区別することはできないので局所の微小な神経線維の画像化は困難である．しかし全脳の構造画像をもとにヒトの脳を数十〜数百の領域に分割し，神経線維束画像と合わせると，ヒトの脳のどの領域とどの領域が神経線維によって密に結ばれてネットワークを形成しているかを明らかにできる

（図 27.11）．これは臨床医学での脳損傷に伴う神経線維の損傷の可視化のみならず，発達に伴う白質の髄鞘化の程度[20]や脳梁線維の変化[21]，学習による神経線維の可塑的な変化[22]が可視化でき，実際に経精神疾患患者の特定の脳領域間の神経線維による結合が健常者と異なることが報告された[23].

27.5.2　T1 強調構造画像による VBM

　高解像度（$1 \times 1 \times 1$ mm 程度）の脳の構造画像から脳を灰白質，白質，脳脊髄液に分離し，脳の各領域の灰白質および白質の容積を健常者群と患者群で比較したり，縦断的な研究で個人の特定の領域の灰白質・白質の容積の経時的変化を調べたりする方法である．MRI による脳の構造画像が撮像できるようになった 1980 年代からアルツハ

イマー病患者の海馬の萎縮などの研究があるが，コンピューターを用いた画像処理によって灰白質・白質・脳脊髄液を正確に分離し，さらに個人の構造画像を標準脳に変換することによって，大きさや形状が異なる脳でもボクセル単位で統計的に解析・比較できるようになり，2000年前後から全脳を対象にした詳細な比較が可能になった[24]．

VBMを用いた有名な研究として，ロンドン市内のすべての道路を詳細に覚えなければ試験に合格できないロンドンのタクシーの運転手で，地理的記憶と関連した海馬後部の容積が一般の人と比べて大きいという報告がある．この差は運転手歴が長い人ほど海馬後部が大きく[25]，さらにタクシー運転手の志願者の海馬の大きさを3〜4年の間隔を置いて2回計測すると，試験の合格者の海馬後部の容積は有意に増加していたのに対して，不合格者では増加が認められなかった．このことはもともと海馬が大きい人が試験に合格した

のではなく，学習により海馬後部の容積が増加したことを示している[26]．さらに視覚障害や自閉症における特定の脳領域の容積の減少，発達・加齢や知覚運動学習に伴う灰白質・白質の容積の変化なども報告されている．

ただしVBMによって計測される灰白質の容積の変化がどのような機序によるものかに関してはまだ一致した見解が得られていない．従来，成体では再生されないと考えられてきた神経細胞がヒトの海馬歯状回で新生されることや[27]，サルの側脳室下帯で新生された神経細胞が前頭・頭頂連合野に移動することが報告されている[28]．しかし脳の灰白質には$1\,mm^3$に数万個の神経細胞があり，VBMで検出可能な程の多数の神経細胞が新皮質で新生されるとは考えにくい．灰白質のおもな構成要素は細胞体（神経細胞・グリア細胞）と神経細胞から伸びる樹状突起と棘突起だが，実験室の飼育ケージのような単調な環境に置かれた動物より

Key Chemistry　　脳血流計測の創始者 Angelo Mosso

fMRIの基本となる生理学的原理は，神経細胞が活動した領域の血流量が増大するという神経血管カップリング（Neurovascular-coupling）である．世界で最初に精神活動に伴うヒトの脳血流変化を計測したのがイタリア・トリノ大学の生理学者Angelo Mosso（1846-1910）である．Mossoが考案した方法は，頭蓋骨に欠損がある患者の欠損部を木製の板とゴム製の樹脂（ガッタパーチャ）で密閉し，暗算などの精神作業や情動刺激を与え，脳血流の増大に伴う脳容量の変化を空気圧の変化として取りだしてカイモグラフ（Kymograph）で記録するというものだった[38]．

しかしこの方法では頭蓋骨に欠損のある患者しか測れなかった．そこでMossoは健常者の脳血流変化を計測する方法を考案した．その方法とは，シーソーのような台を自作し（The balance），被験者を仰向けに乗せて分銅でバランスを取ったあと，暗算などの精神作業をさせる．精神活動により脳血流

が増えた分だけ頭部側が重くなり傾き，その傾きをシーソーの端に取り付けたカイモグラフで記録するというものだった[39]．このような方法でわずかな脳血流の変化を計測するのは困難だったろうが，2014年にイギリスの研究チームがMossoの装置を復元して計測し，台上の被験者に視覚や聴覚の刺激を与えると台が頭部側にわずかに傾くことを確認した[40]．

Mossoはトリノの貧しい家に生まれ，父親は大工，母親は裁縫師だった．Mossoが製作した装置には，幼少期に父親と母親の仕事から学び覚えた技術が存分に活かされているに違いない．その後Mossoは，高山病の研究のためにイタリアの高山に実験室を設置し，呼吸や疲労の生理学的研究も行っている．現在でも筋肉の疲労の研究に使われているエルゴグラフもMossoの発明である．生涯を人体の生理学的計測に捧げた科学者だった．

も複雑な環境に置かれた動物のほうが，樹状突起，棘突起，シナプスが増えることがげっ歯類だけでなくサルでも報告されている[29]．したがって現時点では，学習による灰白質の増加はおもに樹状突起，棘突起，シナプスの増加によるもので，一方，加齢や疾患による灰白質の減少はおもに神経細胞数の減少によるものと考えられている．

27.5.3　MRS

27.3で，「同時に各スピンは，原子核の種類と静磁場強度によって決まる周波数で，・・・歳差運動を始める」と書いた．しかし厳密には水素原子がほかのどのような原子と結合しているかによって歳差運動の周波数はわずかに異なる（ケミカルシフト）．たとえば水分子（H_2O）を構成する水素原子に比べて，脂肪に含まれるメチレン基（-CH_2-）を構成する水素原子は 3.5 ppm（3テスラで，水分子を構成する水素原子のラーモア周波数 127.731 MHz に対して 447 Hz）だけ歳差運動の周波数が低くなる．したがって得られた磁気共鳴信号の周波数スペクトルの各ピークの周波数と振幅から水素原子が結合している分子の種類を特定することができる．

この方法を用いて神経細胞の代謝にかかわる糖やアミノ酸などの脳内の代謝物濃度を測定する方法が磁気共鳴分光法（Magnetic Resonance Spectroscopy；MRS）である．具体的には N-アセチルアスパラギン酸（NAA，神経細胞・軸索密度のマーカー），コリン（Choline，細胞膜や髄鞘の代謝），クレアチン（Creatine，神経細胞・グリア細胞密度），乳酸（Lactate，嫌気性糖代謝）などの細胞内代謝産物（二次信号）濃度や，グルタミン酸（Glu，興奮性の神経伝達物質），γ-アミノ酪酸（GABA，抑制性の神経伝達物質）などの神経伝達物質の濃度を計測できる．さらに放射する電磁波の周波数を変えることで，水素原子以外に ^{31}P（リン），^{13}C（炭素），^{23}Na（ナトリウム）などを含む代謝物の計測も可能である．これにより ATP，クレアチンリン酸（PCr）などのエネルギー代謝や細胞膜を構成するリン脂質の代謝を非侵襲的に計測することもできる．

原理自体は有機化学で化合物の分子構造を調べるのに用いられてきた MRS そのものであるため，MRS は磁気共鳴を用いた脳機能に関連した計測法としては fMRI よりも早く，1980年代から研究が行われてきた．1991年には嫌気性糖代謝物の乳酸の濃度が視覚刺激提示後数分以内に視覚野で50％以上増加し，その後徐々に減少することが報告されている[30]．しかし生体内の水分子に含まれる水素原子に比べて，細胞膜や脂質に含まれる水素原子やほかの原子は圧倒的に少なく信号が小さいため，計測には長時間を要し，ボクセルサイズも通常は 10 × 10 × 10 mm 程度に制限される．したがって現在まで健常者の脳機能計測に用いられることは少ないが，臨床医学での脳腫瘍の悪性度や変性疾患の判定とともに，小児の発達に伴う NAA やコリン濃度の変化，うつ病患者における Glu や GABA の変化が報告されている[31,32]．今後，磁気共鳴画像装置の高磁場化による信号強度の増強および周波数スペクトルの高分解能化に伴って，健常者の脳の代謝活動を非侵襲的に計測する方法としても発展していくと考えられる[33]．

27.6　今後の展望

1990年に fMRI の原理となる BOLD 効果が発見されるまでは，MRI 装置は脳やからだの断層像を撮影するための臨床医学用の装置にすぎなかった．しかし fMRI が登場するやいなや，医学のみならず神経生理学・心理学・物理学・数学・情報処理工学など，さまざまな分野の研究者が参入し，それが神経線維束画像や Voxel Based Morphometry などに代表される MRI のさらなる発展につながった．

　神経線維束画像やデフォルトモードネットワーク（Key Chemistry 参照）に示されるように，今後は脳を単一の機能を有する脳領域の単純な集合とみなすのではなく，複数の脳領域によって構成され，生体の外的・内的条件によって切り替わるさまざまな機能的ネットワークと，それを支える構造（解剖学的）ネットワークの両面から脳研究が進んでいくと考えられる．構造と機能は不可分であって，構造によって機能が規定される一方，機能によって構造が変化する．一台の装置で脳の形態・構造と機能・活動の両方を高い空間分解能で計測できる装置はほかになく，今以上に脳神経科学にとって必要不可欠な計測装置になるだろう．

（宮内　哲・寒　重之）

文　献

1) P. C. Lauterbur, *Nature*, **242**, 190 (1973).

2) S. Ogawa et al., *Proc. Natl. Acad. Sci. USA*, **87**, 9868 (1990).

3) S. Ogawa & T. M. Lee, *Magn. Reson. Med.*, **16**, 9 (1990).

4) M. E. Raichle & M. A. Mintun, *Annu. Rev. Neurosci.*, **29**, 449 (2006).

5) 高橋慎一, 慶應医学, **82**, 119 (2005).

6) P. T. Fox & M. E. Raichle, *Proc. Natl. Acad. Sci. USA*, **83**, 1140 (1986).

7) P. T. Fox et al., *Science*, **241**, 462 (1988).

8) E. Yacoub et al., *Proc. Natl. Acad. Sci. USA*, **105**, 10607 (2008).

9) J. R. Polimeni et al., *Neuroimage*, **47**, S196 (2010).

10) C. A. Olman et al., *PLoS One*, **7**, E32536 (2012).

11) N. K. Logothetis, *Nature*, **453**, 869 (2008).

12) S. G. Kim & S. Ogawa, *J. Cereb. Blood Flow Metab.*, **32**, 1188 (2012).

13) N. K. Logothetis et al., *Nature*, **412**, 150 (2001).

14) N. K. Logothetis & B. A. Wandell, *Annu. Rev. Physiol.*, **66**, 735 (2004).

15) C. Beaulieu, *NMR in Biomedicine*, **15**, 435 (2002).

16) C. Beaulieu & P. S. Allen, *Magn. Reson. Med.*, **31**, 394 (1994).

17) P. J. Basser et al., *Biophys. J.*, **66**, 259 (1994).

18) S. Mori & J. Zhang, *Neuron*, **51**, 527 (2006).

19) 青木茂樹, 阿部 修, 増谷佳孝, 高原太郎 編, 『これでわかる拡散 MRI 第 3 版』, 秀潤社 (2013).

20) S. Yoshida et al., *Pediatr. Radiol.*, **43**, 15 (2013).

21) P. M. Thompson et al., *Nature*, **404**, 190 (2000).

22) A. Imfeld et al., *Neuroimage*, **46**, 600 (2009).

23) T. C. Chua et al., *Current Opinion in Neurology*, **21**, 83 (2008).

24) J. Ashburner & K. J. Friston, *Neuroimage*, **11**, 805 (2000).

25) E. A. Maguire et al., *Proc. Natl. Acad. Sci. USA*, **97**, 4398 (2000).

26) K. Woollett & E. A. Maguire, *Curr. Biol.*, **21**, 2109 (2011).

27) P. S. Eriksson et al., *Nature Med.*, **4**, 1313 (1998).

28) E. Gould et al., *Science*, **286**, 548 (1999).

29) Y. Kozorovitskiy et al., *Proc. Natl. Acad. Sci. USA*, **102**, 17478 (2005).

30) J. Prichard et al., *Proc. Natl. Acad. Sci. USA*, **88**, 5829 (1991).

31) G. Sanacora et al., *Arch. Gen. Psychiatry*, **61**, 705 (2004).

32) G. Hasler et al., *Arch. Gen. Psychiatry*, **64**, 193 (2007).

33) 成瀬昭二 監著, 『磁気共鳴スペクトルの医学応用』, インナービジョン (2012).

34) R. Mukamel et al., *Science*, **309**, 951 (2005).

35) 宮内 哲, 心理学評論, **56**, 414 (2013).

36) 宮内 哲, 星 詳子, 菅野 巖, 栗城眞也, 『脳のイメージング』, 共立出版 (2016).

37) S. Hirsch et al., *J. Cereb. Blood Flow Metab.*, **32**, 952 (2012).

38) P. Hagmann et al., *PLoS Biol.*, **6**, e159 (2008).

34) http://www.fil.ion.ucl.ac.uk/spm/

35) M. E. Raichle & M. Mintun, *Annu. Rev. Neurosci.*, **29**, 449 (2006).

36) M. E. レイクル, 日経サイエンス, **40**, 34 (2010).

37) M. D. Fox et al., *Proc. Natl. Acad. Sci. USA*, **102**, 9673 (2005).

38) S. Sandrone et al., *Brain*, **137**, 621 (2014).

39) S. Zago et al., Neuroimage, 48, 652 (2009).

40) D. T. Field & L. A. *Inman, Brain*, **137**, 634 (2014).

オプトジェネティクス（光遺伝学）

Summary

　オプトジェネティクス（光遺伝学，optogenetics）を用いることにより，神経細胞のネットワークに介入し，複雑な脳の働きを解読できる可能性がある．チャネルロドプシンなどの脱分極ツールと H^+ トランスポーターロドプシンなどの過分極ツールを組み合わせて特定の神経細胞をポジティブあるいはネガティブ光操作することで，高い時間分解能と空間分解能で脳神経回路の動作原理を論理的に解明する研究ができるようになった．このとき可視光は大半が生体組織において吸収，減衰してしまうので，可視光域で活性化される光遺伝学分子は生体深部の光操作には適さない．これに対し近赤外光は生体組織による吸収が低いので，生体深部での光操作には理想的である．現在，この帯域に感受性を有する光感受性タンパク質の探索や創出，2光子励起法，アップコンバージョンの利用などにより，近赤外光を利用したオプトジェネティクスが展開しつつある．近い将来，こういった基礎研究を非侵襲的な脳深部の神経活動のコントロールに適用し，神経回路の生理機構の解明や神経疾患治療への応用が促進されるだろう．

28.1　はじめに

　脊椎動物や多くの無脊椎動物の脳は，膨大な数の神経細胞から構成されている複雑な組織である．たとえばヒトの脳には100億から1兆個の神経細胞があるといわれていて，さらにそれぞれが100〜1000個のシナプスを受けとり，互いに組み合わさって，複雑なネットワークを形成している．このネットワークを介する情報のやり取りが，感覚，統合，運動制御などのさまざまな脳の機能を生み出している．このような複雑な脳の働きはどのようにしたら解読することができるだろうか．

　その一つが神経細胞と神経細胞の繋がりを明らかにすることである．コンピューターにたとえるならハードウェアを丹念に調べる，静的リバースエンジニアリング（static reverse engineering）[*1] に相当する．スペインの神経解剖学者 Cajal は，ゴルジ染色法を用いて個々の神経細胞を可視化し，その繋がりを丹念に調べ，1個の神経細胞が「入力─統合─出力」という情報処理の単位になっているとする「ニューロン説」（neuron doctrine）を提唱した[1]．

　コネクトミクス（connectomics）[*2] は，これをさらに推し進めたものである．たとえば，電子顕微鏡などを用いて脳の連続切片を撮像し，コンピューターで3次元再構築することにより，あらゆる神経細胞の繋がりをデータベース化しようというプロジェクトなどである[2]．しかし配線か

[*1]　リバースエンジニアリングとは構造や動作原理のわからない機械やソフトウェアに対し，分解や動作解析などのアプローチにより，設計原理，仕様，ソースコードなどを要素を解明する行為のこと．これに対し，これらの要素をもとに新しいデバイスやシステムを創出する行為をフォワードエンジニアリング（forward engineering）という．

[*2]　生物の神経系のマクロからミクロに至るすべての神経細胞の接続を明らかにした統合的な神経回路地図の概念は，コネクトーム（connectome）と呼ばれている．コネクトミクスとは，コネクトーム研究のための方法論や研究戦略の総称である．

らだけでは動作のしくみは永遠に理解できない．動作原理を解明するには回路に介入し，個々の素子の働きを変動させたときの応答を分析する，動的リバースエンジニアリング（dynamic reverse engineering）[*3]が必要になる．脳であれば，未知の神経回路に介入し個々の神経細胞の活動促進（ポジティブ変動）や活動抑制（ネガティブ変動）を与え，そのときの回路の動作の変動から動作原理を解明する研究戦略が考えられる．Cajal のような光学的方法を用いれば，まず神経細胞の繋がりの形態の詳細が解明できる．さらに光で神経細胞の活動を変動させられれば，ネットワークの動作原理の解明が可能になるだろう．また類似の動作原理をもつモデル回路を in silico で作製し，脳が全体としてどのようにふるまうかをシミュレーションすることではじめて，意識，知覚，心理などの謎に迫ることができる．

28.2　オプトジェネティクスの誕生

　上記のような神経科学者の夢は，意外なところから現実味を帯びてきた．淡水池沼に普通に生息しているクラミドモナス（*Chlamydomonas reinhardii*）は，葉緑体をもち，光合成をする緑藻類に属する単細胞真核生物，すなわち植物プランクトンの一属である．クラミドモナスは眼点近傍の特殊な膜領域で光を受容し，鞭毛運動を制御することにより，走光性や光驚動性などの光依存的な行動を示す[3]．2002 ～ 2003 年にかけ，日本，米国，ドイツの三つのグループが相次いで，かずさ DNA 研究所のクラミドモナス EST 配列（Expression Sequence Tags）データベースから 2 種類の微生物型ロドプシンファミリータンパク質を同定し，これらがクラミドモナスの光受容を担っていることを証明した[4-7]．と

くにドイツの Hegemann らのグループは，これらのロドプシンが光受容チャネルの一種で，単一の分子で光感受性とイオンチャネルの機能をあわせもっていることを解明し，チャネルロドプシン 1（channelrhodopsin-1，ChR1），チャネルロドプシン 2（ChR2）と命名した．ChR1 は 510 nm の緑色光を，ChR2 は 460 ～ 480 nm の青色光を吸収し，ともに Na^+，K^+，Ca^{2+}，H^+ などの陽イオンを非特異的に透過する性質がある．Deisseroth らと八尾らのグループは，それぞれ独立に ChR2 の遺伝子を神経細胞に導入する実験を行った[8,9]．八尾らは ChR2 に黄色蛍光タンパク質をつなげた融合タンパク質の遺伝子情報をウイルスに組み込み，*in vivo* 海馬神経細胞に感染させ，海馬スライス中の ChR2 を発現している神経細胞を蛍光で確認した．この神経細胞にパッチクランプ法で膜電位を計測しながら青色 LED パルス光を照射したところ，わずか 10 ミリ秒のパルスで光強度依存的に膜電位を脱分極させ，ついには活動電位閾値を超えて活動電位を惹起することに成功した．脳内のある特定の神経細胞を同定し，光を用いてポジティブ変動を与えるという研究の基本戦略がここに提案されたのである[10]．

　ではネガティブ変動はどのようにすれば与えられるだろうか．微生物型ロドプシンファミリーには，チャネルロドプシン以外にさまざまな機能を有する光受容タンパク質が報告されている[11]．たとえばハロロドプシン（halorhodopsin）は，590 nm 付近の単一光子（フォトン）エネルギーの吸収に伴い 1 個の Cl^- を輸送するトランスポーターである．これを神経細胞に発現させ，光パルス刺激を与えるとその刺激に同期して細胞外の Cl^- を細胞内に輸送する．この結果，細胞内の Cl^- 濃度が増加して膜電位は過分極となり，活動電位が発生しにくくなる．またアーキロドプシン（archaerhodopsin）は 580 nm 付近の単一光子の吸収に伴い 1 個の H^+ を輸送するトランスポー

[*3]　要素探究研究において，情報やエネルギーの流れを解明する行為．

表 28.1　ネガティブ光操作分子ツール

種類	副作用	安定性	その他
Cl⁻ ポンプロドプシン [32,43,44]	細胞内 Cl⁻ 濃度が上昇する.	光照射中に, 過分極が弱まる. リバウンド興奮*を促進する.	ウイルスベクターやトランスジェニック動物のリソースに富む. Jaws[32]は, 赤色光に対する感度が高い.
H⁺ ポンプロドプシン [45,46]	細胞内がアルカリ化し, 細胞外が酸性化する.	ASIC[47] などの pH 感受性イオンチャネルに影響し, 効果を予想できない.	ウイルスベクターやトランスジェニック動物のリソースに富む. Mac, Arch/ArchT など, 選択肢が豊富. 細胞内外の pH 操作ツールとして使用できる[48,49].
Na⁺ ポンプロドプシン [12,13]	生理的	光照射中, 安定に過分極し, リバウンド興奮を促進しない.	細胞のエネルギー消費が抑えられる.
Cl⁻ 透過チャネルロドプシン [50-52]	GABA_A 受容体を活性化する抑制性信号と相同で, 比較的生理的.	細胞内外の Cl⁻ 濃度勾配に依存し, 脱分極する可能性がある.	ポンプロドプシンに比べ, 弱い光で大きな効果が得られる.

＊　リバウンド興奮:長時間の過分極の終了後に膜電位が静止膜電位を超えて脱分極する. これにより, 神経細胞の興奮性が一時的に増大する.

ターである. 光刺激に同期して細胞外に H⁺ を排出することで膜電位が過分極となり, 活動電位の発生を抑制する. 近年単離された海産真正細菌(*Krokinobacter eikastus*)由来のロドプシン KR2 は, 530 nm 付近の緑色光の吸収で Na⁺ を細胞内から細胞外に輸送する光駆動 Na⁺ ポンプである[12]. これも過分極型のオプトジェネティクスツールとして有用であることが報告されている[13]. したがってこれらの分子を神経細胞に発現することにより, 光依存的にネガティブ変動を与えることができる(表28.1). 脱分極ツール(ChR2

など)と過分極ツール(ArchT など)を同じ神経細胞に発現させると, 青色光でポジティブ, 黄色光でネガティブというように, 波長の切り替えで神経細胞活動を操作することができる(図 28.1).

行動や心理などは, それぞれ固有の神経回路の動作により引き起こされる. 標的神経細胞をポジティブ光操作してある回路動作が促進されたならば, その神経細胞は問題の回路動作の十分条件を満たしているといえる. 反対に, 同じ神経細胞をネガティブ光操作してその回路動作が阻害されれば, 必要条件を満たしていると判断される. この

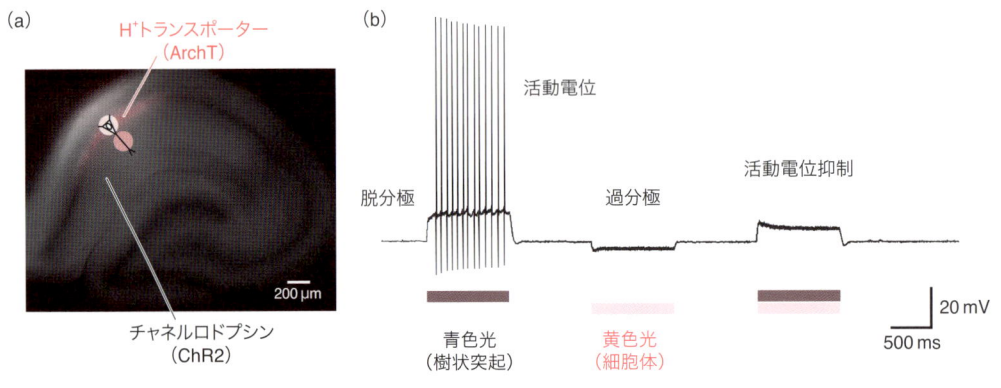

図 28.1　ポジティブ, ネガティブ光操作
脳の神経細胞に ChR2 を発現するトランスジェニックラット海馬にウイルスを介して ArchT を発現させ, 樹状突起に青色光を, 細胞体に黄色光を照射した(a). 青色光照射により神経細胞の膜電位が脱分極し, 連発する活動電位が引き起こされた(b 左). これに対し, 黄色光照射により過分極が引き起こされた(b 中央). 青色光と黄色光を同時に照射すると脱分極の程度が小さくなり, 活動電位の発生が抑制された(b 右).

ようにそれぞれの要素について必要十分条件を満たしているかを検証していくことにより，神経回路の動作原理が論理的に解明されることが期待できる．従来においては，必要条件の研究には脳の損傷や薬物の局所投与，遺伝子ノックアウト動物，テタヌス毒素，イムノトキシンを用いた実験系などが用いられてきた．しかし長期間の機能抑制でネットワークに可塑的な変化が引き起こされる可能性を除去することが困難だった．そのためオプトジェネティクスにより高い時間分解能と空間分解能で必要十分条件の研究ができるようになったことの意義は大きい．しかし，ある神経細胞の機能をポジティブ，あるいはネガティブに操作してネットワークの動作が変動したとしても，その神経細胞がその動作の司令役であると結論するのは短絡的である．ネットワークにおいては，情報の流れにより動作が生まれている．ある神経細胞の活動低下が動作に必要であるということは，それが情報の流れを遮断したためで，十分であるということは情報の流れを促進したに過ぎない．また，同一の神経細胞が異なる動作に関与している可能性も考慮に入れる必要がある．

28.3 光感受性機能タンパク質の多様化

神経科学の領域においては ChR2 が多用されているが，その光電流特性（細胞膜上での発現量，吸収スペクトルの多様性，光電流の大きさやキネティクスなど）はオプトジェネティクスに最適化されているとはいえない．現在，藻類のゲノムデータベースの検索やトランスクリプトーム解析あるいはクローニングにより，新種のチャネルロドプシンが続々と単離・同定され，またそれらをもとにキメラや点変異体がつくられ，吸収波長特性，光感度，キネティクス，コンダクタンス，イオン選択性などにおいて多様な選択肢が用意されてきている[14,15]．古細菌や真正細菌は多種多様な

ので，今後も新しい微生物型ロドプシンが発見・単離され，それらのなかからさらに新たなオプトジェネティクスツールが開発されるだろう[16-18]．これらのロドプシン分子の構造-機能連関解析[19]や構造生物学的研究[12,20]の進展に伴い，改変体のレパートリーは今後も拡大が見込まれ，チャネルロドプシン研究は研究目的に最適のロドプシンを選んで使用する時代に入りつつある．

生物は進化の過程において，さまざまな構造と機能を有する光受容タンパク質をつくり出してきたが，これらの分子やその活性ドメインを組み込むことにより，転写，スプライシング，シグナル伝達，オルガネラ輸送，イオンチャネルなどの細胞機能の直接光操作さえ可能である[15,21]．

28.4 近赤外オプトジェネティクス

非侵襲的に神経活動をコントロールすることは神経回路の生理機構の解明にとって重要なだけではなく，神経疾患に対する長期治療にも展望が開けてくる．現在までにスペクトル感受性において多様なチャネルロドプシンが得られ，可視光域をほとんどカバーしている．たとえば PsChR2 は青紫色光（400 〜 490 nm）[22]，ChR2 およびその点変異体は青色光（420 〜 500 nm）[23]，チャージャー（ChRGR）は青緑色光（440 〜 540 nm）[24]，C1V1 およびその点変異体は緑色光（470 〜 630 nm）[25]，クリムゾン（Chrimson）は赤色光（530 〜 660 nm）吸収のピークを有している[26]．リーチャー（ReaChR）は，470 〜 630 nm の広帯域に高い感受性を有している[27]．また種々のトランスポーター型ロドプシン，動物型ロドプシン，フラビンタンパク質もほとんどが可視光域の吸収で活性化される．フィトクロム（phytochrome）は，例外的に赤色光（650 nm）と遠赤色光（750 nm）を吸収し，活性構造を変化させる．

しかし近赤外（NIR）光域（650 〜 1450 nm）に

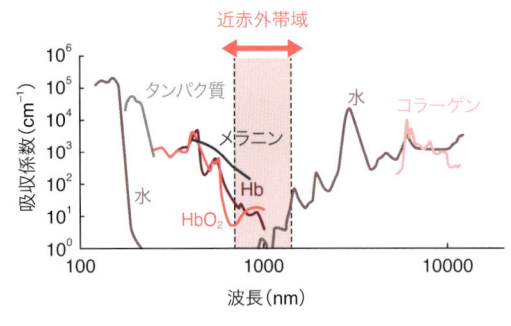

図 28.2　生体の窓

は，以下のように多くの可能性が残されているにもかかわらず，ここに吸収ピークを有する光感受性タンパク質は現時点で少ない．

(1) 可視光は大半が生体組織において吸収され減衰してしまうので，可視光域で活性化される光遺伝学分子は生体深部の光操作には適さない．これに対し近赤外光は生体組織による吸収が低いので，この帯域は「生体の窓」（imaging window）と呼ばれ，生体深部での光操作には理想的である（図28.2）．

(2) 多様な光感受性タンパク質とそれらに適切な種々の波長の光を組み合わせて生体機能をさまざまに操作したり，Ca^{2+} や膜電位などを光でレポートするさまざまなセンサーと組み合わせたりする研究が重要にな

り，このとき近赤外域の利用による周波数チャンネルの増加は，これらの組合せ研究を促進することが期待される．

近赤外光を利用したオプトジェネティクスをデザインするにあたり，考えられる方法を表 28.2 にまとめてある．以下，各方法について概説する．

28.4.1　2 光子励起法

生体内の比較的深部の標的，たとえば大脳皮質下層の神経細胞などを光操作するために 2 光子顕微鏡が用いられている．パルスレーザーを標的に集光することで 2 光子励起の確率が高くなるため，2 光子励起システムを顕微鏡に組み込むことにより，時間・空間分解能において優れた光操作が期待される．とくに光の進行方向（Z 軸）の解像度の高さでほかの方法を大きくしのいでいる．

2 光子励起には既存の走査顕微鏡が用いられることが多いので ChR2 を発現した神経細胞を毎秒 1 フレームのレートで 512 × 512 のフレームをスキャンする場合を考えてみよう．このときラインのスキャン間隔は約 2 ミリ秒になる．ChR2 のオフ時定数[*4] は 10 〜 20 ミリ秒なので，数ライン相当の膜に分布している分子しか同時に活性化されていない．その結果，神経細胞全体から見るとわずかな光電流しか生じず，活動電位を引き

表 28.2　近赤外利用オプトジェネティクス

方　法	長　所	短　所
2 光子励起	新規の光感受性分子を必要としない．高い空間分解能が得られる．	・パルスレーザーを用いた比較的複雑かつ高価な装置を要する． ・多チャンネルの光入出力は，原理的に可能だが技術的なハードルが高い
自然界に存在する光感受性タンパク質の探索	新規の作用機序を有する多様な分子の発見につながる．	・膨大なゲノムの収集が必要． ・効率的なスクリーニングのシステムが必要．
光感受性タンパク質の改変および創出	期待した機能を拡張・創出できる．	・吸収スペクトルや機能が限定される．
アップコンバージョンの利用	多様な光感受性分子が利用できる．空間分解能を向上させる．	・エネルギー変換効率の向上が必要． ・ナノ粒子の送達法が課題．
温度変化の利用	エネルギー変換効率が高い．	・TRPV1 などの温度感受性イオンチャネル[53]の共発現が必要． ・環境に影響される． ・時間・空間分解能が比較的低い． ・ナノ粒子の送達法が課題．

起こすのに十分な脱分極が生じない．そのため2光子励起によるオプトジェネティクスは困難とされてきた．

2光子励起の導入の困難はさまざまな工夫により克服できる．一つは光照射の改良である．高速スキャンはオプトジェネティクスに有効であろう．たとえば毎秒30フレームのビデオレートでスキャンすれば前例の30倍の面積が同時に活性化される計算になる．イメージングとは独立した光操作専用の2光子励起システムも理想的である[28-30]．また，光受容の改善も有効である．単位サイズの膜に発生するイオンチャネル電流の大きさ（電流密度 I）は，一般に以下の関係に従う．

$$I = N \times p \times i$$

ただし，N はイオンチャネル密度，p はチャネルの開確率，i は単一チャネル電流である．すなわち，チャネルロドプシンの膜発現効率を上げ，開確率や単一チャネルコンダクタンスの大きなチャネルロドプシンを用いることにより，2光子光操作が有効になる．たとえば比較的オフ時定数の大きい C1V1 の点変異体を膜移送シグナルと組み合わせて，高効率の2光子励起が可能になったという報告がある[31]．C1V1 はクラミドモナス由来のチャネルロドプシン1とボルボックス由来の VChR1 のキメラタンパク質で，550 nm 付近に単一光子吸収の最大がある．ただしオフ時定数を大きくすることは開確率を増大する方法の一つであるが，時間分解能とトレードオフの関係にあることに注意する必要がある．これらはチャネルロドプシンによる神経細胞光駆動の例だが，トランスポーター型ロドプシンやフラビンタンパク質など，ほかの光感受性タンパク質を用いる場合も

*4　電位，化学受容，光などのエネルギーを受け取りいったん開口したチャネルは，確率的に閉じる．その結果，数多くのチャネル活動の総和の膜電流は，最大値から指数関数的に減弱する．この指数関数の時定数をオフ時定数という．オフ時定数はチャネルの開口時間の平均に等しい固有の値である．

同様な対応により，問題解決ができるだろう．

28.4.2　自然界に存在する光感受性タンパク質の探索

多様な環境に生息する生物はさまざまな戦略により光エネルギーを利用している．自然界に存在する光感受性タンパク質を探索することにより，近赤外駆動に最適化された分子や多様な細胞機能の光操作につながる分子の発見が期待できる．たとえば，Boyden らのグループは127種類の藻類ゲノムを解析し，赤色光（530～660 nm）に応答するクリムゾンやオン・オフの速いクロノス（Chronos）を見出している[26]．また種々の好塩菌由来のハロロドプシンをスクリーニングし，赤色光（550～630 nm）に応答するジョーズ（Jaws）を見出している[32]．今後はこれらの研究を促進するために，より効率的なスクリーニング法の開発が急務である．

28.4.3　光感受性タンパク質の改変および創出

all-trans レチナールは単独で紫外光を吸収し，13-cis 型に構造変化する．しかしオプシンタンパク質に組み込まれると，第7膜貫通ヘリックスのリジン残基にシッフ塩基結合し，レチナール結合ポケットを形成するアミノ酸残基に取り囲まれて安定化する．その結果，レチナール分子の自由電子ポテンシャルが変化し，可視光吸収に赤方偏移する．したがって分子進化法などでレチナール結合ポケットを形成するアミノ酸に変異を導入すれば，近赤外吸収する分子が得られる可能性がある[33]．

もう一つの改変戦略は発色団であるレチナールのほかの分子への置換である．脊椎動物や無脊椎動物のいくつかの種の光受容体細胞にあるポルフィロプシンは，オプシンタンパク質がレチナール誘導体の一つである 3,4-デヒドロレチナールと結合したものである．ChR2 のレチナールを

3,4-デヒドロレチナールに置き換えると，30 nm
赤方偏移し，緑色光に応答して光電流が流れるよ
うになる[34]．その他のチャネルロドプシンやト
ランスポーター型ロドプシンも同様に赤方偏移する．

フィトクロムは高等植物において種子の発芽，
花芽形成などを制御している光感受性タンパク
質として同定されたが，真正細菌，シアノバク
テリア，菌類などに広く認められている．フィ
トクロムは赤色光吸収型（Pr 型）と遠赤色光吸収
型（Pfr 型）の二つの立体構造のあいだを相互変
換し，赤色光と遠赤色光によって分子機能が可
逆的にオン・オフされる特徴を有する．たとえ
ばシロイヌナズナのフィトクロム B（PhyB）は，
650 nm の赤色光を吸収し，構造変化し，PIF3
（phytochrome interaction factor 3）を結合する．
この構造変化は可逆的で，750nm の近赤外光の
吸収により PIF3 と解離する．このようなフィト
クロムの構造変化を利用して，イオンチャネルを
開閉することができるかもしれない[35]．同様に，
近赤外光を吸収する官応基でイオンチャネルを化
学修飾することにより，オン・オフの光制御も実
現できるだろう．

28.4.4　アップコンバージョンの利用

蛍光色素などの蛍光体はエネルギーの大きな光
子を吸収し，エネルギーの小さい光子を放出す
る．その結果,発光の波長が赤方偏移する（Stokes
シフト）．これに対し，エネルギーの小さな光子
を吸収し，エネルギーの大きな光子を放出する
現象をアップコンバージョン（up-conversion）と
いう[36]．希土類元素混合物の結晶体のランタニ
ドナノ粒子（lanthanide nono-particle；LNP）
は，近赤外光エネルギーを吸収し，可視光を発
する性質を有している．そこで LNP のアップコ
ンバージョン効果を利用し，LNP をドナーとし
て近赤外光エネルギーを可視光に変換し，チャネ
ルロドプシンなどの光感受性タンパク質をアクセ

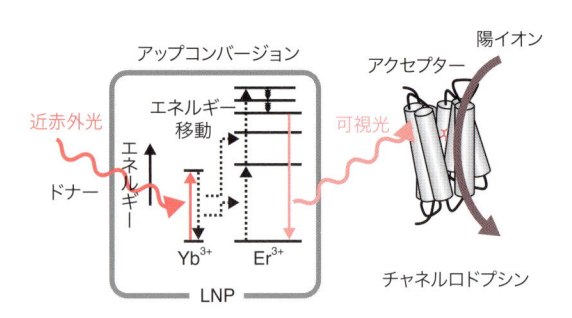

図 28.3　アップコンバージョン・オプトジェネ
ティクス

プターとして神経細胞活動を制御するシステムを
構築することで，近赤外オプトジェネティクスが
実現できるだろう（図 28.3）．たとえばスカンジ
ウム（Sc），イッテルビウム（Yb），エルビウム（Er）
などが添加された LNP（$NaYF_4$：Sc/Yb/Er）は，
976 nm 近赤外光を吸収し，543 nm にピークを
もつ緑色光を発光する性質を有している．実際に
は緑色光吸収に優れた C1V1 をアクセプターと
して神経細胞に発現し，近傍の LNP に近赤外光
を照射して神経細胞の膜電位を脱分極し，近赤外
光パルスに同期した活動電位を惹起することに成
功している[37]．ドナーとしての LNP とアクセプ
ターとしての光受容タンパク質の適切な組み合せ
を選択することにより，生体深部において近赤外
光操作が大きく発展することが望まれる．しかし
ドナー LNP の量子収率の改善，光感受性の高い
アクセプター・チャネルロドプシンの開発，熱発
生の最小化など，解決すべき課題は残されている．

28.4.5　温度変化の利用

遠赤外光（波長 > 1.5 μm）は水分子に吸収され
て熱を発生する．その結果局所的な温度上昇によ
り，神経細胞の膜電位が脱分極し，活動電位が発
生する[38]．しかし一般に，温度上昇は広汎に起こ
り，組織障害を伴わずにある標的神経細胞を選択
的に興奮させることは困難である．そこでフラー
レンや金のナノ粒子は，近赤外光や可視光を吸収
して発熱する性質を有している（光熱エネルギー

変換）ことから，これらを標的神経細胞に局在させることにより，高い時間・空間分解能で光刺激できる[39,40]．たとえばフラーレンの一種のカーボン・ナノホーンに近赤外光を吸収する色素を結合させると，光熱エネルギー変換の効率を飛躍的に増大させることができる．この粒子を培養細胞に投与すると，細胞内に取り込まれて近赤外光照射に反応した細胞内 Ca^{2+} の上昇が引き起こされる．このメカニズムの詳細は不明だが，局所的な温度上昇や活性酸素（reactive oxygen species；ROS）がイオンチャネルに作用した可能性がある．これらのナノ粒子を TRPV1 などの温度感受性イオンチャネルにターゲッティングすることで，効率の高い光操作の実現が期待される．

Key Chemistry　チャネルロドプシンのフォトサイクルとステップ関数型オプシン

チャネルロドプシンは，7 回膜貫通オプシンタンパク質に発色団のレチナールが共有結合した構造を有している（図 a）．暗順応した基底状態（D470）ではレチナールは all-*trans* の構造をとっている．しかし光子エネルギーを吸収すると 13-*cis* の構造に光異性体化する．これが引き金になり，チャネルロドプシンは基底状態を脱し，P500，P390 などの中間体を経て，活性中間体の P520 になる．しかしこの状態は比較的不安定で，レチナールが all-*trans* 構造に戻るに伴い，再び基底状態に戻る（図 b）．光があたり続けているあいだ，このフォトサイクルを繰り返す[1]あるいは，脱感作基底状態（Des480）へ移行し脱感作フォトサイクルに入る．活性化した開状態（ChR2 では P520）のときイオンチャネルが形成され，膜を介する陽イオンの移動により光電流が発生する．レチナールの近傍にあるシステイン（C128）やアスパラギン酸（D156）は，ほ

かのアミノ酸のプロトン化を介し，活性中間体を不安定化する DC ゲート構造に関与している[2-4]．そのためこれらのアミノ酸をアラニン（Ala）やセリン（Ser）などに置換することにより，DC ゲート機能が失活し，開状態が数秒から数分のオーダーで遷延する（図 c）．しかし，中間体 P390 は 390 nm にピークをもつ青紫光を，また P520 は 520 nm にピークをもつ緑色光を吸収し，チャネルの閉じた基底状態に戻る．ゆえにこれらの DC ゲート変異体はステップ関数型オプシン（step-function opsin；SFO）と総称される．SFO を利用し，照射光の波長を切り替えることにより，光電流をオン・オフするような実験系を構築することができる．SFO には照射光が微弱であっても，時間とともに活性中間体が蓄積され，大きな光電流が得られる効果がある．したがって組織深部など光の届きにくい場所にある細胞の光刺激に適している．

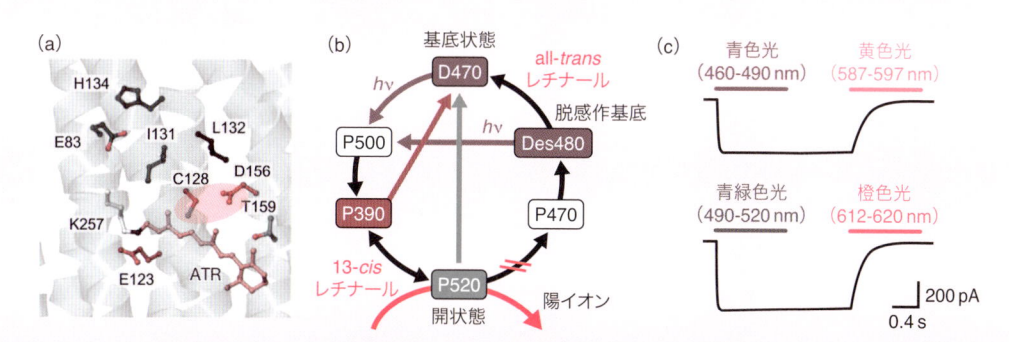

図　チャネルロドプシンとステップ関数型オプシン

(a) チャネルロドプシンの構造と DC ゲート．(b) チャネルロドプシンのフォトサイクル．(c) ステップ関数型オプシン（ChRFR-C167A）．青色光または青緑色光照射で光電流がオンになり，光を切っても持続する．しかし黄色光または橙色光照射でオフになる〔八尾 寛, 江川 遼, 細胞工学, **33**, 243（2014）より転載〕．

28.5　おわりに

オプトジェネティクスは光を媒体に用いているので，比較的非侵襲的であるとともに，時間・空間的分解能においてほかの神経活動変動法に勝っている．さらに分子ツールの発現を遺伝的に改変することにより，分子レベルで特定された細胞を標的とすることができる．分子ツールのレパートリーは現在も拡大しつつあり，細胞のさまざまな機能がそのターゲットになってきた．また分子ツールを組み込んだトランスジェニック動物やウイルスベクターなどもリソース化されて手に入れやすくなった[41]．科学の進歩には，現象に基づき，仮説を立て，これを実験的に検証することが不可欠である[42]．これまでの神経科学は現象を記述し，仮説を立てるところまで進んでも，その仮説を検証するに至らないか，検証不十分に終わることが多かった．今後さまざまな仮説を検証するにあたり，オプトジェネティクスが強力な方法論の一つになるに違いない．

（八尾　寛）

文　献

1) T. D. Albright et al., *Cell*, **100**/*Neuron*, **25**, S1 (2000).
2) J. W. Lichtman et al., *Nat. Neurosci.*, **17**, 1448 (2014).
3) P. Hegemann, *Ann. Rev. Plant Biol.*, **59**, 167 (2008).
4) G. Nagel et al., *Science*, **296**, 2395 (2002).
5) G. Nagel et al., *Proc. Natl. Acad. Sci. USA*, **100**, 13940 (2003).
6) O. A. Sineshchekov et al., *Proc. Natl. Acad. Sci. USA*, **99**, 8689 (2002).
7) T. Suzuki et al., *Biochem. Biophys. Res. Commun.*, **301**, 711 (2003).
8) E. S. Boyden et al., *Nat. Neurosci.*, **8**, 1263 (2005).
9) T. Ishizuka et al., *Neurosci. Res.*, **54**, 85 (2006).
10) 八尾 寛, 石塚 徹, 特願 2005-34529（特開 2006-217866）(2005).
11) F. Zhang et al., *Cell*, **147**, 1446 (2011).
12) K. Inoue et al., *Nat. Commun.*, **4**, 1678 (2013).
13) H. E. Kato et al. *Nature*, **521**, 48 (2015).
14) J. Mattis et al., *Nat. Methods*, **9**, 159 (2012).
15) H. Yawo et al., "Optogenetics: Light-Sensing Proteins and Their Applications," H. Yawo et al. eds., Springer (2015), pp.111–132.
16) J. C. Venter et al., *Science*, **304**, 66 (2004).
17) A. K. Sharma et al., *Trends Microbiol.*, **14**, 463 (2006).
18) N. Atamna-Ismaeel et al., *Environ. Microbiol.*, **14**, 140 (2012).
19) H. Wang et al., *J. Biol. Chem.*, **284**, 5685 (2009).
20) H. E. Kato et al., *Nature*, **482**, 369 (2012).
21) A. Möglich et al., *Annu. Rev. Plant Biol.*, **61**, 21 (2010).
22) E. G. Govorunova et al., *J. Biol. Chem.*, **288**, 29911 (2013).
23) A. Berndt et al., *Proc. Natl. Acad. Sci. USA*, **108**, 7595 (2011).
24) L. Wen et al., *PLoS One*, **5**, e12893 (2010).
25) O. Yizhar et al., *Nature*, **477**, 171 (2011).
26) N. C. Klapoetke et al., *Nat. Methods*, **11**, 338 (2014).
27) J. Y. Lin et al., *Nat. Neurosci.*, **16**, 1499 (2013).
28) J. P. Rickgauer & D. W. Tank, *Proc. Natl. Acad. Sci. USA*, **106**, 15025 (2009).
29) E. Papagiakoumou et al., *Nat. Methods*, **7**, 848 (2010).
30) B. K. Andrasfalvy et al., *Proc. Natl. Acad. Sci. USA*, **107**, 11981 (2010).
31) R. Prakash et al., *Nat. Methods*, **9**, 1171 (2012).
32) A. S. Chuong et al., *Nat Neurosci.*, **17**, 1123 (2014).
33) W. Wang et al., *Science*, **338**, 1340 (2012).
34) O. A. Sineshchekov et al., *Biochemistry*, **51**, 4499 (2012).
35) A. Möglich & K. Moffat, *Photochem. Photobiol. Sci.*, **9**, 1286 (2010).
36) F. Zhang et al., *Nature*, **446**, 633 (2007).
37) S. Hososhima et al., *Sci. Rep.*, **5**, 16533 (2015).
38) M. G. Shapiro et al., *Nat. Commun.*, **3**, 736 (2012).
39) E. Miyako et al., *Angew. Chem. Int. Ed.*, **53**, 13121 (2014).
40) J. L. Carvalho-de-Souza et al., *Neuron*, **86**, 207 (2015).
41) H. Yawo et al., *Dev. Growth Differ.*, **55**, 474 (2013).
42) 八尾 寛, 日本生理誌, **61**, 233 (1999).
43) X. Han & E. S. Boyden, *PLoS One*, **2**, e299 (2007).

44) F. Zhang et al., *Nature*, **446**, 633 (2007).
45) B. Y. Chow et al., *Nature*, **463**, 98 (2010).
46) X. Han et al., *Front. Sys. Neurosci.*, **5**, 00018 (2011).
47) J. A. Wemmie et al., *Nat. Rev. Neurosci.*, **14**, 461 (2013).
48) T. Li et al., *J. Biol. Chem.*, **289**, 15441 (2014).
49) K. Beppu et al., *Neuron*, **81**, 314 (2014).
50) J. Wietek et al., *Science*, **344**, 409 (2014).
51) A. Berndt et al., *Science*, **344**, 420 (2014).
52) E. G. Govorunova et al., *Science*, **349**, 647 (2015).
53) M. Tominaga & M. J. Caterina, *J. Neurobiol.*, **61**, 3 (2004).
54) K. Stehfest & P. Hegemann, *Chemphyschem*, **11**, 1120 (2010).
55) A. Berndt et al., *Nat Neurosci*, **12**, 229 (2009).
56) C. Bamann et al., *Biochemistry*, **49**, 267 (2010).
57) S. Hososhima et al., *PLoS One*, **10**, e0119558 (2015).

2 光子顕微鏡

Summary

　広く，深く，速く，高い空間解像度で細胞や分子の挙動をリアルタイムで観察することは，神経科学を含むすべての生物学のより深い理解のために必要である．蛍光化学物質に加えて蛍光タンパク質の発見・改良によって，標的の分子の空間位置をモニターするだけでなく，標的分子・標的細胞の機能をモニターすることが可能となった．蛍光顕微鏡のなかでとくに2光子顕微鏡は，励起波長が長いため深部到達性が高く，焦点領域でのみ励起されるため高い空間解像度での長期ライブイメージングに適しており，生体組織での観察に必須なツールとなりつつある．しかしその改良は日進月歩で，最新の情報を更新しながら，どのような戦略で，対象とすべき現象や組織，細胞，分子にアプローチするかを常に考えていく必要がある．本章では，まず2光子顕微鏡の一般特性を述べたのちに，2光子顕微鏡のさらなる飛躍へ向けた取り組みについて概説する．具体例については主としてマウス脳を対象としたものを挙げる．

29.1　2光子顕微鏡の原理と特徴

29.1.1　原　理

　基底状態にある分子が光子を吸収すると励起状態に上がる．このときのエネルギー準位の差は，その光子のもつエネルギーに等しい．蛍光分子は励起状態から緩和過程を経て基底状態に戻るときに，そのエネルギー差に相当する光子を放出する．2光子励起（two-photon excitation）では，基底状態と励起状態のエネルギー準位差の半分に相当するエネルギーをもつ光子が二つ，ほぼ同時に吸収される（図 29.1 a）．その後，基底状態に戻るときに1光子励起と同様に光子を放出する．三つ吸収される場合には3光子励起となる[1]．

　蛍光イメージングでは，励起光を顕微鏡の対物レンズを通して標本中で焦点を結ばせる．焦点領域では光密度が高く単位体積あたりでの励起分子数は多いが，励起光の通過した領域でも分子は励起され蛍光を発光してしまうため，戻ってきたすべての光を検出すると高い空間解像度が得られない（図 29.1 b）．そこで共焦点顕微鏡では光検出器の手前に光学的に焦点と共役関係にあるピンホールを置くことで，焦点から放出されて散乱されずにピンホールを通った光だけ検出する．一方2光子励起の場合，二つの励起光が同時に吸収される必要があるため，励起される確率は光密度の2乗に比例し，その確率は非常に低くなる．したがって焦点領域でのみ分子は励起される．放出された光はすべて焦点領域に由来するため，受光面にたどり着いたすべての光を検出に用いることができる（図 29.1 c）．これを実現するためには，非常に短い時間（～100 fs）に光強度が，きわめて強い近赤外線（700～1100 nm）のフェムト秒パルスレーザーを励起光として用いる必要がある．

29.1.2　特　徴

（a）高い深部到達性

　励起光の一部は標本組織中の屈折率の異なる分

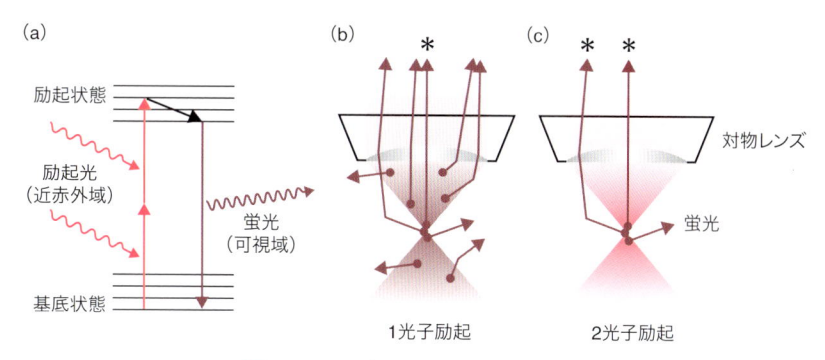

図 29.1 2光子励起顕微鏡の原理
a) 近赤外波長の光子を二つ同時に吸収した蛍光分子は，基底状態から励起状態に遷移する．その後，緩和過程を経て基底状態に落ちるときに，そのエネルギー差に相当する光子を放出する．b) 励起光が対物レンズによって集光されるとき，1光子励起では焦点領域だけでなく光の通過した領域でも分子は励起され蛍光を発する．焦点領域から発しかつ散乱せずに戻ってきた光子（＊）だけを検出できるようにしなくてはならない．c) 2光子励起では焦点領域からのみ蛍光放出が起こるため，戻ってきた光子（＊）すべてを検出に用いることができる．文献1）をもとに作成．

子によって焦点にたどり着く前に散乱する．散乱のしやすさは，光の波長の逆数に非線形的に比例するため，近赤外光は可視光に比べて散乱しにくく，より深部まで直進して焦点を結ぶことができる．また焦点で励起された蛍光分子から放出された光も同様に組織内で散乱を受けるが，2光子励起では戻ってきた光を大きい面積の受光面で検出すればよい．これらの要因によって，2光子顕微鏡は1光子顕微鏡に比べて圧倒的な深部到達性をもつ．

(b) 低い蛍光退色と細胞傷害

1光子励起では焦点領域だけでなく励起光が通過するすべての領域で光の吸収が起こる．したがってレーザーを2枚の走査ミラーを用いて2次元（XY）走査すれば，励起光が通過したすべての領域で，標的の分子に加えて細胞を構成するさまざまな分子も励起されることになる．この励起方法で生細胞の長期イメージングを行うと，蛍光分子の褪色や光吸収によるラジカルの発生および分子変性が起こり，細胞毒性が生じる．一方2光子顕微鏡では，分子の光吸収は焦点でのみ起こるため，2次元走査しても焦点面でしか蛍光褪色は

起こらない．この場合，焦点面以外の褪色していない蛍光分子が拡散してくるため，繰り返し走査しても蛍光シグナルは小さくなりにくく細胞毒性も少なく，長期ライブイメージングに適している．

(c) 高い空間解像度

焦点領域の大きさ（半値幅）は，励起波長 λ，液浸媒質の屈折率 n，光軸と対物レンズの最も外側に入る光線とがなす角度 θ としたときに，側軸（X）方向で $\dfrac{0.37\lambda}{n\sin\theta}$，光軸（$Z$）方向で $\dfrac{0.32\lambda}{n\sin\frac{\theta^2}{2}}$ と表される[2]．たとえば830 nm の励起波長で倍率60倍，開口数0.9の水浸対物レンズを用いた場合，0.34 μm の横軸解像，1.5 μm の光軸解像となる．したがって1 μm に満たない微細構造であるシナプスのイメージングが組織内深く長期に行うことが可能である．

29.1.3 2光子顕微鏡と神経科学

上記のような利点により，1990年に2光子顕微鏡の開発が報告されると，いち早く神経科学へ

＊1 2000年代以降は胸腺，血管，骨，など多くの臓器にも適用されている．

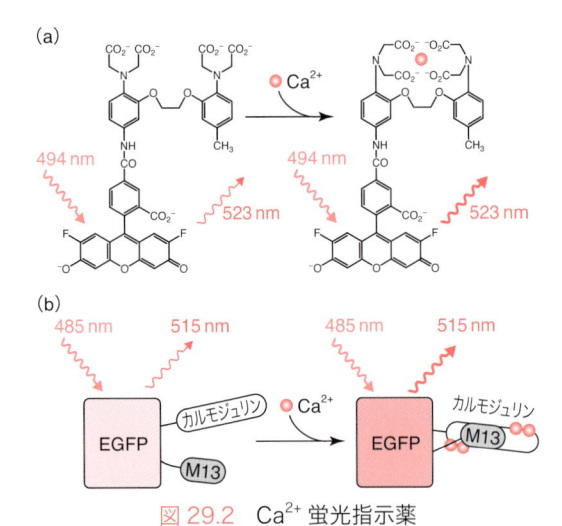

図 29.2　Ca²⁺ 蛍光指示薬

(a) Ca²⁺ 感受性蛍光小分子化学物質の一つである Oregon Green 488 BAPTA-1 の構造式．組織に負荷するときには，カルボキシ基がアセトキシメチルエステル（AM）化された AM 体を用いる．AM 体は細胞膜脂質を通過して細胞内に入るが，細胞内のエステラーゼによって AM 基がはずれ，細胞内に留まる．(b) Ca²⁺ 感受性蛍光タンパク質の一つである G-CaMP の模式図．Ca²⁺ にカルモジュリンが結合し，Ca²⁺ 結合カルモジュリンに M13 が結合することで，G-CaMP の構造が変化し，励起光に対して緑色蛍光を出す．

適用されるようになった（1995 年）[3][*1]．神経科学においてはとくに Oregon Green 488 BAPTA-1

（図 29.2 a）に代表される Ca²⁺ 感受性蛍光化学物質，さらに遺伝子によってコードされる緑色蛍光タンパク質（GFP）と Ca²⁺ 結合タンパク質が融合した分子（図 29.2 b）を用いた神経細胞活動（シナプス入力や活動電位に伴う細胞内 Ca²⁺ 上昇）を2 光子イメージングによって計測する研究が多く行われている．脳スライス標本だけではなく，小動物の生体脳にも適用され，麻酔状態だけでなく覚醒下課題実行中でのイメージングも進んでいる（図 29.3[4-6]）．以下に 2 光子顕微鏡のさらなる改良について概説する．

29.2　2 光子顕微鏡の改良

29.2.1　深く観察する

では 2 光子顕微鏡はどこまで深く見ることができるだろうか．最大の障壁は組織内の散乱である．励起光の波長が長くなるほど散乱率は下がり，焦点に集光する光子の割合は上がる．また焦点で励起された分子からの蛍光も波長が長いほど，組織内での散乱率は下がり対物レンズ内に戻ってく

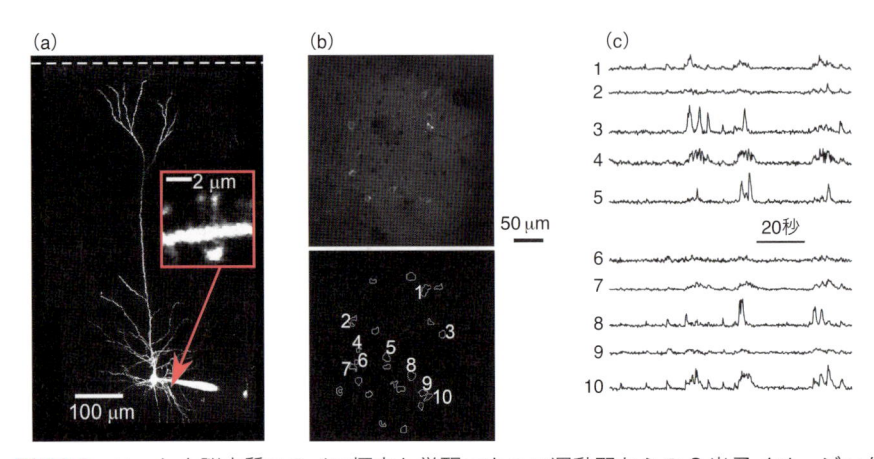

図 29.3　ラット大脳皮質スライス標本と覚醒マウスの運動野からの 2 光子イメージング

(a) ラット大脳皮質スライス標本において，ホールセルパッチクランプ法によって小分子蛍光色素である Alex Fluor 594 を神経細胞へ負荷して，これを 2 光子イメージングした画像．光軸方向にスタックしてある．拡大した部分でイメージングするとシナプス後部スパインが単一レベルで解像する．(b) 運動課題実行中マウスの運動野 2/3 層での 2 光子イメージング．Ca²⁺ 感受性蛍光タンパク質の一つである GCaMP3 を神経細胞に発現させた（上）．画像処理によって抽出された神経細胞の輪郭（下）．(c) (b) 下の 10 個の神経細胞での蛍光強度変化の時系列．強度が強いときが神経細胞の活動期間に対応する．文献 5, 6) をもとに作成．

る割合が上がる.

(a) レーザー出力を上げ波長を長くする

　高出力で波長の長いパルスレーザー（励起波長 1064 nm）を用いることで 2 光子効率を上げ，対物レンズを脳表上部に設置した状態で，1 mm 厚のマウス大脳皮質の奥，記憶領野として有名な海馬のさらに一番深い部位である歯状回の黄色蛍光タンパク質（YFP）発現顆粒細胞のイメージング（脳表から深さ 1.6 mm まで）が成功している[7]. さらに励起波長が長い 1280 nm のレーザーを用いることで，マウス脳内の蛍光化学物質 Alexa 680 標識デキストランが負荷された血管を脳表から 1.6 mm までの深さでイメージングすることも可能である[8]. 1675 nm のレーザーで散乱をより減少させることは可能だが，通常の可視光蛍光物質は 2 光子励起されない．しかし赤色蛍光タンパク質（RFP）を 3 光子励起することは可能で，3 光子励起によって 1.1 mm の深さまでイメージングでき，海馬 CA1 の RFP 発現錐体細胞がイメージングされた[9].

(b) 蛍光波長を長くする

　RFP に加えて 700 nm 以上の近赤外波長に蛍光ピークをもつタンパク質（IFP や iRFP）が開発されている[10]. 神経細胞活動をモニターできる Ca^{2+} 感受性蛍光指示薬（calcium indicator）は緑色蛍光タンパク質（Cameleon, G-CaMP, GCaMP など）の改良が続いていたが[11], Ca^{2+} 感受性赤色蛍光タンパク質（R-CaMP[12,13] など）も開発されており，今後の脳深部イメージングへの応用が期待される．2015 年には Ca^{2+} 感受性蛍光化学物質 Cal-590（蛍光波長 590 nm）を 1050 nm のレーザーで励起することで，脳深部 900 μm，すなわち大脳皮質最深部層の 6 層での細胞活動が検出された[14].

(c) 組織内での収差を補正する

　組織内での屈折率の異なる血管や小器官が不均一に存在することで励起光の方向や位相が変化する．このことで波面が歪み収差が生じ，組織の深くにいくほど焦点での光強度が弱まり空間解像度も悪くなる（図 29.4）．そこで標本での波面の歪みを波面センサーを用いて計測し，そこから計算

Key Chemistry　　　　カルシウム蛍光指示薬

　カルシウム蛍光指示薬は Ca^{2+} との結合の有無で吸光度が異なり，放出される蛍光強度が変わる．この蛍光強度変化を検出することで，いつどこで細胞内の Ca^{2+} 濃度変化が起こったかを明らかにできる．Tsien のグループによって 1985 年に開発された，Ca^{2+} キレーターと蛍光小分子を結合させた Fura-2 などが有名である．これらの合成小分子化合物の 2 光子吸収率は一般的に十分高く，2 光子イメージングが報告されてからすぐに使用され，まずはガラス電極での負荷による神経細胞イメージング，シナプス後部スパインの活動イメージング，in vivo での神経細胞活動，そして AM 体を用いた負荷によって脳スライス標本だけでなく生きた個体動物の脳組織での多細胞活動イメージングに使われるようになった．さらに宮脇らがタンパク質としての Ca^{2+} 蛍光指示薬を 1997 年に開発した．タンパク質をコードする遺伝子はウイルスやトランスジェニック技術を用いて細胞へ導入することが可能であるため，長期に，また細胞種特異的に発現させてこれをイメージングする研究が生物学全分野で行われている．ただし，細胞内遊離 Ca^{2+} を緩衝するため，大量発現や長期発現においては細胞内 Ca^{2+} シグナル伝達に影響を与えている可能性を常に考慮する必要がある．イメージング中だけ Ca^{2+} と結合できる分子が開発できれば，この影響は少なくできるかもしれない．

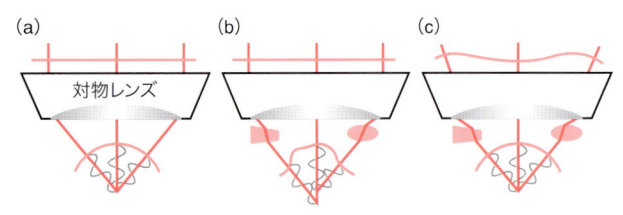

される収差を形状可変鏡などを用いて補正する補正光学（adaptive optics）が適用されている．この方法によってマウス大脳皮質深部 600 µm での YFP 発現神経細胞の樹状突起スパイン形態が解像度高くイメージングできている[15]．

(d) 穴を開ける

これ以降の方法は侵襲的であるが，侵襲が観察したい領域の機能・構造に大きな影響を与えないならば有効な手段となる．見たい対象が組織深部にあれば上部の組織を吸い取って散乱をなくす，という荒業ができる．上部が直接観察部位と結合していない場合，たとえば大脳新皮質は海馬の上部に覆いかぶさっており，海馬の損傷なしに大脳皮質の一部をアスピレーターで吸い取ることが可能である．吸い取った部分に円柱の枠を設置し，対物レンズと海馬のあいだの作動距離にこの空間を配することで海馬 CA1 の GCaMP 発現細胞をイメージングできる[16]．

(e) 顕微内視鏡を挿入する

見たい対象の上部の組織に 1 mm 程度までの

細い顕微内視鏡（micro endoscopy）を挿入することでイメージングが可能である．この方法では一般的に高い空間解像度を実現することは難しいが，高開口数の平凸マイクロレンズと小型の屈折率分布型 GRIN（Gradient Index）レンズを組み込んだ顕微内視鏡を用いることで 0.8 以上の開口数が実現されている．これを海馬上部の大脳皮質に挿入し，GRIN レンズの上面を 2 光子顕微鏡の対物レンズを通して 2 次元走査することで，海馬 CA1 の錐体細胞樹状突起スパイン構造が 14 週間にわたってイメージングされた（図 29.5）[17]．

(f) 対物レンズ通過後に励起光を曲げる

大脳皮質は 6 層構造を成し，同一の領域でも各層での細胞活動が異なることが情報処理に重要と考えられている．浅層から深層まで同時にイメージングするためには対物レンズを上下して焦点面を変える方法がある．しかし，たとえばマウス全層 1 mm に及ぶ深さを高速に移動することは容易ではない．そこで対物レンズの下，標本中に微小プリズムを設置し，光を脳表面に対して垂直に入射して 2 次元走査することで，2/3 層から 6 層

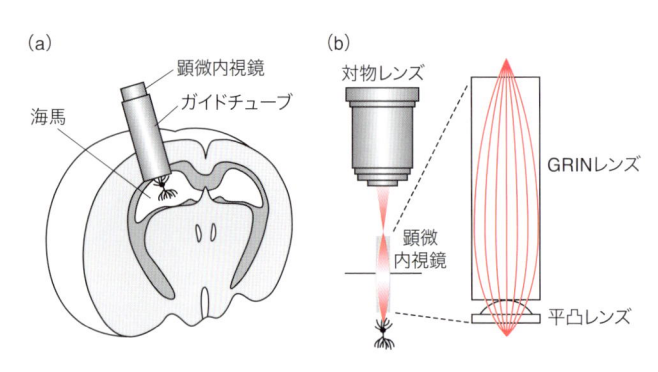

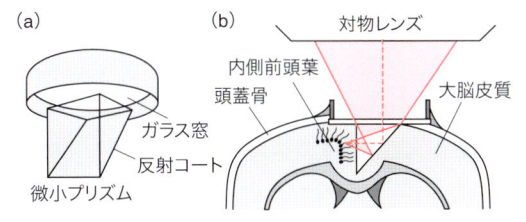

図 29.6 微小プリズムを用いた 2 光子イメージング法

(a)穴をあけた頭蓋骨に設置する窓ガラスに接着された微小プリズム．斜面部分が反射コーティングされている．(b) 微小プリズムを大脳皮質正中線に挿入することで，大脳皮質組織を傷つけることなく側面からイメージングが可能．文献 19) から作成．

までを同時にイメージングできる（図 29.6 a）[18]．さらに左脳と右脳のあいだの正中線に微小プリズムをすべりこませ（図 29.6 b），29.2.7 の方法と組み合わせることで，内側前頭葉や嗅内皮質の細胞活動が計測された[19]．

(g) 組織内の散乱を消す

Hama らは尿素と界面活性剤を含む水溶性溶剤によって組織内の水を置換して溶剤と脳組織の屈折率を近くさせて組織内散乱を下げると脳組織が透明化すること，このときに組織内の蛍光シグナルが減弱しないことを見出し，脳深部まで 2 光子イメージングが可能であることを発見した[20]．アミノアルコールを含む組成によって透明化がさらに高くなることも示されている[21]．しかし，これらの方法は固定標本に適用されるもので生体組織ではまだ適用できていない．

29.2.2 広く観察する

たとえば低開口数の 5 倍対物レンズを用いると直径約 2 mm の視野の観察が可能であるが，単一シナプスの解像はもちろんのこと単一細胞レベルでの解像も難しい．また側方解像度よりも光軸方向の解像度は開口数の 2 乗に比例して低くなるため，開口数が 0.3 より大きいことが単一細胞（～10 μm）レベルでのイメージングでは必要と

なる．このような対物レンズで視野が最も広いものは倍率 10 で直径 1.2 mm の視野に対応するが，これ以上広い視野を単一細胞レベルの解像度でイメージングすることは困難である．

(a) 視野を広げる

径の大きいレンズに深い角度で光を入射させて視野を広げようとすると，非点収差によって視野の外側で焦点を結ばなくなる．励起波長をある値に固定化して最適な光学設計（走査ミラーと対物レンズ間の光学系）を行うことで，4 倍の対物レンズを使って 10 mm 視野のイメージングが可能となり，マウス大脳皮質の約 6 mm 離れた毛細血管内の赤血球走行を同時イメージングできたという報告がある[22]．ただし開口数が 0.28 のレンズを用いており，空間解像度は側方で約 1 μm である．

(b) 複数の対物レンズを使って異なった視野を同時に観察する

視野を広くしてもすべての視野内を観察する必要はなく，むしろ遠距離の関連する 2 領域（高次感覚野と一次感覚野，前頭前野と頭頂葉など）の細胞活動の関連を知りたい場合には，別の光学系をもった顕微鏡を 2 台接近させて観察すればよい．しかし顕微鏡鏡体や対物レンズの物理的接触を避ける必要がある．そこでレーザーを異なった二つの走査ボックスに導入し，作動距離の長い対物レンズと，GRIN リレーレンズと GRIN マイクロ対物レンズ（開口数 0.5）が連結した顕微内視鏡を介して走査する方法が報告されている[23]．これによりマウスの一次感覚野と一次運動野という 3.5 mm 離れた各領域，700 μm の視野で神経細胞活動がイメージングされている．

29.2.3 高速で観察する

神経活動自体は 100 Hz 以上で起こりうるが，

Ca^{2+} 感受性タンパク質で神経細胞活動をイメージングする場合にはこのタンパク質と Ca^{2+} の反応速度が数十〜数百ミリ秒であり，ビデオレート（30 Hz）程度で走査できることが望ましい．2次元走査は通常，90 度向きをずらした2枚のガルバノミラーを異なった速度で振ってレーザーの対物レンズに入射する角度を制御することで実現する．全視野を走査すると 1 Hz よりも遅くなるため，Ca^{2+} 蛍光信号を十分な時間解像度で定量化することが難しく，走査時間を短くするために走査領域を狭めなければならない．

(a) 高速に2次元走査する

　走査軸の片方に共振型スキャナを用いることで，フレームレートを 30 Hz 以上に上げられる．これはすでに多くの市販2光子顕微鏡に搭載されており，神経細胞活動を捉える Ca^{2+} 蛍光イメージングの推進に大いに役立っている．ほかにも，レーザービーム分割によって複数のビームを同時に顕微鏡に導入し複数の光検出器で個々のスポットからの蛍光を検出する方法や，スピニングディスク法，光変調器，音響光学偏向器（AOD）を用いた走査法がある[4]．

(b) 高速に光軸方向を走査する

　広く観察することは XY 平面だけでなく Z 軸方向への展開も含まれる．高速に光軸方向を走査する一般的な方法では，電圧制御で伸縮可能なピエゾ素子を顕微鏡鏡体と対物レンズの接続部に挿入して対物レンズを高速に動かす．前述の AOD を用いてレーザーの広がり角も制御することで Z 軸方向も高速に動かすことが可能となっている[24]．さらにレーザー光路を分割して，それぞれを異なる平面で焦点を結ぶようにすれば同時にイメージングできる．励起光がパルスレーザーであることを利用し，励起光の光路長を変えてパルス間隔の期間に別の分割したパルスを到達させるこ

とで，異なった焦点からの蛍光を時間的に分離可能である．

29.2.4　超解像度で観察する

　シナプスでの微細な構造変化や分子，シナプス小胞の動態など 100 nm 以下の現象を捉えるには超解像計測が必要となる．超解像顕微鏡の一つである STED（Stimulated Emission Depletion，誘導放出制御．次章参照）顕微鏡を2光子顕微鏡と組み合わせた顕微鏡はスポット状に集光させる励起光とドーナツ形に集光させる STED 光を必要とし，励起光として近赤外パルスレーザーを，STED 光として可視光レーザーを用いる．すると，海馬スライス標本組織内でスパイン頭部の微細構造に加え，スパイン頭部と樹状突起を結ぶネックという 50 nm 程度の厚さをもつ構造も，組織深部 40 〜 50 μm までなら 100 nm 以下の空間解像度でイメージングできる[23,24]．

29.2.5　高い空間解像度で機能制御する

　焦点領域のみで励起されるという2光子顕微鏡の特徴を，微小空間での生理物質の一過的活性化に応用することは顕微鏡開発時当初からの大きな目標であった[27]．これは2光子吸収率の高いケージドグルタミン酸（caged glutamate, 図 29.7）の開発によって実現され，これと2光子イメージングを組み合わせた，単一シナプス後部スパインでのグルタミン酸受容体反応強度の解明，単一スパインの構造・機能の可塑性解明に結びついた[28,29]．一方でマクロなレベルでは，単一細胞の活動が多細胞ネットワークにどのような影響を与えるかが重要な問題の一つである．励起光を空間光変調器に通すことで2光子励起体積を広くするなどして細胞体表面に発現させたチャネルロドプシン2（Channelrhodopsin-2）を効率よく活性化して標的細胞でのみ活動電位を誘発し，その際の周辺細胞活動の変化の同時2光子イメージ

N-(α-carboxzy-2-nitrobenzyl) carbamoylcholine
MNI-caged-Glu
DEAC450-caged-Glu

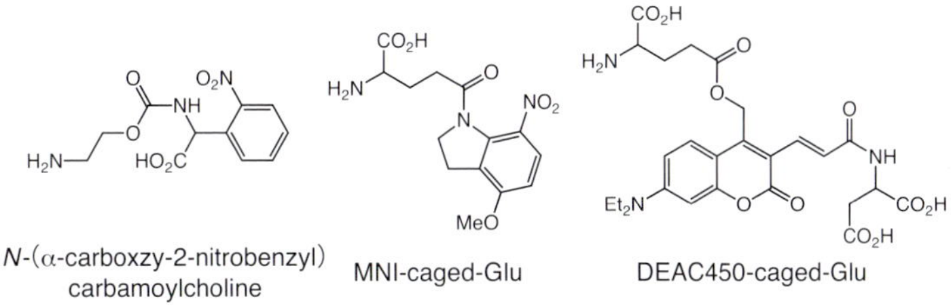

図 29.7 ケージド神経伝達物質
ケージド分子とは生理活性分子に保護基が共有結合しており，それ自体では生理活性をもたないが，光の吸収によってこの共有結合が切れ，生理活性分子が放出される分子を指す．左から，それぞれ励起波長 630 nm，720 nm，900 nm で 2 光子励起され神経伝達物質を放出する．

ングが実現している[30,31]．

29.2.6 多色蛍光で観察する

一般に蛍光小分子物質の 2 光子吸収スペクトルは，1 光子吸収スペクトルをそのまま 2 倍にした形状にならず，より幅広くなり低波長側に伸びる傾向がある（青色偏移，blue shift）．このため，ある一つの波長で同時にいくつもの異なった蛍光スペクトルをもつ分子を励起することが可能であり，たとえば 830 nm の励起波長を用いることで Fura-2，Fluorescein，Rhodamine の三つの分子を同時に励起し蛍光フィルターでそれぞれの蛍光を分離できる[1]．一方で蛍光タンパク質の 2 光子吸収スペクトルは青色偏移があまり見られず，大きく異なった蛍光波長をもつ複数の分子を励起するためには励起波長の異なった複数のレーザーを必要とすることが多い．

29.2.7 行動動物でイメージングする

2 光子イメージングが可能なマウス行動装置が開発されてきているが，とくに興味深い実験系として，顕微鏡対物レンズ下に設置したトラッキングボールに頭部固定したマウスを載せて四肢を自由に動かせ，同時にボールの回転を検出してそれに合わせてマウスの視野内の画面を変化させることでバーチャル空間内を移動できるというシステムが開発されている（図 29.8 a）．バーチャル空間内を歩かせ，ここまでに紹介した方法と組み合わせて海馬 CA1 の GCaMP 発現細胞をイメージングすることで，ある場所で特異的に反応する場所細胞を同定でき[14]，またバーチャル T 字迷路での意思決定にかかわる神経細胞活動が頭頂葉から同定されている[32]．また頭部固定ショウジョウバエが飛行しているときの視覚運動反応のイメージングも行われている[33]．さらに自由行動下の動物での脳活動を計測するために，小型走査装置を

(a)
PMT
走査
ボックス
対物レンズ
頭部固定具
発泡スチロール球
光学式マウス
空気圧
(b)
励起光
蛍光
光ファイバー
小型走査型顕微鏡

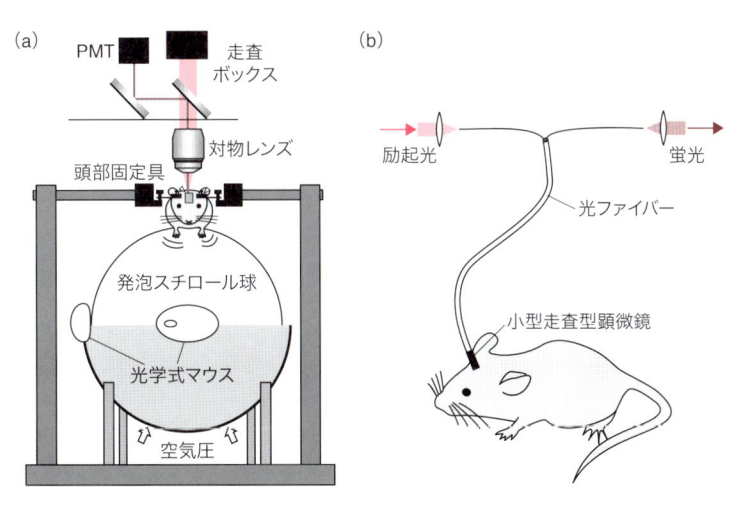

図 29.8 2光子イメージングが可能なマウス行動装置
(a) 顕微鏡下に頭部固定されたマウスを回転可能なボールのうえに設置してある．マウスの前にスクリーンを置くことで，バーチャル空間をつくり出せる．(b) 光ファイバーを用いて励起光をマウス頭部まで導入し，頭部に設置された小型顕微鏡で励起光を走査することで自由行動下マウスでの脳イメージングが可能になる．文献 16，34) から作成．

頭部に固定し光導入にファイバーを用いるという方法も開発されている（図 29.8 b）[34].

29.3　おわりに

　2光子顕微鏡は神経科学のみならず広く生体イメージングに応用され，生体イメージングに適した2光子吸収率の高い化学物質も数多く開発されている[35]. そのなかでケージド神経伝達物質は大いに成功した物質の一つである. 最初の報告では励起波長は 640 nm であったが[27]，現在は 900 nm で励起可能なケージド神経伝達物質も合成されている（図 29.7）[36]. 組織透明化のための化学物質の組成のさらなる改良も楽しみである. 2光子顕微鏡に対応する化学物質の需要はますます高まる. 今後の化学と神経科学の融合発展を期待したい.

　なお，2光子顕微鏡の技術は日進月歩であり，2光子顕微鏡の性能はさらに向上し，適用可能な分子も増えている. 新しい情報については，文献[37-39] などを参照することをお薦めする. 図の作成には基礎生物学研究所・光脳回路研究部門の杉山朋美さんのご協力をいただいた. 感謝申し上げたい.

（松崎政紀）

文　献

1) 松崎政紀, 河西春郎, 細胞工学, **26**, 298 (2007).
2) R. M. Williams et al., *FASEB J.*, **8**, 804, (1994).
3) R. Yuste & W. Denk, *Nature*, **375**, 682 (1995).
4) 松崎政紀ら, レーザー研究, **41**, 86 (2013).
5) M. Matsuzaki et al., *Neural Sys. Circuits*, **1**, 2 (2011).
6) Y. Masamizu et al., *Nat. Neurosci.*, **17**, 987 (2014).
7) R. Kawakami et al., *Biomed. Opt. Express*, **6**, 891 (2015).
8) D. Kobat et al., *J. Biomed. Opt.*, **16**, 106014 (2011).
9) N. G. Horton et al., *Nat. Photonics*, **7**, 205 (2013).
10) D. Yu et al., *Nat. Methods*, **12**, 763 (2015).
11) V. P. Koldenkova & T. Nagai, *J. Biomed. Opt.*, **20**, 101203 (2013).
12) M. Ohkura et al., *PLoS One*, **7**, e51286 (2012).
13) M. Inoue et al., *Nat. Methods*, **12**, 64 (2015).
14) C. Tischbirek et al., *Proc. Natl. Acad. Sci. USA*, **112**, 11377 (2015).
15) K. Wang et al., *Nat. Commun.*, **6**, 7276 (2015).
16) D. A. Dombeck et al., *Nat. Neurosci.*, **13**, 1433 (2010).
17) A. Attardo et al., *Nature*, **523**, 592 (2015).
18) M. L. Andermann et al., *Neuron*, **80**, 900 (2013).
19) R. J. Low et al., *Proc. Natl. Acad. Sci. USA*, **111**, 18739 (2014).
20) H. Hama et al., *Nat. Neurosci.*, **14**, 1481 (2011).
21) E. A. Susaki et al., *Cell*, **157**, 726 (2014).
22) P. S. Tsai et al., *Opt. Express*, **23**, 13833 (2015).
23) J. Lecoq et al., *Nat. Neurosci.*, **17**, 1825 (2014).
24) G. D. Reddy et al., *Nat. Neurosci.*, **11**, 713 (2008).
25) P. Bethge et al., *Biophys. J.*, **104**, 778 (2013).
26) K. T. Takasaki et al., *Biophys. J.*, **104**, 770 (2013).
27) W. Denk, *Proc. Natl. Acad. Sci. USA*, **91**, 6629 (1994).
28) M. Matsuzaki et al., *Nat. Neurosci.*, **4**, 1086 (2001).
29) M. Matsuzaki et al., *Nature*, **429**, 761 (2004).
30) J. P. Rickgauer et al., *Nat Neurosci.*, **17**, 1816 (2014).
31) A. M. Packer et al., *Nat. Methods*, **12**, 692 (2015).
32) C. D. Harvey et al., *Nature*, **484**, 62 (2012).
33) J. D. Seelig & V. Jayaraman, *Nature*, **503**, 262 (2013).
34) F. Helmchen, *Exp. Physiol.*, **87**, 737 (2002).
35) D. Kim et al., *Org. Biomol. Chem.*, **12**, 4550 (2014).
36) J. P. Olson et al., *J. Am. Chem. Soc.*, **135**, 5954 (2013).
37) D. Brinks et al., *Acc. Chem. Res.*, **49**, 2518 (2016).
38) W. Yang & R. Yuste, *Nat. Methods*, **14**, 349 (2017).
39) M. Kondo et al., *eLife*, **6**, e26839 (2017).

chapter 30

超解像・一分子イメージングによる分子動態の計測

Summary

　光学顕微鏡を用いて一分子を観察，計測，操作する「一分子イメージング」の技術の多くは，筋収縮や細胞内輸送を担う分子モーターの *in vitro* での研究のために開発されてきた．その後，細胞膜表面での一分子イメージングによるシグナル伝達機構の研究や DNA の一分子シークエンサーなど，さまざまな応用展開が進められている．超解像蛍光顕微鏡法の一つである蛍光分子局在化法は一分子イメージングの直接的な発展型である．本章では一分子イメージングの原理からスタートして試料中の個々の蛍光分子の位置を計測することで回折限界に影響されない高分解能を達成する超解像顕微鏡である蛍光分子局在化法について概説する．

30.1　顕微鏡観察の基本要素

　顕微鏡でモノを見る際，最も重要なのは何だろうか．倍率と思う人も少なくないだろう．確かにヒトの目の分解能は 30 cm 離れたところから見て 0.1 mm 程度（視力 1.0 の場合）なので，これより細かい構造は拡大しなければならない．そのため，拡大しさえすれば細かい構造が見えると誤解しがちである．しかし倍率よりも重要なのは分解能である．分解能とはどこまで細かい構造が見えるかの指標である．ピントが合っていない絵はいくら拡大しても細部は見えない．

　残念ながら，顕微鏡の分解能には限界がある．光は波であるために無限に小さく集光することはできず，回折によって波長程度の大きさににじんでしまう（図 30.1 a）．そのため，数 nm のサイズの緑色の蛍光分子 1 個であっても，その像は，波長程度の大きさの円盤となる．これを点像分布関数（Point Spread Function；PSF）と呼ぶ．その半径は観察波長 λ と対物レンズの開口数 *NA* の比で定まり，$0.61\dfrac{\lambda}{NA}$ で与えられる．*NA* =

1.40，λ = 500 nm の場合，半径は約 220 nm となる．したがって 2 分子の距離がこれ以下になると，2 個の円盤が互いに重なって一塊になってしまい，2 個の円盤を 2 個と識別できなくなってしまう．これが分解能の限界で，回折限界と呼ば

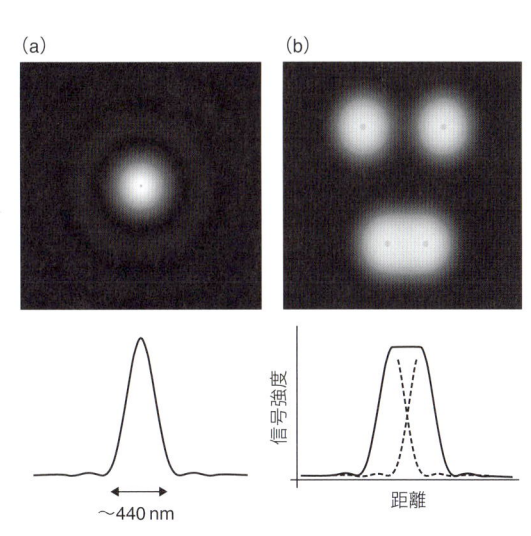

図 30.1　蛍光分子の像のにじみと分解能の限界
（a）蛍光分子が 1 個のとき．回折により直径約 440 nm の円盤状ににじんでしまう．（b）蛍光分子が 2 個のとき．分子間の距離が約 200 nm 以下になると，2 分子の像が重なって 2 個に分離することができなくなる．

れている（図 30.1 b）.

　では，分解能さえ高ければモノが見えるのだろうか. たとえば培養した神経細胞を普通の顕微鏡で見ても，ほとんど何も見えない. これは細胞がほぼ無色透明だからである. しかしこれは染料の化学合成の発達に伴い，19 世紀後半には細胞や細胞内の構造を染め出す染色技術が発展し，細胞に色を付けて見ることができるようになった[*1]. その後，細胞内成分の屈折率の違いを明暗のコントラストに変換する光学系（位相差顕微鏡法，微分干渉顕微鏡法）などが開発され，生きた細胞を無染色で見る技術として現在も標準的に用いられている.

　このように，顕微鏡でモノを見る際には，見たい対象と背景とのあいだに明暗の差，すなわちコントラストが必要である（色の違いは個別の波長で見れば明暗の差にほかならない）. コントラストが十分でなければ，どれほど高分解能の顕微鏡を用いても見ることはできない. 逆に十分なコントラストさえあれば，分解能以下の構造でも見ることができる[*2]. 暗視野顕微鏡や蛍光顕微鏡はこの原理を用いて，すなわち真っ暗な背景に対して見たいものだけを光らせることで，回折限界以下の構造でも観察可能にしている. 暗視野顕微鏡では，対物レンズに照明光が入らないように横ないし斜めから試料を照明し，試料による散乱光のみを対物レンズに入射させることで試料を光らせる. 蛍光顕微鏡では試料を蛍光色素で染色し，その蛍光色素を励起する波長の光で照明する. 励起光と

蛍光の波長の違いを利用して，色素から出る蛍光のみを観察に用いることで，蛍光色素で染色された部分だけが光って見える. 暗視野顕微鏡とは異なり，目的の構造・物質だけを選択的に蛍光標識することが容易にできるため，蛍光顕微鏡は細胞内の微細構造の観察や物質の局在の観察に広く用いられている.

　顕微鏡というと装置・光学系に注目してしまいがちであるが，同等以上に重要なのがこのコントラストをどのようにしてつけるかであり，色素・蛍光色素という化学物質による染色はその中核的な技術である. 超解像顕微鏡法は，蛍光色素という化学物質の特性を巧みに利用することで実現された.「物理的な限界を化学的な工夫で克服した」ということになる. 顕微鏡法の開発であるにもかかわらずノーベル化学賞が授与されたのはこのためだろう.

30.2　一分子観察の原理

　蛍光一分子イメージングは 1990 年代に開発が進められた. 励起光と蛍光を分離する光学素子や，微弱光を検出できるイメージセンサーの性能向上により，蛍光分子 1 個から出る微弱な蛍光信号を，背景の光や検出系の電気的なノイズなどと十分に区別できる「コントラスト」が達成可能になったためである.

　少し簡単な計算をして，一分子観察に必要な条件を具体的にみてみよう（図 30.2）. 蛍光 1 分子の像の直径は 500 nm 程度である. これが十分にほかと分離して観察できるためには，視野 1 μm 四方に蛍光分子が平均 1 個以下である必要がある. さて，濃度 1 M は 6×10^{26} 個/m³ であるから，6×10^8 個/μm³，すなわち濃度 1 nM 程度が 1 個/μm³ に相当する. 厚さ 10 μm の細胞全体を照らすとき，視野 1 μm 四方に相当する体積は 10 個/μm³ であるから，濃度が 0.1 nM 以下になっては

じめて蛍光1分子が観察可能となる（図30.2 a）．

　船津らは全反射照明を利用することで，この条件を大幅に緩和することに成功し，蛍光一分子観察の実用化への道を拓いた[1]．カバーグラスと溶液の界面で照明光を全反射させると，溶液内には光が進んでいかない．このときに界面付近に生じる100 nm程度の厚さに局在化した光（エバネセント光）を用いて蛍光分子を励起すると，カバーグラス表面から100 nm程度の範囲の蛍光分子のみが励起され，前述の濃度条件（0.1 nM）が大幅に緩和され，10 nM程度の濃度まで計測可能となる（図30.2 b）．また，励起される範囲が限局されるため，目的の蛍光分子以外に由来する蛍光・散乱光も低減されるというメリットも大きい．

　エバネセント光を利用しても10 nMより高い濃度での計測は困難である．しかし多くの酵素反応やリガンド結合反応で，それ以上の濃度の基質・リガンドが必要とされる．そのため，そのような条件で1分子観察を実現するには蛍光分子を励起する体積をより小さくする必要がある．そこで開発されたのが微小開口法（ゼロモード・ウェーブガイド）である[2]．カバーグラスにアルミなどの金属を蒸着し，その金属膜に100 nm程度の穴をあける．ここに光を照射しても，穴の大きさが波長より小さいため，通り抜けることはできない．穴の底20 nm程度の領域にエバネセント光が局在するため，蛍光分子が励起される体積は通常の全反射顕微鏡の1/100以下となり，1 μM程度の濃度でも計測可能となる（図30.2 c）．

　もう一つ重要な検出器側の条件も計算してみよう．たとえば緑色蛍光タンパク質GFP 1分子は，通常の蛍光顕微鏡観察と同等の励起光強度でも1秒間あたり1000個程度の光子を放出する．四方八方に放出される光子のうち半数弱が対物レンズに入射し，その8割程度がイメージセンサー（カメラ）に到達するので，1秒間に300光子程度という計算になる．よく行われる実験条件を想定し

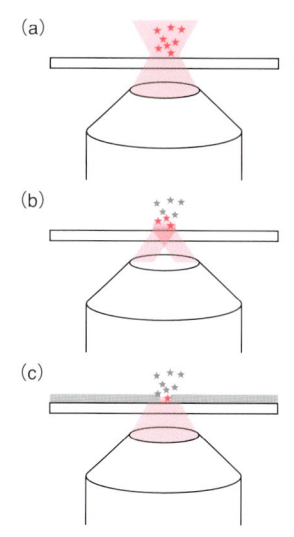

図 30.2　蛍光1分子イメージングに用いられる照明方法

（a）落射照明法（通常の蛍光顕微鏡観察と同じ方法），（b）全反射照明法，（c）ゼロモード・ウェーブガイド法．照明光が到達する深さが浅くなり，より高濃度の試料でも一分子計測が可能となる．

て露光時間100ミリ秒，1ピクセルでは光学系の分解能の半分（ナイキスト条件）とすると，1ピクセルあたり100ミリ秒間に10光子程度となる．

　1980年代頃までは，真空管ベースの撮像素子が用いられていたが，現在では半導体ベースの固体撮像素子が主流である．これまでは，いわゆるCCDイメージセンサーが多く用いられてきた．CCDはCharge-coupled device（電荷結合素子）の略で，画素間の電荷的な結合を利用してバケツリレー的に各画素の信号を読み出すしくみから，その名で呼ばれる．通常のCCDイメージセンサーでは，量子収率（入射光が電子に変換される効率）が60%程度なので，1ピクセルに10光子入射すれば6電子の信号が生じる．しかし雑音（リードアウトノイズ）も6電子程度であるため，これを信号として検出することは困難である．そのため，真空管素子の一種であるイメージインテンシファイアーをイメージセンサーの前に置いて入射光を増幅することが必要だったが，高価なうえ，増幅時のノイズも大きく分解能も限ら

れていた.

　2000 年代はじめに信号読み取り部分に電子増倍機能を付与した EMCCD (electron-multiplying CCD) イメージセンサーが開発された. これによりリードアウトノイズを増やすことなく信号を約 1000 倍に増幅することが可能となった. GFP 1 分子からの蛍光でも容易に検出可能となり, 現在まで一分子観察を行う際の標準的なカメラとして広く用いられている.

　一方, 半導体集積回路が n 型 MOSFET (金属酸化膜半導体電界効果トランジスタ) と p 型 MOSFET を相補的に組み合わせた CMOS (相補型金属酸化膜半導体) 技術を利用して進歩したのを受けて, CMOS を用いた固体撮像素子 (CMOS イメージセンサー) が実用化された. 大量生産が可能で低消費電力, 小型であるため, 携帯電話やデジタルカメラなどを中心に急速に普及し, 性能向上が著しい. 2010 年代には, 増幅なしに 1 電子程度までリードアウトノイズを減少させることが可能となった. EMCCD 特有の電子増倍の倍率揺らぎに起因するノイズの影響を受けないため, EMCCD カメラより低ノイズかつ安価で高速なため, 蛍光顕微鏡観察用途での利用も急速に拡大しつつある.

30.3　一分子観察により得られる情報

　こうして検出された一分子の像はただの円盤状の輝点に過ぎないが, 1 個の分子に由来する信号であるという性質を利用して多くの情報を引き出すことができる.

　最も単純な情報は蛍光分子の数である. 単に個数を数えるだけでも濃度に相当する情報が得られるが, たとえばカバーグラス表面に受容体を結合させて蛍光標識したリガンドを全反射照明により観察すれば, カバーグラスに結合した蛍光標識リガンドの数から結合のアフィニティーを計算する

ことができる. また時系列のデータを用いれば単位時間あたりの結合頻度や結合の持続時間が計測できる. それぞれ結合速度定数, 解離速度定数に相当し, 受容体とリガンドの結合反応のキネティクスを求められる. 同様の計測は酵素と基質でも可能で, 船津らの最初の一分子計測の論文[1]ではミオシン分子による ATP の加水分解反応の一分子計測が報告されている. このような一分子レベルでの酵素反応の計測により, 酵素分子ごとの性質のバラツキや履歴現象 (分子レベルでの記憶) の解析も可能となってきた[3,4]. また, 酵素として DNA ポリメラーゼ, 基質として蛍光標識した dATP, dGTP, dCTP, dTTP を用いれば, DNA 伸長反応の一分子イメージングが可能となり, DNA の配列読み取り (シークエンシング) に応用できる.

　このような結合解離に伴うもの以外に, 蛍光分子自体の性質を反映した蛍光のオン・オフも観察される. 蛍光は, 蛍光分子が励起状態から基底状態に戻る際に発せられる. このプロセス自体はナノ秒程度の時間で起こるので, 直接イメージングすることはできないが, 多くの蛍光分子はこれ以外に持続時間がミリ秒～秒単位の「暗状態 (dark state)」をとる. そのため個々の蛍光分子を経時的に観察すると, 明滅を繰り返す様子 (ブリンキング) が見られることが多い. 結合解離反応の計測においては, ブリンキングは計測の障害となる困った現象であったが, 超解像顕微鏡法では逆にブリンキングが巧みに利用されている. たとえば Moerner らは一分子観察により GFP のブリンキングを計測し, UV 照射によって制御できることを報告した[5]. これがのちに超解像顕微鏡法に応用され, ノーベル賞の受賞へと繋がった.

　もう一つ重要な情報は, 蛍光分子の位置である. 蛍光分子の像自体は, 回折により 500 nm 程度に広がってしまう. しかしその中心位置は高い精度で決定できる. 理論的には, 蛍光分子の像はエア

リーディスクと呼ばれる円盤状で，1次の第1種ベッセル関数 J_1[*3] を用いて $\{J_1(\sqrt{x^2+y^2})\}^2/(x^2+y^2)$ と表せるが，値の計算が容易な2次元ガウス関数で近似することが多い．そこで各ピクセルの輝度分布を2次元ガウス関数でフィッティングすると蛍光分子の像の中心位置を精度よく推定できる．この推定の精度は，背景ノイズと信号強度で定まる．ノイズが十分小さいとき，測定精度は $\sigma/\sqrt{N}$ と，回折限界（σ）より光子数（N）の平方根だけ改善される[6]．すなわち，光子100個分の信号があれば，回折限界の10倍の20 nm，10000個の信号で2 nm という位置測定精度が達成できる．この原理を利用して，ミオシン分子が34 nm のステップでアクチン線維上を動く様子が計測された[7]．また細胞膜上の膜タンパク質あるいは膜脂質の一分子計測によって細胞膜上でのブラウン運動が計測され，膜タンパク質の会合状態の解析や，細胞膜のナノドメイン構造などが解析されている[8]．

3次元的な位置の計測には光軸方向の位置情報が必要となる．原理的には蛍光分子の像のボケから焦点面からのズレを算出することも可能だが，蛍光一分子の像からだと十分な精度が出ない．しかし，光学系に多少の工夫を加えることで高精度な3次元計測が可能となる（図30.3）[9]．

このほか，蛍光分子の偏光特性を利用して分子の向きを計測したり[10,11]，一つのタンパク質分子内に複数の蛍光色素を標識して一分子内でのFRET（フェルスター共鳴エネルギー移動）計測によって分子の構造変化を検出したりする[12]高度な応用も進められている．

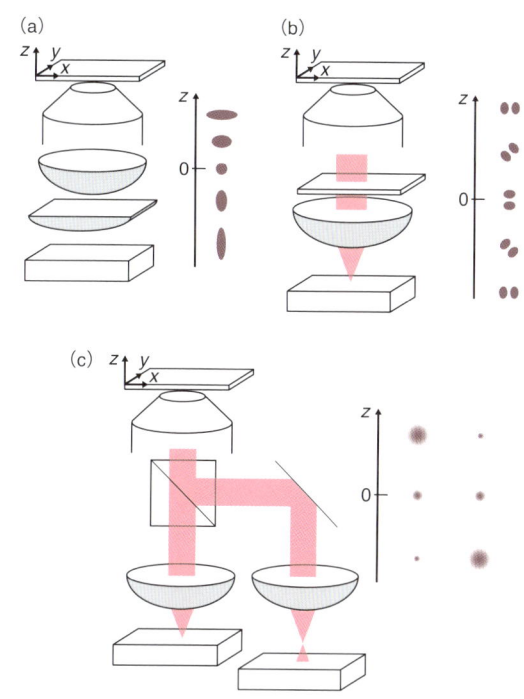

図 30.3　3次元計測のための光学系の工夫の例
(a) シリンドリカルレンズを挿入することで非点収差を導入する方法．深さに応じて異なる形状の楕円形の像となる．(b) 位相板を挿入することで，1分子の像を2点に分離させる方法．深さに応じて2点の方向が変化する．(c) 観察光路を2分岐し，焦点位置をずらして2枚の画像を撮影する方法．深さに応じて，それぞれのカメラの画像のぼけ方が変化する．

30.4　一分子計測の応用による超解像顕微鏡法

前述のとおり，蛍光分子1個の像であれば回折の影響を受けずにナノメートル精度で位置を決定することができる．これを利用して，視野内の蛍光分子すべての位置を1個ずつ個別に計測し，その結果を用いて蛍光分子の位置のマップを作成すれば，回折の影響を受けない高分解能の画像を再構成できる．これが蛍光分子局在化法と総称される超解像顕微鏡法の原理である．

ここで重要なのは蛍光分子を1個ずつ個別に計測するというステップである．通常の蛍光顕微鏡観察のように，単純に見るだけではすべての蛍光分子が同時に光り，その位置を個別に計測するこ

---

*3　1次の第1種ベッセル関数は，次の微分方程式の解で，

$$x^2\frac{d^2y}{dx^2}+x\frac{dy}{dx}+(x^2-1)y=0$$

べき級数展開によって以下のように定義される．

$$J_1(x)=\sum_{m=0}^{\infty}\frac{(-1)^m}{m!\,(m+1)!}\left(\frac{x}{2}\right)^{2m+1}$$

とは難しい．そこで蛍光分子局在化法では視野全体の蛍光分子のほぼすべてをオフにして，視野全体で100〜1000個程度の蛍光分子だけがまばらに光るように工夫する．試料にもよるが，オンになっている割合は1/10000程度である．この条件を実現するために，複数の方法が開発された[*4]．Betzigらが提案したPALM法（photoactivation and localization microscopy，光活性化位置計測顕微鏡法）[13]は，UV照射で蛍光がオンになる蛍光タンパク質（光活性化型蛍光タンパク質PA-FP，photoactivatable fluorescent protein）を用いる．それ以外にもUV照射により蛍光の色が変化する蛍光タンパク質（フォトクロミズム型蛍光タンパク質PC-FP，photochromic fluorescent protein）や，その他光照射により蛍光のオン・オフを制御できる蛍光タンパク質（光スイッチング蛍光タンパク質PS-FP，photo-switchable fluorescent protein）も利用できる．

　計測方法の実際が想像しやすいよう，少し具体的に書いてみたい．実験するうえで使いやすいのはPC-FPである．たとえばUV照射によって緑から赤に変化するmEOSなどが有名である．まず青色励起光で緑色の蛍光によって目的の構造を通常の蛍光像として確認する（PA-FPでは，このステップがないので実験が少し難しくなる）．次に非常に弱いUV光を照射する．赤色に変化する蛍光タンパク質が視野全体で100個程度になるようにUV光の強度を調節する．一般に観察が進むにつれて視野内に残っている蛍光タンパク質は減少するので，より強いUV照射が必要となる．ここで緑色の励起光に切り替えると，赤色の蛍光分子が散在する様子が認められる．このとき，位置精度を高くするために蛍光の光子数を多く検出することが重要であるから，できるだけ強

い励起光を用いる．そのため数フレームで赤色に光っていた蛍光タンパク質は消褪し，いわば焼き殺した状態になる．以下，UV照射と緑色励起光による赤色蛍光観察を1000〜100000回，ほぼすべての蛍光タンパク質が計測されるまで，繰り返す．こうして計測されたすべての蛍光タンパク質について，その位置を計算し，プロットすると，高分解能の画像を再構成することができる（図30.4）．

　ほかの方法では蛍光色素のブリンキングを利用したdSTORM（direct stochastic optical reconstruction microscopy，直接型確率的光学再構成顕微鏡法）[14]やGSDIM（ground state

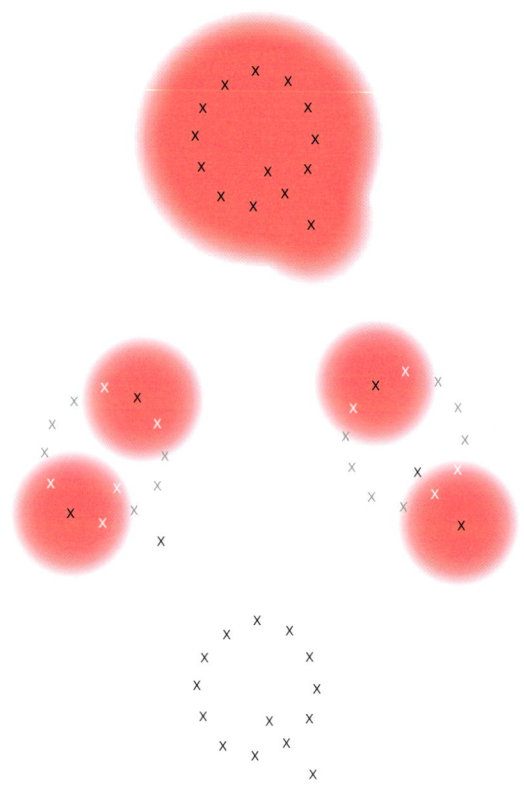

図 30.4　蛍光分子局在化法の原理

（a）すべての蛍光分子が同時に光ると，その像が重なりあって構造の詳細は見えない．（b）確率的に個々の蛍光分子の位置を観察して，その位置を計測する．（c）すべての蛍光分子の位置をプロットすると，回折の影響を受けない高分解能画像が再構成される．

---

depletion microscopy followed by individual molecule return，基底状態欠乏化後個別分子復帰顕微鏡法）[15]がある．低酸素・チオール添加などのフォトブリーチングを抑えた溶液条件で強い励起光を照射するとほとんどの蛍光分子が長寿命の暗状態に入り，蛍光を発する分子がなくなる（基底状態欠乏化）．この状態で UV 光を照射すると，蛍光分子を暗状態から基底状態に戻すことができ，蛍光が復活する．これを利用して 1 回に 100 分子程度ずつ復活するように UV 照射強度を工夫する（"individual molecule return"，個別分子復帰）ことで，PALM 法と同様に蛍光分子の位置を個別に計測することができる．

　また位置計測の際に，前節で述べたような光学系の工夫をすると蛍光分子の位置を 3 次元計測することも可能で，その場合は立体的な高分解能画像の再構成が可能となる．

30.5　蛍光分子局在化法の応用

　蛍光分子局在化法は実質的には一分子イメージングの応用例であるため，一分子イメージングと同様，全反射顕微鏡があればほかに特別な光学系は必要ない．試料の厚さが薄い場合には全反射顕微鏡の必要もない．そのため 2006 年に最初の論文が三つの異なるグループから独立に報告されて以降，本手法は急激に広がった．

　神経細胞はシナプスなど回折限界以下の特徴的な構造が多く存在し，超解像顕微鏡法のよいターゲットであり，活発に研究が進められている．蛍光分子局在化法による神経細胞の超解像イメージングによってはじめて報告された構造として有名なのは，軸索における周期的なアクチンリング構造である．3 次元の蛍光分子局在化法（dSTORM）によって，180 ～ 190 nm 周期でアクチンが軸索細胞膜直下にリング状に並んでいることが発見された[16]．スペクトリンの N 末端および C 末端に

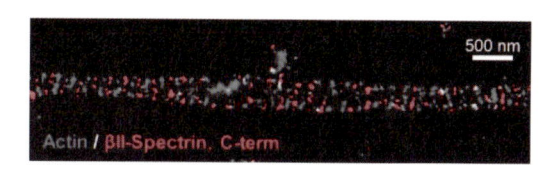

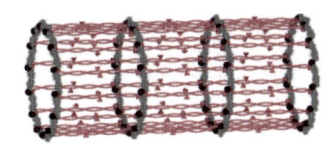 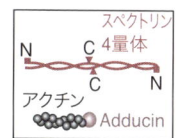

図 30.5　蛍光分子局在化法による神経細胞軸索でのアクチン（緑）およびスペクトリン（C 末端）が互いにつくる周期構造
文献 16）より転載．

対する抗体染色の周期性との比較によって 4 量体がスペーサーとして配向することで，180 nm 周期のアクチンリング構造が形成されるというモデルが提唱されている（図 30.5）．

　蛍光分子局在化法の位置精度は十分高いので，単にタンパク質の局在だけでなく配向まで議論できることがある．たとえば，シナプス前部において蛍光分子局在化法から足場タンパク質のバスーンやピッコロが C 末側をシナプス間隙側に向けた配向で並んでいることを示す結果が報告されている[17]．

　このような分子の局在・配向に加えて，蛍光分子局在化法では個数の情報が得られるため，定量性の高い議論が可能となり，グルタミン酸作動性シナプスにおける NMDA 受容体と AMPA 受容体の個数の比[17]や，抑制性シナプスにおけるゲフェリンとグリシン受容体の個数の比[18]などが報告されている．

　しかしこれらの報告はいずれも固定標本の計測による結果である．蛍光分子局在化法は個別に蛍光分子の位置を計測するため，1,000 ～ 100,000 枚の元画像を必要とする．仮に 1 枚 10 ミリ秒で撮影したとしても，10 ～ 1000 秒を要する．そのため生きた神経細胞での動態計測に直接応用することは困難である．

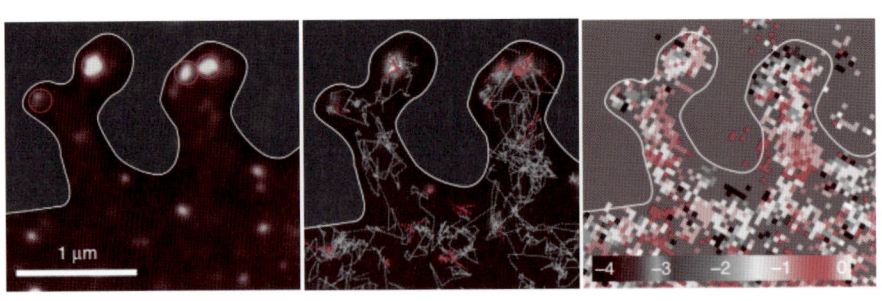

図 30.6　シナプスにおける AMPA 受容体の動態計測の例
左から，滞在頻度，軌跡，拡散係数のマップ．文献 20)より転載．

　これに対して，蛍光分子局在化法のアイデア
を発展させた一分子計測法 sptPALM（single
particle tracking PALM，単粒子追跡光活性化
位置計測顕微鏡法）が提案された[19]．従来の膜タ
ンパク質の一分子計測では，一分子の像がほかか
ら分離して計測できるように十分低い密度で蛍光
標識を行い，その軌跡を解析してきた．これに対
して，PALM の発想を用いて標的とする膜タン
パク質を蛍光標識し，ごく一部だけをオンにして
軌跡を追跡する．これを繰り返すと細胞の同じ場
所で多数の膜タンパク質の軌跡を追跡でき，移動
度や滞在時間など分子動態のパラメータのマッ
プを描くことができる．たとえばシナプスでは，
AMPA 受容体の sptPALM により，シナプス後
膜上に AMPA 受容体の拡散が遅くなるナノドメ
インが散在することが示された（図 30.6）[20]．

30.6　蛍光分子局在化法による
超解像ライブイメージングの展望

　現在広く普及している超解像顕微鏡法には，本
章で詳述した蛍光分子局在化法のほかに，構造化
照明法（structured illumination microscopy；
SIM）や誘導放出制御法（stimulated emission
and depletion microscopy；STED）がある．た
とえば誘導放出制御法の撮影時間は視野の広さに
比例し，10 μm × 1 μm 程度の視野ならば 1 秒以
下で撮影できる．このため，スパイン形状[21]や，

軸索のアクチンリング構造（前述）[22]などの超解像
ライブイメージングが可能となる．ただし分解
能は蛍光分子局在化法に比べると低く，50 ～ 80
nm 程度である．

　構造化照明法の分解能はさらに低く，回折限界
の 2 倍の 100 ～ 120 nm に留まる．しかし高速
化が容易で，100 μm 角の視野を 10 ミリ秒で撮
影する高速超解像顕微鏡法も報告されており[23]，
軸索輸送される小胞など移動速度の速い微細形態
の観察も可能である（図 30.7）．

　空間分解能と定量性の点では，蛍光分子局在化
法が優れている．この長所を生かしたままで，ラ
イブイメージングに応用することは可能だろうか．
蛍光分子局在化法をライブイメージングに応用す

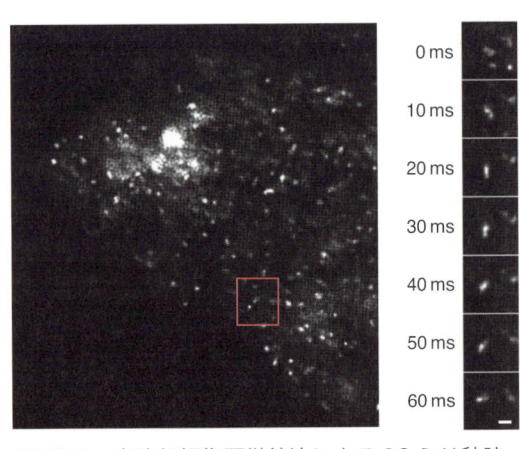

**図 30.7　高速超解像顕微鏡法による 10 ミリ秒時
間分解能観察の例**
細胞内のエンドソームの動態が 10 ミリ秒時間分解能で捉え
られている．文献 23)より転載．

るには，二つの問題がある．

　一つは蛍光分子局在化法が「破壊検査」であることである．個々の蛍光分子をオンにしては焼き殺すことを繰り返すことで，すべての分子を1回ずつ測定する．焼け残りの蛍光分子が存在したままだと二重カウントになり，個数の正確性を損

なう[*5]．逆にいうと，各蛍光分子を1回ずつしか測定できず，経時的に動態観察することは難しい．その点オン・オフを何度も繰り返すことができる蛍光色素や観察条件にすれば，経時的観察はできるが，個数の正確性は担保されない．たとえば暗状態(A)，蛍光を発する状態(B)，第3の状態 (C,

Key Chemistry　　蛍光分子の明滅を制御する機構

　超解像顕微鏡法で回折限界を超える分解能を達成する鍵となる技術は，蛍光分子の明滅の制御にある．超解像顕微鏡法の開発に対して与えられたノーベル賞が化学賞であったのは，そのためだろう．

　蛍光分子は可逆的に明滅する(ブリンキング)．励起光を吸収して励起状態 (S_1 状態) に遷移した電子は，光を出すあるいはそれ以外の経路でエネルギーを散逸して基底状態 (S_0 状態) に戻る (図 a)．前者の過程で放出される光が蛍光である．このとき非常に低い確率（10^{-6} 以下）だが，禁制遷移により三重項状態 (図の T 状態) に移ることがある．三重項状態から基底状態に戻るのも禁制遷移であるため，三重項状態の寿命はマイクロ秒からミリ秒と励起状態 (S_1)の寿命(ナノ秒程度)に比べて桁違いに長い．したがって1個の蛍光分子に励起光をあて続けると，ナノ秒程度の周期で基底状態と励起状態のあいだをサイクルして蛍光を発し続けるが，100〜1000万サイクル（＝ミリ秒〜秒程度）に1回の割合で確率的に三重項状態に入り蛍光を発しなくなる．三重項状態から基底状態に戻ると，再び励起状態とのあいだでの遷移を繰り返すことができるようになり，蛍

光が回復する．

　これを利用して蛍光分子の明滅を制御するのがGSDIM あるいは dSTORM と呼ばれる方法である．すなわち試料全面に強い励起光を照射し，すべての蛍光分子を三重項状態にする．三重項状態を安定化し，基底状態への復帰が遅くなるような溶液条件にすることで三重項状態を継続させ，ごく一部の蛍光分子だけが確率的に基底状態に戻るようにする．こうすると試料中の蛍光分子の信号を個別に計測することが可能となる．具体的な例としては，図 b 上のように，高濃度チオール添加により，三重項状態の蛍光分子にチオールを付加し，蛍光をオフにする反応がよく用いられる．また非可逆的に蛍光をオフからオンにすることで蛍光分子を1回だけ計測する方法 (図 c) もあり，UV 照射で蛍光がオンになる色素(photo-activation)あるいは蛍光の色が変化する色素(photo-conversion)が用いられる．

　ほかにもさまざまな光化学反応を利用した方法が開発・提案されており，化学者の貢献が期待されている．

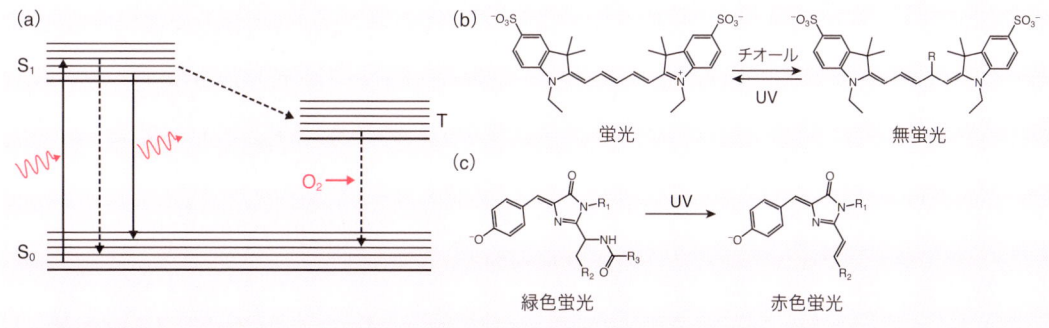

図　蛍光分子のヤブロンスキー図(a)と蛍光分子のブリンキング(b)とフォトコンバージョン(c)

Bと異なる色の蛍光を発するあるいはAと異なる暗状態）の3状態をもち，この3状態間の遷移を制御できる蛍光色素があれば，繰り返し計測が可能となる．すなわち全蛍光分子がA状態からスタートして，確率的にB状態へ遷移させて位置を計測し，計測が済んだ分子はC状態に遷移させる．これを繰り返してすべてがC状態になったとき，全分子の計測が終了しているので，全分子をA状態に戻す．これで最初の状態にリセットされたことになり，再び計測を開始することができる．蛍光分子局在化法の普及を契機に，蛍光色素および蛍光タンパク質の開発が活発となっており，このようなリセット可能な蛍光スイッチング特性をもつ蛍光色素・タンパク質の開発も十分期待できる．

より深刻なのは，1,000 〜 100,000 枚という多数の元画像取得が必要となるため，時間分解能が犠牲となるという問題である．これは蛍光分子の像を個別に取得するため不可避である．しかし蛍光分子の像が重なっている場合，本当に蛍光分子の像は推定できないのだろうか？　もちろん，単純にガウス関数をフィッティングするだけでは難しい．しかし，たとえば2個の蛍光分子の像が重なっているとき，その像は2個の2次元ガウス関数の和となる．蛍光分子1個の像がどのような2次元ガウス関数となるかが測定されていれば，これを用いて複数の蛍光分子が重なってできた像からそれを構成する個々の蛍光分子の位置を推定することは，統計学的な推定の問題として定式化できる（多重局在化法；multi-emitter fitting）．すでにベイズ推定[25]や最尤推定法[26]，スパースコーディング[27]などの統計学的手法を用いた多重局在化法のアルゴリズムが発表されている．計算量が非常に大きいため，まだ狭い視野での原理実証実験程度に留まっているが，30 〜

*5　そのため，実際の計測では，焼け残りが二重カウントされる確率を別途測定して補正する必要がある[24]．

100 ミリ秒/フレームとビデオレートに近い時間分解能を達成したという報告もあり[25,26]，今後の発展が期待される．

30.7　おわりに

「生体分子の動態を直接見たい」という動機から，柳田・木下などわが国の生物物理学者たちを中心として蛍光分子1個を観察するための顕微鏡技術が開発され，これが発展して超解像顕微鏡法が生み出された．光をあててモノを見るという従来の顕微鏡結像理論の枠を超えて，蛍光画像を構成する高々有限個の蛍光分子の位置をすべて計測するという発想の転換の賜物である．その結果，回折でにじみ，互いに重なり合う蛍光分子の像から，その位置を測定・推定する手法が注目され，これまでの顕微鏡技術開発に留まらず，蛍光色素開発などの化学分野から，統計的位置推定法などの統計学・情報科学分野まで幅広い分野にわたって技術開発が進められている．

生体分子1個1個を識別できる程度の分解能で生きた細胞あるいは個体の中を観察する「ナノスコープ」〔従来の μm 程度の分解能の顕微鏡（マイクロスコープ）に対して，nm 分解能の顕微鏡という意味の造語〕の実現はもはや夢物語ではなくなりつつある．

（岡田康志）

文　献

1) T. Funatsu et al., *Nature*, **374**, 555 (1995).
2) M. J. Levene et al., *Science*, **299**, 682 (2003).
3) T. G. Terentyeva et al., *ACS Nano*, **6**, 346 (2012).
4) B. P. English et al., *Nat. Chem. Biol.*, **2**, 87 (2006).
5) R. M. Dickson et al., *Nature*, **388**, 355 (1997).
6) R. J. Ober et al., *Biophys. J.*, **86**, 1185 (2004).
7) A. Yildiz et al., *Science*, **300**, 2061 (2003).
8) A. Kusumi et al., *Nat. Chem. Biol.*, **10**, 524 (2014).
9) B. Hajj et al., *Phys. Chem. Chem. Phys.*, **16**,

16340 (2014).

10) C.-Y. Deng et al., *J. Neurosci.*, **34**, 1710 (2014).

11) J. N. Forkey et al., *Nature*, **422**, 399 (2003).

12) B. Schuler & W. A. Eaton, *Curr. Opin. Struct. Biol.*, **18**, 16 (2008).

13) E. Betzig et al., *Science*, **313**, 1642 (2006).

14) M. J. Rust et al., *Nat. Methods*, **3**, 793 (2006).

15) J. Folling et al., *Nat. Methods*, **5**, 943 (2008).

16) K. Xu et al., *Science*, **339**, 452 (2013).

17) A. Dani et al., *Neuron*, **68**, 843 (2010).

18) C. G. Specht et al., *Neuron*, **79**, 308 (2013).

19) S. Manley et al., *Methods Enzymol.*, **475**, 109 (2010).

20) E. Hosy et al., *Curr. Opin. Chem. Biol.*, **20**, 120 (2014).

21) U. V. Nagerl et al., *Proc. Natl. Acad. Sci. USA*, **105**, 18982 (2008).

22) G. Lukinavičius et al., *Nat. Methods*, **11**, 731 (2014).

23) S. Hayashi & Y. Okada, *Mol. Biol. Cell*, **26**, 1743 (2015).

24) G. C. Rollins et al., *Proc. Natl. Acad. Sci. USA*, **112**, E110 (2015).

25) S. Cox et al., *Nat. Methods*, **9**, 195 (2012).

26) F. Huang et al., *Nat. Methods*, **10**, 653 (2013).

27) S. Hugelier et al., *Sci. Rep.*, **6**, 21413 (2016).

chapter 31

多点細胞外電位計測の原理と応用

Summary

　脳研究は，脳を構成している神経細胞のメカニズムを調べる分子・細胞レベルの研究と，多数の細胞で構成される神経ネットワークを調べるネットワークレベルの研究とに大きく分けられる．今日の分子生物学や電気生理学などの進歩によって，分子・細胞レベルの理解は大きく進んだ．一方，神経ネットワークレベルを研究するツールは限られている．しかしながら，脳の機能は神経細胞がネットワークとして働いてはじめて生み出されると考えられているので，この神経ネットワークを理解することは，脳を理解するうえで非常に重要である．ここではその神経ネットワークの活動を可視化するツールの一つである多点細胞外電位計測，なかでも微小電極アレイを用いた *in vivo* での計測の原理と応用について紹介する．この計測方法の留意点を測定原理から考察するとともに，この計測方法を用いた具体的な研究事例として，急性脳切片（スライス）を用いた海馬での神経ネットワーク活動のメカニズム解析と，薬物の慢性効果の評価を可能にする培養試料の長期間測定について紹介する．

31.1 多点細胞外電気計測の目的と開発

　神経細胞は電気的な活動によって互いに連絡し合い，情報処理を行っている．この電気的な活動を調べるには，これまで金属線やガラス管を用いた微小電極を神経組織内に差し入れて，その活動を計測するという方法が用いられてきた．しかしながらこの方法では，物理的な制約から神経組織において数か所からしか記録が行えず，複雑な神経ネットワークの活動全体を観測するのは不可能であった．

　そこで基板上に多数の微小電極をあらかじめ構成し，その上に神経細胞あるいは細胞組織を置くことで同時に多数の微小電極から神経活動を記録するという，いわゆる多点微小電極アレイの開発と研究が，1970 年代半ばから多くの研究者により試みられてきた．Thomas らはガラスカバースリップ上に金属薄膜によって微小電極アレイを形成し，その上で培養したニワトリの心筋細胞から電気応答を記録できることを報告した[1]．Gross らはガラス基板上に形成した微小電極アレイを用いてマウスの脊髄神経細胞から神経細胞の電気的な活動を記録することに成功した[2]．

　神経細胞はほかの多数の神経細胞から入力信号を受け，その強さやタイミングによって活動電位（スパイク）と呼ばれる電気活動を発生し，また別の神経細胞に信号を送るということを繰り返しながら活動していることが知られている．このとき発生するスパイクは数ミリ秒しか持続しない早い活動である．先に紹介した微小電極アレイは，おもにこのスパイクという活動を記録することを目的として開発された．

　一方，複数の神経細胞が同時に活動してつくる脳波のようなリズミカルな活動は，数十ミリ秒持続する．脳内では，状況や場所によって早いスパイクや遅いリズムが複雑に入り混じった活動が発生している．そこで，下野らは従来よりも大きめの 50 ミクロン角の微小電極をガラス基板上

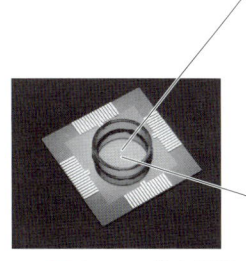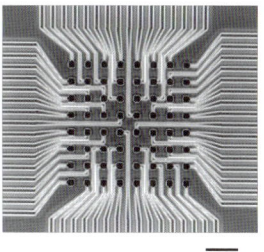

300 μm

図31.1　微小電極アレイの概観図と拡大図
電極基板の中央に微小電極アレイが形成されている．ここでは，8 × 8 の 64 個の微小電極が作製されている．

にフォトリソグラフィー技術[*1] を用いて作製し，その上に白金黒メッキ処理をした微小電極アレイ（図31.1）を用いて，ラットの海馬部分の脳切片（スライス）で発生させたアセチルコリン作動性のリズム活動を記録した[3]．

31.2　微小電極アレイを用いた 細胞外電位の測定原理

多点細胞外電位計測に用いられる微小電極アレ

[*1]　写真現像技術を応用した微細パターン作成技術．シリコン基板やガラス基板の上に，レジストと呼ばれる感光性の液体を塗布し，作製したいパターンを通して紫外線を照射してレジストを変質させることで所望の形状を作製する．変質していないレジストを取り除いたあと，そこに所望の材料による成膜などを繰り返し微細な形状を作製する．

イは，おもに次の特徴をもつ．まず多数の微小電極から同時に活動を記録できるため，神経細胞や神経組織の活動を二次元の活動として記録することが可能である（空間的な拡がりを捉える）．次にガラスなどの平らな基板上に微小電極を形成しているため，基板全体がフラットな形状で凹凸がなく，測定試料である神経細胞や神経組織へのダメージを最小限に抑え，長時間の記録をすることが可能である（時間的な広がりを捉える）．さらに記録電極としても刺激電極としても使える場合が多く，多点電極アレイのある電極で神経細胞を電気刺激によって賦活化し，それによる応答を二次元で観察することができる．

微小電極アレイを用いた細胞外電位計測実験の方法には大きく分けて二つある．脳を取り出してすぐに脳切片を作成しそこから神経活動の測定を行う急性実験と，神経細胞や神経組織（脳切片）を微小電極アレイ上で培養させてから測定する培養実験である．いずれの場合も測定対象の状態や平面電極との関係が重要である．図31.2 に平面電極と測定対象となる試料との関係を等価回路モデルにして表現した．試料内部で発生した電位 $e(t)$ は，その発生位置から平面電極までの試料内部の抵抗 R_d によって減衰する．また，試料と電極間の隙間から流れ出す電流 i_f によっても減衰する

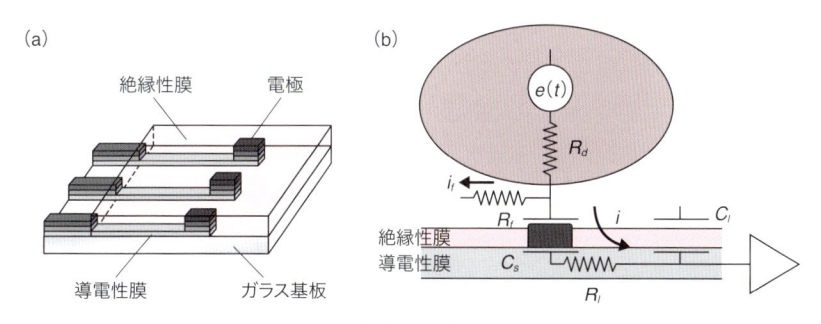

図31.2　平面電極の等価回路モデル
(a) 平面電極の断面図．(b) 測定試料と平面電極の等価回路．測定試料内部で発生した電位〔$e(t)$〕は測定試料内部を伝播して平面電極に到達する．よって，測定試料内部の抵抗（R_d）が小さく，試料外部へのリーク抵抗（R_l）が大きければ，発生した電位信号がさほど減衰せずに平面電極で検出することが可能となる．i：平面電極に流れる電流，i_f：リーク電流，C_i：電極部の容量，R_l：配線抵抗，C_l：配線部と絶縁性膜間の容量．

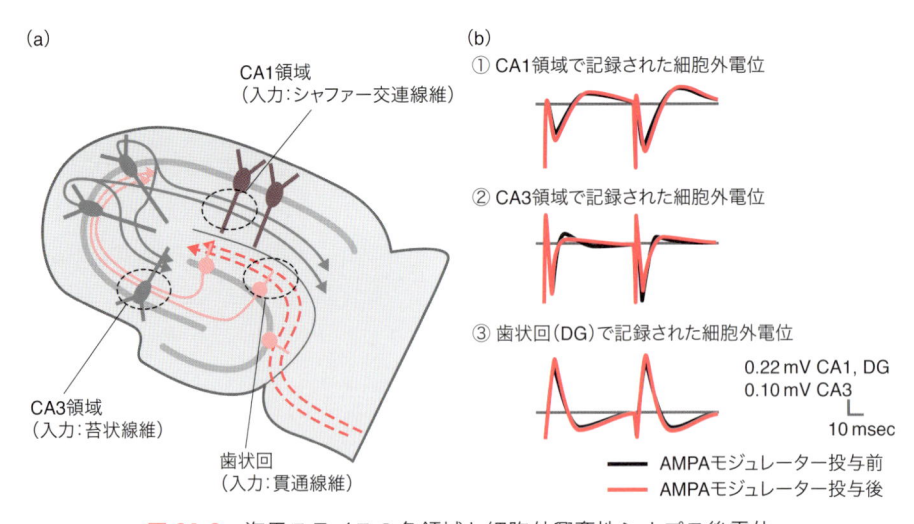

（a）

CA1領域
（入力：シャファー交連線維）

CA3領域
（入力：苔状線維）

歯状回
（入力：貫通線維）

（b）

① CA1領域で記録された細胞外電位

② CA3領域で記録された細胞外電位

③ 歯状回（DG）で記録された細胞外電位

0.22 mV CA1, DG
0.10 mV CA3

10 msec

——— AMPAモジュレーター投与前
——— AMPAモジュレーター投与後

図 31.3　海馬スライスの各領域と細胞外興奮性シナプス後電位
（a）海馬神経回路と各領域での入力と応答の関係示した模式図．（b）各領域で記録された細胞外興奮性シナプ
ス後電位（fEPSP）．AMPA モジュレーター投与前後を比較することにより，それぞれの領域による化学物質の
作用の違いを知ることが可能である．

と考えられる．よって，測定試料で発生する細胞
外電位を効率よく測定するためには，細胞の電気
的な活動を試料表面近傍でも発生させること（低
R_d）と，測定試料と平面電極を密着させること（高
R_f）の二つが重要であることがわかる．

　また，前述のとおり，神経活動にはさまざまな
タイプの活動が存在する．測定対象とする神経活
動を正確に記録するには，それらの活動を構成す
る周波数成分を歪めることなく記録しなければな
らない．図 31.2 で示したとおり，平面電極は容
量（キャパシタ）成分が支配的になっており，それ
が平面電極のもつインピーダンスの大きさを左右
すると考えられている．低周波領域ではインピー
ダンスが大きくなるため，信号増幅器（アンプ）と
の関係から 10 Hz 以下の信号を取得することは
困難になる．容量成分は平面電極の表面積に比例
している．つまり平面電極の表面積を大きくする
と容量成分が大きくなり，インピーダンスを小さ
くすることが可能となる．そこでいくつかの微小
電極アレイでは表面形状を工夫し，投影面積あた
りの表面積を大きくする，つまり，電極表面を荒
くすることでインピーダンスの低下を実現した．

その結果，興奮性シナプス後電位（EPSP）やリズ
ム活動など低周波成分（0.1 ～ 10 Hz）が含まれる
神経活動の測定が可能となった[3,4]．

31.3　空間的な広がりを捉える ——二次元での神経活動の解析

　多点細胞外電位測定法の利点の一つである神経
活動を面で捉える，つまり神経活動の空間分布の
測定について説明する．大脳辺縁系に存在する海
馬は記憶の形成に重要な部位と考えられており，
アルツハイマー病およびほかのメモリー関連障害
に向けた集中的な研究の焦点となっている．また，
組織学的な研究も進んでおり，そのサブフィール
ド内およびサブフィールド間[*2]の投射が平面的
に組織されているためにスライスの状態での研究
に適している．図 31.3（a）はその主要な投射シ

*2　本文では海馬および歯状回の組織学的に区分されたな
領域をサブフィールドとした．海馬領域のうち，CA1 は小
錐体細胞が存在する領域，CA3 は大錐体細胞が存在する領
域として区分されている．なお，CA は「アンモン角（cornu
ammonis）」に由来する．また，歯状回は顆粒細胞が主要な細
胞として存在する領域である．

ステムや電気生理学研究で関心をもたれている領域をまとめたもので，サブフィールドごとに投射入力によって誘発される部位特異的な応答が存在する．これらの応答への化学物質に対する反応などを研究することによって海馬における神経活動を司るメカニズムについて多くのことを明らかにすることができる．

図31.3（b）は，AMPA受容体の修飾する化学物質によって海馬スライスでのさまざまな部位の応答の変化を示したものである．海馬スライスの三つのサブフィールド〔歯状回（dentate gyrus），CA3（Cornu Ammonis 3），CA1（Cornu Ammonis 1）〕において，四つの異なる条件の下で記録された応答を示している．これらの実験は従来の計測方法でも行うことができるが，多点電極アレイを使用すれば効率的な研究が可能となる．

31.4　電流源密度解析法

神経細胞はほかの神経細胞からの入力を受けるとイオンチャンネルが開き，Na^+などのイオンが細胞内に流入する．Na^+のような陽イオンが細胞内に流れ込む場所を「電流シンク」と呼ぶ．一方，陽イオンが細胞から流れ出す場所を「電流ソース」と呼ぶ（陰イオンについては逆に，細胞内に流れ込む場所がソースであり，流れ出す場所がシンクとなる）．細胞外電位として検出している信号はこれらのイオンの流れの結果として発生している電位であり，逆に検出された細胞外電位信号から神経細胞の活動の源となるイオンの流れ（シンク，ソースの分布）を計算によって求めることができる（図31.4）．この解析法は電流源密度解析法（Current Source Density Analysis）と呼ばれ，1970年代に理論的に確立された[5]．この電流源密度解析を行うためには細胞外電位を複数箇所で記録しなければならない．従来のガラス微小電極などを用いる場合は，ガラス微小電極の位置

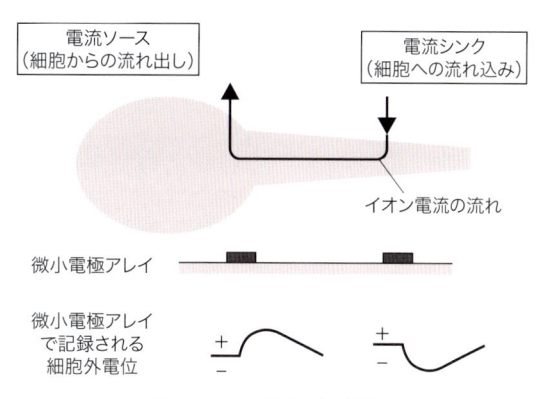

図 31.4　電流源密度解析

シナプス伝達によってイオン電流が発生する．その結果，細胞外電位が発生し，微小電極アレイで記録される．電流源密度解析はこれらの細胞外電位信号からイオン電流の流れを逆算する解析方法である．

を少しずつ移動させ，複数箇所から記録された信号を用いて解析を行う．このとき，一度に複数箇所の細胞外電位記録を行うことが不可能なため，刺激をトリガーとした反応を繰り返し発生させながら記録を行うが，当然常に同じ応答が出ていると仮定することが求められ，その技術的な制約からあまり普及してこなかった．しかしながら微小電極アレイを用いた多点細胞外電位測定を用いれば，一つの神経活動を同時に複数箇所から記録することが可能となり，容易に電流源密度解析を行うことができるようになった．

ここで一つ気をつけなければならないことがある．それは「エイリアシング」と呼ばれる現象である．それは微小電極アレイの電極間距離（空間のサンプリング分解能）と神経組織で発生する電流源の半径（シンクとソースの繰り返しの距離）との関係から生じる．わかりやすいように一次元の繰り返し波形で考えてみよう（図31.5）．神経組織で発生している活動が500ミクロンの電流源の繰り返しで発生しているとする．その繰り返しの半分以下の間隔である100ミクロン間隔のサンプリングを行えば，正確な記録を行うことが可能である．しかし繰り返しの半分以上の357ミクロン間隔のサンプリングを行った場合は図中の赤

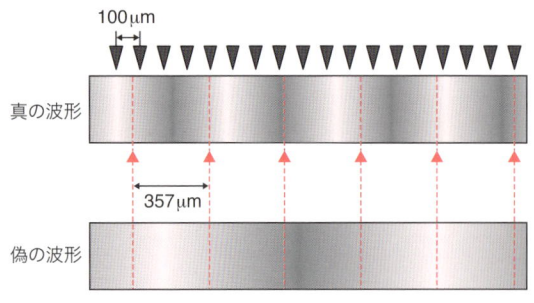

100μm

真の波形

357μm

偽の波形

図 31.5　電極間距離(サンプリング間隔)と発生する電流源との関係
500ミクロンで繰り返されている真の波形（電流源の繰り返し）に対し，その半分以上の 357 ミクロン間隔でサンプリングしたものを電流源密度解析すると，偽の電流源の繰り返しが混入する．微小電極アレイで考慮すべきエイリアシングは二次元だが，ここではわかりやすいように一次元で示した．

点線で示す偽の電流源波形，つまり実際の神経組織では発生していない 1250 ミクロンの繰り返しのノイズ（「エイリアス」）が混入してしまう．よって，電極間のサンプリング距離よりも高い空間周波数の活動が含まれる場合，空間フィルタによってその高周波成分を除去することにより，偽エイリアスの発生を取り除く必要がある．

　次に微小電極アレイを用いた二次元電流源密度解析を行った研究を紹介したい．脳内の神経ネットワークでつくり出される活動の一つにリズム活動がある．これはいわゆる脳波を構成している活動の一つである．脳波はその周波数によって脳の活動状態を表しており，たとえば早い周波数の波形（ベータ波やガンマ波など）が見られているときは覚醒情報を表し，遅い周波数の波形（デルタ波やシータ波など）が見られるときはリラックスや睡眠状態を表すことが知られている．脳波を構成する脳内リズム活動のメカニズムを知ることは，脳の機能を知るうえで重要である．中脳に存在する海馬は記憶に大きくかかわっていると考えられている場所で，この脳内リズム活動がよく研究されている場所の一つである．ここで見られるリズム活動は神経伝達物質の一つであるアセチルコリン（ACh）が深く寄与していることが報告されている．このアセチルコリン作動性リズムといった神経ネットワークで活動に対して，多点細胞外電位測定を行い，記録された信号を二次元電流源密度解析法で解析することによって，どのようにリズムが発生し，またどのようにその活動が海馬内に伝わっているのかを可視化することができる[3]．

　図 31.6 (a) は微小電極アレイ上にのせたラットの海馬部分の脳切片（スライス）である．ここに ACh を投与すると各電極でリズム活動が記録された．このリズム活動は記録される場所によって大きさや波形が異なっていた．これらの波形から電流源密度解析法を二次元に拡張して解析した結果が図 31.6 (b) である．これは適当な時間におけるシンク（細胞内への電流の流れ込み）とソース（細胞内からの電流の流れ出し）の分布を示したも

(a)

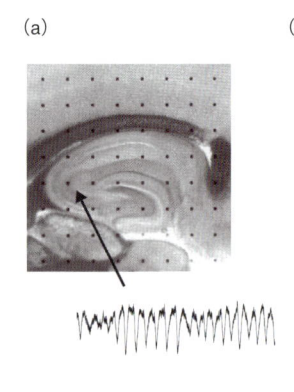

(b)

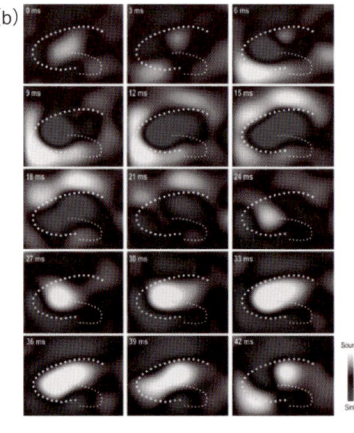

図 31.6　ラット海馬で発生するアセチルコリン作動性リズムの二次元電流源密度解析
(a) 微小電極アレイ上の急性ラット海馬スライス．波形はそのうちの一つの電極から記録された細胞外電位を示している．(b) 典型的なリズム活動を複数箇所で記録した信号から電流源密度解析によって，リズム活動の 1 周期における電流シンクとソースの分布を導出した．文献 3)より改変．

ので，灰色はシンクを，白色はソースを表しており，黒色はイオンの流れのないところを示している．点線は海馬の細胞体層を示す．まず開始から6ミリ秒後に海馬のCA3領域で活動が発生した．細胞体層を挟んで，一方がシンクで他方がソースという対で活動が生まれ，それが次第に強くなり広がって，15ミリ秒後にはCA1領域へと移動した．少しの休止期間のあと，今度はシンクとソースの位置が逆転した神経活動が同じくCA3領域で発生し（27ミリ秒後），次第に大きくなって，CA1領域へと移動した．このようにシンクとソースがまるで双極子のように入れ替わり，その双極子がCA3領域からCA1領域へ移動するという活動を繰り返すことでリズミカルな活動を構成していることがわかった．まさに多点電位測定ならではの高次神経活動の精密分析である．

31.5　時間的な広がりを捉える

　多点細胞外電位測定法の利点の一つである培養試料との組み合わせによる長期間測定についても説明したい．微小電極アレイはフラットな形状をしているため，神経細胞や神経組織にダメージを与えないばかりでなく，ちょうどガラス培養皿の底面に平面電極がパターニングされたかたちになり，長期間の培養に必要な滅菌状態を保持したまま測定することが可能である．さらに神経細胞や神経組織を微小電極アレイの上に直接培養する場合は，それら測定対象となる試料が平面電極に密着するので，神経細胞と微小電極との位置関係は測定期間中変わらず，したがって神経組織の同じ箇所を数日にわたって刺激あるいは記録し続けることができる．

　視床下部にある視交叉上核（suprachiasmatic nucleus；SCN）での神経活動は概日リズム（サーカディアンリズム）を刻んでいることが知られている．サーカディアンリズムのメカニズムを調べ

るため，SCNに含まれる神経細胞それぞれの活動頻度（発火率）を，多点細胞外電位測定を活用して測定した[6]．サーカディアンリズムは1日周期であるため，その発火率の変動周期を測定するためには長期間（数か月）にわたる安定した記録が求められる．微小平面電極アレイ上にSCN神経細胞を培養しその発火率を測定したところ，20.0〜28.3時間（標準偏差；SD 1.4時間）の周期の活動が記録され，おもには24.0〜24.8時間（SD 0.2時間）にクラスタ化された活動リズムが存在していた．よってほとんどのSCN神経細胞が自分自身でオシレーター（発信器）となっているが，動物個体で測定されるサーカディアンリズムよりもバラつきが多い．すなわち，個体のもつサーカディアンリズムは，SCNにおける複数のサーカディアンリズムが統合された結果であるということになる．

　長期培養方法との組み合わせは薬物などの慢性評価にも応用が可能である．通常薬物の慢性効果を測定するためには，動物に薬物を投与しその影響を長時間観測するという方法が用いられていた．しかしながら動物を用いると代謝機能により薬物が分解され薬物濃度が変化するので，薬物評価が非常に複雑になるという問題がある．そこで代謝機能を含まない in vitro の評価系で慢性効果を評価する方法が期待されている．

　ここではラット海馬のスライス培養を用いて脳虚血モデルを作成し，それに対する薬物評価を行った例を紹介する．脳虚血とは，脳内の血管中で発生する血栓などが原因となり一時的に脳内の一部分で血流が停止し，その結果数日のあいだにその部分の神経細胞が死んでしまう現象である．そのメカニズムの一つとして，血流が止まったときに過剰に放出されるグルタミン酸（Glu）が細胞内の Ca^{2+} 濃度を上昇させ，その結果細胞死が起こることが考えられている[7]．ここではグルタミン酸受容体の一つで，Ca^{2+} チャンネルでもあ

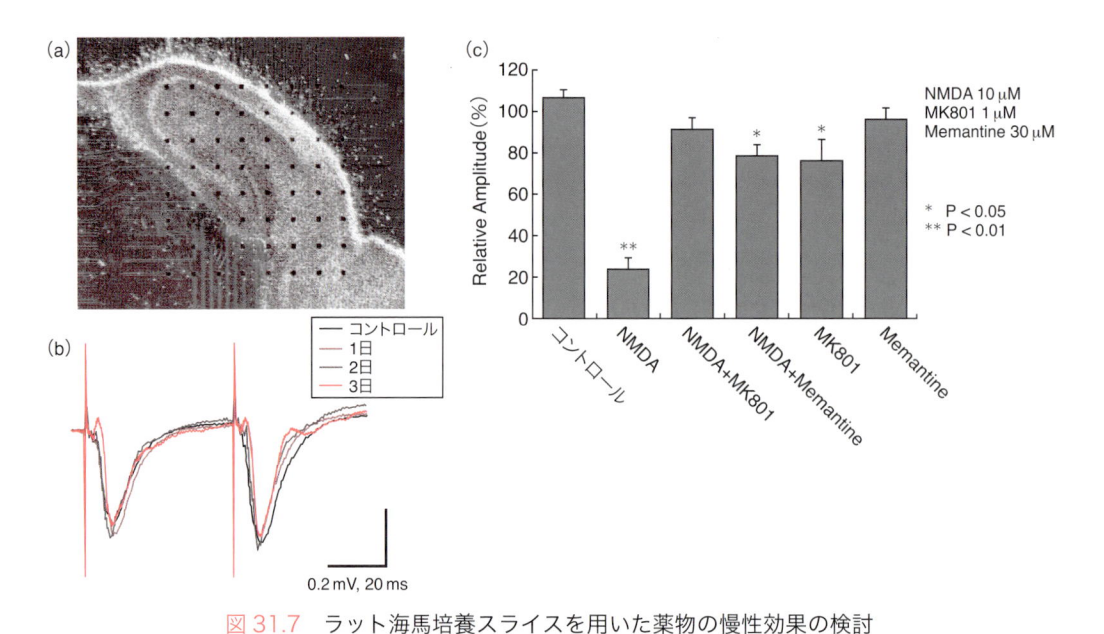

図 31.7　ラット海馬培養スライスを用いた薬物の慢性効果の検討
(a) 微小電極アレイ上培養されたラット海馬スライス．(b) 連続した 3 日間で記録された細胞外電位 (fEPSP)．(c) 薬物投与 3 日後の fEPSP の変化．応答が安定している状態に対し，NMDA を投与すると fEPSP の大きさが抑制された．同時に薬物 (MK-801，メマンチン)を与えると NMDA による神経毒性が抑制された．文献 8)より改変.

る NMDA 受容体の選択的刺激物質（アゴニスト）である NMDA を長期間与えて細胞死を再現した．さらにこの脳虚血を防ぐ候補薬である二つの物質，MK-801 とメマンチンを NMDA とともに与えて，それぞれの効果を検討した．図 31.7 (c) はそれらの結果で，それぞれの薬物を 3 日間投与したあとのシナプス応答の大きさを示している．3 日間安定したコントロールが記録されている条件で NMDA のみを投与すると，シナプス応答はほとんど抑制され，神経回路がダメージを受けていることがわかる．MK-801 やメマンチンを NMDA と同時に投与しておくと，NMDA の毒性を抑制する効果が検出された[8].

　以上のように，培養試料と多点細胞外電位測定を組み合わせれば，長期間の神経活動を安定的に記録することができ，また，薬物の慢性効果を評価する方法としても有望である．

31.6　高密度微細電極の開発

　一般的な微小電極アレイが，電極サイズが 10 ミクロン以上で，間隔が 100 ミクロン以上のアレイであるのに対し，より高密度で微小な電極アレイが開発されつつある．これらの電極アレイは半導体技術を用い，各電極に CMOS（相補性金属酸化膜半導体）と呼ばれる構造を作製することで，微小な電極面積でも高精度な測定を行うことが可能になっている．Hutzler らは，1 mm 四方に 16,384 個の CMOS 電極（直径 4.5 ミクロン，ピッチ 7.8 ミクロン）をもつ高密度微細電極アレイを開発し，ラット海馬の培養スライスから神経活動を記録することを実現した[9]．また，Frey らも 1 mm 四方に 16,384 個の CMOS 電極（直径 7 ミクロン，ピッチ 18 ミクロン）をもつ高密度微細電極アレイを開発し，急性のラット小脳スライスにおけるプルキンエ細胞の活動を記録することによって，前項で述べた電流源密度解析を行い，その活動機序の解明にアプローチした[10]．

さらに微細化を目指して，1ミクロン程度の電極が開発されつつある．Braeken らは一つの神経細胞に対し複数個の電極がカバーできるように設計したピラー状の微細電極アレイ（直径 1.2 〜 4.2 ミクロン）を開発した[11]．この微細電極を刺激電極として用いることで，細胞に局所的な賦活化刺激を与えたときの反応を計測した．このように，最新の半導体技術と信号処理技術によって，高密度で高精度な多点細胞外電位測定へと進化している．

31.7　おわりに

この章では多点細胞外電位計測の原理とその応用についてその一部しか説明できていない．神経ネットワークが生み出す活動は時空間の広がりをもっており，多点電極アレイを用いた電位計測法はそうした神経ネットワーク活動を記録する有用な手段の一つである．こうした電気生理学的アプローチがさらに発展し，大いに活用されることによって，脳の機能の解明に大きな役割を果たすだろう．

（下野　健・岡　弘章）

文　献

1) C. A. Thomas et al., *Exp. Cell Res.*, **74**, 61 (1972).
2) G. W. Gross et al., *J. Neurosci. Methods*, **5**, 13 (1982).
3) K. Shimono et al., *J. Neurosci.*, **20**, 8462 (2000).
4) H. Oka et al., *J. Neurosci. Methods*, **93**, 61 (1998).
5) U. Mitzdorf, *Physiol. Rev.*, **65**, 37 (1985).
6) S. Honma et al., *Neurosci. Lett.*, **250**, 157 (1998).
7) J.-M. Lee et al., *Nature*, **399**, A7 (1999).
8) K. Shimono et al., *J. Neurosci. Methods*, **120**, 193 (2002).
9) M. Hutzler et al., *Neurophysiol.*, **96**, 1638 (2006).
10) U. Frey et al., *Biosens. Bioelectron.*, **24**, 219 (2009).
11) D. Braeken et al., *Biosens. Bioelectron.*, **26**, 1474 (2010).

用語解説

【英数字】

2 光子顕微鏡(two-photon excitation microscopy)
近赤外波長の超短パルスレーザーを，対物レンズを通して集光させて焦点領域のみで蛍光分子を励起させ，その蛍光を検出する顕微鏡．高い空間解像度での組織深部の蛍光ライブイメージングに適している．

2 光子励起(two-photon excitation)
二つの光子がほぼ同時にある分子に吸収され，この分子が基底状態から励起状態に遷移すること．可視光で励起される蛍光分子を 2 光子励起するには一般的に，この可視光の 2 倍の波長をもつ光子 2 個が吸収される必要がある．

AMPA 受容体(AMPA receptor)
記憶・学習などの脳高次機能の制御に関与するイオンチャネル．興奮性神経伝達物質であるグルタミン酸の結合により陽イオンを透過し，速い神経伝達を担う．四つのサブユニットがあり，そのサブユニットから構成される 4 量体の違いにより脳内分布と機能が異なる．

CCD イメージセンサー
(CCD image sensor, CCD)
固体撮像素子の一種．受光面に並んだ各受光素子が光の入射により電荷を蓄積する．これを隣接素子間の電荷的結合によりバケツリレー的に読み出すため，電荷結合素子（charge-coupled device，略して CCD）と呼ばれる．

CMOS イメージセンサー
(CMOS image sensor, CMOS)
固体撮像素子の一種．各受光素子に増幅器をもち，電気的接続により読み出す．通常の CMOS ロジックLSI 製造プロセスと同様の装置で生産可能なため安価だが，撮影速度・ノイズなどで CCD に劣っていた．近年，高性能化が進み，多くの用途で CCD イメージセンサーを置換えている．

CT（computed tomography，コンピューター断層撮影法）
X 線源と対向する検出器をからだの周囲で回転させ，透過した X 線の量から画像を再構成することで，からだの外部での計測で内部構造を診断できる医療機器．

GABA と GABA 受容体(GABA and GABA receptor, GABA and $GABA_AR/GABA_BR$)
GABA（γ-アミノ酪酸）は神経細胞間の連絡を担う主要なアミノ酸の一つ．この GABA の結合によって，陰イオンの透過や細胞内シグナル分子を活性化する膜タンパク質の総称が GABA 受容体である．おもに抑制性神経伝達を担うが，受容体のサブタイプによって働きが異なる．

G タンパク質共役型受容体
(G protein-coupled receptor, GPCR)
7 回膜貫通型タンパク質．ヒトでは遺伝子の約 5% を占める最大のタンパク質ファミリーで，神経伝達物質やホルモンの受容体としても多くが活躍し，さらに嗅覚・視覚・味覚にも深く関連する．創薬ターゲットの約半数を占める．

***in situ* ハイブリダイゼーション法**
(*in situ* hybridization, ISH)
DNA（二本鎖）では塩基配列は互いに相補的である．特定配列の DNA や RNA に対して相補的な配列をもつ DNA 断片や RNA 断片（アンチセンス鎖）を用いて組織切片上で特定 DNA や mRNA の分布を検出する方法．

L-DOPA（L-3,4-dihydroxyphenylalanine）
神経伝達物質ドーパミンの前駆体物質で，チロシンからチロシンヒドロキシラーゼにより産生される．脳血液関門の高い透過性により，ドーパミン低下によるパーキンソン病の治療薬として処方される．

MRI（magnetic resonance imaging，磁気共鳴画像）
磁気共鳴現象によって生体を構成する原子（おもに水

素原子）に共鳴現象を起こし，発生した電波をコイルで受信して処理することで，生体の情報を画像化する方法．CT と比べて，脳やからだの断層像，血流変化，血管，神経線維束など，さまざまな構造を画像化することが可能で，X 線の被爆がない，画像のコントラストが高いなどの長所を有する．

MRS（magnetic resonance spectroscopy, MR スペクトロスコピー）

水素原子がほかのどのような原子と結合しているかによって歳差運動の周波数がわずかに異なることを利用して，生体内の特定の分子を非侵襲的に計測する方法．糖やアミノ酸などの脳内の代謝産物や神経伝達物質の濃度を画像化できる．

NMDA 受容体（NMDA receptor）

グルタミン酸の結合と細胞膜の脱分極の両方を検知して開口する陽イオンチャネル．とくに Ca^{2+} を透過し，記憶・学習などの脳高次機能だけでなく，神経細胞死などの病態にもかかわる．七つのサブユニットがあり，その構成サブユニットの違いによってイオンチャネルとしての性質が規定される．

PET 標識（positron emission tomography, 陽電子断層画像装置）

PET 検査に使用される標識薬剤を，C-11・F-18 などのポジトロン放出核種を前駆体に反応させて製造する作業．半減期の非常に短い核種を用いるため，短時間の効率のよい化学反応を選択する．

SNARE（soluble *N*-ethylmaleimide-sensitive fusion protein attachment protein receptor, 可溶性 *N*-エチルマレイミド感受性融合タンパク質結合タンパク質受容体）

開口放出を含め広く細胞内小胞輸送において膜融合にかかわるタンパク質スーパーファミリー．輸送される小胞に局在する v-SNARE（v；vesicular）と，標的膜に存在する t-SNARE（t；target-membrane）の 2 種類に大別される．

TRP チャネル
（transient receptor potential channel, TRP）

ショウジョウバエの光受容応答変異株の原因遺伝子として発見された，6 回膜貫通領域を有するカチオンチャネル．少なくとも 29 種類の哺乳動物ホモログが同定されている．さまざまな生理活性物質により活性化され，環境変化を感知する "センサー" タンパク質として働くとともに，細胞外から Ca^{2+} を流入させるシグナル伝達制御素子としても働く．

β_2 アドレナリン受容体
（beta-2 adrenergic receptor, ADRB2）

GPCR の 1 種．アドレナリンだけでなく，ノルアドレナリンなどのカテコールアミンで活性化する．気管支や血管・心臓のペースメーカー部位に存在し，平滑筋のコントロールに深くかかわる．シグナリングの下流では L タイプの Ca^{2+} チャネルとも作用する．その遺伝子多型の高血圧や糖尿病・気管支喘息との関連も注目されている．

【あ】

アクチン線維（actin filament）

アクチン単量体（ATPase）を構成単位とするらせん状重合体であり，重合特性の異なる両端をもつ．重合に伴い，またモータータンパク質ミオシン（ATPase）との相互作用により力の発生や低速輸送に寄与する．

アクティブゾーン（active zone）

シナプス前部において，シナプス小胞が集積し，開口分泌する部位を指す．アクティブゾーンの形質膜には電位依存性 Ca^{2+} チャネルが，そして細胞内部位には特異的タンパク質であるアクティブゾーン細胞骨格マトリックスが集積している．

アゴニスト（agonist）

生体内の受容体に結合して，生理作用を引き起こす物質のこと．自然界の物質だけでなく人工的に合成した物質も含まれ，作用薬，作動薬とも呼ばれる．生体分子と同等の完全な活性を示すものをフルアゴニスト，部分的な活性しか示さないものを部分アゴニストと呼ぶ．

アストロサイト（astrocyte）

神経膠細胞．最も大きく数が多い．神経伝達物質およびイオン濃度の調節や老廃物除去，エネルギーおよび成長因子の供給を行う．またグリア伝達物質を放出し

て，シナプス伝達やシナプスの構造も調節している．

アセチルコリンとアセチルコリン受容体
(acetylcholine and acetylcholine receptor, ACh and AChR)

脊椎動物の運動神経，自律神経の節前線維，およびさまざまな中枢神経系の神経細胞から放出される神経伝達物質とその受容体．伝達物質活性化イオンチャネル型(ニコチン性)および G タンパク質共役型(ムスカリン性)の 2 種類の受容体に結合する．

アデノシン A_{2A} 受容体
(adenosin A_{2A} receptor, $A_{2A}AR$)

プリン受容体の一種として P1 受容体とも呼ばれる GPCR の 1 種．カフェインをアンタゴニストとして感受し，リガンドであるアデノシンの結合を阻害することで睡眠覚醒作用を示す．ほかのさまざまな神経伝達物質受容体とヘテロマーを形成できる．生体内に幅広く分布し，脳と心筋への血流の調整などに幅広く作用する．

アドレナリン(adrenaline/epinephrine)

別名エピネフリン．副腎髄質より分泌されるホルモンであり，神経節や脳神経系における神経伝達物質として働く．ストレス反応において中心的役割を果たし，血中に放出されると心拍数や血圧の増大，瞳孔散大や血糖値上昇などの作用がある．

アンタゴニスト(antagonist)

それ自身に生理活性作用はないが，受容体に対するアゴニストの作用を阻害する物質の総称．アゴニストの作用と直接的に競合する競合的アンタゴニストと，直接は競合せずにアゴニストの活性を阻害する非競合アンタゴニストが知られる．拮抗薬,遮断薬,ブロッカーとも呼ばれる．

イオンチャネル型受容体(ionotropic receptor)

膜貫通型ドメインをもつサブユニットが複数集まってイオンチャネルを形成しており，リガンド（神経伝達物質）が結合するとゲートが開口してイオン電流を生じる．AMPA 受容体や NMDA 受容体，ニコチン性アセチルコリン受容体などがある．

一酸化炭素(carbon monoxide, CO)

酸素のヘモグロビンへの結合を競合的に阻害する．酸素の運搬を阻害するため中毒の原因となる．一方，脳では酵素によって産生され，神経保護作用をもつ．そのシグナル伝達機構には不明な点が多い．

一酸化窒素(nitrogen monoxide, NO)

酸素と窒素から成る無機化合物(ガス)．神経細胞を含む多くの細胞に存在し，細胞内でアルギニンに一酸化窒素合成酵素が働き合成される．可溶性グアニレートシクラーゼを活性化し cGMP を合成するシグナル伝達をする．

エフリン(ephrin)

細胞膜上に存在するガイダンス分子の一つであり，Eph 受容体のリガンドとして働く．一般には反発性のシグナルを担う．また，エフリンは Eph 受容体に結合するとエフリン発現細胞側にもシグナルを伝達する，双方向性シグナル分子として知られている．

オピオイドとオピオイド受容体
(opioid and opioid receptor)

オピオイドは鎮痛などの薬理作用を示すアルカロイドで，オピオイド受容体と結合することで電位依存性 Ca^{2+} チャネルなどの機能を抑制，疼痛伝達物質の放出を抑制し，鎮痛効果を発揮する．オピオイド受容体は，免疫調節への関与も示唆されている．

オプトジェネティクス(optogenetics)

遺伝子組み換え技術を応用し，天然あるいは合成の光受容タンパク質を *in vivo* あるいは *in vitro* の細胞に発現させ，細胞内のタンパク質を光で機能させる技術の総称．光受容タンパク質の探索，構造・機能解析，合成タンパク質のデザイン，遺伝子組み換え法，光学システムの最適化，データ解析などが含まれる．

オリゴデンドロサイト(oligodendrocyte)

稀突起神経膠細胞ともいう．末梢組織のシュワン細胞と類似，軸索に髄鞘を形成することにより，有髄神経細胞の跳躍伝導による速い情報の伝導を可能とする．また，複数の神経細胞を束ねる役割も有する．

【か】

開口放出(exocytosis)
細胞質内に存在する小胞膜と細胞膜が融合し，神経伝達物質などの小胞の内容物を細胞外に放出する機構．シナプス前部に活動電位が到達し Ca^{2+} が流入すると開口放出にかかわる多くのタンパク質群の活性化により，シナプス小胞膜と細胞膜が融合し，神経伝達物質がシナプス間隙に放出される．

カイニン酸とカイニン酸受容体
(kainic acid and kainate receptor)
カイニン酸は，竹本常松博士により回虫の虫下しに使われていた海人藻の有効成分として単離同定された（1953 年）．その後，カイニン酸が神経細胞を強力に脱分極させることが示され，グルタミン酸受容体の分子同定に大きな役割を果たした．グルタミン酸受容体のうち，カイニン酸で活性化される受容体は，カイニン酸受容体と呼ばれ，GluK1 〜 5 のサブユニットから構成される．

海馬(hippcampus)
大脳辺縁系の一部で，特徴的な層構造をもち，記憶形成や空間学習にかかわることが知られている脳の部位．アルツハイマー病やほかの記憶関連障害に関する集中的な研究の対象にもなっている．

化学シナプス(chemical synapse)
神経細胞間の情報を伝達するために特化した構造物をシナプスと呼び，その伝達にグルタミン酸などの神経伝達物質という化学物質が使われているものを化学シナプスと称する．シナプス前部から神経伝達物質が放出され，それがシナプス後部の受容体に結合して情報伝達される．

化学的神経伝達(neurotransmission)
神経終末から神経伝達物質(化学物質)がシナプス間隙に放出され，シナプス後膜に存在する神経伝達物質受容体と結合することにより EPSP や IPSP が生ずる伝達．

ガストランスミッター（gastransmitter, GT）
気体性シグナル伝達物質の総称．特定の受容体を必要とせず，さまざまな分子に直接，間接的に作用しシグナル伝達を制御する．一酸化窒素，一酸化炭素，硫化水素が報告されている．

活動電位(action potential)
神経細胞，筋細胞などの興奮性細胞が示す，静止膜電位からの急激な脱分極とそれに続く再分極のこと．脱分極相は電依存性 Na^+ チャネルや Ca^{2+} チャネルなどの活動に，再分極相は電位依存性 K^+ チャネルなどの活動による．活動電位が，神経伝達物質の放出や筋の収縮などのトリガーになっている．

カドヘリン(cadherin)
竹市雅俊博士により発見された細胞外 Ca^{2+} 依存的な細胞接着因子．カドヘリンスーパーファミリーとして，100 を超える分子種が存在する．アミノ酸配列が保存されたカドヘリン領域が細胞外領域に存在しており，Ca^{2+} との結合，同一カドヘリン分子種同士の接着に関係している．

カルシウムホメオスタシス(calcium homeostasis)
細胞外の Ca^{2+} が mM レベルで存在するのに対して，細胞内の Ca^{2+} は nM レベルに保たれている．そのため，Ca^{2+} センサータンパク質群は，ほんのわずかな細胞内 Ca^{2+} の上昇に対して鋭敏に応答し，分泌などの生理現象を引き起こすことができる．このような Ca^{2+} シグナリングシステムを駆動するために細胞内外の Ca^{2+} 濃度が一定に保たれることを Ca^{2+} ホメオスタシスという．

カンナビノイドとカンナビノイド受容体
(cannabinoid and cannabinoid receptor)
大麻草に含まれる生理活性成分の総称をカンナビノイドという．カンナビノイドをリガンドにもつ受容体をカンナビノイド受容体といい，おもに神経系に発現する 1 型(CB_1)と，おもに免疫系に発現する 2 型(CB_2)がある．

逆行性伝達(retrograde signaling)
化学シナプスでは，軸索末端のシナプス前部から神経伝達物質が放出され，それがシナプス後部の神経細胞の受容体に結合し信号が伝えられる．これとは逆にシナプス後部の神経細胞からシナプス前部へ向けて信号

が伝達される現象のことを逆行性伝達という.

グリオトランスミッター（gliotransmitter）
グリア細胞が興奮することで放出する化学伝達物質.
代表的なものに，ATP，グルタミン酸，D-セリンがある．周辺の神経細胞，グリア細胞さらに血管系細胞に，化学情報を伝えることで脳機能を積極的に調節している．

グリシンとグリシン受容体
（glycine and glycine receptor, Gly and GlyR）
神経細胞間の連絡を担うアミノ酸の一つ．また，グリシンの結合によって，陰イオンを透過させる膜タンパク質．おもに脊髄や脳幹において速い抑制性神経伝達を担う．

グルタミン酸とグルタミン酸受容体（glutamate and glutamate receptor, Glu and GluR）
神経細胞間の連絡を担う主要なアミノ酸の一つ．また，グルタミン酸の結合によって，陽イオンの透過や細胞内シグナルを活性化する膜タンパク質の総称．おもに興奮性神経伝達を担うが，受容体のサブタイプによって働きが異なる．

蛍光分光（fluorescence spectroscopy）
光をスペクトルに分けることを分光という．とくに蛍光をスペクトルに分けて計測・解析することを蛍光分光という．

ケージド分子（caged molecule）
生理活性分子（神経伝達物質，ヌクレオチド，ペプチド，タンパク質など）に保護基が共有結合しており，それ自体では生理活性をもたないが，光の吸収によってこの共有結合が切れて生理活性分子が放出される．

興奮性シナプス後電位
（excitatory postsynaptic potential, EPSP）
神経細胞同士の情報の伝達は，活動電位と呼ばれる電気信号として軸索を通ったあと，シナプス終末で神経伝達物質の放出（化学信号）に置き換えられることで行われる．グルタミン酸やアセチルコリンなどの興奮性神経伝達物質がシナプス間隙に放出され，それらの受容体に神経伝達物質が結合すると，Na^+ が細胞膜内に流れ込み，細胞膜内の電位が＋になることで静止膜電位が上がり脱分極する．このときに見られる膜電位のことを，興奮性シナプス後電位という．

興奮性神経伝達物質（excitatory neurotransmitter）
神経細胞と神経細胞のあいだで興奮性（脱分極性の膜電位変化）の信号を伝達する神経伝達物質．速い神経伝達を仲介するグルタミン酸，アセチルコリンや遅い神経伝達を仲介するドーパミン，ノルアドレナリン，アドレナリン，セロトニンなどがある．

【さ】

サイトカイン（cytokine）
当初，免疫系細胞の分化増殖因子として同定された分子量数万程度のタンパク質因子．現在では，広く可溶性の細胞間可溶性分化増殖因子の総称を指すことが多く，神経成長因子（NGF）や脳由来神経性栄養因子（BDNF）が含まれる．

細胞移動（neuronal migration）
多細胞生物では多くの細胞種が自らの細胞骨格を動的に制御することにより自律的に組織内を移動（遊走）する．細胞移動は個体発生において必須であるほか，損傷治癒やがん転移，免疫系機能などにおいても重要である．

シナプスオーガナイザー（synaptic organizer）
軸索がターゲット部位を認識，接着したあと，シナプス前部にはシナプス小胞が分泌する場である活性帯が，またシナプス後部にはシナプス後肥厚部が形成される．このシナプスを形成，分化させる分子をシナプスオーガナイザーと総称する．

シナプス可塑性（synaptic plasticity）
高頻度の神経活動や特有の活動パターンによって，シナプスにおける情報の伝わりやすさ（伝達効率）が上昇，あるいは低下する変化をいう．変化は，数十ミリ秒から数分程度の短期間の変化と，数時間から数日に及ぶ長期間の変化がある．

シナプス小胞（synaptic vesicle）
化学シナプスの神経終末内に多数存在する直径約 40 nm の小胞状の細胞内小器官．神経伝達物質を高濃度

に含む．神経細胞が興奮すると，シナプス前膜と膜融合を起こし，中の伝達物質をシナプス間隙に開口放出する．

シナプス増強（synaptic potentiation）
シナプスの活性化頻度が一時的に変化することにより，それ以降の通常のシナプス伝達の伝達効率が上昇する現象をシナプス増強と呼ぶ．神経伝達物質の放出が増加したり，シナプス後部の神経伝達物質に対する感受性が増大したりすることにより誘導される．

シナプス抑圧（synaptic depression）
シナプスの活性化頻度が一時的に変化することにより，それ以降の通常のシナプス伝達の伝達効率が低下する現象をシナプス抑圧と呼ぶ．神経伝達物質の放出が減少したり，シナプス後部の神経伝達物質に対する感受性が低下したりすることにより誘導される．

重回帰分析（multiple regression analysis）
多変量解析の一つ．一つの従属変数（目的変数）を一つの独立変数（説明変数）で回帰する単回帰分析に対して，二つ以上の独立変数によって回帰し，従属変数を予測する．独立変数の間に強い相関があると（多重共線性），回帰係数の分散が大きくなり，予測が不安定となる．

樹状突起（パターン）（dendritic pattern）
樹状突起は，シナプス接続する神経細胞からの入力信号を受動的または能動的に情報処理する「場」であり，神経発生の過程を通じてダイナミックにその形態を発達させ，その生理機能を成熟させていく．

神経栄養因子（neurotrophic factor）
レビモンタルチーニ博士によって確立された神経細胞に対する発達促進物質の総称．多くの神経細胞はその生存，分化，発達にこのような外部環境因子をその栄養として必要とするため，この名前が付いた．

神経管（neural tube）
胚の発生過程において観察される頭部から尾部にいたる一本の管状構造物であり，中枢神経系を構成する脳・脊髄の原基である．神経管は，単層上皮構造を有する神経板が変形してできる構造である．

神経幹細胞（neural stem cell）
神経系に運命づけられた未分化な増殖性の細胞で，神経細胞，アストロサイト，およびオリゴデンドロサイトに分化する．成体でも一部の脳領域に残存し，神経細胞を産生し続けているとされる．

神経細胞集団（セル・アセンブリ）（cell assembly）
ドナルド・ヘッブ博士が1949年に発表した著作"Organization of Behavior"において定義された，記憶などの神経情報を担う神経細胞集団．神経細胞のさまざまな組み合わせにより，限りある神経細胞数で，限りない記憶，神経情報が生成されるしくみの根拠ともなっている．

神経成長因子（nerve growth factor, NGF）
脳由来神経栄養因子，ニューロトロフィンなどを含む細胞外分泌タンパク質ファミリーであり，樹状突起上のチロシンキナーゼ型受容体を介して信号伝達される．

神経伝達物質（neurotransmitter）
化学伝達物質ともいう．神経細胞で生産され，シナプス前部から放出されてシナプス後膜に直接作用し，電気的興奮または抑制を生み出すイオン透過性の変化，あるいはセカンドメッセンジャーの生成につながる代謝応答を引き起こす．

神経トレーサー（neuronal tracer）
神経トレーサーは，神経細胞の形態や結合性を調べるために使われる物質である．逆行性トレーサーは，神経終末から取り込まれて軸索に沿って神経細胞体へと運ばれ，その神経細胞体を可視化できる．順行性トレーサーは，樹状突起や細胞体から取り込まれて軸索に沿って順行性に神経終末へ運ばれ，神経細胞の投射先を可視化できる．

神経ネットワーク（neural network）
情報処理と情報伝達の機能を有する神経細胞が多数集まって構成されたもの．神経回路網とも呼ばれ，一つの神経細胞ではつくり出せない機能や活動を有する．

神経発火（neuronal firing）
神経細胞が活動電位を生じること．神経細胞がシナプス入力，外部刺激，薬剤などにより脱分極し，電依依

存性 Na^+ チャネルや電位依存性 Ca^{2+} チャネルが再帰的に活性化することにより活動電位が生じる．スパイクはほぼ同意義であるが，より抽象化された用語である．

神経ペプチド（neuropeptide）

生理活性ペプチドのうち，中枢神経細胞で産生され，神経伝達物質として働く，すなわち神経伝達やその調整を行うペプチドのこと．それらの受容体はすべて G タンパク質共役型受容体である．

シンタキシン（syntaxin）

シナプス小胞の開口分泌に寄与するタンパク質群 SNARE タンパク質の一つ．神経や内分泌細胞に発現する膜タンパク質であり，電位依存性 Ca^{2+} チャネルやいくつかのシナプス前部タンパク質と結合する．

スパイン/樹状突起棘（dendritic spine）

樹状突起上に突出することによって区画化された興奮性シナプス後部．シナプス後膜の脱分極に伴う局所的アクチン重合によって膨大し，シナプスの構造的安定化に寄与する．

静止膜電位（resting membrane potential）

細胞の電気的活動静止時における膜電位，すなわち細胞外の電位を基準とした細胞内の電位のこと．細胞膜上に発現しているイオンチャネルの種類や密度，さらに細胞内外の各種イオンの濃度によって変わる．通常 $-80\,mV$ から $-50\,mV$ 程度．

接着因子（adhesion molecule）

細胞間相互作用において，細胞と細胞とを接着させる因子．主要な因子として，カドヘリンスーパーファミリー，免疫グロブリンスーパーファミリーが知られている．

セマフォリン（semaphorin）

膜貫通型，GPI アンカー型，分泌型など 20 種のサブタイプをもつシグナル分子群で，膜貫通型受容体プレキシン（A–D）と共受容体ニューロピリンと相互作用する．神経発生・再生における軸索ガイダンス，免疫細胞機能の調節などにかかわることが知られる．

セロトニン（serotonin, 5-HT）

別名5-ヒドロキシトリプタミン．モノアミン系神経伝達物質の一つ．必須アミノ酸であるトリプトファンから合成され，モノアミンオキシダーゼによって分解される．脳幹の縫線核から投射する神経細胞に存在する．

相補型 MOS（complementary MOS, CMOS）

P 型と N 型の MOSFET（金属酸化物半導体電界効果トランジスタ）を論理ゲートなどで相補的に利用する回路方式，およびそのような集積回路（IC, LSI）のこと．

【た】

タンパク質タグ法（protein tag）

標的タンパク質に目印となるタグ（タンパク質）を融合するための方法．標的タンパク質を可視化するためには，蛍光タンパク質がよく用いられる．生化学的に単離するためには，グルタチオン-S-トランスフェラーゼ，マルトース結合タンパク質などが用いられる．

単粒子解析（single particle analysis, SPA）

単粒子解析法は，結晶作製を必要としない構造決定法である．単粒子解析法では，タンパク質を電子顕微鏡で撮影して，さまざまに向いた分子の投影像からアルゴリズム計算により 3 次元構造を決定（再構成）する．X 線結晶解析法との方法論的な比較から，コンピューター内での結晶作製法などとも呼ばれる．

チャネルロドプシン（channelrhodopsin）

微生物型ロドプシンの一種であり，活性型においてイオンチャネルが開口する．構造変化のプロセスでイオンを一方向に輸送するポンプロドプシンと区別される．緑藻類クラミドモナスの光受容分子としてチャネルロドプシン 1 と 2 が発見されたのち，さまざまな藻類から多様な種類が見つかっているとともにキメラ化や点変異が導入され，オプトジェネティクスに最適化されている．おもに陽イオンを透過する種類と陰イオンを透過する種類に大別される．

長期増強（long-term potentiation, LTP）

シナプス伝達効率が長期的に上昇する現象．入力線維を高頻度刺激するとシナプスの電気的応答が 1.5 〜 2 倍程度まで上昇し，その応答が数時間〜数日にわたり持続する現象．海馬 CA1 領域ではとくに知られてお

り学習機能に関係すると考えられている.

長期抑制(long-term depression, LTD)

シナプス伝達効率が長期的に抑制される電気的現象.
運動・学習機能に関与すると考えられている. 小脳,
大脳, 海馬などにて観察される. 小脳 LTD は平行線
維(小脳顆粒細胞の軸索)と下オリーブ核由来の登上線
維の同時刺激により, 平行線維とプルキンエ細胞間で
生じることが知られている.

跳躍運動(saltatory movement)

細胞全体が同期して移動する線維芽細胞とは異なり,
遊走する神経細胞は長い先導突起を形成し, そのなか
を, 核を含む細胞体が跳躍するように前進する. 跳躍
運動に先立ち先導突起の根元が膨らみ, そこへ核が進
入する現象が観察されている.

跳躍伝導(saltatory conduction)

髄鞘細胞が軸索を覆う有髄神経細胞における活動電位
の伝搬様式のこと. ランビエ絞輪(軸索上にとびとび
に存在する髄鞘細胞の被覆の狭いすきま)だけでとび
とびに活動電位が発生する. 速く確実な活動電位の伝
導に寄与している.

電位依存性 Ca^{2+} チャネル

(voltage-dependent calcium channel, VDCC)
細胞の膜電位上昇を感知してゲートが開く膜タンパク
質で, Ca^{2+} に対する高い選択性をもつイオンチャネ
ル. α (Ca_V), β, $\alpha2\delta$ などのサブユニットからなる複
合体分子. VGCC (voltage-gated Ca^{2+} channel) と
省されることもある.

電位依存性 K^+ チャネル

(voltage-gated K^+ channel, K_V)
細胞膜の脱分極(膜電位の上昇)を感知して K^+ を透過
させる機能をもち, これにより興奮した細胞を再分極
させる役割を果たす. 6 本の膜貫通ヘリックスを基本
単位とし, 4 量体で機能する.

電位依存性 Na^+ チャネル

(voltage-gated Na^+ channel, Na_V)
細胞膜の脱分極によって活性化し, Na^+ を選択的に
透過させることで活動電位の発生に寄与する. 電位依

存性 K^+ チャネルのものと相同な 6 本の膜貫通ヘリッ
クスが四つ連結した, 24 回膜貫通型である.

電位センサードメイン

(voltage sensor domain, VSD)
電位依存性カチオンチャネルに共通するドメインであ
り, 細胞の膜電位変化を感知する機能を担う. 4 本の
膜貫通ヘリックスからなり, 4 番目のヘリックスにあ
る複数の正の荷電残基が膜電位変化を感知する実体と
される.

てんかん(epilepsy)

脳の異常活動により脳の機能が一時的に損なわれるこ
とをてんかん発作とよび, そのてんかん発作が反復的
に生じる疾患を総称しててんかんという. 診断には脳
波測定が不可欠である.

ドーパミン(dopamine, DA)

ドーパミンは, L-DOPA から芳香族 L-アミノ酸脱炭
酸酵素により産生される中枢神経系の神経伝達物質で,
運動機能や意欲に関与しており, 活性低下によりパー
キンソン病, 過剰活性化により統合失調症の陽性症状
の原因となる.

【な】

ニコチン性アセチルコリン受容体

(nicotinic acetylcholine receptor, nAChR)
タバコに含まれるアルカロイドの一種ニコチンの標的
として同定されたイオンチャネル型受容体で, システ
インループスーパーファミリーに属する. 五量体構造
をもち, その中央にカチオン透過性チャネルをつく
る. サブユニットは 4 回膜貫通構造をもち, そのう
ち TM2 はイオンチャネルの内壁を構築する. 神経細
胞でのみ発現すると思われていたが, B 細胞等の非神
経細胞でも発現し, 多様な生物現象にかかわることが
明らかにされている.

ニューレキシン(neurexin)

シナプス前部に存在する 1 回膜貫通型のシナプスオー
ガナイザー. シナプス間隙や, 後部に存在するシナプ
スオーガナイザー分子と結合するが, スプライシング
変異体によって, 結合する相手が異なりシナプス特性
を選別すると考えられている.

ニューロトロフィン（neurotrophins, NTs）
大脳皮質の錐体細胞において，樹状突起の伸長と分岐を促進するが，この効果は NTs の種類と神経細胞が位置する大脳皮質の層や樹状突起が展開する領域に依存して多様である．神経活動を介したシグナル伝達経路の存在が指摘されている．

ニューロリギン（neuroligin）
シナプス後部で機能する1回膜貫通型のシナプスオーガナイザー．シナプス前部のニューレキシンと結合し，シナプスの分化，機能を調節するが，スプライシング変異体によって結合力が異なる．

脳血液関門（blood-brain barrier, BBB）
脳の毛細血管の物理的構造で，脂溶性の高い化合物は透過できるが，水溶性の高い化合物は自由に透過できない．中枢神経機能に障害を及ぼす血中物質が脳内に侵入するのを制限し，栄養素を選択的に脳内に移行させる働きをもつ．

脳由来神経栄養因子
（brain-derived neurotropic factor, BDNF）
大脳皮質の錐体細胞において，いったん形成された樹状突起の分岐パターン維持や，細胞体のサイズ保持に寄与しており，神経活動に依存した神経回路の維持を調節する役割を果たしていると考えられている．

ノルアドレナリン（noradrenaline, NA）
別名ノルエピネフリン．アドレナリンの前駆体．同様に神経伝達物質やホルモンとして働き，ストレス反応にかかわる．交感神経を活性化させて心拍数や血圧を上げる，平滑筋を収縮するなどの作用がある．長期記憶形成を促進するという報告もある．

【は】

光操作（optical manipulation）
光の高い時間空間分解能と生体非侵襲性などの特性を利用し，*in vivo* あるいは *in vitro* の細胞やそこに含まれる分子の機能や構造に介入する技術のこと．オプトジェネティクスによる方法，ケージ物質などを利用した光化学反応，光化学反応とタンパク質操作を組み合わせたケモ・オプトジェネティクス，タンパク質や細胞を捕捉して移動させる光ピンセット技術などが含

まれる．

微小管（microtubule）
α/β-チューブリン（GTPase）のヘテロ二量体を構成単位とする管状重合体であり，重合特性の異なる両端をもつ．モータータンパク質キネシン，ダイニン（ATPase）との相互作用により高速輸送や力の発生に寄与する．

微小電極アレイ（micro electrode array, MEA）
半導体製造技術などを用いて，数 μm から数十 μm の大きさの微小な電極がアレイ状に多数形成されたもの．シリコンやガラス基板上だけではなく，柔らかいフィルム上に形成されているものも開発されている．神経細胞の活動を計測するのに用いられる．

ピレスロイド（pyrethroid）
除虫菊が生合成するピレトリンの構造を改変して開発された合成昆虫制御剤の総称．広義ではピレトリン類縁化合物で作用機構においてもピレトリンと同様の活性を示す昆虫活性物質を意味する．Na_V を開いた状態に保持し，タイプ I に分類される多くのピレスロイドは活動電位の連続発火（反復興奮）を誘起する．タイプ II に分類されるピレスロイドは活動電位が生じる前に膜を脱分極し，Na_V を不活性化することで活動電位の発生を抑制する．

ポアドメイン（pore domain, PD）
イオンチャネルにおいてイオン透過孔を形成するドメイン．一般に，選択するイオン種を決定する選択性フィルターと，リガンドや膜電位などの刺激に応じて孔の開閉を決定する活性化ゲートを備えている．

【ま】

膜電位固定法（membrane voltage clamp method）
イオンチャネルの挙動の数理的解析に有効な電気生理学的解析の手法．イオンチャネルの活性は，経時的にまた膜電位に依存して変化するが，時間と膜電位の二つのパラメーターが同時に変化すると解析が困難である．そこで，フィードバック回路を用いて記録細胞の膜電位を一定に固定して電流変化の経時的変化を行うものである．

ミエリン鞘形成（myelination）

神経軸索に髄鞘（ミエリン）が形成されること．中枢神経系ではオリゴデンドロサイト，末梢神経系ではシュワン細胞により形成される．ミエリンの間隙がランビエ絞輪となり，活動電位が跳躍伝導することにより，神経伝達速度を速くしている．神経回路形成成熟と関連している．

ミクログリア（microglia）

小膠細胞．末梢組織のマクロファージと多くの類似点を有する．脳・脊髄内の免疫担当細胞であり，種々の炎症反応を調節するとともに，異物，死細胞の除去，シナプスの刈り込み，さらにシナプスの新生にも関与している．

ムスカリン受容体

（muscarinic acetylcholine receptor）

アセチルコリンの受容体のうち，アルカロイドの一種であるムスカリンによっても活性化される受容体をムスカリン受容体（ムスカリン性アセチルコリン受容体）という．G タンパク質共役型受容体であり M1 ～ M5 のサブタイプに分類される．

【や】

抑制性シナプス後電位

（inhibitory postsynaptic potential, IPSP）

GABA やグリシンなどの抑制性神経伝達物質がシナプス間隙に放出され，それらの受容体に神経伝達物質が結合した際，Cl^- などのイオンが細胞膜内に流れ込み，静止膜電位はさらに下がり過分極する．このときに見られる膜電位のことを，抑制性シナプス後電位という．

抑制性神経伝達物質（inhibitory neurotransmitter）

神経細胞に対して抑制作用をもたらすアミノ酸の総称．一般的には GABA とグリシンを指す．

【ら】

ラミニン（laminin）

α, β, γ の 3 量体からなる細胞外マトリクス分子．基底膜に普遍的に存在するラミニン（$\alpha1\beta1\gamma1$）や，神経筋接合部のシナプス間隙に特異的に集積するラミニン（$\alpha4/5\beta2\gamma1$）などがある．受容体として，インテグリン，ジストログリカン，VDCC が知られている．

リアノジン受容体（ryanodine receptor, RyR）

細胞内 Ca^{2+} ホメオスタシスを制御する重要因子の一つで，原形質膜のジヒドロピリジン受容体（Ca_V）を介した Ca^{2+} の流入と共役して筋小胞体からの Ca^{2+} を放出する Ca^{2+} induced Ca^{2+} release を担う．四量体構造をとり，400 kDa 以上の分子量をもつ．植物アルカロイドであるリアノジンは本受容体を開いた状態に保持する．

硫化水素（hydrogen sulfide, H_2S）

硫化水素は強い毒性をもつ．一方生体内ではシグナル伝達物質として働き，酵素により産生されたあと，活性硫黄分子種に変換され，生理的機能を制御する．その作用は抗酸化作用，タンパク質の翻訳後修飾など多様である．

緑色蛍光タンパク質

（green fluorescent protein, GFP）

オワンクラゲが有する分子量 30 kDa 程度の蛍光を発するタンパク質．アミノ酸でコードされるため，標的タンパク質に対して遺伝子工学的に導入することが可能であり，タンパク質の可視化に広く用いられる．緑色蛍光タンパク質は下村脩博士により発見された．

ロドプシン（rhodopsin）

ヒト網膜の光受容分子の一つであるロドプシンなどの動物型ロドプシンファミリーとバクテリオロドプシンに代表される微生物型ロドプシンファミリーに大別されるが，いずれも 7 回膜貫通型タンパク質とレチナールの複合体である．レチナールが光エネルギーを吸収し，光学異性体変換することに伴うタンパク質の構造変化が機能をオン・オフスイッチングする．

索　引

編者略歴

森　泰生 （Mori Yasuo）
1960 年　生まれ
1985 年　京都大学 工学研究科合成化学系　修了
現　在　京都大学 大学院工学研究科　教授

京都大学工学研究科で有機合成反応の開発に携わったあと，医学研究科にてイオンチャネル，とくに神経伝達物質の放出を司る電位依存性カルシウムチャネルの研究を開始した(医学博士)．神経生物学には主たる興味はあるものの，最近はそれにこだわらずに，特定の TRP カチオンチャネルのユニークな機能が格段に重要な生体内システムを対象にして研究する．「へえ，このチャネルこんなことをしているんだ」という感激を大事にしている．

尾藤晴彦 （Bito Haruhiko）
1965 年　生まれ
1993 年　東京大学 大学院医学系研究科 医学博士課程　修了
現　在　東京大学 大学院医学系研究科　教授

神経可塑性の生化学，とくに記憶・可塑性の長期化の分子機構解明を目指している．生物個体が受け取る情報が，「役立つ」情報にバイアスがかかるかたちで，神経回路網にて処理・貯蔵され，「必要に応じて」読み出せる機構を分子細胞レベルで徹底的に理解したいと考えている．また過去の記憶参照が失敗したときにこそ，生物は創造的な意志決定・行動を生みだすのではないか，と期待している．好きな言葉は「努力は無限大(沼正作，ならびに元 AKB48 高橋みなみ)」

DOJIN BIOSCIENCE SERIES 28

脳神経化学──脳はいま化学の言葉でどこまで語れるか

2018年3月30日　第1版　第1刷　発行

検印廃止

編　者	森　　泰生
	尾　藤　晴　彦
発　行　者	曽　根　良　介
発　行　所	(株)化学同人

〒600-8074　京都市下京区仏光寺通柳馬場西入ル
編集部　TEL 075-352-3711　　FAX 075-352-0371
営業部　TEL 075-352-3373　　FAX 075-351-8301
振替　01010-7-5702
E-mail　webmaster@kagakudojin.co.jp
URL　https://www.kagakudojin.co.jp

印刷・製本　(株)シナノ パブリッシングプレス